DIE BEHANDLUNG DER
QUARTÄREN SYPHILIS
MIT AKUTEN INFEKTIONEN

IHRE STELLUNG IN DER THERAPIE,
IHRE METHODIK UND KLINIK, IHRE
BEZIEHUNGEN ZUR PATHOLOGIE
UND ZUM ÖFFENTLICHEN LEBEN

ERGEBNISSE UND BEOBACHTUNGEN

VON

DR. BERTHOLD KIHN

ASSISTENT AN DER PSYCHIATRISCHEN UND
NERVENKLINIK DER UNIVERSITÄT ERLANGEN

MÜNCHEN
VERLAG VON J. F. BERGMANN
1927

ISBN-13:978-3-642-89942-3   e-ISBN-13:978-3-642-91799-8
DOI: 10.1007/978-3-642-91799-8

Alle Rechte,
insbesondere das der Übersetzung in fremde Sprachen, vorbehalten.
Copyright 1927 by J. F. BERGMANN in München.
Druck von Carl Ritter G. m. b. H. in Wiesbaden.

Vorwort.

Die vorliegende Arbeit versucht eine Vermittelung der wichtigeren klinischen Tatsachen auf dem Gebiete der Infektionsbehandlung der quartären Syphilis. Zwar mangelt es nicht an ähnlichen Versuchen, indessen wird sich darüber streiten lassen, ob dies in erschöpfender Weise geschehen ist und ob ein Teil der behandelten klinischen Fragen nicht auch andere Auffassungsmöglichkeiten zulasse. Vor allen Dingen dürfte ein Teil der älteren Monographien bereits durch die neueren Fortschritte auf dem behandelten Gebiete überholt sein.

Der Verfasser selbst steht, wie er an dieser Stelle nochmals betonen möchte, dem bewährten Standpunkte Wagner - Jaureggs nahe, wenn schon er in einzelnen klinischen Fragen durchaus anderer Auffassung ist.

Was die äussere Anlage des vorliegenden Buches anlangt, so wird vielleicht befremden, dass einzelnen Problemen ein unverhältnismäßig breiter Raum gewährt wurde, während andere kaum berührt sind. Man möge den Grund zu diesem Missverhältnis darin suchen, dass mir daran gelegen war, einiges umfassend darzustellen, während ich anderen Fragen nur gelegentlich nachgegangen bin. Die Probleme der spezifischen Paralysebehandlung sind nur gestreift, die der syphilitischen Latenzstadien nicht berührt. Sie wird sich in einer späteren Veröffentlichung des Verfassers finden. Die Beigabe von Abbildungen habe ich geflissentlich unterlassen. Wir glauben, dass in diesem Punkte sich vieles ersparen liesse, was heute zur Verteuerung, vielleicht auch zur Verschlechterung unserer fachlichen Zeitschriften und Abhandlungen beiträgt. Im vorliegenden Falle ist vor allen Dingen zu berücksichtigen, dass sich kaum irgendwelche bildliche Beigaben bringen liessen, die sich nicht ebenso gut in jedem Lehrbuche der inneren Medizin oder der Psychiatrie finden.

Ich möchte nicht versäumen, an dieser Stelle all jenen zu danken, die mir bei dieser Arbeit helfend zur Seite standen. Vor allen Dingen möchte ich meiner Lehrer G. Specht und G. Ewald gedenken, deren Förderung und Beratung ich vieles schulde.

Erlangen, Oktober 1927.

Berthold Kihn.

Inhaltsverzeichnis.

I. Einleitung.

a) Ziele der vorliegenden Untersuchung.

Es ist darüber geklagt worden, dass bisweilen die schwierigsten Aufgaben ärztlichen Erkennens und Handelns so leicht genommen würden. Irgend ein empirisch gewonnenes Verfahren tauche plötzlich auf, aus unscheinbaren Anfängen und ohne ersichtlichen Zusammenhang, es wachse an Wert, habe eine Reihe vielversprechender Erkenntnisse im Gefolge und begründe sogar neue Wissenszweige. Aber die alten Fragen blieben ungelöst, die schon seit Menschengedenken einer Lösung harrten. Umfang und Ziele der wissenschaftlichen Arbeit würden nicht durch die Grösse eines Problems bestimmt, sondern oft genug durch rein äussere Umstände: eine Methode, einen Grundsatz, den man mit Gleichmäßigkeit verfechte und den man zu den vorhandenen Bestrebungen in mannigfache Verbindung setze. Darin liege eine grosse Gefahr. Die Kräfte würden zersplittert an lose flottierenden Einzeltatsachen, die Ernüchterung sei unausbleiblich, weil der Zusammenhang im ganzen fehle. Zuletzt aber müsse man sich eingestehen, es sei alles beim alten geblieben.

Besteht ein solcher Gedankengang zu Recht, dann wäre wohl das Urteil über alle Empirie in der Medizin gesprochen. Erst käme die Theorie zu Wort, der Streit ginge hin und her und es mag dahingestellt bleiben, was dabei herauskäme. Die Wirklichkeit belehrt zumeist eines anderen. Zunächst ist es durchaus unrichtig, dass die schwierigsten ärztlichen Probleme gegenüber anderen bescheidenen Fragen vernachlässigt worden seien. Um nur ein Beispiel herauszugreifen, das dem Psychiater geläufig ist: die Sinnestäuschungen. Es haben sich an diesem Problem nicht nur viele der hervorragendsten Geister versucht; es ist auch über das gleiche Gebiet im Lauf der Jahre bis in die jüngste Zeit hinein eine so umfangreiche Literatur entstanden, dass Jaspers vor nicht allzulanger Zeit die Forderung aufstellte, es sei eigentlich nötig bei einer Veröffentlichung über Sinnestäuschungen, gleich am Anfang genau zu sagen, was man wolle. Sonst habe man wenig Aussicht, gelesen zu werden. Trotzdem aber eine Unsumme von Arbeitskraft an das Problem der Trugwahrnehmungen verschwendet wurde, darf man sich eingestehen, dass eine besonders weitgehende Förderung der einschlägigen Fragen nicht gelang. Eine regere Beschäftigung vieler Hände an einem besonders schwierigen und theoretisch vieldeutigen Gebiete der Wissenschaft ist also wohl nicht immer für sie ein Segen geworden. Im Gegenteil, es haben theoretische Vorstellungen häufig genug auf die empirische Erfahrung lähmend gewirkt und sie verhinderten für lange Zeit die Anerkennung von Tatsachen, die praktisch hinreichend erprobt waren. So meint Bier bei seinen kritischen Betrachtungen über die Transfusionen, man habe ihren Heilwert nur deshalb so lange leugnen können, weil „man von gänzlich falschen theoretischen Vorstellungen ausgegangen sei". Vielleicht handelte es sich in diesem Falle sogar um mehr. Es war wohl nur nicht ein blosses Ausgehen von theoretischen Vorstellungen, denn solcher kann keine Empirie entraten, es war eine Bevormundung durch Theorien. Wie oft man darauf vergass, dass die Theorie sich den Tatsachen anzugleichen habe, nicht aber umgekehrt, das lehrt die Geschichte der Medizin. Es mag dieser Fehler begreiflich sein: Man wollte Einzeltatsachen verbinden, ordnen, verstehen. Man vergass im Eifer auf ein Ende. — Das war menschlich verständlich, aber folgenschwer genug, besonders dann, wenn es das ärztliche Handeln betraf.

Wir sehen in der Heilkunde da und dort therapeutische Gepflogenheiten in Anwendung, die sich fernab von aller Theorie heranbildeten, deren praktischer Wert aber ausser Frage steht. Er erhöht sich durch die Überlegung, dass man dieses Behandlungsverfahren bei einer Gruppe von Krankheiten gebraucht, die ihrer Pathogenese nach nur lückenhaft bekannt sind. Das mag befremdend wirken und bei oberflächlicher Betrachtung keine besondere Empfehlung für diese Methoden abgeben. Zum Glück wird sich der Arzt, der am Krankenbett steht, rasch darüber beruhigen können, wenn er nur einen Erfolg sieht. Der Rest der Zweifler aber mag sich erinnern, dass die Therapie von jeher ihre eigenen Wege ging und dass unsere Einsicht in das Wesen eines krankhaften Vorganges nichts anderes darstellt, als eine Summe empirischer Erfahrungen, die nach dem jeweiligen Stande der Forschung durch theoretische Glieder verbunden werden. Diese Verbindung durch theoretische Vorstellungen erfolgt auf dem kürzesten Wege und richtet sich ganz nach den gerade vorliegenden Erfahrungen. Jedenfalls, wir sehen auch in der Therapie durchaus die Richtigkeit des Grundsatzes, dass die Theorie unmittelbar von der Erfahrung abhängt, dass die Empirie jederzeit das Spekulative widerlegen darf und dass infolgedessen alle Überlegungen vor den Tatsachen zu weichen haben. Dies ist die eine Seite der Angelegenheit. Die andere aber ist die folgende: Wer von den Empirikern glaubt, er stampfe allein die Probleme aus dem Boden, ohne seiner Zeit etwas verdanken zu müssen, der irrt. Das soll keine Schmälerung von Verdiensten einzelner bedeuten. Es ist keine Neuigkeit, dass wir alle in unserer Zeit leben und eine Mitgift von Ideen herumtragen, die in vergangenen Jahrzehnten lebten und die von Generation zu Generation in neuer Gestalt weiterführen. Dies mag der Grund sein, weshalb dieser oder jener bedeutsame Fortschritt mit zunehmender Deutlichkeit ans Tageslicht tritt und warum so manches in der medizinischen Wissenschaft gleichsam in der Luft zu liegen scheint. Das Verdienst weniger ist es aber, diese Dinge klar erfasst und benützt zu haben. Ich dächte, das ist gerade des Verdienstes genug. — Es wird im folgenden der Versuch unternommen, die Infektionsbehandlung der Metalues in ihren Grundzügen darzustellen. Ein solcher Versuch erscheint überflüssiger und leichter, als es einem vorkommen mag. Es sind eine Reihe ausgezeichneter Übersichtsreferate vorhanden, so von Steiner, Fleck, Stransky, Weygandt, Dattner und Kauders u. a., es liegen die verdienstvollen Monographien Gerstmanns und Benedeks vor und, wie die buchhändlerischen Anzeichen ersehen lassen, sind weitere zusammenfassende Darstellungen von autoritativer Seite zu erwarten. Ich habe weder den Mut, noch weniger die Absicht, das Odium eines schlechten literarischen Gegenunternehmens zu tragen. Ich glaube aber, das zu bearbeitende Gebiet lässt eine so

mannigfache Betrachtung nach den verschiedensten Richtungen zu, dass jedes
Bedenken schweigt. Handelt es sich ja um Probleme, die weit über das rein
klinisch-psychiatrische Interesse hinausreichen und die engste Berührung mit
allgemein-therapeutischen, biologischen und nosologischen Fragen haben. Man
darf es ruhig aussprechen: Die Infektionsbehandlung der Paralyse ist von einem
klinisch-psychiatrischen Versuche zu einem verwickelten medizinischen Problem
herausgewachsen. Sie ist nicht mehr blosse psychiatrische Angelegenheit, sondern
Sache aller Ärzte. Für jede ärztliche Teildisziplin, die mit den Erscheinungsformen der Syphilis zu tun hat, erhebt sich die Frage, inwieweit sie der Infektions-
behandlurg einen Platz in ihrer Therapie einräumen kann, der Bakteriologe ur d
Hygieniker findet in der Parasitologie, den Immunitätsverhältnissen, den
methodischen Verbesserungen eine Reihe dankbarster Aufgaben, die rechtliche
Seite der Impfbehandlung wendet sich an den Gerichtsarzt und die Zukunft
verspricht dem Sozialpolitiker und Statistiker der Arbeit mancherlei. Wir
glauben von den Problemen der Paralysebehandlung durch Infektion weit-
verzweigte Fäden zur Biologie ziehen zu sehen und wenn nicht alles trügt, so
stehen wir noch ganz am Anfang unserer Kenntnis von all den Dingen, die nach
so kurzer Zeit als Tatsachen hingenommen sein wollen. Man verstehe dies nicht
falsch. Es wird sich darüber streiten lassen, ob die Infektionsbehandlung der
Paralyse ihren jetzigen Platz innerhalb der Therapie dauernd behalten wird.
Da es sich um ein empirisches Verfahren mit allen Fehlern und Gebrechen eines
solchen handelt, wird wohl einst eine Zeit kommen, in der man natürliche Heilfaktoren besser und sicherer beherrscht, wie mit Malaria und Rekurrens, die
uns heute als Fortschritt gelten. Ob man aber jenes therapeutische Prinzip so
schnell ganz zur Seite legen wird, das sich bei der Impfbehandlung auswirkt,
dies ist eine andere Frage.

Die Vielfältigkeit der unternommenen Aufgabe birgt neben manchen
Lockungen auch eine Gefahr in sich, die nicht zu unterschätzen ist. Die einschlägige Literatur ist unter solchen Voraussetzungen unübersehbar, ein jeder
Knoten ist so vielfältig gewunden, dass man jederzeit ins Uferlose geraten kann.
Man darf also weder eine umfassende Darstellung erwarten, noch Einzelheiten
suchen wollen. Gerstmann hat sich in glücklicher Weise und, wie es scheint,
nicht ohne Absicht beinahe ausschliesslich auf das beschränkt, was das Bedürfnis der Klinik fürs erste erfordert. Ich kann zwar der Versuchung nicht
widerstehen, meine Aufgabe etwas weiter zu fassen, möchte aber dadurch den
verlorenen Boden wieder gewinnen, dass ich ganz bestimmte, schon äusserlich
hinreichend gekennzeichnete Dinge erörtere. Dass eine über rein psychiatrische
Bedürfnisse hinaus erweiterte Betrachtung der Infektionsbehandlung berechtigt
und nicht etwa nur eine bequeme Ausrede ist, glaube ich beweisen zu können.
Während die ersten Jahre seit der allseitigen Anwendung der Infektionsbehandlung
hauptsächlich dazu dienten, die wichtigsten klinischen Tatsachen zu sichern
und das „Für und Wider" gewissenhaft abzuwägen, vollzieht sich in diesem
Punkte neuerdings ein gewisser Umschwung. Die letzte grössere wissenschaftliche
Debatte über die Impfmalaria und Impfrekurrens auf der diesjährigen Versammlung bayerischer Psychiater in München (1925) hat gezeigt, dass über die
wesentlichsten Dinge doch eine weitgehende Übereinstimmung der Autoren

besteht und neuere Veröffentlichungen unserer bekanntesten Namen bestätigen dies. Es ist kaum mehr nötig, nachzuweisen, ob die Impfbehandlung der Paralyse wirksam ist oder nicht, ob sie anderen Methoden nachsteht und wieweit eine Paralysebehandlung mit Malaria und Rekurrens angezeigt ist. Es scheint, dass die Impfbehandlung der Paralyse das zurzeit wirksamste Verfahren darstellt und dass sie Erfolge zeitigt, die auch die grösste Skepsis nicht hinwegzudeuten vermag. So ist also fürs erste eine gewisse feste Basis geschaffen, auf der sich alles weitere wird aufbauen können. Es handelt sich augenblicklich wohl mehr darum, aus diesem neu errungenen Erfolg grösstmöglichen klinischen Gewinn zu ziehen und ihn nach der methodischen und theoretischen Seite weiter auszubauen, als ihn zu rechtfertigen. Aus einem empirischen Verfahren soll ein biologisches im besten Sinne des Wortes werden. Damit dies gelingt, ist aber wohl eine eingehende Erörterung der Grenzfragen nicht zu umgehen. Denn gerade sie sind es, die eine Berührung mit gleichgerichteten Bestrebungen von allgemeinerem ärztlichen Wert ermöglichen. Einen zweiten, mehr persönlichen Grund habe ich noch, der mich zu einer Ausdehnung meines Stoffes veranlasst. Es ist dieser. Die Impfbehandlung ist, das mag mit einer gewissen Genugtuung festgestellt werden, ein rein psychiatrisches Verdienst. Es ist ein offenes Geheimnis, dass Vertreter anderer Wissenszweige der Medizin gerne mit einer gewissen Geringschätzung die Hilflosigkeit der Psychiatrie in Fragen der Behandlung betonen. Es liegen die Zeiten noch nicht allzuferne, in denen dieser Standpunkt sogar der durchschnittliche war. Kein Wunder also, wenn die Infektionsbehandlung zunächst mit etwas scheelen Augen angesehen wurde. Man glaubte zu diesem Misstrauen Grund genug zu haben. Die Methode war so neuartig, widersprach so sehr allen sonstigen therapeutischen Gepflogenheiten, sie kam von der Psychiatrie, der man gerne eine gewisse biologische Unkenntnis zugute hält und zuletzt: die Behandlung galt einem Leiden, das — wenigstens bei vielen — einem Todesurteil gleichbedeutend war. Vielleicht darf ein Erlebnis hier sprechen. Ich hatte in den ersten Jahren der Anwendung unserer Impfmalaria Gelegenheit, der Obduktion eines Paralytikers beizuwohnen, der nach mehreren Fieberanfällen verstorben war. Die Impfbehandlung war damals noch kaum in weiteren Kreisen bekannt. Der Leichenschauschein trug als einzige klinische Diagnose das Wort Paralyse und über Malaria fand sich kein Vermerk. Bei der Betrachtung der Organe stellte nun der zufällig anwesende Leiter der betreffenden anatomischen Abteilung eine Malariamilz und Malarialeber fest, was ihm sehr überraschend war. Ich gestattete mir daraufhin die Bemerkung, diese Malaria rühre von einer künstlichen Infektion her, die man zu Heilzwecken vorgenommen habe. Als Antwort kam ein allgemeines Gelächter und die Feststellung, es sei doch wirklich spasshaft, was die Psychiater alles fertig brächten! — Nun, es haben sich mittlerweile die Zeiten geändert und mit ihnen die Urteile der Allgemeinmedizin über die Infektionsbehandlung[1]). Sehr

---

[1]) Es darf in diesem Zusammenhang auch an eine Tatsache erinnert werden, auf die Weygandt vor kurzem aufmerksam gemacht hat. Als Wagner-Jauregg im Jahre 1887 seine ersten Paralytiker mit Malaria impfte, begegnete er in der Presse heftigen Anfeindungen. Ein Zeitungsliterat beging die Geschmacklosigkeit (sie möge seiner Unkenntnis zugute gehalten werden) von der „Bestie im Doktorhut" zu sprechen.

viel mehr ist aber im Augenblick noch nicht erreicht. Den nächstliegenden Schluss aus den Erfahrungen über die Infektionsbehandlung der Paralyse hat noch die Dermatologie gezogen, indem sie die Malaria und Rekurrens unter dem Vorgang Kyrles in der Paralysevorbeugung anwendet, wenn auch nicht allgemein. Die Erfolge scheinen diesen Schritt zu lohnen. So möchte man sich denn von Herzen freuen und den Wunsch aussprechen, andere ärztliche Fachgebiete möchten aus ihrer Zurückhaltung heraustreten und erneut versuchen, ob sich nicht bestimmte Anzeichen zur Verwendung der Infektionstherapie bei einigen chronischen Allgemeinleiden auffinden liessen. Dieser Gedanke ist zunächst schon allein historisch naheliegend. Es gab eine Zeit, in welcher man psychiatrische Feststellungen, wie die der Beeinflussung von Infektionskrankheiten und von Psychosen durch interkurrente fieberhafte Leiden nicht einfach achtlos zur Seite schob. Man erweiterte diese Beobachtungen zunächst mit grossem Eifer damals — und liess sie doch liegen. Ob die Schuld nun daran lag, dass Schulmeinungen dagegen standen? Das ist kaum anzunehmen. In den 80er und 90er Jahren des vorigen Jahrhunderts wurden eine Reihe von Beobachtungen durch praktische Ärzte in der Literatur mitgeteilt, die eklatante Besserungen von Lungenschwindsucht nach natürlicher Erysipelinfektion sahen. Wenn man die älteren Mitteilungen von Waibel, Schäffer, Schwimmer u. a. liest, die offensichtlich durch psychiatrische Arbeiten beeindruckt waren, so wird man etwas nachdenklich. Es handelte sich offenbar um schwer doppelseitige bazilläre Tuberkulosen, die ein jeder Arzt zu den Todeskandidaten zählen würde und die sich nach Gesichtserysipel so weitgehend besserten, dass sie voll berufsfähig wurden. Man staunt, wenn man diese Dinge liest und möchte zunächst an nichts glauben, als an die ärztliche Indolenz und Einseitigkeit, die immer wieder von neuem über diese Grundprobleme hinwegstolpert, die jedes Jahr ein neues Tuberkulin erfindet, statt das nachzuahmen, was die Natur uns vorweist. Ist es wirklich so? Auch das glauben wir nicht. Doch sehen wir zunächst weiter. Auch andere Infektionskrankheiten sind durch das Erysipel geheilt worden. Es ist in der älteren Literatur reichlich kasuistisches Material über Besserung syphilitischer Infektionen durch die Wundrose niedergelegt. Fälle dieser Art finden sich bei Falcone, Horwitz, Schwimmer, neuerdings bei Stückgold. In einem älteren Band des Zentralblattes für Gynäkologie findet sich eine Mitteilung über prompte Heilung der kindlichen Vulvovaginitis durch hinzugetretenes Erysipel. Sollte man das therapeutisch so freudlose Kapitel der kindlichen Gonorrhoe nicht daraufhin durchsehen, ob sich bestimmte Indikationen zur Anwendung der Infektionstherapie finden liessen? Nicht zuletzt ist es bemerkenswert, dass es auch in der Geschichte der chirurgischen Methodik eine Zeit gab, in der man die Anwendung einer Infektionsbehandlung bei den verschiedensten chirurgischen Affektionen für berechtigt hielt. Kein geringerer als Bruns hat sich über dieses Problem eingehend verbreitet. Man kann seinen lesenswerten Ausführungen das eine entnehmen: Dass die Infektionsbehandlung mit künstlichen Erysipel, wie sie Busch, Fehleisen und andere bei bösartigen Geschwülsten anwendeten, kein Allheilmittel ist, dass aber doch gewisse Erfolge als feststehend zu betrachten sind. So führt Bruns einige Fälle von inoperabelem Sarkom an, die zu denken geben und auch die günstige

Wirkung auf den Lupus, auf tuberkulöse Drüsenprozesse, Narbenkeloide und anderes anerkennt er durchaus. Man fragt sich heute: Ist es nicht an der Zeit, altes wieder neu erstehen zu lassen, Sarkome zwar nicht mit Erysipel, wohl aber mit der Impftertiana zu behandeln? Sind nicht jene rückständig gewesen, die dereinst über dem Impferysipel den Stab brachen? Wir glauben es nicht und möchten diesen Standpunkt mit besonderem Nachdruck betonen. Es ist noch nicht an der Zeit, von erweiterten Indikationen der Infektionsbehandlung nichtsyphilitischer Erkrankungen zu sprechen. Wir möchten nicht zu neuen therapeutischen Versuchen mit künstlichen Infektionen auf nichtpsychiatrischem Gebiet ermuntern, sondern im Gegenteil vor ihnen warnen. Man bedenke immer und immer von neuem, dass sich die Infektionsbehandlung auch heute noch im Stadium des Versuches befindet und dass ihr nichts so schwer Schaden zufügen kann, als wahlloses Herumprobieren, als kritiklose Besserwisserei und Vielgeschäftigkeit. Nicht das Wohl des Kranken hat man damit im Auge, auch nicht die wissenschaftliche Erkenntnis. Es geht um nichts als um Geltungsbedürfnis und um die Furcht, der andere möchte moderner sein, als man selbst. Es ist heute an der Zeit, nachdrücklichst vor einer Gefahr zu warnen, der man, wie es scheint, nicht sehr ferne steht und die man „wilde Infektionsbehandlung" nennen könnte. Man impft nicht nur — was sich noch einigermaßen rechtfertigen lässt — multiple Sklerosen und Schizophrene mit Tertiana. Auch Epileptiker, Choreatiker, Amyostatiker, Gonorrhoische sind vor der Impfmalaria nicht mehr sicher. Bei einer wissenschaftlichen Debatte wurde vor ungefähr zwei Jahren als einer der Hauptvorzüge der Impfmalaria und Rekurrens dieser genannt: dass man sie auch ambulant, in der Wohnung des Kranken, oder in irgend einem Krankenhaus am Paralytiker ausführen könne. Man bedenke, welche Folgerungen diese „Vorzüge" für den betreffenden Therapeuten haben könnten! Vielleicht ist man überrascht, wenn schon an dieser Stelle der Wunsch ausgesprochen wird, es möchte die Behörde derartige gefährliche Experimente bleibend unterbinden. Es möchte nun geschehen oder nicht: jedenfalls darf die klinische Reichweite der Infektionsbehandlung nicht unterschätzt werden und es ist dringend nötig, bei allen Erweiterungen der Impftherapie eine Berechtigung dazu doppelt zu prüfen.

Ich habe im vorstehenden die positive Seite meiner Aufgabe auseinandergesetzt. Sie besteht, wie ich sagte, in einer Darstellung der Infektionsbehandlung, soweit sie psychiatrische Interessen berührt. Dazu sei der Versuch unternommen, zu betrachten, wie die Impftherapie an einigen Stellen eine über unsere Fachwissenschaft hinausführende Bedeutung gewinnt. Vielleicht wird dieser zweite Punkt nichts sein als eine Anregung, eine der vielen, die gegeben werden und die dem guten Willen des anderen überlassen bleiben. So wenig ich aber glaube, dass in anderen zeitlich vorangehenden Darstellungen das letzte Wort über die Malaria und Rekurrens gesprochen sei, ebenso wenig glaube ich es von der meinen.

Und nun die negative Seite meiner Untersuchungen. Sie ist in der Beschränkung auf bestimmte, naheliegende Grenzen gegeben. Dazu kommt, dass ich in manchem als Laie auftreten muss. Meine Anschauungen selbst stützen sich auf eine mehrjährige Kenntnis des Gegenstandes. Wo sie mir lückenhaft erschien und wo andere Autoren ein bestimmteres Urteil erlangen konnten, werden die entsprechenden Ergänzungen gegeben werden. An einzelnen Stellen habe ich noch die Ergebnisse eigener Untersuchungen über bestimmte Fragen eingeflochten und sie etwas eingehender behandelt. Befremden wird, wie ich glaube, die subjektive Auffassung vieler Dinge. Ich hoffe, sie mit Gründen belegen zu können und würde es bedauern, wenn man polemische Absichten dahinter vermutete.

b) Geschichtliche Betrachtungen zur Infektionsbehandlung der Metasyphilis.

Die Geschichte der Impfbehandlung der Paralyse kann drei Zeitpunkte zum Ausgangspunkt ihrer Betrachtungen wählen, je nach den theoretischen Voraussetzungen, die man dieser Methodik zuerkennt. Es ist bekannt, dass seit geraumer Zeit in der Medizin Heilverfahren in Anwendung kamen, die nach neueren Auffassungen in der Art ihrer Wirkung der sogenannten Reizkörper- bzw. Proteinbehandlung nahestehen sollen. Man ist neuerdings noch einen Schritt weitergegangen und glaubt auch gewisse verwandtschaftliche Beziehungen dieser alten Heilverfahren zur Impfbehandlung annehmen zu dürfen, da schon bei rein äusserer Betrachtung der Dinge ein verbindender physiologischer Mechanismus vorhanden zu sein scheint. Gibt man solchen Erwägungen statt, dann besitzt die Infektionsbehandlung ein Alter, wie es kaum eine andere therapeutische Gepflogenheit haben dürfte. Dann wäre die Geschichte der Infektionsbehandlung gleichbedeutend mit der Geschichte der Reizkörperbehandlung, worunter augenblicklich solche Methoden zusammengefasst werden, die eine gemeinsame theoretische Basis auf Grund gewisser grob-klinischer Kennzeichen zu haben scheinen, die aber unseres Erachtens in keiner Weise sicher identische Vorgänge sind. Denn es ist von der Art ihrer Wirkung nur sehr Lückenhaftes und grob Sinnfälliges bekannt. Wohin eine solche geschichtliche Betrachtung führen würde, ist vorauszusehen: ins Endlose. Denn es liesse sich ein Buch mit Einzeldaten darüber füllen, wo und wann das Glüheisen, der Aderlass, die Blutübertragung, die Moxa, das Haarseil, die Fontanelle und die Authenriethsche Salbe angewandt wurden.

Der zweite Punkt, an dem die Geschichte der Impfbehandlung einsetzen kann, ist der Geburtstag des klinischen Paralysebegriffs. Bei dieser Betrachtungsweise entwickelt sich die Infektionstherapie aus und neben ungezählten Heilmitteln, die durch keine anderen theoretischen Bande miteinander verkettet sind, als durch das ihnen zugrundeliegende Bestreben, Beschwerden zu lindern und eine Krankheit zu beseitigen. Es liegt also nahe, die Geschichte der Impfbehandlung erst am dritten Wendepunkt zu beginnen, an dem zum ersten Male im wesentlichen jene Forderungen klar ausgesprochen wurden, die auch heute noch ihre theoretische und praktische Geltung in der Infektionstherapie besitzen. Es geschah dies an der Wende des vorigen Jahrhunderts durch Wagner-Jauregg. In der Tat ist das Jahr 1887, in welchem Wagner-Jauregg den Vorschlag machte, die Paralyse durch bewusste Übertragung eines virulenten Erregers auf den Kranken zu heilen, die erste und wichtigste Etappe auf jenem Wege, den man mit der unspezifischen Paralysebehandlung gegenwärtig beschreitet. Dieser Zeitpunkt möge den folgenden Betrachtungen im eigentlichen Sinne zum Ausgang dienen. Man weist gerne darauf hin, es sei schon im Altertum bekannt gewesen, dass Psychosen sich im Gefolge von interkurrenten Krankheiten besserten. Man fügt hinzu, die alten Ärzte hätten wohl auch Erfahrung besessen und hätten etwas gedacht, als sie Haarseil, Schröpfkopf, Transfusion, Fontanelle und Moxa anwendeten. Im Grunde komme sogar die Infektionsbehandlung von der Protein- bzw. Reizkörpertherapie her. Dem ist nicht so, glaube ich. Denn der Kernpunkt dieses Streites dreht sich wohl um die theoretischen Voraussetzungen und die praktische Ähnlichkeit all dieser Methoden mit der Impfbehandlung. Und da muss man sagen: praktische Ähnlichkeit mit der Malaria- und Rekurrensimpfung hat weder die Moxa, noch die Fontanelle, noch das Glüheisen, oder die Deuteroalbumosen-Spritze. Denn keine dieser Methoden macht praktisch das, was die Impfbehandlung tut, keine fügt zu einem pathogenen lebenden Keime im Wirtsorganismus einen zweiten lebenden Keim, um damit zu heilen. Was aber die theoretischen Voraussetzungen anlangt, welche Reizkörperbehandlung und Infektionstherapie verbinden sollen, so besteht ein solch tiefgreifender Unterschied, dass man ihn sich erheblicher kaum vorstellen kann. Ich lasse dahingestellt, ob Wagner-Jauregg ursprünglich überhaupt von weitgehenden theoretischen Vorstellungen ausging. Jedenfalls liest man in den ältesten Veröffentlichungen aus dem 17. und 18. Jahrhundert kaum etwas von der Heilwirkung des Fiebers, dafür um so mehr von giftigen Körpersäften, die abgezogen werden sollen und von der schwarzen Galle, die vom Gehirn abgeleitet wird. Die Proteinkörperbehandlung vollends hat, insoferne ihr nicht der Gedanke einer Immunisierung mit Bakteriengegengiften zugrunde lag, ein wesentlich jüngeres Alter wie die Infektionsbehandlung[1]).

---

[1]) Nun könnte von einem Kenner der geschichtlichen Tatsachen darauf hingewiesen werden, dass es lange vor Wagner-Jauregg Autoren gab, welche akute Infektionskrankheiten zu Heilzwecken bewusst übertrugen. Lange vor Wagner-Jauregg habe Rosenblum seine Infektionsversuche unternommen. Russische Autoren schlagen neuerdings vor, von einer Rosenblum-Wagnerschen Infektionsbehandlung zu sprechen, da Rosenblum die Priorität in dieser Angelegenheit zukomme. Hierauf ist folgendes zu sagen: Man verwechselt bei diesem Prioritätsstreit die rein historisch-zeitlichen Voraussetzungen der Infektionsbehandlung mit den sachlichen. Rein geschichtlich-deskriptiv liegen die Dinge so, dass wahrscheinlich die ersten Ärzte, die akute Infektionskrankheiten zu Heilzwecken übertrugen, die Franzosen Ricord und Després gewesen sind. Sie haben in den 60er Jahren das Erysipel künstlich übertragen (s. später). Es hat aber Frankreich keinen Grund, auf diese Tatsache allzu stolz zu sein, denn Ricord kam in der Kritik bei seinen gesamten Landsleuten ziemlich schlecht weg. Um jene Zeit, also zwischen den 60er und 80er Jahren, geht die Idee von der Beeinflussung unheilbarer Krankheiten durch akute Infektionen durch die gesamte medizinische Welt. Nicht nur Rosenblum bzw. Motschutkowsky lebten in diesen Vorstellungen. Auch Wagner-Jaureggs Lehrer Leidesdorf, in Deutschland viele Frauenärzte und Praktiker, vor allen Dingen die Chirurgen, wie Fehleisen, Busch, Bruns, der Psychiater Nasse, standen ihnen nahe. Es gab eine nichtpsychiatrische Ära der Infektionsbehandlung, welche sich im wesentlichen innerhalb der Chirurgie auswirkte und die im Grunde das in den Schatten stellte, was die Psychiatrie um jene Zeit in der gleichen Frage leistete. Von diesen Bestrebungen ist nichts übrig geblieben. Fehleisen und Busch verstummten, auch Ricord schwieg und von den Ideen Rosenblums hat sich in Russland nichts erhalten. Man darf an die russischen Autoren, die sich jetzt seiner

Obwohl diese Erwägungen eine isolierte geschichtliche Betrachtung der Impfbehandlung nahelegen, möchte ich dennoch in Kürze auf die alten unspezifischen Behandlungsverfahren der Psychosen eingehen und auch einiges über die historischen Beziehungen der Impfbehandlung zur eigentlichen Paralysetherapie bemerken. Ich tue dies der Vollständigkeit halber und auch deshalb, weil einzelne Beobachtungen den modernen Gedanken doch recht nahe waren, ohne dass man das ahnte. Zudem hat Wagner-Jauregg in seinen ersten Veröffentlichungen auf einzelnes Bezug genommen. Dass Geistesstörungen und körperliche Leiden durch Hinzutreten einer Infektion sich weitgehend zu bessern vermögen, ist eine Beobachtung, die in der Geschichte der Heilkunde weit zurückliegt. Schon bei Hippokrates finden sich einige Bemerkungen, die sich in diesem Sinne deuten lassen. Auch Celsus spricht davon. Etwas deutlicher drückt sich schon Galenus aus, der über die Heilung eines melancholischen Zustandbildes durch eine Quartana berichtet. Selbstredend lässt sich die Art dieser Psychose nicht mehr feststellen und es ist auch nicht erweislich, ob nicht eine blosse Hysterie vorlag. Wenn wir z. B. bei Hippokrates lesen, dass der tobende Kleidersäuberer von Syrus nach der Behandlung mit dem Glüheisen zu zittern anfing, seine Stimme weich und melancholisch wurde und dass die Krankheit einige Tage danach ohne Schweissausbruch geschwunden sei, dann wird man wohl kaum in diesem Falle an eine Psychose denken, die durch die Fiebertherapie gebessert wurde.

Eberhard Gockel (*1636 zu Ulm, Leibarzt und Physikus daselbst) wandte ihrem Wesen nach unklare Hautkrankheiten zur Behandlung der Melancholie an. Er findet sogar, dass der einzig mögliche Weg zur Heilung der sei, dass man den melancholischen Blutstoff entweder ablasse, oder in Form eines Hautausschlages, einer Krätze, gleichsam auf der Haut niederschlage.

Franz Nicholls (Mitte des 17. Jahrhunderts) hält jede Art von Krisis und Nervenfieber für den günstigen Verlauf von Psychosen für belangreich und er rät zur Anwendung aller möglichen Reizmittel. Man ist allerdings sehr enttäuscht, dass man beim Weiterlesen in Gesellschaft dieser guten Gedanken die folgenden findet: „Wenn man den ersten Bewegungen des monatlichen Geblütes mit Aderlass und anderen Arzneimitteln allzu sehr widersteht, dann ärgert sich die Seele über diese unbedachte Hilfe, wodurch sie in ihrer Arbeit gestört wird und will sich hernach gar nicht wieder zu dieser Reinigung herbeilassen. In manchen Fällen ist die Seele sehr klug. Sie teilt den Ausschlag der Pocken in 4 Tage ein, damit das Fieber bei der Reife sich auch in 4 Tagen verteilen und also weniger heftig sein möge. Stirbt das Kind einer Wöchnerin, so bleibt die Milch weg, weil die Seele weiss, dass sie nicht nötig ist".

---

erinnern, die Frage stellen, warum sie ihren Landsmann nicht früher fanden und warum Rosenblum trotz seiner angeblichen Erfolge nicht unentwegt auf der Bahn fortging, die er beschritten hatte. Wir halten es für unrichtig, Wagner-Jaureggs Priorität in der Frage der Infektionsbehandlung zu bestreiten. Gewiss hat er eine Mitgift von therapeutischen Ideen auf seinen Werdegang in sich aufgenommen, von denen auch andere wussten und die nun ihre Früchte tragen. Aber Wagner-Jauregg hatte auch den Mut, an ihnen festzuhalten und sie auszubauen, sie unter anderen Gesichtspunkten zu betrachten und immer wieder auf das gleiche Ziel zu streben. Es zeigt sich in diesem Punkte, dass die Welt nicht nur von guten Einfällen und, um ein kantisches Wort zu gebrauchen, von „Genieschwüngen" lebt, sondern ebenso sehr von Ausdauer und Sicherheit der Bestrebungen.

Friedrich Hoffmann (*1616. Medicin. ration. system. Tom IV Pars IV) berichtet, dass mehrere Irre durch das Hinzutreten eines Hautausschlages geheilt worden seien und meint, dies sei ein Beweis für die Nützlichkeit der Fontanellen, des Glüheisens und chronischer Hautkrankheiten.

M. G. Thilenius (Medic. u. chirurgische Bemerkungen Frankfurt 1789 S. 233ff) heilte einen Alkoholiker durch Brechmittel, Blasenpflaster und Kanthariden. Einem anderen erregten Kranken impfte er durch Tragen von infizierten Handschuhen Krätze ein und hat ihn angeblich damit hergestellt, so dass er schon am 10. Tage entlassen werden konnte.

Mutzel (Medicin. u. chirurg. Wahrnehm. II. Sammlung S. 60, Leipzig 1791) beobachtete einen Kranken, der wie eine Bildsäule starr stand, nichts ass, nichts trank, durch schmerzhafte Mittel nicht zu wecken war und der keinen Laut von sich gab. Er impfte ihm „Krätze" ein. Am 3. Tage nach der Impfung entstand ein Gefässfieber, am 7. Tag brach die Krätze aus und am 9. Tage fing der Kranke wieder zu reden an. So sei er langsam genesen und auf ähnliche Weise sei auch ein anderer Blödsinniger geheilt worden.

C. F. Reuss (Dispensat. universal. Argent. Th. II S. 232) schilderte die Heilung erregter Geisteskranker durch Einimpfung von Pocken: Casus quoque exstant inoculationem variolarum maniacis applicatam, eos plane liberasse a statu eorum mentis corrupto et restituisse eos in pristinum statum sanum, superatis variolis istis inoculatis, modo tam felici.

Ph. Pinel (Philos. med. Abhandlungen über Geistesverwirrungen oder Manie. Übersetzt von M. Wagner, Wien 1801) sah eine Besserung des Zustandes bei zwei erregten Psychosen nach Mumps und nach Gelbsucht. Er warnt aber vor allzu früher Entlassung solcher Kranker in die Familie, da sie noch lange eine erhöhte Reizbarkeit beibehielten.

Der englische Arzt Monro am Bethlem-Hospital hat in seinen Bemerkungen zu Batties psychiatrischen Abhandlungen (Remarks on Dr. Batties treatise on madness London 1758) einige Fälle mitgeteilt, wo psychisch Kranke nach schweren körperlichen Leiden, vor allem nach Wechselfieber, geheilt wurden.

J. C. Reil (1803) empfiehlt bei Psychosen den Brechweinstein und die Krätze. Seine Ausführungen sind stark von theologisch-spekulativen Entgleisungen durchsetzt, enthalten aber doch wohl manchen Gedanken, der mittlerweile Dutzende von Malen als Neuerrungenschaft verausgabt wurde.

Auch Chiarugi (Abh. üb. d. Wahnsinn. A. d. Ital. übers. Leipzig 1795) sah bei Melancholischen Erfolge durch Infektionen, Hautausschläge, Fussleiden und Krätze, was auch Boerhaave und Sydenham bekannt war.

Diese in der älteren psychiatrischen Literatur verhältnismäßig spärlichen Angaben über den Einfluss interkurrenter Infektionskrankheiten auf den Verlauf von Psychosen häufen sich nun seit dem 19. Jahrhundert zusehends. Wagner-Jauregg hat, einer Arbeit von Nasse folgend, in seiner ersten Abhandlung über diesen Gegenstand (1887) eine Fülle von Einzelbeobachtungen zusammengetragen und durch eigene Beiträge noch ergänzt, wovon folgendes ausgeführt sei:

Im Verlauf von Typhusepidemien sah Bach unter 11 Fällen 10 Heilungen, Schlager unter 11 Fällen 6 Heilungen. Über einzelne Fälle berichteten Kelp, Nasse, Flemming, Sponholz sen., Krafft-Ebing, Pick u. a. Wagner-Jauregg selbst berichtet ausführlich über eine Defektpsychose, die im Anschluss an einen Typhus eine etwa halbjährige weitgehende psychische Besserung zeigte, dann aber wieder rückfällig wurde. Bei einer Choleraepidemie beobachtete Woillez unter seinen Kranken 6 Heilungen oder Besserungen, Sponholz jun. bei der gleichen Krankheit eine weitgehende Besserung einer agitierten Psychose bei einem jungen Mädchen. 2 weitere Fälle stammen von Fischel und Pick. Sehr zahlreich sind die Berichte über Besserung oder Heilung von Geisteskranken nach Rekurrens. Als erster berichtet Koester in seiner Dissertation über 24 Fälle, unter denen 2 Genesungen und 7 Besserungen zu verzeichnen waren. Dann sah Jakobi (zit. n. Griessinger, Lehrb. d. psych. Krankh. p. 189) 3 Fälle von chronischer Geistesstörung, bei denen nach Rekurrens das psychische Befinden sich erheblich besserte. Esquirol, Amelung, Franqué und Berthier haben Einzelbeobachtungen gleicher Art gemacht. Dagegen bemerkte Gaye bei Rekurrens-Superinfektion nur selten einen eindeutigen Erfolg. Wichtig ist wegen der verhältnismäßig reichen Kasuistik der klinische Beitrag von Nasse. Seine Feststellungen belaufen sich auf 68 Psychosen mit einwandfreier Rekurrens. Auf diese fallen 3 Verschlechterungen, 7 kurze Besserungen, 14 länger anhaltende Besserungen, 3 dauernde Remissionen 2 völlige Heilungen. Auf die von Oks referierten Beobachtungen Rosenblums soll weiter unten eingegangen werden. Weniger eindeutig sind die Berichte über Heilerfolge nach Variola. Zwar haben Leidesdorf, Münzenthaler, Nasse, Schlager u. a. über einzelne gebesserte Fälle berichtet und es fand sich unter ihnen auch ein Paralytiker: dem stehen aber negative Resultate von Gaye (13 Fälle), aus der Irrenanstalt Feldhof (26 Fälle und von Wagner-Jauregg 1 Fall Paralitiker) gegenüber. Köstl berichtete auf einer Naturforscherversammlung in Wien über einzelne beginnende Paralysen, die er durch Pockenlymphe weitgehend gebessert hatte. Bei Nachprüfung dieser Angaben kam Sponholz sen. zu einem ablehnenden Ergebnis.

Dürftig, jedoch ziemlich eindeutig sind die klinischen Daten über Besserungen nach Masern und Scharlach. Fiedler teilt 2 Fälle von Paralysenheilung nach Scharlach mit. Sponholz sen. sah eine dauernde Remission. Schröder van der Kolk erwähnt die Heilung einer Manie nach Hinzutritt einer Maserninfektion.

Erysipel und Eiterungen: Wagner-Jauregg bringt in seiner erstmaligen Mitteilung 2 ausführliche Krankengeschichten weiblicher Psychosen mit depressiv-ängstlichen Erregungszuständen und halluzinatorischen Ergebnissen, die nach Gesichtserysipel teils heilten, teils weitgehend gebessert wurden. In 2 von diesen Fällen wird die Diagnose nicht sicher gestellt werden können, der dritte Fall betraf eine Schizophrene. Oebeke berichtet über einen Patienten mit progressiver Paralyse, der nach Erysipel bis zur Entlassungsfähigkeit remittierte. Weitere Einzelbeobachtungen sind von Berthier, Sponholz sen., Sander, Fritsch, Landerer, Lehmann u. a. mitgeteilt. Über Besserungen von krankhaften psychischen Zuständen nach Phlegmonen und anderen bakteriellen Infektionen finden sich Zusammenstellungen in den Arbeiten von Nasse[1]), Gauster, Doutrebente u. a. Selbstredend wurden gegensätzliche Ansichten häufig genug geäussert. So wurde z. B. erörtert, weshalb man denn bei schwer Kachektischkranken mit Dekubitus nicht viel häufiger Besserungen ihres psychischen Leidens sähe, weshalb vielmehr gerade dann häufig der Tod in nächster Nähe stehe. Ein Dekubitus sei doch auch eine chronische Eiterung, die unter Umständen recht lange anhalten könne, die aber das psychische Befinden, wie die Erfahrung lehre, kaum merklich beeinflusse. Man übersah bei diesem Einwand wohl, dass derartige Dekubitalgeschwüre unter anders gelagerten Immunitätsverhältnissen entstehen, dass sie ein gewisses Darniederliegen der Abwehrkräfte im Organismus anzuzeigen pflegen, dass daher in solchen Zuständen eine Remission nicht mehr erwartet werden darf.

Es gab übrigens, wie bereits in der Einleitung angedeutet, eine Zeit, in der die Beeinflussung nicht psychotischer Erkrankungen durch das interkurrente Erysipel eine bedeutsame Rolle in der Therapie spielte. Es existieren darüber in der älteren nicht-psychiatrischen Literatur eine Unsumme von Einzelmitteilungen. So sah Biedert (D. Medizinalzeitg. 1886 Nr. 4) Heilung eines Rundzellensarkoms der Mund-, Nasen- und Rachenhöhle durch Erysipel. Legrand (Rev. med. 1848 n. Schmidts Jahrb. Bd. 63 S. 178) beobachtete, dass skrophulöse Lymphknoten nach interkurrentem Erysipel sich zurückbildeten, ähnliches sah Ricochon (Gaz. hebdom. 1885 Nr. 26) von leukämischen Lymphomen. Schwimmer (Österr. med. chir. Presse 1887 Nr. 37) und Winternitz (Prager med. Wochenschr. 1887 Nr. 10) berichten ähnliches vom Lupus, desgleichen Cazenave, Busch, Hebra, Volkmann u. a. Nach Hoffmann, P. Frank, Blasius, Volkmann sollen sich

---

[1]) Siehe auch: Der Irrenfreund. Jg. 1865.

verschiedene chronische Hautkrankheiten, alte Geschwüre und Fisteln, die jeder
Behandlung trotzten, durch Hinzutritt eines Erysipels überraschend bessern und
ausheilen. Man hat sogar aus diesen Tatsachen schon lange vor Wagner-Jaureggs
Impfversuchen die entsprechenden Konsequenzen gezogen und das Erysipel zu
Heilzwecken künstlich übertragen. Derartige Versuche stammen von den Franzosen
Ricord und Despres (zit. n. Bruns), später wurden sie von W. Busch und Fehl-
eisen (Ätiologie des Erysipels 1883) aufgenommen. Man behandelte mit diesen
Mitteln inoperable Tumoren, Narbenkeloide, Hautaffektionen. Die Impfung wurde
so vorgenommen, dass man entweder die zu impfenden Kranken in die schmutzigen
Betten von Patienten mit eiternden Wunden legte, oder nach Skarifikation der Haut
kleine Mengen von Bouillonkultur der Erysipelkokken übertrug. Die Erfolge waren
teilweise sicher überzeugend, in anderen Fällen unbefriedigend, es kamen auch
Todesfälle an Impferysipel vor. Siehe z. B. Janicke, C. Bl. f. Chirurgie 1884 Nr. 25.
Jedenfalls fand diese erste nicht-psychiatrische Phase der Infektionsbehandlung mit
der kritischen Besprechung von Bruns ihren einstweiligen Abschluss.

Mit den vorstehenden Ausführungen glaube ich die wesentlichsten klinischen
Daten angeführt zu haben, die mit der heutigen Infektionsbehandlung in direktem Zu-
sammenhang stehen und die den Arbeiten Wagner-Jaureggs und den bekannten
Beobachtungen von Rosenblum vorausgehen. Damit wäre der erste Abschnitt der
Geschichte der Infektionsbehandlung hinreichend gekennzeichnet. Aber es verläuft in
ihm noch eine zweite Linie, weniger deutlich und vielmehr in indirekter Berührung
mit dem Kernpunkt der Impftherapie. Es ist dies die Reihe jener unspezifischen
Behandlungsverfahren, wie sie seit Jahrhunderten im Glüheisen, der Moxa, dem
Haarseil, der Bluttransfusion usw. in Gebrauch waren. Ich habe bereits erwähnt,
dass sie zur Geschichte der Infektionsbehandlung nur indirekten Bezug haben und
dass es fraglich ist, ob man diese Methoden alle auch nur annähernd auf die gleiche
theoretische Grundlage bringen kann. Am ehesten möchte man dies noch von grob
mechanischen Verfahren annehmen, die auf die Erzeugung und Unterhaltung
chronischer eitriger Prozesse abzielten. Weniger sicher wird die Sache aber schon
bei der Transfusion und dem Aderlass. Ganz verwaschen ist vollends der innere
Zusammenhang der Wirkung blosser Hautreizmittel, wie Senfpflaster, Kanthariden,
Brennessel mit der Malaria- und Rekurrensbehandlung. Es ist zunächst wohl nicht
viel mehr als eine Redensart, wenn man die Kluft durch die Annahme einer Störung
im kolloidalen Zustand des Organismus und ähnlichem zu überbrücken sucht. Wir
glauben, es sei oft genug ausgesprochen worden, unsere gesamte Therapie sei doch
eine Reizbehandlung und bewirke Störungen des kolloidalen Gleichgewichtes. Wenn
wir also im folgenden die alten physikalischen und chemischen Heilmethoden im
Zusammenhang mit der Geschichte der Infektionsbehandlung betrachten, so geschieht
dies in Wahrung einer gewissen Tradition, nicht aber aus der Überzeugung, als sei
alles dasselbe oder miteinander genetisch hinreichend verbunden. Die folgenden
Methoden spielten in der alten Psychiatrie eine besondere Rolle:

1. Das Haarseil (Setaceum). Man legte es ausschliesslich im Nacken an und
zwar in der Weise, dass man eine ziemlich breite Hautfalte an ihrem Fusse mit einer
besonderen Nadel durchstach. Diese war gebogen, annähernd von der Form einer
Pfeilspitze und trug an ihrem stumpfen Ende eine breite Öse, in die das Haarseil
eingezogen wurde. Das Haarseil war ein breites Band aus Wolle, Seide oder Leinen
von der Länge eines halben Meters, mit ausgefransten lockeren Rändern an beiden
Längsseiten. Nach Durchstechung der Haut mit der Haarseilnadel wurde das Band
in der Weise durch den Stichkanal gezogen, dass das eine Ende der Schnur eben
noch an der Ausstichstelle zu fassen war, während der Rest der Schnur an der Einstichstelle in der Länge von etwa 40 cm herabhing. Nun löste man das Haarseil
aus der Nadel, band die beiden Enden über der Decke des Stichkanals zu einem
Knoten oder rollte sie auf und befestigte sie mit Heftpflaster auf der Rückenhaut.
Über der Wunde wurde ein Schutzverband angelegt. Nach einigen Tagen setzte
eine Fremdkörperentzündung ein, die Stichwunde sonderte ab und die Sekrete
zersetzten langsam das Haarseil. Man wechselte dann den Verband, zog das Band

weiter durch die Wunde nach, so dass immer neue Stellen unter der Haut lagen. Reichte die Länge der Schnur nicht mehr aus, so nähte man an einem Ende ein weiteres Stück an. So war es möglich, eine monatelange Eiterung zu unterhalten, ohne dass ein Verschluss der Wunde möglich war. War die Absonderung aus dem Stichkanal nicht stark genug, so bestrich man die Umgebung noch mit Hautreizmitteln oder legte Blasenpflaster auf (Enge, Stintzing). Das Verfahren der Behandlung mit dem Haarseil ist sehr alt und wurde bei allen möglichen körperlichen und psychischen Leiden angewendet. Woher es stammt, konnte ich nicht ermitteln. Es scheint in der ersten Hälfte des vorigen Jahrhunderts seine hauptsächlichste Bedeutung für die Psychiatrie erlangt zu haben, wurde aber noch von De Forest und von Mabille in den achtziger Jahren empfohlen.

2. Die Moxa (japan. mogusa). Dieses den alten japanischen Ärzten wohlbekannte Behandlungsverfahren[1]) wurde zunächst bei Gallensteinleiden angewendet, zusammen mit örtlichen Skarifikationen an der Stelle des stärksten Gallensteinschmerzes. Auch in Verbindung mit dem Glühstift wurde es gebraucht. Die erste Nachricht von der Moxa scheint in den „Amoenitates exoticarum" von Kämpfer (Lemgoviae 1712) vorzuliegen, wo sich folgende Notiz findet:

Moxa lanugo est, sive stupa mollicula, coloris cinerei, concipiendo igni aptissima, coque admisso moderate gliscens, scintilla minus conspicua, ardore temperato, progressu lento, donec in favillam tota depasta sit. Conficitur ex Artemisiae vulgaris (latifoliae) adhuc dum novellae foliis exsiccatis, longo tempore in aere suspensis et obsoletis. Colligitur vero ad moxam eliciendam Artemisia non omni promascue tempore sed eis tantum diebus, quibus ex astrologorum raticinio Caeli benignitas eandem astrorum virtute quam maxime foecundavit.

(Die Moxa ist eine Art Wolle oder weiche Baumwolle von grauer Farbe, die sehr leicht entzündbar ist und nach dem Anbrennen mäßig stark fortglimmt. Der glimmende Funke ist nicht sehr erheblich, entwickelt geringe Hitze und schreitet langsam voraus, bis alles zu Asche zerfallen ist. Man stellt die Moxa aus den Blättern der jungen breitblätterigen Artemisia vulgaris her, nachdem man sie lange Zeit an der Luft aufgehängt und getrocknet hat. Es wird übrigens die zur Herstellung der Moxa dienende Artemisia nicht zu jeder beliebigen Zeit gesammelt, sondern ausschliesslich an jenen Tagen, an denen nach dem Spruche der Sterndeuter die Gunst des Himmels sie so reichlich wie möglich mit der Macht der Gestirne ausgestattet hat.)

Aus dieser kurzen Schilderung ist schon annähernd ersichtlich, um was es sich bei der Moxa handelte. Sie bestand aus einem pflanzlichen Stoffe, der in mehreren Lagen auf die Haut gebracht oder in Form eines Zylinders in einer Messinghülse aufgesetzt wurde. Sodann wurde die Substanz in Brand gesetzt, sie glimmte langsam nach Art des Feuerschwammes ab und erzeugte auf ihrer Unterlage eine Verbrennung mäßigen Grades. Diese Originalvorschrift erfuhr im Laufe der Jahrzehnte eine vielfältige Änderung. Ein jeder Arzt hatte da seine eigene Gebrauchsanweisung und seine Spezialität, auf die er eingeschworen war. Man änderte und verbesserte so lange, bis das Ergebnis mit dem Ausgangsverfahren nur noch den Namen gemeinsam hatte. Von den vielen Moxarezepten, die es gab, sollen hier nur zwei erwähnt werden: die Papiermoxa und der Moxenhammer. Die Papiermoxen, die Breschet verwendete, waren kleine, 15—18‴ lange, 3—6‴ breite Zylinder von zusammengerolltem Papier, die mit einer Lösung von neutralem Kaliumchromat getränkt wurden. Die so vorbereiteten Zylinder sollen sehr gleichmäßig ohne weiteres Zutun bis zum Ende abbrennen. Eine andere Vorschrift gibt Marmorat. Er taucht Papier in basisch essigsaures Blei und trocknet dann. Das Papier soll ungeleimt oder schwach geleimt sein. Hieraus wird ein locker oder fest gerollter Zylinder gedreht, der je nach der Art der Wicklung langsamer oder rascher abbrennen soll. Man kann sich des gleichen Zylinders zur Applikation mehrerer Moxen bedienen. Der Zylinder wird brennend der Haut aufgesetzt. Um ungewollte Brandwunden zu vermeiden, wird die Moxenhülse an der Basis quer mit einer Nadel durchstochen, die man in ein Stückchen

---

[1]) Siehe z. B. Pagel, Gesch. d. Med. Bd. I S. 31, Berlin 1898.

Holz als Griff einsticht. Andere Autoren verwenden Kaliumnitrat bzw. Kaliumchlorid als Imprägnationsmittel für die Papiermoxen. Ganz anders sieht der Moxenhammer aus, der gleichfalls von dem oben erwähnten französischen Arzte Breschet angegeben wurde. Das Instrument bestand aus einem eisernen Hammer, der nach Art des chirurgischen Hammers auf beiden Seiten verwendbar war und einen hölzernen Stiel besass. Man brachte das Metall 1—2 Minuten in kochendes Wasser, hierauf wurde die Hammerscheibe einige Sekunden lang auf die Haut aufgesetzt. Ging die Verbrennung nicht tief genug, so wiederholte man das Aufsetzen des Hammers noch ein bis zwei Male. Schmerzhaft sollte nur das erstmalige Auflegen des Hammers sein. Es hat vielleicht ein gewisses Interesse, hier an einem Beispiel zu zeigen, mit welchen theoretischen Vorstellungen und mit welcher Indikation man an die Anwendung der Moxa heranging. Sadler schreibt in seinem Aufsatze: „Über die Anzeige zur Anwendung der Moxa" folgendes: Die allgemeinen Wirkungen der Moxa sind 1. antierethisch, 2. rein dynamisch, 3. belebend, 4. revulsorisch, 5. zurückbildend.

Ad 1. Bei Krankheiten mit grosser Schwäche und Aufregung, besonders der Schleimhäute, Atmungs- und Verdauungswerkzeuge, wo wir im Innern einen lebensgefährlichen Reizzustand vermuten. Wo innere Mittel nichts helfen oder nicht vertragen werden. Wo der Kranke für Blutegel und Vesikantien zu schwach ist. Ad 2. Rein dynamisch in schmerzhaften Krankheiten, sowohl da, wo von keiner Metastase oder Ablagerung die Rede ist, als auch, wo zwar Verdacht auf Dyskrasie vorhanden ist, diese aber weder ihren spezifischen, noch anderen Heilmitteln weichen will. Ad 3. Belebend zeigt sich die Moxa bei Lähmungen. Ad 4. Revulsorisch sah sie der Verfasser wirken bei Vereiterungen der Lungen und des Ovariums. Ad 5. Zurückbildend bei Magenverhärtung, Obstruktionen, Aneurysmen.

In diesem Tonfall geht es weiter. Man möge daraus ersehen, dass in der Tat so gut wie keine Gegenindikation zur Anwendung der Moxa bestand. Jedenfalls gab es praktisch kaum ein Leiden, das vor der Glimmhülse sicher war. Man mag darüber lächeln, man sollte sich aber daran erinnern, dass es heutzutage mit dem Gebrauch der sog. Reizkörpereinspritzungen und der unspezifischen Behandlung kaum besser bestellt ist und dass unsere Kenntnis von den Heilwirkungen dieser Methoden nach 100 Jahren ebenso dunkel geblieben ist, wie ehedem[1]). Neben der Anwendung der Moxa wurde noch ein anderes Mittel zur Erzeugung eiternder Wunden gebraucht. Es ist dies

3. Die Fontanelle. Bei Allgemeinleiden wurde sie am Kopfe oder in der Lebergegend, wohl auch an der Wirbelsäule erzeugt. Sonst am Orte der Erkrankung, bzw. in seiner Nähe. Ältere chirurgische Werke empfehlen beinahe für jedes Leiden eine andere Art der Körperfläche zur Erzeugung von Fontanellen. Viel gebraucht wurden bestimmte Knochenvorsprünge der Extremitäten, das Olekranon, der Ulnakopf, die Malleolen. Entweder durch Blasenpflaster, oder durch Höllenstein, dann und wann auch durch Glüheisen und die Moxa wurde zunächst eine eiternde Wunde geschaffen, die man gegebenenfalls durch Authenriethsche Salbe erweiterte und vertiefte. Um eine Annäherung der Wundränder zu verhindern, legte man das Geschwür mit Erbsen, gekochten Kieseln oder Wachskugeln aus. Grössere Fontanellen trugen bis zu 30 und 50 Erbsen auf ihrem Grunde. — So sehr wir bei unseren gegenwärtigen Anschauungen geneigt sind, die Wirkungsweise der Fontanelle etwa mit der einer Moxe oder des Glüheisens gleichzusetzen, ebenso streng unterschieden die alten Ärzte unter all diesen Verfahren. Oft kann man alte therapeutische Notizen finden, in denen zu lesen ist, dass die Fontanelle bei diesem oder jenem Leiden mit durchschlagendem Erfolg gebraucht wurde, während alles andere versagte, das Haarseil, die Brechweinsteinsalbe und die Moxen. Kein Wunder, wenn jede Methode ihre gläubigen Anhänger hatte, die an dem, was der andere machte, kein gutes Haar liessen und bei denen es nur ein Allheilmittel gab: die Fontanelle.

---

[1]) Zur Geschichte der Moxen siehe: v. Reichert, Ein Beitrag zur Geschichte der Moxe. Rohlfs Arch. 1879, II. Valentin, Historia moxa 1650.

4. Die Authenriethsche Salbe und ähnliche Verfahren. Die Einreibungen des Schädels mit ätzenden Salben haben in der älteren Psychiatrie eine so bedeutsame Rolle gespielt, dass es angezeigt erscheinen dürfte, etwas eingehender die Geschichte dieser Behandlungsmethode zu betrachten. Gewöhnlich wird Jacobi als der erste Autor bezeichnet, welcher die Schädeleinreibungen bei Paralyse empfahl. Doch ist diese Behauptung sicher unzutreffend. Es lässt sich leicht beweisen, dass die Brechweinsteinsalbe schon lange vor Jacobi eine angesehene Stellung im therapeutischen Rüstzeug des Psychiaters hatte und dass gerade Jacobi zu Zeiten nachdrücklichst vor der lokalen Anwendung des Tartarus stibiatus warnte[1]). Wenigstens hat er dies in früheren Jahren getan; später stand er etwas weniger ablehnend der Methode gegenüber. Tatsache ist, dass schon im Jahre 1819 von Kranken in einem Würzburger Spital berichtet wird, sie zeigten infolge der Behandlung mit Brechweinsteinsalbe schwere Perforationen der Scheitelknochen. Man wird annehmen dürfen, dass die Schädeleinreibungen mit Ätzsalben im letzten Viertel des 18. Jahrhunderts sicher von Irrenärzten angewendet wurden. So warnt Pargeter (zit. n. J. B. Friedreichs Literärgesch. d. Path. u. Therap. psych. Krankh. Würzburg 1830) vor der Methode, auch bei Haslam (ebenda) finden sich Notizen darüber. Seit der Mitte des 19. Jahrhunderts fand die Brechweinsteinbehandlung ziemlich ausgedehnte Verbreitung, nachdem Jacobi und nach ihm Snell einige Erfolge mit ihr erzielt hatten. Jacobi berichtete über 10 Fälle mit 2 deutlichen Remissionen, Snell sah bei 5maliger Anwendung des Ungt. stibio-Kali tartarici nur einmal einen sicher kausal auf die Therapie hinweisenden Erfolg. Etwas reichhaltiger war schon das statistische Material von Madelung, der über 19 Fälle aus eigener Anschauung berichtete. Trotzdem kam das Behandlungverfahren schon frühzeitig in Misskredit. Auch die Beobachtungen von Amelung mahnten zur Vorsicht. Erst L. Meyer lenkte die Aufmerksamkeit erneut auf den Gegenstand. Von 15 mit Schädeleinreibungen behandelten Paralytikern erzielte er in 8 Fällen Heilung bzw. sehr weitgehende Besserungen. Es folgte dann im Jahre 1882 die Veröffentlichung von Oebeke, der wenig eindeutige Ergebnisse erzielte. Statt der Authenriethschen Salbe verwendete er das Ungt. acre, das sich folgendermaßen zusammensetzte: Hydrary. bichlorat. corros., Cantharid., Liqu. stib. chlorat. $\overline{aa}$ 1,0, Ungt. basilic. 4,0. Über die Originalmethode und ihre Handhabung erfahren wir durch Jacobi und aus Pelmans berühmten: „Erinnerungen eines alten Irrenarztes". Pelman sagt hier[2]): Das Verfahren war folgendes: Zunächst wurde auf der Höhe des Scheitels und zwar gerade dort, wo sich die Naht des Scheitels mit der Stirnnaht begegnet, ein talergrosses Stück ausrasiert und mehrmals täglich mit einer starken Quecksilbersalbe eingerieben. Dies wurde solange fortgesetzt — etwa 3 bis 5 Tage —, bis die Haut des Schädels aufgetrieben, die Augen verschwollen und das Gesicht bis zur Unkenntlichkeit verstrichen war. Dann wurden die Einreibungen eingestellt und die Einreibungsstelle mit feuchtwarmen Breiumschlägen behandelt. Mittlerweile war das eingeriebene Stück der Kopfhaut schwarz und brandig geworden und fing an, sich unter dem Einflusse der warmen Umschläge loszulösen, bis man es mit der Pinzette fassen und herausnehmen konnte. War die Einreibung gut gemacht und in jenen Tagen war das durchwegs der Fall, dann war das Loch scharfrandig, wie mit dem Meissel ausgestemmt und man sah auf dem Grunde den blanken Schädel mit seinen verschiedenen Nähten freiliegen. Die Heilung der Wunde dauerte eine längere Zeit. Zunächst stiess sich die der ernährenden Knochenhaut beraubte äussere Schädelplatte ab und die Einwirkung der Salbe war so gewaltig, dass ihr nicht selten die innere Schädelplatte folgte. Die harte Hirnhaut lag alsdann frei, ohne jeden weiteren Schutz und man konnte ihr Pulsieren sehen. Wenn dann ein solcher Kranker in Streit mit seiner Umgebung geriet und es zu Handgreiflichkeiten kam, dann konnte man sich und zwar mit Recht, der Besorgnis nicht verschliessen, dass ein unglück-

---

[1]) Siehe dessen Werk: Die Hauptformen der Seelenstörungen, Bd. 1, Leipzig 1844, S. 794 ff.

[2]) zit. nach Weichbrodt.

licher Schlag das schlecht geschützte Gehirn treffen und dem ganzen Kurverfahren
ein vorzeitiges Ende bereiten würde. Es ist mir bis auf den heutigen Tag eigentlich
unerklärlich, dass dergleichen nie vorgekommen ist und ebenso, dass mit dem un-
glaublich rohen und jeder chirurgischen Vorsicht baren Verfahren kein direkter
Schaden verbunden war. Wohl befanden sich die Kranken während der Schwellung
recht schlecht und waren schwer krank, mit der Abschwellung des gewaltigen Ödems
aber kehrte auch ihre Unruhe und ihr Wohlbefinden wieder und von einer Sepsis,
für die bei der absolutesten Vernachlässigung jeder antiseptischen Maßregel es an
einem hinreichenden Grunde wahrscheinlich nicht gemangelt hätte, haben weder ich
noch ein anderer jemals etwas gesehen." Weitere methodische Einzelheiten gibt
Sander: Auf die vorher kahl rasierte Scheitelhöhe wurde ein Stück Pappdeckel,
welches zur Begrenzung der einzureibenden Fläche einen Ausschnitt von der Grösse
eines Talers hatte, gelegt und dann in die Öffnung 2 Drachmen des Ungt. stibiat.
gebracht und mit einem Pinsel eine Viertelstunde lang sanft darüber gestrichen.
Diese Prozedur wurde anfangs zweimal täglich wiederholt; später, wenn die Pusteln
erschienen und der Schmerz zunahm, wurde sie abgekürzt und die Menge der Salbe
verringert. Sobald die nach allen Seiten sich verbreitende Geschwulst der Kopfhaut
die Haargrenze nach vorne überschritt, wurden die Einreibungen ausgesetzt und
Breiumschläge über den Scheitel gemacht, bis die Entzündung beendigt war und
die brandig gewordene Hautstelle sich abzulösen begann. In dieser Weise wurde
der Knochen nur selten und dann nur oberflächlich von Nekrose ergriffen, andererseits musste, wie Jacobi sagt, die Entzündung mit ihrer Anschwellung sich über
den ganzen Kopf verbreiten, damit das gesamte Gehirn sich an den Folgen der
Operation beteilige. Bis zur Abtrennung der gangränösen Haut wurde die Diät auf
Wassersuppe, Milch und Weissbrot beschränkt. Die Reaktion der Kranken, welche
diesem Verfahren unterworfen waren, war verschieden. Einige klagten über Kopf-
schmerz, Druckgefühl am Kopfe u. dergl., andere schienen nichts zu empfinden.
Mehr oder weniger starkes Fieber trat ein, Abgeschlagenheit, Schlaflosigkeit infolge des Schmerzes wurden beobachtet. Hin und wieder liess sich auch die Geschwulst
nicht auf die behaarte Kopfhaut einschränken, sondern es kam zu einem mehr oder
weniger sich ausbreitenden Erysipel. Aber im ganzen wurde der Eingriff meist gut
überstanden. Der Erfolg, der in vielen Fällen als früher oder später wieder sich
verlierende Besserung des psychischen Verhaltens, in einzelnen als wirkliche Genesung
beobachtet wurde, trat in den nächsten 6 Wochen ein, nicht selten, wenn die Wunde
zur Vernarbung gelangte."

Man sollte meinen, eine so grobe Behandlungsweise der Paralyse, wie die
Schädeleinreibungen mit Brechweinsteinsalbe es war, hätte doch von allen Seiten
Ablehnung erfahren sollen. Dem war aber nicht so. Eine Reihe namhafter Autoren
setzte sich für sie ein, so z. B. Schüle, de Forest, Erlenmeyer, Regis. Browne
verwendete an Stelle des Brechweinsteins das Oleum crotonis zu Einreibungen.
Als einer der ersten wandte sich Sander in längeren beachtenswerten Ausführungen
gegen die Therapie und es ist bis zu einem gewissen Grade doch kennzeichnend für
die Situation, dass sich an den Vortrag Sanders eine Diskussion nicht anschloss.
Er berichtet über einen stark erregten männlichen Kranken, der mit Brechweinsteinsalbe behandelt wurde und später interkurrent verstarb. Es fand sich an Stelle
der früheren Einreibung eine umschriebene Verwachsung der Meningen mit dem
Schädeldach, eine wallartige Verdickung des Knochens und eine Verwachsung der
Häute mit dem Hirn, woraus gefolgert werden konnte, dass selbst bei Intaktsein
des Schädeldaches die Wirkung der Brechweinsteinsalbe eine sehr tiefgehende war
und dass durch die Einreibungen eine lokale Meningitis entstand, die sich der äusseren
Beobachtung gänzlich entzog. Daran knüpfte Sander, trotzdem er gewisse Erfolge
der Therapie anerkannte, seine Warnung und er schliesst mit den Worten: „Es ist
sonach eine Reaktivierung der Scheiteleinreibungen nicht mehr zu erwarten. „Die
danach folgenden Lehrbücher der Psychiatrie, z. B. das von Krafft-Ebing, haben
dann in der Tat die Methode endgültig beseitigt und man kam nicht mehr auf sie
zurück.

5. Das Glüheisen (Ferrum candens). Die erste Nachricht von der Verwendung des Glüheisens bei psychischen Krankheiten findet sich bei A v e n z o a r. Er tadelte die Ärzte, welche die Verwirrungen des Verstandes mit Brennmittel zu heilen suchten. A n t o n i u s G u a i n e r i u s (*1440 zu Padua) empfiehlt das Glüheisen bei manischen Zuständen. Ihm folgt eine lange Reihe von Ärzten, welche Erfolge von der Kauterisation sahen. Um nicht ermüdend zu wirken, unterlasse ich deren einzelne Herzählung und verweise Interessenten auf die immer noch lesenswerte Geschichte der Therapie psychischer Krankheiten von F r i e d r e i c h. Angewendet wurde das Glüheisen längs der Wirbelsäule, im Nacken, oder in der Umgebung des Afters, am Gesäss. Man dachte in erster Linie an eine Ableitung kranker Körpersäfte vom Krankheitsherd, wenn man den Glühstift gebrauchte.

6. Die Brennmittel. Nahe verwandt mit dem Glüheisen dürften gewisse andere Reizmittel sein, die man in Form der Kanthariden, des Blasenpflasters u. a. auflegte. Auch das Peitschen des Rückens mit Bündeln von Brennesseln wurde geübt, wie die Literatur zeigt, ein keineswegs harmloses Verfahren. So ist z. B. in einem der ältesten Bände von S c h m i d t s Jahrbüchern ein Fall veröffentlicht, bei dem es im Anschluss an die Brennesselbehandlung zu bedrohlichen Allgemeinerscheinungen und zu schwerer Nierenerkrankung kam. Als letzte, viel gebrauchte Verfahren seien noch angeführt:

7. Die Transfusion und der Aderlass. Es ist bekannt, dass die alten Ärzte von der uns irrig erscheinenden Anschauung ausgingen, es könnten krankes Blut und kranke Körpersäfte ohne Folgen in grossen Mengen dem Körper entzogen und durch gleich grosse Mengen gesunden, sogar artfremden Blutes ersetzt werden, etwa in der Art, wie man aus einer Röhre den trüben Inhalt auslaufen lässt und ihn durch frisches Wasser ersetzt. Dass man in der Berechnung der zulässigen Mengenverhältnisse auf Grund dieser irrigen Vorstellungen weit über das Ziel hinausschoss, mag die Ursache gewesen sein, weshalb man Anhänger der Transfusion wie den vielverspotteten H a s s e mit so seltenem Fanatismus bekämpfte. Dass aber dennoch an den alten Beobachtungen viel richtiges gewesen ist, lehren allein unsere Serum- und Eigenblutbehandlungen. Ob die Psychiater in den allerletzten Jahrhunderten die Methode der Transfusion noch viel gebrauchten, entzieht sich meiner Kenntnis. Sicher war sie in der zweiten Hälfte des 17. Jahrhunderts bei jeder Art von Psychosen beliebt. So steht fest, dass im Jahre 1667 in Paris von D e n i s die Transfusion verwendet wurde. Dieser Tatsache gebührt deshalb einiges Interesse, weil sie ein gerichtliches Nachspiel von weiterer Bedeutung hatte[1]). Der Kranke, den D e n i s behandelte, war ein 34jähriger junger Mann, der durch unglückliche Liebe wahnsinnig geworden sein sollte. Es wurden ihm am rechten Arm 10 Unzen Blut abgenommen und 5—6 Unzen Blut aus der Schenkelarterie eines Kalbes auf ihn übergeleitet. Schon am folgenden Tage soll der Patient erheblich besser gewesen sein. Man entschloss sich daher zur Entnahme von weiteren 2—3 Unzen Blutes, die durch ein Pfund Kalbsblut ersetzt wurden. Daraufhin war die Psychose behoben, der Kranke wurde entlassen und als Wunderkind dem ersten Präsidenten des Parlaments und sämtlichen Professoren der Ecole de Chirurgie gezeigt. Gross war aber die Aufregung, als der scheinbar Genesene einige Monate nach der Transfusion in hohes Fieber verfiel und starb. Die Gegner des Arztes brachten diesen vor Gericht, er gab eine Erklärung ab, schliesslich einigte man sich, dass der Kranke durch schwere Diätfehler und Alkoholmissbrauch ums Leben gekommen war. Im gleichen Jahre wird aus London berichtet, dass K i n g in einer Sitzung der Londoner philosophischen Gesellschaft über Transfusion einen Vortrag hielt. Bei dieser Gelegenheit wurde von E n t der Vorschlag gemacht, an den Geisteskranken des Bethlemhospitals die Methode praktisch zu erproben. Doch scheint es nicht zur Ausführung dieses Planes gekommen zu sein, da der leitende Arzt sich seine Bedenken nicht zerstreuen liess. Es hat noch im

---

[1]) Siehe hierzu: Jahrb. d. philos. medizin. Gesellsch. von Würzburg. Herausgegeben von F r i e d r e i c h, 1. Bd., 1. Heft S. 127, Würzburg 1828. Ebenso S c h e e l, die Transfusion des Blutes, 1. Bd., § 51, Kopenhagen 1802.

gleichen Jahrhundert Ettmüller die Transfusion bei Geisteskranken empfohlen und Klein hält es für möglich, dass eine völlige Umänderung des Gemütes durch die Blutübertragung erreicht werden könne. Moritz Hoffmann, Professor in Altdorf, soll nach einem Bericht seines Schülers Vehr bei einer Vorlesung in Pavia im Jahre 1662 die Transfusion bei Melancholischen ausgeführt haben. Die dazu verwendete Glasröhre hatte die Form eines griechischen Z. In späteren Jahrhunderten nahm die Bedeutung der Transfusion für die Psychiatrie wieder ab. Schuld daran hatte wohl nicht zuletzt die absprechende Kritik Ernst v. Bergmanns, nach der man das Verfahren für erledigt halten konnte. Anders war es mit den Aderlässen. Sie haben sich lange unter dem therapeutischen Rüstwerk gegen die Psychosen behauptet, wenn auch in verhältnismäßig harmloser Form. Empfohlen wird der Aderlass von Calmeil, Esquirol, Heinroth, Guislain, Windslow, Flemming u. a. Voisin erhebt die Forderung, jedem Paralytiker im Monat annähernd 200 g Blut durch Blutegel zu entziehen. Meschede will sogar bei 4 paralytischen Kranken durch Blutentziehungen Besserung des Befindens gesehen haben. Die Remission dauerte zwischen 5 und 15 Jahren. Auch Schüle und Meynert treten für lokale Blutentziehungen bei Paralyse ein. In ihren Veröffentlichungen lässt sich noch deutlich feststellen, dass sie vor allem von der Vorstellung geleitet wurden, das hyperämische Gehirn werde durch einen solchen Eingriff entlastet und kranke Säfte würden dem Körper entzogen. Krafft-Ebing verordnet den Aderlass in Form von Blutegeln, die hinter dem Ohr der kranken Körperseite in der Zahl von dreien bis vieren angesetzt werden sollen[1] (Enge).

Nach diesen Betrachtungen über die alten physikalischen Behandlungsmethoden möchte ich zum Thema zurückkehren. Ich hatte den vorstehenden Seitenweg betreten mit der Bemerkung, dass er nur lockere Beziehungen zur eigentlichen Geschichte der Infektionsbehandlung habe. Einerseits, so wurde ausgeführt, knüpften die ältesten Arbeiten über die Infektionsbehandlung in ihren Vorstellungen direkt an die physikalischen Heilmethoden an, andererseits könne aber unter solchen Umständen der geschichtlichen Betrachtung eine Grenze nicht gesetzt werden, wenn jedes physikalische Verfahren aufs Geratewohl als „Reizkörperbehandlung" unter den Ahnen der Infektionsbehandlung auftauche. So möge es denn bei der Feststellung bleiben, dass die ältere physikalische Behandlung mit der Infektionsbehandlung zur Zeit geschichtlich wenig zu tun hat. Das Haarseil, die Moxa, das Glüheisen hat die empirische Erfahrung geboren und sie wurden damals unter anderen theoretischen Voraussetzungen angewendet, wie dies heute der Psychiater bei Malaria und Rekurrens tut. Identifiziert man Altes und Neues theoretisch, so steht dem nichts im Wege als die Überlegung, dass erst die ferne Zukunft lehren kann, wie weit man damit recht tut. Bislang ist wohl der Begriff der „Fieberbehandlung" oder jener der „Reizkörpertherapie" ebensowenig fest begründet, wie es die alten Vorstellungen von der Derivation, der Ableitung, waren[2].

Es wurde oben bereits zweier Arbeiten Erwähnung getan, welche als die erste Begründung der Infektionsbehandlung anzusehen sind. Es ist dies die Rosenblumsche Beobachtung aus den Jahren 1864—1875 und Wagner-

---

[1] Über die ältere Geschichte des Aderlasses siehe u. a. Pagel, sowie die preisgekrönte Schrift von Jos. Bauer: Geschichte der Aderlässe, München, E. H. Gummi, 1870. (In den bekannten Bibliographien nicht erwähnt.)

[2] Wie wenig fruchtbringend und wie bedenklich theoretische Verallgemeinerungen gerade bei Betrachtungen über die Wirkungsweise der Infektionsbehandlung und der Proteinkörpertherapie werden können, zeigt neuerdings der Begriff der „peroralen Reizkörperbehandlung". Das Einnehmen bestimmter Stoffe, wie Yatren usw., soll in einer Wirkungsweise den parenteral einverleibten Proteinen gleichkommen. Ein neuerer Autor hält das alte Sasaparilldekokt nach Zittmann für nichts anderes als eine „perorale Reizbehandlung". Wäre dem so, dann wird auch wohl der Helleborus, das alte Paralysemittel als „peroraler Reizkörper" bald wieder zu Ehren kommen. Ob dann auch ein rohes Ei nicht die gleichen Dienste tut ?

Jauregg s Veröffentlichung: „Über die Einwirkung fieberhafter Erkrankungen auf Psychosen" vom Jahre 1887. Die Erfahrungen Rosenblums hat Oks in einem ausführlichen Referat (1878) wiedergegeben. Es wird in ihm über 22 Fälle verschiedener Psychosen berichtet, die im Anschluss an eine Rekurrens- epidemie in Odessa eine deutliche Besserung zeigten. Eine sichere psychiatrische Diagnose lässt sich auf Grund der mitgeteilten Krankengeschichten kaum mehr stellen, doch befindet sich unter den angeführten Fällen keine sichere Paralyse. Es handelt sich vielmehr um chronische Psychosen, die zum grossen Teil dem manisch-depressiven und schizophrenen Formenkreis angehören dürften. Das Ergebnis war: von 22 Fällen genasen 11 Kranke von ihrem Leiden, 3 Fälle besserten sich, 8 Kranke blieben unbeeinflusst. Die Ansteckung mit Rekurrens scheint zumeist unbeabsichtigt erfolgt zu sein, doch wäre es möglich, dass Rosen- blum die Infektion auch bewusst zu Heilzwecken übertrug. Es enthält wenigstens das Referat von Oks in einer kurzen Anmerkung einen Hinweis nach dieser Richtung, der sich nicht gut anders deuten lässt[1]). Über die theoretische Seite der ganzen Angelegenheit spricht sich Oks nicht aus, wie er denn überhaupt vielfach wichtiges übergangen zu haben scheint, so dass seiner Veröffentlichung nur ein geschichtlicher Wert zukommt. Es ist Wagner-Jaureggs bleibendes Verdienst, hierin Wandel geschaffen zu haben. In seiner mehrfach erwähnten Arbeit: „Über die Einwirkung fieberhafter Erkrankungen auf Psychosen" hat er erstmals das ganze Problem der Beeinflussung von Psychosen durch Infektionen klar herausgestellt und hat, weiterbauend, dann die Möglichkeit erörtert, ob man nicht ansteckende Krankheiten gutartigerer Natur zu Heilzwecken auf die psychotischen Kranken übertragen solle. Da Wagner-Jaureggs Ver- öffentlichung im Rahmen der heute geltenden Bestrebungen einen bleibenden Wert besitzt, sei auf ihren Inhalt in Kürze eingegangen. Wagner-Jauregg geht in seinen einleitenden Erörterungen aus von dem uralten Begriff der Krise, der in der neueren Medizin zu Unrecht eine untergeordnete Rolle spiele. Eine Art von Krise im Sinne älterer ärztlicher Vorstellungen sei auch das Zustande- kommen von Heilungen psychischer Krankheiten durch fieberhafte Infektionen. Und er fährt wörtlich fort: „Mein Interesse an diesem Gegenstande wurde nicht durch die Lektüre solcher Fälle, sondern zuerst durch eine Reihe eigener Beob- achtungen rege gemacht und der Wunsch, das in der Literatur vorhandene zusammenzustellen und zu sichten, wurde durch die Erwägung wachgerufen, dass es kein undankbares Bemühen sein kann, in unserem Bestreben Heilmittel für die Krankheiten zu finden, der Natur auf ihren Wegen nachzugehen und zu erforschen, wie sie mit ihren Mitteln Heilungen zustande bringt. Warum sollte die Heilkunst nicht auf diese Art Fingerzeige für ihr Handeln bekommen können ?"

Es wird daraufhin die Frage untersucht, ob zwischen Verlauf von Psychosen und dem Einfluss nachfolgender fieberhafter Krankheiten überhaupt ein ursächlicher Zusammenhang besteht bzw. ob, wie andere Autoren glaubten, nur ein zeitliches Zusammentreffen beider Umstände vorliege. Diese letztere

---

[1]) Diese Fussnote der Oksschen Arbeit (A. f. P. Bd. 10, 1880, S. 252) lautet: „Einer persönlichen Mitteilung Rosenblums zufolge wurde in all diesen Fällen (es folgen 12 Krankengeschichten) durch Einimpfung von Spirillen bei den Patienten Febris recurrens erzeugt."

Ansicht wird abgelehnt. Nun folgt eine eingehende Darstellung der einschlägigen kasuistischen Literatur, aus der wir bereits einiges eingangs mitgeteilt haben. Dem schliesst sich an ein Bericht über einige einschlägige Beobachtungen aus persönlicher klinischer Erfahrung und eine kurze kritische Besprechung der in der Literatur niedergelegten Tatsachen. Mit Zurückhaltung wird die theoretische Seite der Fragengruppe besprochen, nämlich das Rätsel der Wirkungsweise fieberhafter Krankheiten im Organismus. Von ihnen stehe doch fest, dass in ihrem Gefolge Psychosen mit Sicherheit entstehen könnten. Die gleichen Krankheiten sollten nun unter anderen Umständen Psychosen zu heilen vermögen! Wie sei dies möglich? Dieser Widerspruch veranlasst Wagner-Jauregg, näher die Bedingungen zu untersuchen, unter denen Remissionen nach akuten Infektionen zustande kämen. Die Betrachtung der tabellarischen Übersicht über Geschlecht, Alter, Krankheitsdauer und Krankheitsform wichtiger einschlägiger Beobachtungen führen zu der Schlussfolgerung: „Wenn ein Geisteskranker in dem ersten Halbjahr des Bestehens seiner Geisteskrankheit von einer der genannten (fieberhaften) Erkrankungen befallen wird, ist die Wahrscheinlichkeit eine sehr grosse, dass er dadurch von seiner Psychose geheilt wird." Von Interesse sind besonders die praktischen Konsequenzen, die sich hinsichtlich der Paralyse ergeben. Sie lauten: „Während wir nämlich bei den 91 Typhusfällen keine einzige Heilung von Paralyse finden, stellt die Paralyse bei den Heilungen durch andere Erkrankungen ein ziemliches Prozent, so insbesondere bei akuten Exanthemen und beim Erysipel; das Übergewicht über andere psychische Erkrankungen hat die Paralyse bei den Phlegmonen, Abszessen, chronischen Eiterungen usw." Zuletzt kommt Wagner-Jauregg zur Erörterung eines schwerwiegenden Punktes, inwieweit sich nämlich seine Untersuchungen nun eigentlich praktisch anwenden liessen. Er schreibt darüber den viel zitierten Satz: „Wenn wir uns jetzt zum Schlusse die Frage vorlegen: Wäre es zu rechtfertigen, wenn wir das Heilmittel, das die Natur in der Erzeugung von fieberhaften Krankheiten besitzt, in zweckbewusster Weise in die Therapie der Psychosen einführen, die künstliche Erzeugung von fieberhaften Krankheiten zu einem therapeutischen Agens machen würden, so glaube ich, nach den vorliegenden Erfahrungen diese Frage bejahen zu können." Und weiter: „Sollen aber solche Versuche nicht diskreditiert werden durch zahlreiche Misserfolge, so ist es dringend notwendig, die Indikationen zur Anwendung eines solchen Mittels sorgfältig festzulegen, sich vorher darüber klar zu werden, in welchen Fällen überhaupt ein günstiger Erfolg von einem solchen Eingriffe zu erwarten ist." Wagner-Jauregg empfiehlt zu den ersten impftherapeutischen Versuchen die Malaria und das Erysipel, beides Krankheiten, die einigermaßen ärztlich zu beherrschen seien und leicht übertragen werden könnten.

Wir sehen, dass in dieser Veröffentlichung bereits das ganze Programm der modernen Impfbehandlung niedergelegt ist. Den ersten Versuch, seine Ideen in die Tat umzusetzen, machte Wagner-Jauregg im Winter 1888/89. Es ist darüber Näheres erst nachträglich bekannt geworden, nachdem das Ergebnis dieser Versuche unbefriedigend war und ein literarischer Bericht zunächst unterblieb. Nach Gerstmann wurden damals 4 chronisch Geisteskranke mit Erysipel geimpft. Die Impfung vollzog v. Eiselsberg; der Impfstoff stammte

von einem Falle mit Gesichtserysipel. Dabei stellte sich nun überraschenderweise heraus, dass die Infektion bei keinem der Geimpften anging, obwohl eine
spätere Übertragung des gleichen Impfmaterials auf einen inoperablen Brust-
drüsenkrebs ein schweres generalisiertes und hochvirulentes Erysipel hervorrief.
Wagner-Jauregg schuldigte die Immunitätsverhältnisse bei den Geimpften
dafür an, dass es zu keiner Wundrose kam; die als alte Anstaltskranke gewohnheits-
mäßigen Erysipelkeimträger waren gegen akute Infektionen solcher Art immun
geworden. Ob diese Vorstellung richtig war, lässt sich naturgemäß nicht sagen.
Jedenfalls sind Furunkulosen, Pyodermien und andere Kokkeninfektionen bei
älteren Anstaltskranken doch wohl nicht allzu selten.

Nach dem missglückten Versuche der Jahre 1888/89 war für eine Reihe
von Jahren Ruhe mit einer Impfbehandlung von Psychosen. Es bewegen sich
besonders alle Heilversuche an Paralysen nach anderer Richtung. Schon in
der Wagner-Jaureggschen Veröffentlichung vom Jahre 1887 finden sich
Ansätze zu solch verändertem Vorgehen, für das hauptsächlich theoretische
Vorstellungen maßgebend gewesen zu sein scheinen. Gemeint ist die Behandlung
mit Bakteriengiften und Eiweisskörpern. Es kommen dazu noch Strömungen,
die dem Salvarsan oder kombinierten spezifischen Behandlungsmethoden das
Wort reden. Auch eine Vereinigung von spezifischer und unspezifischer Paralysetherapie wird angestrebt. Die Zeitspanne, in der all diese Versuche einzureihen
sind, reicht etwa vom Jahre 1889 bis zum Jahre 1917; bei den spezifischen
Methoden bis in die neueste Zeit.

Wie hat sich die Proteinkörperbehandlung der Paralyse geschichtlich
entwickelt? Auch auf diesem Gebiet gebührt Wagner-Jauregg das Verdienst,
bahnbrechend gewirkt zu haben. In der Arbeit: „Über die Einwirkung fieberhafter Erkrankungen auf Psychosen" ist von der Wirkungsweise der Infektionskrankheiten auf geistige Erkrankungen die Rede und es wird die Frage erörtert,
wie denn solche Heilungen und Besserungen theoretisch zu erklären seien. Eine
Hauptrolle unter den wirksamen Momenten wird dem Fieber zugeschrieben,
wennschon Wagner-Jauregg zugibt, dass diese Vorstellung nicht für alle
Fälle gleiche Gültigkeit haben könne. Es wurde nun der Versuch unternommen,
die fiebererzeugende Wirkung ansteckender Krankheiten dadurch zu erreichen,
dass dem Körper toxisch wirkende Bakterienabkömmlinge oder Bazillenleiber
in mäßigen Gaben einverleibt wurden. Begonnen wurde mit Typhusvakzine
und Pyozyaneusvakzine. Bei der Typhusvakzine handelt es sich um Bakterien-
aufschwemmungen, in denen die Keime in ihrer Virulenz abgeschwächt wurden.
Die Pyozyaneusvakzine wurde durch Suspension von Kulturen gewonnen, die
durch Hitze und keimtötende Mittel lebensunfähig gemacht waren. Dann ging
Wagner-Jauregg zur Behandlung mit Tuberkulin über. Er verabreichte
das Mittel in steigenden Dosen subkutan, mit 0,01 Alttuberkulin Koch beginnend,
jeden zweiten Tag und stieg bis auf 0,1, später bis auf 1,0. Im ganzen wurden
8 bis 15 Einspritzungen gegeben. Die Höhe der Dosierung richtete sich nach
der Körpertemperatur. Über die Einzelheiten des Behandlungsverfahrens wird
später zu berichten sein. Im Jahre 1896 hat Wagner-Jaureggs Schüler,
Boeck, erstmals über die Ergebnisse berichtet, die mit der Tuberkulintherapie
erzielt wurden. Er dehnte insbesondere seine eigenen Versuche über diesen

Gegenstand auch auf das Krankheitsbild der Paralyse aus (1 Fall) mit der Begründung, dass dieses Leiden nicht die schlechtesten Besserungsaussichten haben dürfte. Denn an und für sich neige das Leiden ja zu Remissionen, und Fälle günstiger Einwirkung fieberhafter Krankheiten auf ihren Verlauf seien ihm reichlich bekannt. Neben dem Tuberkulin gebraucht Boeck die Pyozyaneusvakzine. Insgesamt veröffentlicht er 41 Fälle. Davon wurden 8 Kranke mit Pyozyaneus behandelt, der Rest mit Tuberkulin. Unter ihnen fanden sich eine Paralyse, eine Epilepsie, drei Manisch-Melancholische, die übrigen Kranken dürften wohl zum grössten Teil nach den heute geltenden Anschauungen dem schizophrenen Formenkreis zuzuzählen sein. Einige Jahre nach Boeck, in das Jahr 1898, fällt der Versuch von Friedländer, Psychosen durch Einspritzung von Typhusvakzine günstig zu beeinflussen. Er wandte sich später der Tuberkulinbehandlung zu, die er teils mit, teils ohne spezifische Nachbehandlung versuchte und auf Grund seiner Erfahrungen empfahl. Ein hervorragendes Verdienst um die Tuberkulintherapie der Psychosen, besonders der Paralyse, hat sich Pilcz erworben, dessen Veröffentlichungen hierüber mit dem Jahre 1905 beginnen und bis in die neuere Zeit reichen. 1905 berichtet er über 56 paralytische Männer und 13 paralytische Frauen, die in den Jahren 1900/01 an der Wiener psychiatrischen Klinik nach der von Wagner-Jauregg angegebenen Methode mit Tuberkulin behandelt wurden. Im ganzen konnten 66 Katamnesen erhoben werden, deren tabellarische Zusammenstellung deutlich zugunsten einer lebensverlängernden Wirkung der Injektionen sprach, vor allem in den ersten Jahren nach durchgeführter Kur. Es waren nämlich von den behandelnden Paralytikern zur Zeit der Katamnesenerhebung, also 4 Jahre nach der Kur, noch 8 am Leben, von den Unbehandelten nur noch 5; ausserdem war in der ersten Gruppe die Zahl der Remissionen deutlich häufiger. Die Erfolge waren, wenn auch bescheiden, immerhin ermutigend und gaben Anlass, die Tuberkulintherapie weiter auszubauen. Dies geschah mit dem Versuch einer gemischten Verwendung spezifischer und unspezifischer Methoden. 1909 gebraucht Pilcz seine Technik in der ambulanten Praxis und empfiehlt sie auch dem praktischen Arzte, 1911 veröffentlicht er eine grössere Versuchsreihe von 86 Fällen, die einer Tuberkulinkur unterworfen und nebenbei noch mit Quecksilber bzw. mit peroralen Jodgaben behandelt wurden. Von den 86 behandelten Kranken wurden 23 wieder voll berufsfähig, 9 waren bedingt gebessert, 20 wurden stationär, 34 blieben unbeeinflusst.

Einen gewissen klinischen Abschluss erfuhren die Behandlungsmethoden mit Bakterienabkömmlingen durch das ausführliche Referat E. Meyers über Paralysetherapie auf der Jahresversammlung des Deutschen Vereins für Psychiatrie zu Kiel 1912. Die von E. Meyer angestellte Rundfrage bei den deutschen Kliniken über die Erfolge der Paralysebehandlung mit Tuberkulin ergab, dass nur verhältnismäßig wenige Anstalten sich zu einer genaueren Nachprüfung der Wagner-Jaureggschen Tuberkulinversuche entschlossen hatten. Es sei hervorgehoben, dass die psychiatrische Klinik Erlangen damals (1912) über 10 tuberkulinbehandelte Paralytiker berichten konnte, über deren Schicksal später noch eingehender Nachricht gegeben wird. Es fanden sich nämlich unter ihnen 2 Fälle mit einer deutlichen länger dauernden Remission, die in einem

Falle jahrelang anhielt. Die grösste Zahl behandelter Paralytiker hatte die österreichische Anstalt „Am Steinhof", über deren Erfolge Pilcz näheres veröffentlichte. Pappenheim und Volk erhoben an 15 mit Quecksilber-Tuberkulin behandelten Paralysen den serologischen Befund und konnten teilweise erhebliche Besserungen feststellen. In erster Linie fand sich eine Verminderung des Zellgehaltes im Liquor bei allen Kranken, ein Absinken der Globulinwerte in 11 Fällen, die Wassermannsche Reaktion im Liquor besserte sich bei 8 Kranken, die des Serums dagegen nur in 4 Fällen, negativ wurde der Wassermann nur 3mal im Liquor und zwar bei höheren Extraktkonzentrationen. Gewisse Erfolge hatten mit Tuberkulin auch Cramer, E. Meyer, später Schacherl und Joachim aufzuweisen. Weniger befriedigend waren dagegen die Ergebnisse von Heinicke und Küntzel, ferner von Siebert, Hudovernig u. a. Jedenfalls war zusammenfassend in dem Tuberkulin und den anderen Bakterienstoffen noch nicht das ideale therapeutische Mittel für die Paralyse gefunden. Man verhielt sich noch deutlich zurückhaltend mit seiner Anwendung. Selbst Friedländer, der für die Wagner-Jaureggsche Tuberkulinmethode sehr entschieden eintrat, musste eingestehen: „Ich stehe auf dem Standpunkt, dass die pyrogenetische Behandlung eine grosse Bedeutung erlangen kann, wenn es erst gelingt, uns ein Präparat zu verschaffen, welches hohes Fieber erzeugt, genau dosierbar ist, ausser dem Fieber keine gefährlichen Nebenerscheinungen macht und vor allem, wenn es derart wirkt, dass eine Febris continua mit nicht zu starken Remissionen erzielt wird. Letztere Forderung erfüllt das Tuberkulin nicht." Nun fallen in die Zeit der Tuberkulinanwendung noch andersgerichtete Bestrebungen, die auf eine Beeinflussung der Paralyse mit fiebererzeugenden Mitteln ausgehen. Nur suchen sie diese Wirkung nicht mit bakteriellen Abkömmlingen zu erreichen, sondern mit Eiweisskörpern oder ihren Spaltprodukten. Unter den Hauptvertretern dieser Richtung sind O. Fischer und Donath zu nennen. Beide verwendeten etwa um die gleiche Zeit das Natrium nucleinicum zu Injektionen, dessen fiebererzeugende Wirkung mit erheblichem Leukozytenanstieg im Blut schon 1902 von Mikulicz an der Nukleinsäure erkannt worden war. Fischer gebrauchte ursprünglich eine 10% sterile Lösung, begann mit 0,5 subkutan, injizierte alle 3—5 Tage, später war die Anfangsdosis 0,25, die bis 2,0 gesteigert wurde. Es sollen nicht unter 20 Einspritzungen gemacht werden. Erstmals berichtete Fischer 1909 über 22 mit dem Mittel behandelte Paralysen, unter denen 4 Remissionen, 2 kürzere und 2 längerdauernde vorhanden waren. Katamnestische Erhebungen aus dem Jahre 1911 sprachen nicht eindeutig zugunsten der Natr. nuclein.-Behandlung, da die gleiche Anzahl unbehandelter Kontrollfälle gegenüber den behandelten keine längere Lebensdauer aufzuweisen hatte. Dagegen zeigten spätere Versuche Fischers an Kranken mit beginnendem paralytischen Leiden, dass bei entsprechender Indikationsstellung in der Tat recht befriedigende Erfolge mit Natr. nuclein. zu erzielen seien. Unter 10 behandelten Kranken sah er 5 Remissionen, bei 3 Wiederkehr der Erwerbsfähigkeit. Wesentlich optimistischer lautet das Urteil Donaths über das nukleinsaure Natrium. Er verwendete es ursprünglich in 2%iger, später, wie Fischer in 10%iger Lösung. Es wurden damit von 21 Paralysen 10 Kranke wieder berufsfähig, 5 konnten entlassen werden, 6 blieben unbeeinflusst. Durchschnittlich wurden 8 Einspritzungen gegeben. Von weiteren 15 Fällen wurden 3 berufsfähig, 6 besserten sich, 5 blieben unbeeinflusst, ein Kranker starb an einem apoplektischen Insult. Die Erfolge, die andere Autoren mit dem Natr. nucleinic. erlebten, waren nicht sonderlich zufriedenstellend. E. Meyer berichtete in dem schon erwähnten Referat über die Paralysenbehandlung 1912 in Kiel zur Frage der Nukleinbehandlung folgendes: „Soweit Veröffentlichungen vorliegen, waren die Nachuntersucher nicht so glücklich. So konnte Klieneberger bei keinem der 15 Fälle sicherer Paralyse aus der Breslauer Klinik eine geistige oder körperliche Besserung konstatieren, im Gegenteil, wenn auch vorübergehend, Verschlechterung. Zu gleich ungünstigen Ergebnissen kam Löwenstein bei seinen Kranken und ähnlich Plange, der die Vermutung äussert, dass der zufällige Arsengehalt des nukleinsauren Natrons Schuld an den günstigen Resultaten Donaths sei. Von 5 Fällen Hussels blieben 4 unbeeinflusst, einer wurde sehr gebessert, ohne dass bisher seine Berufstätigkeit erprobt war. Aus unserer Umfrage ergibt sich noch eine Zahl von 85 mit nukleinsaurem Natron behandelten Fällen, wobei freilich die Kur nicht überall beendigt werden konnte. 49mal (57,6%) zeigte sich kein Erfolg, in 25 (27,4%) Fällen wird von leichter, bis deutlicher Besserung, in 11 (12,9%) von Remissionen berichtet. Diese Mitteilungen verteilen sich auf 23 Anstalten und Kliniken, aus zweien hören wir noch, ohne bestimmte Zahlenangabe, dass erfolglose Versuche mit nukleinsaurem Natron gemacht sind. Viermal ist gleichzeitig Tuberkulin angewandt." In der neuesten Zeit ist O. Fischer nun dazu übergegangen, statt des Natrium nucleinicum einen anderen Proteinabkömmling in die Therapie der Metalues einzuführen. Es ist dies das Phlogetan, ein Gemisch von Nukleoproteiden, die bis zum Verschwinden der Biuretreaktion abgebaut worden sind. Fischer hat über die Erfolge mit diesem Mittel in den Jahren 1921—23 ausführlich berichtet. Es ergibt sich aus seinen Darlegungen, dass das Phlogetan dem Natriumnukleinat an Wirksamkeit überlegen ist und dass ein grosser Teil der unangenehmen Nebenerscheinungen vermieden bleibt, wie dies von der Nukleinsäure bekannt ist. Die Dosierung des Phlogetans ist die folgende: Das Mittel kommt von der Firma C. A. F. Kahlbaum-Berlin in den Handel und wird in Serienpackungen von 1 ccm bis zu 10 ccm geliefert. Man beginnt mit 1 ccm subkutan und steigt langsam bis auf 10—15 ccm pro dosi. Im ganzen soll nicht unter 100 ccm Gesamtmenge, in manchen Fällen auch erheblich mehr gegeben werden. Wir erwähnten oben den Namen Donaths in Zusammenhang mit der Nukleinbehandlung. Es gebührt diesem Autor das Verdienst, schon früher einen anderen Weg in der Paralysetherapie beschritten zu haben, der in Hinblick auf moderne therapeutische Bestrebungen wieder an Bedeutung gewinnen dürfte: es sind dies die Salzinfusionen. Steyskal hat vor nicht allzu langer Zeit den Versuch unternommen, derartige Verfahren unter dem Begriff der Osmotherapie zusammenzufassen und ihre verwandtschaftliche Stellung zur Proteintherapie überzeugend darzulegen. Aus diesem Grunde erscheint es angezeigt, die Heilversuche an Paralytikern mit Salzeinläufen unter den unspezifischen Methoden aufzuführen.

Donath geht in seinen theoretischen Vorstellungen von der Annahme aus, es würden bei der Paralyse schädliche Stoffwechselprodukte angehäuft, deren Beseitigung es gelte. Dieses Ziel soll durch Verdünnung mit grossen Flüssigkeitsmengen und Ausschwemmung aus dem Blute erreicht werden. Zur Anwendung kam eine dem Blute isotonische Lösung von folgender Zusammensetzung:

Kal. sulfuric. (K_2SO_4) 0,25
Kal. chlorat. (KCl) 1,0
. Natr. chlorat. (NaCl) 6,75
Kal. carbonic. pur. sici. (K_2CO_3) 0,4
Natr. phosphoric. crystall. ($Na_2HPO_4 + 12\ H_2O$) 3,10
Aqu. dest. ad 1000,0
S. steril zur Injektion.

Hiervon wurden subkutan 500—1000 ccm pro dosi gegeben, alle 3—4 Tage. Wo eine Einspritzung der Lösung unmöglich ist, soll sie nach Donath rektal als hoher Einlauf in Mengen von 2—3 Litern gegeben werden. Regelmäßig treten nach der Einspritzung Fieberanfälle auf, die rasch wieder abklangen. Die Erfolge, die mit den Blutwaschungen erzielt wurden, äusserten sich auf dem Gebiete der Motilität, die Koordination wurde sicherer, die Schrift und die Sprache ordentlicher, psychisch zeigte sich erhöhte Krankheitseinsicht, verbesserte Dispositionsfähigkeit, intellektuell fiel eine gesteigerte Leistungsfähigkeit beim Lösen von Rechenaufgaben auf. Die meisten Besserungen scheinen jedoch nur von kürzerer Dauer gewesen zu sein. Immerhin wird das Verfahren der Injektion von Salzlösungen mehrfach empfohlen, so von Obersteiner, Pilcz u. a., wenn es auch in der Folgezeit in seiner Wirksamkeit hinter den mit der Proteinkörperbehandlung gemachten Erfahrungen zurücktreten musste. Um die gleiche Zeit, in welche die Donathschen Versuche fallen, beschäftigten sich auch ausländische Autoren mit der Proteinkörperbehandlung der Metasyphilis, freilich, ohne diesen Namen zu gebrauchen. Namentlich in England geschah es, wo damals Robertsons unglückliche Entdeckung des Bacillus paralyticans sich auswirkte. Es handelte sich scheinbar um einen verhältnismäßig harmlosen Saprophyten vom Aussehen des Löfflerschen Diphtheriebazillus, der, wenn man ihn suchte, überall an Ort und Stelle im paralytischen Organismus war. Die Beweisführung erfuhr eine angebliche Stütze in der Beobachtung, dass Tiere an paralyseähnlichen, enzephalitischen Gehirnveränderungen erkrankten, wenn sie mit dem Bacillus paralyticans geimpft wurden. Es sollen auch paralytische Anfälle nach solchen Impfungen aufgetreten sein. Auf diesen Voraussetzungen baute man nun eine Behandlung der Paralyse auf, die durchaus spezifisch gedacht war und teils eine aktive, teils eine passive Immunisierung darstellen sollte. Wir selber fassen ihre Erfolge als blosse unspezifische Proteinkörperwirkung auf, weshalb wir die Versuche an dieser Stelle erwähnen. Man ging nun so vor, dass man Paralytikern steigende Dosen des abgeschwächten Bazillus einverleibte. O'Brien behandelte Ziegen mit steigenden Bazillenmengen vor und gab das Immunserum dann Paralytikern subkutan. Von 7 behandelten Fällen sollen sich 5 gebessert haben. In Frankreich trat Marie sehr für die schottischen Ideen ein, auch v. Halban und Hirschl näherten sich ihnen. Die Immunserumbehandlung der Paralyse hat in neuerer Zeit wieder Anhängerschaft gefunden. Lechner und Riegler, vor kurzem Benedek, behandelten Paralysen mit steigenden Dosen eines Serums vom Pferde, das mit wässerigen Extrakten aus Paralytikergehirn vorbehandelt war. Browning und McKenzie gingen von anderen theoretischen Vorstellungen aus. Ihre Heilversuche bei Paralytikern knüpfen an die Behandlungsmethoden der Schlafkrankheit an. Bei der Paralyse sollte es infolge einer Undurchlässigkeit der Meningen zu einer Zurückhaltung der heilenden Schutzstoffe im Blut kommen. Um dies zu verhindern und dem Gehirn die erforderlichen Immunstoffe zuzuführen, gab man das Blutserum von Paralytikern in den Spinalsack.

Damit möge die geschichtliche Betrachtung über die Fieberbehandlung der Paralyse mit Bakterienspaltprodukten und Proteinen abgeschlossen werden. Selbstredend erhebt sie nicht Anspruch auf Vollständigkeit. Es haben sich noch zahlreiche Autoren da und dort mit Proteinen anderer Herkunft bei der Paralyse befasst. Es sei nur an die Versuche Schreibers und anderer erinnert, der bei Tabes mit Milcheinspritzungen gute Erfolge sah oder an die Mitteilungen von Runge über ein kombiniertes Behandlungsverfahren mit Milch und Salvarsan. Anderorts verwendete man Deuteroalbumosen in 10%iger Lösung, Witte-pepton, Kaseine u. a. m. mit wechselndem Erfolge. Gleichzeitig mit den Bestrebungen, die Metalues mit fiebererzeugenden Mitteln bakterieller Abkunft zu bekämpfen, laufen noch andere Strömungen, welche die moderne Chemotherapie der Spirillosen heraufführte. Sie haben mit der Geschichte der Infektionsbehandlung direkt nichts zu tun, erfordern aber freilich aus anderen Gründen ein kurzes Verweilen. Einmal leiten von der sogenannten spezifischen Paralysebehandlung gewisse theoretische Überlegungen der neueren Zeit zur Impftherapie und ferner ist die spezifische Therapie zeitlich in ihrer Anwendung bei der Metalues annähernd auf jenen Raum beschränkt, der sich zwischen die ersten impf-therapeutischen Versuche Wagner-Jaureggs und ihrer Neubegründung im Jahre 1917 einschiebt. Dies gilt begreiflicherweise mit vielen Einschränkungen. Denn es soll nicht damit gesagt werden, es habe die Chemotherapie der Metalues in der jüngsten Zeit an Beachtung und Wert eingebüsst. Es sollten nur die chemotherapeutischen bzw. spezifischen Heilbestrebungen in groben Linien zeitlich zur Infektionstherapie in Beziehung gesetzt werden. Wir sehen also nach den Arbeiten Wagner-Jaureggs vom Jahre 1887 bis in die neuere Zeit im wesentlichen zwei Richtungen in der Paralysetherapie vorherrschend. Die eine verwendet unspezifische Bakteriotoxine oder Eiweißspaltprodukte, die andere versuchte Quecksilber, Arsen, Jod und andere Spezifika, häufig in Verbindung mit fieber-erzeugenden Mitteln. Die Geschichte der spezifischen Behandlungsmethoden in ihrer Anwendung bei Paralyse zeigt bekanntlich einen Widerstreit der Meinungen, wie man ihn sich kaum schlimmer vorstellen kann. Es hat Zeiten gegeben, in denen sich die entgegengesetzten Anschauungen mit ausserordentlicher Heftigkeit begegneten, ohne dass man die Gegenseite mit hinreichenden Beweisen hätte widerlegen können, und so ist es bis in die Gegenwart geblieben. Mit den Studien Ehrlichs und der Entdeckung des Salvarsans belebten sich die Hoffnungen derer von neuem, die daran glaubten, man werde der Paralyse mit spezifischen Mitteln doch noch wirksam beikommen können. Die Folgezeit hat bekanntermaßen diese Erwartungen nur zum wenigsten erfüllt. Dies hatte mancherorts die Wirkung, dass die spezifische Therapie der Paralyse überhaupt als aussichtslos zur Seite gesetzt wurde und die Lehre von der Unheilbarkeit dieses Leidens an Boden gewann. Wir vermögen aber keineswegs zu glauben, dass diese Ansicht jemals allgemein die Bedingungslosigkeit eines Dogmas angenommen hätte. Die regen Heilbestrebungen bei Paralyse sprechen von Anfang an eine zu deutliche Sprache [1]). Wenn sie auch zunächst misslangen, so war doch wohl noch nicht der Schluss berechtigt, es sei der Versuch einer Paralysetherapie etwas ähnliches wie die Beschäftigung mit der Quadratur des Zirkels. Gegen solche Verallgemeinerungen stand auch die klinische Tatsache, dass weitgehende Remissionen mit unzulänglichen Mitteln in einer Minderheit von Fällen zu erreichen waren. Wendet man einen Vergleich an, dann kann man

---

[1]) Sie beweisen ein zweifaches: ihre eigene Verbesserungsbedürftigkeit und eine gewisse Zuversicht, die es nicht über sich brachte, alles schlechtweg zu verneinen.

sagen: Die Anschauungen von Prognose und Therapie der Paralyse lagen vor der Impfbehandlung annähernd so, wie es heute noch mit dem Karzinom der Fall ist. In vorgeschrittenen Fällen war alles verloren, erkannte man das Leiden rechtzeitig, dann waren die Aussichten auf mehr oder minder lange Besserung nicht gänzlich geschwunden. Höchstens war diese Besserung bei der Paralyse insofern schwieriger zu erreichen, wie heutzutage beim Krebs, weil die chirurgischen Methoden von vornherein wegfielen. Es ist also die Lehre von dem tödlichen Verlauf der Paralyse und ihrer therapeutisch geringen Beeinflussbarkeit keineswegs etwas gleichbedeutendes. Während die Natur der Paralyse als eines tödlich endenden Leidens mit den üblichen Einschränkungen allgemein unbestritten blieb, waren die Ansichten sehr darüber geteilt, ob und wieweit man auf diese Krankheit mit Heilmitteln mehr oder weniger erfolgreich einwirken könne. Wir möchten es an dieser Stelle vermeiden, zahlreiche Einzeltatsachen über die Erfolge und die Entwicklung der spezifischen Paralysebehandlung anzuführen, da dies dem Fortgang einer geschichtlichen Betrachtung hinderlich zu sein pflegt. Es darf als bekannt vorausgesetzt werden, dass die Quecksilber- und Jodbehandlung der Paralyse eng gebunden ist mit der Entwicklung der Lehre von der syphilitischen Natur der Paralyse. Seitdem durch Bayle, Calmeil, Esmarch und Jensen solche Möglichkeiten erörtert worden waren, setzten wechselnd rege Versuche ein, die Paralyse mit antiluetischen Heilmitteln zu bekämpfen.

Zu den Autoren, die solchen Bestrebungen das Wort redeten, zählten unter vielen anderen Teissier, Nichols, Anderson, Ziemssen, Meynert, Marchand, Lejeune, Wagner-Jauregg, Pilcz. Ihnen stand eine ebenso stattliche Reihe angesehener Kliniker entgegen, die jede spezifische Behandlung mit Quecksilber und Jod verwarfen. Unter ihnen seien genannt Leidesdorf, Voisin, v. Krafft-Ebing, Fürstner, Kraepelin, Obersteiner u. a. Einen gemäßigten Standpunkt nahmen einzelne Autoren ein; so empfahl Wernicke und Jolly eine antisyphilitische Paralysebehandlung bei bestehender Syphilis anderer Organe. Mendel behandelte nur bei Syphilis in der Paralysevorgeschichte und bei beginnenden Fällen. In der neuesten Zeit scheint die Ansicht immer mehr an Anhängern zu gewinnen, die einer vorsichtigen und milden spezifischen Behandlung der Paralyse doch recht gute Seiten abzugewinnen vermag. Wesentlich später als die Quecksilber- und Jodtherapie nimmt die Arsenverabreichung bei Metalues ihren ersten geschichtlichen Anfang. Sie gewinnt erst weiteren Boden seit den Trypanosomenstudien Laverans, der 1903 die arsenige Säure als wirksames Mittel bei experimenteller Trypanosomiasis erkannte. In weiterer Folge bewiesen 1905 Thomas und Breinl den heilenden Einfluss des Atoxyls auf tierische Trypanosomeninfektionen. Später wurde zwar das Atoxyl als brauchbar auch bei Schlafkrankheit festgestellt; doch waren die Versuche einer Anwendung dieses Mittels bei Paralyse nach dem Bericht Spielmeyers wenig ermutigend. Nachdem Ehrlich unter Fortführung der Untersuchungen Uhlenhuths zur Arsenbehandlung eine neuartige Auffassung von der chemischen Konstitution des Atoxyls gewonnen hatte, machte er sich an den weiteren systematischen Ausbau dieser Therapie. Worin dieses System lag, welches Ehrlich zum erstenmal bewusst anzuwenden verstand, darüber möge er selber kurz zu Worte kommen. In seiner Chemotherapie der Spirillosen schreibt er[1]): „Die Erkenntnis, dass das Atoxyl nicht ein chemisch indifferentes Anilid, sondern ein Aminoderivat der Phenylarsinsäure ist, eine sehr beständige und dabei äusserst reaktionsfähige Substanz, öffnete der chemischen und biologischen Bearbeitung ein weites Gebiet. Es gelang nun mit Leichtigkeit, durch Umformung und Eingriffe

---

[1]) Ebenda S. 117.

in die Amidogruppe zu einer sehr grossen Reihe verschiedener Verbindungen zu gelangen, die alle Derivate der Phenylarsinsäure waren. Hiermit war aber die Möglichkeit gegeben, von dem rein empirischen Herumprobieren Abstand zu nehmen und die chemische Synthese einzuführen. Mein therapeutisches Programm besteht darin, von Substanzen mit gewisser Wirksamkeit Homologe und Derivate der verschiedensten Art darzustellen, jede auf ihre Wirkung zu prüfen und, auf den so erhaltenen Resultaten fussend, zu versuchen, zu immer optimaleren Heilkörpern zu gelangen."

Als erstes praktisch brauchbares Arsenpräparat wurde von Ehrlich das Arsenophenylglycin angegeben, welches Alt, Plange und Fauser bei Paralyse mit widersprechendem Ergebnis anwendeten. Am auffallendsten waren die serologischen Besserungen. Dann kam das Arsenobenzol, das Salvarsan. Es muss auffallen, dass die Begeisterung für dieses Heilmittel in der Psychiatrie allgemein keine übertriebene war. Vor unberechtigten Hoffnungen schützte schon die vorsichtige Haltung Ehrlichs in der Frage der Paralysebehandlung mit Salvarsan. Er vertrat von vorneherein die Ansicht, es sei nur in beginnenden Fällen ein Versuch zweckmäßig, es sei also aussichtslos, von dem Salvarsan da eine Heilung zu erwarten, wo Nervengewebe zugrunde gegangen und durch Narbengewebe ersetzt sei. Bedenklich stimmte, dass eine Reihe von Autoren ganz rapide Verschlechterungen im Befinden der Kranken nach Salvarsanbehandlung hatten eintreten sehen. Ein von Leredde und Jamin beschriebener Todesfall im paralytischen Anfall, den man irrtümlich auf das vorher verabreichte Salvarsan bezog, hat in dieser Hinsicht Bedeutung erlangt. Selbst Alt, der das Salvarsan als erster an einer grösseren Reihe von Paralysen anwendete, äusserte sich über die Ergebnisse nicht sonderlich hoffnungsfroh, wennschon eine Reihe anderer Autoren, wie Fauser, Aschaffenburg, Anton auffallende günstige Einzelbeobachtungen mitzuteilen vermochten. Nicht minder gross war das Heer der Zweifler. Einer völligen Ablehnung gleich kam das Urteil Oppenheims, ferner das von Török und Sarbo, Bonhoeffer u. a.

Das Referat E. Meyer über Paralysetherapie kennzeichnet einen Zeitpunkt, in dem man in weiten Kreisen von der spezifischen Behandlung, vor allem vom Salvarsan bei Paralyse abzukommen schien. Es fehlte nicht an Stimmen, die in dem Widerstreit der Meinungen eine vermittelnde Stellung einnahmen. Wir möchten Einzelheiten darüber an dieser Stelle umgehen. Nur soviel sei gesagt. Es waren Dosierung und Medikationen zur spezifischen Paralysebehandlung in früheren Jahren wesentlich andere, als es die gegenwärtigen sind, und dies muss man in Rechnung ziehen, wenn man die derzeitigen Ergebnisse konsequenter spezifischer Therapie betrachtet. Es ergibt sich folgerichtig, dass nicht alle über diesen Punkt zu irgend einer Zeit niedergelegten Erfahrungen ohne weiteres miteinander vergleichbar sind.

Seitdem die grossen Versuchsreihen von Raecke, Schacherl, Sioli, Plaut u. a. aus der neueren Zeit vorliegen, wird man an der Wirksamkeit zielbewusster Hg-Salvarsanbehandlung kaum zweifeln können. Nur wirkt die vorläufige Reichweite dieser Bestrebungen noch keineswegs als scharf begrenzt. Es erscheint uns zwecklos und irreführend, von einem Versagen der spezifischen Therapie bei Paralyse zu sprechen. Nicht minder zwecklos aber betrachten wir den Versuch, Quecksilber und Salvarsan gegen die Impfbehandlung ausspielen zu wollen. Denn wie Wilmanns richtig sagt, hätte die Impfbehandlung der Paralyse nicht in so kurzer Zeit sich ganz allgemein durchzusetzen vermocht, wenn unsere übrigen Methoden nicht der Paralysetherapie unbefriedigend und verbesserungsbedürftig gewesen wären. Eine Zeitlang schien es, als würden die intralumbalen Verfahren die vorhandenen Lücken ausfüllen. Die ersten Versuche Wechselmanns und Marinescos waren wenig befriedigend und auch in der Folgezeit wurde oft genug über einen Misserfolg berichtet. Ein grosser Teil der trüben Erfahrungen mag auf mangelhafte Technik und zu hohe Dosierung zurückzuführen sein. Trotzdem fand die intraspinale Salvarsanbehandlung wenig bleibende Anhängerschaft und wir glauben, es hat auch die verfeinerte Methodik Gennerichs, v. Schuberts und anderer nichts Prinzipielles zu ändern vermocht. Vor allem scheint der Beweis zu mangeln, dass mit weniger eingreifender Technik nicht ähnliche oder gleiche Erfolge zu erzielen seien.

In England und Frankreich ging man noch weiter: Horlsey bespülte die Gehirnoberfläche nach Trepanation mit einer dünnen Sublimatlösung, Marinesco und Minea gaben Salvarsanserum subarachnoideal, Levaditi, Marie und Martell verwendeten tierisches Salvarsanserum. In Deutschland hat man indessen zu Recht sich solch brüsken Eingriffen gegenüber völlig ablehnend verhalten, nicht nur auf Grund der niederen Behandlungsziffern, sondern auch mit Rücksicht auf die durchaus unbefriedigenden Erfolge. In den letzten Jahren versuchte Kolle in Fortführung der chemotherapeutischen Bestrebungen Ehrlichs die Anwendung neuer Salvarsanpräparate: das Silbersalvarsan, das Sulfoxylsalvarsan u. a. Über einige mit diesen Mitteln gewonnene Erfahrungen berichtete Weichbrodt in seinem Paralysereferat. Es geht daraus hervor, dass eine Beeinflussung des serologischen Befundes, vor allem der vier Reaktionen, verhältnismäßig leicht gelang, dass jedoch weitgehende Besserungen des Gesamtzustandes in der Regel ausblieben. Nach neueren Versuchen von Friedländer, Sioli, Donath u. a. scheint in der Tat die Bevorzugung dieser neuen Salvarsanpräparate gewisse Vorteile zu bieten, ohne dass eine offensichtliche und zwingend erwiesene praktische Notwendigkeit für den Kliniker bestünde, die alte Salvarsanmethodik zugunsten der neuen aufzugeben.

Beiläufig sei an dieser Stelle noch ein Versuch von Jancsó aus dem Jahre 1901 erwähnt, über den Benedek berichtet. Jancsó versuchte unabhängig von Wagner-Jauregg und offenbar von anders gearteten theoretischen Vorstellungen geleitet, die Malariaimpfung bei chronischen Leiden (Tabes, Idiotie, multiple Sklerose, Epilepsie). Die Impfung erfolgte teils durch Mückenstich, teils durch Blutübertragung, als Impfmaterial diente Tropica. Da infizierte Mücken aus den Behältern ausbrachen und neun Personen, sowie den Autor ansteckten, wurden die Versuche bald abgebrochen, die, wie es scheint, weniger der Therapie galten, als der Parasitologie der Malaria.

Schon einige Jahre vor den Versuchen Weichbrodts erwachte das Interesse an der Frage der Paralyse-Impfbehandlung von neuem. Da die klinischen Erfahrungen mit einer Erysipelbehandlung auf Grund der früheren Versuche nicht sehr ermutigend waren, wendete Wagner-Jauregg diesmal die Malaria an, die zweite jener akuten Infektionen, welche er schon früher für solche Heilbestrebungen empfohlen hatte. Zu diesem Zwecke wurde im Jahre 1917 an der Wiener psychiatrischen Klinik das Blut eines sicheren Falles von reiner Malaria tertiana auf 9 Paralytiker übertragen, nachdem man vorher entsprechende Vorsichtsmaßregeln getroffen hatte, um eine ungewollte Weiterverschleppung der Krankheit durch Mücken zu verhindern. Die geimpften Kranken machten durchwegs 10 bis 12 Fieberanfälle durch. Dann wurde Chinin gegeben. Über das Ergebnis dieser Versuche sagt Wagner-Jauregg: Die Kranken kamen während der Fieberanfälle körperlich auffallend stark herunter, wurden anämisch und bekamen Ödeme am Gesicht und an den Beinen, das Körpergewicht zeigte ein eigentümliches Verhalten, indem es anfangs sank, dann aber infolge der Ödeme stieg, um in der Rekonvaleszenz anfangs zu sinken und erst mit zunehmender körperlicher Erholung, die nach Chinin- und Salvarsanbehandlung ziemlich rasch eintrat, wieder anzusteigen, so dass schliesslich fast in allen Fällen eine Zunahme gegenüber dem Anfangsgewicht sich ergab. Der psychische Zustand der Kranken besserte sich viel langsamer, so dass in der Mehrzahl der Fälle Zweifel, vielleicht unberechtigterweise, auftraten, ob der Erfolg ein befriedigender sein werde und darum in 5 Fällen einige Wochen nach den Salvarsaninjektionen noch eine Serie von 7 intravenösen Injektionen von polyvalenter Staphylokokkenvakzine in den Dosen von 10 bis 1000 Mill.

Keimen, in zweitägigen Intervallen, gemacht wurden. In dreien von den 9 Fällen trat aber so frühzeitig und unverkennbar eine volle Remission ein, dass von jeder weiteren Maßnahme abgesehen werden konnte. Diese Kranken wurden nach 2—6 Monaten seit dem Beginne der Behandlung als berufsfähig entlassen und befinden sich noch heute (ca. Jahresfrist seit dem Beginne der Behandlung) in ihrem Berufe. Ein vierter Fall ist ebenfalls nach ca. 4 Monaten berufsfähig entlassen worden, jedoch nach kurzer Berufstätigkeit rezidiviert in Form einer paralytischen Melancholie. In 2 weiteren Fällen trat die Besserung des psychischen Zustandes nur sehr langsam ein, machte aber immer wieder weitere Fortschritte, so dass sie nach ca. Jahresfrist entlassen werden konnten, der eine, ein Soldat, als zu Hilfsdienst geeignet; der andere, ein Eisenbahner, hat zum mindesten die Befähigung zur selbständigen Lebensführung bereits nachgewiesen; ob er auch berufsfähig sein wird, muss die Zukunft lehren. Nur in 2 Fällen konnte man von einer Remission nicht sprechen; dieselben mussten in eine Irrenanstalt abgegeben werden. Von dem letzten der 9 Fälle wird schon vorher angeführt, dass er während der Fieberanfälle einem paralytischen Anfalle erlag. Über die katamnestischen Erhebungen zu diesen ersten malariabehandelten Paralytikern hat Gerstmann im Jahre 1925 folgendes mitgeteilt: Fall 1 ist bis auf den Tag der Berichterstattung voll berufsfähig geblieben, Fall 2 bekam bei erreichter Berufsfähigkeit nach 6 Monaten einen Rückfall, der rasch abklang. Der Kranke wurde dann wieder entlassen und blieb bis heute in seiner Stellung. Fall 3 erkrankte nach einer Vollremission von 7 Monaten wieder und wurde in die psychiatrische Klinik Frankfurt a. M. aufgenommen. Dort hatte er zeitweise paralytische Anfälle und Erregungszustände, die nach Sulfoxylatbehandlung wieder verschwanden. Er bot seit dieser Zeit das Bild einer stationären Paralyse, die nur aus äusseren Gründen nicht aus der klinischen Behandlung entlassen werden konnte. Der vierte Kranke wurde nach einer Vollremission von einjähriger Dauer wieder in die Wiener psychiatrische Klinik aufgenommen und verstarb dort an einem postgrippösen Lungenabszess. Die anatomische Untersuchung des Gehirns ergab eine Rückbildung der entzündlichen Erscheinungen. Fall 5 und 6 scheint berufsfähig geblieben zu sein. Dagegen endete der siebente Kranke durch Selbstmord in einem Rezidiv seiner Krankheit, das einige Monate nach abgeschlossener Behandlung einsetzte. Der letzte Kranke bleibt in seinem Berufe, den er trotz ungünstiger Zeitverhältnisse voll ausfüllte.

Die ersten Behandlungsversuche mit der Impfung von Malaria tertiana wurden in Wien über das Jahr 1917 zunächst nicht fortgeführt. Wie Gerstmann berichtet, sollte erst das weitere Ergebnis dieser Versuche abgewartet werden. Als sich Wagner-Jauregg Ende 1918 dazu entschloss, die Impfungen zu wiederholen, wurde bald nach erfolgter Malariaübertragung eine sehr unerwünschte Beobachtung gemacht: das Blut des Malariaspenders erwies sich als Tertianablut, das durch Tropica verunreinigt war. Die Folge war, dass von den 4 geimpften Paralysen die erste unter hohem Fieber und schwerem Kräfteverfall nach einem Monat verstarb, ihm folgten 2 weitere trotz ausgiebiger Chinin- und Neosalvarsanbehandlung. Nur ein Kranker überstand den Eingriff. Erst im folgenden Jahre, September 1919, gelang Wagner-Jauregg die Wiederbeschaffung eines reinen Stammes von Tertiana, der seither in lückenlosen

Passagen weiter erhalten wurde und auch an anderen Orten mit Erfolg zur Anwendung kam. Über die Behandlungsergebnisse der seit 1919 in Wien vollzogenen Malariaimpfungen hat Wagner-Jaureggs Assistent Gerstmann in mehreren Veröffentlichungen berichtet, erstmals im Jahre 1920. Er teilte damals die Krankengeschichten weiterer 25 Fälle mit, die der Impftherapie unterzogen wurden, mit dem Ergebnis, dass 7 volle Remissionen, 6 höher zu bewertende Teilremissionen und 5 mangelhafte Teilremissionen zu verzeichnen waren. Bei 7 Kranken wurde kein günstiges Resultat erzielt. Eingehendere statistische und klinische Erhebungen an einer grösseren Krankenzahl enthält die Arbeit Gerstmanns aus dem Jahre 1922. Sie umfasst einen Bericht über alle seit September 1919 an der Wiener Klinik mit Malaria behandelten Psychosen, welche sich zum grössten Teil aus Paralysen zusammensetzten. Im ganzen waren es 200 Impfungen, davon 116 an Paralytikern. Die Erfolgsziffer war wiederum eine sehr hohe: 38 Kranke blieben unbeeinflusst, 14 waren nur mangelhaft gebessert, 36 etwas deutlicher, aber doch nur teilweise, 42 Kranke waren Vollremissionen. Ganz zuletzt hat Gerstmann an einem riesigen Krankenstand von über 1000 Fällen in diesem Jahre (1925) über die Beobachtungen und Erfahrungen mit der Impfmalaria an der Wiener Klinik berichtet. Wir werden an anderer Stelle darauf zurückkommen.

Bald nachdem Wagner-Jaureggs Veröffentlichung über seine Versuche vom Jahre 1917 erschienen war, wurden seine Angaben auch an anderen Kliniken gewürdigt. Das Verdienst, die Malariaimpfbehandlung in ihrem Werte frühzeitig erkannt und ihre Kenntnis durch eigene Erfahrungen einem weiteren Kreise in der Fachwissenschaft vermittelt zu haben, gebührt den Hamburgern Klinikern Weygandt und Nonne. Sie erprobten, wie Wagner-Jauregg sagt, die Malariatherapie an ihrem grossen Krankenbestande und lenkten durch wiederholte Mitteilungen und Vorträge die Aufmerksamkeit in Deutschland und im Auslande auf diese Behandlungsmethode. Gleichzeitig beschäftigte sich auch die psychiatrische Klinik Frankfurt a. M. (Weichbrodt und Jahnel) und München (Plaut) mit Wagner-Jaureggs Angaben. Beide Anstalten wendeten seit dem Jahre 1919 das Malariaimpfverfahren an und bestätigten die Nachrichten über die Brauchbarkeit der Methode. An sie schliessen sich in lückenloser zeitlicher Reihe zahlreiche weitere Arbeiten zum gleichen Thema an. Wir möchten in diesem Zusammenhange vor allem der verdienstvollen Arbeiten von Kirschbaum aus der Klinik Weygandts, der von Reese und Peter aus der Klinik Nonnes gedenken. Auch Bratz an der Dalldorfer Anstalt, Hermann an der psychiatrischen Klinik der deutschen Universität Prag, Untersteiner (Innsbruck) u. a. traten mit Entschiedenheit für die Malariabehandlung ein. Ihnen folgte das Ausland: Charitonoff und Popoff in Russland (1923), Askgaard in Dänemark (1924), Grant und Silverstone in England (1924), ebenso Worster-Drought (1923), Templeton (1923), sowie Mingazzini (1924) in Italien, Delgado (1922) in Peru und viele andere.

Einen zurückhaltenden Standpunkt nahmen an der Berliner Klinik Forster, sowie Jossmann und Steenaerts ein. Auch Tophoff in Bremen und Jakob in Königsberg standen den Erfolgen mit einer gewissen Skepsis gegenüber. In Holland war es vor allem Bouman, der zur Vorsicht mahnte.

Obwohl die Kritik in den letzten Monaten recht lebhaft einsetzte, konnte indessen der tatsächliche Wert der Impfbehandlung nicht in Frage gestellt werden. Es hat vielmehr die jüngste Zeit eine erfreuliche Übereinstimmung beinahe aller beteiligten Kreise in den prinzipiellen Fragen der Impftherapie gezeigt, so dass mit Sicherheit eine weitere Verallgemeinerung des Verfahrens erwartet werden darf, auch bei solchen, denen die Angelegenheit bis jetzt noch zweifelhaft erscheinen musste. Aus der Unzahl einschlägiger wissenschaftlicher Veröffentlichungen und Vorträge über die Infektionstherapie tritt einzelnes besonders hervor. Es sind dies die Referate von Nonne, Weygandt und Kyrle auf der letztjährigen Versammlung deutscher Nervenärzte in Innsbruck und die diesjährige Debatte auf dem bayerischen Psychiatertag in München (1925). Dazu kommen eine Reihe von monographischen Darstellungen des Stoffes durch Gerstmann, Dattner und Kanders, Steiner, Stransky, Benedek. Die psychiatrische Klinik Erlangen betreibt die Infektionsbehandlung der Paralyse seit dem Herbst 1923, auf eine Anregung Ewalds hin. Ich selber glaube kein anderes Verdienst zu haben als dieses: dass ich versuchte, mich seit 3 Jahren mit den wichtigsten einschlägigen Fragen zu beschäftigen und ihr Studium zu fördern.

Eine gewisse selbständige Entwicklung in der Geschichte der Infektionstherapie hat die Rekurrensbehandlung genommen, weshalb ihrer Entstehung einige gesonderte Betrachtungen gewidmet seien. Wir erwähnten oben die Beobachtungen und Versuche Rosenblums aus dem Jahre 1875, die für die Geschichte der Infektionsbehandlung, im besonderen die der Rekurrens als grundlegend bezeichnet wurden. Es scheint, als ob diese Versuche Rosenblums mit Beobachtungen identisch sind, über die Motschutkowsky in der älteren Rekurrensliteratur berichtet hat. In ihnen wird erstmals über bewusste Rekurrensübertragungen auf den Menschen zu Heilzwecken berichtet. Da beide Autoren, Rosenblum wie Motschutkowsky in Odessa tätig waren, ist anzunehmen, dass ein gewisser direkter Zusammenhang zwischen den Arbeiten beider besteht. Wagner-Jauregg meint sogar, es seien die von Rosenblum mitgeteilten Fälle mit denen von Motschutkowsky identisch, doch ist es dem Wortlaut nach schwer, hierüber eine sichere Entscheidung zu treffen. Jedenfalls blieben Rosenblum und Motschutkowskys Versuche zunächst in Vergessenheit. Im Jahre 1919 berichten nun Plaut und Steiner, dass sie an mehreren vorgeschrittenen Paralysen erfolgreiche Übertragungen von Rekurrens zum Zwecke einer therapeutischen Beeinflussung vornahmen. Es ist hervorzuheben, dass Plaut und Steiner zum erstenmal die Paralyse mit Rekurrens angingen, dass ihre Heilbestrebungen also nicht eine blosse Fortsetzung der Versuche Rosenblums darstellen. Denn dieser hatte, wie wir sahen, unter seinen Fällen keinen einzigen Paralytiker. Zudem scheinen Plaut und Steiner die Arbeit Rosenblums bei Beginn ihrer Versuche unbekannt gewesen zu sein. Sie gingen, wie sie selbst hervorheben, von wesentlich anders gerichteten theoretischen Überlegungen aus als Wagner-Jauregg. Man stellte sich vor, es würden durch das Überstehen einer Rekurrensinfektion im Körper des Paralytikers Immunstoffe gebildet, die teils durch eine gewisse biologische Verwandtschaft zu denen der Luesantikörper, teils durch unspezifische Wirkung eine

Weiterentwicklung der Syphilisspirochäten unmöglich machten. Es handelte sich also um die Annahme einer „Überlagerung der Immunität", wie sich Plaut und Steiner ausdrücken, die zum theoretischen Ausgangspunkt einer Rekurrensbehandlung der Paralyse genommen wurde. Ihnen folgte fast unmittelbar die Klinik Weygandts, die ihre ersten Voraussetzungen für ihre therapeutischen Versuche mit der Impfrekurrens aus der Arbeit Rosenblums nahm. Es entstand in der Folgezeit ein Prioritätsstreit zwischen der Hamburger psychiatrischen Klinik und Plaut-Steiner, der zugunsten der letzteren entschieden wurde. Die ersten Versuche mit der Impfrekurrens waren so befriedigende, dass das Verfahren bald nach dem Jahre 1919 an einer Reihe anderer deutscher Kliniken aufgenommen wurde und heute sich neben der Impfmalaria als gleichwertige Methodik ihren Platz behauptet. Wir haben in Erlangen die Impfrekurrens seit dem Jahre 1923 gebraucht, zugleich mit der Malaria. Eine Zeitlang kam ausschliesslich die Malaria zur Anwendung, bis wir in diesem Jahre wieder zur Rekurrens zurückgriffen. Wir taten dies, weil wir einsehen mussten, dass wohl die Rekurrens zunächst gegenüber der Malaria als das weniger wirksame Prinzip anmutet, dass es aber doch zweifellos auch eine Reihe von Paralysefällen gibt, die auf Malaria kaum gebessert werden, während sie auf eine nachfolgende Rekurrensimpfung besser ansprechen. Es scheint also in der Tat möglich zu sein, dass die Nachteile des einen Impfverfahrens durch die Vorteile des anderen ausgeglichen werden können. In der Gegenwart sind, wie gesagt, Malaria und Rekurrens durchaus gleichberechtigt und werden je nach Geschmack und persönlicher Einstellung von den meisten Kliniken gebraucht. Die neueste Zeit hat ihre Sonderstellung in der Geschichte der Impfbehandlung dadurch erlangt, dass man allenthalben sich anschickt, die Methodik zu verbessern, Fehlerquellen auszuschalten und immunbiologische Tatsachen aufzufinden, welche alle die rätselhaften Vorgänge hinreichend zu klären vermöchten, wie wir sie im Gefolge der Infektionstherapie sehen.

Überblicken wir die Geschichte der Impfbehandlung zusammenfassend, so lässt sie sich zwanglos in 3 grössere Abschnitte gliedern: Der erste reicht bis zum Jahre 1887 und ist als vorbereitende Phase zu bezeichnen. Sie enthält klinisch wichtige Einzelbeobachtungen über die Möglichkeit einer Paralyseheilung und Versuche, sie durch grobe physikalische Methoden zu beeinflussen. Der zweite Abschnitt in der Geschichte der Impfbehandlung enthält an seiner Schwelle die wichtige Arbeit Wagner-Jaureggs, in der das ganze moderne Programm der Infektionstherapie bereits theoretisch niedergelegt ist. Im übrigen finden wir bis zu den Jahren 1917/19 nur Heilbestrebungen, welche auf unspezifische Fiebererzeugung ohne Einimpfung virulenter Keime gerichtet sind, oder Antiluetica in der Paralysebehandlung verwenden.

Der dritte Abschnitt in der Geschichte der Impfbehandlung endlich beginnt mit den ersten erfolgreichen Versuchen Wagner-Jaureggs im Jahre 1917 und 1919, sowie den Plaut-Steinerschen Rekurrensimpfungen. Er reicht als Abschnitt einer praktischen Verwirklichung der Infektionstherapie bis in die Gegenwart.

II. Die spezifische Paralysetherapie in ihren Beziehungen zur Infektionsbehandlung.

Von spezifischer Behandlung spricht man ganz allgemein in solchen Fällen, bei denen es sich nicht um Beeinflussung gestörter Organfunktionen handelt, sondern um eine direkte Bekämpfung von Krankheitsursachen. (E. Mayer).

Heilmittel dieser Art tragen jedoch einen durchaus verschiedenen Wirkungsmechanismus an sich. Es gehören hierher unsere Desinfektionsmittel, deren Machtbereich ganz in der örtlichen Wirkung zu liegen scheint. Die zweite Gruppe umfasst Substanzen unbestimmter Artung, deren Kenntnis die Immunitätslehre vermittelte. Sie dienen zur Absättigung biologisch aktiver Körper, welche in nächster Beziehung zu gewissen Krankheitsursachen stehen. Der Hauptvertreter dieser therapeutischen Reihe ist das antitoxische Serum, allgemeiner gesagt, die Antikörperbehandlung. In die dritte Gruppe der Spezifica gehören jene Heilmittel, wie sie bei der Syphilisbehandlung bzw. bei Tabes und Paralyse gebraucht werden. Selbst wenn man von allgemeineren Gesichtspunkten ausgeht, fällt es schwer, den Wirkungsmechanismus dieser Medikamente auf eine einheitliche Formel zu bringen, wie dies bei den Desinfektionsmitteln und den spezifischantitoxischen Körpern noch möglich war. Dieser Mangel lässt sich nur geschichtlich verstehen. Als man die gesonderte Wirkung des Chinins auf die Malariaplasmodien und die des Quecksilbers bei Syphilis kennen lernte, war die vorläufige Einigung über den therapeutischen Mechanismus dieser Stoffe nicht schwer, zumal über ihr Schicksal nur lückenhaftes bekannt war. Seitdem Ehrlich die moderne Chemotherapie begründete und zu den Spezifica der Syphilis das Salvarsan hinzufügte, ist die Sachlage erheblich verwickelter geworden. Die nähere Erforschung der Salvarsanheilung ergab nämlich weitgehende Unterschiede in der Wirkungsweise dieses Arsenikals gegenüber dem Quecksilber, dem Jod und dem Wismut. Wenn auch heute die Akten über diesen Punkt noch nicht geschlossen sind, so scheint doch für die Mehrzahl der Autoren festzustehen: die Wirkung des Salvarsans auf die Syphilisspirochäten ist etwas grundsätzlich anderes als die der übrigen Antiluetica. Es scheint nicht einmal über jeden Zweifel erhaben, ob man Quecksilber, Jod, Wismut u. a. nach seinem Heileffekt bei Syphilis nahe zu einander stellen darf. Praktisch ergibt sich aus diesen Überlegungen, dass man eigentlich nur eine Reihe von Namen assoziativ zusammenfasst, wenn man heutzutage von spezifischen Syphilismitteln spricht. Obschon dieser Brauch summarisch anmutet, so behält er doch für eine kurze Verständnismöglichkeit seinen Wert.

Wenn meine späteren Ausführungen über die Infektionsbehandlung der syphilogenen Nervenkrankheiten im folgenden kurz mit dem Tatsachenmaterial der spezifischen Paralysebehandlung belastet werden, so bedarf dies einer Erläuterung. Wir glauben nicht, dass Dinge einer gesonderten Betrachtung fähig sind, die in ihrer geschichtlichen Entwicklung und in ihrer klinischen Handhabung so nahe beieinander stehen. Seitdem der Versuch unternommen wird, spezifische und unspezifische Paralysetherapie gegeneinander auszuspielen, handelt es sich darum, den objektiven Wert beider Methoden abzuschätzen, ihr Anwendungsbereich zu umgrenzen, klinische Vor- und Nachteile zu vergleichen und weitere Entwicklungsmöglichkeiten ins Auge zu fassen. Es leiten aber auch rein theoretische Beziehungen von der einen Seite zur anderen. Bekanntlich sieht man im therapeutischen Mechanismus bestimmter Antiluetica einzelne Faktoren, die der Wirkung blosser Reizkörper nahestehen. Wir geben zu, dass das Fundament ein sehr schwaches ist, auf dem sich solche Annahmen aufbauen. Wären sie aber zutreffend, dann wäre unter Umständen durch die Protein- und Reizkörperbehandlung als Zwischenglied eine gewisse theoretische Verbindung zwischen spezifischer Paralysetherapie und Infektionsbehandlung denkbar. Wir selber halten solche Überlegungen für unbewiesen und dem Fortgang der Untersuchungen durchaus schädlich. Was den Anlass gibt, auf den Wirkungsmechanismus der Antiluetica in Kürze zurückzukommen, ist ein rein klinisches Interesse. Es könnten sich nämlich aus diesen theoretischen Feststellungen bestimmte Anhaltspunkte für die klinische Indikationsstellung und Methodik gewinnen lassen, die gerade bei der Metalues noch voll von Widersprüchen ist.

Von den meisten Autoren wird heute dem Salvarsan eine direkte Einwirkung auf den Krankheitserreger der Syphilis zugeschrieben. Diese Ansicht bestand jedoch keineswegs zu jeder Zeit. Es ist noch nicht lange her, dass ein Pharmakologe, Schmiedeberg, in seinem Lehrbuch den Standpunkt vertrat, die Wirkung des Salvarsans auf die Erreger sei eine indirekte. Die Bedingungen für das Verschwinden der Spirochäten aus dem Blut und den syphilitischen Eruptionen würden bei Salvarsanbehandlung erst vom Organismus geschaffen. Man könne sich nicht vorstellen, dass im Körper eine Verbindung des Salvarsans entstehe, die nur für die Spirochäten in spezifischer Weise schädlich sei. Ebensowenig könne man glauben, dass durch Salvarsaneinverleibung die Antitoxinbildung angeregt werde. Man müsse vielmehr daran denken, dass durch das Salvarsan irgendwelche Bedingungen herbeigeführt würden, die eine Weiterentwicklung der Parasiten unmöglich machten. Durch Begünstigung der Ernährungsvorgänge im Organismus, die als Wirkung der arsenigen Säure bekannt ist, werde den an enge Lebensbedingungen gebundenen Spirochäten der geeignete Nährboden entzogen und damit ihr Absterben veranlasst.

In schroffen Gegensatz zu diesen Anschauungen tritt in der neueren Zeit J. Schuhmacher. Er unterscheidet als prinzipiell verschieden die Wirkung des Salvarsans auf die tote Zelle und die im lebenden Organismus. Von der toten Zelle werde das Salvarsan als ganzes gebunden. Es sollen dabei additionelle Salze entstehen. Im lebenden Körper dagegen wirke das Salvarsan vor allen Dingen durch Hemmung der Oxydation und der oxydativen Synthesen, da es in seiner Hydroxyl- und Aminogruppe einen stark reduzierenden Körper darstelle. Nun seien die Spirochäten als nukleinsäurearme Zellen viel weniger sauerstoffhaltig als die Körperzellen, die zu den primären Sauerstofforten im Sinne von Unna zählten. Es müssten also die Spirochäten bei ihrem geringen Sauerstoffgehalt der Reduktionskraft des Salvarsans zu einer Zeit unterliegen, in der die Körperzellen als sauerstoffreiche Orte noch nicht in gleichem Maße in ihrer Oxydation gehemmt würden. Der Unterschied im Sauerstoffgehalt von Spirochäten und Körperzelle bedingt also die spezifische Salvarsanwirkung. Wie ersichtlich, besteht die Theorie Schuhmachers aus drei Teilen. Erstens wird eine Salvarsanwirkung im Organismus bei der Spirochätenvernichtung ausschliesslich durch Bindung reduzierender Gruppen angenommen. Zweitens werden die Erreger als sauerstoffärmer wie die Körperzellen angesehen. Drittens soll auf diesen verschieden verteilten und ungleich konzentrierten Zellsauerstoff eine bestimmte Menge reduzierender Substanzen des Salvarsanmoleküls einwirken, wodurch die niedere Sauerstoffkonzentration rascher erschöpft wird als die höhere. Dass

es sich bei diesen Anschauungen Schuhmachers nicht um eine blosse Spekulation
handelt, beweist ein Versuch von Lenhoff, der in eleganter Weise die Reduktionskraft des Salvarsans im Spirochätenkörper veranschaulicht.   Syphiliskranken
Kaninchen wurde Salvarsan verabreicht, dann ein Ausstrich von spirochätenhaltigem
Reizserum gemacht. Der Zusatz eines Reduktionsindikators (Ferrizyankali + Eisen-
chlorid) zu dem Präparat allein genügte schon, um die Spirochäten sichtbar darzustellen.   Trotz allem möchten wir glauben, dass der Theorie Schuhmachers
noch vieles Unbewiesene anhaftet. Überzeugend hat jüngstens Schlossberger
unsere Kenntnisse über die Salvarsanwirkung dargelegt.   Ganz allgemein ergibt
sich zunächst, dass das Medikament von dem Erreger primär verankert wird, worauf
die toxische Wirkung des dreiwertigen Arsenrestes auf die Leibessubstanz der Keime
einsetzt.   Die primäre Verankerung des Salvarsans am Spirochätenleib lässt sich aus
der Tatsache des Vorkommens von arsenfesten Erregerstämmen folgern.   Solche
Stämme sind ausgezeichnet durch ihre geringe chemotherapeutische Beeinflussbarkeit
mit Arsenikalien. Nachdem diese Erscheinung auch in längeren Passagen und bei
Wechsel der Art des Passagetieres bestehen bleiben kann, scheint eine blosse Gewöhnung
der Infektionsträger an das Salvarsan nicht vorzuliegen. Des weiteren lässt sich die
direkte Wirkung des Heilmittels auf den Erreger aus der Parallelität folgern, die
zwischen Heilerfolg und Höhe der Einzelgabe beim Salvarsan im Tierversuch besteht.
Es steigt also die zur Sterilisierung nötige Mindestmenge an Salvarsan mit der im
Blute nachweisbaren Keimzahl.   Zu gleichsinnigen Folgerungen führt der Reagensglasversuch.   Zwar bleiben z. B. die Erreger der Hühnerspirillose auf Salvarsanzusatz von mäßiger Konzentration lange Zeit in vitro beweglich, doch scheint die
Übertragung solcher Stämme selbst auf empfängliche Tierarten nicht möglich zu
sein. Dazu kommt, dass rekurrens- und trypanosomenkranke Tiere eine andere
Verteilung des Salvarsans im Blute aufweisen als gesunde.   Bei gesunden Tieren
enthält, wie Ullmann gezeigt hat, Serum und Blutkuchen im wesentlichen gleiche
Arsenmengen. Bei infizierten Tieren dagegen ist der Blutkuchen wesentlich arsen-
haltiger als das Serum. Aus all dem ist der Wirkungsmechanismus des Salvarsans
im groben bestimmt. Schwieriger scheint die Antwort auf Einzelheiten zu sein.
Auffallend ist zunächst die abtötende Wirkung von Salvarsanserum auf Spirillensuspensionen im Glase. Dies legt den Gedanken nahe, es könnte bei der Salvarsanwirkung die Mithilfe gewisser Organsubstanzen nötig sein, um die Substanz chemisch
umzusetzen, bevor sie zur Verankerung kommt. Vieles spricht für eine solche Annahme.
Das Salvarsan ist schon seinem chemischen Bau nach eine Verbindung, die leicht
reagiert. Ferner pflegt sowohl im Reagensglasversuch als im Organismus eine gewisse
Zeit zu verstreichen, ehe sich die Wirkung des Salvarsans bemerkbar macht. Diese
Latenzzeit wird vielerorts so gedeutet, dass sie vom Organismus zur Umwandlung
des Salvarsanmoleküls in das wirksame Arsenoxyd benötigt wird. Andere Autoren
schliessen hieraus eine besondere Mitbeteiligung des Organismus an der Heilung
durch Salvarsan.

Auf alle Fälle ist nach Versuchen von Merk, Schiemann und Ishiwara,
Umfeld und Boecker die Wirkung von Salvarsan-Serumlösungen auf Spirochäten-
aufschwemmungen eine überraschend langsame und zwar auch in Konzentrationen,
wie sie das Salvarsan im Körper nie zu erreichen vermag, ohne tödlich zu wirken.
Kurz nach der Einverleibung des Salvarsans scheint es sogar zu einer vorübergehenden Vermehrung der Spirochäten im Kaninchenschanker zu kommen. (Kolle
und Ritz). Derlei Unstimmigkeiten veranlassten schon bald eine Reihe von Autoren,
neben der direkten Salvarsanwirkung auf die Spirochäten noch eine indirekte Beeinflussung auf dem Wege über Abwehrkräfte des Organismus anzunehmen. Schon
Ehrlich neigte dieser Anschauung zu. Die Einzelheiten dieser indirekten Salvarsanwirkung erscheinen in hohem Maße verwickelt. Einmal wird an eine Steigerung der
Tätigkeit immunkörperbildender Organe gedacht, die teils infolge eines vorläufigen
Spirochätenzerfalls einsetzt, teils scheint eine direkte Reizwirkung des Arsenikales
auf die spezifische Antikörperproduktion in Betracht zu kommen. Man schliesst
dies aus dem heilenden Einfluss, welchen das Serum salvarsanbehandelter Fälle

auf hereditäre Syphilis ausübt. Kolle erwägt noch ein weiteres Moment bei der indirekten Salvarsanwirkung. Es käme danach den Arsenobenzolabkömmlingen die Fähigkeit zu, neben der Bildung von Antikörpern bestimmte Zellarten zur Lieferung unspezifischer Stoffe zu aktivieren.

Zusammenfassend handelt es sich also bei dem therapeutischen Mechanismus des Arsenobenzols um vielfältige Erscheinungen, aus denen sich schwer irgend eine klinische Schlussfolgerung ziehen lässt. Scheint doch das Verhalten der Spirochäten dem Salvarsan gegenüber in den verschiedenen Stadien der Syphilis nicht immer das gleiche zu sein. Schon der Tierversuch zeigt, dass von einem bestimmten Zeitpunkt ab der Heilerfolg des Salvarsans ein sehr bedingter sein kann, dass es auch einen kleinen Prozentsatz von Tieren gibt, bei denen schon sehr frühzeitig eine Sterilisierung mit Salvarsan misslingt. Solche Erfahrungen lassen sich auch am Krankenbett gewinnen und haben in der Pathogenese der syphilogenen Nervenkrankheiten eine nicht unbedeutende Rolle gespielt. Es wird hierauf noch zurückzukommen sein im Zusammenhang mit einer anderen Frage, deren Lösung klinisch erwünscht wäre. Es ist dies eine Entscheidung darüber, ob und inwieweit die oben umrissene pharmakologisch vielfältige Salvarsanwirkung bei allen Formen und allen Stadien der Syphilis eine gleichmäßig zusammengesetzte ist. Es erschiene uns theoretisch denkbar, dass bestimmten Individuen in bestimmten Stadien der Syphilis oder bestimmten Formen der Lues die Fähigkeit zufiele, diese oder jene pharmakologische Teilwirkung des Salvarsans zu unterdrücken bzw. herabzusetzen. In welcher Weise sich dieser Vorgang genauer abwickelte, ob auf Grund konstitutioneller Momente, ob ausgelöst durch individuelle Immunitätsschwankungen, ist wieder eine Sache für sich. Wir möchten von weiteren Erörterungen dieser Art Abstand nehmen, um uns nicht in Spekulationen zu verlieren. Doch glauben wir, es würde Indikationsstellung und Methodik der Therapie entscheidend betroffen, wenn sich herausstellte, dass der zusammengesetzte Wirkungsmechanismus des Salvarsans eine wandelbare Grösse ist, deren Einzelwerte der kranke Organismus vorschreibt.

Wie steht es nun mit der Wirkungsweise des Quecksilbers bei der Syphilis? Eine einheitliche Auffassung hat sich hier bis zum heutigen Tage unter den Autoren nicht erreichen lassen. Die Wirkung des Quecksilbers auf die syphilitischen Bildungen ist eine sehr langsame. Sie bleibt hinter der des Salvarsans im Tierversuch um ein vielfaches zurück. Die Spirochäten sind im Organismus nach Einverleibung von Quecksilber lange nachweisbar, der Kaninchenschanker bildet sich unter Umständen so schwer zurück, dass der Heilungsvorgang einer spontanen Überhäutung ähnlich sieht. Um einen kräftigen therapeutischen Ausschlag zu bekommen, sind, wie Kolle und Ritz fanden, Quecksilbergaben erforderlich, die nahe an der erträglichen Höchstmenge liegen. Der Ehrlichsche Quotient aus der Heildosis und der Toleranzdosis ist also beim Hg ein hoher. Dazu kommt die Unzuverlässigkeit des Quecksilbers bei der Abortivbehandlung der experimentellen Syphilis, wo der Prozentsatz der Rückfälle die salvarsanbehandelten erheblich übersteigt. Aus diesen Tatsachen wird ein indirekter Wirkungsmechanismus des Quecksilbers gefolgert. Zudem sind die bei der Syphilisbehandlung verabreichten Quecksilberdosen offenbar zu niedere, um hieraus eine direkte Wirkung des Hg im Körper erschliessen zu können[1]). Das Quecksilber scheint als starkes Protoplasmagift sich ganz allgemein im Körper zu verteilen und in der Zelle wie in den Gewebssäften unlösliche Quecksilber-Eiweissverbindungen einzugehen. So kommt es nach Kolle und Ritz zu einer Verschlechterung des Nährbodens für die Spirochäten, und die Erreger scheinen nach Ablauf ihrer natürlichen Lebensdauer abzusterben. Finger tritt für eine indirekte Quecksilberwirkung ein, die er in einer Steigerung der Abwehrkräfte erblickt. Schade,

---

[1]) Doch nehmen einzelne Autoren, z. B. Tomasezewski auch hier eine parasitotrope Wirkung an. Vor allen Dingen das rasche Auftreten der Herxheimerschen Reaktion deute darauf hin. Auch Lewandowsky, ferner Thalmann, Uhlenhuth und Mulzer vertreten diesen Standpunkt.

Schuhmacher, Volk u. a. sehen in dem Quecksilber einen Katalysator, der den Gewebszerfall beschleunigt und dadurch einen Untergang der Erreger veranlasst. Kreibich, Neuber, Dohi, Stokes u. a. denken an eine Protoplasmaaktivierung und Steigerung der Abwehrleistungen, nachdem das Quecksilber in kleinen Dosen ausgesprochen stoffwechselfördernd wirkt. Stühmer hält eine Verbindung des direkten und indirekten Wirkungsmechanismus beim Quecksilber für möglich, Schlossberger tritt für einen rein indirekten Hg-Effekt nicht einheitlicher Art ein. Ähnlich ist es um die Wismutwirkung bestellt. Man geht wohl nicht in der Annahme fehl, wenn man sie sich als eine dem Quecksilber verwandte betrachtet. Meist stellt man die Wismutwirkung als reine Metallwirkung hin, der parasitotrope Eigenschaften fehlen. Kolle spricht von einer Entwicklungshemmung der Erreger durch das Wismut. Nicolau und Levaditi fanden das Bi in vitro auf Spirochäten unwirksam; erst nach Zusatz von Organextrakt wurden die Parasiten rasch abgetötet. Daraus folgt, dass die gegen Lues eigentlich wirksame Substanz auf Wismutgaben vom Organismus geliefert werden. Das Wismut löst nur den Heilungsmechanismus aus, sei es als Katalysator unter Steigerung des Zellzerfalls, oder als Aktivator allgemeiner zellulärer Leistungssteigerung. Das gleiche gilt vom Jod. Über dieses Arzneimittel sind die Meinungen insofern einig, als neuerdings allenthalben eine indirekte Wirkung auf die Parasiten angenommen wird. Im Reagensglasversuch ist das Jod auf Spirillensuspensionen gänzlich wirkungslos. Schlossberger meint mit anderen, das Jod rege bei vorgeschrittenen Luesfällen die Antikörperbildung an, es komme zu einer Gewebsumstimmung, wodurch der Organismus das kranke Gewebe rasch abbaue. Indirekte Wirkung schreibt man auch dem Gold, dem Silber, dem Zink, dem Vanadium u. a. bei der Syphilis zu. Dagegen ist die therapeutische Rolle des Antimons noch nicht klarliegend. Zahlreiche Untersucher glauben an eine direkte Wirksamkeit dieses Heilmittels auf die Parasiten.

Wie man sieht, sind es der praktischen Folgerungen wenige, die sich aus all diesen theoretischen Vorstellungen für die Klinik ableiten lassen. Es ist ja der Wirkungsbereich der spezifischen Antiluetica wohl in erster Linie durch die Erfahrung festgelegt worden. Immer von neuem scheint sich zu bestätigen, dass das Gebiet theoretischer Erörterung sich nicht über das der blossen Empirie hinaus zu erstrecken pflegt; meist nicht einmal soweit, als blosse Beobachtung am Krankenbette vorzudringen vermochte. Es lässt sich also von vorneherein über den Wert der spezifischen Behandlung bei den syphilogenen Nervenkrankheiten auf Grund theoretischer Erwägungen kaum etwas bindendes aussagen. So wird es sich empfehlen, von den Verhältnissen auszugehen, wie wir sie bei der praktischen Anwendung spezifischer Heilmittel in der Frühlues antreffen. Fest steht bei der Behandlung von Frühsyphilis wohl nur, dass das Salvarsan eine gewisse Abortivwirkung entfaltet und dass Hg- und Salvarsanbehandlung sich in ihrer Wirksamkeit zu ergänzen scheinen.

Inwieweit das letztere zutrifft und für welche Fälle, vor allen Dingen für welche Stadien des Leidens, scheint noch nicht einheitlich beantwortet. Einfacher liegt die Dosierungsfrage. Die Grenzen der Gesamtmenge sind zwar durchaus nicht festliegend, weder nach unten noch nach oben, aber es hat sich wenigstens herausgestellt, dass unzureichende Gaben mehr Schaden stiften, als sie nützen. So lässt sich verstehen, warum in bestimmten Fällen die Art der chemischen Verbindung oder die Applikationsweise das ersetzen musste, was die gewöhnliche Quecksilber-, Salvarsan- und Wismutdosis in niederer Anwendungsform nicht leistete.

Dies alles hat man zu bedenken, wenn man über den Wert der spezifischen Paralyse- und Tabesbehandlung spricht. Wie ist es damit bestellt? Wir glauben, es kann gar nicht eindringlich genug betont werden, wie schwer es uns erscheint, hier von den Dingen so viel Abstand zu gewinnen, um vorurteilsfrei zu sprechen. Man blicke auf die endlose Reihe von Fragen, die uns der Verlauf der Syphilis schon ohne Behandlung aufgibt. Dazu kommt das Paralyserätsel in pathogenetischer Hinsicht. Durch welche allgemeinen Faktoren von ausschlaggebender Bedeutung hebt sich die Paralyse aus dem Syphilisverlauf heraus? Hat nicht überhaupt erst unsere Therapie bzw. die Art unserer therapeutischen Grundsätze den durchschnittlichen Syphilisverlauf in biologisch ungünstigem Sinne abgebogen? Inwieweit hat die biologisch so mannigfache Syphilis ihre besondere, auf den Fall abgepasste Therapie? Bei der Frühlues liegen die Dinge noch verhältnismäßig einfach, schon deshalb, weil die Forderung nach augenblicklicher Hilfe für den Kranken zu sehr hervortritt. Je länger aber die Krankheit besteht, desto unsicherer werden wohl die Daten über alle bleibenden Erfolge. Dies erhellt aus der Neigung der Therapie, in solchen Fällen sich mit einem Schema zufrieden zu geben. Gesetzt den Fall, der Neissersche Grundsatz einer chronisch-intermittierenden Behandlung der Lues bestehe zu Recht. Wo findet sich der absolute Gradmesser für einen Erfolg? Stühmer hat in seinen vorzüglichen Ausführungen über die Quecksilber-Salvarsanbehandlung erst vor kurzem den Wert der statistischen Erhebungen über Syphilisheilung und Behandlungserfolge wieder stark erschüttert. Tritt man der Syphilis nach einer bestimmten Zeit nur da mit spezifischen Mitteln entgegen, wo sie fassbare Erscheinungen macht, dann erhebt sich die alte Streitfrage, welcher Wert diesen Erscheinungen prognostisch zukommt. Ebensowenig wie in der Prognose ein altes Leukoderm einem papulösen Syphilid ohne weiteres gleichgesetzt werden kann, ebensowenig stellen Einzelheiten des serologischen Befundes etwas prognostisch Gleichwertiges dar. Nicht erst die Infektionsbehandlung der Paralyse hat dies gelehrt, mit ihren überraschenden serologischen Befunden. Es liegt uns nichts ferner, als den absoluten Wert der spezifischen Syphilisbehandlung in irgend einer Weise herabzusetzen. Wir wollen aber zeigen, dass die Schwierigkeiten bei der Beurteilung des Wertes einer spezifischen Paralysebehandlung sich folgerichtig aus den Problemen der Syphilistherapie überhaupt entwickelten. Denn, so widersinnig das klingen mag, es handelt sich bei der Paralyse doch letzten Endes um einen besonders scharf umrissenen Spezialfall der syphilitischen Endstadien, wenigstens für den Therapeuten. Solange nun noch nicht hinreichend festliegt, welche Besonderheiten in der Indikationsstellung und Methodik der spezifischen Syphilisbehandlung in früheren Stadien zu berücksichtigen sind, ebensolange wird man bei der spezifischen Metaluestherapie Indikation und Methodik auf eigene Faust betreiben müssen nach den Grundsätzen, wie sie sich aus eigener Praxis ergaben. Dies ist nicht unbedenklich. Denn wenn die Ergebnisse dieser Gepflogenheit nicht durchaus übereinstimmend nach aussen hin wirken und durch ihre Deutlichkeit ganz besonders hervortreten, dann wird die ganze Angelegenheit blosse Glaubenssache und die Hoffnungsfreudigkeit einzelner findet ihr dankbares Objekt.

Es sei versucht, zunächst Indikation und Kontraindikation einer spezifischen Metaluestherapie zu umschreiben. Ich sehe dabei ganz davon ab, was damit zu erreichen ist. Solange neben den gebräuchlichsten Antilueticis für die Paralyse- und Tabesbehandlung kein besseres, andersartiges Heilverfahren existiert, kann es wenig Bedenken geben. Man versucht dann eben auf alle Fälle, etwas zu erreichen, selbst auf die Gefahr hin, eine trübe Erfahrung mehr gemacht zu haben. Wesentlich anders ist die klinische Sachlage aber geworden, seitdem sich die Impfbehandlung offenbar die grössere und sinnfälligere Zahl von Erfolgen gegenüber Hg und Salvarsan bei Paralyse zu erwerben scheint. Da darf man auch bei sehr frischen Paralysefällen jedesmal die Frage aufwerfen, ob es ratsam erscheint, kostbare Zeit mit wenig durchgreifenden Maßnahmen zu vergeuden. Selbst wenn man die spezifische Behandlung nur als vorbereitenden Eingriff für eine nachfolgende Malaria- oder Rekurrenskur gelten lässt, muss man sich vergegenwärtigen, dass diese Vorbereitung des Kranken in ihrem Ausgang oft genug fraglich bleibt und dass sie unter Umständen mehr schaden als nützen kann. Man darf also unbedenklich die Forderung erheben: Wo eine Paralyse oder eine noch hinreichend kräftige Tabes rasch der Infektionsbehandlung unterworfen werden kann, dann soll dies sobald als möglich und immer geschehen, unter einstweiliger Umgehung spezifischer Vorkuren. Für Hg und Salvarsan ist nach überstandener Malaria oder Rekurrens noch Zeit genug. Entschliessen sich die Kranken oder deren Angehörige nicht zur Impfbehandlung, dann tritt selbstredend die spezifische Therapie in ihr Recht. Nun wird sich der praktische Arzt und der Facharzt, der zumeist auf ambulante Kranken-behandlung angewiesen ist, mit diesem Bescheid nicht ohne weiteres zufrieden geben wollen. Denn die Impfbehandlung der syphilogenen Nervenkrankheiten ist bis zum heutigen Tage in der Mehrzahl der Fälle in klinischer Obhut durchgeführt worden, und man wird sich vielerorts sträuben, dem Krankenhaus neue Vorrechte einzuräumen, wenn man schliesslich mit Salvarsan und Queck-silber fürs erste auch etwas erreicht. Ich glaube, es kann in dieser Frage nur von Fall zu Fall entschieden werden, und es wird sich bei Benachrichtigung der nächsten klinischen Abteilung leicht ein gangbarer Weg der Verständigung finden lassen.

Sieht man davon ab, dass Impfbehandlung und spezifische Behandlung der Metalues schon bei der Indikationsstellung in Widerstreit geraten, so bleibt nur weniges zu sagen übrig, was zur Indikation der spezifischen Paralyse- und Tabestherapie engere Beziehung hätte. Ein Kranker, der, wie der Paralytiker, unbehandelt mit seltenen Ausnahmen dem Tode verfallen ist, soll der Hoffnung nicht beraubt werden, eine Besserung seines Leidens zu finden, und wäre sie noch so gering. Schon allein soziale Umstände können die Erhaltung eines an sich wertlosen Lebens im Interesse der Angehörigen erforderlich machen. Darum darf als Grundsatz gelten: es soll in allen verhältnismäßig jungen Fällen von Tabes und Paralyse der Versuch gemacht werden, dem Leiden durch Antiluetica zu begegnen, wenn man nichts besseres zur Hand hat und bestimmte Voraus-setzungen erfüllt sind. Diese Voraussetzungen bestehen zunächst darin, dass der Krankheitsprozess deutliche Fortschritte macht. Es dürfte gewiss nicht unbedenklich erscheinen, einen Tabiker, der sein Leiden schon jahrelang herum-trägt, plötzlich mit einer energischen Quecksilber-Salvarsan-Jodkur zu über-fallen. Und ähnliches gilt wohl auch für remittierte Paralysen, freilich mit vielerlei Einschränkungen, die in dem serologischen Befund, der Güte und Dauer der Remission, sowie in dem Alter des Prozesses gelegen sind. Der alte Grundsatz

Ehrlichs und Alts, die Paralyse möglichst in den Anfangsstadien, beim ersten Wetterleuchten, in Behandlung zu nehmen, ist auch durch neuere Erfahrungen in seiner Geltung nicht erschüttert worden. Es hat aber keinen Sinn, noch bei solchen Fällen mit Hg-Salvarsan etwas ausrichten zu wollen, die rasch fortschreiten oder ihr Leben lang von einem Facharzt zum andern gingen, um mit Unmengen von spezifischen Mitteln die befürchtete Paralyse zu bannen. Man erspart sich, wenn man solche Kranken unbehandelt lässt, den Vorwurf von seiten der Angehörigen, mit der begonnenen Kur das Ende beschleunigt zu haben. Wo aber in der Vorgeschichte eine unzureichende Behandlung, oder überhaupt keine antisyphilitische Therapie zu erheben ist, dann ist energisches Eingreifen erforderlich. Man braucht sich dann nicht sklavisch an den Grundsatz zu binden, es müsse zwischen der letzten Kur und der geplanten Behandlung erst eine bestimmte Zeitspanne verflossen sein. Solange nicht in der vegetativen Gesamtverfassung oder von seiten einzelner Organe, z. B. der Nieren, ein Hinderungsgrund für eine erneute Behandlung gegeben ist, erscheint wohl jedes Zögern unangebracht. —

Wie steht es mit der Methodik der spezifischen Paralyse- und Tabestherapie ? Es ist bekannt, dass sich in dieser Hinsicht bis jetzt keinerlei Grundsätze eine einheitliche Geltung verschaffen konnten. Woran dies liegt, lässt sich nur annähernd sagen. Einmal ist — gewiss zu Unrecht — in manchen Kreisen der Glaube an die Wirksamkeit einer spezifischen Paralysetherapie erloschen und man hält es für überflüssig, auf methodische Fragen noch viel Zeit zu verwenden. Ganz besonders ist es aber, wie bereits hervorgehoben wurde, die Schwierigkeit einer sicheren Beurteilung, was einer grundsätzlichen Stellungnahme zur Methodik der spezifischen Tabes- und Paralysetherapie hinderlich ist. Diese Schwierigkeiten lassen sich zurückführen auf die Tatsache, dass beinahe in allen strittigen Punkten sichere Vergleichsziffern fehlen. Am weitesten scheint neuerdings noch Schacherl gekommen zu sein, der an der Hand grosser Behandeltenziffern feststellen konnte, dass eine kombinierte Behandlung bessere Heilungsaussichten bildet, als die blosse Salvarsan- oder Quecksilberkur und es scheint, als vermehrten sich die Erfolge, je zahlreicher die angewandten Spezifica sind. Nicht restlos entschieden dagegen ist, wie die Dosierung im einzelnen Falle zu geschehen hat, in welcher Weise man das Heilmittel am besten dem Organismus zuführt, bis zu welcher Gesamtmenge man gehen soll und welche zeitlichen Zwischenräume die einzelne Einspritzung benötigt. Es fragt sich überhaupt, ob man gut daran tut, allgemein gültige Regeln bezüglich der Einzeldosis und der Gesamtmenge der Injektionen aufzustellen. Dies erweckt leicht den Anschein, als lasse sich alles in ein Schema hineinpressen.

Runge, Raecke, Sioli u. a. haben den Nachweis geführt, dass mit der Höhe der Gesamtdosis auch die Zahl der günstig beeinflussten Fälle steigt. Ebenso ist wohl erwiesen, dass von den älteren Salvarsantherapeuten die erforderliche Mindestdosis bei Paralyse viel zu niedrig eingeschätzt wurde. Dem steht die Behauptung Königs entgegen, dass durch Steigerung der Gesamtdosis über ein bestimmtes Maß hinaus eine günstigere Wirkung sich nicht erzielen lässt, wenigstens beim Salvarsan nicht. Sehr lehrreich sind hier eine Reihe von Fällen aus den Beobachtungen Königs, wo insgesamt zwischen 17,0 und 50,0 g Salvarsannatrium gegeben wurde, ohne dass zu der anfänglichen günstigen Wirkung noch irgend ein positiv zu deutendes Moment hinzugekommen wäre, im Verlauf der weiteren sehr intensiven und langdauernden Kur. Man wird also die Frage der Hg- und Salvarsangesamtdosis bei Tabes und Paralyse noch als unentschieden betrachten müssen.

Ähnlich ist es mit der Einzelgabe bestellt. Die Erfahrung bestätigt immer wieder, dass Paralytiker unter Umständen recht hohe Salvarsandosen völlig beschwerdelos vertragen. Sogar hinfällige Paralysen, die man am liebsten gänzlich unbehandelt lassen möchte, zeigen unter Umständen eine ausserordentlich hohe Widerstandsfähigkeit. Natürlich lässt sich auf diese Erfahrung nicht sündigen. Direkt gefährlich scheint mir eine hohe Einzeldosis bei empfindlichen Tabikern mit lanzinierenden Schmerzen, Krisen und starkem vegetativem Verfall. Im allgemeinen ist man bei der Paralysenbehandlung so vorgegangen, dass man mit ganz kleinen Gaben von Salvarsan begann und mehr oder minder rasch bis zu 0,6 Neosalvarsan bzw. 0,6 Silbersalvarsan anstieg. Beim Quecksilber wird zu Recht vorsichtig dosiert und das Präparat in milder Form, sei es als Einreibung (4 g tgl.) oder als Hydrarg. salicyl. bzw. Hydrarg. cinereum. Ob die einseitige Verabreichung von Quecksilber und Salvarsan, etwa in Form der Linserschen Mischspritze, für Tabes- und Paralysetherapie irgend einen Vorteil bietet, vermag ich nicht zu entscheiden. Das Verfahren hat auch unter den Neurologen seine Anhänger. Was die Intervalle anlangt, die zwischen zwei Salvarsaninjektionen einzuschalten sind, so richtet man sich in erster Linie nach der Art des verwendeten Salvarsanpräparates, dann nach der Dosis und dem Zustand des Kranken. Salvarsanabkömmlinge, wie das Silbersalvarsan, Neosilbersalvarsan und Sulfoxylsalvarsan, die langsam ausgeschieden zu werden pflegen, wird man mit wenigstens 8—10tägigen Zwischenräumen verabreichen. Dabei ist zu berücksichtigen, dass die Höhe der Einzeldosis, aber auch die der Gesamtdosis schwankt, je nach der Art des verwendeten Salvarsanpräparates, und zwar entspricht:

$$0,3 \text{ Neosalvarsan} = 0,3 \text{ Neosalvarsan} - \text{Natrium} = 0,15 \text{ Ag} - \text{Salvarsan}$$
$$= 0,2 \text{ Neosilbersalvarsan.}$$

Das Sulfoxylsalvarsan verlangt besondere Vorsicht in der Dosierung wegen der Gefahr einer Kumulativwirkung. Über 4 Einspritzungen sollen in einer Kur nicht gegeben werden. Nach Fabry beträgt der Zwischenraum der Einzelinjektionen 14 Tage, die Dosis schwankt zwischen 10 und 12 ccm.

Das Neosalvarsan kann ohne Schaden in 3—4tägigen Pausen aufeinander folgen. Quecksilber verabreiche ich ausschliesslich in Form der Einreibung von 4 g grauer Salbe. Jeder 6. Tag ist Badetag. Die Anzahl der einzelnen Touren schwankt zwischen 4 und 7. Über die Joddarreichung gelten die üblichen Grundsätze. Es gibt Therapeuten, die grundsätzlich bei jedem Falle von Nervenlues Jod geben. Sehr empfohlen wird das Mittel bekanntlich neuerdings in Form von Injektionen bei zerebralluetischen Bewegungsstörungen.

Wir haben bis jetzt absichtlich eine Erörterung darüber unterlassen, welche Form der Verabreichung von Quecksilber und Salvarsan bei Paralyse- und Tabesbehandlung die meisten Aussichten auf Erfolg bietet, oder für den Kranken am zweckdienlichsten ist. Man kann über diesen Punkt recht verschiedener Meinung sein. Wären unsere meistgebrauchten Methoden auch nur annähernd den gestellten Ansprüchen gerecht geworden, dann wäre es wohl kaum möglich gewesen, dass so viele neue, theoretisch nicht immer zureichend begründete Verfahren angegeben wurden, um Altes und Unzulängliches zu ersetzen. Beim Quecksilber und Jod ist dies nicht so schlimm. Wenn man versucht, an der Hand der Literatur ein Bild darüber zu gewinnen, ob Quecksilber und Jod mit dieser oder jener Applikationsweise am nachhaltigsten und sinnfälligsten wirke, so gibt man einen solchen Versuch bald auf. Es fehlen zumeist sichere Grundlagen für weitgehende Schlussfolgerungen. Praktisch wählt man mit Vorliebe die altbewährte Hg-Einreibung, wohl die indifferenteste und gefahrloseste Art der Quecksilberzuführung. Anders scheint es beim Salvarsan zu sein. Hier hat man als angebliche Verbesserungen der gewöhnlichen Quecksilber-Salvarsankur eine Reihe von Methoden angegeben, welche die geringe Wirksamkeit und Unzulänglichkeit dieser regelmäßig gebrauchten spezifischen Behandlungsverfahren bei Tabes und Paralyse zum Ausgangspunkt ihrer Erwägungen nehmen. Man stellt sich vor, dass all diese Mängel in erster Linie darauf zurückzuführen seien, dass das Antilueticum bei intravenöser Verabreichung einen der hauptsächlichsten Krankheitsherde, die Meningen bzw. die nervöse Substanz nicht hinreichend zu erfassen vermag. So ging man denn daran, das Salvarsan in den Lumbalsack einzuführen, oder durch Einspritzungen in die Schädelarterien die lange Wegstrecke des venösen Kreislaufteils auszuschalten. Inwieweit bestehen diese Gedankengänge zu Recht? Gibt es in der gegenwärtigen klinischen Praxis eine Sachlage, die den Gebrauch dieser „direkten" Methoden hinreichend rechtfertigte? Wir müssen diese Frage durchaus. verneinen. Erstens ist, wie schon jetzt gesagt sei, die Überlegenheit der endolumbalen Behandlung über die Impftherapie in keiner Weise erwiesen. Im Gegenteil spricht vieles dafür, dass es sich umgekehrt erhält, dass also der Impfbehandlung unbestreitbare Vorzüge zukommen. Aber selbst wenn man hiervon absieht, bleiben der Bedenken genug. Zunächst vermisst man in der Literatur über die endolumbale Behandlung durchaus den Nachweis, dass sie mehr leistet, als die gewöhnliche intravenöse Therapie in Verbindung mit mäßigen Quecksilberdosen. Wo solche vergleichende Untersuchungen über den Wirkungsbereich der intraspinalen Methode von psychiatrischer und neurologischer Seite angestellt wurden, fielen sie ganz und gar nicht eindeutig zugunsten dieses Verfahrens aus. So meint Nonne, die Erfahrungen mit der Intralumbalbehandlung wirkten „jedenfalls nicht überzeugend", ähnlich vorsichtig drücken sich Bumke, Stern, Plaut, Weigeldt u. a. aus. Ich verweise besonders auf eine neuere Kritik Nonnes an den intraspinalen Methoden (C. B. f. d. ges. N. u. P. 1926). Eine Reihe von Autoren warnt entschieden vor dem Gebrauch der endolumbalen Therapie. Es bliebe also nur noch die Möglichkeit, dass die eigentlichen Anhänger dieser Methodik bestimmte Gründe für ihre Empfehlung haben, also sichere Indikationen für ihre Anwendung stellen können. Sieht man nun näher zu, dann findet man, dass rein psychiatrische Interessen bei der Indikationsstellung nur bedingt betroffen werden.

Die Behandlung der meningealen Erscheinungen der Syphilis in der Frühperiode und die der sogenannten Meningealrezidive, für die Gennerich sein Verfahren vor allen Dingen empfiehlt, ist in der Regel nicht Sache des klinischen Psychiaters, zumal der ursächliche Zusammenhang dieser Meningealerscheinungen mit der Tabes und Paralyse wohl noch nicht in allen Punkten als bewiesen gelten kann. Andere Kliniker äusserten die Ansicht, es fielen der intraspinalen Methodik hauptsächlich jene Fälle von Tabes und Paralyse zu, bei denen mit intravenösen Salvarsangaben und mit Quecksilber nichts erreicht wurde. Auch solcher Kranker hat man gedacht, deren Liquor- und Blutbefund sich rasch verschlechtert, bei denen sich hohe Zell- und Globulinwerte finden, ohne dass die sonst gebräuchliche Therapie etwas dagegen vermöchte. Aber auch in diesen Punkten scheint praktische Entscheidung zum Zwecke sicherer Indikationsstellung schwierig. Gewiss ist es richtig, dass eine Anzahl von Paralysen und Tabeskranken der gebräuchlichen spezifischen Behandlung trotzt, und nach unserer Meinung ist die Zahl solcher Fälle eine recht hohe. Es ist auch zutreffend, dass in der Literatur Fälle von Paralyse bekannt geworden sind, die auf die intraspinale Behandlung sich besserten, während die intravenöse Salvarsantherapie im Verein mit Quecksilber scheinbar nichts vermochte. Aber es fehlen sorgfältigere und umfangreichere Aufstellungen zu diesem Kapitel noch sehr. Man vermisst erstens den Nachweis, dass die vorausgehende intravenöse Salvarsanmethodik nicht doch den späteren Erfolg der intraspinalen Technik heraufführen half. Zum zweiten fehlen eingehende klinische Angaben über den Umfang der erreichten Besserung. Was die ausschliessliche Bewertung des serologischen Befundes für Indikation einer Therapie und für weitere Prognosenstellung bei Paralyse anlangt, so wird man in diesem Punkte doch noch Zurückhaltung üben dürfen. Auch Schoenfeld tut dies in sehr überzeugender Weise. Wenn übrigens bei der Salvarsanbehandlung der Paralyse noch Zweifel an dem geringen prognostischen Wert des serologischen Befundes entstehen konnten, so haben wohl die Erfahrungen bei der Impfbehandlung weitere Bedenken behoben. Darüber später näheres. Wir halten es jedenfalls nicht für angängig, das Ergebnis von Blut- und Liquoruntersuchung bei Tabes und Paralyse in der Indikationsstellung zur intraspinalen Behandlung ohne weiteres heranzuziehen und die Verhältnisse der Meningeallues einfach auf die Paralyse zu übertragen. Es gehen ja die klinischen Erscheinungen bei diesen Leiden nur sehr bedingt parallel mit der Grösse serologischer Ausschläge. Ein positiver Befund spricht bei der Diagnose und Differenzialdiagnose ein gewichtiges Wort mit. Mehr ist kaum zu wollen. Bessert sich Serum und Liquor, so wird man dies mit Befriedigung vermerken können und wird eine Hoffnung mehr haben. Es ist aber kein Grund, den Kranken im gegenteiligen Falle sonderlich zu ängstigen, schon aus psychotherapeutischen Gründen.

So kommen wir zu dem etwas beschämenden Ergebnis, dass wir stichhaltige Anzeichen zu einer intralumbalen Tabes- und Paralysebehandlung nicht zu finden vermögen. Wir bestreiten keineswegs die Wirksamkeit dieser Verfahren in bestimmten Fällen, wir glauben aber nicht, dass die Heilerfolge anderer Methoden dagegen zurücktreten. Vor allen Dingen lassen wir dahingestellt, ob wir berechtigt sind, den Kranken durch eine Methode, wie die intralumbale, zu gefährden, solange wirksameres, wie die Impftherapie, unversucht blieb.

Die Technik der direkten spezifischen Behandlungsverfahren möchte ich nur kurz streifen. Bekanntlich stehen eine grosse Reihe von Einzelpraktiken im Gebrauch, die sich im Prinzip einander sehr nähern. Ob jede Methodik hinreichend begründet ist, möge dahingestellt sein. Es seien einige der bekanntesten angeführt:

1. Methode Marinesco: Neosalvarsan 0,1 wird in 80 ccm H_2O gelöst. Entnahme von 4 ccm Liquor, Ersatz durch Einspritzung von 4 ccm der Neosalvarsanlösung.

2. Methode Ravaut: Einzeldosis 3—12 mg Neosalvarsan. Herstellung einer 6%igen Lösung von Neosalvarsan. Jeder Tropfen enthält etwa 3 mg Substanz. Nach erfolgter Lumbalpunktion wird die mit der zu verabreichenden Salvarsanmenge gefüllte Spritze auf die Punktionsnadel gesetzt, Salvarsan und Liquor in der Spritze gemischt und eingespritzt.

3. Methode Gennerich (alte): Übliche Punktionstechnik, Herstellung einer Neosalvarsanlösung von 0,15 g auf 300 ccm physiologische Kochsalzlösung. Hiervon werden 4—8 ccm pro dosis gegeben. Aufsetzen einer graduierten Bürette an die Nadel, Zulaufenlassen von 12—15 ccm Liquor in das Mischgefäss, Wiedereinverleibung der genannten Salvarsanmenge unter rechnerischer Berücksichtigung der Liquorverdünnung. Die Einspritzung erfolgt alle 2—3 Wochen.

4. Methode von Schubert: Punktion in Seitenlage, Entnahme von 3 ccm Liquor, Übertragen mit Tauchpipette in ein Uhrglasschälchen, das 0,045 mg Trockensubstanz Neosalvarsan enthält. Lösung des Pulvers. Ansetzen eines Konus an die Punktionsnadel, die mittels eines Schlauches an einen Trichter angeschlossen ist. In den entsprechend gesenkten, halb mit Liquor gefüllten Trichter werden 0,1—0,2 ccm des Salvarsan-Liquorgemisches zugesetzt und der Trichterinhalt in den Lumbalkanal zurückgegeben.

5. Neue Methode Gennerich: Peinliche Asepsis. Lösung von 0,045 g Neosalvarsan in 10 ccm 0,4%iger steriler Kochsalzlösung. Punktion in Seitenlage. Auffangen von 50—60 ccm Liquor in steriler Bürette, die durch Schlauchansatz mit der Nadel verbunden ist. Zusatz der entsprechenden Menge Salvarsanlösung zu dem Bürettenliquor. Vorsichtiges Umschütteln und weiteres Auffangen von etwa 50 ccm Liquor in der Bürette. Von diesem Gemisch lässt man 70—90 ccm zurückfliessen, der Rest wird weggegossen. Von der Salvarsan-Kochsalzlösung enthält 0,1 ccm die Menge von 0,45 mg Substanz.

6. Die Methode der Doppelpunktion nach Gennerich: Seitenlage. Einstich der unteren Nadel an der üblichen Punktionsstelle (L IV—L V). Die obere Nadel liegt 2 Dornfortsätze höher (L I—L II). An jede Nadel wird eine entsprechend grosse Bürette mit Schlauchverbindung angeschlossen, die durch Klemmen abgesperrt werden kann. Senken der oberen Bürette und Einfüllen von 10 ccm Liquor. Zusatz der erforderlichen Salvarsandosis aus der unter Nr. 5 beschriebenen Salvarsan-Kochsalzlösung. Umschütteln. Abklemmen. Öffnen des unteren Bürettenweges. Einfüllen von Liquor bis zum Auftreten starker Kopfschmerzen. Öffnen des oberen Bürettenweges und Einflössen der Salvarsan-Liquormischung. Gleichzeitig wird auch die untere Bürette geöffnet und leicht angehoben, um ein Rückströmen des Liquors kaudalwärts zu hindern. Zum Schlusse schickt man 30—50 ccm Liquor aus der unteren Bürette nach. Der Rest ist Überschuss.

Unter ähnlichen technischen Grundsätzen erfolgt auch die endolumbale Salvarsan-Serumbehandlung. Sie verdankt ihre Entstehung der Beobachtung, dass das Blutserum von Syphilitikern die Parasiten im Glase abzutöten vermag, wenn man die Kranken mit intravenösen Salvarsangaben vorbehandelt. Auch auf andere Kranke soll ein solches Serum bei subkutaner Einverleibung günstige Wirkungen zeigen. Die gebräuchlichste Methode ist die Salvarsan-Serumbehandlung.

7. Methode Swift und Ellis: Intravenöse Neosalvarsandosis zwischen 0,2 bis 0,9 g. Blutentnahme eine Stunde später. Auffangen von 40 ccm Blut. Zentrifugieren. Herstellen einer 40%igen Serumlösung in physiologischer Kochsalzlösung. Inaktivieren 1 h bei 56°. Lumbalpunktion. Ablassen von Liquor, bis der Druck 30 mm erreicht. Ansetzen einer 20 ccm fassenden Spritze, die mit 40 cm langem Gummischlauch an die Punktionsnadel angeschlossen ist. Infusion von 20 ccm der Serumlösung durch Heben des Spritzenmantels ohne Stempel. Dieser soll nur gebraucht werden, wenn das Serum durch die blosse Schwerkraft nicht mehr in den Lumbalsack fliesst. Diese Originalmethode wurde später von zahlreichen Autoren modifiziert.

8. An diese Methoden sei die intraarterielle Technik Knauers angeschlossen. Sie besteht darin, dass bei tiefgelagertem Kopf Neosalvarsan in die unter der seitlichen Halshaut tastbare Karotis eingespritzt wird. Die Dosierung ist die gleiche wie bei der gewöhnlichen intravenösen Verabreichung.

Wie man aus diesen knappen, keineswegs vollständigen Daten ersehen möge, sind die Methoden der direkten Salvarsanbehandlung recht zahlreiche. Und so zahlreich sie sind, so gering erscheint uns der tatsächliche Vorteil der einen Technik vor der anderen. Gewiss, es sind technische Verbesserungen, was das eine Verfahren vor dem anderen auszeichnet. Aber es ist auch nicht mehr als dies. Im Hinblick auf die erreichbare Heilwirkung vermögen wir zwischen den einzelnen Methoden keine durchgreifenden Unterschiede zu entdecken, zudem ja brauchbare vergleichende Untersuchungen hierüber ganz und gar fehlen. Man wird also bis auf weiteres wohl gut tun, an dem Grundsatze festzuhalten, es sei im Prinzip gleichgültig, wieviel Nadeln man in den Lumbalkanal einsticht, wieviel Büretten man verwendet, wielange der benutzte Gummischlauch ist u. a. m. Wir stehen mit dieser Bemerkung dem Versuch fern, das Ansehen der direkten spezifischen Paralysebehandlung schmälern zu wollen. Wir haben nur bisweilen das Gefühl nicht ganz zu unterdrücken vermocht, als habe man Theorien zuliebe und aus Freude an technischem Gelingen näherliegende klinische Ziele nicht gleichmäßig beachtet. Wir meinen hier in erster Linie den Heilerfolg als das Endergebnis all dieser Bemühungen. Ist er durch die technischen Verbesserungen gestiegen? Behauptet ist es von mehreren Seiten worden. Und doch legen viele technische Erfolge die Befürchtung nahe, man habe diese Erfolge unbewusst deshalb gesucht, weil das therapeutische Ergebnis noch so manche Hoffnung unerfüllt liess.

Was die besonderen Grundsätze anlangt, nach denen die intralumbale Behandlung erfolgen muss, so hat sich hierüber besonders Gennerich ausführlich verbreitet.

Nach diesem Autor eignet sich zur intraspinalen Therapie am besten das Neosalvarsan. Man beginnt mit kleinen Dosen und steigert diese langsam, doch gilt dies nicht für ataktische Formen der Tabes und für Myelitiden. Bei Gebrauch der doppelten Punktionsmethode können wesentlich höhere Gaben verabreicht werden als bei den einfachen Verfahren.

Gennerich gibt bei:

	Alte Methodik	Doppelpunktion
Meningo- und Neuro- rezidiven	1—1,8 mg	1—5 mg Neosalvarsan
Lues cerebri	zunächst 1 mg, später 1,3—1,5 mg, bei hohem Liquorentzug bis 1,8 mg	zunächst 1—1,2 mg, später, falls gut vertragen, 3—5 mg
Paralyse mit intaktem Rückenmark	1,2—1,8 mg	bis 5,0 mg
Tabes	$^1/_3$—1 mg bei grossen Liquormengen	hauptsächlich bei schwerem Liquorbefund
Tabes ohne Ataxie . .	—	1,0—2,5 mg
Ataktische } Gastrische } Tabes . . .	—	vorsichtiges Steigen bis 1,5 und 2,25 mg

Man tut gut, die einzelnen Behandlungen nicht zu rasch aufeinander folgen zu lassen. Ein Zwischenraum von 14 Tagen ist zum wenigsten zwischen zwei Infusionen erforderlich, der selbstredend bei klinischen Verwicklungen aller Art noch erheblich zu vergrössern ist. Die Anzahl der zu verabreichenden Einzelinjektionen lässt Gennerich im wesentlichen von der Beschaffenheit des serologischen Befundes, vor allem des Liquors, abhängen. Es kommen annähernd 6 Einspritzungen in Betracht. Der klinische Verlauf der endolumbalen Behandlung scheint nur zum kleineren Teile ein ganz reibungsloser zu sein. Zunächst werden bald nach der Infusion Kopfschmerzen, Schwindel, Augenflimmern und Brechreiz beobachtet, die je nach Lage des Falles verschieden lange Zeit — bis zu einigen Tagen — anhalten können. Wenn die Erfahrungen der Lumbalpunktion zu diagnostischen Zwecken in diesem Punkte mitsprechen dürfen, werden die Erscheinungen des Meningismus auch durch die üblichen Vorsichtsmaßregeln, wie Hochlagern des Fussendes, Entfernen der Kissen, Transport bei tiefliegendem Kopfe, nicht völlig vermieden, wennschon sie abgemildert werden.

Auch Fiebersteigerungen sind keine Seltenheit und können über mehrere Tage andauern, wobei sich die Körperwärme verhältnismäßig langsam auf ihren früheren Spiegel wieder einstellt. Bedrohlich werden diese Erscheinungen, wenn sie von Allgemeinstörungen, Unruhe, Benommenheit, epileptiformen Krämpfen und Pulsverlangsamung begleitet sind. In solchen Fällen tut man gut, den Kranken mit weiteren Einspritzungen zu verschonen, wenn er diesen ersten Schlag glücklich übersteht.

Gennerich warnt vor allen Dingen vor einem zu raschen Eingiessen des Salvarsans in den Wirbelkanal, weil dadurch Gehirnödem, medulläre Schädigungen und Krämpfe ausgelöst würden. Wodurch die vielfach in der ersten Zeit der Behandlung auftretenden epileptiformen Anfälle zustande kommen, lässt sich nicht sicher sagen. Zum Teil mag es sich um direkte Reizerscheinungen handeln, die das Salvarsan an Ort und Stelle auslöst, zum Teil sind es Vorgänge, die der Herxheimerschen Reaktion nahestehen. Jedenfalls ist die Genese dieser Krampfzustände keine einheitliche. Dies ergibt sich auch daraus, dass sie nach der Einspritzung zu ganz verschiedenen Zeiten in Erscheinung treten. Ein recht trauriges Kapitel der endolumbalen Therapie sind die spinalen Reizsymptome, die unter Umständen erst Tage nach der Einspritzung auftreten können. Sie haben, wie es scheint, häufig einen sehr trüben Ausgang, denn der offenbar neuritische bzw. myelitische Prozess hat Neigung, fortzuschreiten und führt eine Reihe weiterer Verwicklungen herauf, denen der Kranke nicht selten erliegt. In den meisten Fällen scheint Überdosierung schuld an solchen Zwischenfällen zu sein. Doch mag unerörtert bleiben, ob dies unter allen Umständen zutrifft. Ich selbst verfüge über einen Fall von beginnender Tabes, der im Anschluss an die intralumbale Behandlung rasch zum Tode kam und spinale Reizerscheinungen zeigte, ohne dass überdosiert wurde[1]). Es handelte sich um einen 41 Jahre alten Kaufmann, der sich vier Jahre vor der Krankenhausaufnahme bei einer Dirne ansteckte. Es entwickelte sich ein Primäraffekt, regionäre Drüsenschwellung, spezifische Angina und makulöses Syphilid. Darauf folgte eine kombinierte Quecksilber-Neosalvarsanbehandlung, bei der im ganzen 0,5 g Kalomel und 4 g Neosalvarsan verabreicht wurde. Ein Jahr später kam ein Rückfall mit nässenden Papeln am After. Auf eine Quecksilberschmierkur ohne Salvarsan Rückgang der Erscheinungen. Ein halbes Jahr vor der intralumbalen Behandlung anfallsartige Leibschmerzen, Rheumatismus im Rücken, Kopfweh und Unwohlsein. Bei der Aufnahme: Anisokorie, verzogener Pupillensaum. Mangelhafte Lichtreaktion auf einer Seite. Geringe Unsicherheit bei koordinierten Bewegungen. Gang noch ungestört, WaR im Blut und Liquor +. Zellen 43/3, alle Globulinreaktionen positiv, Kolloidkurven typisch. 14 Tage nach der Krankenhausaufnahme erste intralumbale Einspritzung. Dosis ¼ mg in 20 ccm Liquor. Beschwerdefreie Annahme, nur Temperatursteigerung subfebriler Art, die einen Tag anhielt. Nach 14 Tagen Wiederholung der Dosis. Fünf Tage später starke Schmerzen in beiden Beinen, sensible Störungen, am nächsten Tage Harn- und Stuhlverhaltung. Es entwickelte sich fortschreitende Blasen- und Mastdarmlähmung, zunehmende schlaffe Lähmung beider Unterextremitäten. Unter Erscheinungen einer aufsteigenden Infektion der Harnwege zuletzt Tod, 4 Wochen nach der zweiten intralumbalen Einspritzung. Solche Fälle dürften zu doppelter Vorsicht mahnen, zumal sie ja bekanntlich nicht alleine stehen. Es sei nur an die Beobachtungen von Jacobi erinnert, neuerdings an einen Fall Nonnes, der ähnliche Feststellungen machen musste. Es scheint eben bisweilen der Erfolg nach intralumbaler Therapie hart an der Grenze nach einer schweren, ja tödlichen Schädigung des Zentralnervensystems zu liegen, auch wenn man im Einzelfalle oft genug nicht entscheiden kann, was der Methode an sich zur Last fällt und was technische Fehler sind.

Die Behandlungsergebnisse nach intralumbaler Therapie seien hier nur kurz gestreift. Sie erscheinen uns, was die Paralyse anlangt, wenig ermutigend. Aber auch bei Tabes lässt sich der Wert der Methode verschieden bemessen. Wenn der Beweis erbracht wäre, dass die endolumbale Behandlung bei Tabes und Paralyse mehr zu leisten vermöchte, als eine übliche Quecksilber-Salvarsankur, dann lägen die Dinge verhältnismäßig einfach. Es ist aber meines Wissens in der stattlichen Literatur über die intraspinale Therapie kein Autor gewesen, der vergleichende Untersuchungen angestellt hätte etwa derart, dass von allen fortlaufenden Tabes- und Paralyseaufnahmen in hinreichender Zahl abwechselnd der eine Fall mit Hg und Noesalvarsan intravenös, der andere mit intraspinalen Salvarsangaben behandelt worden wäre. Nur auf diese Weise dürfte aber, wie wir glauben, ein sicheres Urteil über den Wert der spinalen Methoden zu gewinnen sein. Nachdem einzelne Fälle bekannt geworden sind, bei denen die übliche spezifische Therapie versagte, die spinale dagegen zum Ziele führte, scheint ein Versuch, wie der oben geforderte, scheinbar überflüssig. Er ist es aber wohl solange nicht, als man nicht zu beweisen vermag, dass es nicht auch Tabes- und Paralysekranke gibt, die auf endolumbale Behandlung nicht ansprechen, während sie es auf eine später folgende kombinierte Hg-Salvarsankur doch tun. Diese Erwägungen hindern eine sichere Beurteilung der Erfolge mit

---

[1]) Ich mache allerdings darauf aufmerksam, dass nach Gennerich die Tabes mit gastrischen Krisen sich zur intralumbalen Therapie vielfach nicht eignen soll.

den intraspinalen und sonstigen direkten Methoden naturgemäß beträchtlich. Es kommt dazu, dass man bei Anwendung der intraspinalen Behandlungsweise nur zum kleineren Teile von einheitlicher Indikationsstellung ausging. Dieser Fehler macht sich besonders bemerkbar, wenn man die Art und das Alter der behandelten Kranken in Betracht zieht, oder wenn man, wie Gennerich dies tut, den serologischen Befund bei der Indikationsstellung das entscheidende Wort sprechen lässt. Wie später zu zeigen sein wird, ist es von grundsätzlicher Bedeutung für den Heilerfolg und seine Beurteilung, ob es sich bei den behandelten Paralytikern und Tabikern um Anstaltsinsassen bzw. um Kranke aus Kliniken mit geringer Durchgangsziffer handelt, oder ob es Sanatoriumskranke sind, womöglich aus der Großstadt. Im letzteren Falle werden die Paralysediagnosen wahrscheinlich viel früher gestellt und die Kranken viel eher einer Behandlung zugeführt werden, als im ersteren Falle, wo ein Paralytiker oft genug Familienehre, Vermögen und Sicherheit erst hinreichend geschädigt haben muss, ehe sich die Angehörigen entschliessen können, den Kranken einer Anstalt zuzuführen. Dass aber eine Paralyse im Beginn der Erkrankung allgemein bessere Aussichten hat, durch energisches Zugreifen eine Remission zu bekommen, darüber wird man nicht viel Worte verlieren brauchen, und wenn beginnende Paralytiker oder solche aus Großstädten das hauptsächlichste Kontingent einer Anstalt bilden, dann wird sich dies in den Erfolgsziffern ganz erheblich auswirken. Noch ein weiterer Punkt ist bei der Beurteilung des Wertes aller direkten spezifischen Methoden zu berücksichtigen. Es ist dieser. Wenn man bestimmte klinische Erscheinungen der Tabes und Paralyse, wie Ataxie, Krisen, lanzinierende Schmerzen, bei der Indikationsstellung zur Behandlung besonders in den Vordergrund schiebt, sei es nun, dass man sie günstig oder ungünstig bewertet, dann bleibt dieses Verfahren nicht ohne Einfluss auf die Statistik der Erfolge. Denn diese Einzelsymptome, nach denen man sich richtet, haben nicht den gleichen klinischen Wert. Wenn man Einzelsymptome behandelt, dann täte man oft besser, überhaupt nicht zu behandeln, um der Gefahr zu entgehen, etwas schlechter zu machen, als es früher war. Es kann eine klinische Einzelerscheinung bei Tabes und Paralyse eine Behandlung erfordern, weil sie dem Kranken wegen ihrer Schmerzhaftigkeit oder aus anderem Grunde belästigend wurde, oder man muss gegen dieses Symptom vorgehen mit Rücksicht auf seine Bedrohlichkeit innerhalb des Gesamtverlaufes des Leidens. Unterscheidet man nicht zwischen diesen beiden Prinzipien bei der Indikationsstellung, dann hat dies eine doppelte Folge. Entweder es werden Einzelerscheinungen im Hinblick auf die Verlaufsart der Krankheit überschätzt, oder prognostische Gesamterwägungen zeitigen nach eingeleiteter Behandlung ein Resultat, das unbefriedigend wirkt, wenn man die volle Bilanz des Heilerfolges an dem trügerischen Augenblicksgewinn bei einigen Einzelerscheinungen erhebt. Aus diesen Erwägungen heraus möge man selber ableiten, inwieweit einzelnen statistischen Mitteilungen über Erfolge mit der intralumbalen Therapie bei Tabes und Paralyse eine höhere klinische Bedeutung zukommt. Wenn wir uns nicht täuschen, ist das, was dabei zu gewinnen ist, eine unansehnliche Erkenntnis. Sie lautet, dass man mit den Spinalmethoden bei Tabes und Paralyse unter Umständen etwas erreichen kann. Wieviel dies ist, das lässt sich nur schätzen, manchmal nicht einmal dies, denn es fehlt jeder sichere Maßstab. Selbst wenn man seine Bedenken gegen die Statistik und ihre Fehlerquellen nicht auf die Spitze treibt, bleibt der Unsicherheit im vorliegenden Falle noch genug. Dies mögen die folgenden Daten veranschaulichen:

Jakob, Kafka und Weygandt behandelten 25 Paralysen verschiedener klinischer Schattierung mit endolumbalen Salvarsangaben. Besserungen leichteren Grades wurden bei 15 Kranken festgestellt, doch waren die Remissionen zumeist nicht befriedigend. Read behandelte[1]) 20 vorgeschrittene Paralysen intralumbal, stellte aber nur bei einem einzigen Kranken eine Besserung fest. Schrottenbach und de Crinis behandelten 6 Paralysen und fanden in 2 Fällen Besserungen des Pupillenbefundes, in 2 Fällen Besserungen der Sehnenreflexe, im ganzen wurden bei 4 Kranken körperliche oder psychische Defekte weitgehend ausgeglichen. Doch ist dabei zu berücksichtigen, dass mit Salvarsanserum behandelt wurde und dass man nebenher auch Kalomel in wesentlichen Mengen gab. Riggs hat bei 2 Paralysen unter 3 behandelten (!) bedeutende Erfolge sowohl auf körperlichem wie auf geistigem Gebiete gesehen. Ogilvie erlebte bei 12 Paralytikern unter 35 verschieden gute Remissionen, 2 Jahre später bei 55 Kranken 18 Besserungen höheren und 23 geringeren Grades. Marinescos Erfolge sind ähnlich. Von 30 Paralytikern hat er 6 Kranke zu voller Remission gebracht. Es waren dies teils Frühfälle, teils Kranke mit manischdepressiven Erscheinungen. Selbst wenn die Krankheit vorgeschritten ist, soll man in 50% noch eine Besserung bekommen. Nonne äussert sich zurückhaltender. Er hat bei 23 Kranken in einer Beobachtungszeit von etwa einem halben Jahr keine objektiv feststellbare Verschlimmerung beobachtet. Neuerdings (1921) hat der gleiche Autor eine grössere Ziffer von endolumbal behandelten syphilogenen Nervenkrankheiten vorgelegt, nämlich 110. Danach käme der endolumbalen Salvarsanbehandlung in solchen Fällen eine praktische Bedeutung nicht bei. Plaut meint, tabische Symptome, besonders solche subjektiver Art, würden durch die intraspinalen Methoden günstig beeinflusst. Die Paralyse zeige sich, wie es scheint, auch der intralumbalen Therapie gegenüber im allgemeinen als unbeeinflussbar und es sei für die Paralysebehandlung damit „so gut wie nichts gewonnen". Gewarnt wird von einer Reihe von Autoren vor dem direkten Behandlungsverfahren der Paralyse. Genannt seien Kleist, Berger, Bouman, Dreyfus u. a., neuerdings von Nonne. Etwas besser scheint es mit der Brauchbarkeit der intralumbalen Methodik bei der Tabes zu sein. Allerdings, Wunderheilungen waren es auch nicht, die von den meisten Autoren gesehen wurden und es ist eine grosse Anzahl von Fachvertretern, die sich auch hier durchaus ablehnend verhalten. So bestreiten die Wirksamkeit der intraspinalen Verfahren bei Tabes Schönfeld, Eskuchen, Birkenau u. a. Auffallend ist, dass eine nicht geringe Zahl von deutlich günstigen Heilerfolgen gerade bei solchen Fällen aufgetreten ist, die neben intralumbalen Salvarsandosen noch mit Quecksilber oder intravenösen Salvarsangaben behandelt wurden. Ein Fall Nonnes gehört hierher. Des weiteren berührt eigenartig, dass zumeist von Besserungen einzelner tabischer Erscheinungen die Rede ist und weniger von einer Besserung der Tabes. Wenn man Tabiker mit Malaria und Rekurrens behandelt, so kann man leicht feststellen, dass einzelne tabische Erscheinungen der Therapie ausserordentlichen Widerstand leisten, dass aber dennoch ein vegetatives Aufblühen des Kranken nach der Kur zu beobachten ist, wie man es kaum für möglich gehalten hätte. Hiervon liest man bei den Erfolgen der intraspinalen Methodik verhältnismäßig wenig. Von subjektiven Besserungen sprechen Benedek, Dercum, Gennerich, Lafora, Swift und Ellis, Cotton u. a. Nach Förster, Robertson, Weygandt, Jacob und Kafka, Hall u. a. bessern sich die lanzinierenden Schmerzen, von anderer Seite wird über Remissionen auf motorischem Gebiete berichtet, so von Campbell, Förster, Gennerich, Wittgenstein. In einzelnen Fällen sind auch Besserung der Sehnenreflexe und der Lichtreaktionen bekannt geworden (Förster, Kafka, Campbell, Schacherl).

---

[1]) zit. nach Plaut.

Ungefähr auf gleicher Höhe halten sich die Erfolge, die mit der intrakarotidealen Methode Knauers bei Tabes und Paralyse erreicht wurden. Wir haben Technik und theoretische Voraussetzungen des Verfahrens bereits kurz gestreift. Knauer hat 1919 über seine ersten Behandlungsergebnisse berichtet. Er behandelte im ganzen 19 Kranke mit 128 Injektionen. Die Einzeldosis betrug bis zu 0,45 Neosalvarsan, die Gesamtdosis 4,5 g Neosalvarsan. Auch Silbersalvarsan wurde gegeben, in einer grössten Einzelgabe von 0,25 g mit zeitlichen Abständen von 3—6 Tagen. Von den 17 behandelten Fällen hatte die Kur bei 2 Kranken gar keinen Erfolg, alle anderen zeigten mehr oder minder deutliche Besserungen., In 10 Fällen wurde der Wiedereintritt der Berufsfähigkeit erreicht. Hervorzuheben ist, dass 2 Kranke, die Knauer als ideale Remissionen bezeichnet, noch nebenher mit Milcheinspritzungen ins Gesäss behandelt wurden. Hier besserte sich auch der serologische Befund bis zu normalen Werten. Die meisten Autoren, welche die Methode Knauers einer Nachprüfung unterzogen, sprachen sich über die damit erzielten Erfolge nicht sehr optimistisch aus. Foerster sah keine Besserungen, die aus dem Rahmen der sonst erreichbaren therapeutischen Erfolge herausgingen. Nonne, der 11 Fälle von Paralyse nach Knauer behandelte, sah ebenfalls keine wesentlichen Besserungen, dagegen empfahl Kohrs das Verfahren auf Grund günstiger Erfahrungen an 2 Fällen von Hirnlues. Neuerdings hat Meggendorfer aus der Hamburger psychiatrischen Klinik über 31 Paralysen berichtet, die von ihm intrakarotideal behandelt wurden. Es wurde bei einem Kranken eine sehr gute, bis jetzt 5 Jahre anhaltende Remission beobachtet, doch wurde dieser Kranke auch mit Rekurrens geimpft, so dass er statistisch nicht zu verwerten ist. Von den übrigbleibenden 30 Kranken verstarben 3 bald nach der Einspritzung, 2 verschlechterten sich, 20 blieben unverändert, 5 hatten eine leidlich gute Remission. Meggendorfer glaubt, dass durch die Einspritzungen den Kranken im ganzen nicht wesentlich genützt worden sei. Benedek hat den Versuch unternommen, die Methode Knauers noch weiter auszubauen, indem er Salvarsan-Quecksilbergemische in Form der Linserschen Mischspritze den Kranken zuführte. Bei 2 Fällen von vorgeschrittener Paralyse soll eine Remission geringeren Grades aufgetreten sein, so dass die Kranken zu Arbeiten auf der Abteilung herangezogen werden konnten.

Zusammenfassend müssen wir feststellen, dass die mit der intraarteriellen Behandlung bei der Paralyse erreichbaren Erfolge sich nicht wesentlich von denen anderer spezifischer Verfahren abheben[1]).

Es erübrigt sich als letztes die Betrachtung der therapeutischen Ergebnisse, wie sie durch Gebrauch der üblichen kombinierten Quecksilber-Salvarsanbehandlung bei der Metalues zu erhalten sind. Es wurde bereits darauf hingewiesen, dass eine Erörterung dieser Frage deshalb von untergeordneter Bedeutung sein dürfte, weil die Infektionsbehandlung neuerdings in berechtigten Wettbewerb mit den spezifischen Methoden tritt. Es wird sich unter diesen Umständen empfehlen, gleich an dieser Stelle kurz auszusprechen, wie der Verfasser die Erfolge mit der unspezifischen Therapie bei Tabes und Paralyse bewertet. Dass mit sachgemäßer Quecksilber-Salvarsanbehandlung auch bei diesen Leiden Erfolge zu erringen sind, darf als sicher angesehen werden. Doch gilt dies mit vielen, sehr vielen Einschränkungen. Wenn man sieht, was Hg und Salvarsan in der Frühperiode der Syphilis erreicht und man hält dagegen die Ergebnisse der Paralyse- und Tabestherapie mit diesen Mitteln, so kann man für die Metaluestherapie mit Spezificis kaum zuversichtlich gestimmt sein.

---

[1]) Ich selbst kenne einen Fall, der von Knauer intrakarotideal behandelt wurde. Er ist indessen nach meiner klinischen Auffassung keine Paralyse, sondern eine paranoide Demenz mit positiver WaR.

Hier hängt selbst der kleinste Erfolg von einer Reihe unübersichtlicher Umstände ab, deren klinische Beherrschung ein Ding der Unmöglichkeit ist. Gewiss gilt dies zum Teil auch von der Infektionsbehandlung, aber doch schwerlich im gleichen Maße wie von der spezifischen Therapie. Es ist, als ob dem Quecksilber und dem Salvarsan zunehmend an therapeutischer Kraft genommen wäre, je näher der Kranke der Tabes oder der Paralyse rückt und je mehr der Körper im Verlauf des syphilitischen Grundleidens von diesen Mitteln zu kosten hatte. Woher die geringe Wirksamkeit der Antiluetica in diesen beiden Fällen kommen mag, darüber lassen sich nur Vermutungen anstellen. Vielleicht liegen Umstände vor, die den Ehrlichschen Anschauungen von der Arzneifestigkeit der Erreger nahekommen. Vielleicht liegen auch irgendwelche Bedingungen im paralytischen Organismus vor, durch die er sich von dem Gros der Syphilitiker langsam entfernt. Ein Sonderfall dieser Art läge z. B. vor, wenn es sich nachweisen liesse, dass die Spirochäte bei Paralytikern an besonders sauerstoffreiche Orte vor der Therapie sich zurückzieht[1]) und unter diesen veränderten Lebensbedingungen dem Salvarsan besonders widersteht, weil das Arzneimittel auf dem Wege zum Parasiten durch reichlich Sauerstoff hindurch muss und die reduzierenden Gruppen des Salvarsanmoleküls, die parasitotropen Gruppen, schon abgefangen sind, ehe sie ihr Ziel, die Spirochäte, erreicht haben. Es sei in diesem Zusammenhang nochmals auf die Theorie Schuhmachers von der Salvarsanwirkung verwiesen, die eingangs kurz skizziert wurde. Folgerichtig müsste man bei meinen Überlegungen annehmen, dass bei der Metalues ein Teil der Salvarsan- (und Quecksilber- ?)Wirkung verloren gegangen, so dass nur unspezifische Metallwirkungen für den klinischen Erfolg verantwortlich zu machen wären[2]). Als ganzes erscheint uns die Frage der geringen Wirksamkeit der Antiluetica bei den syphilogenen Nervenkrankheiten so verwickelt, dass wir hier abbrechen möchten, um den Anschein zu vermeiden, als hätten wir eine vage Hypothese mehr ausgesprochen. —

Versucht man aus dem Schrifttum Klarheit darüber zu gewinnen, in welcher Weise man die Wirksamkeit der Spezifika bei Tabes und Paralyse darzutun pflegt, so begegnet man den verschiedensten Gepflogenheiten. Das ideale Ziel wäre gewiss der Nachweis erfolgter Heilung. Dies ist sicher leichter verlangt, als erfüllt. Hätten wir neben unserem klinisch-diagnostischen Rüstzeug ein sicheres Reagens auf die Anwesenheit lebender Erreger im Körper und weitere Reagentien auf die noch fortbestehenden, zur Zeit gänzlich unbekannten pathogenetisch wirksamen Faktoren, dann liesse sich an diese Frage auf sicherer Basis herantreten. Leider ist die Wirklichkeit anders. Es handelt sich also darum, nach Ersatzmethoden zu suchen bzw. kritisch zu würdigen, mit welcher Berechtigung man solche seither gebraucht hat. Eine gewisse Handhabe für die Heilkraft der Spezifica scheint zunächst im Paralyseverlauf

---

[1]) Es mag sein, dass die Formulierung dieser Frage in der vorstehenden Form einen zu animistischen Charakter hat. Man müsste sich dann einfach mit der Feststellung begnügen, die Spirochäten würden nur ausserhalb des Gehirns abgetötet.

[2]) Koenig hat den Gedanken ausgesprochen, es würden bei der Paralyse durch das Salvarsan nur ein Teil der Spirochäten abgetötet, nämlich jene, die sich ausserhalb des Gehirns befinden. Auch dies ist möglich.

gegeben zu sein. Errechnet man das durchschnittliche Lebensalter einer Paralyse innerhalb eines grösseren Aufnahmebezirks und stellt zahlenmäßig fest, wieviele Kranke nach dem Verlauf ihres Leidens unterhalb oder oberhalb dieses Mittelwertes fallen bzw. wieviele Kranke vom Beginn der paralytischen Symptome an in jedem Krankheitsjahre dahingerafft werden, dann ergibt sich eine Zahlenreihe, deren Werte von einem bestimmten Zeitpunkt an mit zunehmendem Paralysealter stetig abfallen. Man heisst diese Zahlenreihe, welche aus der Krankheitsdauer von Paralysen gewonnen wird, mit Sioli die Absterbeordnung der Paralyse. Zeigt sich nun, dass nach erfolgter sachgemäßer Quecksilber-Salvarsanbehandlung der Mittelwert für das durchschnittliche Paralysealter sich erhöht, dass sogar verhältnismäßig viele Kranke diese Zeitgrenze noch überdauern oder dass die an der Paralysedauer nach Krankheitsjahren errechnete Zahlenreihe sich sinngemäß verschiebt — niedere Werte für die ersten Jahre, niederer Mittelwert, höhere Zahlen in den späteren Jahren, verlängerte Zahlenreihe — dann ist zugunsten des Quecksilbers und Salvarsans entschieden. Mit anderen Worten: findet sich in der nach Krankheitsjahren aufgestellten Ordnung der Paralysetodesfälle unter dem Einfluss der spezifischen Therapie eine geringe Zahl von Toten in den ersten Krankheitsjahren, ist auch die Zahl der Verstorbenen bei mittlerer Krankheitsdauer gering und finden sich verhältnismäßig viele Kranke mit protrahiertem Verlaufe ihres Leidens, dann ist scheinbar dargetan, dass die Antiluetica die Metalues in günstigem Sinne zu beeinflussen vermögen. Ich kann die objektive Richtigkeit dieser Beweisführung, die sich z. B. Sioli zu eigen macht, nicht bestreiten. Nur scheint es mir, als würde diesem Verfahren eine zu weitgehende Gültigkeit zugewiesen. Die sogenannte Absterbeordnung enthält nämlich keine absoluten Werte, sondern nur relative. Sie zeigt, dass das Leben des Paralytikers mit Salvarsan und Quecksilber zu verlängern ist. Sie zeigt aber nicht, wie dieses verlängerte Leben war. Sie zeigt nur Quantitatives, aber nichts Qualitatives. Sie zeigt nicht einmal die klinische Besserung, sondern nur die Lebensverlängerung, den protrahierten Krankheitsverlauf. Man wende nicht ein, mit ihm sei die Besserung unlöslich verbunden. Was Besserung ist, entscheidet, wie wir glauben, in erster Linie die Klinik, in zweiter Linie das praktische Leben und erst ganz zuletzt die Statistik, zumal wenn sie von den Toten auf die Lebenden schliesst. Es erschienen uns derartige Erörterungen solange müssig, als man nicht ein bestimmtes Verfahren zur Feststellung allgemeiner Sachverhalte auf Kosten anderer gleichberechtigter überdehnt, sondern alles der klinischen Anschauung unterordnet.

Aber auch für eine vergleichsweise Betrachtung der Erfolge zweier Heilverfahren erscheint dem Verfasser die Absterbeordnung der Paralyse durchaus ungeeignet. Es gilt dabei ein jeder Krankheitsfall soviel als der andere. Über die ganze klinische Sachlage vor der Behandlung und nach ihr wird wenig zu schliessen sein. Angenommen den Fall, zwei therapeutische Prinzipien stritten um den Vorrang: das eine machte kurze, aber gute Remissionen, das andere erhielte im wesentlichen vegetative Funktionen. Sicher würden Arzt wie Angehörige der ersteren Methode den Vorzug geben. Ginge man aber nach der Absterbeordnung, dann hätte das zweite Verfahren als das stärker lebens-

erhaltende unbedingt den ersten Platz einzunehmen. Nachdem Lebens-
erhaltung nicht gleichbedeutend mit Gesundheitserhaltung gesetzt werden
kann, wird man davon Abstand nehmen müssen, nach dem Test der
Absterbeordnung die Güte einer Paralysebesserung und die Brauchbarkeit
eines Behandlungsverfahrens zu bemessen. Eine Reihe anderer Autoren nimmt
zum Ausgangspunkt ihrer Betrachtungen über die Heilwirkung der Antiluetica
bei Tabes und Paralyse die Qualität der einzelnen Remission, gemessen an der
einzelnen symptomatologischen Veränderung. Ein solcher Brauch ist vom
klinischen Standpunkt aus durchaus notwendig und wird sich nie gänzlich
umgehen lassen. Ob er aber ein ideales Verfahren darstellt, muss sehr bezweifelt
werden. Der Spezialist wird ihr vielleicht das meiste zu verdanken haben.
Dagegen treten für eine etwas weitere Betrachtungsweise doch der Mängel
viele zutage. Man kann nicht sagen, dass innerhalb des Tabes- und Paralyseverlaufes der objektive Wert einer klinischen Einzelerscheinung genau umschrieben wäre. Es wird also ganz wesentlich die Bedeutung eines therapeutischen
Erfolges davon abhängen, welchen prognostischen Wert man irgendeinem zu
bessernden Krankheitssymptom in der Gesamtheit der klinischen Erscheinungen
beimisst. Welch bedeutungsvolle Wandlung der Anschauungen bei Tabes und
Paralyse in der Bewertung einzelner Symptome, wie dem der Pupillenstarre,
dem serologischen Befund u. a. sich vollzogen haben, ist bekannt und man muss
folgern, dass diese Wandlungen ihrerseits auch gewisse Rückwirkungen auf die
Beurteilung therapeutischer Erfolge haben können, wenn sie hauptsächlich in
symptomatologischer Besserung bestanden. Ganz zuletzt bleibt als Prüfstein
für die Brauchbarkeit der spezifischen Therapie bei Tabes und Paralyse die
klinische Anschauung. Man hat dieses Prinzip mit anderen mehr oder minder
eng verbunden, man hat es aber kaum überdehnt. Wir möchten sagen, leider.
Wieviel die unbefangene Beobachtung der Kranken bedeutet, lässt sich kaum
abschätzen. Wenn eine solche Beobachtung dann in Form einer vollständigen
und objektiv geführten Krankengeschichte ihren Niederschlag findet, dann
wäre uns dieses Ergebnis wesentlich wertvoller, als endlose Statistiken, Zahlen-
legionen und subjektive Feststellungen. Nicht ein unübersehbares „Material"
wünschten wir behandelt. Ein klares Bild von dem Krankheitsverlauf einer
bescheidenen Reihe wäre überzeugender, ein Bild, in dem sich die ganze
(prämorbide) Persönlichkeit in ihrer Umgebung spiegelte, wie sie erkrankt, wie
sich die störenden Momente auf körperlichem und seelischem Gebiete in ihren
Beziehungen zu den bürgerlichen und beruflichen Pflichten des Kranken bemerkbar machten u. a. m. Gesellt sich hierzu das Rüstzeug der gesamten klinischen
Diagnostik und die tägliche eingehende persönliche Beobachtung am Krankenbett bis zur erfolgten Entlassung nach gelungener Behandlung, dann wäre das
Bild vollständig bis auf die so wertvollen katamnestischen Erhebungen. Nur
so hätten wir objektive Unterlagen für die Wirksamkeit von Hg, Salvarsan
und Wismut bei den syphilogenen Nervenkrankheiten. Der Verfasser ist weit
davon entfernt, zu glauben, er entwickle mit der Betonung klinischer Anschauung irgendwelche neuartige Gesichtspunkte. Wenn man mir entgegen-
hielte, das, was ich im vorstehenden forderte, sei ja doch längst geschehen, nur
sei es aus Gründen der Raumersparnis nicht geschrieben worden, dann kann

ich diese Beweisführung nicht entkräften. Aber darauf kann ich hinweisen, dass so vieles von dem, was beweisend wirken sollte, nicht überzeugt. Es wurden zuviele Kranke behandelt. Man erfährt von jedem etwas und von keinem alles, was man wissen müsste, um glauben zu können.

Wir sind bei der Messungsmethodik der Erfolge spezifischer Paralysetherapie etwas länger als sonst verweilt. Denn Fehler in diesem Punkte erklären so manchen Widerspruch, dem man in dem einschlägigen Schrifttum begegnet und der bereits bei der Beurteilung der intraspinalen Methoden hervorgehoben wurde. Im folgenden geben wir einige Daten über Paralyse und Tabeskranke, die teils kombiniert mit Hg-Salvarsan, teils mit einem von beiden Mitteln behandelt wurden, wobei wir absichtlich jede persönliche Stellungnahme vermeiden. Es ist das Verdienst Raeckes, hervorgehoben zu haben, dass in der Salvarsan- und Hg-Behandlung der Paralyse hinsichtlich Indikation, Methodik und Erfolgsziffer wesentlich zwischen älteren und neueren Veröffentlichungen zu unterscheiden ist. Nach Abschluss des Kieler Paralysereferates im Jahre 1912 soll sich langsam ein Wandel der Anschauungen über die Wirksamkeit spezifischer Therapie bei der Metalues vollzogen haben dergestalt, dass Tabes und Paralyse einer sachgemäßen und konsequent fortgesetzten spezifischen Behandlung in vielen Fällen doch nicht ganz zu trotzen vermag. Es finden sich in der Tat eine Reihe von Arbeiten, die in neuerer Zeit über günstige Ergebnisse mit Salvarsan und Hg bei den syphilogenen Nervenkrankheiten zu berichten wissen. Die Stimme der Zweifler ist allerdings niemals ganz verstummt, und man muss, wie wir sagten, bezweifeln, ob sich auf Grund der Literaturberichte heute ein sicheres Urteil über den Wert der Antiluetica bei den syphilogenen Nervenkrankheiten gewinnen lässt. Bedenklich muss die Tatsache stimmen, dass in neuester Zeit eine Anzahl von Autoren, die zu den Verfechtern der spezifischen Therapie bei Paralyse zählten, sich der Infektionsbehandlung zugewendet haben, dass aber über eine umgekehrte Wandlung der Ansichten nichts bekannt geworden ist. Wir übergehen der Kürze halber die Autoren, welche sich gegen eine spezifische Paralysebehandlung ablehnend verhalten. Gemeint seien von neueren Arbeiten dieser Art Querci und Dignet, Jacobi, v. Zumbusch, O. Fischer u. a. Ihnen stehen gegenüber die Ergebnisse von Schacherl, Sioli, König, Stern-Piper, Raecke, Runge und anderer. Die therapeutischen Ergebnisse mit dem neuen Tryparsamid und ähnlichen Substanzen seien an dieser Stelle übergangen.

Schacherl behandelte von 1909 bis 1918 die stattliche Zahl von 795 Paralytikern, 1138 Tabeskranken und 426 Fällen von Hirnlues. Seine Ergebnisse sind deshalb für die an dieser Stelle in Frage kommenden Zwecke nur bedingt verwendbar, weil ein grosser Teil seiner Kranken noch mit Tuberkulin behandelt und katamnestisch nicht gleichmäßig weiter beobachtet wurde. Von 102 mit Quecksilber, Salvarsan und Jod behandelten Kranken wurden nur 8 berufsfähig, 13 weitere Kranke hatten brauchbare Remissionen.

Raecke wendete die spezifische Behandlung bis zum Jahre 1913 bei 65 Paralysen an. Da der grössere Teil seiner Kranken vorzeitig aus der Behandlung trat, erstreckt sich die eigentliche Statistik nur auf 21 Fälle. Von den 65 insgesamt behandelten Kranken stellte er bei 31 eine „gewisse Besserung" fest, deutliche Remissionen nur in 5 Fällen.

Runge kam an der Hand von 95 behandelten Paralytikern zu dem Ergebnis[1]), dass durch intensive, mit hohen Salvarsandosen kombinierte spezifische Behandlung weitgehende Besserungen des Leidens zu erzielen seien, öfters unter Wiederkehr der Berufsfähigkeit. Er hat auch neuerdings von einer kombinierten Milchsalvarsanbehandlung recht befriedigende Erfolge gesehen.

König spricht sich über die Ergebnisse der spezifischen Behandlung von 75 Paralytikern in günstigem Sinne aus. Es handelte sich um Kranke eines Privatsanatoriums, die man wohl zum grösseren Teil als Anfangsfälle bezeichnen darf. Da nach verschiedener Methodik und mit verschiedenen Salvarsanpräparaten behandelt wurde, sind die Ergebnisse zahlenmäßig kaum darstellbar. Es scheint nach den Beobachtungen Königs, als steigt die Prozentzahl der Remissionen von solchen Fällen, die nicht kombiniert behandelt wurden, nicht über die gewohnte Häufigkeit der spontanen Besserungen. Am auffallendsten waren die Besserungen, die durch energische Hg-Na-Salvarsanbehandlung erreicht wurden. Es betrug bei Kranken solcher Art der Hundertsatz der Remissionen 27,3[2]). Einer der gebesserten Fälle hatte nach der Behandlung eine Remission, die seit etwa 4 Jahren anhielt.

Stern-Piper behandelte 11 Paralytiker mit Silbersalvarsan. Es wurden hohe Gesamtdosen (bis über 7 g) gegeben. In fast allen Fällen wurde irgend eine teilweise Besserung des serologischen Befundes erreicht, doch ging diese Besserung häufig nicht mit einem klinischen Fortschritt zusammen. Der Prozentsatz der durch die Behandlung erreichten Remissionen übertraf den der Spontanbesserungen um einiges.

Sioli veröffentlichte 1923 seine Behandlungsergebnisse an 70 Paralysen. Von 22 Kranken, deren Behandlung 4 Jahre vor dem Berichtsjahre lag, waren bis zum Jahre 1923 12 Patienten gestorben, 17 hatten gute Remissionen gehabt. Von den remittierten Paralysen lebten bis zum gleichen Jahre noch 7, bis 1924 noch 5 Fälle, 3 darunter sind arbeitsfähig geworden, 2 mussten in der Anstalt verbleiben.

Wir übergehen die Mitteilung weiterer Einzelheiten. Zusammenfassend darf man feststellen, dass die vorstehenden Ergebnisse noch keine klare Stellungnahme zulassen. Die Möglichkeit einer gewissen Besserung des paralytischen Krankheitsverlaufes durch kombinierte antiluetische Behandlung scheint zu bestehen. Ob die Erfolge nachhaltig sind, die man bislang mit solchen Mitteln erreicht hat, dies muss noch sehr in Frage gestellt werden. Wir haben an der Erlanger Klinik mit Hg-Salvarsan bei Paralyse seither herzlich wenig erreicht und wir glauben nicht, dass dieser therapeutische Weg in Zukunft besonders vielversprechend sein wird, es müsste denn sein, dass sich noch vieles ändert. Hält man dagegen, was mit Malaria und Rekurrens zu erreichen ist, dann kommt man zu dem Schluss, es sei doch mehr, als das, was Hg und Salvarsan bei Paralyse leistet. Zahlenmäßige Belege für diese Behauptung vermag ich noch nicht zu geben, dann es spielt nicht das quantitative Moment bei einem solchen Entscheid eine Rolle. Es besteht keine Veranlassung, die Infektionsbehandlung gegen die spezifische Therapie auszuspielen. Dafür haften der Impfbehandlung selber noch zu viele Mängel an. Eine gewisse Stellungnahme ist aber praktisch deshalb erforderlich, weil man am Krankenbett vor die Frage gestellt wird, welchem Verfahren man den Vorzug gibt, der spezifischen Therapie oder der Impfbehandlung. Man kann diesen Streit so lösen, wie es viele Autoren tun, und kann beide Methoden miteinander vereinigen. Auch dann ist es aber noch

---

[1]) zit. nach Sioli.

[2]) Man muss allerdings bei dieser „Prozent"zahl bedenken, dass sie aus 11 Fällen gewonnen ist. Dies ergäbe eine mathematische Fehlergrösse von erheblichem Werte.

nicht gleichgültig, wer von beiden vorangeht. Man kann sich auf den Standpunkt stellen, die vorhergehende antiluetische Kur ebne der Malaria den Weg und beseitige frühzeitig aussichtslose Fälle. Wir haben die andere Ansicht ausgesprochen: nämlich, dass man die spezifische Kur lieber der Impftherapie folgen lässt. Dadurch wird an Zeit gewonnen und es ist wohl nicht ausgeschlossen, dass nach Abschluss der Impftherapie die spezifische Kur wirksamer wird, als wenn sie vorhergeht. Denn man muss bedenken, dass durch die Impfbehandlung der Organismus in seinem Stoffwechsel häufig eine deutliche Umstellung erfährt, mit der möglicherweise auch eine veränderte Lagerung der Erreger im Körper erfolgen kann, so dass das Salvarsan besser sein Ziel fände. Doch sind dies alles unbewiesene Meinungen.

Zu der Frage, ob die Paralyse in der letzten Zeit eine gewisse Abwandlung ihres Verlaufes erfahren hat, möchten wir hier nicht Stellung nehmen. Man sucht bekanntlich aus dieser Annahme die jüngsten Erfolge der spezifischen Paralysetherapie zu erklären. Die Paralyse verlaufe milder, darum sei bei ihr nicht das Hg und Salvarsan in neuerer Zeit wirksamer. Hierüber später. Auch die Frage der spezifischen Nachbehandlung der Paralyse im Gefolge der Impftherapie soll weiter unten erörtert werden.

III. Die unspezifische Behandlung der syphilogenen Nervenkrankheiten.

Wenn man gegenwärtig den Begriff der unspezifischen Therapie gebraucht, so gerät man leicht in den Verdacht der Ungenauigkeit. Dieser Verdacht ist insoferne begründet, als man nicht ersehen kann, in welchem Sinne der erwähnte Ausdruck gebraucht wird und welchen Umfang man ihm beimisst. Eine gewisse Willkür liegt aber in der Natur der Sache begründet. Auf einem theoretisch und praktisch heiss umstrittenen Gebiete werden die Begriffe ebenso unklar, wie die Meinungen, die sich hinter ihnen verbergen. Dann bleibt nichts übrig, als jedesmal von neuem zu sagen, was man meint oder nicht meint. Meist bleibt es bei dem letzteren: Es ist eine eigenartige Erscheinung, dass alle Begriffsbestimmungen mit unsicherer Grundlage in unserem Denken nur durch negative Grössen, durch Verneinungen oder durch praktische Umschreibungen auszudrücken sind. Das gilt auch für die sogenannte unspezifische Therapie. Es erscheint uns geradezu überflüssig, eine kurze Umschreibung dieses Begriffes zu geben, denn wir wissen, sie würde doch nicht den Kernpunkt der Sache treffen, ebensowenig als nach unserer Meinung andere Definitionen dies vermochten. Es liegt nahe, von dem Begriff der spezifischen Therapie auszugehen. Diese soll sich, wie wir sagten, nicht gegen gestörte Organfunktionen in erster Linie wenden, sondern gegen die Krankheitsursache selber. Wir haben aber absichtlich bei Besprechung der Quecksilber- und Jodwirkung darauf hingewiesen, dass von einer direkten Wirkung auf die Krankheitsursache bei diesen spezifischen Heilmitteln wohl erst in zweiter Linie sich sprechen lässt. Sogar bei jenen Mitteln, wie dem Salvarsan, denen eine spezifische Wirkung zugeschrieben wird, finden sich pharmakologische Teilvorgänge, die erst auf Umwegen eine Beeinflussung

der Krankheitsursache zu erreichen vermögen. Solche Schwierigkeiten haben
zur Folge, dass sich kein rechter Gegensatz zwischen spezifischer und unspezifischer Behandlung finden lässt. Man kann also zunächst nur das eine
sagen: unspezifische Behandlung hat mit Salvarsan, Quecksilber, Wismut und
Jod direkt nichts zu tun. Dazu sei eine weitere Einschränkung gegeben. Die
unspezifische Therapie hat auch zur Zeit keine Identität mit der Infektionsbehandlung. Es ist nicht gleichgültig, ob man tote Bazillenleiber einspritzt,
oder ob man in einem Organismus zu lebenden Keimen noch weitere lebende
hinzufügt. Es ist nicht belanglos, ob man einem Körper parenteral niedere
Abbaustufen des Eiweisses, kolloidale Metalle und hypertonische Lösungen
zuführt, oder ob der gleiche Kranke bei der Infektionsbehandlung nochmals
infiziert wird, ob er eine zweite Krankheit neben der ersten durchmacht. Es
erscheint uns kein Gewinn, sondern eher eine Begriffsverwirrung, wenn man
davon spricht, der Körper werde bei parenteralen Eiweissgaben „proteinkrank“.
Man versucht mit dieser Feststellung eine Verbindung zwischen Proteinkörpertherapie und Infektionsbehandlung herzustellen und verwendet als Bindemittel
den sogenannten „Reiz“ oder die „Protoplasmaaktivierung“. Es ist sicher mit
Recht gefragt worden, was denn keine Reizbehandlung sei und man muss auch
fragen, was denn der Begriff der Protoplasmaaktivierung bei dem vielgestaltig
klinischen Bilde der Impfmalaria und Rekurrens bedeutet und was er erklärt,
wenn die Krankheit bald in schwerste Kachexie verfallen, bald kaum von der
Injektion berührt werden. Dann setzt die Erholung ein: bald auf dieser Teilerscheinung, bald auf jener, bald überhaupt nicht, oder alles wird schlechter.
Ich vermag diese Tatsachen mit den Anschauungen der omnizellulären Protoplasmaaktivierung nicht zusammenzureimen[1]).

Und ich muss es dabei bewenden lassen, dass die unspezifische Therapie mit
der Impfbehandlung nur sehr bedingt etwas zu tun hat. Damit ist es aber nicht
genug. Nun bestehen die Schwierigkeiten erst recht. Während von manchen Autoren
in früheren Jahren die Anschauung vertreten wurde, es erreiche jede unspezifische
Therapie innerhalb gewisser Grenzen bei einem bestimmten Leiden gleichviel,
hat sich hierin neuerdings ein bedeutungsvoller Wandel vollzogen. Genau so,
wie man weiss, dass nicht alle Tuberkuline gleich spezifisch abgestimmt sind,
ebenso hat sich auch die Anschauung durchgerungen, dass es nicht belanglos
ist, ob man einem Rheumatismuskranken Nukleinabkömmlinge oder Bakterienvakzine besonderer Art oder Yatren und Kasein einverleibt. Umgekehrt ausgedrückt: es ist erwiesen, dass bestimmte Leiden auch auf bestimmte
unspezifische Heilmittel bevorzugt ansprechen. Dies gilt für klinische Krankheitsformen ebenso, wie für die Krankheitseinheiten und für den Funktionsausfall an einzelnen Organen. Der letztere Umstand legt den Schluss nahe,
als würden von einzelnen unspezifischen Mitteln bestimmte Organe und Organsysteme besonders betroffen bzw. zu erhöhter Tätigkeit angeregt. Wie weit
man sich diese gruppenspezifische Wirkung denken kann, lässt sich noch am
ehesten vor dem Krankenbette da und dort folgern. Es genügen aber doch
wohl auch solche Feststellungen für den Schluss, dass es unerwiesen ist, ob bei

---

[1]) Es kommt hinzu, dass Weichardt unter dem Begriff der omnizellulären
Protoplasmaaktivierung offenbar nicht zu jeder Zeit das gleiche verstanden hat.

parenteraler Einverleibung sogenannter Reizmittel jedesmal der gleiche pathophysiologische Vorgang wie ein aufgezogenes Uhrwerk abläuft, beginnend am
gleichen Rade und sich auswirkend im Zusammenspiel der gleichen Kräfte und
Bindungen. Um den Vergleich des Uhrwerkes in diesem Zusammenhang weiter
zu gebrauchen: der Mechanismus ist ein so verwickelter und in seinen Einzelheiten ein so unklarer, dass man es kaum wagen kann, ihn zu deuten. Was nützt
es, wenn wir hier und dort an der gleichen Stelle ein Rädchen aufblitzen sehen
und wenn es, angestossen, sein Tempo und sein Geräusch ändert? Haben wir
das Werk auseinandergenommen und kennen wir jedes Rad, so müssen wir
doch gestehen, dass wir nicht wissen, ob immer die gleichen Räder liefen, wenn
sie an beliebiger Stelle im Werke angestossen wurden oder wieviele Räder es
waren. Es sind ja der Hebel und Schrauben mehr wie genug und sie treiben
nicht nur zwei Zeiger über einem Zifferblatt.

Diese Erwägungen sind es, die uns davon abhalten, die unspezifische
Therapie mit Begriffen wie „Reiz" oder „omnizelluläre Protoplasmaaktivierung"
theoretisch zu belasten. Wer solche Vorstellungen mit Erfolg handhaben kann,
der möge sich ihrer ruhig bedienen. Es ist kein Vorwurf. Wir suchen keine
Polemik, sondern eine Umschreibung des eigenen Standpunktes. Am vorteil-
haftesten erschiene dem Verfasser, wenn die alte Bezeichnung der „unzpezifischen
Behandlung" beibehalten bliebe. Dazu bestimmen schon historische Momente.
Es hat sich das, was man als Proteintherapie, Kolloidtherapie, Vakzinebehandlung, Osmotherapie bezeichnet, aus der spezifischen Therapie in lückenloser geschichtlicher Folge entwickelt. Aus dem Begriff der spezifischen
Behandlung wurde jener der unspezifischen gleichsam als Berichtigung fort-
gebildet, und so möge dieses kurze Verständigungsmittel auch weiterhin gelten,
bis Einigkeit im wichtigsten erreicht ist. Denn man kann, wie wir glauben,
keine neuen Begriffe aufstellen, ohne eindeutige Grundlagen zu haben. Wenn
im folgenden von unspezifischer Therapie die Rede ist, so soll also ein Begriff
nur in seiner direkten geschichtlichen Entwicklung für den Zweck der Verständigung gebraucht werden, und wir lassen dahingestellt, was daran die
Zukunft verbunden lässt und was sie trennt.

Much hat die Meinung ausgesprochen, es sei vielleicht kein Glück gewesen,
dass man von der spezifischen Behandlung auf die unspezifische kam. Dies
trifft insoferne zu, als man mit der Kenntnis spezifischer Heilwirkungen sich
vieles einfacher vorstellte, als es in der Tat war. Andererseits hat aber doch
die Inangriffnahme eines schwierigeren Stoffes nach Bewältigung des einfacheren
noch selten Schaden gestiftet, zumal in fachwissenschaftlicher Arbeit, bei der
sich der Gebrauch induktiver Methoden entgegen allen andersgerichteten Bestrebungen stets von neuem als fruchtbringend erwies und immer wieder ganz
von selbst einstellte. Wir betonen dies im Hinblick auf gewisse Bestrebungen,
die in jüngster Zeit von der Schule Biers ausgehen. Es ist neuerdings von
Zimmer[1]) der Versuch gemacht worden, der unspezifischen Behandlung ihren
theoretischen Charakter als Heilmittel zu nehmen und sie in ein Bündel viel-
gebrauchter, biologisch aber keineswegs eindeutig vorstellbarer Begriffe ein-

---

[1]) l. c. S. 123.

zufügen, unter denen sich die des Reizes und der Entzündung besonders hervorheben. Zunächst scheint dieser Versuch ein blosser Streit um Worte zu sein. In Wirklichkeit geht es aber doch um mehr. Es wird nämlich, wie wir glauben, der Versuch unternommen, ein ärztliches Problem auf spekulativ-reduktivem Wege zu lösen, das die empirische Beobachtung bis jetzt nur in unzureichender Weise zu fördern vermochte. Wir können uns nicht denken, dass dieser Versuch im vorliegenden Falle, wo es sich um Dinge der Therapie handelt, einen besonderen Nutzen bedeutet. Denn die Therapie hat zumeist auf theoretische Vorstellungen ohne besonderen Schaden für die Sache verzichten können. Dass auf Grund vorhergehender umfangreicher theoretischer Erwägungen da und dort wohl auch so mancher Segen gestiftet wurde, erscheint uns kein Gegenbeweis und spricht nicht unbedingt für die Notwendigkeit solcher Überlegungen. Denn es ist nicht nur in der Therapie, sondern in der gesamten fachwissenschaftlichen Arbeit so, dass erfolgreiche Methoden und praktisch brauchbare Ergebnisse auch auf Grund irrtümlicher theoretischer Voraussetzungen gewonnen werden können. Der Wahrheitsgehalt dieser Methoden liegt dann eben auf einem anderen Gebiete, als zunächst vermutet wurde. Das tut indessen ihrem Werte in keiner Weise einen Abbruch. Dies alles glauben wir bedenken zu müssen, wenn wir von so verwickelten Dingen sprechen, wie es die unspezifische Behandlung ist. Es ist gewiss für die Erörterung des zu behandelnden Stoffes nicht gleichgültig, von welchen Vorstellungen man ausgeht und ob man überhaupt solche in weiterem Ausmaß anstellt. Wenn nun für eine Begriffsbestimmung und Umgrenzung der unspezifischen Therapie zunächst nur im negativen Sinne etwas zu gewinnen ist, so lässt sich doch auf der anderen Seite durch eine rein empirisch-klassifikatorische Zusammenfassung eine vorläufige Basis für eine Erörterung zu besonderem Zwecke erreichen. Wir scheiden zuerst, wie bereits bemerkt, die Infektionsbehandlung aus der unspezifischen Therapie aus auf Grund der Tatsache, dass die unspezifische Therapie nicht mit lebenden vollvirulenten und toxischen Bakterien oder Bakterienprodukten zu tun hat und dass die klinische Symptomatologie der Infektionsbehandlung, abgesehen von einzelnen Allgemeinreaktionen des Organismus, mit der einer unspezifischen Therapie nicht gleichgesetzt werden kann. Zum zweiten sind wohl insoferne keine direkten Berührungspunkte der spezifischen und der unspezifischen Therapie gegeben, weil man bei bestimmten Spezificis, für die ein solcher Berührungspunkt in Frage käme, wie dem Quecksilber, dem Jod, dem Arsen einen indirekten Wirkungsmechanismus nur per exlusionem erschliesst. Es geschieht dies in der Weise, dass man folgert: weil bestimmten Spezificis der Wirkungsmechanismus des Arsenobenzols nicht zukommt, also muss es sich um unspezifische Wirkungen handeln.

Es erscheint uns eine solche Beweisführung aber keineswegs als eine bündige, und zwar deshalb nicht, weil weder der gesamte Wirkungsmechanismus der unspezifischen Therapie noch jener der indirekt wirkenden Spezifica annähernd scharf bestimmt erscheint.

Für die nachstehenden Betrachtungen über die unspezifische Behandlung der Metalues fassen wir unter diesen Begriff die folgenden Therapiearten zusammen: Proteinkörperbehandlung bzw. Vakzinetherapie, Osmotherapie und Metallbehandlung. Es mag dahingestellt bleiben, wieweit es sich bei diesen einzelnen

Begriffen um theoretisch Identisches handelt. Wie man sieht, liegt der vorstehenden Einteilung nichts anderes als die Feststellung zugrunde, dass die Substanzen, welche parenteral einverleibt werden, chemisch durchaus verschiedenartige Bildungen sind. Dazu kommt verschiedenartige physiko-chemische Beschaffenheit der Lösungen. Zum Teil handelt es sich um echte molekulardisperse Stoffe, zum Teil um natives kolloidales Eiweiss, zum anderen Teil um kolloidale Metalle oder Metallsalze. Nicht zuletzt finden sich darunter auch Spaltprodukte aus Bakterieneiweiss oder virulenzschwache Bakterienleiber, deren spezifische Einstellung bei anderen Krankheiten nicht-luetischer Natur als erwiesen gelten kann.

Es kann nun gegen die begriffliche Zusammenfassung von Proteintherapie, Osmotherapie und Vakzinebehandlung unter dem Sammelnamen der unspezifischen Behandlung der Vorwurf erhoben werden, man verfahre willkürlich. Es stehe nichts im Wege, noch weiter zu gehen als man gegangen ist, und von Schwefel-, Silizium- und Kollargoltherapie, von Kaseinbehandlung und Nukleoproteintherapie zu sprechen, also für jedes Mittel, das man einspritzt, eine eigene Therapieart zu schaffen. Dem wäre entgegenzuhalten, dass jede Überdehnung von Grundsätzen begrifflicher Unterscheidung zuletzt zu Absurditäten führen muss. Genau besehen, wird übrigens der Kliniker nie anders verfahren können, als dass er von dem Einfachsten ausgeht, wenn es sich um die Analyse der Wirkung irgend eines Heilmittels handelt. Es steht dann nichts im Wege, später nach weiteren oder engeren pharmakologischen Gruppenreaktionen diese oder jenes zusammenzufassen[1]).

Wie ist es nun mit dem Wirkungsmechanismus der einzelnen Unterarten unspezifischer Behandlungsmethoden, wie sie oben gekennzeichnet wurden? Bestehen pharmakologische oder physiologisch-chemische Unterscheidungsmöglichkeiten und wie weit gehen diese?

Zunächst die Osmotherapie. Dieser von Bürger und Hagemann erstmals gebrauchte Ausdruck wurde durch Stejskals sorgfältige Untersuchungen weiteren Kreisen bekannt und gebräuchlich. Man versteht unter der Osmotherapie unspezifische Behandlungsverfahren besonderer Art, bei denen auf parenteralem Wege organische oder anorganische Substanzen nichtkolloiden Charakters dem Organismus zugeführt werden in einer Konzentration, die sich von der an der Injektionsstelle vorhandenen unterscheidet. Daraus ergibt sich, dass es sich bei der Osmotherapie im wesentlichen um Wirkungen handeln muss, die sich aus irgend einer Art von Konzentrationsgefälle echter Lösungen herausbilden. Schon dies ist ein wesentlicher Unterschied gegenüber der Proteinbehandlung. Dazu kommt, dass der Wirkungsgrad der Osmotherapie ein wesentlich schwächerer ist. Wir beobachten doch zumeist bei den Proteinen Reaktionen von seiten des Organismus, die eine solche Nachhaltigkeit besitzen, wie man sie bei den osmotisch-therapeutischen Methoden nie anzutreffen vermag. Ganz besonders fällt für eine Abgrenzung der Osmotherapie von der Proteinbehandlung und ähnlichen Verfahren ins Gewicht, dass unter Umständen die Wirkungen beider Therapiearten gegensätzliche sein können. Stejskal drückt diese Tatsache in der Weise aus, dass er sagt, man sehe bei der Osmotherapie, vor allem der mit hypertonischen Salzlösungen, zumeist herabsetzende Wirkungen, bei der Proteinbehandlung dagegen steigernde. Wenn meine über diesen Punkt da und dort gemachten Beobachtungen richtig sind, ist wohl auch der umgekehrte Fall möglich, nämlich, dass ein negativer Wert der Proteinwirkung zukommt, der positive aber den Kristalloiden.

---

[1]) Auch Weichardt lässt diese Art der Klassifikation unspezifischer Methoden gelten, die sich im wesentlichen an das hält, was man sieht bzw. einspritzt.

Der eigentliche Wirkungsmechanismus der osmotherapeutischen Substanzen ist insofern gegenüber der Proteinkörpertherapie ein klarerer, als sich das Schicksal der eingeführten Substanzen bei der Osmotherapie weitgehend messen und verfolgen lässt. Dabei stellte sich heraus, dass bei der Osmotherapie die Blutveränderungen bestimmter Art auffallenderweise sehr in den Hintergrund treten, wenn man die bei der Proteinzufuhr auftretenden dagegen vergleicht. Zunächst kommt es wohl bei der Osmotherapie mit hypertonischen Substanzen zu einer Abgabe von Wasser aus dem Gewebe ins Blut, es erhöht sich die molekulare Konzentration des Blutplasmas (Bottazzi) und es entsteht eine hydrämische Plethora, die später durch vermehrten Abstrom von Flüssigkeit in das Lymphsystem wieder ausgeglichen wird. Die letzten Konzentrationsschwankungen werden durch Niere und Darmrohr beseitigt. Bei Verminderung des osmotischen Druckes im Blute, also bei Einverleibung von hypotonischen Flüssigkeiten ins Blut, verschwinden diese, wie Bottazzi betont, in auffallend rascher Weise aus dem Blute, sie treten rasch ins Gewebe über und werden hier von den Zellen aufgesogen, zum Teil wird eine bestimmte Flüssigkeitsmenge auch von den zelligen Elementen des Blutes festgehalten. Die endgültige Regelung der Störung erfolgt durch Ausscheidung weniger konzentrierter Sekretionsprodukte in verschiedenen Organen, z. B. den Nieren, den Drüsen, der Haut usw. Daraus müsste man folgern, dass die Therapie mit hypertonischen und hypotonischen Lösungen niemals die gleichen Indikationsgebiete haben kann, wenigstens insofern man den rein chemischen Wirkungsmechanismus betrachtet. Und ähnlich ist es um die physiko-chemischen Wirkungen der Osmotherapie bestellt. Auch hier herrscht keine Einheitlichkeit.

Am meisten scheint noch von der Wirkung hypertonischer Lösung in kolloid-chemischem Sinne bekannt zu sein. Im wesentlichen wird bei solchen Eingriffen das Gleichgewicht der Substanzen derart gestört, dass es zu einer anfänglichen Gerinnungs-verzögerung des Blutes kommt, die Plasmafällbarkeit nimmt ab, die Senkungs-geschwindigkeit der roten Blutkörperchen verlangsamt sich, es kommt zu genetisch unklaren Fieberreaktionen, zu einem verminderten Wassergehalt des Muskels, das Quellungsvermögen der Kolloide ändert sich und wahrscheinlich auch die Viskosität. Vor allen Dingen beobachtet man Erregungsvorgänge am Nervensystem, die auch nach Durchschneidung des Vasomotorenzentrums in der Medulla auftreten. Zuletzt spielen noch Vorgänge teils physiko-chemischer Art, teils rein chemischer Art bei der Osmotherapie mit hypertonischen Substanzen mit, die in der physikalischen Natur der einverleibten Substanz, ihrem Lösungsvermögen und anderem begründet sind. Vergleicht man gegen diesen Wirkungsmechanismus der Osmotherapie den der paren-teral eingeführten Proteine, so muss man schon bald zur Überzeugung kommen, dass man eine wenig fruchtbringende Arbeit zu leisten sich vornimmt. Es braucht nur daran erinnert zu werden, wie es um die Chemie der einzelnen Proteine und ihrer Abbau-stufen bestellt ist und wie gering die Möglichkeit ist, diese Substanzen und ihr Schicksal im Organismus zu verfolgen. Dazu kommt, dass in die Frage nach dem Wirkungs-mechanismus der Proteinkörper das ganze schwere Problem der Spezifität mit herein-spielt. Man kann die spezifische Wirkung der Proteine in parenteraler Anwendung nicht dadurch in Zweifel ziehen wollen, dass man für einige wenige Vertreter gleich-sinnige Temperaturkurven behandelter Fälle vorlegt oder gleichartige fermentative Schwankungen im Körper nachweist. Wenn nichts eine gewisse Spezifität der paren-teralen Proteinkörperwirkung zu beweisen vermöchte, dann wäre es doch die einfache klinische Beobachtung bei den verschiedensten Erkrankungen, oder ein Vergleich mit der Wirkung am gesunden Körper. Wenn man aber die Unspezifität der Protein-körperwirkung damit belegt, dass man sagt, der Reiz sei bei ihr stets der gleiche, nur die Verschiedenheit in der Reaktionsweise des getroffenen Organismus täusche eine spezifische Wirkungsweise vor, dann ist, wie wir glauben, die Schwierigkeit noch lange nicht behoben. Es ist auch die Wirkung der Spezifica im gesunden Organismus eine andere als im kranken und das gleiche wird man mit gewissen Einschränkungen auch von einer Reihe von anderen pharmakologischen Substanzen sagen können, die zu den symptomatisch wirkenden gehören. Auch diese wirken in verschiedenen Zuständen ver-schieden, und so bleibt nichts übrig, als in seinen Vorstellungen immer vager zu werden.

Bei der parenteralen Einverleibung von Proteinabkömmlingen trifft man auf eine Reihe von Wirkungen, welche bei osmotherapeutischen Maßnahmen nicht zu beobachten sind oder doch in ihrer Ausdehnung sehr zurücktreten. Es ist dabei zu berücksichtigen, dass auch bei der Proteinbehandlung je nach der zu behandelnden Erkrankung das eine oder andere Symptom nach seiner Intensität starken Schwankungen unterworfen sein kann, und nicht selten kommt man zu dem paradoxen Ergebnis, dass der durch Proteingaben erzielte klinische Effekt ein anderer geworden ist, als nach der Mehrzahl sonstiger klinischer Reaktionstypen zu anderer Zeit und in anderen Zuständen zu erwarten gewesen wäre. In erster Linie sehen wir bei der Proteinbehandlung die Allgemeinerscheinungen von seiten des Organismus in den Vordergrund treten. Bekannt sind die enormen Erhöhungen der Temperatur-, Puls- und Atemkurve. Es zeigt sich, dass die Puls- und Atembeschleunigungen in weitestem Maße von der Temperatur unabhängig gehen können und es scheint fast, als gäbe in bestimmten Zuständen und bei Anwendung bestimmter Proteine z. B. die Pulskurve ein wesentlich feineres Reagens für die klinisch erreichte Wirkung ab, als es die Schwankung der Körperwärme ist. Auch die Begleiterscheinungen des Fiebers, wie Schüttelfrost, Abspannung, Gliederschmerzen, vorübergehende Erhöhung des Blutdruckes, scheinen mehr oder minder besondere Eigentümlichkeiten der Proteinwirkung darzustellen, vor allem, wenn man die Mengenverhältnisse der Proteine gegenüber den Kristalloiden in Betracht zieht. Es ist wohl selbstverständlich, dass in diesem Punkte keine unbedingte Verallgemeinerung am Platze ist. Was bei der Proteinkörperwirkung weiterhin hervortritt, sind gewisse mehr oder minder konstante Veränderungen in der morphologischen Zusammensetzung des Blutes, von der man bei der Osmotherapie nur wenig erfährt. Diese Vorgänge auf eine kurze Formel zu bringen, ist nicht möglich. Als hervorstechendstes Merkmal wird die Leukozytose genannt, doch ist gerade der Ablauf der leukozytären Reaktion nach der Art des Grundleidens und der Menge und Zusammensetzung des Proteins, wohl auch durch unkontrollierbare, individuelle Momente sehr verschieden. Die anfangs unter Umständen zu beobachtende Leukopenie kann nur angedeutet sein, ich konnte auch beobachten, dass die sogenannte neutrophile Kampfphase, also jener Zeitpunkt, der durch eine deutliche Vermehrung der polynukleären Elemente des Blutes gekennzeichnet ist, so gut wie unterdrückt werden kann. In diesem Zusammenhang sei auf die Arbeiten von Schmidt und Kaznelson hingewiesen, welche die Veränderungen des Blutbildes nach parenteraler Einverleibung von Milch einem besonderen Studium unterwarfen. Sie stellten dabei je nach der Art der morphologischen Zellreaktion im Blute drei Typen auf. Bei dem ersten Typus folgt auf eine primäre Leukopenie eine Lymphozytose, ihr folgt die Leukozytose. Der zweite Typus, dessen Krankheitsverlauf schon an sich durch eine zahlenmäßige Vermehrung der Lymphozyten bestimmt wird, antwortet auf Proteingaben mit einer Abnahme der neutrophilen Elemente. Die dritte Gruppe reagiert mit einer Zunahme der Mononukleären. Für einzelne Bakterioproteine ist auch eine Reizung in dem erythropoetischen System im Sinne einer Steigerung des Erythrozytengehaltes unter Ausschwemmung von Jugendformen nachgewiesen. Ob die Vermehrung der Blutplättchen, die bei bestimmten Bakterioproteinen beobachtet wurde, eine konstante Erscheinung ist, lässt sich nicht mit Sicherheit sagen.

Die Schwankungen im Fermentgehalt des Blutes nach Einspritzung von Eiweissspaltprodukten stellen eine Erscheinung dar, wie sie den osmotherapeutischen Maßnahmen nicht in gleichem Umfange zuzukommen scheint, es müßte denn sein, dass ungenügende Klärung der klinischen Erscheinungen den wahren Sachverhalt noch verschleiert. Die Fermentreaktionen des Blutes auf das einverleibte Protein sind, grob betrachtet, alle von der gleichen Art: nach einer anfänglichen Steigerung des Fermentgehaltes kommt es zu einer Abnahme desselben oder es hält sich der erreichte Wert auf seiner Höhe. Es sind dabei die Reaktionen der einzelnen Fermente aber nicht synchron, sondern bewahren eine weitgehende Unabhängigkeit voneinander, was beim Vergleich der Blutfermente gegen die Lymphfermente ganz besonders sich offenbart. Diesen Unterschieden im Fermentgehalt zugeordnet sind ebensolche

Schwankungen im Antifermenttiter. Die Einzelheiten dieser offenbar sehr verwickelten Vorgänge, mit denen sich Petersen und seine Mitarbeiter beschäftigte, sind freilich noch im höchsten Maße unklare und es besteht wohl zunächst kaum Aussicht, dies alles einheitlich deuten und patho-physiologisch auswerten zu können. Hervorzuheben wäre von der Proteinwirkung noch, dass sie nach übereinstimmenden Feststellungen zahlreicher Autoren zu einer Steigerung des Antikörpertiters im Blute führt. Diese Erscheinung ist aber nicht so weitgehend, dass sie alle Antikörper auch nur einigermaßen gleichmäßig beträfe. Als weitere Verwicklung kommt hinzu, dass der Antikörpergehalt des Blutes bei Infektionen (um diese handelte es sich bei den Untersuchungen zumeist) auch ohne parenterale Eiweissgaben erheblichen Schwankungen unterliegt. Zudem steht nicht fest, wie weit die Dosierung des Proteins seine Konzentration und andere Momente den Wert der gemachten Feststellungen beeinträchtigen können. Im allgemeinen gehen die Literaturangaben, mit deren Aufzählung ich nicht langweilen möchte, nicht über Feststellungen hinaus, die etwa folgende Formulierung haben: bei einer Anzahl von Kranken mit dem Leiden X findet sich bei Anwendung des Proteins Y unter Innehaltung einer Dosierung Z der Antikörpertiter so verändert, dass die Opsoninkurve den Verlaufstypus a—s hat, die Agglutininkurve den Typus b—v usw. Hieraus möge der Leser sich selber berechnen, wieviele mathematische Möglichkeiten noch bestehen, bevor allgemeinere Ableitungen zulässig sind. Fragt man sich sonach, ob es möglich sei, das, was man als Proteinwirkung im Organismus bezeichnet, von der osmotherapeutischen zu trennen, so muss man diese Frage unbedingt bejahen. Ja, es scheint, als sei zunächst noch keine Veranlassung gegeben, weitgehende Beziehungen zwischen beiden Behandlungsmethoden zu suchen. Gewiss wird man sie sich theoretisch denken können. Aber es ist die Frage, ob damit viel für die praktische Therapie gewonnen ist.

Ähnliche Bedenken muss man für die oben genannte dritte Kategorie unspezifischer Verfahren haben, die sogenannte Metalltherapie bzw. Kolloidtherapie. Unter diesem letzteren Namen hat vor nicht allzu langer Zeit Luithlen unspezifische Behandlungsmethoden zusammengefasst, welche kolloidale Stoffe aller Art, also auch Proteine neben kolloiden Metallen, Tierkohle, Bolus, Cholesterin u. a. m. zur Anwendung brachten. Im vorliegenden Falle wird diese Begriffsfassung Luithlens, wo sie sich überhaupt findet, in etwas engerem Sinne angewendet und alle Proteine und deren Abkömmlinge ausgeschieden. Es entspringt dieses Verfahren nicht etwa dem Wunsche, möglichst viele Einzelgruppen zu haben und fremde Begriffe nicht gelten zu lassen. Seitdem aber Schittenhelm und Weichardt in verdienstvoller Arbeit nachgewiesen haben, dass den Proteinen in ihren Wirkungen gewisse gruppenspezifische Reaktionen anhaften, handelt es sich darum, eine möglichst vereinfachte klinische Analyse dieser Gruppenreaktionen zu geben. Ehe man aber dieser gefahrvollen Arbeit sich unterzieht, erscheint dem Verfasser schon im Interesse einer praktischen Bewegungsfreiheit am Krankenbette eine tunlichst enge Begriffsfassung erwünscht. Wenn es wahr ist, dass den Proteinen in der Tat eine gewisse spezifische Einstellung anhaftet, die nicht nur von der Art des reagierenden Organismus abhängt, dann kann man eine Therapie mit kolloiden Metallen oder mit Metalloiden nicht ohne weiteres mit der Proteinkörperwirkung identifizieren. Unter diesen Umständen ist freilich auf der anderen Seite der Begriff der Kolloidtherapie bzw. Metalltherapie ein recht vager. Es finden sich in ihm die ungleichwertigsten chemischen Substanzen untergebracht. Mit Recht lässt sich sagen, so wenig die Proteine und die Metalle kolloider Natur in ihrer Wirkung etwas Identisches darstellen, ebensowenig ist es gleichgültig, ob man dem Körper kolloidalen Schwefel oder Yatren oder kolloidales Silber oder Cholesterin zuführt. Das ist in der Tat richtig. Nur dürften für eine noch feinere begriffliche Trennung der Gruppe der kolloidalen Substanzen nach Einzelwirkungen zur Zeit ganz und gar die Unterlagen fehlen. Dieser Mißstand hat aber seinen Grund. Es nimmt nämlich beinahe eine jede Substanz dieser Kolloide bzw. Metalloide den ihnen eigenen Weg im Körper. Ein Teil der in Frage kommenden Substanzen, vor allen Dingen bestimmte Metalle, sind an Schutzkolloide adsorbiert, Dieser Umstand schleppt insofern eine neue Fehlerquelle ein, als ein Teil dieser Schutzkolloide oder deren Spaltprodukte ist, der, für sich dem Körper parenteral einverleibt schon alleine (ohne das Adsorbat) gewisse unspezifische Wirkungen zu entfalten imstande sind. Es ist also schon darum die Wirkung solcher „Kolloidtherapie" keine einheitliche. Wo aber keine Schutzkolloide für das betreffende Kolloid vorhanden sind, da wird es im Körper an eiweissartige Substanzen mehr oder minder fest adsorbiert, vielleicht auch bei dem einen oder anderen in chemisch fester Form gebunden. Die Art und die Innigkeit der Verankerung im Körper muss begreiflicherweise einen gewissen Einfluss auf den Ablauf der Gesamtreaktion haben[1]). Hierzu gesellt sich die veränderte Reaktionsweise des Organismus an sich, wie sie durch den Stand des Grundleidens im Augenblick der Einverleibung festgelegt ist. Nicht zuletzt werden als „Reizmittel" der Metallsatztherapie auch Substanzen angewendet, die ohne sichtbare Zerlegung den Körper in rascher Folge ebenso zu verlassen scheinen, wie sie ihm zugeführt wurden. Dass auch sie ihre sichtbaren Spuren innerhalb des Körpers hinterlassen, zeigt schon die Temperaturkurve. Man kann aber wohl nicht ohne weiteres annehmen, dass Heilmittel von der genannten Art nun die gleichen Wege im Körper gehen müssen, wie ein anderes, das gleichfalls reiztherapeutischen Zwecken dient und aufgespalten den Körper wieder verlässt. Zuletzt fällt ins Gewicht, dass die als kolloide Metallsalze verwendeten Substanzen von ganz verschiedenem Dispersitätsgrad sind. Selbst wenn man geltend macht, dieser Faktor habe für den Reaktionsablauf nur quantitative Bedeutung, so wird man doch andererseits zugeben müssen, dass es die Stärke des erreichbaren Heilerfolges in weitgehender Weise beeinflussen kann[2]) und die Übersichtlichkeit des Heilmechanismus stört.

All diese Erwägungen bestimmen uns, von einer Analyse der Kolloidwirkung (in engerem Sinne) abzusehen. Es sollen nur für wenige Heilmittel der Kolloidgruppe einige Daten aus der biologischen Wirkung angeführt werden.

Die Einspritzung kolloider Metalle verläuft mit Fieber, vorübergehenden Blutdrucksteigerungen, Leukozytose und schweren Allgemeinreaktionen bis zu kollapsartigen Zuständen. Bei einzelnen Krankheiten, wie septischen Prozessen, kommt es zu einem Abfall der Temperatur. Das Metall wird vor allen Dingen in der Milz, im Knochenmark und in der Leber abgelagert. Nach Kausch bestehen weitgehende Verschiedenheiten in der Reaktion auf Einverleibung kolloidaler Metalle, je nach der Art des zu behandelnden Leidens. Nach anderen Autoren ist der Nutzen der kolloidalen Metalle bei intravenöser Verabreichung nur zum Teil auf ihren kolloiden Zustand zu beziehen. Es kommt dabei noch in mehr oder minder hohem Grade eine Metallwirkung in Frage.

Bei der kolloidalen Kohle, die als Inkarbon auch auf intravenösem Wege dem Körper zugeführt wurde, scheint von der Mehrzahl der Autoren eine blosse Kolloidwirkung angenommen zu werden. Das in der unspezifischen Behandlung neuerdings vielgebrauchte Yatren, eine Jod-oxychinolin-sulfosäure, wird nach Herzberg bei Gesunden und Kranken quantitativ im Harn ausgeschieden. Es gibt mit Eiweiss und Blutserum keine Ausflockung. Eine Speicherung im Organismus scheint im Gegensatz zu den kolloiden Metallen nicht stattzufinden. Die reiztherapeutische Reaktion ist nach der Art des Leidens beim Yatren sehr verschieden, während bei arthritischen Erkrankungen unter Umständen eine sehr stürmische, mit hohem Fieber verlaufende Allgemeinreaktion auf Yatrengaben einsetzen kann, ist die Wirkung des gleichen Mittels bei der Paralyse in der Mehrzahl der Fälle gleich null. Es ist dabei ganz gleichgültig, ob man sogenannte homöopathische Dosen verwendet oder grosse Gaben wählt. Ich werde hierauf noch zurückkommen. Auch das Methylenblau scheint den Körper wieder als ganze chemische Verbindung zu verlassen. Es

---

[1]) Wir stimmen hier mit Weichardt durchaus überein, der den Proteinen eine Sonderstellung in der unspezifischen Therapie einräumt.

[2]) Man denke nur daran, welch kolossale Schwankungen in der Oberflächenwirkung die Teilchengrösse veranlasst. Nach Vervely hat ein Liter $\frac{1}{2}$ $^0/_{00}$ kolloidaler Goldlösung eine Oberfläche von 150000 qcm, die Substanz in fester Form beansprucht dagegen nur 50 qmm.

wird aber eine vorübergehende Reduktion des Mittels behauptet. Träfe dies zu, dann käme der Substanz wohl ein wesentlich anderer Dispersitätsgrad zu, wenn sie sich in reduziertem Zustande befindet. Sehr vielseitige Untersuchungen über den besonderen Wirkungsmechanismus des Mittels in verschiedenen Zuständen sind mir nicht bekannt geworden. Bei Typhus scheint die Einverleibung entsprechender Mengen Substanz von einem lytischen Abfall der Temperatur gefolgt zu sein.

Es war in den seitherigen Erörterungen von einer anderen Art der Therapie nicht die Rede, die eine Reihe neuerer Autoren der unspezifischen Behandlung zugerechnet hat. Gemeint ist die sogenannte orale Reiztherapie. Man versteht darunter seit den Untersuchungen von Döllken, Rosenberg und Adelsberger, Prinz, Zimmer u. a. die Verabfolgung bestimmter Farbstoffe und anderer chemischer Substanzen per os. Nach deren Einverleibung soll es bei bestimmten Zuständen zu Herdreaktionen, leichten Erhöhungen der Körperwärme und Veränderungen der Zusammensetzung im Zellbild des Blutes kommen. Wir können diese Art der Behandlung hier völlig übergehen, da für die Paralysetherapie mit ihr nicht das geringste zu gewinnen ist. Oft wiederholte Versuche haben mir dies bewiesen. Selbst wenn dem aber nicht so wäre, erschiene es mir fraglich, ob man gut daran tut, den Begriff der unspezifischen Therapie derart auszudehnen. Wie ein jeder Begriff bei zu weiter Fassung zuletzt allen Sinn verliert, so ist es auch mit dem Begriffe der unspezifischen Behandlung. Es lässt sich nicht bestreiten, dass bei peroraler Verabfolgung von bestimmten chemischen Substanzen, die übrigens mit Proteinen nichts zu tun haben, gewisse Wirkungen im Körper beobachtet werden, die einer Erklärung noch nicht zugängig sind. Wenn man aber die biologische Zugehörigkeit einer Therapie zu einer anderen immer nur damit beweist, dass man die Ähnlichkeit einzelner klinischer Erscheinungen bei beiden feststellt, dann treibt man doch eigentlich nichts anderes, als symptomatische Klassifikation, die an das Linnesche System erinnert. Erst wird der Oberbegriff geschaffen, dann werden einige äusseren Merkmale zusammengesucht, unverknüpft und unentwickelt. So ist die Spezies fertig. Man kann wohl sagen, es sei auch bei den anderen Arten der unspezifischen Therapie mit ihrer biologischen Charakterisierung nicht besser bestellt, als mit der oralen Reizbehandlung. Ich gebe dies nicht bedingungslos zu, denn in der Tat ist doch einiges aus der unspezifischen Behandlung wesentlich besser gekennzeichnet, als es bei der oralen Reiztherapie ist. Selbst wenn man aber diesen Einwand bedingungslos als richtig annimmt, dann widerlegt er nicht viel. Denn es ist in der Tat, wie oben bereits ausgeführt wurde, der Begriff der unspezifischen Behandlung oder der Reiztherapie auch in anderen Fällen lose genug in sich verbunden.

Im einzelnen hat man die Berechtigung zur Aufstellung des Begriffes der oralen Reizbehandlung folgenden Tatsachen entnommen: Es ist der Heilerfolg bzw. die unspezifische Wirkung nicht an ein bestimmtes Medikament gebunden, die orale Reizreaktion hat auch angeblich mit der pharmakologischen Wirkung des Mittels nichts zu tun. Man hebt weiter hervor, dass der orale Reizerfolg nur am kranken Körper zu beobachten ist, wo er sich in Herdreaktionen und Allgemeinreaktionen äussern soll. Beide Erscheinungen würden durch die Art des Leidens, seine Schwere und seinen Sitz bestimmt. Diese Beweisführung übersieht, dass das, was unter pharmakologischer Wirkung verstanden wird, wohl kein scharf gefasster Begriff ist und dass er auch Erscheinungen in sich schliessen kann, die mehreren Heilmitteln zu gleicher Zeit anhaften, ohne dass sie in nähere pharmakologische Verwandtschaft zu bringen sind. Man gewinnt also zunächst nicht mehr, als die Erkenntnis, dass es eine Reihe pharmakologischer Wirkungen gibt, die nicht eng auf bestimmte Heilmittel begrenzt sind, die vielmehr gruppenspezifischen Charakter haben. Dass aber die Wirkung der peroralen Reizkörper im kranken Organismus eine andere ist, als im gesunden, dürfte kaum verwunderlich sein. Wenigstens ist diese Tatsache zur Umschreibung spezifischer Kennzeichen nicht geeignet. Denn sehr viele Heilmittel entfalten im kranken Körper Wirkungen, von denen der gesunde kaum etwas weiss. Man kann also diesen Schwierigkeiten nur dadurch begegnen, dass man den Begriff der Reizbehandlung immer mehr erweitert und ihm damit zuletzt jede Besonderheit nimmt. Es könnte einer oberflächlichen Betrachtung erscheinen, als seien diese Fragen für die unspezifische Behandlung der Paralyse alle vollkommen gleichgültig. Dem ist aber nicht so. Es ist nicht angängig, dass sich die psychiatrische Therapie von grundsätzlichen Fragen der Behandlung in anderen Wissenszweigen ferne hält. Zudem möchten wir im folgenden die praktischen Folgerungen aus unserer Stellungnahme in der Frage der Abgrenzung der unspezifischen Therapie ziehen.

Es ist eine eigenartige Tatsache, dass sich die unspezifische Behandlung der Metalues zum grossen Teil unabhängig von der unspezifischen Therapie anderer Fachwissenschaften entwickelt hat. So segensreich dieser Umstand zum allergrössten Teile für die psychiatrische Therapie geworden ist, so hat er doch auch gewisse Nachteile mit sich gebracht. Auf der einen Seite war die Möglichkeit gegeben, dass die Infektionsbehandlung sich frei und ohne Beschwerden durch theoretischen Ballast entwickeln konnte, auf der anderen Seite kam es, dass die über die unspezifische Behandlung gesammelten klinischen Daten wenig Zusammenhang fanden. Und dieser Zusammenhang ist ein so geringer geblieben, dass sich bis zum heutigen Tage kaum mit Sicherheit sagen lässt, welches Heilmittel unter den Proteinen und Metallkolloiden nun eigentlich in der Paralysetherapie sich besonders sinnfällig bewährt habe, oder wann man dieses Mittel mit Aussicht auf Erfolg geben kann, wie seine Dosierung ist, vor allem, warum diese besondere Art der Verabreichung vorteilhafter ist, als jede andere. Dennoch muss man zugeben, dass andere Fachwissenschaften über die gleichen Punkte ebensowenig zu einer durchgehenden Einigung der Ansichten kamen. Nur scheint es, als wären die Meinungsverschiedenheiten bei ihnen doch nicht so tiefgehend wie gerade in der Metaluestherapie. Es wurden bereits im geschichtlichen Teil einige Einzelheiten über die in der Paralyse- und Tabestherapie gemachten Erfahrungen mitgeteilt. Sie sind zusammenfassend die folgenden:

Während eine Reihe von Autoren die unspezifische Behandlung der Paralyse und der Tabes empfiehlt, hat ein anderer Teil keine oder nur vorübergehende Erfolge gesehen. Die einzelnen Heilmittel sind in ihrer Zusammensetzung so verschiedenartige und die Indikationsstellung ist eine so unterschiedliche, dass nur sehr bedingt vergleichsweise Schätzungen möglich sind. Welches Protein oder Kolloid sich am meisten bewährt hat, lässt sich kaum sagen. Ebensowenig scheint festzustehen, ob bestimmte unspezifische Heilmittel auf bestimmte klinische Zustände oder besondere Formen der Paralyse und Tabes einen besonderen Einfluss haben. Am meisten weiss man darüber noch bei der Tabes. Über technisch bedeutsame Fragen, besonders die der Dosierung, sind einheitliche Anschauungen mir nicht bekannt geworden.

Recht spärlich sind die Versuche mit osmotherapeutischen Methoden in der Behandlung der Metalues. Hier ist eigentlich nur der Arbeit von Donath zu gedenken, der eine isotonische Blutsalzlösung in grösseren Mengen dem paralytischen Organismus einverleibte. Es leitete ihn dabei die Vorstellung, dass der erkrankte Körper durch den genannten Eingriff von giftigen Stoffwechselprodukten befreit würde, die das hauptsächlichste schädigende Moment bei der Entwicklung und im Verlauf der Paralyse ausmachten. Von Gedankengängen, die an die Anschauungen der gegenwärtigen Osmotherapie erinnerten, ist bei Donath in weiterem Maße noch nicht die Rede. Er schreibt aber den

Salzinfusionen klinische Wirkungen zu, die sehr an das erinnern, was man neuerdings unter den Begriff der Protoplasmaaktivierung zusammenfasst: die Salzlösungen seien nämlich, meint Donath, „ein mächtiges Kardiakum und Diuretikum, ein pulshebendes und appetitanregendes Mittel, sowie überhaupt ein hervorragendes, erfrischend wirkendes, nachhaltiges Tonikum des Nervensystems." Es wird von vornherein zugegeben, dass mit blosser steriler physiologischer Kochsalzlösung ganz ähnliche, ja gleiche Wirkungen zu erzielen seien, wie mit der „Blutsalzlösung". Gegeben wurden die Einspritzungen in einer Einzelmenge von 500 bis 1000 ccm in das subkutane Gewebe, auf zwei Injektionsstellen verteilt. Die Injektionen folgten einander in Abständen von 3 bis 4 Tagen. Im ganzen wurden 4 bis 6 Einspritzungen gemacht. Donath behandelte 7 Fälle von progressiver Paralyse verschiedener klinischer Schattierung mit Salzeinflössungen. Darunter befinden sich etwa fünf Besserungen verschiedenen Grades bis zur vollen Berufsfähigkeit. Von einzelnen paralytischen Erscheinungen wurden am deutlichsten beeinflusst die Motilität einschliesslich der Koordination und Schrift, die Sprache besserte sich deutlich, es kehrte bei einzelnen Kranken eine mehr oder minder tiefgehende Krankheitseinsicht zurück, auch die intellektuellen Fähigkeiten nahmen wieder zu. Gar nicht oder nur in sehr unbedeutendem Maße hatte die Behandlung Einfluss auf die Lichtreaktion der Pupillen, desgleichen scheinen die eigentlichen tabischen Störungen unverändert geblieben zu sein. Die Besserung der Reflexe war nur eine unbedeutende. Katamnestische Erhebungen finden sich in der Arbeit Donaths leider so gut wie keine. Von theoretischem Interesse ist, dass im Anschluss an die Salzinfusionen vorübergehende Fieberanstiege und zeitweilige Verschlimmerungen im Befinden der Kranken auftraten, die Donath auf den Zerfall von Blutzellen infolge der nicht ideal eingestellten Isotonie der Salzlösung bezieht. Er nähert sich mit dieser letzteren Anschauung der Ansicht neuerer Autoren, welche die Wirkung osmotherapeutischer Maßnahmen auf Mobilisierung von sekundär entstandenen Eiweißspaltprodukten beziehen, die also im wesentlichen an Wirkungen denken, wie sie auch den Proteinen zukommen sollten. Besonders zahlreiche Nachprüfungen der Donathschen Angaben sind nicht gemacht worden. Weiteren Kreisen bekannt wurden die Versuche von Obersteiner und von Pilcz, die beide die Donathsche Methodik in einer etwas abgeänderten Form empfahlen. Beide verwandten statt des Donathschen Salzgemisches eine 0,85%ige Kochsalzlösung, geben im übrigen keine allzu hohen Flüssigkeitsmengen und verkürzen die zwischen den Einzelinjektionen gelegenen Intervalle. Die Einspritzungen wurden auch in vorgeschrittenen Fällen zur Kräftigung des Allgemeinbefindens empfohlen. Obersteiner rühmte ihnen eine günstige Beeinflussung der paralytischen Anfälle nach, einen Befund, den ich an folgendem von mir beobachteten Fall einer Hirnlues bestätigt finde:

    Br. Michael, 52 Jahre alt, verheiratet, Maschinist aus Nürnberg. Aufgenommen in die Klinik am 7. Februar 1923. Diagnose: Lues cerebri. Reflektorische Pupillenstarre, linksseitige Fazialisparese, geringe innervatorische Schwäche des rechten Armes, sensorisch-aphasische und ideatorisch-apraktische Störungen. Depressiv — reizbar verstimmt, Liquor und Blut positiv, sehr hohe ·Zellzahl, Kolloidreaktionen und Globulinreaktionen typisch. Bei der Aufnahme zunächst über ein Jahr lang völlig stationäres Krankheitsbild, häufige Zusammenstösse mit anderen Kranken.

Auf spezifische Behandlung keinerlei Besserung, trotz lange anhaltender Quecksilber-Salvarsanbehandlung. Am 12. Mai 1924 kurzdauernder Dämmerzustand, dann Anfallserie von epileptiformem Charakter, bei der sich der Kranke erheblich im Gesicht verletzte. Tiefer Sopor. 40—50 Anfälle pro Tag. Am 16. Mai 1924 Injektion von 800 ccm steriler physiologischer Kochsalzlösung intravenös. Nach 2 Tagen wiederholt. Schon nach der ersten Einspritzung Herabsinken der Anfallzahl von 40 auf 3, nach der zweiten Einspritzung völliges Verschwinden der Anfälle, rasche Klärung des Sensoriums innerhalb eines Tages. Nach dieser ersten Anfallsattacke ein halbes Jahr beschwerdefrei, klinischer Zustand wie früher, dann Rückfall mit einer zweiten Anfallsserie, in der der Kranke unter Erscheinungen einer Schluckpneumonie stirbt.

Zusammenfassend kann man also die Ergebnisse der Paralysebehandlung mit osmotherapeutischen Maßnahmen kaum in irgendeiner Weise als aussichtsreich bezeichnen. Wie steht es mit den Ergebnissen der Proteintherapie? Hier ist zuvörderst der Behandlungsverfahren zu gedenken, die eine aktive oder passive Immunisierung des paralytischen Organismus anstrebten, in Wirklichkeit aber wohl eine blosse Proteinwirkung erreichten. So hat Bruce Paralytikern zu Heilzwecken Serum von remittierten Kranken eingespritzt. Er ging dabei von der Annahme aus, dass die Paralyse durch Toxine der bakteriellen Darmflora verursacht würde. Von 8 auf solche Weise behandelten Paralytikern sollen sich 3 Kranke bis zur teilweisen Berufstätigkeit gebessert haben, ein anderer Kranker wurde stationär. Bei 4 weiteren Kranken besserte sich der Zustand nicht. Ähnlich sind die Ergebnisse der Versuche von Robertson, M'Ray und von O'Brien. Auch sie erblicken die Ursache der Paralyse in toxischen Wirkungen bestimmter Bakterien und gehen demgemäß entsprechend therapeutisch gegen die vermeintlichen Bakterientoxine vor. O'Brien hat mit Serum bei seinen Paralysekranken an 7 Fällen 5 weitgehende Besserungen erzielt, doch wirken seine Ergebnisse nicht gerade überzeugend. Erwähnt seien noch die Versuche von Browning und McKenzie, welche den Vorschlag machten, die Paralyse durch Eigenbluteinspritzungen in den Wirbelkanal zu behandeln. Es scheint aber nicht zur Ausführung der vorgeschlagenen Behandlungsmethodik gekommen zu sein. In jüngster Zeit hat Benedek eine grössere Anzahl von Kranken mit Pferdeserum von angeblich spezifischer Einstellung behandelt. Die Ergebnisse waren wenig ermutigend; dazu musste ein Teil der behandelten Fälle vorzeitig entlassen werden.

An diese serotherapeutischen Versuche reihen sich die mit Nukleinsäureabkömmlingen, wie sie Fischer und Donath erstmals in die Paralysetherapie einführten. Donath behandelte in seiner ersten Versuchsreihe 21 Paralytiker, von denen 10 bis zur Arbeitsfähigkeit gebessert wurden, weitere 5 Kranke zeigten Remissionen leichteren Grades, 6 blieben unverändert. Die zweite Versuchsreihe Donaths umfasste 15 Paralysen von verschiedenartigem klinischem Gepräge. Das Ergebnis war: 3 Kranke remittierten bis zur Wiedererlangung der Arbeitsfähigkeit, 6 wurden vorübergehend gebessert, einer starb an einem Anfall. Donath wendete das Natr. nucleinic. zunächst in einer 2%igen Lösung an, dann ging er zu einer 10%igen über. Die Einspritzungen wurden alle 3—5 Tage wiederholt, die Anfangsdosis schwankte zwischen 0,25 und 0,5 g Natr. nuclein. Die katamnestischen Erhebungen ergaben keine deutlich lebensverlängernde Wirkung des Behandlungsverfahrens. O. Fischer behandelte mit dem gleichen Mittel wie Donath und mit ungefähr der gleichen Dosierung 10 Kranke eines Privatsanatoriums, bei denen es sich wohl um beginnende Paralysen gehandelt haben mag. Auch bei den Fällen von Fischer kam es zu mehr oder minder ausgeprägten Besserungen, und zwar erlangten 3 Fälle wieder ihre Berufsfähigkeit, wurden aber schon nach verhältnismäßig kurzer Zeit wieder rückfällig. Immerhin ist bemerkenswert, dass bei 2 von diesen Kranken auf nochmalige Nukleinbehandlung eine abermalige Remission von etwas längerer Dauer einsetzte. Die katamnestischen Angaben lauteten bei Fischer etwas günstiger als bei Donath: 3 Jahre nach erfolgter Behandlung waren von 10 Paralysen 6 verstorben, von den nichtbehandelten Kontrollfällen war nur noch einer am Leben. Über die Besserung einzelner paralytischer Erscheinungen im Gefolge von Natrium nucleinicum-Behandlung finden sich bei Fischer und Donath nur vereinzelte Bemerkungen, die sich wohl zunächst nicht verallgemeinern lassen. Die Nachprüfung der Angaben von Fischer und Donath hatte ein widersprechendes Ergebnis. Plaut äusserte sich über den Wert der Natr. nuclein.-Therapie sehr zurückhaltend. Er vereinigte die Proteintherapie mit Salvarsanangaben, konnte aber an 25 Kranken „eindeutige Wirkungen nicht mit Sicherheit beobachten". Löwenstein, Klieneberger, Hoppe, Plange, Alt u. a. lehnen das Natr. nuclein. vollkommen ab. Hussels erzielte unter 5 Fällen, die er mit Natr. nuclein. behandelte, nur eine, allerdings weitgehende Remission. Jurmann fand unter 17 Kranken 7 mehr oder weniger gebesserte. Sehr günstige Ergebnisse hatte Hauber. Von 27 beginnenden Paralysen reagierten in günstigem Sinne auf Einspritzungen von nukleinsaurem Natron fast die Hälfte aller Kranken. 11 von seinen Kranken wurden entlassen. Die Ergebnisse von Szedlak sind deshalb nicht eindeutig, weil dieser Autor gleichzeitig Quecksilber anwendete. Meyer berichtete auf der schon erwähnten Jahresversammlung des deutschen Vereins für Psychiatrie in Kiel über 85 mit Natr. nuclein. behandelte Paralysefälle, die sich auf 23 Anstalten verteilen. 49mal war durch die Therapie kein Erfolg zu verzeichnen, in 25 Fällen trat leichte Besserung ein, bei 11 Kranken wird über eine Remission berichtet. Hervorzuheben ist, dass ein Teil der Kranken gleichzeitig mit Tuberkulin behandelt wurde, ausserdem wurde bei einem anderen Teil der Patienten die Kur nicht zu Ende geführt. Auch in dem Referat Meyers finden sich nur einzelne Angaben über die Wirkung des Nukleins auf paralytische Einzelerscheinungen. In einem Fall wird über eine weitgehende Besserung des serologischen Blutbefundes berichtet, andere Autoren erwähnen vorübergehende Gewichtsverluste im Gefolge der Behandlung. Als Gesamtdosis wird 15—45 g Natr. nuclein. vorgeschlagen, und es scheint, als hätten sich hohe Einzelgaben bei der Therapie besser bewährt als niedere. Vor einigen Jahren wurde durch O. Fischer ein weiteres Nukleinderivat in die Paralysetherapie eingeführt, das Phlogetan, ein Gemisch von abiureten Nukleoproteiden, das seinerzeit von Wiechowsky angegeben wurde. In Weiterentwicklung seiner therapeutischen Bestrebungen mit Nukleinen machte Fischer zunächst die Feststellung, dass es für den zu erwartenden Heilerfolg von grosser Bedeutung ist, ob die verabreichte Gesamtmenge von Natrium nucleinicum die Dosis von 10 g übersteigt oder nicht. Bleibt sie unter diesem Werte, dann sollen die Heilerfolge schätzungsweise nur etwa halb so häufig zur Beobachtung kommen, wie bei Gesamtdosen von über 10 g. Im letzteren Falle gestalten sich nach Fischer die Heilerfolge zahlenmäßig folgendermaßen: Heilungen 39%, Besserungen 22%, ungebessert 39%. Es ist dabei aber zu berücksichtigen, dass die Prozentzahlen an 18 Fällen gewonnen sind, dies entspricht einer Fehlergrösse von 82%. Fischer hebt bei seinen mit hinreichend grossen Dosen behandelten Kranken eine auffallende Besserung des Allgemeinbefindens hervor, der paralytische Gesichtsausdruck soll verschwinden, Sprachstörungen und paralytischer Tremor sollen sich zurückbilden, fehlende Sehnenreflexe können wiederkehren. Hier und da bessert sich auch der serologische Befund im Blute wie im Liquor bis zu normalen Befunden. Fischer ging zum Phlogetan über auf Grund der theoretischen Vorstellung, dass nicht die Eiweisskörper, sondern ihre Abbaustufen den Heileffekt bedingen und dass es zweckmäßig ist, dem Organismus den weitgehenden Abbau von Eiweiss zu ersparen. Zudem soll sich der Unterschied zwischen dem Phlogetan und dem Natr. nucleinic. auch in den Heilerfolgen zahlenmäßig zu erkennen geben und zwar insoferne, als bei dem Phlogetan insgesamt nach Fischer 78% Gesamtbeeinflussungen des paralytischen Prozesses zu erreichen sind, beim nukleinsauren Natron dagegen nur 63%. Auch in diesem Falle hat Fischer die Prozentzahlen an der Hand von nur 27 Fällen errechnet. Im einzelnen waren seine Behandlungsergebnisse mit dem Phlogetan bislang die folgenden: Von 5 beginnenden Paralysen aus der Sprechstundenpraxis wurden alle wieder berufsfähig, ohne sozial brauchbar zu sein. Von 7 beginnenden Fällen aus einer Anstalt blieb ein einziger unbeeinflusst, 6 zeigten deutliche Besserung, 4 wurden wieder berufsfähig. Unter 15 vorgeschrittenen Fällen zeigte sich bei 5 Kranken kein therapeutischer Erfolg, 10 besserten sich leicht, ohne dass einer von ihnen berufsfähig geworden wäre. Ebenso erstaunlich wie die zahlenmäßigen Erfolge Fischers mit dem Phlogetan muten seine Angaben über Besserungen einzelner paralytischer Erscheinungen an. Da ist eigentlich so ziemlich alles beeinflussbar, was man einem Paralytiker oder Tabiker gerne beseitigen möchte. Auf serologischem Gebiete nähern sich die Kolloidreaktionen normalen Verhältnissen, die Globulinwerte fallen, die Pleozytose verschwindet. Die W.-R. im Blut und im Liquor kann negativ werden. Psychisch werden die Kranken freier, Sprache und Schrift bessert sich, der paralytische Habitus verschwindet. Bei nukleinbehandelten Tabikern sollen die Sensibilitätsstörungen zurückgehen, die Motilität ataktischer Formen wird sicherer, so dass fremde Hilfe nicht mehr in Anspruch genommen werden muss, die Lichtreaktion kehrt zurück, die Blaseninkontinenz kann sich beheben. Auch Krisen und lanzinierende Schmerzen sind besserungsfähig. Ja, Fischer geht in einer seiner Veröffentlichungen soweit, dass er eine Überlegenheit der Nukleinmethode über die Impfmalaria behauptet. Er hat dies jedoch später, wie es scheint, nicht mehr in vollem Umfange aufrecht erhalten. Ich werde später darauf zurückkommen.

Bakterieneiweiss und Vakzine: In der unspezifischen Metaluestherapie spielt die Behandlung mit Vakzine und Bakterienabkömmlingen eine ganz besondere Rolle. Es wurde im historischen Teile gezeigt, dass die Vakzinebehandlung deshalb als Vorläufer der modernen Infektionsbehandlung anzusehen ist, weil man sich ursprünglich scheute, ein zweites Leiden zu einem ersten hinzuzufügen, wie dies bei der Infektionsbehandlung geschieht. Als Ersatz schuf man die Tuberkulintherapie. Schon in den 90er Jahren des letzten Jahrhunderts begann Wagner-Jauregg in Graz Psychosen mit Tuberkulin zu behandeln, er erzielte aber, wie er 1895 berichtet, nur in 2 Fällen eine rasche Heilung der Psychose. Dann nahm Boeck an Wagner-Jaureggs Klinik die Versuche mit Tuberkulin einige Jahre später auf. Er berichtet über 41 Psychosen, die er mit Tuberkulin und Pyocyaneusvakzine behandelte. Offenbar handelte es sich um sehr ungleichwertige psychotische Zustände, die unter der Diagnose Amentia, Melancholie, Manie und akuter Wahnsinn gingen. Ein grosser Teil der Fälle gehört wohl nach heutigen Auffassungen den akuten Formen der Schizophrenie an. Es zeigte sich nun, dass vor allem akute Fälle remittierten, Fälle mit sogenannten sekundärem Blödsinn blieben unverändert, auch paranoide Prozesse hatten nur geringe bzw. keine Besserungstendenz. Unter den behandelten Kranken fand sich nur eine Paralyse, die unverändert blieb, auch die Epilepsie erwies sich in einem Falle als gegen Tuberkulin refraktär. Im einzelnen sind die Behandlungserfolge Boecks schwer zu überblicken, trotz der mitgeteilten umfangreichen Krankengeschichten. Viele seiner sogenannten Amentiafälle würde Verf. dem manisch-depressiven Formenkreis zurechnen, und es ist gewiss kein blosser Zufall, dass gerade diese Kranken verhältnismäßig am besten remittierten, während bei den sicheren Schizophrenien die Anzahl der erreichten Besserungen doch recht gering ist. Es ergab sich eine Überlegenheit des Tuberkulins über die Pyocyaneusvakzine, angeblich auch deshalb, weil die Reaktion des Organismus auf das Tuberkulin eine besonders starke ist und eine niedrigere Anfangsdosis ermöglicht wird, so dass eine Gewöhnung viel langsamer erfolgt als bei der Pyocyaneusvakzine. Als technische Grundsätze der Tuberkulinbehandlung hat Wagner-Jauregg allgemein festgelegt, durch subkutane Injektion eine Fieberreaktion mäßigen Grades zu erzielen, unter tunlichster Vermeidung von Temperaturen über 39° C. Da die Reaktionen tuberkulöser Individuen auf das Mittel naturgemäß viel schwerere sind als gesunder, so besteht keine Einheitlichkeit der Dosierung. Man läuft sonst Gefahr, sehr stürmische Reaktionen auszulösen und Schaden zu stiften. Es wird aus diesem Grunde empfohlen, erst probeweise eine niedere Versuchsdosis von 1 mg Tuberkulin Koch zu geben und dann rasch, je nach der Tuberkulinempfindlichkeit des Kranken, zu steigen, um kräftige körperliche Reaktionen zu erreichen. Die Intervalle zwischen 2 Einspritzungen schwanken zwischen 2 und 5 Tagen, je nach Höhe der Reaktionen, wobei zu beachten ist, dass man in der Regel bei späteren Einspritzungen das Doppelte der vorhergehenden Dosis gibt. Es könne aber, meint Wagner-Jauregg, auch erforderlich sein, die vorhergehende Dosis zu wiederholen oder in der folgenden Einspritzung die drei- und vierfache Tuberkulinmenge der früheren Gabe zu verabfolgen, letzteres dann, wenn eine genügend starke Reaktion — nach der Temperatur gemessen — vorher nicht zu erreichen war. Die Enddosis ist 0,1 g, die dann erreicht ist, wenn diese Tuberkulinmenge reaktionslos vertragen wird. Bezüglich der Technik seiner Pyocyaneusbehandlung vermerkt Boeck, dass er mit Erfolg 48 h alte Bouillonkulturen von Pyocyaneus nach Sterilisation verwendete. Er gab als

Anfangsdosis 0,5 ccm der unfiltrierten Bouillon subkutan, die er bis 1,0 g steigert, wozu im ganzen 3—4 Einspritzungen benötigt werden, in Abständen von 3—5 Tagen. —

Auf die Boeckschen Heilversuche folgen zeitlich als nächste die Veröffentlichungen von Pilcz über den gleichen Gegenstand. Durch ihn erfolgte erstmals die Anwendung des Tuberkulins in einem streng begrenzten Indikationsgebiet der Paralysebehandlung. Im Jahre 1905 berichtet Pilcz über 69 Fälle von Paralyse, welche in den Jahren 1900/01 mit Tuberkulin behandelt worden waren. Von allen Kranken wurden Katamnesen bis zum Jahr 1904 erhoben. Eine Sichtung der Kranken unterblieb, es wurden also nicht nur beginnende Fälle behandelt, ebenso wurden nicht etwa besondere klinische Formen ausgesondert. Die Erfolge wurden nach Gesichtspunkten beurteilt, wie sie von Sioli in seiner Aussterbeordnung der Paralyse neuerdings vertreten wurden. Das Ergebnis war: Nach einer 4 Jahre zurückliegenden Tuberkulinkur lebten von den behandelten Paralysen 8, von den vergleichsweise zur Kontrolle herangezogenen nichtbehandelten Paralytikern nur 5. Im ersten Jahre nach Abschluss der Kur starben: Behandelte 20, Unbehandelte 39, im zweiten Jahre: 23 Behandelte, 11 Unbehandelte, im dritten Jahre 6 Unbehandelte, 11 Behandelte, im vierten Jahre 4 Behandelte, 5 Unbehandelte. Von Interesse ist, dass nach Feststellungen von Pilcz diejenigen Kranken, die auf die Injektionen deutlich reagieren und hohe Temperaturen haben, im allgemeinen mehr Besserungsaussichten haben, als solche ohne diese klinischen Kennzeichen. Unter den 8, nach vierjähriger Beobachtungszeit noch lebenden Fällen waren immerhin noch 2 Kranke, welche bei relativem Wohlbefinden ausserhalb der Klinik bleiben konnten, einer von diesen war voll arbeitsfähig. Die unbehandelten Fälle dagegen befanden sich alle, soweit noch am Leben, als terminale Zustände in stationärer klinischer Behandlung. 1907 hat Dobrschansky über die von Pilcz veröffentlichten gebesserten Fälle weitere Mitteilungen gemacht. Damit reicht die Beobachtungszeit dieser Remissionen bis an 5 und 6 Jahre. Nach Dobrschansky waren 1909 von den 8 nicht mit Tuberkulin behandelten Kontrollfällen kein einziger mehr am Leben, von den tuberkulinbehandelten Kranken lebten dagegen noch 5, darunter 2 im Erwerbsleben. Schacherl behandelte im ganzen 76 Fälle von Paralyse und Tabes mit Tuberkulin Koch. Davon haben aber nur 24 Kranke die Kur zu Ende geführt. Über die Dauer der Beobachtung ist nichts vermerkt. Ergebnis: von 13 Paralysen im Beginn des Leidens, aber ohne sonstige nähere klinische Bestimmung, blieb nur ein Kranker ungebessert, im ganzen besserten sich 7 Fälle, erwerbsfähig wurden 5. Tabes: behandelt wurden zusammen 11 Fälle und zwar 8 ataktische Kranke, 3 mit gastrischen Krisen. Unter den ataktischen besserten sich 6, 2 blieben unbeeinflusst. Die gastrischen Krisen heilten in 2 Fällen aus, einer besserte sich. Von einzelnen tabischen Erscheinungen sprachen auf die Therapie lanzinierende Schmerzen erst in der zweiten Hälfte der Kur nach anfänglicher Steigerung gut an, zumeist auch Krisen. Die Ataxie war häufig wenigstens im Sinne einer Besserung zu beeinflussen, ein Fall von tabischer Arthropathie soll nach Tuberkulin geheilt sein. Die W.-R. im Blut war bei Paralyse wie bei Tabes meist unverändert. In einer späteren Veröffentlichung macht Schacherl noch weitere Angaben über die Beeinflussbarkeit der

Tabes durch Hg und Tuberkulin (siehe S. 55). 76 so behandelte Kranke waren bei 53 ataktischen Formen 36mal sehr gebessert, 17mal sehr wenig oder nicht. Von den übrigen tabischen Symptomen wird berichtet, dass von 46 Fällen lanzinierender Schmerzen 38 gebessert und geheilt wurden, 5mal gingen die Erscheinungen zurück. Gastrische Krisen: 24 behandelte Fälle, davon 23 geheilt. Blasenstörungen: 12 geheilt, 11 gebessert, 2 unverändert. Malum perforans: 9 Fälle, davon 6 geheilt, 3 gebessert. Arthropathie: 10 Kranke, davon ein Fall geheilt, der noch keine Veränderungen der Gelenke aufwies, 5mal Rückgang des Hydrops, 4 Kranke ungeheilt. Die Optikusatrophien blieben auf die Therapie unverändert und Schacherl schlägt vor, solche Fälle nur mit Jod anzugehen. Von besonderem Interesse sind die Erfahrungen mit Tuberkulin — Hg bei der Lues cerebrospinalis. Im ganzen wurden 16 Fälle behandelt. Von 5 hemiplegischen Kranken wurde einer geheilt, 3 gebessert, einer ungebessert. Unter den 5 Fällen von disseminierter Hirnlues kamen 2 zur Ausheilung, 3 wurden besser. Luetische Augenmuskelstörungen: 3 Fälle: 1 geheilter, 1 gebesserter, 1 ungeheilter. Die luetische Epilepsie erwies sich als unbeeinflussbar, die W.-R. im Blut soll hier und da umgeschlagen sein. Einzelheiten darüber fehlen. Mit dem serologischen Verhalten tuberkulinbehandelter Paralytiker beschäftigten sich Pappenheim und Volk bei 77 Kranken. Sie stellten fest, dass der Zellbefund sehr häufig durch die Tuberkulinkur beeinflusst wird und zwar in über der Hälfte der Fälle im Sinne einer Besserung. Von 32 zytologisch untersuchten Kranken trat eine mehr oder minder starke Besserung des Befundes ein in 17 Fällen, bei 7 Kranken zeigte sich gar keine erkennbare Neigung zu irgend einer Wandlung. Die Globulinwerte sanken in 18 Fällen ganz bedeutend, bei 5 Kranken war der Befund sogar negativ bis fraglich geworden. Der Wassermann im Liquor besserte sich im ganzen 14mal, in weiteren 10 Fällen nur gering, in 4 Fällen trat eine Verschlechterung gegen früher ein. Dagegen hatte die W.-R. im Blute nur geringe Neigung zur Besserung: Sie fand sich in nur 5 Fällen bedeutend besser, darunter fanden sich 4 Fälle, bei denen die Reaktion negativ geworden war.

Von besonderem Interesse sind unter den neueren Veröffentlichungen, die sich mit Bakteriotherapie bei Metalues beschäftigen, die Arbeiten von Döllken, die leider in der psychiatrischen Fachliteratur bislang wenig Beachtung fanden. Besonders aus rein theoretischen Gründen dürfte den Betrachtungen von Döllken ein höherer Wert zukommen, weil in ihnen das therapeutische Prinzip der Erzeugung von Hyperthermie verlassen ist und an dessen Stelle der Versuch tritt, durch verhältnismäßig geringfügige, aber kontinuierliche Reize das gleiche zu erreichen. Temperatursteigerungen über 1—1,5° C werden vermieden. Treten dennoch höhere Temperaturen auf, dann wird die Dosis sofort verringert. Döllken meint, Lokalreaktion, Allgemeinwirkung und therapeutischer Erfolg stünden nicht in einfacher Beziehung zueinander. Die Heilwirkung wird im wesentlichen den Endotoxinen zugeschrieben, denn Vakzine aus sehr rasch gewachsenen Pyocyaneuskulturen seien auch in sehr hohen Dosen nur sehr wenig wirksam. Insgesamt behandelte Döllken 40 Fälle von Tabes mit Bakteriovakzine, darunter 19 Fälle mit Pyocyaneus, 5 Fälle mit Staphylokokkenvakzine und Autolysaten, 16 Fälle mit Tuberkulin Koch. Die besten Erfolge gab ihm die Pyocyaneusvakzine. Als sehr gut beeinflussbar erwiesen sich die lanzinierenden

Schmerzen der Tabiker, ferner die Blasenstörungen, etwas weniger gut die Ataxie und die Krisen. Unverändert blieb der Reflexbefund und die Pupillenstörung. Die Augenmuskelparesen zeigten nur geringfügige Besserungen und waren erst nach Zugabe von Salvarsan zum Verschwinden zu bringen. Ähnliche Feststellungen wurden auch bei der Tuberkulinbehandlung gemacht. Es erwiesen sich auch hier die Blasenstörungen und die lanzinierenden Schmerzen fast in allen Fällen als günstig zu beeinflussen, weniger gut sprachen die Krisen und die Ataxie auf die Behandlung an, nicht zu beeinflussen waren Pupillen und Reflexe. Sonst sind in der Literatur die Mitteilungen von Heilversuchen an Paralytikern mit Bakteriovakzinen nicht sonderlich zahlreich. Günstig lauten noch die Angaben von Joachim über das Tuberkulin. Er behandelte 10 beginnende Paralysen eines Sanatoriums mit dem Kochschen Tuberkulin unter Innehaltung der Wagner-Jaureggschen Vorschriften. Alle 10 Fälle wurden innerhalb von 6—8 Monaten wieder vollberufsfähig und konnten in die Familie entlassen werden. Hervorzuheben ist, dass alle behandelten Fälle 3—5 Jahre lang katamnestisch verfolgt wurden, ohne dass es bei einem dieser Fälle zu einem Rückfall gekommen wäre. Weniger optimistisch lauten die Angaben von E. Meyer in seinem Paralysereferat. Es wurde nach ihm in über 33 Fällen das Tuberkulin angewandt, die Urteile über das Mittel sind jedoch sehr widerspruchsvoll ausgefallen. In einer späteren Veröffentlichung berichtet der gleiche Autor jedoch über weitere von ihm mit Tuberkulin behandelte Kranke, es waren deren 20. Hier kam es wenigstens in einem Falle nach Versagen der Salvarsanbehandlung auf die Anwendung unspezifischer Therapie zu einer Vollremission unter Wiedererlangung der Berufsfähigkeit und Besserung der W.-R. bis zu normalen Werten. Siebert sah bei einer verhältnismäßig hohen Krankenzahl von 126 Fällen nur dreimal eine auffallende Besserung des Befindens, die eine 2—3jährige Berufsfähigkeit dieser Kranken zur Folge hatte. Im übrigen lautet sein Urteil über den Wert der Tuberkulinbehandlung sehr zurückhaltend. Cramer sah bei 10 Kranken 4 auffallend gute Remissionen, Heinicke und Küntzel beobachteten mehrfach Verschlechterungen des Befindens auf Tuberkulin, nur in einem Falle wurde eine sehr gute Remission erhalten. Wenig befriedigt äussert sich auch Hudovernig. Er wendete gleichzeitig Hg an und behandelte so im ganzen 40 Fälle. Da und dort sah er Erfolge, doch meint er, das Tuberkulin reiche zur Erzielung eines Heilerfolges allein nicht aus und auch sonst sei die kombinierte spezifisch-unspezifische Kur der reinen spezifischen Behandlung hinsichtlich ihrer Erfolge durchaus unterlegen.

Metallsalz- und Metallkolloidbehandlung.

Gegenüber der Paralysebehandlung mit Bakteriovakzinen hat die Anwendung von Metallsalzverbindungen und Metallkolloiden eine sehr untergeordnete Rolle gespielt. In der älteren Literatur sind zwar die Heilversuche mit Metallsalzen häufiger und es fehlt keineswegs an Stimmen, die für diese Behandlungsmethodik entschieden eingetreten sind. Es ist aber in der neueren Zeit wenig davon übrig geblieben. Ausser acht können bleiben jene Heilbestrebungen, die bei Paralyse Metalle und Metallsalzverbindungen per os zuführen. Denn es lässt sich kaum sagen, inwieweit die pharmakologischen

Wirkungen dieser Mittel vom Magendarmkanal aus jenen nahestehen, die bei parenteraler Einverleibung zu beobachten sind. Bekannt sind die Heilversuche von Oebecke, Schüle, Krafft-Ebing, Winn u. a. mit oralen Gaben von Chinin. Eine ähnliche Rolle spielte das Argentum nitricum, das mehrmals im Tag in Pillenform bei Paralyse gegeben wurde (Bouchut, Deguise u. a.), der Tartarus stibiatus (Flemming, Ellinger u. a.), das Zinksulfat (Flemming, Winslow), das Brom (Meynert, Brunet), das Eisen (Stone) und and· res.

Es fehlt all diesen Versuchen nicht nur eine gewisse theoretische Begründung: mehr ins Gewicht fällt noch, dass ein Nachweis sicherer Heilwirkung nicht erbracht wurde. Eine gewisse Beachtung, vor allem in Hinblick auf die moderne Goldbehandlung der Tuberkulose verdienen Versuche, die Paralyse durch Chlorgoldnatrium zu beeinflussen. Das Mittel wurde sowohl per os als auch parenteral gegeben. Die Anfangsdosis, die Boubila, Hudjes und Cossa verwendeten, war 0,002, die in 14tägigen Zwischenräumen bis 0,01 erhöht wurde. (Enge.) Es soll bei 4 beginnenden Paralysen eine Remission nach Anwendung des Mittels eingetreten sein, selbst bei vorgeschrittenen Fällen war ein deutlicher Erfolg nachzuweisen. Leider sind diese Angaben nach modernen Grundsätzen noch nicht überprüft worden. Vielleicht ergäbe sich hier ein weiterer gangbarer Weg für die Chemotherapie der Metalues. Weiterhin liegen aus dem Jahre 1899 Versuche von Rondoni vor, der bei Paralyse Methylenblau in Dosen von 0,08—0,1 intramuskulär verabreichte. Die Erfolge sind leider nicht überzeugend. In der neueren Zeit haben gewisse organische Jodverbindungen, das Mirion, das Pressojod, (Sol. Pregl) das Yatren u. a. von sich reden gemacht und haben auch als sogenannten Reizkörper einige Bedeutung erlangt. So hat man sie denn auch bei Paralyse angewendet, ohne überzeugende Erfolge erzielt zu haben. (Jakobi, Poenitz u. a.) — Soweit die Heilversuche der Metalues mit der unspezifischen Therapie, wie sie im Schrifttum niedergelegt sind. Überblickt man sie in ihrer Gesamtheit, dann muss man leider feststellen, dass trotz deutlicher Erfolge die Anzahl der Misserfolge noch sehr im Übergewicht ist. Dass dann und wann mit Proteinen besonders mit Bakterienspaltprodukten bei Paralyse und Tabes ganz erhebliche und anhaltende Besserungen zu erzielen sind, lässt sich nicht hinwegdeuten. Nur das eine ist auffällig, dass die Proteintherapie bis zum heutigen Tage viel mehr im Ambulatorium, in Sanatorien und in der Sprechstunde, also bei beginnenden Metaluikern angewendet wird, als in öffentlichen Krankenanstalten. Es ist nicht gut denkbar, dass dieses Missverhältnis allein aus dem Gesetze der Trägheit heraus zu erklären ist. Denn die Infektionstherapie hat im Gegensatz zur Proteintherapie in kurzer Zeit eine doch wesentlich umfassendere Bedeutung erlangt. Man kann geteilter Meinung sein, worauf die verhältnismäßig schwache und unregelmäßige Wirksamkeit der unspezifischen Therapie in der Metaluesbehandlung zurückzuführen sei. Sicher ist, dass die Misserfolge nicht dem Prinzip als solchem zur Last fallen, sonst müsste es um die Erfolge doch ganz anders bestellt sein. Zunächst fällt auf, wie verschiedenartig wirksam selbst ein chemisch sehr konstantes unspezifisches Mittel sein kann, auch wenn man die sonstigen therapeutischen Bedingungen so einförmig wie möglich gestaltet. Da diese Tatsache nicht etwa nur in der unspezifischen Paralyse- und Tabestherapie zu beobachten ist, sondern mehr oder minder der unspezifischen Therapie überhaupt anhaftet, hat man von einem konstitutionellen Faktor gesprochen, mit dem die unspezifische Therapie zu rechnen habe. Wenn damit auch nicht allzuviel erklärt ist, so bleibt doch verwunderlich, dass dieser konstitutionelle Faktor unter Umständen bei der unspezifischen Behandlung besonders sinnfällig in Erscheinung treten kann, so sinnfällig, dass er sich nicht ohne weiteres zu dem in Beziehung setzen lässt, was individuelle Disposition an der Verträglichkeit anderer Heilmittel sonst ändert. Dazu kommt die Eigenart des verwendeten unspezifischen Mittels, die einen gleichmäßigen und anhaltenden Erfolg der unspezifischen Therapie zu hindern scheint. Bekannt ist die verschiedenartige Wirksamkeit der zahlreichen Proteine bei dem gleichen Grundleiden. Selbst wenn man davon absieht, dass es ja nicht erwiesen ist, ob und inwieweit man pharmakologisch gleichartige Wirkungsmechanismen bei all den unspezifischen Heilverfahren vor sich hat, bleibt noch zu bedenken genug. Die Verschiedenartigkeit der Wirkung parentalen Eiweisses tritt nicht nur bei weit auseinanderliegenden Abbaustufen der gleichen Eiweissart oder bei chemisch sich fernestehenden gleichwertigen Proteinen zutage. Es können z. B. bei den Bakterienabkömmlingen die biologisch mannigfachsten Wirkungen durch verhältnismäßig kleine qualitative Eingriffe in das Eiweissgefüge erreicht werden, ohne dass man gleich an spezifische Wirkungen denken müsste. Der wesentlichste Grund für die scheinbar unzureichende Wirksamkeit der unspezifischen Mittel in der Metaluesbehandlung ist aber wohl darin zu suchen, dass es an einem objektiven Wertmesser für den Erfolg fehlt. Es liegt in der Natur der unspezifischen Behandlungsverfahren, dass ein unbefriedigender Ausgang wohl die Fehlerhaftigkeit der getroffenen Maßnahmen erkennen lässt, aber eine Verbesserung mit gleichen oder ähnlichen Mitteln in den meisten Fällen nicht mehr erlaubt. Was verloren ist, scheint in der Tat uneinbringbar verloren. Und leider ist dies nur zu oft der Fall. Es mag sein, dass gerade in der unspezifischen Metaluestherapie die wirklichen Erfolge deshalb mit besonderem Nachdruck hervorgehoben werden, weil man sich der stattlichen Reihe der Misserfolge nicht gerne erinnert und es mit der Feststellung des blossen Sachverhaltes genug sein lässt. Verfolgt man im einschlägigen Schrifttum die Entwicklung der unspezifischen Metaluesbehandlung, dann fällt stets von neuem auf, mit wie wenig prinzipiellen Feststellungen zu ihrer Methodik man sich zufrieden gegeben hat. Gewiss streitet man auch in anderen ärztlichen Teildisziplinen bei Verwendung eines unspezifischen Behandlungsverfahrens noch um Grundlegendes. Wo der eine homöopathische Gaben angewendet wissen möchte, greift der andere kräftig zu. Bei dem einen Autor wirken bei diesem oder jenem Leiden hohe Proteingaben lähmend, während der andere gerade diese fordert, da er die Abwehrkräfte ohnehin aufs äusserste angespannt sieht und weitere Hilfe nicht finden kann, wenn nicht in der Dosierung genau so viel gewagt wird. Es ist aber glücklicherweise nicht überall und immer so viel Widerspruch. Ein schönes Beispiel dafür, wie sich unspezifische Heilmethodik planmäßig entwickeln lässt, gibt die Tuberkulinbehandlung der Phthisiker. Wie bekannt, hat die Tuberkulinbehandlung in ihren Anfängen die heftigsten Angriffe erfahren. Sie wurde von berufener Seite als wertlos und ungefährlich abgelehnt. Schuld daran trug wohl zuvörderst der Umstand, dass man viel zu hoch dosierte. Als auf Grund schlimmster Erfahrungen diese Tatsache nach und nach an Wahrscheinlichkeit gewann, bildete sich langsam jene Methodik der Schwellenreiztherapie heraus, wie sie noch heute beim Tuberkulin in Anwendung ist. Es mag um die Erfolge mit den Tuberkulinen bestellt sein wie es will. Zugeben wird man das eine sicher müssen: dass in der sogenannten Schwellenreiztherapie der Tuberkulose, also einer hinreichend vorsichtigen, nicht allzu verschleppten Behandlung mit schwachen, zu einer kurzen Reaktion gerade ausreichenden Einzeldosis das Optimum der unspezifischen Tuberkulosetherapie gefunden ist. Dieses Wirkungsoptimum besteht also zum mindesten darin, dass jede andere Methodik im allgemeinen grösseren Schaden zu stiften scheint. Ähnliches gilt für die unspezifische Behandlung anderer Erkrankungen. Hier unterscheidet man neuerdings in der Art des technischen Vorgehens so weit, dass man bestimmte Krankheitsformen mit hohen Dosen und rasch zu bewältigen sucht, wieder andere sehr vorsichtig unter Einschaltung langer Pausen und bei häufiger Wiederholung der Einspritzungen. Von all dem ist in der unspezifischen Metaluestherapie leider nicht sehr häufig die Rede gewesen. Man streitet sich nicht nur, welche Stoffe für die unspezifische Behandlung die brauchbarsten seien. Was noch schlimmer ist: Man kennt, wie ich schon sagte, bislang wohl nur gefühlsmäßig die für eine erspriessliche Metaluestherapie optimale Methodik. Man vermeidet stürmische Reaktionen, will aber doch „Fiebertherapie" treiben. Auf der anderen Seite sind auch schwache Reaktionen verpönt, die am behandelten Organismus überhaupt keine erkennbaren Spuren hinterlassen. Macht man sich die Erfahrungen anderer Teildisziplinen mit der Theorie und Methodik der unspezifischen Therapie zunutze, dann wird es wohl oder übel doch auch in der grundsätzlichen Methodik der unspezifischen Metaluestherapie ein „entweder" „oder" geben müssen, an Stelle blosser Möglichkeiten und Wahrscheinlichkeiten. Wir möchten versuchen, im folgenden zu dieser Frage Stellung zu nehmen. Sie lautet: Gibt es eine optimale Methodik in der unspezifischen Metaluesbehandlung? Wenn ja, worin besteht sie und weshalb ist sie anderen Methoden überlegen? Wir beabsichtigen dabei nicht etwa die Neueinführung eines unspezifischen Heilmittels und dessen Anpreisung. Vielmehr möchten wir versuchen, ein Bild von der Reaktionsweise des paralytischen und tabischen Organismus im Verlaufe unspezifischer Behandlung zu geben. Hieraus mögen sich dann die entsprechenden Folgerungen ergeben.

Nun begegnet ein solcher Versuch gleich zu Beginn einer grossen Schwierigkeit. Diese Schwierigkeit besteht darin, dass brauchbare Vergleichsmöglichkeiten geschaffen werden müssen, an denen sich die Reaktionsweise des Metaluikers auf Proteine beurteilen lässt. Begreiflicherweise kommt als ein solcher Vergleichswert nicht eine Einzelerscheinung, wie etwa Puls- und Temperaturverlauf, Herdreaktion u. a. in Betracht, sondern die Summe all dieser Symptome in den verschiedensten Krankheitszuständen oder wenigstens bei einigen wichtigeren Typen, auch beim Gesunden.

Der Idealfall wäre gegeben, wenn es gelänge, die unspezifische Reaktionsweise des Gesunden als eine so eindeutige darzulegen, dass sich an ihr das Verhalten des kranken Organismus unter gleichen Bedingungen abmessen liesse wie an einem Normalmaß. Nun ist aber diese „normale"

Reaktionsweise keineswegs klar herauszustellen. Es trägt der Gesunde zu jeder Zeit eine bestimmte Zahl von „Herden"[1]) mit sich, die dem Bild einer Reaktionsweise auf unspezifische Reize in seinem objektiven Wert Abbruch tun können.

Das wird gewöhnlich erst in dem Augenblicke offenbar, wo man das Verhalten des Gesunden auf unspezifische Reize studieren will. Die Angaben der Versuchspersonen über die subjektiven Wirkungen der Einspritzungen widersprechen sich so ziemlich in allem, was über blosse fundamentale Feststellungen hinausgeht. Und was die objektiven Feststellungen anlangt, so ist über sie nur einzelnes bekannt. Man weiss von der erhöhten Reizbarkeit des Nervensystems, die sich beim Gesunden auf unspezifische Reize einstellt, eine Reizbarkeit, die bis zu Temperaturerhöhung, erhöhter Erregbarkeit der peripheren Nerven, erhöhter Durchlässigkeit der Gefässe anwachsen kann. Quantitativ sind aber diese Teilerscheinungen keinesfalls nur annähernd genau messbar gegeneinander abgestimmt. Man muss auch hier sagen, wenigstens scheint es vorläufig so. Dazu kommen Einwirkungen auf den Gesamtstoffwechsel, Resorptionssteigerung in der Haut, Katalysatorenbeschleunigung (Weichardt), Steigerung der Fermentwirkungen, erhöhte Drüsenfunktion und als Folge von all dem eine veränderte Verteilung der Substanzen im Körper. Es verteilen sich die Erythrozyten im Körper anders, das Blutbild ändert sich und ein heftiger reflektorischer Impuls wird im autonomen Nervensystem ausgelöst. Subjektiv formen sich nun freilich all diese Vorgänge nicht recht zusammen. Der eine spürt gar nichts, der zweite empfindet ein länger anhaltendes, wohliges Wärmegefühl, der dritte ist still, versichert, er sei müde und initiativlos. Unter Umständen äussert sich ein unspezifischer Reiz in rein psychischen Erscheinungen: erhöhte Psychomotilität, gesteigerte Betriebsamkeit, euphorische Überwertung, oder es kommt zu dem paradoxen Ergebnis leichter Verstimmung, unbestimmten Missbehagens und zwangsmäßiger Bindung mit unliebsamen präkordialen Sensationen. Alles dauert aber ganz verschieden lange Zeit, wechselnd nach Intensität und Begleiterscheinungen und es kann wohl niemand sagen, welche und wie starke körperliche Gegebenheiten diesen psychischen Reihen entsprechen und warum sie das tun. Noch dazu ist die Art des angewandten unspezifischen Mittels und die Art seiner Einverleibung gerade beim Gesunden von weitgehendem Einfluss auf den Erfolg. Am sinnfälligsten äussern sich, soweit ich sehen konnte, die Bakterienproteine, die Nukleoproteide und die Milch.

---

[1]) Der Ausdruck „Herd" ist hier in jenem weitläufigen Sinne zu verstehen, wie man ihn in der unspezifischen Therapie gebraucht. Wenn es hier zutrifft, dass jeder locus minoris resistentiae, also auch ein seniles Hirn oder eine steinhaltige Gallenblase eine „Herdreaktion" abgeben kann, dann hat am Ende jede Lebensweise, jedes Alter, vielleicht jedes Individuum seine eigenen „Herde", mit denen ein zweites nicht so leicht in allen Punkten übereinstimmen kann. Folge davon ist, dass auch die Wirkung parenteraler unspezifischer Injektionen bei gesunden Versuchspersonen nie völlig übereinstimmen. Das trifft in gewissem Sinne wirklich zu. Ich glaube aber nicht, dass man diese „Herde" innerhalb der Spielbreite des Gesunden allzu hoch in ihrer Bedeutung für den vorliegenden Fall einschätzen muss, es sei denn, dass zuletzt aus diesem vagen, unendlich verallgemeinerten Begriffe der Herdreaktion im reiztherapeutischen Sinne eine Art Partialkonstitution wird.

Anders liegen die Dinge, wenn der unspezifische Reiz einen Organismus trifft, den eine akute Infektion mit allgemeiner Verbreitung befallen hat. Beispiel sei die Septikämie. Hier kennt man im wesentlichen zwei Arten der Wirkung eines unspezifischen Reizes: Kritische Entfieberung nach einer bzw. zwei kurz aufeinanderfolgenden Einspritzungen oder aber vorübergehende Herabsetzung der Temperatur, kurze Besserung, dann wieder Verschlechterung und häufig tödlicher Ausgang. Die Mehrzahl der Autoren neigt der Auffassung zu, dass nur zu Beginn der Erkrankung und mit relativ grossen Dosen ein Erfolg mit unspezifischer Therapie bei septikämischen Krankheiten zu erzielen sei. Verzettelt sich die Behandlung, oder setzt sie zu spät ein, dann scheint sie mehr zu verderben als gut zu machen. Nicht ganz gleichlautend sind die Erfahrungen, die man beim Scharlach mit der unspezifischen Behandlung gemacht hat. Hält man sich an das, was etwa Lüdke oder Holler über die Proteintherapie des Scharlachs berichtet haben, so scheint es bei diesem Leiden auf einmalige hohe Proteingabe zu kritischer Entfieberung und rascher Erholung nach Schüttelfrost und Allgemeinerscheinungen kommen zu können. Es ist aber auch andererseits eine lytische Entfieberung nach kleinen aber häufigen Dosen beobachtet worden. Weitgehende Erfahrungen über die Reaktionsweise der Scharlachkranken auf parenterale Proteine scheinen zu fehlen, da man zur Behandlung begreiflicherweise das Scharlachserum den blossen Eiweissinjektionen vorzieht. Von Interesse ist, dass auch puerperale Allgemeininfektionen nur auf recht grosse Proteingaben in günstigem Sinne zu reagieren scheinen, wenn überhaupt ein Erfolg zu verzeichnen ist. Dafür sprechen Erfahrungen, wie sie von Kraus, Lindig, Levy-Solal u. a. gemacht wurden. Aus ihnen geht hervor, dass in günstig verlaufenden Fällen eine stürmische Allgemeinreaktion mit deutlicher Euphorie einsetzt, die zu einem vorübergehenden Temperaturabfall führt. Eine Wiederholung der Dosis in kurzem Abstand führt dann nach der zweiten und dritten Injektion zu bleibender Entfieberung. Leider zeigen die Berichte der Literatur, dass nur ein kleiner Teil septikämischer Erkrankungen nach unspezifischer Behandlung einen so günstigen Ausgang nimmt. Der grössere Teil scheint völlig refraktär zu bleiben. Was daran schuld ist, weiss wohl niemand. Wer Fanatiker der unspezifischen Therapie ist, mag den Grund in einem zu späten Beginn der Behandlung, niederen Dosen und langen Intervallen suchen. Ob dies aber den Kern der Sache trifft? Ich glaube es nicht.

Eine zweite Gruppe von Krankheiten aus dem Anwendungsgebiet unspezifischer Therapie umfassen Infektionen vom Typus der Ruhr, des Typhus und Paratyphus. Im allgemeinen lässt sich sagen, dass die Heilerfolge bei diesen Leiden auf parenterale Proteingaben und Vakzine etwas bessere sind als bei den septischen Allgemeinerkrankungen. Hinsichtlich der Reaktionsweise des Organismus bei typhusähnlichen Infektionen wird übereinstimmend berichtet, dass die beiden ersten Krankheitswochen die meisten Aussichten auf Erfolg der unspezifischen Therapie bieten. Später scheint der Erfolg zunehmend geringer zu werden. Weniger eindeutig sind die weiteren Behandlungsprinzipien festgelegt. Teils fordert man hohe Dosen von intravenös verabreichter Vakzine unter ein bis zweimaliger Wiederholung in kurzen Abständen. Von anderer Seite wird dieses Verfahren verpönt und verhältnismäßig kleine, aber recht oft und in schmalen Zwischenräumen gegebene Injektionen gefordert. Auf wessen Seite die Mehrzahl der Erfolge liegt, lässt sich nach dem Schrifttum kaum sagen. Sicher ist, dass auch die Art der Reaktion auf die Einspritzung bei den günstig verlaufenden Fällen keine einheitliche ist. Man hat sofortige kritische Entfieberung nach kurzer Zeit gesehen, ohne vorhergehende Steigerung der Beschwerden. Andere Fälle haben diese vorübergehende negative Phase scheinbar in sehr ausgesprochener Weise; dann kommt auch hier die Krise. Zuletzt können günstig wirkende Injektionen auch eine über Tage verlaufende Lyse heraufführen, ohne dass sich die Art der Dosierung und des verwendeten Mittels sicher von der mit anderem klinischen Verlauf unterschiede. Es scheint also zunächst nicht, als hafte dem Typhus und Paratyphus in seinen Reaktionsweisen auf unspezifische Mittel eine Eigentümlichkeit an, die zu weitgehenden theoretischen Ableitungen berechtigte. Die Mehrzahl der Autoren tritt für energische, aber kurzdauernde Behandlung ein, also nicht zu kleine Dosen, baldige Behandlung, kurze Zwischenräume, wenige Injektionen. —

Ein Sorgenkind der unspezifischen Therapie bildet die dritte Gruppe: Fieberhafte Bronchitiden, Bronchopneumonien, lobäre Pneumonien. Wenn ich über diesen Punkt meine eigenen Erfahrungen mitsprechen lassen darf, so möchte ich hier vor der Anwendung unspezifischer Therapie überhaupt warnen. Erreicht wird in weitaus der grösseren Mehrzahl aller Fälle gar nichts, geschadet aber, wie es scheint, oft genug. Ich verfüge über Fälle, die nach vorsichtigster Dosierung tödlich endeten, ich kenne auch eine weitere Zahl, bei denen brüske Proteingaben nichts halfen. Man mag die Pausen verlängern, die Mittel wechseln — nichts ändert die Sachlage. Es sind im Schrifttum Fälle von lobärer Pneumonie beschrieben, die auf hohe einmalige Proteingabe kritisch sich lösten. Ob es sich nicht um Zufallstreffer handelte? Sehr zahlreich scheinen die Beobachtungen nicht zu sein.

Die Domäne der unspezifischen Behandlung bildet eine vierte Gruppe von Krankheiten: Die der arthritischen und rheumatischen. Während in akuten Fällen, wie es scheint, die Besserungsaussichten gering sind, lässt sich in subakuten und chronischen Zuständen unter Umständen viel erreichen. Voraussetzung ist aber, dass man die Höhe der Dosis sehr nieder bemisst, dass alle Reaktionen von seiten des Organismus hinreichend Zeit haben, abzuklingen und dass man sich nicht bloss mit einigen wenigen Einspritzungen begnügt. Offenbar ist gerade die Arthritis auf den parenteralen unspezifischen Reiz sehr empfindlich und ich möchte den Ausführungen Zimmers besonders beipflichten, der hier zu grosser Vorsicht mahnt. Am besten scheint für die Behandlung der Arthritiden und rheumatischen Affektionen sich Kasein, Milch u. a. bewährt zu haben. Nukleoproteide und Bakterienabkömmlinge sind wegen ihrer sehr drastischen Wirkung am besten zu vermeiden. Wohl keine andere Krankheitsgruppe zeigt bei unspezifischer Behandlung so ausgesprochene symptomatologische Kennzeichen auf den parenteralen Reiz wie die arthritische. Heftige Herderscheinungen u. a., schwerste Störungen des Allgemeinbefindens in der negativen Phase sind die Regel. Darauf folgt in günstigen Fällen sehr rasche Erholung, doch ist bei rheumatischen und arthritischen Affektionen wie bei keinen anderen die Spielbreite der Symptome nach parenteralen Reizen eine ausserordentlich grosse, vor allem, was die zeitliche Entwicklung dieser Symptome anlangt. Bei ganz akuten Arthritiden ist die unspezifische Behandlung widerraten worden, wohl zu Recht. Man weist vor allem auf die Gefahr einer Verschleppung von Keimen hin.

Die letzte grössere Krankheitsgruppe (5.), in der man von unspezifischer Therapie vielfachen Gebrauch gemacht hat, sind subakute, mehr oder minder lokal beschränkte Eiterherde infektiöser Art: also etwa die Gonorrhoen, die Pyelitis, die eitrigen Bubonen, die entzündlichen Adnexerkrankungen. Die Grundsätze zur Behandlung all dieser Leiden mit parenteralen Reizen sind wohl kaum als einheitliche anzusehen und auch die Behandlungsergebnisse lauten widersprechend. Man beobachtet bei den genannten Affektionen neben deutlichen Allgemeinerscheinungen von kurzer Dauer sehr stürmische Herdreaktionen mit vermehrter Sekretion aus den Herden. Die Erhebungen der Puls- und Temperaturkurve können bei entsprechender Dosierung erhebliche werden, bilden aber nach ihrem klinischen Wert doch nur einen Prüfstein von zweifelhaftem Nutzen. Viel entscheidender spricht der lokale Befund und die Blutmikroskopie in solchen Fällen mit. Nach den Berichten aus dem Schrifttum wurden mit kräftigen parenteralen Gaben offenbar bessere Erfahrungen gemacht als mit verzettelter und zaghafter Therapie. Sicher ist auch, dass der Heilerfolg ein ganz verschiedener sein kann, je nach dem Stadium der lokalen Entzündung, in das die unspezifische Behandlung eingreift. Die Behandlung der Hautkrankheiten, Augen- und Ohrenleiden, auch die unspezifische Tuberkulosetherapie seien hier übergangen, da dies zu weit vom Thema abführen würde. Es war mir lediglich darum zu tun, im vorstehenden zu zeigen, dass die unspezifische Behandlung eine nach bestimmten Krankheitsgruppen mehr oder minder deutlich unterscheidbare klinische Symptomatologie besitzt, die vielleicht gewisse Unterschiede hinsichtlich des Heilerfolges bedingt, ganz sicher aber zu einer empirischen Verfeinerung der Methodik führte. Ich wählte diesen Umweg, um die nachfolgenden Betrachtungen zur Metaluestherapie mit Proteinen u. ä. in die allgemeinen klinischen Probleme der parenteralen Therapie überhaupt einzufügen und bestimmte Richtlinien für eine feinere Analyse ihrer Wirkungen in seinem Sonderfalle zu gewinnen.

Es ist noch nicht allzulange her, da redete man dem paralytischen Organismus mangelhafte Reaktionsfähigkeit nach und wollte aus dieser Tatsache erklären, warum bei der Paralyse ein therapeutischer Fehlschlag um den anderen komme. Zwei oder drei einigermaßen sorgfältige Beobachtungen beginnender Paralysen im Verlauf einer Tuberkulin- oder Phlogetankur können eine solche Annahme widerlegen. Es zeigt sich nämlich bei näherem Zusehen, dass dem paralytischen Körper eine ausserordentlich tiefgehende Empfindlichkeit auf unspezifische Reize innewohnt, nur ist zu ihrer Feststellung erforderlich, dass man alle nur irgendwie in Betracht kommenden Erscheinungen heranzieht und nicht bei einem einzigen Symptom, etwa der Temperatursteigerung halt macht. Diese Tatsache weitreichender Erregbarkeit des paralytischen Organismus durch parenterales Protein lässt sich leicht feststellen. Spritzt man einem Kranken eine mäßige Erstdosis irgendeiner Vakzine oder eines Proteins ein, dann antworten dessen Organismus mit einer mehr oder minder starken Temperaturerhöhung, die zwar nach einigen Tagen sich wieder zur Norm einstellt, aber recht häufig nicht auf der normalen Linie bestehen bleibt. Es folgen weitere ganz unregelmäßige Temperaturerhebungen, bald niedere, bald höhere. Noch nach vielen Wochen kann eine Störung der Körperwärme objektiv nachweisbar sein, ohne dass der Kranke subjektiv dieses Fieber irgendwie empfände. Zu beachten ist, dass diese Temperaturschwankungen nicht etwa schon vor der Injektion bestanden, also etwa mit dem gleichzusetzen sind, was Reichardt als endogene (vegetative) Temperaturstörung bezeichnet. Es ist vielmehr, als hätte es bei dem Paralytiker nur eines einzigen parenteralen Stosses bedurft, um das Pendel der Körperwärme Wochen hindurch in Schwingung zu halten. Es sind solche Feststellungen durchaus keine Seltenheit. Eher scheint es, als seien sie für bestimmte Proteine die Regel. Die Empfindlichkeit des Paralytikers auf parenterale Reize kann unter Umständen eine so grosse sein, dass sie der eines Tuberkulösen oder eines Arthritikers um nichts nachsteht. Ja, man möchte fast meinen, der Paralytiker stünde in Hinblick auf parenterale Verwundbarkeit unter diesen Kranken an erster Stelle. Wo ein Arthritiker nach einer massigen Dosis eines Nukleoproteids über Lokalbeschwerden klagt, die Tage anhalten, da stellen sich beim Paralytiker unter Umständen wochenlange Pulsschwankungen ein, die jeden, der sie einmal sah, in ernsteste Besorgnis versetzen. Und doch werden auch diese Pulsstörungen subjektiv überraschend gut vertragen. Der beste Beweis, dass ihnen prognostisch so gut wie keine Bedeutung zukommt, ist dieser. Verimpft man auf Kranke mit solchen Arythmien eine Tertiana, dann stellt sich die Pulskurve sehr bald der Malaria entsprechend um und die Kranken überstehen die Fieberanfälle genau so gut, wie ein anderer Paralytiker auch. Noch etwas weiteres ist bemerkenswert an der Reaktionsweise des Paralytikers auf parenterale Proteinreize. Es setzen schon frühzeitig, gegebenenfalls schon nach der ersten Injektion, psychische Störungen ein, die aus dem vorhergehenden klinischen Bilde nicht hinreichend erklärbar sind.

Expansive Kranke können in die depressive Phase umschlagen, es kommt zu allerlei Äusserungen emotionaler Schwäche, andere Kranke werden ängstlich verstimmt, zeigen Zwangszustände buntester klinischer Färbung, auch plötzliche agitierte Phasen können sich einstellen. Sieht man näher zu, dann fallen auch Unterschiede im vegetativen Zustande der Kranken auf. Die Haut wird welker, die Gesichtsfarbe blasser, der Appetit lässt auch in der fieberfreien Zeit nach, es besteht Neigung zu plötzlichem Wechsel in der Kapillarfüllung und zu profusen Schweissausbrüchen. Bei anderen Kranken sind die Erscheinungen gegenteilig: sie nehmen an Gewicht zu, der Appetit ist riesig, nachdem er noch kurz vor der Einspritzung völlig darniederlag, und ein gewisses gesteigertes subjektives Wohlbefinden, das schon sehr früh auffällt, veranlasst von seiten der Kranken täglich wiederholte befriedigte Versicherungen, deren Natur in paralytischer Kritiklosigkeit und Euphorie sicher nicht hinreichend erklärt ist.

Es lässt sich also die sinnfälligste Eigenart der paralytischen Reaktionsweise auf Proteine in der Form ausdrücken, dass man sagt: der Paralytiker vermag auf parenterale Reize hin besonders anhaltende Schwankungen im Getriebe des intermediären Stoffwechsels und des autonomen Nervensystems, sowie innerhalb bevorzugt erkrankter Körpersysteme aufzubringen. Diese Ansicht erfährt eine gewisse Stütze in dem, was sonst von dem pathophysiologischen Verhalten des Paralytikers bekannt ist. Es sei nur erinnert an seine leichte Empfänglichkeit für Verletzungen aller Art, an die geringe Widerstandsfähigkeit gegen Infektionen, an die schweren, bis jetzt noch unzureichend erklärbaren Schwankungen des Körpergewichts und der vegetativ-trophischen Funktionen. Genau so, wie also der paralytische Organismus auf exogene Noxen aller Art erhöht ansprechbar ist und mit Erscheinungen antwortet, die im Rahmen anderer Krankheiten höchst ungewohnt sind, ebenso ist es auch um seine Empfänglichkeit für parenterale Reize bestellt. Auch sie hat den Stempel des grob Organischen an sich. Es ist aber diese Empfänglichkeit einer Paralyse nicht in dem Sinn zu verstehen, dass sie sich schon auf minimale Reizmengen in zureichendem Maße ausdrückte. Wo ein Tuberkulöser oder ein Rheumatiker schon lange die heftigsten Lokalbeschwerden äussert, auf die gleiche Dosis bleibt der Paralytiker zumeist noch refraktär, wenigstens sieht es so aus. Es kann aber leicht sein, dass die gesteigerte Lokalempfindlichkeit, im ersten Falle beim Tuberkulösen, nur eine scheinbare ist, eine scheinbare deshalb, weil der Paralytiker die seine durch psychische Stumpfheit verdecken könnte. Das ist natürlich nicht zu beweisen. Zunächst reagiert der Paralytiker, wenn man will, quantitativ nicht so ergiebig wie qualitativ. Seine erste Reizschwelle liegt nur in mittlerer Höhe, der Reizeffekt ist aber dafür um so schwerer und nachhaltiger. Sitzt der erste Anstoss, dann dauert es lange, bis wieder Ruhe eintritt. Nun hat das äusserlich sichtbare Reizergebnis in den verschiedenen Phasen der Proteinkörperwirkung offenbar nicht immer die gleiche pathophysiologische Bedeutung. Nicht einmal von dem Reizeffekt einer einzigen Injektion lässt sich mit Sicherheit behaupten, irgendein beliebiges Symptom, meinetwegen die Temperaturerhöhung, sei kausal bedingungslos mit irgendeiner anderen Erscheinung verknüpft. Und es ist auch ganz und gar unzutreffend, wenn man die Proteinkörperwirkung für irgendein bestimmtes Leiden, im vorliegenden

Falle für die Paralyse, als symptomatologisch einheitlich hinstellt. Es gibt Proteine, die beim Paralytiker ein klinisches Gesamtbild hervorrufen, das, abgesehen von einigen oberflächlich identischen Erscheinungen, in nichts jenem gleicht, was man als Wirkung eines anderen Proteins beobachtet. Wir haben beim Tuberkulin kaum etwas von jenen ganz akut einsetzenden Erscheinungen, heftigsten Schüttelfrostes und tiefsten Vernichtungsgefühls, gesehen, das die Verabreichung von Typhusvakzine, von Milch u. a. begleiten kann. Statt dessen kommt beim Tuberkulin am Tage nach seiner Einverleibung eine kurze Zeitspanne mit unbezwingbarem körperlichen Missbehagen, die Glieder werden schwer wie Blei, die Augen brennen, der Kopf schmerzt, quälende körperliche und psychische Empfindungen beherrschen den Kranken, und selbst, wenn die Temperatur weit in die Höhe geht — die Tuberkulinfiebernden sehen eben doch anders aus, als etwa die Phlogetanfiebernden. Noch eine Reihe weiterer Eigenarten haften dem paralytischen Organismus nach parenteraler Reizung an. Man findet ihn nicht nur vor anderen Allgemeinleiden nach seiner Reaktionsweise verschieden. Er zeigt sich auch in gewissem Sinne nach klinischen Sonderformen seines Leidens besonders charakterisiert. Es fiebert ein Paralytiker mit manisch-depressiven Erscheinungen nicht nur anders wie ein progressiv dementer Kranker. Seine ganze Reaktionsweise ist verschieden. Und so kann man, was vielleicht eher einleuchtet, das gleiche von jugendlichen und alten Paralysen sagen, von rasch fortschreitenden Fällen und stationären Formen, von vorbehandelten und unbehandelten. Das verwickelt die Sachlage natürlich erheblich, es bleibt aber dem Leser durchaus unbenommen, sich mit einfacheren Formeln der Proteinkörperwirkung zufrieden zu geben.

Klinisch ergibt sich jedenfalls mit aller Wahrscheinlichkeit die Schlussfolgerung, man habe durchaus bei der unspezifischen Behandlung zu berücksichtigen, dass ein Paralytiker nicht wie ein Arthritiker reagiert, dass es nicht gleichgültig ist, ob man eine Paralyse mit Milch oder Bakterienspaltprodukten behandelt, welche klinischen Paralyseformen und in welchem Stadium ihres Leidens man sie der Behandlung unterwirft. Die Vieldeutigkeit und Inkonstanz der Symptomatologie nach parenteralen Injektionen bringt es mit sich, dass in der unspezifischen Paralysebehandlung eine Einzelerscheinung nur im Rahmen des Gesamtverlaufs einige Bedeutung erhält. Es ist durchaus unsachgemäß, die Menge des zu verabreichenden Mittels etwa nach der Höhe vorliegender Temperatur zu bemessen und die Wirksamkeit eines Proteins während der Behandlung an der Fiebertafel ablesen zu wollen. Es gibt eine beträchtliche Anzahl paralytischer Individuen, die gerade eine messbare Reaktion im wärmeregulierenden Apparate unverhältnismäßig schwer aufbringen. Würde man nun den Stand der Körperwärme in der Dosierung entscheiden lassen, dann kann man gegebenenfalls die traurigsten Erfahrungen machen. Rapider Kräfteverfall kann beginnen, die Kranken fliessen förmlich zusammen und treiben unaufhaltsam dem Tode zu. Wenn man also stets von neuem Beziehungen sucht zwischen Fieberhöhe und Güte einer Paralysebesserung nach unspezifischer Behandlung, dann steht nichts im Wege, mit einer beliebigen anderen Einzelerscheinung genau so zu verfahren. Es wiegt eines so viel wie das andere, so lange man den objektiven Wert eines Symptomes nicht zu überblicken vermag. Und dass dies für die Temperaturerhöhung im vorliegenden Falle in der Tat zutrifft, wird man ohne weiteres zugeben müssen. Es schafft aber die praktische Erfahrung doch eine gewisse Abmilderung an dem Grundsatz der objektiven Wertlosigkeit eines Einzelsymptoms nach parenteraler Proteingabe bei Paralysen. Diese Abmilderung besteht darin, dass ein Durchschnitt von Krankheitsfällen besteht, bei dem in der Tat die Intensität eines Einzelsymptoms sich parallel zu der Mehrzahl der übrigen Erscheinungen fortentwickelt. Nur scheint es, als dürften diejenigen Autoren, die in diesem Punkte nach radikalen Verallgemeinerungen streben, den Prozentsatz dieser Durchschnittsfälle am wenigsten angeben können.

Damit erhebt sich die Frage nach dem objektiven Werte einer Einzelerscheinung im Gefolge der unspezifischen Behandlung von neuem bei dem Sonderfall der Paralysetherapie. Es ist gewiss kein Zufall, dass sich dieses Problem schon an dieser Stelle aufdrängt, wo es sich um eine Analyse der Proteinkörperreaktionen bei Paralyse handelt. Aber es geht ja darum, was man analysieren soll. Die Reaktionen? Da liegt es nahe, zu fragen, wo bei der Paralyse die Reaktionen denn seien. Fügt man sich in die Unterscheidungen, welche die unspezifische Therapie sonst trifft nach Herdreaktionen, Lokalreaktionen, Allgemeinreaktionen, so ist für die Paralyse nicht allzuviel zu gewinnen. Was kann man beim Paralytiker zu Recht mit Herdreaktion oder mit Allgemeinreaktion bezeichnen? Was ist beim Paralytiker überhaupt Herd? Wenn es jene Orte sind, an denen sich die Spirochäten eingenistet haben, dann ist sicher das Gehirn nicht der einzige Herd, und es lässt sich nicht ohne weiteres sagen, wieviel der Herde überhaupt bestehen. Bei nichtparalytischen Leiden gilt das Fieber als der Ausdruck einer „Allgemeinreaktion". Es entsteht durch Erregung bzw. Lähmung bestimmter Hirnteile, also eines Organs, das bei der Paralyse als „Herd" gelten müsste. Es geht in diesem Falle so, wie Zimmer[1]) ganz richtig vorausgesehen hat: es gibt keine Trennung zwischen Herd- und Allgemeinreaktion, höchstens in ganz grobem Sinne und nicht einmal dann jedesmal.

Wenn der paralytische Organismus oben als verhältnismäßig empfindlich auf unspezifische Reize gekennzeichnet wurde, so bedarf dieser Satz einer näheren Bestimmung. Was die paralytische Reaktion auf unspezifische Reize in erster Linie hervorhebt, das ist die Änderung seines vegetativen Zustandes und die Störung seines gewohnten klinischen Befindens. Euphorische Kranke werden sehr rasch depressiv, depressive ängstlich oder agitiert, oder hochbeglückt, demente können eine Lebhaftigkeit entfalten, die sich recht ungewohnt ausnimmt. Das alles ist begleitet von eigenartigen Bewegungen im Säftehaushalt, die Gesichtsfarbe ändert sich rasch, es kommt zu Erscheinungen, die an angioneurotische Phänomene erinnern. Die Temperatur, der Puls, die Atmung, das Blutbild u. a. hat einen recht bedingten Zusammenhang mit all dem. Was für einen Paralytiker eine starke Dosis ist, sagt er am besten selbst, besser als seine Temperaturkurve. Dazu ist auch ein blöder Kranker auf seine Weise fähig. Wird richtig dosiert, dann bleiben — das möge als erster praktischer Grundsatz

---

[1]) Orale Reiztherapie S. 35/34.

gelten — alle schwereren Störungen aus. Es fehlen all die unangenehmen Sensationen im Unterleib, wie sie auch bei nichttabischen Paralysen auftreten, auch von Ameisenlaufen, Kopfweh, Gliederschmerzen, Juckreiz, Blasenstörungen, Appetitlosigkeit, vermehrtem Zittern, Schweiss ist nichts zu bemerken. Die unmittelbaren Beschwerden auf eine Injektion sollen ganz vorübergehende sein und sollen schon deshalb als sehr vergängliche anmuten, weil ihnen jedesmal ein Ausschlag nach der positiven Seite auf dem Fusse folgen soll, wenn alles weiter gut geht. Kommt im Verlauf der Therapie das paralytische Leiden deutlicher hervor, dann ist die Dosierung erheblich zu verringern und es ist ratsam, längere Pausen einzuschieben. Eine Überdosierung ist rasch kenntlich. Scheinbar gut komponierte Kranke werden in wenigen Tagen paralytische Prototypen, sintern förmlich zusammen, besitzen ein fahles, gelbweisses Aussehen und erscheinen vasomotorisch hochgradig erregt. Alles zittert und schwitzt. Unter hypochondrischen Zuständen und erhöhter Motilität, manchmal unter deliranter Verwirrtheit kollabieren die Kranken oder sie werden wie refraktär, bleiben stumpf und indolent, nichts bringt sie aus ihrer Lethargie, in die sie nach wenigen Tagen versinken. Man kann es auch erleben, dass zu hohe Dosierung ganz plötzlich eine Reihe von paralytischen Anfällen oder tabische Störungen auslöst, die vorher klinisch bedeckt waren. Jedenfalls ist stets da Vorsicht am Platze, wo irgendwelche akute Erscheinungen sich bemerkbar machen und seien sie noch so harmlos. Eine Unterdosierung ist klinisch weniger deutlich festzustellen. Sie hat eigentlich nur das eine Kennzeichen: die Kranken bleiben das, was sie sind und man kann sagen, sie bleiben es bei jeder Injektion mehr. Unangenehm ist nur, dass der paralytische Organismus nach einigen verzettelten Dosen, wie es scheint, viel schwerer aus dem Gleichgewicht zu bringen ist, und es tritt der unerfreuliche Augenblick ein, in dem der Therapeut erkennen muss, dass auch eine höhere Dosis wenig vermag.

Nun wird jeder Praktiker bei der Lektüre vorstehender Ausführungen gewisse empirische Anleitungen wünschen, nach denen er imstande ist, die unspezifische Paralysetherapie einigermaßen sicher und sachgemäß zu überwachen. Dazu wird es nötig sein, die paralytischen Reaktionen nach unspezifischer Therapie an der Hand seiner Temperaturschwankungen und ähnlicher objektiv messbarer Erscheinungen zu vergleichen. Der Zusammenhang solcher objektiver Einzelsymptome mit den eigentlichen klinischen Reaktionen ist, wie ich schon sagte, ein bedingter. Trotzdem wird der Anfänger gut daran tun, sie zur ersten Grundlage für ein therapeutisches Handeln zu nehmen, bis er lernt, feinere klinische Schwankungen im Zustand des Paralytikers zu beurteilen. Wir selbst sind diesen Weg gegangen und hatten uns zunächst die Aufgabe gestellt, die Kurvenbilder bei Paralysen näher zu analysieren. Da zeigte sich beim Vergleich verschiedener Paralytikergruppen, von denen eine jede mit einem besonderen Proteintypus behandelt worden war, dass einige Proteintypen doch bis zu einem gewissen Grade ihre Eigenart haben, die sich sehr schön in den Temperaturkurven zum Ausdruck bringen. Es ist nicht so, dass jedes Protein gleichsam seine eigene Kurve hat, aber einige Typen sind doch wohl ohne Deutelei zu finden. Und das sind die folgenden: 1. der Tuberkulintypus, 2. der Vakzinetypus, 3. der Nukleoproteintypus.

Wir werden darauf sogleich zurückkommen. Ein weiteres waren die Pausengrössen. Es zeigte sich, dass eine erhebliche Verlängerung der Intervalle über das übliche Maß nötig war, bis der erste Reiz sich definitiv ausgelaufen hatte. Drittens ergab sich, dass zu einem Erfolge höhere Temperaturen nicht bei allen unspezifischen Mitteln nötig waren. Ja, es schien, als ob höhere Temperaturen bei einigen Mitteln mehr schadeten als nützten. So wurden zuletzt bei diesen Substanzen alle Erhebungen der Körperwärme über 38^0 nach Möglichkeit vermieden. Ein wesentlicher Teil des Erfolges schien an die Höhe der Anfangsdosis gekettet. Und nun zu den Einzelheiten.

1. Der Tuberkulintypus. Die interessanteste und wohl auch die wirkungsvollste der Proteinkörpermethoden bei Paralyse ist die des Tuberkulins. Es ist nicht leicht zu sagen, wie der Paralytiker auf Tuberkulin reagiert. Sicher steht seine Reaktionsweise der des Tuberkulösen nahe. Hier wie dort wird auf niederste Reize angesprochen, auch beim Paralytiker fällt das Schwergewicht der Reaktion bei der Mehrzahl der Fälle auf den Tag nach der Einspritzung und vollzieht sich unter den gleichen Beschwerden, wenn man von besonderen Äusserungen des metaluetischen Prozesses (etwa tabischen) absieht. Leichtes Frösteln leitet sie ein, es folgt Kopfweh und Gliederschmerz, dies hält etwa 12 Stunden an und wird rasch behoben. Akute Erscheinungen fehlen fast stets. Die Temperaturerhebungen haben stumpfe Gipfel, neigen zu lytischem Abfall unter kleinen Nachschwankungen. Langanhaltende Reaktionen fehlen den Paralytikern. So ist es möglich, schon nach einigen Tagen den Schlag zu wiederholen. Das Optimium liegt wohl hinsichtlich des Intervalls zwischen 5 und 7 Tagen. Damit ist schon ein Unterschied gegenüber der Reaktion des Tuberkulösen gegeben, die sich, wie es scheint, viel mehr in die Länge zieht. Dazu kommt, dass die Dosierungsgrenze mit Tuberkulin beim Paralytiker doch keine so enge Umschreibungen kennt, wie bei der Tuberkulose. Geht das Fieber bei der Paralyse höher als 38^0 oder $38,5^0$, so ist dies gerade kein Unglück, wennschon es unerwünscht ist. Vor allem fällt auf, dass eine Reihe Paralytiker recht mangelhaft auf Tuberkulin anspricht, wenn man diese Reaktion nach der Temperaturkurve misst. Dann ist zu raten, dass die Dosis sehr kühn erhöht wird. Ist das geschehen und der Ausschlag der Körperwärme ein hinreichend kräftiger, dann ist die Hauptsache erreicht und es genügen zum Unterhalt der ersten spürbaren Reaktion verhältnismäßig viel schwächere Dosen. Ganz besondere Beachtung verdient die Beobachtung, auf die meines Wissens erstmals Pilcz hingewiesen hat und die in der Tuberkulinwirkung beim Phthisiker kaum eine Analogie haben dürfte. Es ist die Tatsache, dass einzelne Paralysen besonders heftig auf Tuberkulin ansprechen. Schon bei niederen Dosen kommt es zu hohem Fieber, und wenn man beim nächsten Male auch die gleiche Gabe oder weniger verabreicht, die Temperaturzacke wird trotzdem nur noch höher. Hier ist äusserste Vorsicht am Platz und man verringert am besten das zu verabfolgende Tuberkulinquantum gleich auf $^1/_5$ bis $^1/_{10}$ seines Ausgangswertes. Für die Therapie sind solche Fälle nicht gerade unerwünscht. Man ist dann imstande, mit einem Minimum von therapeutischer Energie lange und nachhaltig auf die Paralyse bessernd einzuwirken, und der Enderfolg gibt unter solchen Umständen den Erwartungen zumeist Recht. Auffallend an der Reaktion

des Paralytikers auf Tuberkulin ist auch die geringe Beeinträchtigung des
Pulses. Ich habe kaum etwas von den schweren Arythmien gesehen, wie sie im
Gefolge von Nukleoproteidtherapie auftreten können. Das zeigt sich so recht,
wenn es einmal zu unerwünscht hohen Temperaturen kommt. Da ergibt sich
fast durchwegs ein strenges Gebundenbleiben des Pulses an die bestehende
Körperwärme, auch in der fieberfreien Zeit. Werden höhere Temperaturlagen
erreicht, dann geschieht dies gerne unter Ausbildung breiter Fiebergipfel, die
rasch abfallen bis zur Norm. Eine schwerere Störung des Allgemeinbefindens
ist nicht vorhanden, oder wenigstens sind diese Störungen kaum gradweise
abgestuft. Entweder man bekommt die „Tuberkulinreaktion", dann ist sie
schon bei schwachen Temperaturschwankungen voll entwickelt, oder man sieht
sie überhaupt nicht. Hohe Temperaturen fügen verhältnismäßig wenig Beschwerden zu jenen, die schon bei niederen vorhanden sind.

2. Der Vakzinetypus. Wir haben oben als zweiten Haupttyp paralytischer
Reaktionen auf unspezifische Therapie den sogenannten Vakzinetypus unterschieden. Gemeint ist damit jene Art und Weise des paralytischen Körpers,
auf unspezifische Reize zu antworten, wie man sie nach Injektion von Bakterienvakzine sieht. Im allgemeinen lässt sich sagen, dass Typhusvakzine, Cholera-
vakzine, das Saprovitan der sächsischen Serumwerke und Pyozyaneusvakzine
nahe verwandte Reaktionen auszulösen imstande sind. Der reiztherapeutische
Effekt ist von dem des Tuberkulins deutlich zu unterscheiden, nicht nur, was
der zahlenmäßige klinische Erfolg anlangt. Es liegt nahe, diese Unterschiede
zwischen Vakzinewirkung und Tuberkulin auf die Art der Applikation zurückzuführen, die in einem Falle die intravenöse, im anderen die subkutane ist.
Man muss zugeben, dass der Modus der Einverleibung bei reiztherapeutischen
Wirkungen nicht belanglos ist. Man kann aber nicht alle Unterschiede auf die
Tatsache allein zurückführen wollen. Denn dieser Annahme steht vor allen
Dingen das eine Bedenken gegenüber: dass man auch nach Änderung der
Applikationsweise von Vakzinen reiztherapeutische Wirkungen sieht, die sich
von denen des Tuberkulins deutlich abheben. In ihrer vollentwickelten Form
ist die Vakzinewirkung beim Paralytiker vor der Tuberkulinwirkung namentlich
in folgenden Punkten unterschieden: Erstens ist selbst bei schwachen Gaben
die Art der geklagten Beschwerden eine andere. Sie überfallen den Kranken
bei der Vakzine viel mehr schlagartig, äussern sich weniger in unangenehmen
Sensationen und Muskelschmerzen, als vielmehr in einem initialen Schüttelfrost
und nachfolgendem Hitzegefühl. Zweitens sind die Temperaturerhebungen
plötzlicher, die Gipfel steiler, die Neigung zu rascher Entfieberung ist eine hohe,
Nachschwankungen kommen nicht selten. Zum dritten ist die Gewöhnung an
Vakzine eine unverhältnismäßig hohe, so dass man bei jeder Einspritzung mit
der Dosis steigen muss. Überempfindlichkeitserscheinungen, wie beim Tuberkulin, das eine häufige Wiederholung oder ein Zurückgehen mit der Dosis erfordert,
habe ich bei Vakzinen nicht gesehen. Nicht zuletzt ist auch bei ihnen die Bewegung der Pulshöhe an die der Körperwärme ziemlich eng gebunden, ebenso
die morphologische Änderung im Blutbilde. Es ist keine Neigung zu irgend
welchen Kumulativwirkungen vorhanden. Eigenartigerweise läuft bei der
Vakzine der Erfolg doch unverhältnismäßig häufig parallel mit den Reaktionen

von seiten des Temperaturzentrums. Man kann also, glaube ich, bei Vakzinebehandlung einen Erfolg viel mehr nach dem Kurvenbilde ablesen, als dies
beim Tuberkulin möglich zu sein scheint, wie denn auch eine Bedingung der
Wirksamkeit einer Vakzine vom oben geschilderten Typus offenbar diese ist,
dass ein durchschnittliches Temperaturminimum erreicht wird, das höher wie
das des Tuberkulins ist.

3. Der Nukleoproteidtypus. Als dritter Reaktionstypus des paralytischen
Organismus auf unspezifische Reize von bestimmter Art wurde der Nukleoproteidtypus abgetrennt. In Analogie zu den vorhergehenden Reaktionsweisen
handelt es sich dabei um Reizeffekte nach Nukleoproteideinspritzungen und
Abkömmlingen von solchen Stoffen. Man kann daran zweifeln, ob das Verhalten
des Paralytikers auf Milch, Kasein und Pepton hier einbegriffen werden kann.
Es gibt da ganz zweifellos Typen, die ähnliche klinische Verhaltungsweisen
ausbilden, wie die Nukleoproteidinjektionen, doch fehlen mir über diesen
Punkt noch hinreichend umfassende Erfahrungen. Bislang hatte ich den Eindruck, als machten z. B. Milchinjektionen bei der Paralyse klinische Wirkungen,
die sich in der Mitte zwischen den Reizeffekten der Vakzine und denen der
Nukleoproteide halten. Als Hauptvertreter des Nukleoproteidtyps seien zunächst
das Natrium nucleinicum und das Phlogetan betrachtet. Die Wirkungen des
Natrium nucleinicum und des Phlogetan sind insoferne einheitliche, als bei
beiden eine gewisse Inkonstanz des Reizeffektes festzustellen ist. Während
es in einem Falle zu abnorm hohen Fieberreaktionen kommen kann, ist bei der
gleichen Dosis im anderen Falle kaum irgendeine Bewegung der Körperwärme.
Auffallend ist eine langanhaltende Lymphozytose und die schon im anderen
Zusammenhang erwähnte eigenartige Unruhe in der Pulskurve. Die Schwankungen
in der Pulszahl sind unter Umständen so beträchtliche, dass sie das klinische
Bild vollkommen beherrschen können, doch bilden sie leider keinen therapeutischen
Gradmesser und man wird gut daran tun, ihnen in jedem Falle eine gesonderte
Prognose zu stellen. Am meisten überrascht, dass die Heilerfolge kräftige Reaktionen von seiten der Körperwärme keineswegs erforderlich machen. Wo man
hohes Fieber mit Nukleoproteiden nur durch hohe Dosen zu erreichen hofft, da
wird man in vielen Fällen sich vergeblich bemühen. Entweder es leisten schon
kleine Gaben das, was zu einem Heilerfolg nötig ist, oder man erhält zuletzt
einen Misserfolg trotz hoher Gaben und bei mangelhaften Temperaturerhebungen.
Auf der anderen Seite lässt sich doch auf eine sorgfältige Temperaturbeobachtung
bei der Nukleoproteidbehandlung nicht verzichten. Denn man hat praktisch die
Dosis wenigstens so hoch zu wählen, dass sich aus der fortlaufenden Temperatur-
bewegung mühelos auch ohne entsprechende Vermerke die Zeit der Injektion
annähernd sicher bestimmen lässt. Eine gewisse Neigung zu Nachschwankungen
bei hohen Fieberreaktionen besteht. Sie sind dadurch charakteristisch, dass sie
noch viele Tage nach abgeklungener Hauptreaktion auftreten können und dass
sie flachen wellenförmigen Verlauf bevorzugen. Praktisch erfordern diese Nachschwankungen keine strenge Rücksichtnahme im Hinblick auf die Frage des
Intervalls. Es ist also für eine erfolgreiche Behandlung durchaus nicht erforderlich,
dass der erste Reizeffekt objektiv völlig abgeklungen ist. Andererseits liegt die
Gefahr einer gewissen Kumulativwirkung bei der Nukleoproteidbehandlung doch

in greifbarer Nähe. Man kann es besonders hier bei zu rasch folgenden Injektionen erleben, dass es zu schweren negativen Phasen kommt, aus denen der Organismus sich mit besonderer Mühe oder gar nicht erholt. —

Wir haben im Vorstehenden ausschliesslich von der Reaktionsweise des Paralytikers in der unspezifischen Therapie gesprochen. Hierzu sei einiges über das Verhalten des Tabikers bei gleicher Behandlung nachgetragen. Diesbezüglich fällt nun vor allen Dingen auf, dass den Tabikern, soweit wir bis jetzt sehen konnten, doch bei weitem nicht jenes Maß von Einheitlichkeit in der Reaktionsweise zukommt, wie dem Gros der Paralytiker. Ein Teil der tabischen Kranken mutet ausserordentlich schwer beeinflussbar an. Ihr Zustand ist, was Hartnäckigkeit anlangt, schwerlich mit etwas ähnlichem zu vergleichen. Da ist denn auch praktisch so gut wie alles verloren. Und was das eigenartige ist: es entspricht diese therapeutische Unbeeinflussbarkeit nicht etwa klinisch enger begrenzten Formenkreisen. Man sieht es den Kranken leider vor der Behandlung nicht immer an, wohin die Fahrt mit ihnen geht. Erst die Folgezeit beweist es. Dann steigern sich wohl im Gefolge der ersten Injektionen die Beschwerden in mäßigem Grade. Aber es bleiben alle erwünschten Temperaturreaktionen aus, das Blutbild ist kaum verändert. Das Körpergewicht steht still und im vegetativen Zustand der Kranken ergibt sich nicht die geringste Neigung zu irgend welcher Besserung. Eine zweite Gruppe von Kranken, mit Vorliebe hochgradig marantische, verhalten sich in ihren Reaktionen gegenteilig. Sie lassen schon bald nach Beginn der Behandlung eine gesteigerte Empfindlichkeit gegen unspezifische Reize aller Art erkennen. Selbst bei niederen Dosen treten schwere Allgemeinreaktionen auf, die Kranken nehmen ab, die Körperwärme ist sehr wechselnd, zeigt hohe Ausschläge und anhaltende Nachschwankungen, einzelne tabische Erscheinungen können eine fast unerträgliche Steigerung erfahren. Doch wird an dem psychischen Gesamteindruck kaum etwas von Bedeutung geändert. Die Kranken bleiben psychisch das, was sie vor der Behandlung auch waren. Wenn es zu lokaler Steigerung von Beschwerden kommt, dann setzten sie fast sprunghaft ein und greifen bald hier, bald dort um sich. Eine Rangordnung dieser Beschwerden besteht kaum, man muss aber eingestehen, dass eine solche sehr wohl hinsichtlich der Heilungsmöglichkeiten vorhanden ist. Da wiegt durchaus nicht ein tabisches Symptom so viel wie das andere. Die negative Phase solcher überempfindlicher Kranker ist meist sehr in die Länge gezogen und man darf zufrieden sein, wenn man nach Wochen erst eine Wendung zum Besseren erlebt. Dieser Mißstand haftet aber nicht etwa nur der unspezifischen Therapie an. Es scheint vielmehr, als gehöre es mit zu dem Wesen einer grossen Zahl von Tabikern, dass der günstige Ausgang eines Behandlungsverfahrens nur durch grosse Opfer an Zeit und Geduld erkauft wird. Man darf auch nicht verschweigen, dass eine weitere Gruppe von Tabikern im Gefolge subtiler unspezifischer Behandlung sich rapid verschlechtert. Es sind dies nicht immer gerade jene Fälle, die an sich schon eine gewisse Neigung zum Fortschreiten haben. Leider finden sich auch Kranke, die vor der Kur stationär anmuteten und die schon nach wenigen Injektionen in das letzte Drittel ihrer Krankheit eintreten. Nach all dem wird man es begreiflich finden, dass die Beurteilung der Temperatur- und Pulskurven beim Tabischen erheblich grössere Schwierigkeiten bereitet als bei der Paralyse. Im grossen und ganzen scheinen die mit einzelnen unspezifischen Mitteln bei der Tabestherapie zu erhaltenden Kurvenbilder den paralytischen nicht gerade zu widersprechen. Man kann aber beides nicht gleichsetzen. Es ist nicht wohl möglich, Erfahrungen, die man am Paralytiker gewonnen hat, auf den Tabiker ohne weiteres zu übertragen. Diese letztere Feststellung berührt indirekt das Problem der optimalen Wirksamkeit unspezifischer Heilmittel. Wenn man stets die Unterschiedlichkeit im reiztherapeutischen Verhalten des kranken Organismus betont, bei gleichbleibender Methodik, dann scheint man der Auffassung zuzuneigen, als gestalte der Körper und dessen Grundleiden ausschliesslich oder doch vorzugsweise den Behandlungserfolg. Ins Praktische übertragen, würde ein solcher Standpunkt lehren: was bei unspezifischer Therapie erreicht wird, hängt vom erkrankten Körper ab, von der Art seines Leidens und dem Zustand seiner Immunkräfte. Es ist also nicht gerade wesentlich, welche unspezifischen Mittel ich wähle. Solche Auffassungen sind in der Tat vertreten worden, sie erscheinen aber zum mindesten sehr voreilig. Was die Paralyse anlangt, so lässt sich zeigen: 1. dass nicht alle unspezifischen Heilmittel das gleiche leisten, 2. dass vielmehr nach Symptomatologie und Heilerfolg weitgehende Differenzen bestehen, und 3. dass diese Differenzen eine gewisse gruppenspezifische Wirksamkeit der unspezifischen Heilmittel nahelegen.

Es ist in der psychiatrischen Literatur mehrfach die Frage erörtert worden, welchen Grad von Wirksamkeit denn die einzelnen unspezifischen Behandlungsmethoden besässen, wenn man sie an dem Maßstab des Paralyseheilerfolges misst. Wagner-Jauregg hat sich mehrfach mit diesem Problem beschäftigt und ist zu dem Ergebnis gekommen, dass Stoffen nicht bakterieller Herkunft (Natr. nucleinic., Albumosen, Milch) die relativ schwächste Wirkung bei der Paralyse zukommt, etwas besser sei die Wirkung der Abkömmlinge von Mikroorganismen und an die erste Stelle seien die Impfungen mit vollvirulenten Erregern zu setzen. Dieser Unterscheidung ist durchaus zuzustimmen. Für die unspezifischen Heilmittel lässt sich der Grad der Wirksamkeit nach meinen persönlichen Erfahrungen etwa durch folgende spezialisierte Reihe ausdrücken:

1.	2.	3.
Tuberkulin — Koch	Typhusvakzine	Natr. nuclein.
	Choleravakzine	Phlogetan
	Pyozyaneusvakzine	
	Saprovitan	
	Staphylosan	
	Opsonogen	

4.	5.	6.
Aolan	Kasein	Cholesterin colloidale-Heyden
Milch	Pepton	Yatren
Xifalmilch	Serum	Sol. Pregl
Terpentin	Deuteroalbumose	Argent. colloidale
(Terpichin)	Novoprotin	Methylenblau
	Yatren-Kasein	Trypaflavin
	(stark und schwach)	

7.
50% Dextrose
20% NaCl.

Es ist wohl selbstverständlich, dass alle Feststellungen dieser Art nur bedingten Wert haben. Man vergleicht ja Dinge miteinander, deren absolutes Maß nicht feststeht, doch wird dies bei der Rangordnung aller Werte der Fall sein, nicht nur in diesem so bescheidenen Sonderfalle. Es soll durch obige Tabelle in erster Linie eine praktische Handhabe für die ersten therapeutischen Entscheidungen gegeben werden.

Zur Begründung unseres Standpunktes und zu einer Verdeutlichung sei noch folgendes hinzugefügt: Es ist selbstverständlich, dass der Begriff der Wirksamkeit eines Heilmittels, der sich mit dem der klinischen Brauchbarkeit weitgehend deckt, eine komplexe Grösse ist. Wenn von uns also das Tuberkulin Koch unter den unspezifischen Heilmitteln der Paralysetherapie im vorstehenden als das wirksamste angeführt wird, so kann man als Stütze für diese Ansicht nur sehr ungleichwertige Gründe anführen. Was das Tuberkulin Koch in erster Linie für die Paralysetherapie brauchbar macht,' sind die gleichmäßigen und gut abstufbaren Reaktionen, die sich damit erzielen lassen. Offenbar hängt dieser Umstand doch mit einer gewissen spezifischen Einstellung des Tuberkulins zusammen. Es kommt dazu, dass auch die praktischen Erfahrungen durchaus für das Tuberkulin sprechen und dass seine Anwendung in der Paralysetherapie unter allen unspezifischen Mitteln bislang noch die allgemeinste gewesen ist. Man darf auch die Bequemlichkeit seiner Anwendung nicht übersehen. Gegenüber dem Tuberkulin scheinen alle Vakzinearten den Nachteil zu besitzen, dass sie zwar sehr stürmische, aber weniger abstufbare und kurzdauernde Reaktionen beim Paralytiker auslösen und dass die Gewöhnung an diese Mittel im Durchschnitt rascher erfolgt als beim Tuberkulin. Dazu erfordert die Mehrzahl der Vakzinen die intravenöse Applikationsweise. Der letztere Umstand wird bei der dritten Gruppe, den Nukleoproteinabkömmlingen zwar vermieden und auch die Reaktionen sind recht anhaltende und durchgreifende. Leider ist aber der Reizerfolg von vornherein sehr schwer abzusehen und die Unsicherheit der Dosierung führt bei aller Vorsicht immer wieder zu unerwünscht kräftigen bzw. ungeeigneten Reaktionen, die vor allen Dingen in Pulsstörungen bestehen. Die Milchpräparate der vierten Gruppe haben für die Paralysetherapie wenig Bedeutung mehr. Man kann bei entsprechend hoher Dosis recht stürmische Reaktionen auslösen, aber sie klingen, wie die Erfahrung lehrt, rasch ab und es ist der Anwendung der Milchpräparate schon deshalb bei der Paralyse in kurzer Zeit ein Ziel gesetzt, weil auch hier rasche Gewöhnung an das Mittel eintreten kann, ein Umstand, der begreiflicherweise sehr stört. Die Albumosen, Kaseine. das Pepton u. ä. dürfte in der Paralysetherapie kaum jemals nennenswerte Bedeutung erlangen. Soweit meine Erfahrungen darüber ausreichen, ist der mit ihnen zu erzielende Reizerfolg unsicher, die Wirksamkeit durchschnittlich eine geringe und die Gewöhnung eine rasche. Wir möchten aber ausdrücklich darauf hinweisen, dass es sich bei diesen Feststellungen nicht um ein a b s o l u t e s Urteil handelt über Wert und Unwert, sondern dass sich unsere Betrachtungen ausschliesslich auf die metaluetischen Erkrankungen beschränken.

Wir haben bereits an anderer Stelle die Erfolge der unspezifischen Metaluesbehandlung auf Grund des Schrifttums kurz dargestellt. Wir hatten daran die Folgerung geknüpft, dass kein Anlass besteht, die Ergebnisse mit viel

Enthusiasmus aufzunehmen. Es sei dies hier nochmals betont, wo von den Indikationen zur unspezifischen Therapie bei der Metalues die Rede sein soll. Hier wäre zu sagen, dass es eine absolute Indikation zur unspezifischen Therapie nicht gibt. Wer vor den Gefahren der Infektionsbehandlung zurückschreckt, oder sie aus äusseren Gründen nicht durchführen kann, der mag sein Glück mit Tuberkulin und Vakzinen versuchen, am besten im Verein mit spezifischer Therapie. Sichtbare Erfolge dürften nur bei Frühfällen von Tabes und Paralyse zu erwarten sein. Es lässt sich nicht bestreiten, dass einzelne Paralysefälle ausgezeichnet auf eine sachgemäße unspezifische Therapie remittieren. Wir haben im Jahre 1912 in Erlangen unter den mit Tuberkulin behandelten Paralytikern 2 Kranke gesehen, von denen der eine nachweislich eine Remission von 2 Jahren hatte, die bis zur vollen Berufsfähigkeit ging. Ein zweiter remittierte nachweislich 5 Jahre, wurde in seiner Remission 1914 zum Militär eingezogen und hat noch im Jahre 1917 Nachricht von sich gegeben. Er lag damals an einem Beckenschuss schwer verwundet im Lazarett. Seit dieser Zeit war nichts mehr von ihm zu erfahren. Trotz dieser gewiss erfreulichen Einzelfeststellungen ist der Endausgang der unspezifischen Therapie bei der überragenden Mehrzahl paralytischer Kranker ein durchaus trüber. Es erscheint irreführend, wenn O. Fischer von 38% Heilungen der Paralyse durch hohe Natr. nucleinic.-Dosen spricht. Wir glauben im Gegensatz dazu so skeptisch sein zu müssen, dass wir nicht einmal von 38% Besserungen bei Paralysen zu sprechen wagen, selbst wenn wir auch ganz geringfügige Besserungen in dieser Zahl mit einbeziehen und berücksichtigen, dass es sich bei den Kranken Fischers hauptsächlich um beginnende Fälle gehandelt haben mag. Es ist doch wohl kein Zufall, dass sich die Mehrzahl der Autoren trotz dieser angeblichen Erfolge einer gefahrlosen Methode der wesentlich gefährlicheren Impfbehandlung zugewendet hat. Es ist Fischer durchaus zuzugeben, dass es gewisse ethische Bedenken gegen die Impfbehandlung geben könnte. Wir alle wissen wohl, dass sie keine ideale Therapie ist. Auf der anderen Seite aber könnte der Verfasser kaum sagen, was die unspezifische Therapie vor der Infektionsbehandlung voraus hätte, als das Moment der relativen Gefahrlosigkeit. Wenn man nun eine bedingte Anzeige zur unspezifischen Therapie bei Metalues anerkennt, dann darf man vor allen Dingen der folgenden Umstände gedenken. Die Proteinkörperbehandlung tritt in ihr Recht, wo die Kranken und ihre Angehörigen vor einer Klinikbehandlung zurückschrecken. Hier lässt sich eine ambulante Tuberkulintherapie bei Wahrung der Berufsfähigkeit meist ohne Schwierigkeit erreichen. Und noch ein zweites. Sind die Hilfsmittel der Infektionstherapie erschöpft, dann ist es gewiss zu rechtfertigen, wenn ein letzter Versuch mit Proteinen gemacht wird, um den Kranken zu retten. Solche Fälle sind keineswegs selten. Wir denken vor allen Dingen hier an jene Paralysen, die auf Malaria eine leidliche, bis zur Entlassungsfähigkeit gehende Remission bekamen, die aber schon nach kurzer Zeit rückfällig zu werden beginnen. Erfahrungsgemäß ist eine Wiederholung der Malariaimpfung kurz nach der erstmaligen Infektion von geringem Erfolg begleitet. In solcher Sachlage ist eine Proteinbehandlung durchaus angezeigt und man wird zumeist dann allen Grund haben, mit ihren Erfolgen zufrieden zu sein. Wir selber haben beobachtet, dass gerade Paralysenrückfälle nach Malaria auf Protein recht günstig ansprechen. In erster Linie sind es solche Patienten, bei denen das Rezidiv unter leichtem vegetativen Verfall und gehäuften Anfällen einsetzt. Bei ihnen möchten wir einen Versuch mit Proteinkörpertherapie anraten. Absolute Kontraindikationen zur unspezifischen Therapie bei Paralyse gibt es nicht. Es liegt in der Natur des zu behandelnden Leidens, dass bei seiner Schwere ein jedes Heilmittel willkommen ist, das die Aussichten auf Besserung vermehren kann. Anders liegen die Dinge bei der Tabes. Hier halten wir die unspezifische Therapie bei allen stationären Formen für kontraindiziert, da das Behandlungsergebnis in solchen Fällen offenbar ein recht fragwürdiges werden kann. Auch bei schweren Optikusschädigungen wird Vorsicht am Platze sein müssen.

Es seien sodann einige Ratschläge für die Durchführung der unspezifischen Therapie bei Paralyse und Tabes gegeben. Wir möchten nicht empfehlen, alle Paralysen gleich mit den kräftigsten unspezifischen Heilmitteln anzugehen. Ein solcher Brauch kann bei Anfallsparalysen und bei schwer ataktischen Tabikern doch recht unangenehme Folgen haben. Hier wird man zunächst versuchen, mit leichten unspezifischen Mitteln, wie geringen Mengen von Eigenblut oder mit osmotherapeutischen Maßnahmen (intravenösen Kochsalzinfusionen, etwa 500—1000 ccm einer 0,7%-Lösung oder intravenösen Dextroseinfusionen 10—50 ccm einer 50%-Lösung) eine Linderung der akuten Beschwerden zu erzwingen. Das gleiche gilt bei sehr empfindlichen, mit Krisen und lanzinierenden Schmerzen behafteten Tabikern, die mit erheblicher Steigerung der Krankheitserscheinungen auf die ersten Proteindosen antworten. Man braucht dazu die Proteinbehandlung nicht zu unterbrechen, sondern kann die Dosen sehr vermindern, die Intervalle verlängern und dazwischen Traubenzucker geben. Die eigentliche unspezifische Therapie raten wir unter allen Umständen zunächst mit dem Tuberkulin zu beginnen. Die Gefahr einer Schädigung des Körpers bei gleichzeitig bestehender Tuberkulose ist wohl geringer, als man zunächst annimmt. Schon Wagner-Jauregg hebt dies hervor. Man stützt sich dabei auf die Erfahrungstatsache, dass Paralyse und floride Tuberkulose äusserst selten vergesellschaftet zu sein scheinen. So ganz ausser acht lassen möchte ich selber im Gegensatz zu dieser Auffassung das Moment einer ungünstigen Beeinflussung tuberkulöser Herde im Gefolge der Tuberkulintherapie der Metalues doch nicht. Zumal bei Tabes sind solche Beschwerden doch recht naheliegend. Ich verweise ferner nachdrücklichst auf den S. 107 beschriebenen Fall. Es ist darum eine sorgfältige internistische Untersuchung bei allen mit Tuberkulin zu Behandelnden unbedingt geboten. Zur Tuberkulinbehandlung halte ich mir 2 Lösungen vorrätig, eine 1%-Lösung von Alttuberkulin Koch in 1% Karbolsäure als die stärkere, und eine $1^0/_{00}$ige als schwächere. Etwas Glyzerinzusatz ist empfehlenswert. Länger als 3 Wochen soll eine Lösung nicht verwendet werden, da sie rasch verdirbt. Ich gebe zunächst probeweise eine ganz geringe Tuberkulindosis, einen halben Kubikzentimeter der $1^0/_{00}$igen Lösung, was einer Tuberkulinmenge von 0,0005 entspricht. Zeigen sich keine allergischen Erscheinungen und erhebt sich die Temperatur nicht über einen halben Grad, dann beginne ich in der klinischen Behandlung nach Verlauf von 2 Tagen mit einer Dosis von 0,01 = 1 ccm der 1%-Lösung. In der ambulanten Praxis ist die Gabe auf 0,003, höchstens auf

0,005 zu verringern. Alle weiteren Maßnahmen richten sich nach der Reaktion des Kranken, sowohl die Länge des Intervalls, wie die Höhe der folgenden Gabe. Man lässt alle Reaktionen so weit abklingen, bis das durchschnittliche Wohlbefinden erreicht ist. Gewichtsverluste dürfen nicht eintreten bzw. sollen vermieden bleiben. Auch Temperatur und Puls sollen bei Wiederholung der Dosis wieder ihre frühere Höhe erreicht haben. Ein Urteil darüber wird vor Ablauf von 8 Tagen im Anfang der Behandlung kaum möglich sein. Man lasse sich hier nicht von dem Streben, rasch vorwärts zu kommen, allzusehr hinreissen. Tritt die Temperatur am vierten oder fünften Tage nach der Einspritzung auf ihr früheres Niveau zurück, so ist zu berücksichtigen, dass unter Umständen wellenförmige Nachschwankungen folgen können, in deren Bereich die folgende Dosis nicht fallen soll. Die Höhe der weiteren Tuberkulingabe ist individuell streng abzumessen. Maßgebend ist in erster Linie das Befinden des Kranken, in zweiter Linie die Temperatur bzw. der Puls. Bei allen stärkeren subjektiven Beschwerden wird die vorausgehende Dosis wiederholt, evtl. noch weiter zurückgegangen. Das gleiche gilt bei nennenswerten Temperaturschwankungen. Es kommt nicht darauf an, ob ein bestimmtes Temperaturmaximum erreicht ist, etwa 38,5° und mehr. Mehr macht für die Beurteilung der folgenden Dosis der Gesamtcharakter des Kurvenbildes aus. Es erscheint mir richtiger, das Augenmerk darauf zu richten, dass die Körperwärme in ihren Reaktionen auf die Einspritzung mehr das Bild wellenförmiger Schwankungen einhält, als das von brüsk abstürzenden Zacken. Diese Vorschrift enthält in strengerer Form den Grundsatz, dass hohe Temperaturen, starke Schwankungen im Blutbild, ernste Pulsunregelmäßigkeiten umgangen werden müssen. Gar nicht selten tritt so der Fall ein, dass man nicht allzuweit über die Anfangsdosis hinauskommt und dass man mit niederen Tuberkulingaben einen recht anhaltenden und gleichmäßigen Reiz auf den paralytischen und tabischen Kranken ausüben kann, ohne zuviel Unordnung zu stiften. Ich neige der Auffassung zu, dass bei der Tuberkulintherapie der Paralytiker gerade der Gesichtspunkt der Fiebererzeugung ein recht doppelköpfiger ist. Zunächst vermag ich dies exakt zahlenmäßig nicht zu belegen. Ich kann aber den Nachweis führen, dass milde und vorsichtige Tuberkulintherapie nicht schadet und dass mir ein solches Verfahren bislang Ergebnisse lieferte, die ich nicht schlechter als andere nennen kann. Naturgemäß gibt es auch Fälle, die ein rascheres Ansteigen der Tuberkulindosis erforderlich machen. Nach der Fiebertafel allein wage ich den Entscheid nicht zu treffen, wann dies der Fall ist. Man kann da das Opfer schwerer Täuschungen werden. Ich habe unter meinen tuberkulinbehandelten Paralytikern Fälle, bei denen ich nach 10—12 Injektionen die Enddosis von 0,2 Tb. K. erreichte. Wenn man die Dosis der späteren Einspritzungen nur nach der bei der vorhergehenden erreichten Temperatur bemisst, lässt sich gegen all diese Fälle nichts einwenden. Auffallend ist nur, dass ich bei solchen Kranken unter Umständen durch eine Verringerung der Tuberkulingabe recht heftige Wirkungen auf die Zentren der Wärmeregulierung erreichen konnte. Das waren solche Kranke, deren vorherige Temperaturreaktion nach den bislang geltenden Vorschriften eine Erhöhung der Dosis um das 1½fache gerechtfertigt hätte. Es muss also wohl auch bei der Paralyse etwas ähnliches

wie eine Überdosierung des Tuberkulins und eine Abstumpfung der Reaktions-
mechanismen geben. Leider sind solche Vorgänge schlecht messbar und für eine
sachgemäße Paralysetherapie von noch sehr unentschiedenem Werte. Nimmt
man sich aber ähnliche immunbiologische Vorgänge bei der Tuberkulose zum
Vorbild, dann ist doch die Möglichkeit gegeben, dass mit einer schematischen
Dosierung nach dem Verlauf der Temperatur gewisse, durchaus ungleichartige
Reaktionen verdeckt werden, die für den Ausgang der ganzen Kur von Bedeutung sein können. Ich selber lege mich beim Tuberkulin nicht auf eine Enddosis fest, die ich anstrebe, sondern dosiere so, dass ich möglichst anhaltend
einen mäßigen Reiz einwirken lasse. Ich strebe danach, die Kur wenigstens
ein halbes Jahr lang durchzuführen. Grundsätzlich erfordern höhere Tuberkulin-
dosen eine Verlängerung der Intervalle. Besonders machte sich dieser Umstand
geltend, wenn man auf die Dosis von 0,1 zukam.

Es ist nicht zu raten, das Tuberkulin mit anderen unspezifischen Methoden
enger zu verquicken, etwa in der Form, dass man abwechselnd das eine Protein,
dann das andere gibt. Ein solches Verfahren schliesst doch gewisse Gefahren
in sich, und zwar insofern, als das, was aus der Fiebertafel zu erschliessen ist,
einen besonders vieldeutigen Charakter annimmt. Ich kann auch nicht empfehlen,
das Tuberkulin K o c h durch eines der vielen anderen Tuberkuline zu ersetzen.
Ich selbst versuchte, das von T o e n i s s e n angegebene Tebeprotin für die Paralysetherapie nutzbar zu machen, musste aber zu meiner Überraschung sehen, dass
die Wirkung des Tebeprotins bei der Paralyse eine wesentlich ungewissere ist,
als die des K o c h schen Präparates. Ob dies an der höheren spezifischen Einstellung des Tebeprotins liegt, kann ich nicht sicher sagen, ich nehme es aber
an. Und ganz sicher ist die Wirkung des Tuberkulins am Paralytiker ein kaum
zu entwirrendes Gemenge spezifischer (im Hinblick auf die Tuberkulose) und
unspezifischer Faktoren.

Die Technik der Vakzinebehandlung unterscheidet sich von der Tuberkulintherapie in vielfacher Beziehung. Es ist ziemlich belanglos, welches Präparat
man wählt. Ich gebrauchte zunächst die polyvalente Typhusvakzine der
Behringwerke in Marburg mit gutem Erfolg. Sie wurde, wie alle übrigen Vakzinen,
intravenös angewendet. Ich begann mit 0,1 der unverdünnten Aufschwemmung,
die mit entsprechenden Mengen von physiologischer Kochsalzlösung verdünnt
wurde. Bei dieser Anfangsdosis sind die Erscheinungen recht stürmische, so
dass ich später zu niederen Gaben überging, etwa 1 Tropfen der unverdünnten
Vakzine auf die entsprechende Menge Kochsalzlösung. Auch bei den Vakzinen
wurde individuell dosiert und stärkere Störung vermieden. Dennoch ist man
verhältnismäßig selten zu einer Wiederholung der gleichen Dosis gezwungen.
Die plötzlich einsetzenden Reaktionen mit ihren raschen, kritischen Ausgängen
bringen es mit sich, dass die hohe Einzeldosis recht rasch erreicht ist. Dann
hilft nichts, als zu den noch verfügbaren anderen Vakzinen überzugehen.
Beabsichtigt man dies, dann geht man bei der zweiten Vakzine, etwa dem
Staphylosan oder dem Opsonogen, wieder von der Anfangsdosis aus. Denn die
vorangehende Behandlung mit einer anderen Vakzine, etwa der Typhusvakzine,
erfordert im allgemeinen keine Erhöhung der Anfangsdosis im zweiten Falle.
Es ist also in der Regel nicht so, dass eine relative Unempfindlichkeit gegen

eine bestimmte Vakzine eintritt, wenn mit einer anderen Vakzine vorbehandelt
wurde. Auf diese Tatsache fussend, lässt sich praktisch eine Vakzinebehandlung
wenigstens so lange ausdehnen, wie man es bei der Tuberkulintherapie auch
kann, zumal einzelne Vakzinen, wie Pyocyaneus, eine überraschend nachhaltige
Wirkung entfalten. In der Regel wird man mit 5—8tägigen Intervallen zwischen
zwei Injektionen auskommen, doch ist bei den Vakzinen die Ungleichmäßigkeit
der Reaktion im Körper eine sehr ausgesprochene. Nachschwankungen und Kumulativwirkungen sind keine Seltenheiten und zwingen leider immer wieder zu
einer Verlängerung der Pausen über die berechnete Zeit hinaus. Hinsichtlich
der anzustrebenden Stärke einer Reaktion hat sich mir bei den Vakzinen die
Erfahrung herausgebildet, dass Paralysen und Tabiker auf hohe, etwa bis zu
40⁰ C reichende Fieberanstiege nicht wesentlich besser ansprechen, als auf sehr
mäßige Reize. Schon die Erfahrungen Döllkens mit Pyozyaneusvakzine bei
Tabes sprechen gleichsinnig und ich glaube, man darf die Temperaturerhebung
bei den Vakzinen nicht ohne weiteres als den Ausdruck der erreichten Allgemeinreaktion ansehen, ganz abgesehen davon, dass man das Fieber bzw. die „Hyper-
pyrexie" nicht als Gradmesser für den zu erwartenden Erfolg nehmen kann.
Es liesse sich über die verschiedenartige pathophysiologische Bedeutung des
Fiebers auf Grund der klinischen Erfahrungen mit der unspezifischen Therapie
so manches sagen, doch dürfte das zu weit vom Thema wegführen. Eine
theoretisch wie praktisch bemerkenswerte Neuerung auf dem Gebiete der
Vakzinetherapie der Metalues bedarf noch eines gesonderten Hinweises. Vor
einiger Zeit haben die Sächsischen Serumwerke in Dresden eine Bakterienvakzine besonderer Art in den Handel gebracht, das Saprovitan. Es ist dies
ein Gemisch lebender saprovitischer Keime[1]), die in einer physiologischen Lösung
suspendiert sind. Man kann es insofern neuartig nennen, als es zum erstenmal
eindeutig hervorhebt, dass zur Auslösung kräftiger reiztherapeutischer Wirkungen
eine gewisse unverminderte Lebensfähigkeit der eingespritzten Keime erforderlich
zu sein scheint. Allerdings, so ganz will mir persönlich die Analogie der Saprovitantherapie mit der Infektionsbehandlung nicht einleuchten, wie sie behauptet
wird. Ich gebe zu bedenken, ob nicht jenes Moment, das man mit dem Saprovitan gerade als gefahrvoll umgeht, nun eben doch die spezifisch-infektions-
therapeutische Wirkung auslöst: ich meine das Moment der toxischen Wirkung.
Bei der Impfbehandlung der Paralyse werden doch nicht nur lebende Erreger
verwendet, sondern vor allen Dingen virulente. Und mit der Toxizität aller
unspezifischen Mittel ist es, was für die Begrenztheit der unspezifischen Therapie
vielleicht nicht ohne Bedeutung ist, nicht sehr weit her, wenigstens wenn man
diese Toxizität an jenen Toxinmengen misst, wie sie etwa bei einem Malaria-
anfall im Körper kreisen dürften. Es sei damit nun bestellt wie es wolle. Sicher
ist die Wirkung des Saprovitans, wie ich aus einer Anschauung weiss, bei der
Paralyse keine schlechte. Ob man allerdings mehr mit dem Mittel erreicht,
wie mit anderen Vakzinen, das ist bislang durchaus nicht entschieden, und man
wird wohl solche Beweise auch nicht gerade leicht erbringen können. Ich rate,
von der starken Stammlösung (B) etwa 0,003 intravenös zu geben, die Gefahr
einer Überdosierung ist aber, soviel ich sah, nicht sonderlich ernst zu nehmen.

---

[1]) Näheres in der Gebrauchsanweisung.

Ich gab auch 0,1 der frischen Stammlösung B als Anfangsdosis bei mäßiger Reaktion. Die Pausenlänge richtet sich nach dem Reizerfolg. Die übrigen Vorzüge des Saprovitans sind wohl nicht so ganz auf dieses Mittel beschränkt[1]). Man kann, wie ich schon ausführte, allen gebräuchlichen Vakzinen eine gewisse exakte Dosierbarkeit und kurzfristige Reaktionsabläufe im Körper nachreden. Das ist ja ihre reiztherapeutische Eigenart, wenigstens am Metaluiker. Zur Methodik der Behandlung mit Nukleoproteiden und deren Abkömmlingen wäre zu bemerken, dass hier die Beachtung der Pausengrösse zwischen den einzelnen Einspritzungen besonderer Sorgfalt bedarf. Vor allem für das Phlogetan scheint dies zu gelten. Es ist sicher auch nicht ganz so einfach, die zweckmäßige Anfangsdosis zu bestimmen. Vor Überdosierungen möchte ich jedenfalls warnen. Welche Folgen sie haben, wurde bereits gesagt. Praktisch rate ich so vorzugehen, dass man mit niederer Dosis beginnt, etwa $^1/_2$—$^1/_3$ der sonst üblichen. Ist die negative Phase der ersten Injektion, also die Änderung im psychischen oder somatischen Befinden, die sehr rasch einsetzt, eine deutliche, dann ist die Gabe noch niederer zu wählen. Das Verhalten des Pulses ist maßgeblicher als das der Temperatur. Ich vermeide alle stärkeren Bewegungen der Körperwärme, und suche sie nicht durch Erhöhung der Dosis zu erzwingen, wenn sie sich nicht einstellen wollen. Man wird immer in die Lage kommen, vor Ablauf einer Woche eine neue Einspritzung zu geben.

Bei Tabikern ist ein gutes Kriterium für die Höhe der erreichten Wirkung beim Phlogetan das subjektive Befinden. Jede ausgesprochene Steigerung der Beschwerden soll eine brüske Verminderung der zu verabreichenden Dosis nach sich ziehen, aber erst, nachdem dieses Mehr an Beschwerden sich wieder ausgeglichen hat.

Die Anwendung der Milchpräparate in der unspezifischen Metaluestherapie kann ich nicht mehr befürworten. So imposant zunächst auch die Fieberreaktionen sein mögen, die man etwa mit 10 ccm einer sterilen 10%igen Milch erreicht, der Kranke behält leider zu oft all das, was er vorher hatte. Er fiebert, fühlt sich recht unwohl auf die Einspritzung, aber sobald das Fieber abfällt, ist alles beim alten. Ich suchte bei keinem Präparat wie bei der ungereinigten Milch so sehr nach anhaltenden Wirkungen am Paralytiker. Ein Teil der unangenehmen Nebenwirkungen wird nun zwar durch das gereinigte Präparat Aolan der Firma Beyersdorff in Hamburg vermieden, doch geht dies, wie ich mich überzeugen musste, bisweilen auf Kosten der Intensität erwünschter Wirkungen. Aber, wie gesagt: wenn es bei der unspezifischen Paralysetherapie nur um die hohen und anhaltenden Temperaturen ginge, dann wäre schon längst der grösste Teil aller Wünsche erfüllt. Sicher scheint zu sein, dass die Milchpräparate alle durchschnittlich eine hohe Dosis verlangen und dass bei einer Reihe von Fällen eine Erhöhung der Gaben über die Anfangsmenge im ganzen Verlauf der Behandlung nicht nötig ist. Es ist also die oben erwähnte Gewöhnung an das Präparat nicht bestimmt zu erwarten, ja nicht einmal überhaupt vorauszusehen.

---

[1]) Neuerdings sind von Dreyfus u. a. bereits über günstige Wirkungen des Saprovitans berichtet worden, auch in der Psychiatrie. Auch mehrere schwere Zwischenfälle bei der Saprovitantherapie wurden bekannt: eine septische Metastase (M. m. W. 1927) und ein Todesfall (M. m. W. 1927).

Da die Nachschwankungen bei der Milchbehandlung selten sind und die Reaktion ganz im Widerspruch zu ihrer momentanen Heftigkeit rasch abblasst, sind kurze Pausen anzuraten. Eine Kombination mit spezifischen Mitteln dürfte bei praktischen Versuchen noch am ehesten einen Erfolg bringen, denn es scheint mir durchaus wahrscheinlich, dass eine derartige Vereinigung spezifischer und unspezifischer Behandlung keine blosse therapeutische Spitzfindigkeit ist, die man sich mit dem gleichen Recht schenken könnte. Die Erfahrungen von Dreyfus, Runge, Schacherl u. a. sprechen dafür doch eine zu beredte Sprache. Man wird vor allen Dingen daran denken müssen, dass die Kombination von unspezifischen mit spezifischen Mitteln nicht eine andersartige, für den Körper günstigere Verteilung des einen oder anderen Präparates nach sich ziehen kann und die Vereinigung beider das zu leisten vermag, wozu das einzelne nicht imstande war. Ganz unbefriedigt war ich von dem, was ich hinsichtlich der Wirkung der Albumosen und Peptone auf die Metalues sah. Die Höhe der Reizwirkung ist bei ihnen nicht abzusehen, es tritt rasche Gewöhnung ein, die zu fortwährenden Steigerungen der Dosen Anlass geben, und die Gefahr eines Schocks rückt damit immer näher. Nicht ganz von der Hand zu weisen sind meines Erachtens die günstige Wirkung gewisser Jodpräparate, denen man unspezifische Wirkung zuschreibt. Aber Anlass zu enthusiastischen Erwartungen besteht noch lange nicht. Wohlgemerkt, es handelt sich bei diesem Urteil stets nur um die Frage, ob ein Mittel für die Metaluestherapie brauchbar ist oder nicht, und es bleibt ganz unentschieden, was sich sonst (bei andersartigen Leiden) damit erreichen lässt. Ich hielte es für durchaus wahrscheinlich, dass Präparate, die in der unspezifischen Metaluestherapie kaum der Erwähnung wert sind, ihre Daseinsberechtigung an anderer Stelle glänzend rechtfertigen können. Erweist sich ein Präparat als wirkungslos, so wird sich dies, wie ich glaube, schon ziemlich früh herausstellen, nicht erst am Ende der Kur. Hat man nun seine Bemühungen als vergebliche kennen gelernt, dann bleibt in jedem Falle noch die Infektionsbehandlung. Es scheint, als ob gerade eine Proteinvorbehandlung für den Verlauf der Injektion von günstigem Einfluss sein könnte, nicht nur, weil sich das Körpergewicht und der Kräftezustand gerne hebt. Ich glaubte manchmal, als kämen die proteinvorbehandelten Paralysen besser über den akuten Infekt weg. Zahlenmäßig vermag ich meine Meinung noch nicht zu stützen, zumal die Fieberhöhe der Impfmalaria durch das vorangehende Protein nicht deutlich beeinflusst wird. Ich möchte aber doch die Aufmerksamkeit etwas auf diesen Punkt richten, da er von praktischem Wert sein könnte. Es hat ja auch Sagel über eine gewisse heilende Wirkung einer Vakzine (des Omnadins) bei der Impfrekurrens berichtet. Träfen diese Annahmen zu, dann wären sie eine weitere Bekräftigung unserer Ansicht, dass man gut daran täte, die unspezifische Therapie in erster Linie als eine Hilfsmethode der Infektionstherapie anzusehen und sie unter diesem Gesichtspunkt weiter auszubauen. Nicht die Infektionstherapie sollte aus der Proteinbehandlung abgeleitet und erklärt werden, wie das immer geschieht, sondern umgekehrt. Denn ein solches Verfahren, das die Impfbehandlung zu einem Anhängsel der unspezifischen Therapie stempelt, widerspricht den geschichtlichen Tatsachen und lässt den Glauben aufkommen, als wäre es im

Grunde ganz gleich, was man mit einem Paralytiker macht. Wenn man also unbedingt Beziehungen zwischen Impftherapie und Proteintherapie herstellen will, so wird man sich eher mit dem Gedanken vertraut machen dürfen, die Proteintherapie sei so etwas ähnliches wie ein sehr vereinfachter Fall unter all den theoretischen Möglichkeiten, wie sie die Impftherapie in sich birgt. Da wir selber an diesem Grundsatz zunächst praktisch festhalten, erscheint uns die Gleichgültigkeit, welche die psychiatrische Theraipe den unspezifischen Verfahren entgegenbringt, auch heute unberechtigt. Dass man bei Anwendung von Proteinen bei Paralyse nicht auf hoffnungsfrohe Statistiken zu rechnen hat, die auch den Zweifler bewegen, das ist ein offenes Geheimnis. Es war sicher ganz gut, dass die kritische Zurückhaltung in der Vergangenheit hier vor Illusionen bewahrte. Aber man sollte für die Gegenwart bedenken, dass die klinische Beschäftigung mit der unspezifischen Therapie im Zusammenhang mit all den Problemen, die sie der Allgemeinmedizin aufgibt, auch für die Metalues-behandlung nicht wertlos ist. Dass man die unspezifische Therapie gegenwärtig als Modekrankheit bezeichnet, wiegt nicht schwer. Sie bleibt doch das notwendige Zwischenglied in der Reihe von Methoden, die von den Spezificis bis zur Infektionsbehandlung führen und alle Erkenntnisse, die an der einen Methode gewonnen werden, müssen wohl oder übel auch der anderen indirekt zugute kommen und zuletzt dem ganzen dienen. Und so wird man in der unspezifischen Therapie vor allen Dingen ein wertvolles Mittel erblicken dürfen, um den verborgenen Reaktionsweisen und pathologischen Mechanismen des Paralytikers und Tabikers oder des Syphilitikers überhaupt näher nachzuspüren. Vielleicht wird auf diese Weise so manches unserem Verständnis näher gerückt, was heute der stürmische Verlauf einer Malaria oder Rekurrens noch verdeckt. Man setzt auf diese Weise nicht etwa Ungleichartiges einander gleich und erklärt eine Unbekannte durch die andere, sondern man kommt damit unter Umständen einem Ziele näher, das vielleicht doch nicht ganz illusorisch ist: das einer vergleichenden Therapie, nicht nach Zahlen und Tabellen, sondern nach Kranken und nach Krankheiten, die leben und bedacht sein wollen.

IV. Die Impfmalaria.
a) Parasitologisches und Technisches. Klinischer Verlauf.

Von allen Infektionsmethoden, die bislang in der Medizin Anwendung fanden, gebührt der Impfmalaria wohl die erste Stelle. Nicht nur aus historischen Gründen. Man wird, wie die Dinge liegen, heute wohl eingestehen müssen, dass kein anderes Verfahren einen ähnlich ausgedehnten klinischen Gebrauch gefunden hat. Ich habe bei einer grossen Zahl von Kollegen, mit denen ich dienstlich und ausserdienstlich Berührung hatte, feststellen müssen, dass auch sie der Impfmalaria aus irgendeinem Grunde den Vorzug geben. Vor allen Dingen war mir wichtig das Urteil von Ärzten, die mehrere Impfverfahren gleichzeitig oder nebeneinander längere Zeit angewendet hatten. Auch sie hatten zuletzt oft genug sich für die Impfmalaria als erster Methode entschieden. Es handelt sich bei dieser Feststellung nicht um ein persönliches Werturteil oder um

Gefälligkeitsdienste für diese oder jene Schule, sondern um die nüchterne Wiedergabe des Sachverhaltes. Da bis zur Stunde nicht erwiesen ist, dass irgendeine andere Infektionstherapie bessere klinische Erfolge aufzuweisen hat, wie die Impfmalaria, andererseits kein Anlass vorliegt, die Erfolge der Impfmalaria etwa vor der Rekurrens allzu sehr hervorzukehren, so können für diese Bevorzugung der Impfmalaria nur klinische technische Gründe maßgebend gewesen sein. Das Ideal einer Infektionstherapie wäre wohl dann gegeben, wenn folgende Bedingungen erfüllt wären: 1. Höchste Erfolgsziffer, 2. sichere therapeutische Beherrschung des eingeimpften Krankheitserregers, 3. geringste Zahl von klinischen Verwicklungen, 4. leichte Übertragbarkeit auf den Kranken bei geringer Gefährdung der Umgebung, 5. leichte Beschaffungsmöglichkeiten für geeigneten Infektionsstoff und 6. Gelegenheit zur Wiederholung der Behandlung.

Es ist ohne weiteres verständlich, dass von den angeführten Punkten klinisch nicht ein jeder gleichviel wiegen kann. Man wird gerne in Kauf nehmen, dass ein Erreger nicht in Tierpassagen für Impfzwecke am Menschen zu erhalten ist, wenn dafür einige Gewähr besteht, dass man gewisse Verwicklungen vermeiden kann, oder dass man die eingeimpfte Krankheit wieder zur rechten Zeit abzubrechen vermag. Betrachtet man die Impfmalaria nach ihrem Wert unter diesen Gesichtspunkten, dann kommen ihr zwei deutliche Vorzüge vor allen übrigen Methoden der Infektionsbehandlung zu: das ist die leichte klinische Beherrschung bei Verwendung geeigneten Impfmaterials und die Möglichkeit zu einer Wiederbelebung der Behandlung. Dagegen bleibt nach wie vor die Tatsache bestehen, dass eine ganz stattliche Reihe von Komplikationen im Verlauf der Impfmalaria möglich sind, die zwar mit anderen Methoden ganz oder beinahe ebenso geteilt werden, die aber auch blosse Eigenart der Impfmalaria sein können. Und es ist weiterhin sicher, dass die Beschaffung und die Erhaltung geeigneten Impfstoffes für die Kliniken mit kleinerer Aufnahmeziffer gerade bei der Impfmalaria nicht immer leicht ist. Hinsichtlich der übrigen Punkte sind zur Zeit die Akten wohl noch nicht definitiv geschlossen, wenn man auch zugeben muss, dass der klinische Ausschlag sich zugunsten der Impfmalaria zu neigen scheint. Aber gerade bei Beurteilung der Impfmethoden nach rein klinischen Gesichtspunkten unter Ausschaltung technischer Erwägungen ist ein „sowohl, als auch" viel mehr am Platze als ein „entweder—oder". Ich gebe hier Steiner durchaus Recht, wenn er hervorhebt, man dürfe es klinisch unbedingt als Gewinn betrachten, dass neben der Malaria noch eine Impfrekurrens besteht. Schon vor längerer Zeit habe ich betont, dass ich es für zwecklos halte, Impfmalaria gegen Rekurrens klinisch stets von neuem auszuspielen und dass ich es für wertvoller hielte, die Nachteile der einen Methode durch die Vorteile der anderen aufzuheben, also ein jedes Impfverfahren in dem ihm gerade zukommenden Indikationsbereich anzuwenden. Die gleichen Gesichtspunkte möchten wir überhaupt auf die gesamte Therapie der Neurolues angewendet wissen und finden uns hier durchaus in Übereinstimmung mit Wagner-Jauregg, der erst vor kurzem betonte, dass an den Erfolgen der spezifischen und Proteintherapie nicht vorüberzugehen sei und dass sicher der spezifischen Therapie innerhalb der gesamten Neuroluesbehandlung ihr bestimmtes Wirkungsbereich zufalle. Es lasse sich also, wie wir glauben, weder mit affektvollen Statistiken gangbare Wege finden, noch auch damit, dass man sich freut, ganz alleine den echten Ring zu besitzen. Statistiker, die neben den Behandlungszahlen aus ihren Beobachtungen jene von fremden Autoren als Vergleichswert setzen, ohne weitere Analyse, nur um irgendeine ihnen besonders einleuchtende Tatsache exakt zu beweisen, wirken damit gewiss nicht überzeugend. Es ist leider das Bestreben, auch in therapeutischen Dingen innerhalb der Medizin zu systematisieren, in neuerer Zeit recht an der Tagesordnung und man wird darüber streiten können, ob dies zum Segen für die zu behandelnden Kranken geworden ist.

Wir möchten also, wenn wir von der Impfmalaria als erstem Behandlungsverfahren sprechen, nur die Tatsache ausdrücken, dass gewisse technische Vorteile und klinische Erfahrungen zu ihren Gunsten sprechen, wir möchten aber davor warnen, diese Ansicht für unkorrigierbar zu halten. Daraus ergibt sich von selbst, welche allgemeinen Indikationen für die Anwendung der Impfmalaria bestehen. Die Indikation zur Anwendung der Impfmalaria vor der spezifischen Therapie besteht, kurz gesagt, in allen Fällen von Neurolues, die mit Spezificis schon hinreichend, aber erfolglos behandelt wurden. Sie besteht weiterhin dort, wo eine Vereinigung spezifischer Methoden mit Infektionstherapie zeitlich und räumlich möglich ist. Die Indikation zur Anwendung der Impftherapie bzw. der Impfmalaria vor der unspezifischen Behandlung besteht überall dort, wo der klinische Zustand einen weiteren Verzug nicht ratsam erscheinen lässt bzw. wo die unspezifische Therapie bei ihrer schwächeren Wirksamkeit geringe Erfolgsaussichten hat. Es sind dies alle Paralysen, die sich klinisch bereits deutlich bemerkbar machen und Neigung zu rascherem Fortschreiten zeigen. Über die nähere Auslegung dieser beiden Punkte wird man geteilter Meinung sein können. Wer glaubt, er unterlasse etwas, wenn er einen beginnenden Paralytiker nicht gleich mit Malaria angeht, der mag unbedenklich seine Indikationen etwas erweitert stellen und die Proteine zur Seite lassen bzw. sie für spätere Monate zurückstellen. Der Grundsatz, sogleich nach der wirksamsten Methode zu greifen, hat wohl nicht für alle klinische Sachlagen gleichmäßig Geltung. Es gibt gewiss Tabesfälle und Paralysen, bei denen im Anfang der Behandlung äusserste Vorsicht am Platze ist, wenn man darauf abzielt, die Kranken am Leben zu halten. Geht man bei ihnen zu brüsk vor, dann kann das Unglück schon in kürzester Zeit da sein.

Bei allem bedenke man, dass in der Paralysetherapie absolute Indikationen zu irgend einer speziellen therapeutischen Methode noch nicht existieren. Vielleicht ist der Zeitpunkt nicht mehr allzu ferne, wo dies der Fall sein wird. Zunächst gibt es nur eine absolute Indikation: dass jede Paralyse zu behandeln ist und dass derjenige Arzt eine nicht zu unterschätzende Verantwortung übernimmt, der einen Paralytiker einfach liegen lässt. Dies gilt auch für vorgeschrittene Fälle. Wenn für solche Kranke eine Erhaltung ihres Lebens auch kein positiver Gewinn bedeutet, so kann dies doch für die Angehörigen der Fall sein, abgesehen davon, dass der Begriff des fortgeschrittenen Krankheitsfalles doch ein recht relativer sein kann. Auch der rein klinische Gewinn aus solchen Erfahrungen darf nicht übersehen werden.

Was die Indikation zur Impfmalaria nach einzelnen Krankheitsbegriffen der Neurolues anlangt, so lassen sich nur für einige Zustände bestimmte Richtlinien aufstellen. Zunächst die Hirnlues. Inwieweit ist bei ihr die Anwendung der Fiebermalaria angezeigt? Soviel sich hierüber in Kürze sagen lässt, sicher nur in einer beschränkten Zahl von Fällen. Bei den gummösen Formen der Hirnlues wird sich die Impftherapie nicht nur umgehen lassen, sondern es bestehen wohl auch bestimmte Gegenanzeigen gegen die Impfmalaria. Es ist bekannt, dass gerade die gummösen Formen der Hirnlues auf spezifische Therapie nicht selten gut ansprechen. Man wird also zunächst nicht recht einsehen können, weshalb man einen Kranken durch die sehr heroische Impfmalaria fürs erste in grössere Gefahr bringen soll, wenn man auf einfachere Weise auch zum Ziel kommen kann. Es fragt sich aber, ob nicht nach Beseitigung gummöser Herderscheinungen zur Assanierung des Liquors und des Blutes eine Nachbehandlung mit der Impfmalaria doch empfehlenswert ist. Ich glaube, man wird nach Abklingen der manifesten Herderscheinungen und nach einer gewissen Kräftigung des Körpers im Verlauf der vorangehenden spezifischen Therapie dann durch die folgende Infektionstherapie verhältnismäßig wenig zu riskieren haben. Man wird sich um so eher zu einer Infektionsbehandlung entschliessen, als die Neigung der Hirnlues zu Rezidiven leider nur zu sehr bekannt ist und bei der Intensität der Wirkung der Infektionstherapie am ehesten durch ein nachhaltiges Verfahren ein Dauererfolg erwartet werden könnte. Schwieriger ist es um die Impfbehandlung der syphilitischen Meningoenzephalitis bestellt. Soweit derartige subtile Diagnosen intra vitam überhaupt möglich sein werden, entscheidet über die Anwendung der Malaria in solchen Fällen wohl ganz und gar die jeweilige klinische Sachlage. Grundsätzlich möge auch hier der Rat gegeben werden, es zuerst mit der spezifischen Therapie zu versuchen. Fruchtet sie nichts, dann bleibt wohl meist noch Zeit zur Anwendung der Impfmalaria. Erweist sich der betreffende Fall als durch Spezifika beeinflussbar, dann kann zur Nachbehandlung die Infektion angewendet werden. Ob Indikationen dazu vorliegen, wird wohl das Ergebnis der serologischen Untersuchung entscheiden. Leider ist die einzelne klinische Form der Hirnlues oft genug mit andersartigen hirnluetischen Prozessen vergesellschaftet. Schon diese Tatsache sollte zu denken geben und vor brüskem therapeutischem Vorgehen warnen. Dies gilt in besonderem Maße für die syphilitischen Gefässveränderungen. Bei der endarteriitischen Form der Hirnlues sei der Anwendung der Impfmalaria im allgemeinen widerraten. Da ein grosser Teil aller hirnluetischen Prozesse mit Gefässaffektionen verbunden ist, wird es davon abhängen, inwieweit man diagnostisch eine Mitbeteiligung der Gefässe annimmt. Sicher ist ein grosser Teil dieser Prozesse auch gegen spezifische Therapie völlig refraktär. Dennoch wird man wohl in die Lage kommen können, auf Wunsch der Angehörigen oder des Kranken mit der Infektionstherapie ein letztes zu versuchen. Dann erschiene uns angezeigt, wenn nur eine sehr beschränkte Anzahl von Fieberanfällen riskiert würde und dem Kranken die Möglichkeit bliebe, vor einer Wiederholung der Impfung hinreichende körperliche Kräfte zu sammeln.

Jedenfalls ist Wagner-Jauregg Recht zu geben, wenn er sich über die Anwendung der Impfmalaria bei den echten hirnsyphilitischen Erkrankungen

mit grosser Reserve ausspricht. Zudem sind die Erfahrungen über diesen Punkt
ja noch sehr vereinzelt und genügen nicht zur Aufstellung grundsätzlich gültiger
Indikationen. Die Anzeigen zur klinischen Anwendung der Impfmalaria bei der
Tabes sind bis zum heutigen Tage so gut wie in keinem Punkte feststehend.
Es dreht sich hier seltener um die Entscheidung, ob man zur Impfmalaria oder
zur spezifischen Therapie greifen soll, als um die Frage: soll man überhaupt
behandeln? Ist die Tabes nicht in vielen Fällen stationär und schadet man nicht
mit einer aktiven Behandlung mehr als man dem Kranken nutzt? Überblickt
man das, was an bisherigen Erfahrungen mit der Infektionsbehandlung der
Tabes gemacht wurde, dann scheint zuvörderst festzustehen, dass einzelne
tabische Erscheinungen eine ·ausserordentliche Hartnäckigkeit besitzen und dass
andere wiederum auf die Impfbehandlung sich rapid verschlechtern können.
So hat z. B. Behr vor der Impfmalaria bei tabischer Optikuserkrankung gewarnt.
Für eine sichere Indikationsstellung ist nur der Umstand misslich, dass keineswegs das gleiche tabische Symptom auf die Infektion immer in gleicher Weise
anspricht, sei es in gutem oder in schlechtem Sinne. Man muss sich hier vor
Verallgemeinerungen sehr hüten. Ob man freilich Lust hat, in jenen Fällen,
bei denen über viele Misserfolge berichtet worden ist, um eines unsicheren Erfolges
willen allzuviel aufs Spiel zu setzen, das ist die andere Frage. Allgemein kann als
Regel gelten, dass stationäre Tabiker von der Impfbehandlung, wie vor jeder
anderen, am besten verschont bleiben. Es ist oft nicht leicht, zu entscheiden,
wann man einen Tabiker als stationären Kranken gelten lassen kann. Wir
stehen hier dem kritischen und zurückhaltenden Standpunkt Wagner-Jaureggs
nahe, der die Entscheidung darüber, ob ein tabischer Prozess sich fortentwickelt
oder nicht, d. h. ob er der Behandlung bedarf, im wesentlichen gewissen Symptomenverbindungen zufallen lässt. Zum Symptomenbilde stationärer Tabes-
formen werden Pupillenstörungen, Reflexausfälle und lanzinierende Schmerzen
gerechnet. Zu den fortschreitenden Formen sollen sensible und motorische
Ausfälle, sowie Blasen-, Mastdarm- und Potenzstörungen gehören. Wagner-
Jauregg hält die Anwendung der Malaria nur in den präataktischen Stadien
angezeigt. Was die Indikationen zur Behandlung einzelner tabischer Störungen
mit der Impfmalaria nach unseren Erfahrungen anlangt, so muss hier noch
angeführt werden, dass alle plötzlichen und einschneidenden Maßnahmen bei
der Mehrzahl tabischer Störungen schweren Schaden zu stiften vermögen. So
wird es vor allen Dingen nötig sein, den Kranken auf alle Gefahren aufmerksam
zu machen, die ihm durch die beabsichtigte Behandlung drohen können. Dies
schliesst nicht aus, dass man mit gutem Gewissen auch von den Erfolgen sprechen
kann. Man wird wohl allgemein zugeben müssen, dass gewisse Erfolge der
Tabestherapie mit Impfmalaria beobachtet sind. Aber leider lassen sie so oft
die gewünschte Nachdrücklichkeit vermissen, es kommt zu Rezidiven, andere
Erscheinungen beseitigt die Malaria überhaupt nicht, wenigstens am Einzelfalle
nicht. Noch viel weniger wie bei der Paralyse hat es der Therapeut beim Tabiker
in der Hand, ob er etwas und wieviel er mit Infektionstherapie erreichen wird.
Verständlicherweise ist jeder jugendliche und sonst gesunde Tabiker für eine
Infektion besser geeignet als ein bejahrter Kranker, und ganz sicher hat auch
ein beginnender Tabiker bei der Impfbehandlung bessere Heilungsaussichten,

wie ein vorgeschrittener Fall. Auf der anderen Seite kenne ich aus eigener Beobachtung Kranke, die in sehr vorgerücktem Stadium auf nachdrücklichen Wunsch hin mit Malaria infiziert wurden und bei denen dieser Versuch wider Erwarten günstig verlief. Bei allem muss dennoch bei der Indikationsstellung zur Impftherapie bei der Tabes die allergrösste Vorsicht walten, und es lassen sich bis auf weiteres wohl keine anderen Richtlinien geben als diese: für die Tabiker scheinen im allgemeinen milde Behandlungsmethoden die geeigneteren zu sein. Es ist in jedem Falle zunächst ein konsequenter Versuch mit diesen zu unternehmen, ehe zur Infektion geschritten wird. Alle schwerer gestörten Kranken wird man von der Behandlung überhaupt ausschliessen. Im übrigen sei auf die therapeutischen Erfolge bei der Tabes Seite 229 verwiesen. Neuere Erfahrungen sind im allgemeinen kein Empfehlungsbrief für die Infektionstherapie an Tabikern. In manchen Fällen ist bei Tabes ein Nichtbehandeln überhaupt besser als ein Behandeln.

Anders bei der Paralyse. Man kann nicht sagen, dass die Indikationen zu einer ganz bestimmten Art von Behandlung bei der Paralyse als feststehend anzusehen wären. Dafür ist die Vorgeschichte der Paralyse doch oft zu ungleichartig. Bei dem einen Kranken ist von einer Infektion mit Lues nichts bekannt, infolgedessen war vor Ausbruch der Paralyse von irgendeiner Therapie überhaupt nicht die Rede. Bei anderen Kranken muss man eine Überbehandlung mit allen erdenklichen Spezificis feststellen. Soll man in allen Fällen gleich zur Malaria greifen, um eine Paralyse therapeutisch anzugehen? Ich glaube, nein. Wo die spezifische Therapie noch gewisse Aussichten auf Erfolg hat, würde ich unbedenklich einen Versuch damit anempfehlen. Freilich, ohne nachfolgende Infektionstherapie scheint mir der länger währende Erfolg doch sehr fraglich. Man wird dann praktisch wenig schaden, wenn man auch in solchen Fällen zuerst zur Impfmalaria greift und die spezifische Therapie ihr nachfolgen lässt. Es dreht sich also auch hier wieder um blosse relative Indikationen und alles kommt wieder auf den Versuch hinaus, eine Vereinigung des ganzen therapeutischen Rüstzeugs zu erreichen, ohne in Vielgeschäftigkeit zu verfallen. Bekanntlich sprechen die einzelnen klinischen Formen der Paralyse nicht alle gleich gut auf die Impfmalaria an und es liegt nahe, bestimmte Gruppen nach Möglichkeit bevorzugt zu behandeln, wieder andere von der Therapie auszuschliessen. Da ist vor allen Dingen die galoppierende Paralyse zu nennen, bei der die Infektionstherapie ganz schlechte Aussichten bietet. Ich wüsste unter den von uns geimpften galoppierenden Paralysefällen keinen einzigen zu nennen, der nicht schon nach dem zweiten oder dritten Fieberanfall seinen Leiden erlegen wäre. Nun ist die Entscheidung, ob eine rasch verlaufende Paralyse vorliegt, bei der Übernahme der Behandlung nicht gerade leicht. Sich bloss auf unzulängliche Angaben aus der nächsten Umgebung des Kranken zu verlassen, kann doch zu groben Täuschungen führen. Während der Kranke den Angehörigen erst seit kurzer Zeit auffällig geworden ist, war er es in Wirklichkeit doch schon eine geraume Zeit. So wird man gut daran tun, nicht die Anamnese entscheiden zu lassen. Besonders verdächtig auf galoppierende Paralyseformen dürften klinisch jene Kranken sein, die rapide Gewichtsstürze und schweren vegetativen Verfall innerhalb weniger Wochen zeigen, bei denen auch das psychische Verhalten durch rapid fortschreitende Verstumpfung und Erregungszustände einen besonders akuten Prozess vermuten lässt. Mir selbst waren immer jene Kranke verdächtig, die bei leichter Benommenheit ein auffallendes Schlafbedürfnis hatten. Ich würde durchaus raten, derartige Kranke ungeimpft zu lassen, um sich unberechtigte Vorwürfe von seiten der Angehörigen zu ersparen. Einer gewissen Zurückhaltung in der Indikationsstellung zur Behandlung mit Malaria bedürfen auch die agitierten Formen der Paralyse. Gewiss ist es nicht richtig, wenn man sagt, es seien alle motorisch erregten Paralysen durch die Behandlung besonders gefährdet. Aber wir haben in Erlangen eine Reihe von hyperkinetischen Kranken gesehen, die in der Impfmalaria einen unglücklichen Ausgang nahmen. Andere haben die Infektion trotz vorausgehender furibunder Erregungszustände doch recht gut überstanden, sie beruhigten sich sogar nach erfolgter Impfung rasch, und einer dieser Kranken hat nun bereits 3 Jahre dauernde Vollremission und befindet sich seit dieser Zeit im Erwerbsleben. Gewisse Trennungsmöglichkeiten für die Indikationsstellung zur Behandlung bei diesen agitierten Formen geben noch die klinischen Begleiterscheinungen der motorischen Erregung. Und da hat sich nun als praktisch einigermaßen brauchbar die Annahme erwiesen, dass katatoniform bzw. schizoform (Kahn) gefärbte Zustandsbilder im allgemeinen schlechtere Behandlungsprognosen geben als die manisch-agitierten, bei denen eine ängstliche oder euphorische Erregung im Vordergrund steht. Vielleicht sind auch die stuporösen Paralysen für die Infektionstherapie nicht sonderlich erwünscht. Die übrigen klinischen Gruppen stellen sich hinsichtlich ihrer Eignung ziemlich gleichartig.

Günstige Aussichten scheinen die zirkulären Formen zu bieten. In der Frage, bei welchen körperlichen Begleitleiden eine Paralysetherapie mit Tertiana angezeigt sei, hat man wohl ziemlich allgemein den Grundsatz von Dattner und Kauders angenommen, wonach alle Kranken ungeimpft bleiben sollen, die mit irgend welchen schweren akuten oder chronisch-kachektischen Organleiden behaftet sind. Zumeist übergeht man alle Patienten jenseits des 60. Lebensjahres (Stransky). Diese Praxis ist in der Tat durchaus ratsam, einmal, weil erfahrungsgemäß aus den Kranken, die als 60er ihre Malaria überstehen, klinisch doch nichts Rechtes wird, wenn sie sich auch körperlich recht gut erholen können. Und ferner, weil eine Arteriosklerose die Malariafiebernden in grosse Gefahr zu bringen pflegt. Wir haben indessen an der hiesigen Klinik einen 65jährigen Kranken beobachtet, der eine reguläre Anzahl von Tertianaanfällen ohne besondere Beschwerde vertrug, obwohl der Blutdruck Werte von 180/200 mm Hg misst und der Harn häufig Spuren von Albumen zeigt. Der Kranke lebt 1½ Jahre seit der überstandenen Malaria bei befriedigender körperlicher Verfassung innerhalb der Klinik. Es wird eben auch in solchen Fällen ganz darauf ankommen, wann man einen Organismus als gealtert und zur Malariatherapie ungeeignet ansehen darf. Es wäre gewiss nicht richtig, einem paralytischen Hypomanikus jenseits der 60er Jahre die Malaria in allen Fällen vorzuenthalten.

Bezüglich der Indikationen für die beiden Geschlechter bestehen keine Unterschiede. Schwangerschaft bildet wohl eine absolute Kontraindikation zur Anwendung der Impfmalaria. Zwar ist ein Fall in der Literatur bekannt geworden, in welchem die Impfmalaria auch in der Gravidität ohne Schaden für das Kind gut vertragen wurde. Ich möchte trotzdem vor einer Wiederholung solcher Versuche nachdrücklichst warnen. Eher schiene es mir berechtigt, nach Einleitung des künstlichen Abortes die Malariatherapie durchzuführen, wenn wirklich Gefahr für Leib und Leben der Kranken besteht. Dass eine Gravidität auf den Ausbruch und den Verlauf einer Paralyse und einer Tabes in sehr ungünstigem Sinne einwirken kann, ist bekannt. Es wird aber praktisch kaum jemals wirkliche Notwendigkeit bestehen, eine Gravide zu impfen und damit höchst übereilte und gefährliche Maßnahmen zu treffen. Kinder überstehen, wie unsere Erfahrungen uns gelehrt haben, die Impfmalaria überraschend gut. Jugendliches Alter des Kranken ist also keine Kontraindikation. Von all den buntscheckigen Verwicklungen im Gefolge der Infektionstherapie sieht man bei Kindern kaum etwas. Auch die Kachexie scheint geringer zu sein wie bei Erwachsenen.

Unter den organisch-körperlichen Leiden, welche die Impfmalaria in ihrer Anwendung ausschliessen, stehen zuvörderst alle Infektionskrankheiten. So selbstverständlich diese Forderung an sich ist, so leicht wird praktisch darauf vergessen. Denn man tut gut daran, den Begriff der Infektionskrankheit bei Tabes und Paralyse sich nicht zu eng zu stecken. Infektionen der aufsteigenden Harnwege, Phlegmonen u. ä. können im Verlauf der Fiebertherapie ein recht unglückliches Ende nehmen. Über die Einwirkung der Impfmalaria auf bestehende tuberkulöse Herde liegen nur wenig exakte Nachrichten vor. Man hat die Gefahr der Mobilisierung von solchen Keimen bisher nicht sehr ernst genommen, aus der Überlegung heraus, dass aktive Tuberkulose und Paralyse sich sehr selten vergesellschaftet finden und dass bei der trüben Prognose des paralytischen Leidens manches zu riskieren ist, was im übrigen nicht ohne weiteres versucht würde. Es ist aber von Kirschbaum und Mühlens angegeben worden, dass sich einer ihrer tuberkulösen Kranken in der Impfmalaria erheblich verschlechterte. Das gäbe immerhin sehr zu denken und ich weiss nicht, ob es gerade ein Luxus ist, wenn die zu impfenden Fälle einer sorgfältigen internistischen Untersuchung unterworfen werden.

In dieser Auffassung werde ich bestärkt durch eine Erfahrung aus der Zeit der Niederschrift dieser Arbeit. Ein 42jähriger Kranker wurde vor 2 Jahren mit der Diagnose Paralyse in die hiesige Klinik eingewiesen. Von einer tuberkulösen Erkrankung in früherer Zeit war nichts zu ermitteln. Er wurde nach Sicherstellung der Paralysediagnose mit Malaria geimpft, überstand die Kur leidlich gut und erholte sich danach langsam, aber stetig, so dass er in voller Remission entlassen werden konnte. Kurz vor seiner Entlassung aus der Klinik klagte der Kranke bei der Abendvisite plötzlich über lebhafte Schmerzen im Leib. Das Abdomen war gebläht, diffus druckempfindlich, keine Temperatur, keine Resistenz in der Tiefe. Da ein objektiver Befund nicht zu erheben war und der Kranke nach Verabreichung eines Narkotikums in der folgenden Zeit keinerlei Beschwerden mehr hatte, wurde dem Zwischenfall weiter keine Bedeutung beigemessen. Nach seiner Entlassung arbeitete der Kranke fleissig in seinem Berufe, war den ganzen Tag als Reisender auf den Beinen und fühlte sich weiterhin wohl. Das Körpergewicht stieg ständig befriedigend an. Ein halbes Jahr nach seiner Entlassung aus der Klinik stellte sich der Kranke bei dem Verfasser zu einer Kontrolluntersuchung vor. Liquor und Blut waren erheblich gebessert, psychisch fiel eine gewisse Wehleidigkeit auf, die zu seiner Euphorie nicht recht stimmen wollte. Auch damals wurde über zeitweise auftretende

Schmerzen im Leib, sowie vorübergehende schleimige Durchfälle geklagt. Es konnte aber klinisch nichts festgestellt werden. Ein weiteres halbes Jahr später schrieb der Kranke einen ganz verzweifelten Brief. Es gehe ihm nicht gut, er könne nichts mehr leisten und wolle behandelt sein. Einige Tage danach stellte er sich selber in der Klinik vor. Er war körperlich sehr zurückgegangen, weinerlich und ängstlich. Er klagte über Schmerzen im Rücken, im Kopf und im Leib. Man schlug dem Kranken eine Tuberkulinkur vor, in die er einwilligte. Danach fuhr er nach Hause. Vorsichtshalber wurde ein in seinem Wohnort ansässiger Fachkollege verständigt und gebeten, nach dem Kranken Umschau zu halten. Dieser berichtete dem Verfasser gleich danach, Herr K. habe auf die Injektion nach einem Tage furchtbare Schmerzen und Fieber bekommen, er liege zu Bett und klage sehr im Leib. Der betreffende Kollege hielt die Beschwerden indessen mit uns für psychogene und deutete die Allgemeinreaktionen im Sinne einer Steigerung tabischer Begleiterscheinungen des Leidens. Eine Woche danach stellte sich der Kranke wieder in der Klinik vor. Das Fieber war abgefallen, die Beschwerden im Leib bestanden noch. Die nähere Untersuchung liess einen derben, beweglichen, schmerzhaften Tumor von Faustgrösse im rechten Hypogastrium fühlen. Dieser Befund veranlasste seine Verlegung in die hiesige chirurgische Klinik. Dort steigerten sich die Leibschmerzen wieder, es traten blutig-schleimige Durchfälle auf. Innerhalb einer Woche verfiel der Kranke rapid und starb zuletzt.

Die Obduktion ergab eine ulzeröse Darmtuberkulose, eine frische diffuse Miliartuberkulose des Bauchfells, die Lungen waren frei. Dieser Vorfall ist in vieler Hinsicht lehrreich. Er dürfte einerseits beweisen, dass latente tuberkulöse Herde durch die Malaria erheblich mobilisiert werden können, andererseits, welch schweren Schaden ambulante Tuberkulinkuren anzurichten vermögen. Sie zeigt auch, wie zweifelhaft der Wert jener Beobachtungen ist, die von der Harmlosigkeit tuberkulöser Herde beim Paralytiker sprechen. Wir teilten unsere Beobachtung deshalb so ausführlich mit, weil auch wir zunächst von der Richtigkeit dieser These überzeugt waren und im Vertrauen auf sie die schlimmsten Erfahrungen machen mussten.

Absolut kontraindiziert erscheint jede Infektionsbehandlung bei Erkrankungen des Blutes, der Leber, der Milz, der Gallenwege und der Niere. Im allgemeinen schliesst auch eine frühere natürliche Infektion mit Malaria eine Impftherapie aus. Durch Ausserachtlassung dieses Hinderungsgrundes läuft man Gefahr, einen verhältnismäßig harmlosen Impfmalariastamm mit Gameten zu verunreinigen oder andere Plasmodientypen mit fortzuschleppen. Besonders gefährlich ist in dieser Hinsicht latente Tropica.

Über die Berechtigung der Infektionstherapie bei Herzerkrankungen ist viel diskutiert worden. Einig ist man vor allen Dingen darüber, dass die Erkrankungen des Herzmuskels und der Gefässe eine weit schlechtere Prognose haben als die Klappenfehler. Vor allem Gerstmann, Datter und Kauders, Kirschbaum heben die Bedeutung der muskulären Herzstörungen in der Indikationsstellung zur Impfbehandlung hervor. Ich möchte diesen Punkt auf Grund eigener Erfahrungen eigens betonen, zumal die Kreislaufinsuffizienz in solchen Fällen sehr akut einzusetzen pflegt. Man ist dann wohl erstaunt, wie schnell sich ein höchst bedrohliches Bild entwickelt, obschon vorher kein Anlass zu ernsteren Befürchtungen bestand, muss aber dann gleichzeitig zugestehen, nun sei alles zu spät. Ähnlich steht es um die Gefäßschädigung. Vor der Behandlung von Aneurysmen mit Infektion sei nachdrücklichst gewarnt. Es pflegen die therapeutischen Erfolge an solchen Kranken sehr geringe zu sein, wenn sie mit dem Leben davonkommen. Nicht zu unterschätzen ist vor allem die Gefahr plötzlicher Dilatation, Berstung und die Folgezustände am Herzen selber. Weniger schlimm bestellt ist es wohl mit den mesaortitischen Prozessen, wie sie im Gefolge der Paralyse in einem Prozentsatz von etwa 30 aufzutreten pflegen. Für diese Zustände ist die Indikation zur Malariatherapie bislang noch nicht ganz eindeutig festgelegt. Gerstmann misst ihnen keinen besonderen Wert bei und stützt sich dabei auf die Erfahrungen der Wiener Klinik an über tausend Fällen behandelter Paralysen. Ganz so belanglos möchte ich selber indessen die mesaortitischen Prozesse für die Impftherapie doch nicht ansehen. Man muss immerhin bedenken, dass sie nicht nur harmloses Narbengewebe sind, sondern dass sie auch Spirochäten beherbergen können. Ich gebe durchaus zu, dass man intra vitam meist nur mit Zwang und internistischen Spitzfindigkeiten etwas Positives über den Stand der paralytischen Aortenprozesse aussagen kann. Ich glaube auch, dass die Kreislaufstörungen malariafiebernder Paralysen zum grossen Teile muskulärer Art sind. Man wird ebensowenig Lust haben, einen Paralytiker vor den Röntgenschirm zu stellen, bevor man ihn impft. Andererseits fragt es sich, ob man gut daran tut, für die weitere pathophysiologische Erfassung paralytischer Herzinsuffizienzen und Kreislaufstörungen die Mesaortitis so ganz von der guten Seite anzusehen.

Es sind ja auch die endarteriitischen Veränderungen der Hirnlues eine höchst unerwünschte klinische Begegnung; dass sie anatomisch nicht dasselbe sind, tut hier nichts zur Sache. Dass ein Teil der mesaortitischen Prozesse bei der Paralyse schon nach der Statistik bösartiger Natur sein muss, zeigt die Zusammenstellung Löwenbergs, derzufolge von 113 aortitiskranken Paralytikern 9 eine Aneurysmabildung zeigten. Dies entspräche einem Prozentsatz von annähernd 8. Selbst wenn diese Zahlen nicht sehr viel beweisen, so sind sie doch in einer anderen Hinsicht lehrreich. Es wurde in neuerer Zeit von verschiedenen Autoren die Auffassung vertreten, die paralytische Mesaortitis wirke deshalb klinisch verhältnismäßig so gutartig, weil das beim Paralytiker erkrankte Ektoderm (also das Hirnparenchym) einen gewissen Schutz für das Mesoderm (sc. die Gefässe) abgebe (Löwenberg, Frisch, Gerstmann). Wäre dies wirklich der Fall, so bleibt doch ungeklärt an dieser Theorie, warum in 8% aller aortitiskranken Paralysen dieser Schutz nicht fühlbar wird und ein Aneurysma entstehen kann. Viel wahrscheinlicher dürfte nach meiner Meinung das Fehlen stärkerer klinischer Beschwerden bei der paralytischen Aortitis darauf zurückzuführen sein, dass die syphilitische Aortitis durchschnittlich sehr spät Erscheinungen macht, die dem Kranken deutlicher fühlbar werden. Das zeigen die Statistiken übereinstimmend. Nach Romberg trat bei seinen Privatkranken die Aortitis im Durchschnitt 22 Jahre nach der Infektion klinisch deutlich auf, Hubert errechnete 23,5 Jahre für den gleichen Wert an klinischen Krankenziffern. $^4/_5$ aller Klinischkranken stand zwischen dem 40. und 60. Lebensjahre. Es ist ohne weiteres einleuchtend, dass dagegen für die ersten Manifestationen der Paralyse sowohl die Inkubationszeit kürzer ist, wie denn auch das durchschnittliche Lebensalter des Kranken beim Ausbruch der Paralyse gegenüber dem des Ausbruches mesaortitischer Störungen von klinisch greifbarer Symptomatologie ein niedrigeres ist[1]). Es ist sonach die Möglichkeit

---

[1]) Siehe darüber die Lehrbücher von Bumke, Kraepelin u. a. und die neueren Paralysemonographien.

naheliegend, dass die Mesaortitis bei der Paralyse nur deshalb so gutartig erscheint, weil von der Mehrzahl der Paralytiker der Ausbruch schwererer mesaortitischer bzw. aneurysmatischer Beschwerden nicht erlebt wird. Und was für die klinisch erkennbare Aortitis gilt, trifft wohl auch für das luetische Aneurysma zu. Ich verweise diesbezüglich auf die Feststellungen von Lebert, Marchand u. a. Nach Marchand z. B. traf die Entwicklung des Aneurysmas unter 28 Fällen 8mal zwischen das 30. und 39. Jahr, 6mal zwischen 40 und 49 Jahren, 4mal zwischen 60 und 69 Jahren und 6mal zwischen 70 und 90 Jahren. Gewiss erklären diese Zahlen nicht alles, es ist aber nicht einzusehen, weshalb der in ihren praktischen Konsequenzen durchaus nicht unbedenklichen Theorie Löwenbergs von der Genese der mesaortitischen Paralyseprozesse nicht eine einfachere Erklärung zugrunde gelegt werden könne. Denn es wird, wie ich sagte, durch die scheinbare Gutartigkeit der paralytischen Aortenerkrankungen beim Therapeuten zu leicht die Vorstellung erweckt, als habe er auf diese Dinge keine Rücksicht zu nehmen. Hierüber weiter unten noch einiges. Es ist also die Ausdehnung der paralytischen Gefässerkrankungen auch für die Indikationsstellung zur Infektionstherapie nicht ganz belanglos. Inwieweit man praktisch diesen Bedenken Raum geben will, ist eine andere Sache. Es wird sich wohl ganz darum handeln, wieweit man über hinreichende Erfahrung und über entsprechende Untersuchungsmittel zur Beurteilung aortitischer Veränderungen verfügt und inwieweit man den zu behandelnden Kranken in Ansehung der gesamten Sachlage einer Gefahr aussetzen darf. Als weitere Gegenanzeige gegen die Infektionsbehandlung ist Fettleibigkeit angegeben worden. Dieser Ausdruck ist bei der Paralyse wohl nicht ganz eindeutig. Einesteils handelt es sich um echte Fettleibigkeit, andererseits um endogen gemästete Paralysen im Sinne von Reichardt. Beide Erscheinungen haben prognostisch, folglich auch für die Indikation, nicht die gleiche Bedeutung. Bei der Fettleibigkeit ist es wohl die ausserordentliche Inanspruchnahme des Herzens im Gefolge der Malariakur, was solche Individuen gefährdet. Es ist ja das eigenartige Missverhältnis zwischen Herzkraft und Körpermasse bekannt, das sich bei jeder erhöhten Inanspruchnahme des Herzens immer zu manifestieren pflegt. Hierzu kommen noch die von seiten einer Koronarsklerose drohenden Gefahren. Es sind also in der Tat echte Fettleibige aus der Impftherapie auszuschliessen. Nicht ganz ebenso ist es mit der endogenen Mästung. Hier handelt es sich wohl im wesentlichen um Störungen im Wasserhaushalt, welche eine stärkere Körperfülle oberflächlich vortäuschen. Zwar werden diese Stoffwechselstörungen im Verlauf der Impftherapie sehr rasch beseitigt und die Kranken erscheinen plötzlich entsetzlich abgemagert. Sie waren es aber in Wirklichkeit schon vorher und vertragen den rapiden Sturz im Wasserhaushalt nicht ganz so schlecht, als man zunächst glauben möchte. Bedenklicher wird die Situation erst, wenn sich dieser Umschwung in ganz wenigen Tagen vollzieht. Doch helfen auch da unter Umständen sehr reichliche Infusionen über die schlimmsten Tage hinweg.

Eine gewisse Rolle hat in der Indikationsstellung zur Impftherapie auch die Chininempfindlichkeit des betreffenden Individuums gespielt. Nachdem von Mühlens und Kirschbaum im Verlauf der Impfmalaria mehrfach eine Chininüberempfindlichkeit der zu Behandelnden festgestellt wurde, hat Mühlens die Forderung aufgestellt, jeden Paralytiker vor Beginn der Behandlung auf seine Chininempfindlichkeit zu prüfen und zwar in der Weise, dass ihm eine bestimmte Chininmenge verabreicht wird, nach welcher auf allenfalls eintretende idiosynkrasische Erscheinungen zu achten ist. Ich stimme Gerstmann durchaus bei, wenn er diese Forderung für zu weitgehend hält. Es ist nicht nur zu bedenken, dass mit solchen Maßnahmen viel Zeit verloren gehen kann. Man schwächt auch unnötigerweise die später eingeimpften Plasmodien. Es zeigt sich auch, dass die Überempfindlichkeitsstörungen selten gleich bei der ersten Chiningabe voll da sind. Wenigstens gehen meine eigenen Erfahrungen nach dieser Richtung. Es ist also unter diesen Umständen die ganze Maßnahme von zweifelhaftem Wert. Im übrigen wird den Hauptausschlag in der Indikationsstellung die Art des zu behandelnden metasyphilitischen Grundleidens geben. Es ist selbstverständlich, dass man bei einer Paralyse im allgemeinen mit geringeren Bedenken verfahren kann, als bei anderen Erkrankungen, und dass unter Umständen rein äussere Umstände eine hinreichende Anzeige für die Infektionstherapie abgeben können.

Nahe in Berührung mit der allgemeinen Indikationsstellung steht die Frage, wer zur Ausübung der Infektionsbehandlung berechtigt erscheint. Hierauf wäre zu sagen, dass Malaria und Rekurrens nur im Bereich geschlossener, entsprechend eingerichteter Anstalten und von sachkundiger Hand erfolgreich gebraucht werden können. Es ist jeder ambulanten Impfbehandlung als gefährlich auf das entschiedenste zu widerraten. Damit soll nicht etwa für das Krankenhaus ein neues Privileg geschaffen werden, das dieses vor dem Facharzt oder praktizierenden Arzt auszeichnen soll. Es sind vielmehr rein sachliche und für den Näherstehenden sehr einleuchtende Gründe, die einen solchen Standpunkt veranlassen. Die Impfbehandlung erfordert eine so eingehende und fortgesetzte Überwachung des Kranken, dass es als ein Ding der Unmöglichkeit erscheint, wenn man dieser Schwierigkeiten ambulatorisch Herr zu werden hofft. Mitten aus klarem Bewusstsein können mit dem plötzlich ansteigenden Fieber schwere Erregungs- und Verwirrtheitszustände einsetzen, die für den Kranken, die Umgebung und die Allgemeinheit bei mangelhafter Überwachung gleich verhängnisvoll sein können. Und es sei nachdrücklichst darauf hingewiesen, dass der behandelnde Arzt für jedes durch seine Sorglosigkeit veranlasste Unglück die volle zivil- und strafrechtliche Verantwortung trägt. Es wäre überflüssig, dies zu betonen, wenn die Infektionsbehandlung nicht in der Tat schon verschiedentlich in der freien Praxis ausgeführt worden wäre. Man erinnere sich weiterhin, vor welch einer Unsumme klinischer Verwicklungen man bei den Paralysen in der Periode der Nachbehandlung zu stehen pflegt. Schwere depressive Verstimmungen, furibunde manische Erregungszustände, Delire, halluzinatorische und paranoide Erregtheit sind keine seltenen Vorkommnisse. Ich halte es für ausgeschlossen, dass man die Kranken in solchen Verfassungen bei ambulanter Behandlung meistern kann[1]). Dass ein Versuch da und dort vielleicht bislang

---

[1]) Ich vermag auch den Vorzug der Malariatherapie nicht einzusehen, den J. Hoffmann (Disk. Bem. z. Vortrag Meyer, Ref. Kli. Wo. 1926, 5. Jg., Nr. 14, S. 629) ihr nachredet: dass man Paralytiker im Privathause fiebern lassen könne. Man denke doch an die zivilrechtlichen und strafrechtlichen Folgen, die dieses Vorgehen haben kann.

glimpflich abging, kann man unmöglich als Gegenbeweis anführen. Wir wünschten von Herzen, dass den betreffenden Therapeuten nicht die weitere Erfahrung einmal in höchst unerwünschter Weise enttäuscht. Aus den gleichen Erwägungen heraus ist es als ein Kunstfehler zu betrachten, wenn kleinere, nicht psychiatrische Anstalten mit unvollkommener Einrichtung sich mit der Infektionsbehandlung der Paralyse befassen. Es sei dahingestellt, inwieweit bei solchen Experimenten der persönliche Ehrgeiz des behandelnden Arztes eine Rolle spielt und inwieweit der betreffende Klinik- oder Krankenhausvorstand bei solchen Heilversuchen beratend und prüfend zur Seite stand[1]). Jedenfalls wird bei plötzlichem Suizid-versuche oder im Falle grösserer motorischer Erregtheit zum Schlusse ja doch eine Verlegung nach einer psychiatrischen Abteilung nötig werden. Das sollte von vornherein bedacht werden und es würde viel Verdruss erspart. Selbst-redend gelten diese Bedenken nur bei der Paralysebehandlung, während sie für die zerebrospinale Lues und die Tabes zum grossen Teil wegfallen. Hier besteht gegen die Vornahme der Infektionstherapie durch nichtpsychiatrische Krankenanstalten in der Mehrzahl der Fälle keine Erinnerung. Ich glaube, wenn man den Grundsatz anerkennt, dass jeder Geisteskranke auch thera-peutisch in die Hand des Psychiaters und Neurologen gehört, bleiben Kompetenz-streitigkeiten am ehesten vermieden. Die praktische Regelung entstandener Schwierigkeiten wird im übrigen doch auch örtliche Gepflogenheiten und persön-liche Interessen zu berücksichtigen haben. Sie können bekanntlich weit mehr ins Gewicht fallen als ideelle Forderungen.

Was aber für jede Impftherapie absolute Notwendigkeit ist und gewiss auch allseitige Zustimmung finden dürfte, das ist das Postulat, dass jeder, der sich mit der Infektionsbehandlung praktisch beschäftigt, die wichtigsten klinischen und parasitologischen Tatsachen beherrscht. Es ist dies eigentlich selbstverständlich; leider haben aber die Erfahrungen bewiesen, wie oft praktisch gegen diesen Grundsatz verstossen wird. Es ist vorgekommen, dass gleichzeitig mit der Bestellung von Malariablut zur Verimpfung auch um Aufschluss gebeten wurde, wie man denn nun eigentlich impft und wie man sich weiterhin zu ver-halten habe. Man bat um Mitteilung, wie man sich die Mücken zur Weiter-impfung verschafft; ein andermal wurden malariainfizierte Mäuse bestellt, oder es wurde der Wunsch ausgesprochen, man möge einen Plasmodienstamm zur Verfügung stellen, der ganz regelmäßig jeden dritten Tag einen Fieber-anfall hervorrufe. Wir könnten noch weitere Tatsachen anführen, wollen es aber unterlassen. Jedenfalls genügen die genannten, um den Wunsch begreiflich erscheinen zu lassen, es möchten medizinalpolizeiliche Vorschriften hier weiteres Unheil verhüten und wildes Infizieren hintanhalten. Man hat in ausserdeutschen Staaten die Impfmalaria durch Anopheles übertragen lassen und hat sich gewundert, dass man von der Chininempfindlichkeit der Impfmalaria nichts bemerkte. Vor etwa einem Jahre (1925) wurde ich von einem Kollegen brieflich vor der Infektionsbehandlung gewarnt unter Hinweis darauf, dass in einer Anstalt durch die Malariatherapie mehrere Paralytiker ums Leben gekommen seien. Der Blutspender war der Sohn des betreffenden Kollegen, der von den Tropen

---

[1]) Es ist selbstverständlich, dass grosse, rein neurologische Kliniken in puncto Eignung zur Infektionstherapie den psychiatrischen gleich zu erachten sind.

her seit einer Reihe von Jahren Träger einer Tropica-Mischinfektion ist! Man wies mich auch darauf hin, dass anderorts mit der Rekurrensimpfung an multiplen Sklerosen die trübsten Erfahrungen gemacht worden seien. Diese Tatsachen sind uns sehr bedauerlich, zumal ich glaube, dass man sie hätte umgehen können. Man sollte doch bedenken, wie leicht sie von Kurpfuschern und Naturheilkundigen ausgeschlachtet werden können und welch unliebsame Erörterungen in der Tagespresse sie veranlassen mögen. Ich glaube nicht, dass es an Stimmung gegen den Psychiater und die psychiatrischen Anstalten gegenwärtig mangelt. Es lässt sich jetzt auch nicht mehr sagen, die Malariatherapie befinde sich heute im Stadium des Versuches und da sei es begreiflich, wenn schlimme Erfahrungen gemacht würden. Da seien eben Unglücksfälle verzeihlich. Ganz so ist es doch nicht mehr. Ich glaube, es steht zur Zeit doch hinreichend fest, was sich bei den häufiger vorkommenden Nervenleiden mit der Infektionstherapie erreichen lässt, und es ist schwerlich mehr nötig, dass stets von neuem versucht wird, was andere schon als aussichtslos einsehen mussten und bekanntgaben. All diese Schwierigkeiten sind in erster Linie dadurch zu erklären, dass die Infektionstherapie immer mehr sich zu zersplittern scheint. Es wäre dies an sich gänzlich belanglos, wenn es sich um eine therapeutische Methode handelte, deren wirksame Bestandteile Apotheker und Instrumentenmacher dem behandelnden Arzt jederzeit zu liefern imstande wären. Das ist aber nun keineswegs der Fall. Tatsache ist vielmehr, dass mit zunehmender Ausbreitung der Infektionstherapie die Prozentzahl der impfbaren Kranken sich für die einzelne klinische Abteilung immer mehr verringert, so dass die Erhaltung eines Malariastammes allergrösste Schwierigkeiten bereiten kann. Wir sind leider noch in der traurigen Lage, die Impfmalaria von Mensch zu Mensch übertragen zu müssen. Dies erfordert einen gewissen Vorrat an unbehandelten infektionsfähigen Kranken, deren rechtzeitige Beschaffung nicht gerade leicht ist. Über diesen Mißstand klagen nicht etwa nur kleinere klinische Abteilungen. Auch grosse leiden darunter, wie ich aus persönlichen Mitteilungen weiss. Wie soll man sich die Entstehung des Übels erklären? An den psychiatrischen Abteilungen mit Aufnahmestationen verringert sich die Zahl der infektionsfähigen Kranken durch die Zunahme der Anstalten, in denen Infektionstherapie getrieben wird. Während man noch vor nicht allzulanger Zeit keineswegs Sorge haben musste, es könnte an der nötigen Zahl von Paralyseneuaufnahmen mangeln, hat sich heute das Blatt etwas gewendet. Die Paralytiker verteilen sich als dankbare therapeutische Objekte mehr wie früher. Wenn nun gar die betreffende psychiatrische Station, an der mit Malaria behandelt wird, eine Aufnahmeabteilung im eigentlichen Sinne nicht besitzt, dann wird es ihr vollends unmöglich sein, ihren Plasmodienstamm in hinreichenden Passageziffern für eigene therapeutische Zwecke sicherzustellen. Dadurch sind eine Reihe weiterer Schwierigkeiten bedingt. Bezieht man den Impfmalariastamm von einer benachbarten klinischen Abteilung wieder, dann ist dies stets mit Zeitverlust und überflüssiger Arbeit auf beiden Seiten verbunden und niemand hat die Gewähr, dass er den Plasmodienstamm so erhält, wie er ihn zu haben wünscht.

Diese Mängel machen sich zum Beispiel bei uns an der Erlanger Klinik recht deutlich fühlbar. Als wir vor über 3 Jahren die Impfmalaria als erste nordbayerische Abteilung verwendeten, hatten wir wenig Mühe, unseren Tertianastamm in lückenlosen Passagen zu erhalten. Mit der weiteren klinischen Anerkennung der Infektionstherapie schlossen sich nun weitere nordbayerische Abteilungen an. Die Zahl der benötigten Paralyseaufnahmen verringerte sich damit für uns naturgemäß und wir waren gezwungen, zur Erhaltung unseres Tertianastammes hier und da alte Schizophrenien als Passageträger zu verwenden. Zu Zwischenfällen unliebsamer Art ist es dabei nicht gekommen, man kann aber über die Zweckmäßigkeit unseres Vorgehens sicher geteilter Meinung sein. Da die Anzahl nichtparalytischer Kranker, die als Plasmodienträger für kurze in Betracht kommen können, naturgemäß überall eine beschränkte ist und sich mit der Zeit erschöpfen muss, waren wir gezwungen, unseren Stamm mehrfach verloren zu geben und die Passagen abzubrechen. Der Neubezug eines Stammes dauert nun stets, auch bei prompter Erledigung des Auftrages, unerwünscht lange. Es läge nun der Gedanke nahe, den Neubezug des Impfmalariastammes aus grösserer Entfernung dadurch zu vermeiden, dass sich mehrere kleinere klinische Abteilungen in die Führung eines brauchbaren Tertianastammes teilen. Wenn die jeweils plasmodienführende Station keine infektionsfähigen Fälle mehr hat, könnte sie parasitenhaltiges Blut an jene Nachbarabteilungen weitergeben, die zur Erhaltung des Stammes für die nächste Zeit fähig ist. Von dort wäre Wiederbezug bei Besserung des eigenen Krankenstandes in Kürze möglich. Wir haben uns dieser Gepflogenheit in Erlangen und Umgebung mehrfach bedient. Ich zweifle aber, ob der Versuch immer zur Zufriedenheit aller beteiligten Kreise ausgefallen ist. Einmal hatten, wie die Erfahrung zeigte, andere Abteilungen in der Nachbarschaft mit ähnlichen Schwierigkeiten zu kämpfen, wie wir selber. Dann kam es oft genug vor, dass ferner gelegene Anstalten sich an uns zwecks Bezug von Malariaimpfstoff wandten zu einer Zeit, in der wir gerade keine Malaria führten. Wir mussten also teils absagen, teils so lange warten lassen, bis wir wieder zu unserem Parasitenstamm gelangt waren, wenn die betreffenden Anstaltsleiter es nicht unter erheblichem Zeitverlust vorzogen, an weiter entfernte psychiatrische Abteilungen mit der gleichen Bitte heranzutreten. Es stellte sich übrigens praktisch heraus, dass der Wiederbezug des eigenen Malariastammes aus nächster Nähe einem Neubezug in den meisten Fällen gleichkam. So war in der Tat gar nichts gewonnen. Zudem kann der Malariatherapeut bei Wiederbezug des verliehenen Plasmodienstammes recht unerwünschte Entdeckungen machen. Eine solche ist z. B., wenn er bei der ersten Wiederverimpfung feststellen muss, dass der geimpfte Kranke mit dem gleichen Stamm, der früher einen Tertiantypus trug, regelmäßig täglich fiebert und dass im Blute 2 Parasitengenerationen kreisen. Das tritt mit Vorliebe dann ein, wenn in der Zwischenzeit Superinfektionen vorgekommen sind. Aus Furcht, die erstmalige Impfung könne nicht angegangen sein, wird in der Inkubationszeit nochmals parasitenhaltiges Blut übertragen, obwohl es nicht nötig gewesen wäre. Denn die erste Impfung war schon im Angehen, der etwas verzögerte Fieberausbruch wurde aber nicht abgewartet, sondern es wurde nachgeimpft, ohne dass man vorher vorsichtshalber die erste Parasitengeneration mit Chinin beseitigte. So schleppt man dann zwei Parasitengeschlechter von einem Kranken zum anderen, weil man aus Mangel an Kranken nicht die Möglichkeit hat, durch vorsichtiges und sehr schwaches Impfen eine der beiden Generationen nach und nach wieder auszuschalten. Nicht übersehen darf man, dass schon allein die Gewalt lokaler Interessen da und dort die stetige Haltung eines Impfmalariastammes erforderlich machen kann. Inwieweit auch persönliche Neigungen eine Rolle spielen, sei hier unerörtert. Praktisch ist auch mit solchen Widerständen zu rechnen, wenn es den Schutz eines besonderen klinischen Interesses gilt. Es liegt nahe, schon hier die Frage zu erörtern, auf welche Weise den angeführten Übelständen zur Zeit am besten zu begegnen wäre. Wir möchten diese Betrachtungen für später zurückstellen und wollen hier nur soviel sagen: dass eine gewisse behördliche Reglementierung der Malariatherapie uns erforderlich erscheint. Sie bestünde in einer gewissen Zentralisierung, die im Einvernehmen mit allen beteiligten Stellen unter Würdigung lokaler Bedürfnisse und der klinischen Sachlage zu geschehen hätte.

Wie man sieht, ist die Frage, wer zur Ausübung der Malariatherapie berechtigt sein soll, zwar theoretisch einigermaßen lösbar. Praktisch sind aber ausserordentlich viele Schwierigkeiten zu überwinden und es wird ganz von äusseren Umständen abhängen können, ob an manchen Kliniken derzeit eine rationelle Malariatherapie überhaupt möglich ist.

Hinsichtlich der Auswahl des Impfvirus zur Malariabehandlung ist wohl schon seit geraumer Zeit eine Einigung der Autoren erzielt. Man stimmt darin überein, dass reine Stämme von Plasmodium vivax, also der Malaria tertiana, die geeignetsten zur Verimpfung sind. Hier in Deutschland werden wohl drei Stämme am häufigsten gebraucht. Der eine Tertianastamm ist in Händen der Wagner-Jaureggschen Klinik und wird seit 1919 in Menschenpassagen erhalten. Der zweite Stamm ist der aus Hamburg stammende, der an der Münchener psychiatrischen Klinik und auch in Erlangen verwendet wird. Ein dritter Stamm wird in Dalldorf bei Berlin gebraucht, der seinerzeit von Plehn der dortigen Anstalt zur Verfügung gestellt wurde. Es ist durchaus möglich, dass an anderen Anstalten noch weiteres Impfmaterial verschiedenen Ursprungs existiert, doch kann ich über dessen Herkunft und Zuverlässigkeit nichts aussagen. Woher der von Jossmann und Steenaerts benutzte Malariastamm genommen wurde, findet sich leider nicht vermerkt. Ausser der Malaria tertiana wurde mehrfach auch andere Malaria — Quartana und Tropica — verimpft. Die Resultate waren teils unbefriedigend, teils sehr ungünstig. Mühlens und Kirschbaum versuchten einen Quartanastamm, der sich bei Paralytikern als wenig wirksam erwies und durch Chinin schlecht zu beeinflussen war, wie dies ja vom natürlichen Quartanafieber bereits bekannt ist[1]). Ähnlich äussern sich Yorke und Macfie. Übereinstimmend abgelehnt wird von allen Autoren der

---

[1]) Neuerdings hat Kirschbaum die Quartana doch wieder zur Infektionsbehandlung der Paralyse empfohlen. Siehe darüber Knolls Mitteilungen Bd. 3, 1926, Festschrift anlässlich des 40jähr. Bestehens der Firma. Es scheint nach diesen Ausführungen von K., als sei die Frage der Anwendbarkeit der Impfquartana doch noch nicht endgültig entschieden. Immerhin ist über das Verhältnis der mit Quartana remittierten Paralysen zu den Tertiana-Remissionen nichts gesagt, so dass es fraglich erscheint, ob K. über eine grössere Behandlungsziffer mit Quartana verfügt. Als einziges störendes Moment der Quartanabehandlung ist die längere Dauer der Kur angegeben.

Gebrauch der Malaria tropica zu Impfzwecken. Schon Wagner-Jauregg machte mit der Tropica schlechte Erfahrungen und hatte einen Todesfall durch die Impfung zu beklagen. Weitere höchst ungünstig lautende Nachrichten kamen aus Hamburg-Friedrichsberg und Kiel. Mühlens und Kirschbaum erwähnen, dass die Tropicainfektionen beim Paralytiker einen besonders bösartigen Verlauf nehmen, dass das periphere Blut von Parasiten vollkommen überschwemmt wird und in den meisten Fällen scheinen die Kranken der Infektion rasch zu erliegen. Ein weiterer sehr lehrreicher Fall ist noch in der Literatur über die Wirkung der Tropica auf die Paralyse mitgeteilt worden. Als Stamm wurde eine Tertiana verwendet, die sich nachträglich durch Tropica verunreinigt erwies. Bevor diese Tatsache noch festgestellt worden war, hatte man die Mischinfektion auf andere Kranke weiterverimpft mit dem Erfolge, dass der grösste Teil der Patienten der Ansteckung erlagen. Nach diesen Erfahrungen ist es also dringend geboten, von der Verwendung eines Tropicastammes zu Impfzwecken abzusehen und auch mit Quartanaimpfungen grösste Vorsicht walten zu lassen. Ich würde zur Zeit der Wiederholung eines Impfversuchs mit Quartana nicht ohne weiteres beistimmen können. Freilich ist auch die Impftertiana in ihrer therapeutischen Beeinflussbarkeit keine einheitliche Grösse. Man hat es leider, wie ich glaube, nicht so ganz in der Hand, wie sich ein Tertianastamm in jahrelangen Passagen fortentwickelt. Es dürfte erwiesen sein, dass die gebräuchlichsten Tertianastämme durch Chinin nicht alle gleich gut beeinflussbar sind. Soweit meine eigenen Erfahrungen reichen, scheint dem in Wien an der Wagner-Jaureggschen Klinik verwendeten Stamm von Plasmodien vivax die meiste Zuverlässigkeit zuzukommen. Er gilt als praktisch gametenfrei, ist, wie ich persönlich sah, erstaunlich leicht durch Chinin zu beeinflussen und hat einen ziemlich regelmäßigen Fiebertyp. Den in Erlangen verwendeten Stamm von Tertiana kann ich nicht bedingungslos empfehlen[1]), besser scheint die Münchner Seitenpassage des gleichen Stammes zu sein.

Allen Anstalten, die sich mit Malariatherapie befassen, sei jedenfalls dringend geraten, sich nur eines zuverlässigen und bereits erprobten Plasmodienstammes zu bedienen, nicht aber die Unvorsichtigkeit zu begehen, von einem ungenügend untersuchten Parasitenträger Blut abzuimpfen und die Kranken damit zu gefährden. Innerhalb Deutschlands dürfte der Bezug von brauchbarem Impfstoff kaum mehr ernste Schwierigkeiten bereiten, auch wenn Blut aus grösserer Entfernung gesendet werden muss. Schwieriger kann es im Auslande werden. Muss dort in der Tat ein neuer Blutspender von natürlicher Malaria gesucht werden, so müssen vor allen Dingen zwei Bedingungen erfüllt sein. Es ist dies: erstens die Sicherheit, dass reine Tertiana vorliegt und zweitens Gametenarmut des peripheren Blutes. Praktisch wäre dabei so zu verfahren, dass man sich durch häufige und entsprechend lange fortgesetzte Blutuntersuchung zunächst über die Beschaffenheit der Parasiten orientiert, wobei selbstredend jegliche Chinintherapie unterbleibt. Provokatorische Milzbestrahlung und parenterale Milchgaben sind sehr erwünscht. Genaue anamnestische Erhebungen und länger dauernde klinische Beobachtung des Blutspenders vor

---

[1]) Neuerdings besitzen wir Tertiana aus München, die sich sehr bewährt.

der Überimpfung sind schon deshalb nötig, weil es bedenklich erscheint, reichlich vorbehandelte Stämme zu übertragen. Diese Gefahr scheint mir nach allem, was über die Chininfestigkeit bis jetzt bekannt ist, mindestens jener ebenbürtig, die aus der Übertragung von Tropica erwächst. Ferner ist es wohl nicht belanglos, ob man das Blut aus einer Malariaerstinfektion bezieht oder aus einem Rezidiv. Praktisch wird eine sichere Entscheidung, ob Rezidiv oder Neuansteckung bei dem Blutspender vorliegt, leider nicht in allen Fällen möglich sein. Es bleibt dann wohl nichts übrig, als die Übertragung von diagnostisch zweifelhaften Kranken zu unterlassen. Ob man prinzipiell alle aus den Tropen kommenden Malariakranken als Blutspender ausschliesst, wie Gerstmann vorschlägt, möge dahingestellt bleiben. Wo nichts anderes zur Hand ist, also etwa in warmen Gegenden, ist dieser Rat wohlfeil. Zudem ist die vorgeschlagene Maßnahme praktisch kaum von prinzipieller Bedeutung, da ausserdeutsche Länder, in Sonderheit manche Mittelmeergegenden, nie Gewähr haben werden, dass nicht bei der Tertianaübertragung doch eine Tropicamischinfektion mit unterlaufen ist. Um einigermaßen sicher zu gehen, wird man bei entsprechend lange fortgesetzter Blutkontrolle und klinischer Beobachtung von dem Tertianaspender zunächst am besten auf aussichtslose Fälle übertragen und erst nach einer gewissen Probezeit den Tertianastamm in Menschenpassagen weiter erhalten. Noch auf ein letztes Moment sei beim Bezug von Tertianaimpfstoff zur Metaluesbehandlung aufmerksam gemacht. Es macht sich in der neueren Zeit an den gebräuchlichsten Tertianastämmen geltend. Es ist dies die Gefahr der Verimpfung mehrerer ungleichaltriger Plasmodiengenerationen. Gewöhnlich führt dies zu einer Tertiana duplicata, die klinisch in mehrfacher Hinsicht unerwünscht ist. Es wird die Zeit der eigentlichen Malariawirkung auf eine kurze Zeitspanne zusammengeschoben. Dies erfordert eine höhere Passagenzahl, macht häufigeres Verimpfen des Stammes nötig und verlangt, was für kleinere klinische Abteilungen in Betracht kommt, rasche Beschaffung geeigneter Passagenträger. Die geimpften Kranken fallen von einem Fieberausbruch in den anderen, haben also kaum Zeit, sich nur einigermaßen von der letzten körperlichen Belastung zu erholen. Wo es sich um Anstaltskranke, also um verhältnismäßig vorgeschrittene Fälle handelt, ist bei Verwendung eines Duplikatastammes begreiflicherweise die Zahl der Toten eine höhere. Denn es werden vor allen Dingen die Kreislauforgane sehr beansprucht. Es fragt sich übrigens auch, ob bei solchen doppelten Tertianastämmen die Chininwirkung eine ebenso prompte ist wie bei der einfachen Tertiana. Mir scheint es auf Grund einiger Beobachtungen wahrscheinlich, dass die Doppeltertiana zur Ausheilung durchschnittlich einen höheren Chininverbrauch notwendig macht, als dies bei einem gewöhnlichen Tertianastamm der Fall ist. Selbstredend sind diese künstlichen, meist durch fehlerhafte Impftechnik entstandenen Duplikatastämme nicht identisch mit anteponierenden oder postponierenden. Dass sich eine Tertianafieberzacke da und dort etwas in das fieberfreie Intervall hinein verschiebt, ist bei allen Tertianastämmen ein häufiges Vorkommnis. Doch ist es offenbar nicht allein auf den gerade vorhandenen Parasitenbefund bzw. das Alter der Plasmodiengenerationen im Blut zurückzuführen. Es spielen wohl auch Faktoren mit, die im Organismus selbst zu suchen sind, oder doch wenigstens einer sicheren Beurteilung noch nicht unterliegen[1]). Sonst wäre es kaum möglich, dass ein Tertianastamm anteponiert, obwohl sich die Morphologie der Parasiten nicht wesentlich von der eines Tertianaintervalles zwischen zwei regelmäßigen Fieberausbrüchen unterscheidet. Um bei Neubezug eines Tertianastammes vor unerwünschten Vermengungen zweier oder mehrerer Plasmodiengenerationen sicher zu sein, dürfte sich empfehlen, den zu versendenden Stamm vorher mikroskopisch auf solche Fehler zu untersuchen. Der Empfänger tut gut, sich entsprechende Präparate vom Versender zu erbitten. Dazu genügen vier Präparate, das erste aus dem Intervall, das zweite im Fieberanstieg, das dritte aus der Akme und das vierte aus der Zeit der Deferveszenz. Jedenfalls möchte ich vor der Verwendung doppelter Tertiana abraten und ich warne auch davor, dass von solchen Paralytikern Blut weiterverimpft wird, die irgendwie atypisch fiebern. Ich denke hier vor allem an jene Kranke, die als Träger reiner Tertiana einen kontinuierlichen Fiebertyp entwickeln, der an einen typhösen erinnert. Zwar kann bei ihnen ohne erkennbare Ursache plötzlich ein reiner Tertianatyp sich einstellen, doch ist nicht stets mit dieser Möglichkeit zu rechnen. Es ist aber fraglich, ob Tertiana duplicata auch nur zum grösseren Teil durch Verimpfung von unregelmäßig Fiebernden erstmals zu entstehen pflegt. Die Mehrzahl der künstlichen Duplikatafieber kommt wohl durch unsachgemäße Verimpfung zustande. Entweder wurde, wie oben gesagt, bei zu langer Inkubation aus Furcht vor Verlust des Stammes nochmals auf den gleichen Kranken aufgeimpft, ohne dass die erste Plasmodiengeneration vorher durch Chinin beseitigt wurde. Oder man hat sonstwie doppelt infiziert. Hier möchte ich vor allem die intravenöse Verimpfung grosser Blutmengen (10 ccm) anschuldigen. Ich glaube auch, dass es bedenklich ist, intrakutan und intravenös gleichzeitig zu impfen. Ob die Entnahme des Impfblutes aus dem Fieberintervall einen Einfluss hat, weiss ich nicht. Ich glaube es nicht.

Die einwandfreie Konservierung des Malariablutes ist bis zum heutigen Tage leider ein im wesentlichen ungelöstes Problem. Dass es möglich ist, die Impfrekurrens in Kulturen und auf Tieren über weite Strecken zu versenden und sie unabhängig von menschlichen Passagen lange Zeit und ohne viel Mühe zu erhalten, das ist ein Vorzug, den man als einen ganz unbedingten der Rekurrens zugute halten muss. Gewiss kann man auch Malariablut auf bequeme Weise und auf weite Strecken versenden. Aber trotz aller Beschönigung darf man zugeben, dass wir hier noch unendlich weit von dem Ideale entfernt sind. In der ersten Zeit der Infektionstherapie übertrug man die Malaria fast nur von Mensch zu Mensch. Wir selbst machten uns beim erstmaligen Bezug eines Tertianastammes die Unbequemlichkeit, mit einem Paralytiker nach dem Impfort zu reisen und ihn dort infizieren zu lassen. Dies kann heute wohl stets umgangen werden. Höchstens am gleichen Orte wird man sich noch dazu entschliessen. Man hat zur Konservierung von Malariablut verschiedene Methoden ausgearbeitet, die nicht alle den gleichen Wert besitzen. Man ringt um die Beseitigung mehrerer störender Momente. Zunächst liegt eine der Haupt-

---

[1]) Diese Ansicht wurde neuerdings auch von Wagner-Jauregg ausgesprochen. Ich persönlich bin indessen der Anschauung, dass es Fälle von Tertiana duplicata gibt, die ganz sicher durch fehlerhafte Impftechnik entstehen.

schwierigkeiten wohl darin, dass der Fortbestand der Parasiten an die Erhaltung der Erythrozyten gebunden ist. Ihre Konservierung ist nun bekanntlich für den Praktiker immer noch eine recht mühselige Sache und die Gefahr ist recht naheliegend, dass bei den zahlreichen Manipulationen unerwünschte Verunreinigungen vorkommen. Ein weiterer Punkt ist wohl der, dass die optimalen Züchtungsbedingungen der Plasmodien nicht absolut feststehend sind. Sicher ist die Höhe der Wasserstoffionenkonzentration im strömenden Blute eine durchaus andere, wie jene in den gebräuchlichsten Konservierungsmedien. Es scheint noch nicht ganz einwandfrei festzustehen, ob die Plasmodien bei anaerobem oder aerobem Wachstum besser gedeihen und welche Faktoren hauptsächlich die Weiterentwicklung der Sporulationsformen garantieren. So ist trotz der wertvollen Untersuchungen von Bass bis heute nicht viel mehr erreicht, als ein Dahinkümmern der Parasiten durch mehrere Generationen, bis sie zum Schluss absterben. Man hat zwar behauptet, dass die Parasiten in sogenannten Malariasubkulturen von infizierten roten Blutkörperchen zu gesunden zu wandern vermöchten, es wird dem aber von vielen Seiten widersprochen und dies mit guten Gründen. Vielleicht liegt gerade in diesem Punkte eine Hauptschwierigkeit: es scheint nur ausnahmsweise zu gelingen, die Parasiten zum Verlassen des infizierten Erythrozyten zu bringen, ohne dass die Plasmodien absterben.

So wird es begreiflich erscheinen, dass man auch mit der künstlichen Konservierung der Impftertiana auf einem toten Punkte steht und über bestimmte Zeiten hinaus die Parasiten nicht am Leben zu erhalten vermag. Für die gewöhnlichen Zwecke des Blutversandes genügen die in Verwendung stehenden Methoden wohl bis auf weiteres. Bei Versand auf kürzere Strecken genügt der Zusatz einer bestimmten Menge von gerinnungshindernden Flüssigkeiten, wie Natrium citricum oder Natrium oxalicum. Doch scheinen sich die Plasmodien nach meinen eigenen Beobachtungen kaum über 24 Stunden lebend zu halten. Die Technik dieser Art von Blutkonservierung ist kurz die folgende:

Man bereitet sich eine etwa 4%ige sterile Lösung von Natr. citricum, (ich selber verwende die 3,8%ige Lösung zur Bestimmung der Sedimentierungsgeschwindigkeit der Erythrozyten) saugt hiervon 4 ccm in eine sterile 20 ccm fassende Spritze und zieht nach Einstich in die gestaute Kubitalvene bis zu Marke 20 das Blut nach. Dann wird die Spritze mehrfach langsam umgedreht und ihr Inhalt in 2 Versandgläschen gegeben. Von anderen Autoren wird eine geringere Konzentration des Natriumzitrates gefordert, Dattner und Kauders lösen das Natriumzitrat in physiologischer Kochsalzlösung auf. Ich kann mir nicht denken, dass man damit in der Tat eine erhebliche Verlängerung der Konservierungsdauer erreicht. Denn es ist die sogenannte physiologische Kochsalzlösung gerade im vorliegenden Falle unphysiologisch genug. Der Postversand dieser Art von Blut erfolgt in der gleichen Weise und in derselben Verpackung wie die der Blutproben zur Wassermannschen Reaktion. Schon nach 12 Stunden sieht man einen Teil der Erythrozyten zerfallen und die über den Blutkörperchen stehende Flüssigkeit von ausgetretenem Blutfarbstoffe rot gefärbt. Bei warmer Witterung verkürzt sich diese Zeit unter Umständen noch ganz erheblich.

Neuerdings ist es Dattner und Kauders gelungen, die Methode der Zitratblutkonservierung noch weiter auszubauen. Sie gingen dabei so vor, dass die zu einer bestimmten Menge von 0,5%igem Natriumzitrat gleiche Teile Malariablutes gaben, dann diese Mischung in einzelnen Portionen bis zur eindeutigen Sedimentierung der Erythrozyten zentrifugierten. Die über den Blutkörperchen stehende Flüssigkeit wurde abpipettiert und durch die gleiche Menge Ringerlösung ersetzt. Auf sorgfältige

Entfernung entstehender Fibrinflocken wurde geachtet. Nach Aufsetzen der Ringerlösung wurde nochmals zentrifugiert, die Ringerlösung durch frische ersetzt und
diese Prozedur bis zur völligen Klärung der Flüssigkeit wiederholt. Die Konservierungsdauer reichte bis zu 48 Stunden. Ich habe die Methode mehrfach verwendet
und kann sie für kürzere Versandstrecken empfehlen. Ich verwendete an Stelle der
einfachen Ringerlösung die Ringer-Locksche Lösung, weil nach verschiedenen
Feststellungen die Anwesenheit von Dextrose in der Konservierungsflüssigkeit für
die Plasmodien von Vorteil zu sein scheint. Ich hatte bei einer 50stündigen Konservierungsdauer und bei 12⁰ Aussentemperatur noch positiven Impferfolg, doch
handelte es sich um einen Einzelfall.

Die sonst in Gebrauch befindlichen Konservierungsarten des Malariablutes,
wie sie Kirschbaum und die Wiener Schule verwendet haben, basieren im
wesentlichen auf den Erfahrungen von Bass. Bass gibt die folgende Vorschrift:

Einem Malariakranken werden aus der Ellenbogenvene 10 ccm Blut mit
steriler Nadel entnommen und in sterilem, mit Wattebausch verschlossenem Messzylinder mit 0,1 ccm 50%iger Dextrose vermischt. Die Mischung wird durch Schlagen
mit sterilem Glasstab defibriniert, das Fibrin entfernt, worauf man im Thermostaten bei 40⁰ konserviert. Will man Subkulturen erreichen, so ist es nötig, die Blut-
Dextrosemischung solange zu zentrifugieren, bis die weissen Blutkörperchen an die
Oberfläche getrieben werden. Man nimmt dann aus der Mitte der Erythrozytensuspension etwas Material und setzt es in einem neuen Reagenzglase in eine Blutserum-Dextrosemischung.

In Anlehnung an dieses Verfahren rät Kirschbaum, 10 ccm Malariablut,
das vor dem Fieberanstiege entnommen wurde, mit 0,1 ccm 50%iger Dextrose
zu vermischen und dann in der angegebenen Weise zu defibrinieren. Ähnlich
geht Gerstmann in seiner Methode II vor. Er defibriniert eine bestimmte
Menge von Malariablut, entfernt das Fibrin durch Filtration über steriler Gaze
und setzt Ringersche Flüssigkeit auf. Das Gemisch wird in mehrere Reagenzgläser verteilt, die Blutkörperchen werden abzentrifugiert und neue Ringerlösung wird solange aufgesetzt, bis die überstehende Flüssigkeit klar bleibt.
Dann werden die Blutkörperchen in vorher inaktiviertes Serum des Kranken
gegeben. (Konservierungsdauer angeblich 62 Stunden.) Ich selber kann das
von Ziemann angegebene Verfahren auf das wärmste empfehlen, vor allen
Dingen, wenn man der definitiven Suspensionsflüssigkeit (Blutserum, inaktiviert)
noch geringe Dextrosemengen zugibt. Beim Versand ist zu beachten, dass das
Versandgefäss hinreichend gefüllt ist, um zu brüskes Anschlagen des Glasinhaltes an den Wänden zu vermeiden.

Eine weitere Verbesserung dieser Methodik stellt die von Gerstmann
als Methode III angegebene Art der Blutkonservierung dar. Zwar glaube ich
nicht, dass mit ihr objektiv eine Verlängerung der Lebensdauer der Plasmodien
erreicht wird, wenn man die Ziemann-Basssche Methode vergleichsweise
heranzieht. Offenbar ist die Ziemann-Basssche Methodik zu Versandzwecken
deshalb weniger geeignet, weil durch Schütteln und Stossen beim Versand
noch ein bestimmter Prozentsatz von Erythrozyten zugrunde geht. Dieser
Fehler wird durch die Gerstmannsche Methode III zum Teil vermieden, und
deshalb möchte ich ihr gewisse Vorteile zuerkennen. Ich habe mehrfach versucht, im Laboratorium einen Unterschied in der Konservierungsdauer zwischen
der Ziemann-Basssschen Methode und Gerstmanns Methode III festzustellen,
die Ergebnisse sind aber nicht eindeutig zugunsten der letzteren ausgefallen

und ich neige, wie gesagt, der Ansicht zu, dass die letztere Technik vor allem deshalb bessere Erfolge aufzuweisen hat, weil sie die suspendierten Erythrozyten gewissermaßen auf einem Gel, dem Blutserum-Agar, ruhig stellt. Es scheint also in erster Linie ein rein mechanisches Moment zu sein, das bei der Blutserum-Agarkonservierungsmethode die längere Brauchbarkeit des Impfstoffes bewirkt. Ich habe wenigstens nie beobachten können, dass in so präpariertem Impfstoffe sich freie Parasiten befunden hätten, und es scheint mir auch zweifelhaft, ob aus dem umgebenden Suspensionsmittel und dem Zusatz von gesunden Erythrozyten wirklich bestimmte Nährsubstanzen an die infizierten Blutkörperchen bzw. an die Parasiten abgegeben werden. Die nähere Technik der Gerstmannschen Methode III ist die folgende: Man defibriniert eine bestimmte Blutmenge, für einen Versand etwa 10 ccm, entfernt das Fibrin und mischt diese Blutmenge mit der dreifachen Agarmenge. Das Gemisch lässt man in sterilem Reagenzglase schräg erstarren. Dann setzt man auf das Gel etwa 10 bis 20 ccm defibriniertes Malariablut, wobei darauf zu achten ist, dass das Ganze steril bleibt. Man kann, um diesbezüglich sicher zu gehen, das Röhrchen vor dem Zusatz des Malariablutes erst einige Tage im Brutschrank bebrüten lassen. Das zu versendende Röhrchen ist möglichst bis zum Stöpsel mit seinem Inhalt zu füllen und der Kork mit Paraffin zu überziehen. Dann kann der Versand erfolgen. Ob man in allen Fällen zum Ziele kommt, ist trotzdem fraglich, und ich möchte hier nochmals darauf hinweisen, dass sichere Konservierungsmethoden für Plasmodien nicht bestehen. Vor allem beim Versand auf weite Strecken ist immer ein gewisses Risiko dabei. Man umgeht es durch Versand mehrerer Blutproben und, wie die Klinik Wagner-Jauregg es neuerdings tut, unter gleichzeitiger Anwendung verschiedener Konservierungsmethoden. Selbst dann kann man aber unliebsame Überraschungen erleben, wie ich aus eigener Erfahrung weiss. Dann sind Reklamationen und Nachbestellungen unvermeidlich; was natürlich wieder mit Zeitverlust und doppelter Arbeit verbunden ist[1]). Praktisch ist indessen der Versand von Malariablut auf weitere Strecken für deutsche Verhältnisse kein besonders häufiges Vorkommnis und man wird dann ohnehin mit dem Bezug von Zitratblut auszukommen suchen. Hat der Impfstoff seinen Bestimmungsort erreicht, dann ist er unmittelbar nach Ankunft zu verimpfen. In welcher Weise dies geschieht, richtet sich nach mehreren Gesichtspunkten. Wer Wert darauf legt, unter allen Umständen eine sichere Infektion zu haben, der wird die intravenöse Verimpfung vorziehen. Selbstredend ist sie bei agar- und gelatinehaltigem Impfmaterial zu unterlassen. Ich selbst habe bei 50 intravenösen Impfungen keinen einzigen Versager erlebt. Es ist in der Literatur mehrfach darauf hingewiesen worden, dass bei einem bestimmten Prozentsatze von Paralytikern die Infektion überhaupt nicht angehe. Ich habe nie etwas derartiges erlebt und wo ich glaubte, ähnliche Beobachtungen

---

[1]) Ich selbst habe vor einem halben Jahre Malariablut aus der Wiener Klinik bezogen, das nach Gerstmanns Methode III präpariert war. Die Verimpfung erfolgte nach 36 Stunden und hatte negatives Ergebnis trotz sachgemäßer Technik. Der gleiche Kranke konnte 6 Wochen später mit Tertianablut der Münchner Klinik anstandslos infiziert werden. Die von Gerstmann für seine Methode II angegebene Konservierungsdauer dürfte sonach wesentlich kürzer zu setzen sein.

gemacht zu haben, da musste ich bei weiterem Zusehen eingestehen, dass dies
an technischen Fehlern meinerseits lag. Jedenfalls glaube ich, dass bei sachgemäßer Technik die erste Impfung am Paralytiker nur in Ausnahmefällen
nicht angeht. Und diese Ausnahmefälle sind wohl wesentlich seltener, als man
da und dort angenommen hat. Es sind, das sollte bedacht werden, nicht alle
Impfmethoden gleichwertig, und es ist auch nicht eine jede in jedem Falle zu
empfehlen. Auf der einen Seite möchte man eine Technik besitzen, die ganz
zuverlässig ist und bei deren Anwendung es zu kurzfristigen Inkubationszeiten
kommt. Auf der anderen Seite sind jene Techniken, die diesen Anforderungen
am nächsten kommen, wieder in anderer Beziehung nicht ideal. Dauernde
intravenöse Verimpfung bringt zwar den Kranken nicht weiter in Gefahr, hat
aber den Mißstand an sich, dass bei Vorhandensein mehrerer Parasitengenerationen im Blute des Spenders diese mit Vorliebe auch auf den Neu-
geimpften übergehen und durch weitere Passagen fortgeschleppt werden.
Offenbar rührt dies daher, dass bei intravenöser Verimpfung eine relativ grosse
Menge lebender Parasiten ins strömende Blut gelangt und dort erhalten bleibt.
Bei der subkutanen Methode ist dies anders. Hier geht wohl der grösste Teil
der Parasiten an Ort und Stelle zugrunde und man hat die unbegründete
Vermutung ausgesprochen, dass nur ein kleiner Teil aus dem gesamten
Plasmodiendepot in das strömende Blut gelangt. Die intramuskuläre Verimpfung
scheint eine gewisse Zwischenstellung zwischen der subkutanen und der intravenösen Methode einzunehmen, je nach der Grösse des Depots, seiner Tiefe,
der Nachbarschaft grösserer Gefässe u. a. m. Am unsichersten scheint die
intrakutane Technik und die Skarifikation zu sein, obwohl beide den natürlichen
Infektionsverhältnissen am nächsten kommen. Wer über eine grössere Anzahl
von paralytischen Kranken verfügt und seinen Plasmodienstamm schon längere
Zeit gebraucht, der wird am zweckmäßigsten eine Methode anwenden, die nur
eine geringe Anzahl von Keimen überträgt, also die intrakutane Methode oder
die Skarifikation, wohl auch die subkutane Übertragung. Aber ich halte es nicht
für ratsam, mehrere Impfungen am gleichen Kranken mit verschiedenen
Methoden vorzunehmen. Die Gefahr ist doch naheliegend, dass die Parasiten
in verschiedenen Stadien der Reifung ins Blut gelangen und das typische Fieberbild dann verwischen. Bei der Überimpfung von Mensch zu Mensch wird so
vorgegangen, dass man etwa 2 ccm Blut aus der Armvene des Spenders entnimmt und dieses dem zu Impfenden einverleibt. In welchem Stadium des
Fieberverlaufes das Blut entnommen wird, ist ziemlich gleichgültig. Unsicher
sind nur die Verimpfungen während der Inkubationszeit und jene nach begonnener Chininbehandlung. Es soll also der Kranke wenigstens einen deutlichen
Fieberanfall durchgemacht haben, bevor man von ihm weiter Blut auf einen
anderen Kranken überträgt. Ausnahmen von dieser Regel sind aber zulässig,
besonders dann, wenn im Blute vor dem ersten Fieberanfall bereits Parasiten
nachzuweisen sind, oder der erste Fieberanstieg deutlich bevorsteht. Ob man
bei sogenannter fieberloser Malaria Aussicht hat, die Impfung mit Erfolg vorzunehmen, wird davon abhängen, ob Parasiten im peripheren Blute kreisen
oder nicht. Es ereignet sich nicht selten, dass man gezwungen ist, von einem
Falle von fieberloser Malaria abimpfen zu müssen. Wenn sich die Zahl der

Fieberanfälle nach und nach ohne Chininverabreichung erschöpft, werden kleinere klinische Abteilungen nicht selten auf diese Möglichkeit wenig vorbereitet sein und man wird versuchen, den erlöschenden Tertianastamm wiederzugewinnen. Auf Erfolg kann man nicht in allen Fällen rechnen. Sehr häufig verschwinden dann die Parasiten ziemlich rasch aus dem peripheren Blute und sind auch durch Provokationsmethoden nicht mehr darstellbar. Doch habe ich immerhin in einigen Fällen den schon verlorenen Tertianastamm in letzter Stunde noch durch rasches Verimpfen erhalten können. Zu anderer Zeit war dieser Versuch fruchtlos. Bei der Übertragung von Malariablut auf subkutanem Wege ist noch zu beachten, dass den Parasiten die Möglichkeit gegeben wird, in eröffnete Blutgefässe einzudringen. Man erreicht dies dadurch, dass man von verschiedenen Seiten her einsticht oder die Nadel nach erfolgtem Einstich seitlich abhebelt, damit bei dieser Prozedur kleine Gefässe eröffnet werden. Ich gebe allerdings zu, dass diese von der Schule Wagner-Jaureggs empfohlene Maßnahme experimentell noch keineswegs hinreichend gestützt ist. Es scheint nicht festzustehen, ob die Malariaplasmodien zu einer Ortsveränderung im gesunden Gewebe fähig sind und ob sie durch die unverletzte Gefässwand hindurch zu gelangen vermögen. Dass die Plasmodien bei Übertragung der natürlichen Malaria von der Anopheles in der Mehrzahl aller Fälle direkt ins Blut abgegeben werden, steht fest. Ob diese direkte Abgabe in die Blutbahn aber unbedingtes Erfordernis für einen positiven Erfolg der Übertragung ist, scheint nicht sicher erwiesen zu sein. Bei einiger Übung wird man den Zusatz von gerinnungshemmenden Mitteln zum Malariablut sich schenken können. Der Anfänger kann das Impfblut in eine 5 ccm fassende Spritze aufziehen, das einen Kubikzentimeter 4%iges Natrium citricum enthält. Über die Verimpfung auf intravenösem und intramuskulärem Wege ist hinsichtlich der näheren Technik nicht viel zu sagen. Bei der intravenösen Übertragung wird sich in den meisten Fällen ein gerinnungshemmender Blutzusatz nicht umgehen lassen. Man vermeide bei direkter Einimpfung in die Blutbahn die Verwendung grösserer Blutmengen. Eine 2 ccm fassende Spritze genügt durchaus zu diesem Zwecke. Bei der Übertragung mittels Skarifikation werden mehrere oberflächliche Hautschnitte am Oberarm angelegt, in die man dann das Malariablut durch vorsichtiges Verreiben mit einem Korken und ähnlichem überträgt.

In jüngster Zeit haben englische Autoren die Methode der natürlichen Übertragung durch die Anopheles gewählt. Sie liessen Anophelesweibchen zunächst am Blutspender saugen und setzten die Tiere dann nach Ablauf der berechneten Zeit dem zu impfenden Paralytiker auf.

Über derartige Versuche hat z. B. Warrington Yorke (Transakt. of the royal Soc. of tropic. med. and hyg. Bd. 19, Nr. 3, S. 108, 1925) neben anderen berichtet. Die Infektionen gingen offenbar regelmäßig an, erwiesen sich aber als schwer beeinflussbar durch Chinin, denn es kam zu Malariarückfällen in über 57% aller Fälle. Es gelang, auch von älteren Tertianastämmen nach Anopheles zu infizieren. Yorke berichtet dies von einem Tertianastamm, der in der 41. Passage stand. Was die Brauchbarkeit der Methode der natürlichen Malariaübertragung durch die Anopheles anlangt, so halte ich diese Technik mit Wagner-Jauregg für ein sehr gewagtes Experiment, dessen Ausgang nicht abzusehen ist. Man sorgt durch die natürliche Übertragung der Malaria für ein Erhaltenbleiben der Gameten, ein klinisch sicher wenig erwünschtes Ergebnis. Dann gibt man unter Umständen Anlass zu weitgehender Gefährdung der Umgebung. Es wird begreiflich erscheinen, dass bei positivem Gametenbefunde im peripheren Blute bei malariainfizierten Paralytikern jederzeit eine Verschleppung der Malaria auf die Umgebung möglich ist. Das gilt nicht etwa nur für die warme Jahreszeit. Es ist erwiesen, dass die Anopheles in Wohnräumen auch während des Winters zu stechen vermag. Man nimmt also mit der Methode der natürlichen Malariaübertragung auf Paralytiker eine Verantwortung auf sich, die ebenso unnötig wie schwerwiegend ist. Ich hielte es für angezeigt, dass behördlicherseits die Methode der natürlichen Malariaübertragung auf Paralytiker untersagt würde. Weite Verbreitung wird sie ohnehin bei der Kompliziertheit ihrer Technik kaum finden.

Vor Beginn der Kur ist jeder Kranke sorgfältig internistisch zu untersuchen. Man verabreicht zweckmäßig schon einige Tage vor erfolgter Impfung Digitalis. Kachektische Kranke wird man durch Bettruhe, geeignete Nahrung und vorsichtige Proteingaben in ihrem körperlichen Zustand etwas zu bessern versuchen. Inwieweit man malariainfizierte Kranke von den anderen Patienten isoliert, hängt von den örtlichen Verhältnissen ab und von der Beschaffenheit des verwendeten Tertianastammes. Wir haben in Erlangen besondere Vorsichtsmaßregeln nicht getroffen, obwohl ich die Anopheles maculipennis fast den ganzen Sommer hindurch finden konnte und mehrfach auch in der Klinik selbst gefangen habe. Ich muss allerdings dazu bemerken, dass mich diese Sorglosigkeit bisweilen doch in innere Konflikte versetzt hat. Nun ist mir, was zur Entschuldigung gesagt sei, die Nähe der Gefahr erst seit dem Jahre 1926 bekannt und es lag im Sommer dieses Jahres der Temperaturdurchschnitt meist unter dem jener Temperaturgrenze, innerhalb welcher die Übertragung der Plasmodien durch die Anopheles erfolgt. Zudem war der zur Infektion verwendete Stamm seit fast 2 Jahren gametenfrei befunden worden. Trotzdem möchte ich den Rat geben, lieber etwas zu vorsichtig, als zu sorglos zu sein, und neuere Erfahrungen scheinen diesem Rat Nachdruck zu verleihen. Dies gilt vor allen Dingen für psychiatrische Abteilungen, die weiter südlich gelegen sind und wärmere Jahresdurchschnitte haben. In tropischen Ländern darf die Impfmalaria nur in gesonderten Räumen vorgenommen werden, die mückendichte Fenstergitter tragen und doppeltürig sind. Daneben wird eine periodische Durchräucherung des betreffenden Krankensaales in Betracht kommen. Als letzte vorbereitende Maßnahme vor Beginn der Kur bedarf es der Einholung einer Einverständniserklärung zur Impfung bei den Angehörigen des Kranken. Wir möchten nachdrücklichst auf die Notwendigkeit dieser Sicherung hinweisen. Man erspart sich damit höchst unerquickliche persönliche Auseinandersetzungen mit der Verwandtschaft des Kranken und vermeidet gerichtliche Nachspiele oder unberechtigte Vorwürfe bei unerwünschtem Ausgang der Impfbehandlung. Es ist eigentlich selbstverständlich, dass man diese Einwilligung der Angehörigen nicht auf schriftlichem Wege einholt, und man darf sich nicht wundern, wenn auf schriftliche Anfragen hin abschlägige Bescheide kommen. Denn es ist wohl hinreichend bekannt, wie behördliche Ansuchen dieser Art bei den Angehörigen von Kranken gewertet werden. Wenn nicht persönliche Erläuterungen von seiten des behandelnden Arztes dazu kommen, werden viele Angehörige den Vorschlag einer Infektionsbehandlung immer als Versuch auffassen, jemanden zum Objekt der Laboratoriumswissenschaft zu machen und sie werden sich nach Kräften gegen diese Absicht stellen. Ich rate, immer so vorzugehen, dass man nach sichergestellter Diagnose und nach erfolgter Klinikaufnahme den zuständigen Angehörigen des Kranken schriftlich zu sich bittet. Meist wird die Ehefrau, der Bruder, die Schwester oder die Eltern des Kranken, wohl auch ein mündiges Kind des Patienten in Betracht kommen. Man legt dann die klinische Sachlage offen klar. Ich pflege die Angehörigen über die Natur des Leidens aufzuklären, über die Heilungs- und Besserungsaussichten des Leidens ohne Behandlung. Ich schlage dann den Angehörigen die Infektionstherapie vor als die nach unserer Meinung wirksamste therapeutische Methode. Ich weise dabei nachdrücklichst auf die Gefahren der Behandlung hin, erinnere aber auch daran, dass der Kranke unbehandelt einem hoffnungslosen Siechtum entgegengeht. Besonders lege ich den Angehörigen nahe, bei unglücklichem Ausgang der Kur nicht dem Arzt die Schuld zuzuschieben. Mit gutem Gewissen wird man auch an die erfolgreichen Impfungen erinnern dürfen. Gewöhnlich ziehen die Angehörigen des Kranken dann ohne weiteres die naheliegende Schlussfolgerung und sehen ein, dass es sich im vorliegenden Falle eigentlich um nichts anderes handelt, als um einen Entschluss zu einem operativen Eingriff, der auf Leben und Tod geht. Es ist notwendig, die Angehörigen auch über die Natur des Behandlungsverfahrens in groben Zügen aufzuklären und sie darauf vorzubereiten, dass die Kranken körperlich im Verlauf der Behandlung zunächst erheblich zurückgehen werden, dass überhaupt ihr Befinden im Verlauf der nächsten Wochen in jeder Hinsicht verschlimmert erscheinen wird. Es lasse dieser Umstand aber nicht ohne weiteres einen Schluss auf den Ausgang der Kur zu, denn die Kranken holten später, wenn die Kur von Erfolg begleitet sei, alles nach. Wenn die Angehörigen durch die Krankheit des zu Behandelnden oder aus anderen Gründen vor Zahlungsschwierigkeiten stehen, dann ist es ärztliche Pflicht, die Zahlenden auf die Möglichkeit aufmerksam zu machen, dass es mit einer klinischen Behandlung von einigen Wochen unter Umständen nicht getan ist, dass man sich also finanziell vorzusehen hat. Man halte die Angehörigen nach Möglichkeit vor unnötigen Geldausgaben zurück, die am Anfang der klinischen Behandlung durch Übernahme des Kranken in bessere Verpflegungsklassen so leicht begangen werden. Die Erfahrung lehrte uns, dass sich nach relativ kurzer Zeit die Mittel entgegen allen Versicherungen erschöpfen und dass dann der Kranke doch in eine niedere Verpflegungsklasse versetzt werden muss. Im übrigen wirke man dahin, dass die Besuche bei dem Patienten nach Möglichkeit eingeschränkt werden. Dieses Erfordernis ergibt sich vor allen Dingen auch für die Zeit der Rekonvaleszenz und die der beginnenden Remission. Die Kranken drängen zu gewissen Zeiten mit grossem Ungestüm nach Hause, täten aber objektiv meist viel besser, noch einige Zeit in klinischer Behandlung zu bleiben. Da die Angehörigen häufig nicht den Mut haben, dem gebesserten Kranken offen zu sagen, seine Entlassung erscheine derzeit noch verfrüht, tritt bei jedem Besuche an den Arzt die höchst unerwünschte Frage heran, ob er die Beobachtung vorzeitig abbrechen soll oder nicht. Zudem ist der intellektuell höher stehende Patient in Fällen verlängerter klinischer Behandlung stets geneigt, dem Arzt die alleinige Schuld an der Verzögerung der Entlassung zuzuschreiben und die Angehörigen mit Klagen über Arzt und Klinik zu überschütten.

Ist die Impfung mit Malaria oder Rekurrens erfolgt, dann soll der Kranke grundsätzlich zu Bett bleiben, auch wenn ihm diese Maßnahme nicht behagt. Der Malariastamm ist hinreichend in seinem Fortbestand sicherzustellen. Dies geschieht am besten dadurch, dass man jeweils wenigstens 2 Kranke als Plasmodienträger in der Abteilung oder doch in allernächster Nähe hält. Bei kleineren psychiatrischen Stationen ist diese Vorschrift praktisch schwer durchführbar. In solchen Fällen bleibt kaum was anderes übrig, als den Plasmodienstamm in ruhigeren Zeiten verloren zu geben, oder ihn unter einem gewissen Risiko nur auf einem einzigen Kranken zu erhalten. Wird hinreichend sorgfältig geimpft, dann ist es, wie wir uns überzeugt haben, in der Tat möglich, trotz der niederen Passageziffern den Tertianastamm lange Zeit ohne Zwischenfall zu erhalten. Freilich, ein einziges kleines Missgeschick kann die ganze Hoffnung zunichte machen. Dann muss von neuem Tertianablut aus einer auswärtigen Abteilung bezogen werden.

Zum Verständnis der nun zu besprechenden klinisch regelmäßigen Verlaufsformen der Impftertiana wird es nötig sein, an einige Daten aus der Parasitologie und Klinik der natürlichen Malariatertiana kurz zu erinnern.

Der Erreger der Tertiana, das Plasmodium vivax Grossi et Feletti, das nach der Benennung Dofleins zur Unterordnung Haemosporidia der Sporozoenklasse gehört, gilt nach dem Urteil der meisten Malariaforscher als eine Sonderart der Malariaplasmodien. Nur ein kleinerer Teil der Autoren behauptet die Identität der Plasmodien des Tertiana-, Quartana- und Perniziosafiebers, indem man je nach äusseren oder inneren Entwicklungsbedingungen ein Variieren der einzelnen Plasmodienart annimmt. Diese sogenannte Unitaritätslehre sieht also in den einzelnen Plasmodienarten nur Erscheinungsformen eines zoologisch identischen Erregers. Die unitarischen Anschauungen stützen sich auf die Beobachtung, dass die einzelnen Plasmodienarten epidemiologisch nicht nebeneinander vorkommen können, dass bestimmte Parasitenarten im gleichen Individuum je nach Jahreszeit und klimatischen Bedingungen in regelmäßigem Wechsel von anderen Arten abgelöst zu werden scheinen und dass die Überimpfung des gleichen Malariablutes nicht stets vom gleichen Fiebertypus gefolgt zu sein pflegt. Demgegenüber weist die Gegenseite darauf hin, dass bei künstlichen Übertragungen bislang nur immer die gleichen Parasitenarten auftraten, dass die Vergesellschaftung mehrerer Parasitenformen als Mischinfektionen zu erklären seien, was auch für den zeitlichen Wechsel einzelner Parasitenformen im gleichen Wirte zuträfe. Nicht zuletzt spräche die verschiedenartige Beeinflussbarkeit der einzelnen Parasitenarten durch Chinin für tiefergehende biologische Artunterschiede. Es wird aber zugegeben, dass unter den einzelnen Arten von Plasmodien noch besondere Varietäten existieren können, die sich je nach Pathogenität, Morphologie und epidemiologischem Verhalten unterscheiden. Die Morphologie und Biologie der Quartana und der Tropica soll hier übergangen werden, da diese Arten von Plasmodien zu impftherapeutischen Zwecken kaum in Betracht kommen. Bei der Tertiana unterscheidet man, wie übrigens auch bei Quartana und Tropica, einen geschlechtlichen (Sporogonie) und einen ungeschlechtlichen (Schizogonie) Lebenszyklus. Während sich der ungeschlechtliche Tertianakreislauf ausschliesslich im menschlichen Blute vollzieht, spielt sich der grösste Teil des geschlechtlichen Zyklus, die Schizogonie, innerhalb der Anopheles ab. Durch den Stich der Mücke werden eine Anzahl voll entwickelter und ausgereifter Sporozoiten der Speicheldrüse der Anopheles in das menschliche Blut übertragen. Die freien Sporozoiten erreichen, wie Schaudinn gezeigt hat, durch Eigenbewegung die roten Blutzellen, haften an ihnen und dringen wahrscheinlich in ihr Inneres ein. Der junge Tertianaparasit erscheint dann im Innern des roten Blutkörperchens als ein blaugesäumter Ring von der Grösse eines Viertels des Erythrozyten. Innerhalb des umsäumenden Ringes liegt ein leuchtend rotes Chromatinkorn. Das Innere des Ringes ist hell und soll nach Schaudinn als Nahrungsvakuole dienen. Mit zunehmendem Alter des Ringparasiten verbreitet sich das Plasmaband und das Chromatinkorn, die Vakuole wird enger, das Plasma wird unregelmäßig gelappt, im ungefärbten Präparat macht der Tertianaparasit amöboide Bewegungen, gleichzeitig kommt es um diese Zeit zu mehrfachen Kernteilungen. Die Ringform verschwindet, das Plasmodium stellt sich als basophiler, unregelmäßiger, abgerundet-gelappter Körper dar, der einige kleine Vakuolen enthält und in dessen Innerem jetzt feinste braune Stippchen auftreten, das Malariapigment. Es ist nach Nocht und Meyer ein Abbauprodukt des Hämoglobins, wahrscheinlich eine verdaute Form des Blutfarbstoffs. Während zu Anfang des amöboiden Stadiums die Bewegungen des Parasiten recht lebhafte waren, verlangsamen sie sich bei fortschreitender Reifung zusehends. Damit beginnt die Teilung. Das Chromatinkorn, der Kern des Plasmodiums, teilt sich in 12—20 kleiner Partikel auf, die maulbeerartig angeordnet im Inneren des Parasiten liegen, das Malariapigment ballt sich zu grösseren, meist zentral gelegenen Brocken, zuletzt folgt die Teilung des Plasmas nach. Das Blutkörperchen berstet, die neuabgeteilten Tochterparasiten Merozoiten, werden frei, schwärmen ins Blut aus und infizieren einen neuen Erythrozyten. Damit ist der asexuelle Lebenszyklus beendet, der sich bei Malaria tertiana innerhalb 48 Stunden ganz vollzogen hat. Da der Fieberverlauf mit der Parasitenentwicklung parallel geht, wird also bei gewöhnlicher Tertiana alle 48 Stunden ein Fieberanfall kommen. Es bleibt sonach immer eine eintägige Ruhepause zwischen zwei Temperaturanstiegen. Neben den eben beschriebenen ungeschlechtlichen Tertianaformen können geschlechtliche im Blute kreisen. Da die letzteren zahlenmäßig gegenüber den Schizonten bei junger Malaria stark zurücktreten, scheinen die Gameten einen nennenswerten Einfluss auf den Fieberwert der Tertiana nicht zu haben. Das Fieber richtet sich bei der Tertiana nach den asexuellen Plasmodien[1]). Der sexuelle Lebenszyklus der Tertianaparasiten vollzieht sich, wie oben gesagt wurde, im wesentlichen in der Mücke. Man darf dies aber nicht absolut verstehen. Auch die erste Bildung der Gameten bzw. ihrer Jugendformen vollzieht sich im menschlichen Blut. Es setzt sich nur dieser Entwicklungsgang in der Mücke fort und erreicht da seinen Höhepunkt. Hinsichtlich der ersten Entwicklung der geschlechtlichen Tertianaformen scheint noch nicht alles bis zur Einstimmigkeit geklärt. Die Anopheles überträgt nur reife Sporozoiten. Diese Sporozoiten sind aber doch vielleicht biologisch nicht ganz gleichwertig. Gewiss entwickeln sich aus diesen Sporozoiten durch asexuelle Teilung die Merozoiten, die ihren ungeschlechtlichen Zyklus beliebig oft wiederholen können. Aber aus bestimmten Merozoiten entwickeln sich doch die Vorstufen der Tertianageschlechtsformen, die Gametozyten. Diese Umbildung bestimmter Merozoiten in Gametozyten erfolgt offenbar schon früh nach gelungener Infektion. Riedl bemerkte diese Umwandlung schon während der 12tägigen Inkubationszeit der Tertiana. Meist ist aber der Entwicklung der Gametozyten wenigstens eine asexuelle Teilung vorausgegangen. Einzelne Autoren sahen den biologischen Unterschied zwischen asexuellen und sexuellen Tertianaformen direkt bis zu den Sporozoiten zurückgehen. Wenn die Mücke eine bestimmte Sporozoitenmenge überimpft, sollen unter diesen Sichelkernen schon einzelne besonders geartete sein, aus denen die sexuellen Formen erwachsen. Wie v. Berenberg-Gossler und Gonder berichten, sind die Gametozyten schon frühzeitig unter den jungen Merozoiten durch die Art ihrer Kernanordnung zu unterscheiden. Es ist sicher, dass das Verhältnis der sexuellen zu den asexuellen Formen der Tertianparasiten kein konstantes ist und dass es Zeiten geben kann, in denen die Gameten zahlenmäßig im peripheren Blute überwiegen können. Es steht ja noch keineswegs

---

[1]) wenigstens bei den Neuerkrankungen.

fest, wovon die Ausbildung von Sexualformen abhängig ist. Man vermutet, es könnten Änderungen der Immunitätsverhältnisse die Entwicklung von Gameten begünstigen. Überhaupt soll es mit Vorliebe dann zu Gametenbildung kommen, wenn sich die Existenzbedingungen für die ungeschlechtlichen Parasiten im peripheren Blute verschlechtern. Auch kleine Chinindosen werden als Gametenbildner angesehen.

Jedenfalls möchten wir schon hier betonen: es ist nicht ganz sicher, was die gesteigerte Entstehung von Geschlechtsformen bei der Tertiana veranlasst und man wird es nie ganz in der Hand haben, ob und wieviele Gameten bei künstlichen Übertragungen im Blute auftreten. Wir halten es für bedenklich, von „gametenfreien" Tertianastämmen zu sprechen.

Die jüngsten Sexualformen der Tertianagameten sollen nach Nocht und Meyer sehr schwer voneinander zu unterscheiden sein. Ihre Form ist die einer ovalen blauen Scheibe, die in der Mitte oder an der Seite ein Chromatinkorn trägt. Dieser Kern kann von einem hellen Hof umgeben sein, niemals aber tritt eine ringähnliche Gestalt mit ausgesprochener Nahrungsvaknole auf. Bei weiterem Wachstum bleiben beide Geschlechter stets rundlich, amöboide Bewegungen sind nicht zu erkennen. Die weiblichen Formen erscheinen später als dunkelblaue, ovale Gebilde, deren Kern meist seitlich, gewöhnlich schräg an einem der Pole gelagert ist und als intensiv gefärbter länglicher Chromatinkörper erscheint, um den manchmal ein schwach oder ungefärbter Hof erkennbar ist. Die Gebilde erreichen bei völliger Reife fast die doppelte Grösse wie die Erythrozyten. Das blaue Protoplasma ist sehr reichlich überlagert von braunschwarzen Pigmentkörnchen. Diese sind viel zahlreicher als bei ungeschlechtlichen Formen. Die männlichen Geschlechtsformen (Mikrogametozyten), in der Form gleichfalls rundlich oval, färben sich blassbläulich bis rosa, ihr Kern liegt meist in der Mitte als netzartig aufgelockerte Chromatinmasse, fast die ganze Breite des Parasiten einnehmend. Die männlichen Formen sind gewöhnlich etwas kleiner als die weiblichen; wenn sie völlig reif sind, können sie durch die gleichmäßige Verteilung von Kernsubstanz über den ganzen Parasiten im ganzen unregelmäßig leuchtend rot erscheinen. Auch sie zeichnen sich durch ein sehr reichliches, über sie verteiltes Pigment aus (Nocht und Meyer). Zusammenfassend unterscheiden sich sonach morphologisch die Tertianagameten gegenüber den Schizonten durch ihren Umfang: die Gameten sind die grösseren Parasiten, haben keine Nahrungsvakuole, sind nicht oder nur gering beweglich und haben ein viel üppiger entwickeltes Pigment. Männliche und weibliche Gameten unterscheiden sich voneinander nach Intensität der Färbbarkeit, sowie hinsichtlich der Pigmentverteilung, der Grösse und Beweglichkeit, nicht zuletzt nach der Farbe des Pigmentes. Die Lebensdauer der Gameten im menschlichen Organismus schwankt. Sicher ist sie länger als bei den Schizonten. Therapeutisch ist von Wichtigkeit, dass die sexuellen Formen durch Chinin wesentlich schwerer zu beeinflussen sind. Die weitere Differenzierung der Geschlechtsformen in Makrogametozyt (w.) und Mikrogametozyt (m.) erfolgt teils noch im peripheren Blut, teils in der Mücke. In der Anopheles sollen sich vor allen Dingen die männlichen Sexualformen heranbilden, während die Makrogametozyten bereits früher hinreichend charakterisiert erscheinen. Schaudinn hat den Nachweis erbracht, dass unter Umständen im Blute eine Umwandlung von Makrogameten in Schizonten ohne vorausgehende Befruchtung erfolgen kann, was für die Erklärung von Rezidiven wichtig ist (Parthenogenese). Die Sporogonie, also die geschlechtliche Vermehrung der Plasmodien innerhalb der Mücke, vollzieht sich bei etwa 28—30⁰ innerhalb 8 Tagen, kann aber auch längere Zeit benötigen. Von der Anopheles aufgesogene Schizonten gehen im Magen nach kurzer Zeit zugrunde. Innerhalb der Mücke vollendet sich die Reifung der Gametozyten und es kommt daselbst zur Befruchtung. Aus der Verschmelzung männlicher und weiblicher Kernsubstanzen entstandenen Kopulationsform entwickelt sich zunächst der bewegliche Parasit, den man Ookinet nennt. Er bildet sich zur unbeweglichen Form der Oozyste um, in deren Innerem durch Kern- und Plasmateilung die Sporoblasten heranreifen. Ist dies geschehen, dann schwärmen die reifen Sporozoiten aus, gelangen

in die Speicheldrüse der Mücke und werden von hier aus mit dem Stich von neuem
übertragen. Von Einzelheiten aus der Sporogonie der Tertianaparasiten interessiert,
dass die Befruchtung der Makrogameten durch die Mikrogameten im Magen des
Überträgers unter Umständen sehr rasch von statten geht. Schaudinn (zit. nach
Ziemann) sah bereits 12—20 St. nach dem Saugakt die ersten Entwicklungsstadien.
Eine gewisse epidemiologische Sicherung bedeutet die Tatsache, dass zu einer Entwicklung der Gameten in der Anopheles eine Mindestmenge von Gameten erforderlich
zu sein scheint, die von der Mücke aufgenommen werden muss, wenn sie überhaupt
infektionsfähig sein soll. Jedenfalls scheint der grössere Prozentsatz von Gameten
aus dem kreisenden Blute — nach Darling 79% — überhaupt nicht zur Entwicklung
in der Anopheles zu kommen, da nicht alle Anophelesarten gleich empfänglich für
die Beherbergung der Parasiten sind und ein weiterer Teil der Plasmodien vorzeitig
der Phagozytose zum Opfer fällt. Die Entwicklung der Oozysten erfolgt in der
Magenwand der Anopheles. Die Zahl der Zysten schwankt erheblich, Ziemann
zählte 85 bei stärkster Infektion, Grassi bis zu 500. In der Oozyste können bis zu
10 000 Sporozoiten zur Reifung kommen (Ross). Wie lange sich reife Sporozoiten
innerhalb der Anopheles lebend zu erhalten vermögen, ist nicht sicher. Fest scheint
nur zu stehen, dass die Sichelkeime in den Speicheldrüsen nur beschränkte Zeit am
Leben bleiben, nach Mayne bis zu 45 Tagen, nach anderen Autoren kürzere Zeiträume.
Es wird die Möglichkeit einer Überwinterung von Sporozoiten in den Speicheldrüsen
ziemlich übereinstimmend abgelehnt. Nicht ganz so sicher ist entschieden, ob die
Plasmodien nicht in anderen Organen der Mücke längere Zeit zu leben vermögen
und daselbst nicht auch den Winter überstehen. Mühlens sah z. B. Sprozoiten
bei Anopheles maculipennis auch in den Muskelbündeln, in Fettzellen, in den Palpen,
den Beinen usw. Bezüglich weiterer biologischer Einzelheiten sei auf die Monographien von Ziemann, Nocht und Meyer, Grassi, Celli, Ruge, Mühlens u. a.
verwiesen.

Die natürliche Malaria tertiana kommt 10—20 Tage nach erfolgter Übertragung zum Ausbruch. Während der Inkubationszeit treten Müdigkeit, Glieder-
schwere, Arbeitsunlust und Appetitlosigkeit auf. In anderen Fällen stehen heftige
Kopfschmerzen und Milzbeschwerden im Vordergrund des klinischen Bildes. Die
Temperatur zeigt subfebrile Schwankungen, hier und da soll es zu Durchfällen und
Obstipationen kommen. Das Leiden selbst setzt ein mit einem akuten Fieberanfall,
der in den 3 Stadien des Schüttelfrostes, der Hitzeperiode und des Schweissausbruches
verläuft. Wodurch die Fieberanfälle bedingt werden, ist nicht endgültig entschieden.
Man bringt sie mit entstehenden Toxinen, mit dem Parasiten- und Erythrozyten-
zerfall in Zusammenhang. Den parasitologischen Blutbefund im Verlauf der natürlichen
Tertiana simplex zeigt folgende Tabelle:

Art der vorkommenden Parasiten				
Stadium des Schüttelfrostes	Stadium des Fieberanstieges	Stadium der Akme	Stadium des Abfalles	Stadium des Intervalles
Erwachsene Schizonten mit beg. Teilung, ganz erwachsene Schizonten, freie Merozoiten, einzelne Ringe	Ringe zahl- reicher, freie Merozoiten, Schizonten in Teilung	Ringformen, junge endoglo- buläre Formen mit kleinen Vakuolen, keine Teilungs- formen	Viertel- bis halb- erwachsene endoglobuläre Formen	Einhalb bis ganz erwachsene Formen mit guter Pigment- entwicklung
Gameten	Gameten	Gameten	Gameten	Gameten

Wenn sich im Verlauf der Tertiana simplex zwei oder mehrere Parasitengenerationen heranbilden, verwischt sich der reguläre Blutbefund sinngemäß. Die Entwicklung der Plasmodien dauert beim Tertianafieber etwa 48 Stunden. Die Fieberanfälle zeigen normalerweise einen steilen Anstieg, kurzes Höhenstadium und raschen Abfall. Ein sicherer Zusammenhang zwischen Fieberhöhe und Parasitenzahl besteht nicht. Wird aus irgend einem Grunde die Reifung der Parasitengeneration beschleunigt oder verlangsamt, so verlegt sich der zu erwartende Fieberanfall in das vorangehende oder nachfolgende Intervall. Man spricht in diesem Falle von anteponierender bzw. postponierender Tertiana simplex. Die Tertiana soll in der Regel die Neigung haben, in regelmäßigen Intervallen zu verlaufen und Störungen in der Gleichförmigkeit der Temperaturschwankungen von selbst auszuschalten. Geschieht dies nicht, so entwickeln sich mehrere Plasmodiengenerationen und das Fieberbild nimmt den Charakter der Quotidiana oder, besser gesagt, der Tertiana duplicata an. Kontinuierliches Fieber, also ohne Abfall, ist nicht beobachtet, dagegen kennt man Tertianafälle, die ohne deutlichere Temperaturschwankungen eine Menge von Parasiten im Blute beherbergen können. Irgend eine leichte Störung dieses labilen körperlichen Gleichgewichts vermag aber unter Umständen einen akuten Fieberausbruch zu veranlassen und es ist möglich, dass die Kranken dann ohne Behandlung regelmäßig im Tertianatyp weiterfiebern. Doch geschieht dies offenbar nicht häufig. Aus der Höhe eines Fieberanfalles kann auf seine Schwere nicht geschlossen werden. Es kommt ausnahmsweise eine Tertiana simplex mit sehr breiten Fiebergipfeln vor. Die Ursache dieser Erscheinung ist nicht klar. Vielleicht hängt sie mit einer Verzögerung der Schizogonie zusammen. Nach Verabreichung von Chinin kommt es bei der akuten Malaria fast regelmäßig zu einer kurzen Fiebernachschwankung, dem sogenannten Nachfieber R. Kochs, auf welches das Chinin keinerlei Einfluss zu haben pflegt. Es soll durch Resorptionsvorgänge hervorgerufen werden. Andere vermuten in ihm den Ausdruck gesteigerter Zerfallserscheinungen an den Malariaplasmodien. Die regelmäßigen Begleiterscheinungen der akuten Malaria sind Kopfweh, Pulsbeschleunigung, Erbrechen, Milzvergrösserung, welch letztere bei der akuten Tertianaform fast nie zu fehlen pflegt. Seltenere Begleiterscheinungen der akuten Tertiana sind Milzschmerzen, Herpes labialis, Exantheme, Magendarmstörungen und Albuminurie. Über die Komplikationen siehe weiter unten. Die chronische Tertiana umfasst alle klinischen Formen mit Neigung zu Rezidiven, sowie jene Fälle, bei denen die Erkrankung im wesentlichen ohne äusserlich sichtbare Erscheinungen, also ohne Parasitenbefund im Blute, ohne Fieberanfälle und ohne Kachexie zu verlaufen pflegt. Im allgemeinen lässt sich sagen, dass die chronische Tertiana eine ausserordentlich vielgestaltige Symptomatologie besitzt. Bald kommt es zu schweren Fieberausbrüchen, wie bei jeder Neuansteckung, bald verläuft die Temperaturkurve mehr in Form von mäßig heftigen Fieberattacken in intermittierendem Typus, auch ganz regelmäßige Schwankungen der Körperwärme kommen vor. Ähnlich verschieden ist es mit der Beeinflussbarkeit durch Chinin bei den Rezidiven der natürlichen Tertiana bestellt. Während einzelne Formen auf Chinin verhältnismäßig gut ansprechen, erweisen sich Fälle mit grosser Gametenzahl als sehr schlecht zu beeinflussen. Jedenfalls ist die Zeit, innerhalb welcher auf völlige Heilung einer Tertiana gerechnet werden kann, eine ganz verschiedene. Es spielen hierbei individuelle Momente weitgehend mit. Die Milzschwellung ist bei den chronischen Tertianaformen stärker wie bei den akuten Zuständen. Es tritt bei den chronischen Erkrankungsformen auch eine tiefergreifende Veränderung des Blutes ein. Die Kachexie ist bei den chronischen Tertianaträgern häufiger als bei frischen Erkrankungsfällen. Dass es bei den chronischen Tertianaformen zu Virulenzschwankungen kommen kann, scheint sicher zu sein. Man wird sie kaum einheitlich auffassen können. Akute Exazerbationen chronischer Erkrankungen dürften sowohl letzten Endes auf eine stärkere Toxizität der Plasmodien, als auf ein Nachlassen der Abwehrkräfte im Körper oder auf andere Änderungen in der Biologie der Erreger zurückzuführen sein (Klimawechsel, andersartige Ernährung, Superinfektion mit anderen Erregern u. a. m.). Eine wirkliche Immunität scheint bei der natürlichen Tertiana nicht vorzukommen.

Die sogenannte angeborene Resistenz gegen Tertiana scheint keine absolute zu sein. Ein grosser Teil der hierher gehörigen Fälle wird so gedeutet, dass er in der Jugend eine besonders milde verlaufende Form von Tertiana durchgemacht hat, was in späteren Jahren zu der irrtümlichen Auffassung Veranlassung gibt, als seien solche Kranke überhaupt gegen Malaria geschützt. R. Koch meint, dass das Überstehen einer bestimmten Malariaform gegen dieselbe eine Immunität im Körper veranlasse, doch sei diese Immunität niemals absolut, sondern immer nur relativ. In das Gebiet der relativen Immunität würden auch die Spontanheilungen bei der natürlichen Tertiana gehören. Mischinfektionen der Tertiana mit anderen Blutparasiten sind möglich und können unter Umständen den Heilverlauf erheblich verzögern.

Vergleicht man gegen die parasitologischen und klinischen Verhältnisse der natürlichen Tertiana die der Impftertiana, so ist ganz allgemein zu sagen, dass sich beide Erkrankungsformen im grossen und ganzen ähneln. Es bestehen aber bei der Impftertiana doch einige Besonderheiten, die im folgenden zusammen mit ihrer klinischen Erscheinungsweise zur Besprechung kommen. Es wurde oben bezweifelt, dass es Fälle gibt, die sich auf mehrfache Impfungen refraktär verhalten. Dieser Satz bedarf einer gewissen Einschränkung. Offenbar gibt es Paralytiker, bei denen die Tertiana trotz mehrfacher Impfversuche nicht anzugehen scheint. Doch ist diese Unempfänglichkeit wohl nur eine scheinbare. Impft man mit hinreichenden Mengen von virulenten Parasiten und wird die Impfung sachgemäß ausgeführt, so ist unter allen Umständen mit einem Angehen der Impfung zu rechnen, wenn nicht eine natürliche Infektion vorausgegangen ist. Wird aber altes Malariablut verwendet, in dem die Zahl der lebenden Parasiten eine geringe geworden ist, dann geht wohl die Impfung vorübergehend an, der Körper scheint aber der Infektion Herr zu werden. Man kann in solchen Fällen wochenlang niedere subfebrile Temperaturen sehen, hie und da auch Plasmodien im strömenden Blute, aber zu richtigen Fieberanfällen kommt es nicht. Auch provokatorische Maßnahmen ändern nichts daran. Impft man aber solche Kranke von neuem und mit entsprechend grossen Plasmodienmengen, dann geht die folgende Impfung anstandslos an und die Kranken fiebern im üblichen regelmäßigen Wechsel weiter. Die Inkubationszeit der Impftertiana ist durchaus verschieden. Neben bestimmten Eigentümlichkeiten des verwendeten Plasmodienstammes spielen vor allen Dingen die Art der Impfung und persönliche Momente des Plasmodienträgers eine Rolle. Die Zeit der Inkubation schwankt im allgemeinen zwischen 3 Tagen und 4 Wochen. Jedenfalls soll man vor Ablauf der vierten Woche niemals eine Infektion als misslungen bezeichnen und voreilige Neuimpfungen versuchen. Die Inkubationszeit kann für die Kranken gänzlich symptomlos verlaufen. Meist setzen einige Tage vor Ausbruch des eigentlichen Fiebers geringe Temperatur- und Pulserhöhungen ein, die Kranken fühlen sich sehr matt, klagen viel über Kopfweh und Schwindel. Bei manchen Paralytikern lässt sich auch beobachten, dass sich schon in der Inkubation die Gesichtsfarbe verändert. Die Patienten werden blasser, die Wangen fallen ein und die Sklerae verfärben sich leicht subikterisch. In einzelnen Fällen beobachtete ich schon bald nach erfolgter Impfung heftiges Erbrechen, Milz- und Rückenschmerzen, bei Tabikern eine Steigerung lanzinierender Attacken. Der Appetit wird schon jetzt recht gering. Einmal stellten sich während der Inkubation leichte Durchfälle ein, die später in der Zeit des eigentlichen Tertianafiebers ganz bedeutend an Gefährlichkeit zunahmen, so dass die Behandlung aus diesem Grunde vorzeitig abgebrochen werden musste. Durch gehäufte Überimpfungen verkürzt sich die Inkubationszeit wohl nicht wesentlich. Ebensowenig scheint es erwiesen, ob bei neu eingeführten Plasmodienstämmen infolge beschleunigter Übertragung eine Verkürzung der Inkubationszeit eintreten kann. Ich halte alle Vermutungen über den Zusammenhang zwischen Inkubationsdauer und Passagen als durch die Tatsachen noch nicht hinreichend erhärtet.

Der Ausbruch des eigentlichen Tertianafiebers erfolgt ziemlich unvermittelt. Bei einzelnen Kranken geht ein kurzes Unbehagen voraus, das einige Stunden zu dauern pflegt. Dann setzt plötzlich der Schüttelfrost ein. Manche Kranken werden von ihm so plötzlich getroffen, dass sie kaum recht Zeit finden, das Bett aufzusuchen. Es liegt eine gewisse Tragikomik darin, wenn nun plötzlich vorher ungestüm fortdrängende Kranke all ihre Drohungen und Bitten vergessen, von ihren Geschäften nichts mehr wissen wollen und alle Grössenideen verstummen. Statt dessen liegen sie still zu Bett, im Gefühle der heraufziehenden schweren Erkrankung. Der Schüttelfrost ist durchwegs ein recht heftiger. Manche Kranke werden von einem wirklichen Vernichtungsgefühl befallen, in dem sie den Arzt inständig um Hilfe angehen, sie seien so schwer krank. Das Hitzestadium zeigt das gewohnte Bild: die Kranken liegen leicht benommen und gleichgültig da, das Gesicht und die Schleimhäute sind stark gerötet, der Puls ist fliegend, ein heftiges Durstgefühl macht sich bemerkbar, dabei besteht Neigung zu Kopfweh und Erbrechen. Hier und da beobachtet man Herpes labialis, Obstipationen und vorübergehenden Durchfall. Es fällt schwer, das ganze buntscheckige Bild der klinischen Erscheinungen zu beschreiben, die in der Fieberhöhe bei Paralytikern in Erscheinung treten. Naturgemäß werden die ersten Anstiege von den Kranken immer verhältnismäßig gut vertragen. Je mehr sich die Kur dann ihrem Ende zuneigt, desto bedrohlicher werden die Erscheinungen. Es gibt aber zweifellos Kranke, die bei relativ schlechter körperlicher und geistiger Verfassung sich in der Höhe der Fieberanfälle verhältnismäßig wohl befinden, während andere Kranke, denen man diesbezüglich eine günstigere Prognose gestellt hätte, von den Fieberattacken sehr mitgenommen werden. Die Mehrzahl aller Paralysen ist jedenfalls während der Fieberanfälle irgendwie stärker alteriert und man kann kaum einen „normalen" Verlauf der Impfmalaria schildern. Die Fieberhöhe wechselt nach der Anzahl entwickelter Parasiten und nach individuellen Momenten, die heute einer Erklärung noch kaum zugängig sind. Während ein Teil der Kranken kaum über Temperaturen von 39,0° C hinauskommt, erreichen andere auffallend hohe Fiebergrade, bis zu 42,0° C und mehr. Man hat versucht, zwischen der durchschnittlichen Fieberhöhe und der therapeutisch erreichten Wirkung gewisse Parallelbeziehungen herzustellen, doch lässt sich hierüber nichts sicheres sagen. Gewiss ist die Fieberhöhe eine Erscheinung der Reaktionsfähigkeit eines Organismus, aber sie ist eben doch nur eine Teilerscheinung seiner Abwehrkraft und seiner Immunreserven. Den anderen Teil wird man im Parasiten selber zu suchen haben, oder in Momenten, von denen ein sicherer Zusammenhang mit Abwehr und Heilvorgängen zum wenigsten unerwiesen ist. Die Fieberhöhe wird nach verschieden langer Zeit überschritten. Im allgemeinen pflegt die Temperatur nach 4 bis 8 Stunden mehr oder minder schnell abzusinken. Es gibt Fälle, in denen die Fieberzacke, wie bei der natürlichen Malaria, einen stumpfen Gipfel trägt, doch darf man erst dann von solchen Vorkommnissen sprechen, wenn die Temperatur hinreichend oft gemessen worden ist. Der Puls geht in der Regel mit der Höhe der Temperatur parallel, doch ist dies nicht unbedingt erforderlich. Besonders bei fettleibigen Kranken, bei Paralysen mit deutlichen Herzstörungen, schwankt die Pulshöhe auch in der fieberfreien Zeit unter Umständen beträchtlich. Ein häufiges Vorkommnis ist dies im letzten Drittel der Kur, wo die Mehrzahl aller Paralysen gewisse Unregelmäßigkeiten des Pulses aufweisen, die man nicht sonderlich ernst zu nehmen braucht. Sie dauern auch nach Abbruch der Kur noch eine geraume Zeit weiter und schwinden erst mit beginnender Erholung. Ähnlich steht es mit der Atemkurve. Auch sie schwankt in weiten Grenzen und geht in der Hauptsache nur oberflächlich mit der Temperaturlinie zusammen. Eine gewisse Steigerung erfahren die Störungen des Pulses und der Atmung durch körperliche Unruhe. Schon allein die Tatsache, dass die Kranken einmal auf einen halben Tag das Bett verlassen haben oder zum ersten Male ausgehen, kann sich auf der Kurve recht drastisch ausdrücken. Während des Absinkens der Temperatur erfolgt der Schweissausbruch, der mit einem Gefühl schwerer Ermattung einhergeht. Die Kranken versinken gewöhnlich in dieser Zeit in Schlaf, wenn die Temperatur nicht nach kurzer Zeit, wie bei der Tertiana duplex, von neuem zu steigen beginnt. Mit Abfall des Fiebers ist wenigstens in den ersten Anfällen das normale Wohlbefinden wieder hergestellt. Es kommt aber auch vor, dass Allgemeinstörungen in die fieberfreie Zeit hineinreichen. Was die Anzahl der durchzumachenden Fieberanfälle anlangt, so ist ein gewisses individuelles Variieren durchaus geboten. Im allgemeinen wird man sich mit 8 bis 10 Anfällen begnügen, auch 12 und 13 Anstiege sind zulässig. Am besten richtet man sich nach dem Befinden des Kranken. Ich habe die Kranken bis zu 20 Anfälle durchmachen lassen, habe aber damit keine besondere Verbesserung der Heilwirkung erreicht. Man wird sich vor einem Zuviel hier sehr zu hüten haben. Wenngleich unter einem gewissen Mindestmaß von Fieberanstiegen der Heilerfolg kein sonderlich günstiger zu werden pflegt, so ist auf der anderen Seite doch bis heute nicht feststehend, wieviele Anfälle der gebräuchlichen Impftertiana einen annähernd optimalen Heileffekt geben. Manche Kranke sind schon nach 3 und 4 Anfällen, noch während der Kur, deutlich gebessert, wieder andere benötigen erheblich längere Zeit. Es mag überhaupt fraglich erscheinen, ob in allen Fällen die Zahl der durchgemachten Fieberattacken mit der Heilwirkung parallel geht. Ich hatte Gelegenheit, hier einen Kranken zu beobachten, dessen Temperaturen auf Tertianaimpfung wenig ergiebige waren: nach der fünften, kaum über 38,0⁰ C hinausgehenden Schwankung hörten die Anfälle ohne Chininverabreichung von selber auf. Und doch war die damit erreichte Remission eine recht gute. In welcher Weise die Fieberanfälle kommen, ist jedenfalls für die voraussichtliche Heilwirkung völlig gleichgültig. Auch dort, wo sich im Blute sehr bald nach der Impfung zwei Parasitengenerationen herausbilden und der Kranke im Duplikatafieber weiter krank liegt, ist auf eine gute Remission zu rechnen. Wenn also der Heilerfolg hierin allein bestimmend wäre, könnte das Auftreten unregelmäßiger Fiebertypen für den Weiterverlauf der Kur vollkommen belanglos sein. Praktisch ist dies aber doch nicht so.

Denn die Tertiana-duplextypen des Fiebers stellen für den betreffenden Kranken immer eine Mehrbelastung dar, die man gerne vermeidet, wenn man es kann. Es ist immer eine gefährliche Sache, wenn der Kreislauf des Kranken kaum Zeit findet, sich zu erholen und ein Fieberanfall den anderen an Höhe und Schwere überbietet. Leider sind die Ursachen dieser Tertiana-duplexbildung noch nicht sicher bekannt. Es existieren im wesentlichen zwei Theoriengruppen, die eine Erklärung des quotidianen Fieberverlaufes bei der Tertiana und Quartana versuchen. Die einen Autoren glauben, dass unter noch nicht näher festgestellten Einwirkungen innerhalb des Organismus sich neben der ersten Parasitengeneration eine zweite heranbildet, die zyklisch neben der ersten verläuft und ihre Anfälle in dem fieberfreien Intervall der ersten Plasmodiengeneration auslöst. Wieder andere Forscher messen der Zahl der im Blute vorhandenen Parasitengenerationen keine besonders weitgehende Einwirkung auf den Typus des Fieberverlaufes bei und verlegen das Schwergewicht auf morphologische Eigentümlichkeiten oder biologische Besonderheiten der Tertiana duplicata-Plasmodien. Der Streit der Meinung scheint allmählich mehr zugunsten der ersteren Hypothese zu entscheiden. Fest steht, dass das morphologische Bild von Quotidianatypen immer insoferne seine Besonderheiten hat, als man bei ihnen mit Vorliebe auf verschieden alte Parasiten im peripheren Blute stösst. Es fällt in der Tat nicht schwer, sich hier zwei verschiedene Parasitengenerationen als wirksam zu denken. Auffallend ist nur, dass die Zahl der Parasitengenerationen verschiedenen Alters im strömenden Blute sich nicht beliebig experimentell vermehren lässt und dass bei der natürlichen Tertiana wohl sehr häufig unregelmäßige Quotidianatypen beobachtet werden, aber keine Kontinuae. Immer kommt wieder der Quotidianatypus zum Vorschein. Und dabei werden die frisch infizierten Kranken in malariareichen Ländern doch offenbar zu verschiedener Zeit und mehrfach gestochen. Auf diese Frage vermögen die Anhänger der ersten Theorie keine befriedigende Antwort zu geben.

Ich selbst habe versucht, bei einem Paralytiker durch Impfung zu verschiedenen Zeiten mit einem reinen Tertianastamme eine Fieberkontinua zu erhalten. Ich ging so vor, dass ich Tertiana simplex-Blut in Abständen von 4 Stunden auf den gleichen Kranken mittels des gleichen intravenösen Impfmodus übertrug. Im ganzen impfte ich viermal. Das Ergebnis war nach einigen Tagen deutlich. Es stellten sich zunächst einige ganz niedere subfebrile Temperaturen ein, die täglich auftraten, dann setzte ein Fiebertypus wie bei der gewöhnlichen Tertiana duplex ein. Bei im ganzen 12 Anstiegen erhielt ich damals eine einzige nicht sehr typische Doppelzacke.

Sonst war die Entfieberung immer sehr ausgesprochen vorhanden. Von den Autoren, die eine Entstehung der Tertiana duplex aus mehr inneren, im Parasiten selbst gelegenen Ursachen annehmen, werden verschiedene Möglichkeiten erörtert. Brünn hat vor nicht allzulanger Zeit den Versuch unternommen, besondere parasitologische Eigentümlichkeiten der Tertiana duplex - Stämme hervorzuheben. Er beschreibt eine beschleunigte Schizogonie der Tertianaparasiten, durch die es zu doppelten Fieberzacken kommen soll. Diese beschleunigte Schizogonie ist morphologisch durch Plasmodien gekennzeichnet, die sehr reichliches und dunkel gefärbtes Chromatin tragen, ausserdem soll wenig Malariapigment gebildet werden. Zuletzt sollen die Parasiten mit beschleunigter Teilung diese noch in verhältnismäßig jungem Alter vollziehen. Die amöboiden Formen erreichen nicht die Grösse, wie sie sonst bei der Tertiana zur Beobachtung kommen. Ich habe viel versucht, bei Quotidianafiebernden die von Brünn beschriebenen Plasmodientypen wiederzufinden, muss aber zugestehen, dass mir eine solche Unterscheidung recht schwer fiel. Es ging ohne Zwang nicht ab, und so wird man gut daran tun, die Brünnsche Hypothese von der beschleunigten Schizogonie nicht allzusehr zu verallgemeinern[1]). Andere Autoren bringen die Tertiana duplicata mit Virulenzsteigerungen des Erregers in Zusammenhang. Es ist darüber leider noch recht wenig bekannt, doch sei zugegeben, dass gewisse parasitologische Beobachtungen bei der Impftertiana in der Tat für vorübergehende Virulenzschwankungen zu sprechen scheinen. Jedenfalls ist es heute noch nicht möglich, das Auftreten von unregelmäßigen Fiebertypen bei der Tertiana mit hinreichender Sicherheit zu erklären. Auffallend ist die von Gerstmann hervorgehobene Tatsache, dass die Zahl der unregelmäßig tertian fiebernden Kranken gegenüber den regelmäßig verlaufenden Fällen sehr in der Minderheit stehen. Dies spräche zugunsten der von Doerr und Mitarbeiter ausgesprochenen Ansicht, dass durch die künstliche Tertianaimpfung Plasmodien verschiedenen Alters in den Blutkreislauf gelangen, während von der Anopheles bei natürlicher Übertragung nur ausgereifte Sporozoiten dem Blute übergeben werden. Wir möchten davor warnen, diesen Übelstand durch allerlei Künsteleien bei der Impfung beseitigen zu wollen. Wenn man nicht über eine hinreichend grosse Zahl von Paralysen verfügt, bezahlt man solche Versuche zumeist mit dem Verlust seines Stammes. Neben den intermittierenden Fiebertypen kommen bei der Impftertiana noch einige Abweichungen vor, deren Kenntnis bei Verwendung der Impfmalaria unbedingt erforderlich erscheint. Schon Kirschbaum hat darauf hingewiesen, dass kontinuierliche Fiebertypen bei der Impftertiana vorkommen können. Ich selbst habe an der hiesigen Klinik einen derartigen Fall beobachtet. Das Fieber nahm dabei den Verlauf wie etwa bei einem mäßig schweren Typhus. Die Temperatur stieg 2 Tage nach erfolgter Impfung mit dem gewöhnlichen Tertianastamme langsam stufenförmig bis zur Höhe von 38,5° C bis 39° C und hielt sich nun etwa 8 Tage auf dieser Höhe, ohne abzufallen. Dann sank die Temperatur bis zur Norm, blieb ungefähr eine Woche auf normaler Höhe, um dann in normalem Tertiana simplex-Typus weiter zu verlaufen. Während des Kontinuafiebers waren bereits Plasmodien in der gewöhnlichen Zahl vorhanden und zwar handelte es sich teils um Ringe, teils um Teilungsformen und Amöboide. Ob Kranke mit solchen Fieberformen prognostisch besonders beurteilt werden müssen, kann ich nicht sagen. Der betreffende Kranke meiner Beobachtung hat eine schlechte und wenig ergiebige Remission bekommen und befindet sich in einer halluzinatorisch-paranoiden Phase noch am Leben.

---

[1]) Z. B. hat sich Ruge gegen die Überschätzung von morphologischen Tatsachen gewandt, die bei der Malaria etwas seltener beobachtet werden. Er meint, aus vorzeitiger Teilung der Tertianaparasiten könne man parasitologische Schlüsse noch nicht ziehen. Der gleiche Autor hat übrigens auch nachdrücklichst darauf hingewiesen, dass man nicht erwarten dürfe, es werde sich bei der Malaria alles nach der Gesetzmäßigkeit eines Uhrwerkes abspielen. So sei es nicht weiter verwunderlich, wenn die Entwicklungsstadien der Parasiten einmal zeitlich nicht ganz zusammenpassten. Dieser Vorgang sei nicht so selten.

Es sei ausdrücklich bemerkt, dass diese Art von kontinuierlich fiebernden Tertianafällen klinisch nichts mit jenen Kranken zu tun hat, bei denen es vor Ausbruch des eigentlichen Tertianafiebers zu einigen kurzdauernden unregelmäßigen Temperaturvorschwankungen zu kommen pflegt. In diesen Fällen gelingt der Plasmodiennachweis fast nie, ehe nicht das reguläre Fieber einsetzt, und die Fieberkurve nimmt nur ausnahmsweise einen kontinuierlichen Verlauf, während bei den oben beschriebenen Fällen das Fieber über viele Tage hinaus gehen kann, ohne abzufallen.

Zur Morphologie der Impftertiana ist nicht viel zu sagen. Ob sich bei alten Impftertianastämmen, die stets nur den ungeschlechtlichen Lebenszyklus durchlaufen, mit der Zeit die Morphologie weitgehend und sichtbar von jener der natürlichen Tertiana unterscheiden kann, ist bisher noch eine offene Frage. Wir haben nie derartige Vorgänge beobachtet. Doch erwähnt Prausnitz in einer Diskussionsbemerkung zu einem Vortrag von Kasperek (Kli. Wo. 1926 Jg. 5, Nr. 36, S. 1682) eine Arbeit von Kühnhold, der an einem alten Stamm von Impftertiana Plasmodienformen sah, die denen der Quartana weitgehend ähnlich gesehen haben sollen. Es soll also mit der Zeit eine morphologische Änderung der ungeschlechtlichen Impftertiana vorkommen können. Unsere eigenen Feststellungen von der annähernden morphologischen Konstanz der Impfplasmodien decken sich übrigens mit neueren Erfahrungen italienischer Autoren (siehe darüber z. B. Bravetta, Note e riv. di psichiatr. Bd. 14, Nr. 1, 1926). Zunächst ist die Morphologie der Impftertiana gegenüber der natürlichen Tertiana vor allen Dingen dadurch gekennzeichnet, dass das Alter der im Blute kreisenden Parasiten ein viel wechselnderes ist, sogar bei regulärem Fieber. Man kann auch bei Kranken, die jeden dritten Tag ihren regulären Anstieg bekommen, etwa die folgende Parasitenverteilung im strömenden Blute finden:

Schüttelfrost: Zahlreiche Ringe, freie Merozoiten, Schizonten in beginnender Teilung.

Fieberanstieg: Ringe zahlreich, endoglobuläre Formen jungen und mittleren Alters, freie Merozoiten.

Fieberhöhe: Ringe, endoglobuläre mit Vakuolen, halberwachsene Formen.

Fieberfreies Stadium: ganz erwachsene Parasiten, freie Merozoiten, beginnende Teilungen.

Im allgemeinen werden aber immerhin die morphologischen Verhältnisse der natürlichen Tertiana innegehalten. Tritt eine Tertiana duplex auf, dann lässt sich sehr schön verfolgen, wie ganz erwachsene Parasiten neben Ringen und Teilungsformen im Blute gleichzeitig auftreten. Auffallend ist noch bei der künstlichen Tertiana der wechselnde Pigmentreichtum. Gameten wird man nur in den ersten Passagen mit einiger Sicherheit finden können, wenn ein frischer Stamm von einem Träger natürlicher Tertiana zur Verwendung kam. Doch kann auch bei höheren Passagezahlen die mikroskopische Untersuchung gelegentlich einmal einen Gameten zu Tage fördern. Ich fand in der 67. Passage unseres Tertianastammes einen sicheren Makrogameten. — Man hat zur Schonung des Kräftezustandes des Kranken einige Methoden angegeben, um die Kur für ihn leichter zu gestalten. Erstmals ist von der Wiener Schule (Kauders) der

Vorschlag gemacht worden, bei hohen Temperaturen die Wirkung der Plasmodien durch Verabreichung von kleinen Chininmengen etwas abzumildern. Man gibt zu diesem Zwecke unmittelbar vor dem zu erwartenden Anstiege einmal 0,1 g Chinin. mur. per os. Wir haben uns hier in Erlangen mit dieser Methode nie so recht befreunden können, da sie zu unsicher ist. Es sind ganz zweifellos Tertianastämme in Gebrauch, bei denen diese Dosis eine viel zu geringe ist. Die Kranken fiebern danach mit der gleichen Heftigkeit weiter. Oder es kann passieren, dass die Chininabgabe von 0,1 sich bei den betreffenden Kranken doch als viel zu hoch erweist und die Plasmodien durch eine einzige so geringe Chiningabe vernichtet sind. Es ist auch zu bedenken, ob man mit diesen Maßnahmen die Chininempfindlichkeit der Plasmodien nicht vermindert. Von erfahrenen Malariakennern glaubt man auch an einen Zusammenhang von Gametenbildung und Verabreichung von zu kleinen Chiningaben. Eine andere Methode ist die der geteilten Kur. Auch mit ihr sucht man einen zu raschen Kräfteverfall des Kranken hintanzuhalten. Das Verfahren wurde im Jahre 1925 von Wagner-Jauregg bei Paralytikern mit Kreislaufinsuffizienz empfohlen. Man geht in der Weise vor, dass man den Kranken zunächst etwa 5 bis 6 Fieberanstiege durchmachen lässt, dann Chinin bis zur Erholung des Kranken verabreicht und nach Wiederherstellung des Kranken eine zweite Impfung vornimmt, worauf nach weiteren 5 bis 6 Fieberanfällen endgültig die Kur abgebrochen wird. Das Verfahren der geteilten Kuren hat bei schwächlichen Kranken in der Tat nach meinen eigenen Erfahrungen seine Vorteile. Störend ist nur, dass die Zweitimpfung in einer Reihe von Fällen nicht mehr so prompt angeht, wie die erste und dass die Kur durch die Chininzwischenbehandlung erheblich in die Länge gezogen wird. Denn bis die Kranken die ersten Spuren der Malaria überwunden haben, gehen doch zumeist Wochen dahin. In einem Falle war mir bei geteilter Kur das Fieber der Zweitimpfung durch Chinin recht schlecht beeinflussbar geworden. Ob dies ein rein zufälliges Ergebnis war, kann ich nicht sagen. Ich möchte im allgemeinen raten, bei schwächlichen Kranken lieber auf allzulange Kuren überhaupt zu verzichten und es mit 6 bis 8 Anstiegen bewenden zu lassen. Man kann allenfalls später, wenn man ein übriges tun will, die Proteintherapie und spezifische Behandlung in ihr Recht treten lassen.

Welche Maßnahmen man anwenden soll, wenn der Erfolg der Kur nach ihrem Abschluss ein fragwürdiger erscheint, lässt sich nur von Fall zu Fall sagen. Es liegt nahe, die Kranken nach erfolgter Genesung wieder mit Malaria zu infizieren oder Rekurrens anzuwenden. Doch birgt dieser Ratschlag verschiedene Gefahren in sich. Einmal führt er zu einer therapeutischen Vielgeschäftigkeit, die dem Kranken unter Umständen schweren und nicht wieder gut zu machenden Schaden zufügen kann. Es ist leicht möglich, dass man die zweite Impfung ohne hinreichenden Grund vornimmt. Man hatte das endgültige Ergebnis der ersten Impfung, das etwas auf sich warten liess, nicht abgewartet. Es ist auch zu bedenken, wie sehr solche Doppelkuren die Behandlung in die Länge ziehen. Dies belastet selbstzahlende Kranke naturgemäß erheblich. Freilich, wenn die Besserung nach Ablauf eines halben Jahres noch nicht hinreichend weit vorgeschritten ist und der Kranke befindet sich noch in klinischer Behandlung, dann soll man unter allen Umständen versuchen, durch eine weitere Impfung, evtl. durch eine Rekurrensinfektion zum Ziele zu gelangen. Vor Ablauf dieser Frist halten wir die Anwendung von Doppelkuren für kontraindiziert.

Die Frage der geteilten und der Doppelkuren leitet unmerklich hinüber zu jenen Problemen, die mit der Reinfektion in Zusammenhang stehen. Es wurde bereits bei Besprechung der natürlichen Tertiana darauf hingewiesen, dass es eine absolute Immunität bei Malaria nicht gibt, dass die einmal infizierten Kranken jederzeit wieder zur Aufnahme von Plasmodien fähig sind, wenngleich die Empfänglichkeit für frischen Infektionsstoff bei Malariakranken nicht zu allen Zeiten eine gleich grosse zu sein scheint. Dass bei der natürlichen Tertiana eine absolute Immunität gegen Neuansteckung nicht besteht, kommt der impf-therapeutischen Technik insofern zugute, als dadurch jederzeit eine Neu-impfung mit den gebräuchlichen Tertianastämmen ermöglicht wäre. Doch ist dies nicht ganz so, wie man es theoretisch erwarten sollte. Gewiss ist es möglich, nach einer eben vollendeten Malariakur den Kranken wieder mit dem gleichen Stamme zu impfen, doch haftet das Virus nach meinen persönlichen Erfahrungen bei der Zweitimpfung schon nicht mehr so gut, wie das erste Mal. Etwas besser wird es, wenn man mit der Nachimpfung einige Wochen zuwartet. Dann wird man in den meisten Fällen die Malaria wieder in alter Stärke ausbrechen sehen. Immerhin habe ich es bei Nachimpfungen mehrfach erlebt, dass sich die Impf-tertiana nach einigen Anstiegen ohne weiteres Zutun von selbst erschöpfte. Dabei sind auch die Parasiten aus dem strömenden Blute verschwunden. Man wird übrigens doch daran denken müssen, ob nicht in ganz vereinzelten Fällen nach erfolgter erster Kur eine Nachimpfung überhaupt unmöglich ist. Ich bin mir hierbei wohl bewusst, dass die meisten Autoren einem solchen Gedanken skeptisch gegenüberstehen werden und ihn aus mangelhafter Technik heraus zu erklären versuchen werden. Anlass zu dieser abweichenden Anschauung gibt mir eine Beobachtung, bei der ein Kranker vor 4 Jahren an einer anderen Anstalt wegen einer beginnenden Paralyse mit Malaria tertiana infiziert wurde. Er bekam auf die Kur eine ganz brauchbare Remission, die ihn zur Entlassung aus der Klinik und bis zu voller Berufsfähigkeit brachte. Nach einem halben Jahre kam der Rückfall in Gestalt von hypochondrisch-nervösen Klagen, der Kranke ging auch körperlich zurück, so dass sich die Frau zu einer Klinikauf-nahme entschloss. In unserer Klinik wurde der Kranke abermals mit Tertiana geimpft, es kam nach der Impfung zu 3 kleineren Anstiegen mit positivem Plasmodienbefund im Blute, dann hörte das Fieber von selbst auf. Nach 6 Wochen wurde der Kranke von neuem auf intravenösem Wege mit Tertiana infiziert, doch ging die Impfung nicht an. Ebenso verliefen 3 weitere Infektionsversuche mit Tertiana ergebnislos, die in Abständen von je einem halben Jahre an dem Kranken gemacht wurden. Heute liegt der Kranke in tiefer Verblödung in einem Halbstupor zu Bett, hat sich körperlich aber bis jetzt ganz gut erhalten. Ich habe erst vor kurzem wieder bei dem gleichen Kranken eine Malariaübertragung versucht, ohne dass sie gelungen wäre. Es ist also wohl doch nicht immer so, dass man eine Impfmalaria jederzeit wieder übertragen kann. Das ändert nichts an der Tatsache, dass ein länger dauernder Immunschutz bei der Impfmalaria in der Regel nicht erworben zu werden pflegt. Gerstmann gibt in seinem

Buche über die Malariabehandlung der progressiven Paralyse zu, dass die Zweitimpfungen bei der Tertiana im allgemeinen gelinder zu verlaufen pflegen als die Erstinfektionen, doch meint er, dass sich diese Eigenschaft mit zunehmender zeitlicher Entfernung von der ersten Impfung immer mehr verliere. Dies trifft für einen Teil der Fälle sicher zu, jedoch keineswegs immer. Auch kann ich die Gerstmannsche Erfahrung durchaus nicht bestätigen, dass dritte und vierte Impfungen bei den Kranken verhältnismäßig leicht angehen sollen. Soweit ich bis jetzt Gelegenheit hatte, diese Frage nachzuprüfen, stellte sich heraus, dass dritte Impfungen nur in einem geringen Prozentsatz der Fälle, und zwar auch in gebührendem zeitlichen Abstande von der ersten Impfung anzugehen pflegen. Meist sind sie so schwach, dass man therapeutisch gar nichts damit anfangen kann. Es sei ausdrücklich betont, dass dieses Nichtangehen von Impfungen bei der künstlichen Tertianaübertragung nicht gleichbedeutend ist mit Immunität. Dass die letztere in greifbarem Maße besteht, das glaube auch ich nicht. Es könnte sich bei den nichtangehenden nachgeimpften Tertianafällen ebensogut um sogen. labile Infektionen handeln. Solche labilen Infektionen liegen dann vor, wenn bei früheren Impfungen die Parasiten nicht vollkommen beseitigt sind, sondern in inneren Organen weitervegetieren und dort allmählich die Eigenschaft eines relativ harmlosen Symbionten annehmen, der zwar immer wieder einmal durch irgend einen Reiz in das periphere Blut ausgestreut wird, von da aber ohne viel Behandlung wieder verschwinden kann. Es wird durch einen solchen Zustand natürlich eine Neuinfektion keineswegs ausgeschlossen, es gehen vielmehr neu eingedrungene Erreger zumeist den Weg, den die alten gegangen sind und werden gleichfalls in inneren Organen zurückgehalten. Ein Teil mag auch bald nach der Invasion vernichtet werden, so dass nur ein kleiner Teil wirklich am Leben bleibt. Man verlässt sich bei der Impftertiana immer darauf, dass sie so leicht durch Chinin zu beeinflussen sei, man muss aber auch damit rechnen, dass bei einem Prozentsatz aller so oberflächlich behandelter Fälle sich ein Zustand von labiler Infektion herausbildet, der bei Neuinfektionen eine Immunität vortäuscht, wo in Wirklichkeit keine besteht. Man weiss aus tropenärztlichen Erfahrungen, dass bei Eingeborenen, die ihre Malaria schon bald erwerben, spätere Infektionen durch die Anopheles in einem grossen Teil aller Fälle nicht mehr anzugehen pflegen. Cl. Schilling hat mit Recht die Vermutung ausgesprochen, dass die Parasiten aus der Erstinfektion sich bei solchen Kranken in innere Organe, vor allem in die Milz zurückziehen können, von wo zeitweise eine Blutinfektion harmloser Art stattfinden kann, ohne dass die Kranken sonderlich darunter leiden. Und er fährt wörtlich fort: „Dies schliesst nun keineswegs eine Neuinfektion aus, aber trotzdem muss gleichzeitig mit dem Vorhandensein virulenter Parasiten eine gewisse Unempfindlichkeit des Organismus gegen neu eingeimpfte Keime bestehen; denn sonst wäre eben jene hochgradige Unempfänglichkeit der erwachsenen Bewohner tropischer Malariagegenden gegen die doch jedenfalls sehr häufigen Neuinfektionen nicht verständlich. Über die interessante Frage, wie eine solche Toleranz zustande kommt, liegen noch keine exakten Versuche vor. Sicher spielt der bald ständig, bald nur periodisch wiederholte Reiz durch die Neuinfektionen, ausserdem auch eine spezifisch immunisierende Wirkung der durch den Mückenstich eingeimpften Sporozoiten eine wesentliche Rolle." Zieht man aus diesen Ausführungen die Summe, so wird man jedenfalls zugeben müssen, dass die Dinge sehr verwickelt liegen und dass man gut daran tut, alle bei der Impfmalaria hinsichtlich ihrer immunisierenden Wirkung gemachten Erfahrungen nicht allzusehr zu verallgemeinern. Und man kann zunächst bei der Impfmalaria nur das eine sagen: Es ist sicher, dass durch die wiederholten Impfungen eine weitgehende Immunität nicht erworben wird. Es steht aber ebenso fest, dass die mit Tertiana infizierten Kranken mit der Zeit gegen die Impfungen mehr oder weniger unempfänglich werden können. Diese Unempfänglichkeit ist übrigens in einem doppelten Sinne zu verstehen: als Unempfänglichkeit gegen neu eingeimpfte Plasmodien und als Unempfänglichkeit in therapeutischem Sinne; denn es ist recht auffallend, dass die Mehrzahl aller Kranken auch bei guter Reaktion auf die erste Impfung in späteren Monaten auf die nun folgenden weiteren Infektionen therapeutisch nicht mehr in gleich guter Weise ansprechen. Vulgär gesagt heisst dies, die Malaria kann nicht beliebig oft, wie eine Zauberformel, immer zur rechten Zeit hervorgesucht werden. Meist ist ihr Bann mit dem zweiten Male endgültig gebrochen. Schon diese Überlegung allein sollte vor allem übertriebenen Enthusiasmus bewahren.

Hinsichtlich vorkommender Virulenzschwankungen bei den gebräuchlichen Impftertianastämmen ist man sich ziemlich einig. Soweit die Literaturberichte darüber vorliegen (Gerstmann, Kirschbaum, Fleck u. a.), hat man sich dahingehend ausgesprochen, dass Schwankungen der Toxizität bei der Impftertiana bislang nicht beobachtet worden sind. Ein Teil der Autoren spricht sich etwas apodiktischer aus und leugnet das Vorkommen von Virulenzunterschieden überhaupt. Es ist selbstverständlich, dass man nur dort von Giftigkeitsunterschieden sprechen kann, wo solche sich als im wesentlichen unabhängig vom jeweiligen Parasitenträger und seinen Immunkräften erweisen. Unter Ausserachtlassung dieses Gesichtspunktes erscheint uns aber die Frage der Virulenzschwankungen noch nicht endgültig geklärt. Wir glauben sogar gewisse Anhaltspunkte für die Annahme zu haben, dass der gleiche Parasitenstamm nicht zu allen Zeiten die gleiche Giftigkeit zu entwickeln imstande ist. Auffallend ist diesbezüglich, dass der gleiche Tertianastamm zu bestimmten Zeiten ausgesprochen heftige Fieberreaktionen zu erzeugen imstande ist, und zwar bei einer ganzen Reihe von Kranken hintereinander, welche von dem Leiden trotz hinreichender somatischer Kräfte ausserordentlich mitgenommen werden. Der gleiche Stamm macht unter Umständen in Seitenpassagen an einer anderen Anstalt ähnliche Verstärkungen seiner Toxizität durch und diese werden dort unabhängig vom ersten Beobachter spontan festgestellt. Wie soll man sich ferner die Tatsache erklären, dass ein Tertianastamm von einer gewissen Zeit ab bei der Beseitigung durch Chinin zunehmende Schwierigkeiten macht, während man früher solche bei der gleichen Chininverabfolgung an denselben Plasmodientypen nicht kannte. Dieser Fall ist uns vorgekommen. Als wir uns dann entschlossen, den gleichen Stamm von einer anderen Klinik wieder neu zu beziehen, weil wir unserer mangelhaften Technik die Schuld an der gesteigerten Virulenz unseres alten Stammes gaben, wurde uns von dort mitgeteilt, dass unser chininfester Stamm eine Seitenpassage des dortigen Stammes sei, dass man aber dort mit Schwierigkeiten in der Chininbehandlung nicht zu kämpfen hatte. Im Gegenteil war dort die Impfmalaria in der letzten Zeit ohne Verabreichung von Chinin spontan nach einigen Anfällen erloschen. Als wir nun den neu bezogenen Seitenstamm wieder in unserer Klinik verimpften, erlebten wir, dass auch bei uns im Gegensatz zu den vorherigen Erfahrungen die Impfmalaria nun auf einmal sich als ausserordentlich empfindlich gegen Chinin erwies und dass mehrere Passagen hintereinander auch bei uns die Impfmalaria nach 4 bis 6 Anfällen von selbst erlosch. Und dabei hatte sich unsere Impftechnik und der Chininmodus nicht im geringsten gegen früher geändert. Woher diese angenommenen Virulenzschwankungen bei der Impftertiana kommen, ist uns ganz und gar unklar. Jedenfalls sind solche Vorkommnisse bei der natürlichen Tertiana durchaus keine Seltenheit. Man bezieht sie in diesem Falle auf klimatische Einflüsse, auf wechselnden Gametenreichtum und ähnliches, ob zu Recht, dies mag dahingestellt bleiben. Es ist aber zunächst kein Grund, der Impftertiana hinsichtlich ihrer Toxizität eine Sonderstellung einzuräumen. Es kommt noch ein weiterer Umstand hinzu. Wir beobachteten mehrfach, dass bei Verwendung von alten Schizophrenien als Passageträgern der Impftertiana diese Kranken ganz deutlich weniger gut auf die Chininbehandlung ansprachen und dass sie längere Zeit benötigten, um parasitenfrei zu werden. Es ist einleuchtend, dass man diesen Umstand nicht ohne weiteres mit Virulenzschwankungen des Plasmodienstammes in Zusammenhang bringen muss. Es könnte schon allein das Vorliegen einer Schizophrenie die Immunkräfte des Körpers gegenüber denen des Paralytischen quantitativ in einer bestimmten Richtung verschieben. Dann kann man natürlich nicht von einer Virulenzschwankung der Plasmodien reden. Ich gebe auch zu, dass meine Einzelbeobachtungen nicht hinreichen, um bindende Schlüsse gerechtfertigt erscheinen zu lassen. Vor allem fehlen mir Kontrollimpfungen bei anderen organischen, nichtsyphilitischen Psychosen. Ich wollte aber jedenfalls auf den oben erwähnten Umstand aufmerksam machen und ihn zur Diskussion stellen.

Die Grundsätze der Chininbehandlung, von denen wir jetzt sprechen möchten, sind bis zum heutigen Tage nicht einheitlich festgelegt. Dies ist aber kein Übelstand, sondern aus der Sachlage erklärlich. Übereinstimmend wird von allen Autoren die leichte Beeinflussbarkeit der Impfmalaria durch Chinin hervorgehoben (Wagner-Jauregg, Gerstmann, Dattner und Kauders, Kirschbaum, Jossmann und Steenaerts, Fleck, Warstadt u. a.). Diese Erscheinung ist in der Tat eine so auffallende, dass sie nicht übersehen werden kann. Nur wird man sie nicht unbedingt verallgemeinern dürfen. Bislang lässt sich nur soviel sagen: Die Mehrzahl aller verwendeten Stämme von Impftertiana sind durch Chinin bei den meisten Kranken leicht zu beseitigen. Es können aber auch Ausnahmen von dieser Regel vorkommen. Dies ist der Fall bei allen Stämmen, die noch Gameten tragen. Hier ist unter Umständen eine längere Chininbehandlung erforderlich. Wir selbst haben hier in Erlangen aber auch Kranke gesehen, bei denen die Malaria erst nach sehr energischer und lange fortgesetzter Chininbehandlung zum Erlöschen kam. Doch waren diese Fälle immerhin Ausnahmen. Dass die Malaria auch nach lange und zielbewusster Chininverabreichung bestehen geblieben wäre, ist bis jetzt nicht bekannt geworden und ist auch bei uns nicht vorgekommen. Mit gelegentlichen Schwierigkeiten muss aber ein jeder Therapeut wohl rechnen. Zweifellos ist die Art des verwendeten Plasmodienstammes von grosser Wichtigkeit. Der in Wien an der Wagner-Jaureggschen Klinik verwendete Tertianastamm ist ganz sicher auf Chinin leichter zum Erlöschen zu bringen, als der in Erlangen verwendete. Ich hatte Gelegenheit, mich selber von dieser Tatsache zu überzeugen. Und dann ist ganz und gar nicht gleichgültig, wie hoch man die einzelne Chinindosis bemisst bzw. wie man die ganze Chininverabreichung überhaupt gestaltet. Es ist streng darauf zu achten, dass bei der Chininbehandlung alle Schemata vermieden bleiben. Dieser Grundsatz, den Ziemann bei der Behandlung der natürlichen Tertiana auf das Entschiedenste vertritt, hat sich auch bei der Behandlung der Impftertiana als fruchtbar erwiesen. Im einzelnen hat sich herausgestellt, dass mehrere grosse Einzeldosen pro Tag wirksamer sind, als viele kleine und stark verzettelte. Man wird mit dem Nochtschen Modus der Chininverabreichung auch bei der Impftertiana im allgemeinen auskommen. In einzelnen Fällen war es aber erforderlich, dass man zu höheren Einzelgaben griff, etwa 0,5 bis 0,7 Chinin muriat. per os. Anders waren die Parasiten nicht zu beseitigen. Als zweite Regel bei der Chininverabreichung möge gelten, dass man nach begonnener Behandlung zunächst wenigstens 5 bis 7 Tage lang ununterbrochen Chinin gibt, ehe man damit pausiert. Erst nach Ablauf des 5. bis 7. Tages sind chininfreie Tage einzuschieben. Und diese sollen zweckmäßig zunächst nicht zu zahlreich sein. Im Prinzip geht man so vor, dass man langsam nach einer Reihe von Chinintagen kurz pausiert, dann wieder von neuem beginnt, die nächste Pause etwas verlängert und die Zahl der Chinintage statt dessen verkürzt, wenn keine weiteren Rückfälle eintreten. Man windet sich also langsam aus der Chininbehandlung heraus. Das beste Kriterium, ob eine Behandlung von Erfolg ist, bleibt der Parasitenbefund und der Allgemeinzustand des Kranken. Auf die Fieberkurve ist nur ein sehr bedingter Verlass, da erfahrungsgemäß bei malariabehandelten Paralytikern häufige und anhaltende Schwankungen in der Körperwärme vorkommen können, wenn die Kur abgebrochen worden ist. Und dabei zeigt sich das Blut dennoch dauernd parasitenfrei. Es ist also keineswegs jede Temperatursteigerung nach abgebrochener Kur auf einen Tertianarückfall zu beziehen. Erst wenn ein positiver Parasitenbefund hinzukommt, darf man von einem Rezidiv sprechen. Dann erst ist neuerliches Eingreifen angezeigt. Die Art des verwedenten Chininpräparates ist nicht gleichgültig. Im allgemeinen genügt das salzsaure Chinin, in Einzelpulvern zu 0,5 g per os verabreicht. Daneben verwenden wir verschiedene Chininlösungen zum intravenösen oder intramuskulären Gebrauch.

Hier ist vor allen Dingen die Gagliosche Chininlösung zu nennen, die folgende Zusammensetzung hat: Chinin muriat. 5,0, Aethylurethan. 2,5, Aqua dest. ad 50,0 steril zur intramuskulären Injektion. Man gibt hiervon im Durchschnitt 5 ccm als Einzeldosis tief in die Nates. Daneben verwenden wir eine 10 %ige sterile Lösung von Chinin. bisulfuric. zur intravenösen Verabfolgung. Man gibt auch hiervon pro dosi etwa 5 ccm. In manchen Fällen ist die Wirkung solcher intravenöser Chiningaben in der Tat frappierend, besonders, wo es sich um möglichst beschleunigte Wirkung handelt. Zu anderer Zeit kann man aber doch recht unangenehme Erfahrungen damit machen. Die Kranken bekommen auch bei langsamer und vorsichtiger Einspritzung einen ganz plötzlichen Vasomotorenchock vom Typ des angioneurotischen Symptomenbildes, verfärben sich schnell, das Gesicht wird erst hochrot, dann plötzlich tief blass, Schweiss bricht aus allen Poren, der Puls wird plötzlich sehr langsam, die Kranken klagen über Schwindel und Brechreiz, auch Ohrensausen, fühlen sich dem Sterben nahe und nach einigen Minuten ist der sehr bedrohliche Zustand vorbei. Es heisst also bei allen intravenösen Chinineinspritzungen grösste Vorsicht. Als drittes Chininpräparat zur intravenösen und intramuskulären Verwendung sei das Hydrochinium hydrochloricum empfohlen. Es hat den Vorzug promptester Wirkung, es greift sehr rasch an und ist sicher nicht toxischer als die gleiche Menge anderer Chinine.

Nach Ziemann soll einer Menge von 0,75 Hydrochinin. hydrochloric. etwa 1 g salzsaures Chinin hinsichtlich seiner Wirkung entsprechen, bei gleicher Giftigkeit beider Präparate. Ich selbst habe das Hydrochinin mehrfach angewendet und kann es sehr empfehlen. Besonders bei schlecht zu beeinflussender Malaria ist es unentbehrlich. Ich gebe es in Form einer 10%igen sterilen Lösung entweder intravenös oder intramuskulär. Die Einzeldosis ist 0,5 bis 0,75 g Substanz. Bedauerlich ist an dem Hydrochinin nur der unverhältnismäßig hohe Preis, wie denn überhaupt die sorgfältige Chininnachbehandlung eine recht kostspielige Sache ist. In vielen Fällen wird sich die Anwendung von Chinineinpritzungen ganz umgehen lassen. Es gibt aber eine Reihe von Kranken, welche das Einnehmen von Chinin verweigern. In solchen Fällen lässt sich die intravenöse oder intramuskuläre Form der Anwendung nicht umgehen. Bei jenen Paralysen, die schwer beeinflussbare Plasmodien tragen, ist schon frühzeitig die kombinierte Anwendung verschiedener Chininpräparate und verschiedener Applikationsweisen anzuempfehlen. Man geht dann am besten in der Weise vor, dass man das Chinin einmal im Tage als Pulver oral verabreicht, ein anderes Mal in Form von Injektionen. Die Hauptsache ist wohl dabei, dass die gleiche Applikationsweise und das gleiche Präparat nicht länger als 2 Tage beibehalten wird. Man kann aber im Verlauf der gleichen Kur sehr wohl wieder auf die gleiche Chininmodifikation zurückkommen. Für die besondere Anwendung bestimmter Chininverbindungen ist die Art und Dauer der Resorption, die Höhe des jeweiligen Chininspiegels in den einzelnen Organen und die Schnelligkeit der Ausscheidung maßgebend.

Darüber ist folgendes bekannt: Falls es zu keiner Depotwirkung kommt, ist die Art der Applikation des Chinins nicht von grundsätzlicher Bedeutung für seine Ausscheidung und die Art seiner Bindung im Körper. Wahrscheinlich wird das Chinin im Serum nur in geringen Mengen, im Erythrozyten nur vorübergehend gebunden. Dagegen scheinen die Kapillarendothelien das Chinin längere Zeit festzuhalten. Die Leber pflegt einen Teil des Chinins abzubauen, eine weitere Menge wird in inneren Organen, wie Lunge, Milz, Niere, innersekretorischen Drüsen u. a. gespeichert. Je nach dem bestehenden Chininspiegel des Blutes und dem vorhandenen Stoffumsatz wird ein Teil des gespeicherten Chinins in das Blut abgegeben und von hier durch die Nieren ausgeschieden. Jedenfalls sind die Harnwege die Hauptausscheidungsorte für das Chinin. Nur kleinere Quantitäten der gesamten Chininmenge verlässt den Körper durch den Darm und die Schweissdrüsen. Die Hauptausscheidungsperiode liegt innerhalb der ersten 24 Stunden. Bei intravenöser Verabreichung beginnt die Ausscheidung am frühesten und ist am raschesten beendet. Ihr folgt die intramuskuläre Applikation, zum Schluss die orale. Bei subkutaner Einverleibung wird das Chinin nur in geringen Mengen resorbiert (vgl. hierzu Celli, Die Malaria 1913, S. 164ff.). Die weniger löslichen Salze sollen nach dem gleichen Autor besser ausgeschieden werden, als die löslichen. Die im Wasser unlöslichen Chininpräparate werden nach Giemsas Untersuchungen in der gleichen Weise resorbiert wie die löslichen, doch ist eine unerwünschte Depotwirkung bei den unlöslichen Chininpräparaten naturgemäß eine naheliegende Gefahr. Nach Mariani soll die Verabreichung kleiner Chininmengen der Gefahr des Chinismus vorbeugen und eine gewisse gleichmäßige Einstellung des Blutes auf einen hohen und anhaltenden Chininspiegel bewirken. Von italienischen Malariaforschern, besonders von Gaglio und seinen Schülern wird das Chinintannat empfohlen. Es soll durch seine Kombination mit einer organischen Säure besonders bei jenen Fällen von Malaria günstig wirken, die mit Magendarmstörungen vergesellschaftet sind. Ferner wird auf seine geringe Giftigkeit und seine langsame Resorption durch den Magendarmkanal hingewiesen, wodurch eine Art von Dauerwirkung zustande kommen soll. Mir selber fehlen über das Präparat bei der Impfmalaria die Erfahrungen.

Neuerdings hat die deutsche chemische Industrie ein Chininmittel geschaffen, das, wenn man den ersten Berichten glauben kann, berufen ist, andere Mittel in der Malariatherapie weitgehend zu ersetzen und zu verdrängen. Es ist das Plasmochin der Firma Bayer u. Co. Die entsprechenden pharmakologischen Unterlagen sind bekannt. Das Mittel hat zunächst gegenüber den anderen Chininen den Vorteil, dass der therapeutische Quotient Ehrlichs $\left(\text{Dosis} \dfrac{\text{curativa}}{\text{tolerata}} \right)$ beim Plasmochin wesentlich günstiger liegt. Beim salzsauren Chinin beträgt im Experiment (Vogelmalaria) der therapeutische Quotient 1:4,0, beim Plasmochin dagegen 1:30. Die wirksamen Dosen sind bei dem neuen Mittel wesentlich niedrigere. Pharmakologisch ist von Interesse, dass die Wirkung eine parasitotoxische ist. Die Parasiten werden in ihrer Entwicklung selber gehemmt, durch den Arzneistoff geschädigt, dadurch erliegen sie den natürlichen Abwehrkräften des Körpers, ein Wirkungsmechanismus, der auch dem Bayerschen Germanin zukommen soll. Nach den Erfahrungen von Mühlens soll dem Plasmochin eine bessere Wirksamkeit bei Tertiana und Quartana zukommen, die Zahl der Rezidive scheint geringer zu sein, auch die Schnelligkeit der Wirkung ist überraschend. Ganz neuartig war, dass eine Beeinflussung der Geschlechtsformen der Tropika durch das Plasmochin festgestellt werden konnte.

Sioli hat das Mittel bei malariabehandelten Paralytikern erprobt und äussert sich über seine Wirksamkeit sehr befriedigt. Auch bei höheren Dosen sind Nebenerscheinungen nicht vorgekommen, es genügten zur Erreichung des entsprechenden therapeutischen Effektes schon erstaunlich geringe Dosen. Todesfälle wurden auch bei Verwendung von hohen Dosen nicht beobachtet. Sioli empfiehlt 0,02 g mehrmals im Tage zu verabreichen, bei einer Einzelgabe von 0,0125 wurde das Präparat als unwirksam befunden, die Höchstdosis betrug ungefähr 0,3. Im übrigen sei auf die Originalausführungen verwiesen. Siehe hierzu Verh. 89. Vers. der Ges. Deutsch. Naturf. u. Ärzte, Düsseldorf 1926, Ref. M. m. W. 1926, 73. Jg., Nr. 43, S. 1821. Ferner: Die Naturwissenschaften, 14. Jg., H. 48/49, S. 1154 ff. Mir selber fehlen zur Zeit noch grössere Erfahrungen über die Wirksamkeit des Plasmochins bei Impftertiana. Sollten sich die Angaben der genannten Autoren bestätigen, dann wäre das Mittel dazu berufen, auch in der Infektionsbehandlung eine bedeutsame Rolle zu spielen, vor allen Dingen bei chininfesten Plasmodienstämmen. Denn bei Kranken, die trotz sachgemäßer Chinintherapie in der Impfbehandlung nur langsam parasitenfrei werden, sind der Schwierigkeiten zur Zeit immer noch erhebliche. Nicht als ob diese Fälle an Zahl häufig wären. Wem sie aber einmal begegnet sind, der wird sie lange in unangenehmer Erinnerung behalten.

Wie soll man sich Paralytikern gegenüber verhalten, die zu Malariarezidiven neigen? Hier soll neben einer oralen Chininverabreichung immer noch die intravenöse und intramuskuläre Applikation angewendet werden. Die Zahl der chininfreien Tage soll im Anfang sehr nieder sein und man tut gut, an den chininfreien Tagen ausserdem Salvarsan zu verabreichen. Ich habe bei diesen Kranken mit gutem Erfolge das Sulfoxylsalvarsan in steigenden Mengen verwendet. Die Zwischenräume für die Salvarsaninjektionen betragen als Minimum 8 bis 10 Tage. Mehr wie 4 Einspritzungen werden besser nicht gemacht. Eine tägliche Blutkontrolle ist erforderlich. Unter Umständen gibt man mehr als 0,5 g Chinin pro dosi, bis zu 0,75 g. Doch ist bei Verwendung des Chinins in parenteraler Applikation Vorsicht geboten. Bei 0,75 Hydrochinin. hydrochloric. intravenös sah ich bei einem Kranken schwere Störungen: Ohrensausen, Erbrechen, profusen Schweissausbruch und Frost. Auch an die Gefahr einer Chininidiosynkrasie muss man denken. In der Klinik Weygandts in Hamburg wurden solche Fälle beobachtet. Wir sahen bei einem anderen Kranken nach einer niederen Chiningabe eine universelle akute Dermatitis, die nach 4 Tagen wieder unter Abschuppung sich zurückbildete. Weiterhin hat Kirschbaum einen Fall von Schwarzwasserfieber bei einem Paralytiker nach Gebrauch von Chinin beschrieben. Glücklicherweise sind derartige Vorkommnisse aber doch immerhin sehr selten und ich weiss nicht, ob die Forderung gerechtfertigt ist, einen jeden Kranken vor der Anwendung des Chinins und vor Beginn der Impfbehandlung erst auf eine eventuell bestehende Chininidiosynkrasie zu prüfen, wie dies Mühlens verlangt. Eher muss man schon mit der Gefahr rechnen, einmal bei einem Kranken die Malaria erst nach wochenlangem Kampfe endgiltig beseitigen zu können. Im folgenden seien drei solcher Fälle kurz mitgeteilt, bei denen es zu Malariarückfällen kam. Auch aus der Leipziger Klinik sind solche bekannt geworden, im übrigen blieb es auffallend still damit.

Sch. Adam, Alteisenhändler, 62 Jahre. Diagnose: progr. Paralyse. Aufgenommen am 27. März 1925 in die Klinik. Nach Sicherstellung der Diagnose Impfung mit Malaria tertiana am 10. April 1925. Beginn des Fiebers nach 8 Tagen. 10 Fieberattacken von regelmäßigem Verlauf. Während des Fiebers zeitweise verwirrt, Herzinsuffizienz. Nach dem 10. Fieberanfall Beginn der Chininmedikation. Erhält zunächst 6 Tage lang 1 g Chinin. muriat. per os in Form von 2 Pulvern zu 0,5 g morgens und abends. Am 2. Tage nach Beginn der Chininbehandlung Abfall des Fiebers bis zur Norm. Keine Nachschwankungen. Am 7. Tage der Chininbehandlung einen Tag Pause, dann Beginn eines zweiten Chininturnus mit 1,0 g Chinin muriat. täglich, wie vorher. Zweimalige Blutkontrolle negativ. Nach Ablauf des zweiten Chininturnus 3 Tage Pause. Dann kleinere Dosen: zweimal täglich 0,3 Chinin. muriat. 4 Tage lang. 5 Tage Pause. Am 3. Tage leichte Temperaturerhöhung bis 38,1° C. Im Blutausstrich und im dicken Tropfen mäßig viele Tertianaringe. Daraufhin Beginn der zweiten Chininkur. Bekommt zunächst 6 Tage lang 0,75 Chinin. hydrochlor. pro dosi, zweimal täglich. Einmal wöchentlich 8 ccm Sulfoxylsalvarsan. 1 Tag Pause. Zweiter Chininturnus mit einmal täglich

0,75 Chinin. muriat. per os (morgens), abends 5 ccm Chinin-Urethan nach Gaglio intramuskulär, 5 Tage lang. 2 Tage Pause. Dritter Chininturnus mit der gleichen Dosierung wie vorher, 4 Tage lang, dazu Sulfoxylsalvarsan. Nachdem Provokation mit Aolan 10 ccm intramuskulär. Bei mehrfacher Untersuchung keine Parasiten, dauernd fieberfrei. Schlechte Remission, jetzt halluzinatorisches Zustandsbild.

2. B. Christian, 36 Jahre, Uhrmacher aus Kulmbach. Diagnose: beginnende Paralyse, expansiv-demente Form. Impfung mit Malaria tertiana am 8. August 1926 Nach dem 10. Fieberanstieg bei normal verlaufender Kur unter leichten depressiven Attacken Abbruch des Fiebers mit Chinin. Erhält zunächst zweimal täglich 0,5 g salzsaures Chinin per os. Nach sechstägiger Behandlung einen chininfreien Tag. Daraufhin sofortiger Fieberanstieg bis 38,3⁰ C. Im Blut sichere Tertianaparasiten, und zwar Ringe und erwachsene Formen in mäßiger Menge. Beginn eines zweiten Chininturnus bei der gleichen Dosierung, aber unter Zugabe von Neosalvarsan, jeden dritten Tag 0,3 g intravenös. Nach 10 Tagen Pause von 2 Tagen. Rezidiv, Plasmodien im Blute, keine Gameten. Sofortige Wiederaufnahme der Chininbehandlung: 10 Tage lang täglich morgens 0,5 Chinin muriat. per os, abends 0,75 Hydrochinin. hydrochloric. Ohrensausen, Unwohlsein. Dabei kleine Salvarsangaben von 0,15 Neosalvarsan. Nach Ablauf des zehntägigen Chininturnus 1 Tag Pause, dann wieder 5 Tage lang die gleiche Therapie. Erholt sich schon während der Kur körperlich gut, nimmt an Gewicht zu, keine Temperaturen mehr. Nach weiteren vier chininfreien Tagen nochmals einen dreitägigen Chininturnus von morgens und abends je 0,5 Chinin. muriat. und Hydrochinin. hydrochloric. Nach Provokation dauernd beschwerdefrei. Entlassen in voller Remission. Seither ein Vierteljahr im Berufe.

3. R. Hans, 36 Jahre, Bauer. Diagnose: Dementia praecox. Impfung mit Malaria tertiana im April 1925. 10 Fieberanfälle. Nach dem 10. Anfall sehr verfallen, Herzinsuffizienz, leicht ikterisch, Erbrechen. Harn o. B. Zunächst nur Chinineinspritzungen, da Patient die Einnahme von Pulvern verweigert. Erhält dreimal täglich je 0,3 g Chinin in Form der Gaglioschen Lösung, 6 Tage lang. Zwei Tage Pause, erstes Rezidiv. Am zweiten Tage der Chininpause apathisch, geringe Temperaturerhöhung bis fast 38,0⁰. Im Ausstrich sichere Plasmodien, keine Gameten. Sofortiger Wiederbeginn der Kur. Zweiter Turnus: Erhält dreimal täglich Chinin 0,4 teils als Chinin-Urethan, teils als Chininbisulfat intravenös. Dazu zweimal wöchentlich Neosalvarsan 0,3—0,45, später 0,6. Dauer des Chininturnus 10 Tage lang. 3 Tage Pause. Zweites Rezidiv. Plasmodien im Blute. Schlechtes Aussehen, leichte Erhöhung der Temperatur. Beginn einer dritten Reihe von Chinintagen, 10 Tage lang, einen chininfreien Tag, 7 Chinintage, 3 Tage Pause, 5 Chinintage. Provokation. Kein Befund mehr. Erholt sich langsam. Keine Besserung seines psychischen Zustandes.

Wie man aus diesen kurzen Angaben ersehen möge, kann also in der Tat die Chininbehandlung nicht geringe Schwierigkeiten bereiten. Wir geben durchaus zu, dass unser therapeutisches Vorgehen in dieser und jener Hinsicht bei den vorliegenden Fällen zu Beanstandungen Anlass geben könnte. Wir sind uns dessen selber bewusst. Glücklicherweise sind uns die oben geschilderten Fälle verhältnismäßig selten begegnet. Das mag einen gewissen Trost bedeuten. Man soll sich aber auf der anderen Seite hüten, der leichten Beeinflussbarkeit der Impftertiana durch Chinin allzusehr zu vertrauen. Wer solche Zwischenfälle wie die obigen vermeiden möchte, dem sei dringend geraten, sich einen Tertianastamm zu sichern, der sich empfindlich auf kleine Chiningaben erweist und der diese Eigenschaft auch durch lange Zeit hindurch bewahrt hat. Selbst dann ist man aber vor unliebsamen Überraschungen nicht geschützt. Ein Teil der chininresistenten Fälle von Impfmalaria wird sich deshalb nicht vermeiden lassen, weil die Ursache der geringen Chininempfindlichkeit aller Wahrscheinlichkeit nach innerhalb des infizierten Organismus liegt. Diese Auffassung nähert sich einem Standpunkt, der auch bei der natürlichen Malaria von einigen Autoren vertreten wird. Er lässt sich bei der Impfmalaria aus einer interessanten Beobachtung erhärten, die ich jüngstens machen konnte. Einer unserer chinin-resistenten Fälle, der seit einem Jahre fieberfrei ist und wegen Verschlechterung des körperlichen Befindens neuerdings wieder mit Tertiana infiziert werden musste, hat auch bei der zweiten Infektion chininfeste Parasiten. Und diesmal handelt es sich um einen Tertianastamm, der bislang spielend leicht mit Chinin zu beherrschen war. Wir glauben aber nicht, dass die Ursache der Chininfestigkeit ganz allein aus Vorgängen innerhalb des infizierten Organismus zu erklären ist. Übrigens stehen unsere Beobachtungen über chininfeste Impfmalaria nicht vereinzelt da. Vor kurzem hat, wie schon erwähnt, aus der Schroederschen Klinik in Leipzig Voitel (Kl. Wo., 5. Jg. 1926, Nr. 45, S. 2117) über ähnliche Fälle von chininfester Impftertiana berichtet. Es sei nachdrücklichst auf diese Veröffentlichung hingewiesen. Der Ausgang der chininfesten Malariaparalysen war dort fast durchwegs ein tödlicher. Methylenblau und Eosin hatten auf die Parasiten keine Wirkung, Salvarsan war nur von vorübergehendem Erfolg. Leider ist der Wert der von Voitel mitgeteilten Kasuistik dadurch beeinträchtigt, dass Mitteilungen über den Blut- und Parasitenbefund fehlen. Ein Skeptiker könnte ihm einwenden, es habe sich bei dem von ihm kasuistisch mitgeteilten Falle E. M. um blosses „paralytisches Fieber" oder um toxisches Fieber gehandelt, das durch die bestehende Leberschädigung bedingt war. Ich persönlich glaube dies zwar nicht, aber wer zweifeln will, wird es noch tun können. Wann eine Malaria definitiv als erloschen zu gelten hat, dies zeigt am besten das körperliche Verhalten des Kranken und ein sicherer Blutbefund. Man hat zur Feststellung, ob sich innerhalb des Körpers noch lebende Parasiten befinden, verschiedene Provokationsmethoden angegeben, die zumeist auch bei der Behandlung der natürlichen Malaria mit mehr oder weniger gutem Erfolge angewendet wurden. Man verwendet bei der Impftertiana teils Injektionen von Eigenblut, teils andere unspezifische Reizmittel, wie Typhusvakzine, Salvarsan u. a. Eine weitere Reihe von Autoren verwenden Milzduschen, Bestrahlung, körperliche Anstrengungen u. a. Der Erfolg aller dieser Maßnahmen ist nach unseren Erfahrungen kein hinreichend sicherer. Am besten bewährt hat sich uns die Injektion von steriler Milch, wie sie v. Draga bei der natürlichen inaktiven Malaria gebrauchte. Man kann statt dessen nach dem Vorschlage von Kogerer auch Natr. nucleinic. in 10%iger steriler Lösung verwenden, wie dies ebenso von Schlesinger bei der natürlichen Tertiana offenbar mit gutem Erfolge bereits getan wurde. Das Blutbild gibt erfahrungsgemäß für die Diagnose eines noch latenten Malariaherdes im Körper keine hinreichend sicheren Anhaltspunkte. Es bestehen nämlich bei der Genesung von der Impftertiana jene Veränderungen des Blutbildes nur kurze Zeit fort, die sonst bei der Diagnose der latenten Malaria in den Tropen herangezogen werden. Basophilie und Chromatophilie ist nach meinen Erfahrungen bei der die Impftertiana an sich schon recht selten zu sehen, und die einseitige Monozytose, man sonst bei der Diagnosenstellung der natürlichen larvierten Malaria heranzieht, ist vollends für die Diagnose noch bestehender Impftertiana ein recht unsicherer Prüfstein. Am besten gewöhnt man sich an eine regelmäßige mikroskopische

Blutkontrolle und an irgend eine unspezifische Provokationsmethode. Wenn der Kranke plötzlich innerhalb weniger Tage aufzublühen beginnt, um die fahle Gesichtsfarbe aktiver Malariaträger zu verlieren, dann wird man sich getrost beruhigen können, ohne sich später über den Gedanken quälen zu müssen, die Malaria sei nicht geheilt gewesen, als der Kranke aus der stationären Behandlung entlassen wurde.

Kommen Spätrezidive der Impftertiana vor? Wir haben darüber nie sichere Tatsachen ermitteln können. Doch wäre die Möglichkeit solcher nicht ohne weiteres auszuschliessen. Vor einiger Zeit wurde uns von der Fürsorgestelle der hiesigen Heil- und Pflegeanstalt mitgeteilt, dass zwei unserer Paralytiker, die schon vor 2 Jahren mit Tertiana in der hiesigen Klinik behandelt wurden und die sich seither in voller Remission in ihrem Berufe arbeitend befinden, von Zeit zu Zeit, etwa alle Vierteljahre, eigenartige vorübergehende Zustände stärksten körperlichen Missbehagens bekommen. Diese Zustände sollen einhergehen mit plötzlichem Brechreiz, Unwohlsein und Mattigkeit. Temperatur soll nicht dabei bestehen. Ob es sich im vorliegenden Falle um verkappte Tertianaeruptionen handelt, oder um Äquivalente von paralytischen Anfällen, konnten wir noch nicht entscheiden. Die Kranken haben bislang nicht an Gewicht verloren, sind auch psychisch in keiner Weise schlechter geworden und arbeiten nach Abklingen dieser Zustände, die ungefähr einen halben Tag bis einen Tag dauern, nach wie vor wieder ohne Störung in ihrem Berufe[1]).

1. Methode der Wiener Klinik (Wagner-Jauregg).
    a) Ursprüngliche Methode: 3 Tage lang zweimal 0,5 g Chinin. bisulf., dann 14 Tage lang einmal täglich 0,5 g Chinin. bisulf. per os.
    b) Spätere Methode: 3 Tage lang zweimal 0,5 g Chinin. bisulf., dann 4 Tage lang einmal täglich 0,5 g Chinin. bisulf. per os.
    c) In dringlichen Fällen: 3—6 Tage lang ein- bis zweimal täglich je 0,5 g Chinin. bimuriatic. intravenös.

2. Methode Mühlens und Kirschbaum.
    a) Ursprüngliche Methode: 7 Tage lang zweimal 0,5 g Chinin. muriat. per os. 6—7 Tage Pause. 3—5 Tage zweimal 0,5 g Chinin. 6—7 Tage Pause. 3 Tage zweimal 0,5 g Chinin. 6—7 Tage Pause. 3 Tage lang zweimal 0,5 g Chinin.
    b) Definitve Methode: 3—5 Tage lang zweimal 0,5 Chinin. muriat., erste Dosis intramuskulär. 5 Tage Pause. 2 Tage lang zweimal 0,5 Chinin. muriat. 5 Tage Pause. Zweimal 0,5 Chinin. muriat. 2 Tage lang. 5 Tage Pause. Zweimal 0,5 Chinin. muriat., 2 Tage lang. 5 Tage Pause. 2 Tage zweimal 0,5 oder zweimal 0,3 Chinin. muriat. Oder: 3 Tage lang 1 g salzsaures Chinin auf zwei Einzeldosen, dann 3 Tage lang, 0,5 g Chinin auf eine Tagesdosis. 6 Tage Pause. 4 Tage lang 0,5 g Chinin. muriat. 6 Tage Pause. 3 Tage 0,5 g Chinin.

3. Methode Plehn.
    Zweimal täglich 0,5 g Chinin. bimuriatic. intramuskulär 2 Tage lang. Am dritten Tag einmal 0,5 Chinin. bim. intramuskulär. Bei Rezidiven am vierten Tage: 0,5 Chinin. bim. intramuskulär einmal täglich 2—3 Tage lang. 4 Tage Pause. 2—3 Tage 0,5 Chinin. bim. einmal täglich intramuskulär. 4 Tage Pause. 2—3 Tage 0,5 Chinin. bim. einmal täglich.

---

[1]) Anhangsweise möchte ich hier noch einige Behandlungsschemata für die Chininverabreichung bei der Impfmalaria folgen lassen. Es kommt ihnen allen nur ein relativer Wert zu, da, wie bereits gesagt, eine Individualisierung der Chininbehandlung dringend zu fordern ist. Andererseits möchte der Praktiker doch gerne einige ungefähre Handhaben besitzen, nach denen bis jetzt vorgegangen wurde.

4. Methode des Verfassers.

7 Tage lang zweimal täglich 0,5 Chinin. muriat. per os. 1 Tag Pause. 5 Tage zweimal täglich 0,5 Chinin. muriat. 2 Tage Pause. 4 Tage lang 0,5 Chinin. muriat. zweimal täglich. 4 Tage Pause. 3 Tage lang 0,5 Chinin. muriat. zweimal täglich. Nach 2 Tagen Provokation: 10 ccm Aolan intramuskulär.

In dringenden Fällen.

Zweimal täglich 0,5 g Hydrochinin. hydrochloric., 10% intraven. 6 Tage lang. 1 Tag Pause. 4 Tage lang zweimal täglich 0,5 Chinin. muriat. intramusk. 3 Tage Pause. 2—5 Tage lang zweimal täglich 0,3 Chinin. muriat. per os.

Hinsichtlich weiterer Schemata, die für die Behandlung der natürlichen Tertiana angegeben wurden, siehe die einschlägigen Monographien, u. a. bei Nocht und Meyer, Ziemann, Mühlens, Celli, Laveran.

Zusatz: Neuerdings empfiehlt Spiethoff zur Kupierung der Impfmalaria Salvarsan und Spirocid unter Umgehung des Chinins. Es ist indessen nicht recht einzusehen, welche Vorteile dieser Methode vor dem üblichen Chiningebrauch zukommen. Zudem wäre zu erwägen, ob bei hartnäckigeren Tertianaformen mit gleich guten Heilerfolgen gerechnet werden kann, wenn nichts als Salvarsan gegeben wird.

b) Über klinische Verwicklungen im Gefolge der Malariabehandlung.

Wer sich zum ersten Male mit der Infektionstherapie praktisch beschäftigt, der wird zunächst von der Häufigkeit der Verwicklungen unangenehm überrascht sein. Es muss zugegeben werden, dass die Zahl der unliebsamen Zwischenfälle im Verlauf der Malariabehandlung in der Tat keine geringe ist. Selbstredend wird es darauf ankommen, welcher Art die zu behandelnden Kranken sind und wie weit bei ihnen das Leiden vorgeschritten ist. Aber auch bei Paralysefrühfällen ist die Menge der Komplikationen keine geringe. Zum guten Glück ist nun aber die Mehrzahl der wirklich eintretenden Verwicklungen ziemlich harmloser Natur. Nicht, als sähe man es ihnen von vorneherein an, welchen Verlauf sie nehmen. Man muss leider auf unliebsame Überraschungen bei der Impfmalaria und Impfrekurrens immer gefasst sein. Aber die Praxis mildert diesen Übelstand doch erheblich ab. Zudem kann es manchmal blosse Gefühlssache werden, ob man irgend ein eintretendes klinisches Ereignis unter die Komplikationen zählen soll oder nicht. Trifft ja doch Malaria und Rekurrens beim Paralytiker auf einen Organismus, der schon ohne eine zweite Infektionskrankheit auf das schwerste gefährdet. Es ist in vielen Fällen unmöglich, zu entscheiden, ob irgend ein klinisches Einzelereignis im Gefolge der Malariatherapie auch ohne die Behandlung gekommen wäre oder nicht. In diesem Punkte kann uns unter Umständen auch die weitere Erfahrung im Stiche lassen, die doch sonst diese Zweifel in den meisten Fällen nach irgend einer Richtung hin zu beheben pflegt. Denn es handelt sich bei diesen fraglichen Verwicklungen zum Teil um Dinge, deren nähere Erörterung in der Zeit vor dem Beginn einer allgemeinen Infektionstherapie nicht sonderlich im Interesse der klinischen Paralyseforschung gelegen war. Erst die Verwicklungen im Gefolge der Infektionsbehandlung geben diesen scheinbar belanglosen Dingen einen neuen Wert. Nach alledem wird es begreiflich erscheinen, wenn man die Zahl der vorkommenden klinischen Verwicklungen nur schätzungsweise angeben kann. Vielleicht bieten die folgenden Zahlen einen gewissen Anhaltspunkt. Sie sind an 100 malariabehandelten Kranken der Erlanger Klinik gewonnen, und zwar an 70 Männern und 30 Frauen. Das durchschnittliche Lebensalter der Kranken betrug etwa 40 Jahre. Unter diesen 100 Kranken entfallen auf:

Schwere vegetative Störungen (rascher kollapsartiger Verfall mit plötzlichem Sturz des des Körpergewichtes)	32%	Neurologische Störungen überhaupt etwa	17%
Lungenkomplikationen (Pneumonien, Tbc.)	8%	Darunter plötzliche u. bleibende Monoplegien im Gefolge der Behandlung	2%
Vorübergehende Kreislaufstörungen	45%	Rasche Verschlechterung des neurologischen Befundes	1%
Herzkollaps	4%	Multiple Dekubitus in unmittelbarem Zusammenhang mit der Behandlung	2%
Leberstörungen (Ikterus, Ödeme fraglicher Genese)	5%	Psychische Störungen überhaupt	63%
Milzstörungen (stärkere Tumoren)	8%	Darunter depressive Umwandlungen von vorübergehendem Charakter	50%
Nierenschädigungen ernsterer Art	0%	Rein expansive Umwandlungen	5%
Erkrankungen der Harnwege mit Ausschluss der nephritischen	2%	Expansiv-halluzinatorische Umwandlungen	3%
Störungen bei der Chininverabreichung	8%	Delirante Zustände	15%
		Amentielle Formen	2%
Sehstörungen in unmittelbarem Zusammenhang mit der Therapie	1%	Rein paranoide Zustände	2%
Gehörstörungen	0%	Paranoid-halluzinatorische Zustände chronischen Charakters	4%
		Katatoniforme Reaktionen	5%
Blutkomplikationen (Überschwemmung des Blutes mit Parasiten)	0%	Chronisch-schizoforme (Kahn) Reaktionen	0%
		Manisch-agitierte Zustände	3%
Magendarmstörungen	5%	Apoplektiforme Rezidive	2%

Es ist wohl selbstverständlich, dass sich die ganze klinische Mannigfaltigkeit der einzelnen hier aufgeführten Zustände mit dieser Zusammenstellung nicht erschöpft, zumal sie sich im einzelnen vielfach überschneiden und ihre Einreihung zur blossen Gefühlssache werden kann. Doch sollte mit der vorstehenden Statistik nur eine ungefähre Vorstellung davon gegeben werden, wie oft eine einzelne Komplikation am Krankenbette aufzutreten pflegt. Es ist dabei zu berücksichtigen, dass die vorstehenden Ergebnisse an einem Krankenstande gewonnen sind, der sich aus verhältnismäßig vorgeschrittenen Fällen zusammensetzte.

Schon nach den ersten Impfversuchen pflegt aufzufallen, wie wenig die Kranken durch von aussen kommende Infektionen geschützt sind. Es sind dies nicht etwa nur solche Patienten, bei denen der ganze Zustand eine weitgehende Besserung nicht mehr erhoffen lässt. Oft findet man gerade bei Paralysefrühfällen eine erhöhte Anfälligkeit für Erkältungen aller Art, die Kranken werden von einer hartnäckigen rheumatischen Tortikollis befallen, andere rheumatische Zustände aller Art treten auf. Furunkulosen und Pyodermien, für die sich der Paralytiker ohnehin in erhöhtem Maße empfänglich erweist, breiten sich aus oder es kommt zu den harmloseren Hautpilzerkrankungen, wie Epidermophytien, Pityriasis rosea u. a. m. Störend wird immer das Aufflackern von alten Zahneiterungen empfunden, wie dies mehrfach hier beobachtet wurde. Dagegen wurde nie festgestellt, dass alte Otitiden unter der Malaria neu aufgeflackert wären[1]. Es gibt zweifellos bestimmte Sekundärinfektionen, zu denen der geimpfte Organismus bevorzugt neigt. Die Neigung zu Katarrhen und zu Erkrankungen der Luftwege überhaupt rückt die Gefahr nachfolgender Pneumonien besonders nahe. Wo sich Bronchopneumonien einstellen, ist der Paralytiker immer besonders gefährdet, zumal die Infektion so gerne ohne deutliche Symptome zu verlaufen pflegt. Die Kranken husten viel, das Fieber fällt nicht recht ab, auskultatorisch finden sich kleinblasiges Rasseln und einzelne Verdichtungsherde über beiden Lungen, die nach Umfang und Sitz einem mannigfachen Wechsel unterworfen zu sein pflegen. Hier wird man noch am ehesten einen Erfolg von geeigneten hydrotherapeutischen Maßnahmen, vor allen Dingen von energisch fortgesetzter Bäderbehandlung sehen, vorausgesetzt, dass man dem darniederliegenden Kreislaufe noch soviel zumuten kann. In zweiter Linie ist für befriedigende Herzfunktion Sorge zu tragen. Man darf aber an dieser Stelle aussprechen, dass man es bei einem Paralytiker im Malariafieber weniger als sonst in der Hand zu haben pflegt, ob eine sekundäre Bronchopneumonie zum guten oder zum schlimmen verläuft. Die Mehrzahl der Kranken pflegen jedenfalls sehr rasch unter zunehmender Kreislaufschwäche der Ansteckung zu liegen. Weniger eindeutig verhalten sich jene Kranke, die vor oder während der Paralysedauer irgend eine tuberkulöse Infektion zu überwinden hatten. Gewiss kann man die Regel nicht unbedingt verallgemeinern, dass alle Paralytiker mit tuberkulösen Erscheinungen besonders gefährdet wären. Es fehlen noch ganz und gar die Feststellungen, was eigentlich bei einem tuberkulösen Prozesse innerhalb eines paralytischen Organismus einen bösartigen Verlauf der Tuberkulose veranlasst. Wäre es die tuberkulöse Infektion allein, dann müsste sich bei der Mehrzahl der Paralytiker der Tuberkulosebefund irgendwie verschlechtern. Wäre es die Schwere der tuberkulösen Infektion, was die Art der Prognose bei Zweitinfektion bestimmte, dann könnten nicht vorgeschrittene Tuberkulosen irgend eine Zweitinfektion, z. B. schweres Erysipel, ohne ernstere Störung überstehen und danach sich deutlich bessern, wie dies aus der Literatur vielfach bekannt ist. Nun ist offenbar nicht gleichgiltig, mit welchem Erreger bei der Tuberkulose die Superinfektion erfolgt und welche Erreger der tuberkulosekranke Körper ausserdem noch beherbergt. Die Kombination Syphilis und Tuberkulose ist jedenfalls, wie man aus anderweitigen Erfahrungen weiss, eine für den Organismus recht ungünstige. Und ebenso ist aus der Pathologie der natürlichen Malaria bekannt, dass die Vergesellschaftung der natürlichen Malaria mit der Tuberkulose für den befallenen Organismus die denkbar ungünstigsten Aussichten bietet. Diese Tatsachen geben jedenfalls

---

[1] Von Weygandt neuerdings ein Fall mitgeteilt.

einen Hinweis dafür, dass man eine tuberkulöse Infektion beim Paralytiker nicht sehr leicht nehmen darf und dass man sich prinzipiell bei der Feststellung bescheidet, ein Paralytiker werde von Tuberkulose nicht befallen. Ganz besondere Vorsicht scheint bei solchen Kranken geboten, die eine Malariakur bereits überstanden haben und sich in leidlicher Remission befinden. Sie haben durch die Superinfektion mit Malaria eine Umstellung ihrer Immunitätsverhältnisse erfahren, die unter Umständen für eine Sekundärerkrankung mit Tuberkulose nicht ganz belanglos zu sein braucht. Tatsache ist jedenfalls, dass Paralytiker, die man nach überstandener Malariainfektion mit Tuberkulin nachbehandelt, mit recht stürmischen Erscheinungen zu reagieren pflegen. Man wird also gut daran tun, die Prognose eines tuberkulösen Herdes bei einem Paralytiker bis zu einem gewissen Grade davon abhängig zu machen, ob er bereits mit Malaria oder mit Rekurrens behandelt wurde oder nicht. Bei Erstinfektionen braucht man, wie bereits früher bemerkt, die Gefahr einer Mobilisierung tuberkulöser Herde durch die Malaria nicht sehr ernst zu nehmen, zumal wenn man, wie im vorliegenden Falle, die Wahl hat, den Kranken entweder an Tuberkulose oder an einer Paralyse sterben zu lassen. So wird es auch begreiflich erscheinen, wenn man sich beim tuberkulösen Paralytiker über Bedenken hinwegsetzt, die man bei einem gewöhnlichen Lungenkranken recht ernst nehmen würde. Nicht, als handle es sich beim Paralytiker um einen Kranken, der weniger „Wert" besässe als ein anderer. Man darf auch mit dem Paralytiker nicht machen, was man will. Aber es hat schliesslich auch nicht sonderlich viel Zweck, therapeutischer Vielgeschäftigkeit zuliebe das Hauptziel, die Behandlung der Paralyse, aus dem Auge zu verlieren. Zudem spielen die Lungenkomplikationen als isolierte Erkrankungen bei der Impfmalaria eine verhältnismäßig untergeordnete Rolle.

Man hat mehrfach die Frage aufgeworfen, ob es Todesfälle von Paralysen gäbe, die auf Konto der blossen Malariawirkung zu setzen sind. Dass die Antwort so verschiedenartig ausfiel, beweist, dass ein Entscheid offenbar nicht ganz leicht ist. Praktisch kommt jedenfalls ein sogenannter reiner „Malariatod" selten vor, wenn man sich an die nächstliegende Todesursache hält. Es werden schliesslich alle Kranke, die eigentlich an der Malaria sterben, gegen Ende des Leidens hochgradige Störungen von seiten des Herzens oder der Atmungsorgane zeigen, und es ist in solchen Fällen reine Auffassungssache, wieweit man sein Kausalitätsbedürfnis zufriedenstellen will. Bei der Mehrzahl aller Todesfälle im Gefolge der Malaria und Rekurrens spielen eine ganze Reihe von verderblichen Umständen mit, von denen man jedenfalls das eine sagen kann: dass sie ohne die erfolgte Impfung nicht so bald und nicht in dem gleichen Umfang sich bemerkbar gemacht hätten. Es ist sonach kein Grund vorhanden, den Tod an Impfmalaria zu bestreiten und die Schuld auf wesentlich äusserlichere Dingen abzuwälzen. In enge Beziehung zum sogenannten Malariatod stehen jene Fälle von Paralyse und Tabes, bei denen bald nach erfolgter Impfung die Kranken hochgradig abmagern, motorisch und psychisch zusehends verfallen, schliesslich unter zunehmender Herzschwäche und unter Lungenkomplikationen unaufhaltsam dem Ende zutreiben. Eine Rettung des Kranken ist hier praktisch sehr schwierig, schon deshalb, weil die eingeleitete Unterbrechung der Malaria mit Chinin oft genug zu spät kommt. Die Kranken werden dann wohl noch fieberfrei, aber dennoch geht der Verfall weiter. Schuld daran mag wohl unter anderem auch der Umstand haben, dass die Pathogenese dieser klinischen Formen keine einheitliche zu sein scheint. Zum Teil mag es sich um besonders beschleunigten Abbau von Körpergewebe handeln, zum Teil um bevorzugte Schädigung vegetativ regulierender Hirnteile. Wieder andere Kranke, die in diese Kategorie fallen, würde man wohl besser als kreislaufinsuffizient bezeichnen oder sie besonders bösartigen Verlaufsformen der Paralyse zuzählen, wobei dahingestellt sein mag, inwieweit man derartige galoppierende Paralyseformen mit vegetativ besonders geschädigten Kranken gleichsetzen kann. Es ist unbestimmt, inwieweit man derartigen plötzlichen Kräfteverfall hintanhalten kann. Zunächst ist ein recht gefährliches Symptom die Feststellung, dass die zu impfenden Kranken schon vor der Behandlung in ihrem vegetativen Zustande erheblich schwanken. Dann dürfte die Tatsache von einiger Bedeutung sein, wenn Kranke viel und plötzlich schläfrig werden, wenn das Bewusstsein dauernd leicht benommen ist, ohne dass doch irgendwelche gröberen Ausfälle in Erscheinung treten. Hier empfiehlt sich eine Anbehandlung mit spezifischen oder unspezifischen Mitteln dringend. Es treten die Kranken dann später wesentlich besser vorbereitet in die Malaria hinein und die elementarsten körperlichen Erscheinungen sind nicht mehr so ausserordentlich wechselnd wie bei blosser Malaria. Es ist schon von Weeber seinerzeit vorgeschlagen worden, die Kranken durch eine Phlogetankur ganz allgemein auf die Infektionsbehandlung vorzubereiten. Wenn schon sich dieser Vorschlag mit Rücksicht auf die Zeitersparnisse sicher nicht allgemein durchsetzen wird, so dürfte er für die eben geschilderte Gruppe von Kranken in der Tat durchaus empfehlenswert erscheinen. Ist auch dies nicht möglich, dann muss man versuchen, mit den üblichen Herzmitteln, auch durch Teilung der Kur in zwei Hälften, auszukommen. Manchmal können sehr reichliche Mengen von physiologischer Kochsalzlösung als Infusion von Nutzen sein. Leider lassen sich stärkere vegetative Störungen nur bei einem bestimmten Satze aller Kranken bestimmt voraussagen. Und bei ihnen ist der Zufall insoferne tückisch, als die Kranken die ersten Fieberanfälle ohne besondere Zwischenfälle durchzumachen pflegen, bis dann das Verhängnis schreitet und die Kranken wie der Arzt von der veränderten Sachlage plötzlich um so eindrucksvoller betroffen werden. Es ereignet sich dies nicht selten bei fettleibigen Personen, die weiter oben als ungeeignet zur Malaria und Rekurrenstherapie bezeichnet wurden. Impft man sie, dann ist man zunächst recht angenehm überrascht, wie beschwerdelos die Impfung bei den ersten Fieberattacken verläuft, plötzlich aber zeigt sich dann ein ganz enormer Kräfteverfall, der keineswegs immer zuerst am Herz-gefäßsystem sich bemerkbar machen muss. Die Kranken zerfliessen förmlich und alle weiteren Bemühungen, sie am Leben zu erhalten, misslingen.

Die Herzstörungen. Dass der Kreislauf bei allen Malaria- und rekurrens-kranken Paralytikern eine gewaltige Belastungsprobe auszuhalten hat, ist von den verschiedensten Autoren hervorgehoben worden. Leider sind aber die Auffassungen von der Natur und der klinischen Bedeutung dieser Kreislauf-störungen noch recht verschiedene. Dies beruht zum Teil wohl darauf, dass beide Krankheiten, Malaria wie Paralyse, schon für sich allein zu erheblichen

Herzstörungen führen können. Wenn nun diese beiden Leiden mitsamt ihren Herzkomplikationen sich in einem einzigen Organismus vereinigen, so wird es schwer sein, die pathologische Bedeutung jeder einzelnen Herzveränderung so klar zu legen, dass sich zielsicher nach diesen Erkenntnissen handeln liesse. Man braucht nur die einschlägigen Publikationen in die Hand zu nehmen, um sich davon zu überzeugen, wie aussichtslos selbst ein rein klassifikatorischer Versuch werden muss, der die Herzkomplikationen der Impfbehandlung bei Paralyse zum Gegenstand hat.

Bei der natürlichen Malaria werden verschiedentlich schwere akute Herzveränderungen beschrieben; so erwähnt Ziemann bei der Tropica akute Dilatationen, die offenbar in einem Teil der Fälle einen recht trüben Ausgang nehmen. Es kann zu sekundärer Hypertrophie und zu myokarditischen Veränderungen kommen, an denen die Kranken lange zu leiden haben. Endokarditis und Endarteritis ist als direkte Malariafolge bis jetzt nicht bekannt geworden (Ziemann). Offenbar kommen für die ernsteren Herzerkrankungen bei der natürlichen Malaria nur die Fälle von Tropenfieber in Betracht, weniger die Tertiana. Als eigentliches schädigendes Moment schuldigt man neben den Fieberanfällen und der toxischen Wirkung der Parasiten vor allen Dingen die Störungen der Blutzirkulation und die durch die Malaria bedingte Anämie an. Es sollen nach Galenga und anderen in erster Linie die nervösen Apparate des Herzens betroffen werden, woraus die Anfälle von Angina pectoris und die Unregelmäßigkeiten des Pulses erklärt werden könnten. Bei der paralytischen Herzerkrankung sind die Störungen verschiedener Art. Am häufigsten sind wohl die Veränderungen der Aorta, die der Kononararterien und der Aortenklappen. v. Romberg betont aber mit Recht, dass die rein muskulären Schädigungen des Herzens durch die Lues wesentlich zahlreicher seien, als man früher anzunehmen geneigt war. In der Tertiärperiode seien sie neben der Aortitis sogar die gewöhnlichste Veränderung des Herzens. Klinisch findet man in solchen Fällen die uncharakteristischen Erscheinungen der Herzmuskelinsuffizienz: nach anfänglicher Arythmie treten Extrasystolen, Galopprhythmus, Schweratmigkeit, Zyanose auf, später Dilatation, systolisches Geräusch mit perpetueller Arythmie und Störungen im Reizleitungssystem. Gleichzeitiges Befallensein der Koronararterien äussert sich in Anfällen von Angina pectoris. Es ist ganz sicher, dass die Erscheinungen am paralytischen Herzen, soweit sie muskulärer Natur sind oder auf die Kranzarterien bezogen werden, im klinischen Vordergrund stehen und dass diese Veränderungen an den grossen Gefässen, vor allen Dingen von seiten der Aorta, nur ganz ausnahmsweise deutlichere Beschwerden verursachen. Das Röntgenbild klärt ziemlich bald darüber auf, dass aortitische Prozesse beim Paralytiker zwar keine Seltenheit sind. Aber sie wirken sich fürs erste nicht recht klinisch aus. Sie haben also auch, was bereits betont wurde, eine ganz unsichere Prognose. Im Verlaufe der Malariabehandlung sind jedenfalls die aortitischen Veränderungen weniger zu fürchten, als die muskulären Störungen. Doch sei darauf hingewiesen, dass Weygandt, offenbar auf Grund einer nicht geringen Erfahrung in diesem Punkte, anderer Meinung ist. Ich selbst beobachtete Kranke mit schweren mesaortitischen Veränderungen, die ohne Beschwerden die Impfmalaria in der durchschnittlichen Zahl von Fieberanfällen überstanden[1]). Dagegen waren bei uns die Kranken mit anfänglichen Arythmien und Extrasystolen schon nach kurzer Behandlung trotz geeigneter Therapie recht gefährdet. Es wird noch dazu bei einer ganzen Anzahl von paralytischen Kranken die syphilitische Herzinsuffizienz durch andere schädigende Faktoren nicht unerheblich verstärkt. Es sei nur an das sogenannte Fettherz erinnert, die chronische Herzmuskelstörung der Fettleibigen und an die schweren Stoffwechselschädigungen, die den Herzmuskel beim Paralytiker schon an sich treffen, selbst wenn man von den spezifisch syphilitischen Veränderungen des Herzmuskels absieht. Es dürfte praktisch bei der Infektionsbehandlung zu raten sein, sein ganzes Augenmerk zunächst den muskulären Insuffizienzen zuzuwenden, dann den Störungen der Kranzgefässe und zuletzt den mesaortitischen. Über die Aneurysmen gilt das früher gesagte.

Über die Verlaufsweisen der Herzstörungen bei Paralytikern in der Malaria haben sich einheitliche klinische Gesichtspunkte nicht ergeben. Ein Teil der Kranken zeigt vor der Kur schon bei oberflächlicher Untersuchung leichte Pulsbeschleunigung bei normaler Temperatur, zeitweise treten Extrasystolen auf. Es scheint, als gäben diese Kranken eine recht ungünstige Prognose für die folgende Kur. Indessen zeigt es sich, dass sie therapeutisch verhältnismäßig leicht und überraschend zu beeinflussen sind. Maßgebend ist hierbei in erster Linie der körperliche Gesamteindruck, den die Kranken auf die Einleitung einer energischen und sachgemäßen Herzbehandlung machen. Es ist durchaus möglich, dass ein Teil der Zustände leichter traumhafter Benommenheit, die Paralytiker vor Beginn der Behandlung dann und wann zeigen, auf Kosten zirkulatorischer Störungen zu setzen ist. Man erlebt es dann, dass die Kranken nach eingeleiteter Digitalisbehandlung rasch in ihrem Sensorium freier werden. Die viel verspottete Digitalisbehandlung der Paralyse, wie sie von älteren Autoren empfohlen wurde, dürfte unter diesen Gesichtspunkten doch eine gewisse Berechtigung gehabt haben und war wohl nicht blosse Suggestion. Nach erfolgter Impfung verhält sich der paralytische Blutkreislauf recht verschieden. Alarmierend sind Stockungen der Diurese. Die Gesichtsfarbe der Kranken nimmt oft einen eigenartigen graufahlen Ton an, bei den Fieberanfällen folgt der Puls nicht mehr der Temperaturerhöhung, man findet oftmals kurze systolische und präsystolische Geräusche an der Herzspitze. An den Knöcheln und im Hypogastrium treten leichte Ödeme auf, hier und da werden auch unbestimmte Schmerzen im Abdomen geklagt, die teils auf die Malariawirkung, teils auf Stauungserscheinungen zu beziehen sind. Der Puls ist auch in der fieberfreien Zeit sehr rasch, schwach und unregelmäßig. Solche Kranken sind vielfach ganz erheblich gefährdet und sie lassen sich, wenn die Kur noch längere Zeit zu dauern hat, mit Digitalispräparaten allein nur schwer am Leben erhalten. Ich habe in solchen Fällen das Coramin, vor allen Dingen auch das Kardiazol der Firma Knoll mit bestem Erfolge gebraucht. Man kann, wenn keine weiteren Komplikationen eintreten, mit dem Kardiazol die Kranken sehr lange vor dem Schlimmsten bewahren. Bei den eben besprochenen Kranken handelt es sich

---

[1]) Man möge mich in diesem Punkte aber nicht missverstehen. Siehe Seite 234.

um Fälle, bei denen die muskuläre Insuffizienz schon bei den ersten Anfällen der Malaria manifest zu werden pflegt. Eine zweite Gruppe von Paralysen übersteht die ersten Attacken bei gutem Befinden, nach dem zweiten, dritten und vierten Anfall treten indessen sehr bedrohliche Kreislaufstörungen ein. Während der Mahlzeit, beim Gang aufs Klosett, beim Wechseln der Wäsche werden die Patienten schwindelig, fallen zusammen, der Puls ist klein, frequent, es tritt Vorhofflimmern auf, Brechreiz, das Gesicht ist wachsbleich, die Kranken sind kaum mehr zur leisesten Bewegung fähig. Hier ist die Malaria sofort zu unterbrechen. Leider gelingt es aber nur bei einem Teil der Fälle, die Kranken am Leben zu erhalten. Wieder andere klagen in der zweiten Hälfte der Kur über zunehmende Atemnot, es macht sich Venenpuls und Stauungsschmerz bemerkbar, der Puls zeigt zunächst noch gute Füllung, wird aber dann auch im Anfall der Tertiana schwach und sehr langsam. Dann und wann kann vollständiger Herzblock einsetzen. Auch solche Patienten pflegen in der Mehrzahl aller Fälle einige Stunden nach dem Auftreten der ersten Symptome in tieferer Benommenheit zu sterben.

Bei einer letzten Gruppe muskulär-insuffizienter Kranker machen sich die Kreislaufstörungen ganz schleichend bemerkbar. Sie werden anfänglich nicht sonderlich ernst genommen, können zunächst überhaupt ganz entgehen. Gegen Ende der Behandlung erreichen sie aber einen solchen Grad, dass dem Arzt vor jedem weiteren Fieberanfall bangt. Bedauerlich ist ganz besonders, dass bei solchen Paralytikern die Anzeichen der Herzinsuffizienz noch weit in die Rekonvaleszenzperiode hineinreichen. Man ist geneigt, die Kranken nach Abbruch des Tertianafiebers fürs erste gerettet. zu halten, steht dann aber nach einigen Tagen plötzlich vor einem schweren Kollaps. Auch in solchen Fällen ist frühzeitiges und sehr entschiedenes Eingreifen die Hauptsache.

Über die syphilitischen Störungen der Kranzgefässe bei malariabehandelten Paralysen ist nicht viel zu sagen. Sie scheinen nach den hiesigen Erfahrungen nicht sonderlich häufig zu sein. Sicher ist, dass die Koronarerkrankungen bei Paralyse ausserordentlich häufig mit muskulären Insuffizienzen vergesellschaftet sind und dass man Mühe haben kann, sie sicher festzustellen und zu unterscheiden. Im allgemeinen sind plötzlich auftretende Anfälle von Angina pectoris und kardialem Asthma auf eine bestehende Erkrankung der Kranzarterien zu beziehen, auch wenn dieser Anfall nur einmal auftritt und überwunden wird. Die weiteren Symptome der Koronarschädigung sind hinreichend bekannt, so dass über ihr Bild kein weiteres Wort gesagt zu werden braucht. Prognostisch sind die syphilitischen Veränderungen der Kranzgefässe so trübe für eine Malariabehandlung, dass ein jeder Ratschlag wohlfeil ist. Meist sterben die Kranken schon im ersten Herzanfall. Er tritt beim Paralytiker selten in seiner ganzen erschreckenden Symptomatologie in Erscheinung, da die Kranken schon ohnehin in der rasch einsetzenden tiefen Benommenheit nicht mehr zum Ausbau psychisch fein abgestufter Beschwerden fähig sind. Dieser Übelstand macht sich erst recht bei der Untersuchung und Behandlung solcher Paralysen bemerkbar, die einer mesaortitischen Störung verdächtig sind. Da nach den Feststellungen Straubs an der Münchener Kreisirrenanstalt etwa 82% aller Paralytiker mit aortitischen Veränderungen behaftet sind, sollte man eigentlich vermuten, diese

Aortitis wirke sich bei der Therapie viel ungünstiger aus, als sie es in der Tat tut. v. Romberg betont aber mit Recht, dass entsprechend dem Lebensalter der Kranken noch arteriosklerotische Störungen hereinspielen. Sicher ist auch, dass nur bei einem geringen Prozentsatze aller Paralysen eine eigentliche Insuffizienz der Aortenklappen oder gar eine Dekompensation besteht. Man spricht zwar sehr viel von den Aortenklappenfehlern der Paralytiker und sie spielen auch in der Indikationsstellung zur Infektionsbehandlung innerhalb der Literatur eine gewisse Rolle. Fahndet man dann nach diesen aortitischen Herzgeräuschen, dann ist man, je mehr man sucht, um so bitterer enttäuscht. Die meisten Therapeuten tun dann wohl das, was zweifellos im vorliegenden Falle das einzig mögliche ist: sie machen sich weiter nicht viel Kopfzerbrechen und impfen. Der weitere Krankheitsverlauf gibt ihnen recht. So ist es auch um eine Schilderung der paralytischen Klappenfehler und ihr Verhalten während der Impfmalaria schlecht bestellt. Zuverlässige und genaue Angaben in der infektionstherapeutischen Literatur fehlen noch und der Verfasser selber hat nicht ausreichende Erfahrung. Nur über eine einzige Beobachtung bei einem Tabiker verfüge ich, bei dem schon vor der Impfung mit Malaria eine leichte Verbreiterung des Herzstosses bestand, Hypertrophie des linken Herzens und diastolisches Aortengeräusch mit raschen und hohen Pulswellen. Dieser Kranke vertrug die Impfung mit Tertiana sehr schlecht, so dass schon nach der Hälfte der regulären Anfallszahl das Fieber abgebrochen werden musste. Er erholte sich nur sehr langsam, hat sich nun sehr weitgehend gebessert, doch ist der auskultatorische und perkutorische Befund am Herzen unverändert geblieben.

Zusammenfassend handelt es sich also bei den Komplikationen von seiten des Herzens beim Paralytiker in erster Linie um muskuläre Insuffizienzen, seltener um Veränderungen auf mesaortitischer Basis. Die Prognose richtet sich ganz nach dem Einzelfalle und ist nur mit grösster Vorsicht zu stellen. Wie sich die von Adelheim (Wien. kl. Wo. 1926, Jg. 39, 1926, Nr. 15, S. 412) beschriebenen subendokardialen Blutungen bei Impfmalaria klinisch äussern, ist nicht bekannt. Ich selbst hatte noch keine Gelegenheit, sie festzustellen.

Die Leberkomplikationen. Über Lebererkrankungen im Gefolge der Infektionsbehandlung ist nur wenig sicheres bekannt. Stärkere Lebervergrösserungen im Gefolge der Impfmalaria sind nicht bekannt geworden. Die Kranken klagen zu Anfang der Infektion manchmal über Schmerzen in der Lebergegend. Man wird diese Beschwerden wohl auf leichte Entzündungsprozesse, Thrombosen und Stauung im Lebergewebe beziehen dürfen. Bei einer kleinen Anzahl von Kranken zeigt sich frühzeitig nach erfolgter Infektion mehr oder weniger ausgesprochener Ikterus. Seine Genese ist wohl keine einheitliche. Sicher trägt an seiner Entstehung ein vermehrter Zerfall von Blut die Hauptschuld. Es liesse sich aber wohl auch denken, dass eine Rückstauung von Galle ins Blut infolge gestörter Durchlässigkeit der Gallenwege eintritt. Ist es doch keine seltene Erscheinung, dass im Gefolge der Impfmalaria mehr oder minder starke katarrhalische Erscheinungen im Magendarmkanal entstehen, deren Übergreifen auf die Gallenwege denkbar wäre. Hat die Annahme eines Stauungsikterus keine Geltung, dann müsste in Anlehnung an die Theorie von der Paracholie auch bei den Ikterusformen der Impfmalaria eine abnorme Sekretion der Leber-

zellen erwogen werden, wodurch es nicht mehr zu einer Gallensekretion in die
Gallenkapillaren, sondern in die Lymphgefässe und in die Blutkapillaren käme.
Der bei der Impfmalaria auftretende Ikterus ist, wie es scheint, in den meisten
Fällen gutartiger Natur, wenngleich er sehr hartnäckig sein kann. Die Kranken
leiden nicht sonderlich unter seinen Erscheinungen, all die unangenehmen Begleitsymptome der katarrhalischen Ikterusformen fehlen. Eine gewisse Vorsicht ist
trotzdem geboten. Wenn der Ikterus sehr früh, nach kaum begonnener Behandlung in Erscheinung tritt, dann wird man besser die Behandlung abbrechen
und den Kranken sich zunächst erholen lassen. Überraschenderweise kann es
sich dann zeigen, dass bei der zweiten Impfung der Ikterus ausbleibt. Tritt
erst in der zweiten Hälfte der Behandlung eine stärkere Verfärbung ein, dann
wird man in den meisten Fällen die Behandlung ohne weitere Unterbrechung
zu Ende führen können. Es sind ganz vereinzelte Fälle von Schwarzwasserfieber bei Impfmalaria beschrieben worden (siehe z. B. Kirschbaum), doch
scheint es sich hier um sehr seltene Vorkommnisse zu handeln. In solchen Fällen
ist natürlich sofortiges energisches Eingreifen angezeigt. Man gibt am besten
eine ganz milde wirkende Chininform in mäßigen Mengen, auf alle Fälle unter
den sonst üblichen Mengen, auch kleine Dosen von Neosalvarsan scheinen sich
bewährt zu haben. Im übrigen dürfte rein symptomatisch zu verfahren sein:
Herzmittel, Diuretika, Kochsalzinfusionen und Dextroseeinspritzungen. Man
hat neuerdings der Leber als entgiftendem Organe in Zusammenhang mit den
Fragen der Infektionsbehandlung ein merkliches Interesse zugewandt. Leider
ist aber die praktische Ausbeute aus dieser Arbeit zur Zeit noch wenig zufriedenstellend. Man versuchte, die Funktion der Leber dadurch zu überwachen, dass
man nach Verabreichung bestimmter, chemisch gut nachweisbarer Substanzen,
etwa der Lävulose, die Ausscheidungsverhältnisse dieses Mittels verfolgte, um
auf diese Weise gewisse Rückschlüsse auf die Leberfunktion für bestimmte
Fälle von Malariaparalyse ziehen zu können. Ich selbst habe derartige Versuche
unternommen, habe aber Werte bekommen, die sich in keiner Weise eindeutig
auslegen liessen. Die Ergebnisse sind ähnliche, wie die kürzlich von Plaut
veröffentlichten Versuche über die Trypanozidie der unbehandelten Paralytiker.
Wir möchten seinen zurückhaltenden Standpunkt in wesentlich erweiterter
Form teilen. Aus diesem Grunde scheinen uns auch Gedankengänge von
Dattner, über die Benedek berichtet, zur Zeit zum mindesten noch sehr
verfrüht zu sein. Dattner vermutet, dass bei lebergeschädigten Malariaparalysen das Salvarsan deshalb einen besonders ungünstigen Einfluss auf das
psychische Befinden ausübe, weil die Leber das Salvarsan nicht mehr hinreichend
zu entgiften vermag. Er sucht gewisse Beziehungen zwischen den eigenartigen
paranoiden psychischen Zuständen solcher Kranker und dem veränderten
Leberchemismus. Von anderer Seite sind angebliche Zusammenhänge zwischen
den Malariaikterus und einer Nebennierenerkrankung gefunden worden (siehe
darüber Benedek a. a. O., S. 104). Es dürfte einleuchten, dass derartige Fragen
noch sehr dunkel sind.

Die Milz. Auch die Erkrankungen der Milz während der Impfmalaria
haben nur ausnahmsweise grössere praktische Bedeutung. Nach erfolgter
Impfung klagen die Kranken manchmal über heftige Milzschmerzen. Es ent-

spricht diesen subjektiven Beschwerden aber nicht ein nachweisbarer objektiver Befund von hinreichender Stärke. Die Milz ist in vielen Fällen von Paralyse und Tabes während der ganzen Dauer der Malariawirkung überhaupt nicht palpabel. Dies wird von einer Reihe von Autoren übereinstimmend berichtet (Weygandt, Mühlens und Kirschbaum, Stransky, Gerstmann, Nonne, Fleck, Dattner und Kauders, Warstadt).

Ein Teil der Kranken kann aber unter Umständen ganz erhebliche Milzschwellungen haben. Gerstmann. meint, dass bei Zweitinfektionen im allgemeinen stärkere Milzschwellungen vorkämen. Ich kann dies nicht bestätigen. Woran dieses gänzlich verschiedenartige klinische Verhalten der Milz bei Malariaparalytiker liegt, ist unklar. Sicher ist nur, dass ein fassbarer Zusammenhang zwischen der Grösse der Milzschwellung einerseits und dem sonstigen klinischen Verhalten, besonders dem späteren Enderfolge und der Parasitenzahl im Blute, nicht besteht. Es handelt sich also bei Kranken mit starken Reaktionen von seiten des Milzgewebes nicht um solche Fälle, die überhaupt eine besonders heftige Aussprechbarkeit auf die Therapie oder auf die Infektion zeigen. Es ist aus diesem Grunde auch nicht am Platze, bei starken Milztumoren die Behandlung vorzeitig abzubrechen. Nur ist für tunlichste Ruhigstellung der Kranken Sorge zu tragen. Es sind nämlich in der neueren Zeit mehrfach Fälle von spontaner Milzruptur im Gefolge der Malariabehandlung beschrieben worden. Unter anderen haben Weygandt, Trömner und Baltzer, Schilling über solche Zwischenfälle berichtet. Ein weiterer Todesfall an Milzberstung soll, wie mir Herr Hofrat Wagner-Jauregg gesprächsweise mitteilte, in einer österreichischen Anstalt vorgekommen sein. Auch Hermann (Prag) hat kurz einen Fall mitgeteilt. In neuester Zeit ist aus der medizinischen Klinik Rostock durch Bachmann ein weiterer Fall bekannt geworden (M. m. W., Nr. 11, 1926, S. 528). Ferner erwähnt Adelheim (Wien. Klin. W., Jahrg. 39, Nr. 15, S. 412, 1926) aus der Irrenanstalt Rotenberg unter 60 Fällen von Impftertiana zwei Milzrupturen. Ein letzter Fall findet sich bei Kraußer (Inauguraldiss. 1926, Erlangen). Wir selbst halten ein solches Ereignis bei längerer Anwendung der Impfmalaria als durchaus im Bereiche der Möglichkeit liegend. Es ist ja auch in der Pathologie der natürlichen Malaria keine ganz unbekannte Erscheinung. Über Milzrupturen bei natürlicher Malaria berichten unter anderem Cantlie, Massari, Davidsohn, Shevington, Sheaf, Benda, Seyfarth, Raison, Strine. Meist scheint es sich um Milzberstungen zu handeln, bei denen eine direkte Gewalteinwirkung auf die Milz vorausgegangen ist. Doch ist die Stärke dieses mechanischen Reizes oft so klein, dass man ihn nur mit Zwang als Ursache anerkennen möchte. Ein kleinerer Teil der beschriebenen Rupturen ist ohne jedes Trauma entstanden. Von besonderer Wichtigkeit ist, dass die geborstenen Milzen nicht immer eine auffallende Grösse besitzen, dass also kein direktes enges Verhältnis zwischen dem Milzumfang und der Wahrscheinlichkeit des Eintrittes einer Milzruptur besteht. Die chronischen Fälle von Malaria sind durchschnittlich nicht mehr gefährdet wie die akuten. Die eigentliche Ursache der Milzberstungen wird man auch bei der Impfmalaria noch nicht mit Sicherheit erklären können. Dass mechanische Momente unter Umständen eine gewisse Bedeutung haben können, scheint erwiesen zu sein. In zweiter Linie disponiert die eigenartig morsche Beschaffenheit der Malariamilzen überhaupt zu Zwischenfällen dieser Art. Ein einheitlicher anatomischer Befund an den Rupturen ist bei der Impfmalaria bislang noch nicht beobachtet worden. In dem von Weygandt beschriebenen Falle handelt es sich um einen 10 cm langen Riss an der Hinterseite der Milz bei einem klinisch hochgradig erregten Kranken. Ein weiterer Fall von Trömner und Baltzer hatte vier kleine Einrisse an der Hinterfläche, also in der gleichen Gegend, wo auch bei der natürlichen Malaria mit Vorliebe der Sitz der Rupturen gelegen sein soll. Vorwerk erklärt diese Bevorzugung der Milzhinterfläche aus dem geringeren Widerstande, den die schwächere Milzrückseite einem Trauma entgegensetzt. Vielleicht spielen auch Thrombenbildungen mit. Therapeutisch ist bei der Ruptur einer Milz während der Impfmalaria wenig zu machen. Es ist kaum anzunehmen, dass man sich bei der schlechten Prognose noch der Mühe unterziehen wird, eine rechtzeitig erkannte Milzberstung operativ anzugehen.

Die Magen-Darmstörungen. Die Magen-Darmstörungen im Gefolge der Malariabehandlung sind sehr vielfältige. Es ist hier zunächst der eigenartigen Störungen der Magenmotilität zu gedenken, wie sie die Impftherapie verursachen kann. Bei hinfälligen Kranken tritt unter Umständen eine ganz erstaunliche Verzögerung in der Fortbewegung des Speisebreies ein, auch bei normalen Säurewerten. Ferner sieht man bei Untersuchung von paralytischen Magensäften nicht gerade selten eine mittelstarke Verringerung der freien Säure, auch der Gesamtsäure. Es fehlt aber ganz und gar an regelmäßigen und eindeutigen Ergebnissen, so dass man das bis jetzt Festgestellte kaum irgendwie pathophysiologisch verwerten kann. Im Anfang der Behandlung sind die Kranken chronisch verstopft, Stuporöse verhalten den Kot, was auch vor erfolgtem Fieberausbruch Anlass zu heftigen Temperaturanstiegen geben kann. Wesentlich schwerwiegendere Folgen können die im Verlauf der Impfbehandlung auftretenden Durchfälle haben. Sie haben sicherlich eine verschiedene Ursache. Ein Teil hängt vielleicht mit den Störungen im Wasserhaushalt des Paralytikers zusammen, die natürlich auch während der Impfung fortbestehen und hier oft erst richtig zum Durchbruch kommen. Wieder andere Kranke mit Durchfällen sind erhöhten toxischen Einflüssen ausgesetzt. Es wird begreiflich sein, dass während des Bestehens zweier Infektionskrankheiten im Körper die Darmflora leicht Gelegenheit findet, aus ihrer passiven Rolle herauszutreten und lokale Schleimhautkatarrhe zu verursachen. Hierzu kommt noch, dass die natürliche Malaria in einer nicht gerade seltenen Zahl von Fällen schon für sich schwere Erscheinungen von seiten des Darmkanals auszulösen vermag. Man spricht von Malaria dysenterica bei solchen, mit natürlicher Malaria behafteten Kranken, die an eigenartigen intermittierenden Diarrhöen leiden; eine Dauerheilung ist nur durch Chinin möglich. Es werden von Mollow auch schwere, mit geschwürigen Veränderungen am Darmepithel einhergehende Fälle von Tropica beschrieben, die nicht mehr durch Chinin zu beeinflussen waren, obwohl ihre Entstehungsursache durch die voraufgehende Malariainfektion sichergestellt war und Sekundärinfektionen mit Darmparasiten ausgeschlossen werden mussten. Von Bassu (zitiert nach Ziemann) wird sogar ein Fall von dysenterischer Malaria beschrieben, bei dem es unter zunehmender Kachexie zu einer tödlichen

Darmblutung kam. All diese Zustände haben nun leider auch ihre Analogien bei der Impftertiana. Zunächst kann man Kranke mit ganz profusen, schleimig-eitrigen Durchfällen beobachten, bei denen das Leiden in verschiedenen Stadien der Malariaimpfung auftritt. Bei einigen sah ich sie gleich zu Beginn der Kur, bei anderen erst im letzten Drittel der sonst normal verlaufenden Behandlung. Meist setzt der Zustand mit Verstopfung ein. Der bakteriologische Befund ergibt keine Besonderheiten. Glücklicherweise sprechen die Kranken auf eine symptomatische Behandlung ganz gut an. Entsprechende Diät, Tierkohle und Tanninpräparate bringen den Durchfall meist rasch zum Stillstand. Bei anderen versagt aber diese Therapie. Chinin kann auch in solchen Fällen zuletzt noch lebensrettend wirken, vorausgesetzt, dass es rechtzeitig gegeben wird. Ist dies nicht geschehen, dann nimmt das Leiden durch zunehmende Blutbeimengungen einen immer bösartigeren Charakter an, die Temperatur geht nicht mehr zurück, der Behandelte verfällt rasch und erliegt seinem Leiden im Verlauf von wenigen Tagen. Besonders bösartigen Charakter haben jene Fälle von Malariaparalyse, über die Kirschbaum, Kihn u. a. berichtet haben. Meist mitten in der Infektion tritt nach einem kurzen Stadium der Obstipation ein blutiger Durchfall auf, die Kranken werden sehr hinfällig, leicht peritonitische Erscheinungen kündigen sich an und im Verlaufe von 24 Stunden stirbt der Kranke unter zunehmender Benommenheit und Schwäche. Die Obduktion ergibt dann eine ganz diffuse parenchymatöse Darmblutung. Sie scheint mit Vorliebe den Dickdarm zu befallen, vereinzelt auch den Dünndarm und kann mit der Bauhinschen Klappe scharf abschneiden. Irgendwelche nachweisbaren Defekte der Schleimhaut fehlen. Bei einem unserer Kranken, der einer solchen Blutung nach kurzer Zeit erlag, setzte die Komplikation schlagartig mit einem schweren Kollaps ein, von dem er sich trotz sofortiger Verabreichung von Chinin nicht wieder erholte. Die Behandlung solcher Fälle hat in erster Linie und als einziges sicher wirkendes Mittel die sofortige Verabreichung von Chinin in die Wege zu leiten. Wo sie rechtzeitig genug einsetzt, ist mit einer Genesung der Kranken zu rechnen, doch muss man sich darüber klar sein, dass Darmblutungen zu den ernstesten Komplikationen der Malariatherapie gehören. Enteritische Erscheinungen mit Geschwürsbildungen sind bei der Infektionsbehandlung bislang noch nicht beobachtet. Man würde derartige Erscheinungen vielleicht als Mischinfektionen erklären können.

Die Erkrankungen der Harnwege und der Nieren. Sie spielen bei der Impfmalaria eine nicht zu unterschätzende Rolle. Es handelt sich hier meist um solche Harn- und Nierenerkrankungen, für deren Entstehung schon vor erfolgter Infektion die Voraussetzungen gegeben waren. So können beispielsweise Patienten, die vor Jahren an einer Nephritis gelitten hatten, durch die Infektionstherapie vorübergehend einmal wieder in eine akute Phase ihres Leidens treten. Aber irgend eine sichere Prognose haben diese Zustände nicht. Ähnlich steht es mit den Nephritiden, die während der Infektionsbehandlung erstmals festgestellt werden. Dass die Impfmalaria als solche imstande ist, entzündliche Zustände an den Nieren hervorzurufen, ist nicht einwandfrei entschieden. Was in der Literatur über ähnliche Fälle berichtet wird, lässt auch andere Deutungsmöglichkeiten zu. Vor allem ist nicht der Beweis erbracht worden, dass Kranke mit akuter Nephritis im Anschluss an Impfmalaria nicht schon vorher an einer aufsteigenden Infektion der Harnwege litten, die sekundär zu einer tiefergreifenden Nierenschädigung führte. Doch ist die theoretische Möglichkeit nicht von der Hand zu weisen, dass primäre akute Nephritiden im Gefolge der Infektionstherapie vorkommen können. Es werden weitere Beobachtungen über diesen Punkt nötig sein.

Dass während der Impfbehandlung des öfteren eitrige Zystitiden zur Beobachtung kommen, ist bekannt. Nachdem die Mehrzahl dieser Komplikationen ohnehin am paralytischen Krankheitsbild geläufig ist, wird man nicht ohne weiteres berechtigt sein, jeden Zusammenhang dieser Zustände mit der Infektionstherapie a priori abzulehnen. Zuzugeben ist, dass ein grosser Teil der Infektionen der Harnwege sich bei Paralyse und Tabes von langer Hand her vorbereitet. Es mögen in erster Linie zentrale Einflüsse sein, die eine Umstellung vegetativ-trophischer und autonom-motorischer Funktionen bewirken, und man könnte sich vorstellen, dass auf dem Boden dieser gestörten Funktionen die so häufigen katarrhalischen Erscheinungen der Harnwege zustande kommen. Jedenfalls sind sie aus der nicht sicher erwiesenen paralytischen Immunschwäche heraus allein nicht verständlich. Wenn sich bei Paralytikern durch Unregelmäßigkeiten der Harn- und Stuhlentleerung der Beginn der Zystopyelitis ankündigt, dann ist gewiss mit einer Malariaimpfung Vorsicht am Platze. Es hat sich uns mehrfach gezeigt, dass Malariaparalysen aber auch während der Fieberperiode ausserordentlich leicht zu Infektionen der Harnwege neigen. Es waren dies also nicht nur solche Kranke, die schon etwa vorher an deutlichen Inkontinenzerscheinungen gelitten hatten. Wo der Organismus zu stärkerem kachektischem Verfall neigt, auch bei vorgeschritteneren Erkrankungen, kann eine rasch fortschreitende Zystopyelitis innerhalb weniger Tage das Ende heraufführen. Die akuten Erscheinungen sind zunächst nicht sonderlich bedrohlich, werden es aber meist in kurzer Zeit. Entweder es entstehen ganz diffuse Schleimhautblutungen aus der Blase und dem Nierenbecken, oder es entstehen septische Metastasen. Die Augenblicksprognose ist nur in den Anfängen dieser Zustände einigermaßen günstig. Es können sich die Inkontinenzerscheinungen in solchen Fällen wohl zurückbilden, doch erweisen sich die übrigen katarrhalischen Beschwerden als sehr hartnäckig, selbst nach erfolgter Remission, und man erlebt baldige Rückfälle.

Die Haut und ihre Anhänge. Wagner-Jauregg hat über eine Beobachtung von Markusiewicz und von Kutzinski berichtet, die beide theoretisch sehr interessant sind, wenngleich es kaum möglich sein dürfte, aus ihnen weitergehende Schlüsse zu ziehen. Nach einer therapeutisch ziemlich unbefriedigenden Impfung entwickelte sich bei einem Paralytiker ein Gummi der Stirne und der Brust, psychisch bestand ein paranoid-halluzinatorisches Zustandsbild. Die gummösen Prozesse wurden histologisch bestätigt. Wagner-Jauregg selber beobachtete bei einem mit Malaria behandelten Paralytiker nach einer 2 Jahre währenden Remission eine luetische Arthritis. Schultze-Dalldorf sah bei 3 Fällen von Malariaparalysen nach der Behandlung tertiär-syphilitische Hauterscheinungen. Über die übrigen Hautaffektionen bei Malariaparalytikern ist nicht viel zu sagen. In der Fieberperiode kommt es unter Umständen zur Entwicklung von Dekubitalgeschwüren, Pyodermien und Furunkulosen, doch mangelt es an irgendwelchen Gesetzmäßigkeiten nach klinischem Verlaufe und Prognose. Es ist nur erwiesen, dass ein grosser Teil der Dekubitalgeschwüre nach Abbruch des Fiebers rasch sich zurückbilden kann und eine gute Heilungstendenz zeigt. Auf der anderen Seite habe ich auch Dekubitus gesehen, die erst Wochen nach Abschluss der Malariabehandlung entstanden und auf sachgemäße lokale und Bäderbehandlung hin zum Verschwinden gebracht wurden. Befindet sich der Kranke bereits im Stadium der Chinindarreichung, dann haben die Geschwüre im allgemeinen eine gute Prognose. Anders während der eigentlichen Kur. Hier kann unter Umständen der harmloseste Furunkel zu schweren Karbunkelbildungen und langwierigen phlegmonösen Eiterungen führen, die den Kranken erhöht gefährden. Nachdem der drohende körperliche Verfall mitunter eine sehr intensive Bäderbehandlung erfordert, ist reichlich Gelegenheit zur Ansiedelung oberflächlicher Hautpilze gegeben. Epidermophytien, Pityriasis rosea-Herde, Erythrasma sind keine Seltenheiten. Eine sachgemäße Behandlung dieser Affektionen ist erst nach erfolgter Chininverabreichung möglich.

Ohr, Auge, Nase und Nebenhöhlen. Über Ohrenkomplikationen während und nach der Malaria ist bis jetzt nur weniges bekannt geworden. Da man im allgemeinen während der Impfung mit einem Aufflackern alter Eiterherde im Körper zu rechnen hat, ist die Möglichkeit der Verschlimmerung alter Mittelohraffektionen gegeben. Weygandt hat aus seiner Klinik einen Fall von Malariaparalyse beschrieben, bei dem während der Impfung eine Otitis media metastasierte, es entwickelte sich eine eitrige Meningitis, der der Kranke erlag. Allzu häufig scheinen ähnliche Fälle bis jetzt nicht vorgekommen zu sein. Die Therapie besteht in fachärztlicher Behandlung unter gleichzeitiger Inaktivierung der Malaria. Unter den Augenkomplikationen interessieren in erster Linie die Affektionen des Optikus. Dass es bei Malariaparalysen zu neuritischen Erscheinungen am Sehnerven käme, wie dies von den mit Rekurrens geimpften Paralytikern bekannt geworden ist, wurde bislang nicht beobachtet. Man kann aber unter Umständen, wie ich mehrfach feststellen konnte, eine nicht unerhebliche Füllung der Retinalgefässe sehen, und zwar sowohl der Arterien wie der Venen. Von Perwuschin wurden bei natürlicher Malaria, wohl Tropicafällen, neuerlich schwere Augenaffektionen beschrieben: Papillitis, Chorioretinitis, Netzhautblutungen, Amotio retinae. Bei der Impfmalaria liegen bislang solche Befunde nicht vor. Die Erscheinung verstärkter Füllung der Netzhautgefässe ist inkonstant und beschränkt sich nicht etwa nur auf die Stadien der Fieberanfälle. Irgend eine prognostische Erwägung dürfte damit nicht verbunden werden können. Grosse praktische Bedeutung haben die Sehnervenatrophien bei den Tabikern und den tabischen Erkrankungsformen der Paralyse. Es kann, wie von augenärztlicher Seite mehrfach gezeigt wurde, durch die Infektionsbehandlung unter Umständen die Sehschärfe solcher Kranker erheblich und rasch verschlechtert werden. Diese rapide Verschlechterung führte in einzelnen Fällen bis zu vollkommener Erblindung. Es erscheint notwendig, diese Tatsache mit grossem Nachdruck zu betonen und Kranke mit tabischen Optikusaffektionen von vornherein von der Behandlung auszuschliessen. Aus den Veröffentlichungen

von Behr geht aber auch hervor, dass eine Verschlechterung des tabischen
Optikusprozesses nach Malariabehandlung durchaus nicht immer regelmäßig
einzutreten pflegt, dass vielmehr auch vorübergehende Besserungen im Befinden
optikuskranker Tabiker erwartet werden dürfen. Da man aber von vornherein
nie die Gewähr hat, wie ein Kranker mit derartigen Prozessen die Infektionstherapie hinnehmen wird, hält man ihn am besten überhaupt von jeder Therapie
fern. Diese etwas harte Forderung stützt sich auf die Tatsache, dass auch
die gebräuchlichsten Antiluetika, wie Quecksilber, Arsen, auch das Wismut zu
einer raschen Verschlechterung von atrophischen Prozessen am Optikus führen
können. Am unbedenklichsten scheint noch das Jod zu sein. Einige Beachtung
verdienen noch die Erkrankungen der Nase, des Mundes und der Nebenhöhlen.
Wir möchten dringend empfehlen, auf alte Stomatitiden, Zahnfisteln und
Kieferaffektionen vor Beginn der Malariabehandlung weitgehend Rücksicht zu
nehmen und sie rechtzeitig einer Behandlung zuzuführen. Besonders das Aufflackern von alten Zahneiterungen ist während der Impftherapie keine Seltenheit. Während der Malariabehandlung ist eine hinreichende zahnärztliche
Behandlung sowieso nur in Ausnahmefällen möglich. Auf der anderen Seite
soll man natürlich mit wochenlangen zahnärztlichen Behandlungen nicht eine
kostbare therapeutische Möglichkeit ungenutzt verstreichen lassen. Da sich
diese beiden Forderungen widersprechen, wird es sich darum handeln, im Einzelfalle nach Abwägung aller in Betracht kommender Umstände zu entscheiden.

Das Blut. Die meisten Autoren stimmen darin überein, dass es ein
spezifisches Verhalten des Blutbildes während der Impfmalaria nicht gibt, eine
Tatsache, die auch Ziemann für die natürliche Malaria als zu Recht bestehend
beansprucht. Von Dattner und Kauders, Gerstmann u. a. wird über eine
hochgradige Leukopenie während der Impfmalaria berichtet. Sie soll sich auf
die Neutrophilen in erster Linie erstrecken. In der Tat zeigt schon eine ganz
oberflächliche Durchmusterung eines Blutausstriches von einem Malariaparalytiker, dass diese Beobachtung zutrifft. Sie ist in mehrfacher Hinsicht von
theoretischem Interesse. Es zeigt sich nämlich, dass bei der Impfrekurrens
das analoge Verhalten der Leukozyten die Regel ist, während bei dieser Impfmethode durchgehends, wie bei der Malaria, eine mehr oder minder starke relative
Lymphozytose einsetzt. Und auch bei parenteraler Injektion von Proteinen
wird eine langanhaltende Lymphozytose beobachtet, wie sie bei der Impfmalaria
vorkommt. Diese Feststellungen mahnen jedenfalls von neuem zur Vorsicht bei
theoretischen Analogieschlüssen von der Proteinkörperbehandlung auf die Vorgänge bei der Infektionstherapie[1]). Schilling, Jossmann, Rubitschung und
van der Spek widmeten dem Verhalten des Blutes bei der Impfmalaria
während der Fieberanfälle besondere Aufmerksamkeit, weil eigenartige Schwankungen in dem wechselseitigen Verhältnis der weissen Blutelemente zu einander
vorkommen. Es lassen sich deutlich 3 Phasen: die der Neutrophilen, die der

---

[1]) Es zeigt sich nämlich hier ein gesetzmäßiges hämatologisches Verhalten,
das akuten Infektionen durchgehends zu eigen ist. Es handelt sich also um
unspezifische Begleitsymptome des Fiebers und akuter Infektionen, welche einen
pathologischen Prozess in keiner Weise näher bestimmen, bzw. über seine Stellung
zu anderen Vorgängen nichts aussagen.

Monozyten und die der Lymphozyten bzw. Eosinophilen unterscheiden[1]). Mit jeder neuen Fieberattacke wiederholt sich dieser Vorgang. Zwischen den einzelnen Anfällen scheint es zu einer erythrozytären Reizung zu kommen, während der unreife rote Blutelemente aus den erythropoetischen Organen ausgeschwemmt werden.

Über die Erscheinungen des abnormen Blutzerfalles bei der Impfmalaria wurde weiter oben bereits einiges gesagt. Dass es auch bei der verhältnismäßig gutartigen Tertiana unter Umständen zu recht hochgradigem Blutzerfall kommen kann, dies lehren die Blutuntersuchungen bei ikterischen Paralytikern. Es ist darum bei besonders schlecht aussehenden Kranken eine zeitweilige Bestimmung des Hämoglobins und des Färbeindex durchaus erwünscht.

Über die Störungen der Chininverabreichung und der Chininverträglichkeit siehe Seite 145/148.

Wie schon erwähnt, wurden bei der Impftertiana auch Fälle von echtem Schwarzwasserfieber beobachtet. Natürlich kann man Fälle von Mischinfektionen mit Tropica nicht hierher rechnen. Bislang scheinen im wesentlichen 2 solcher Fälle bekannt geworden zu sein. Über den einen hat Weygandt und Kirschbaum berichtet, der andere stammt aus der Beobachtung von Jossmann und Schilling. Zum Teil scheint es bei leichteren Störungen zu bleiben. Der von Jossmann und Schilling beschriebene Fall endete in Heilung. An dieser Stelle sei auf eine Beobachtung von Schulze hingewiesen, der bei prognostisch ungünstiger Wendung der Malariakur ein rasches Absinken des Blutdrucks feststellen konnte. Er hält diesen Umstand für eine Indikation zum sofortigen Abbruch der Kur. Ich habe darüber eigene Erfahrung bis jetzt nicht.

Die neurologischen Komplikationen. Bei der natürlichen Malaria, vor allem beim Tropenfieber, werden die verschiedenartigsten nervösen Komplikationen beschrieben. So haben Sulzer, Yarr, Werner u. a. über schwere Neuritiden des Optikus berichtet, wie sie bei der Impfmalaria bis jetzt nicht bekannt geworden sind. Auch Netzhautblutungen, Chorioretinitis, Hornhautgeschwüre sollen vorkommen. Glogner, Scheube, Campbell, Werner, Bardellini und viele andere wissen über hartnäckige Polyneuritiden und neuralgische Beschwerden bei der natürlichen Malaria zu berichten. Auch spastische Paraplegien und pseudotabische Erscheinungen wurden gesehen. Bei der Impftertiana spielen all diese Zwischenfälle eine wenig gewichtige Rolle. Es wird zudem oft genug nicht sicher zu entscheiden sein, ob eine neuritische Erscheinung als direkte Malariawirkung aufzufassen ist, oder ob es sich nur um Steigerung von tabischen Beschwerden handelt, wie man dies zu Beginn der Behandlung so oft beobachten kann. Doch wird man einen Teil der nervösen Erscheinungen im Gefolge der Impfbehandlung getrost als Malariafolge auffassen dürfen. Es erreicht in diesem Falle eine scheinbar harmlose Tertianainfektion mehr, wenn sie in einen schwer geschädigten paralytischen Organismus einbricht, als wenn ihre Wirkungen für sich allein bestünden. Wie man das bei Paralytikern in den ersten Fieberanstiegen so oft zu beobachtende Erbrechen deuten soll, ist fraglich. Teils mögen es toxische Schädigungen bestimmter Hirnteile durch die Parasiten und durch giftige Stoffe

---

[1]) Auch dieser Vorgang ist unspezifisch.

sein, vielleicht kann es aber auch zu ganz vorübergehender meningealer Reizung
kommen. Ähnlich unklar in ihrer Entstehung sind auch die so häufigen Allgemein-
beschwerden, wie Kopfweh, Gliederschmerzen, Schwindel. Man darf wohl bei
einem Teile solcher Erscheinungen an Störungen in der Zirkulation innerhalb
der Schädelkapsel denken. Damit besteht eine gewisse Verwandtschaft dieser
Symptome zu einer Gruppe von Komplikationen, die nicht gerade sehr selten
sind und in ihren Folgen recht bedenklich werden können. Gemeint sind gewisse,
ganz plötzlich einsetzende zentrale Paresen. Unter leichten Schwindel-
erscheinungen oder apoplexieartigen Symptomen, bisweilen auch mit sehr
stürmischen beiderseitigen epileptiformen Krämpfen entstehen isolierte
Lähmungen, die je nach dem Sitze des zentralen Herdes sich neurologisch in
der verschiedensten Weise auswirken. Wenn schon endarteriitisch-luetische
Prozesse an den Hirngefässen bei diesen Zuständen mitbeteiligt sind, so hat
doch auch auf der anderen Seite die Impfmalaria einen Teil der Schuld. Es
ist bekannt, dass die Malaria Thrombenbildung veranlasst und dass man ana-
tomisch an den kleinen Hirngefässen bei malariabehandelten Paralytikern nicht
gar selten Verstopfungen kleiner Hirngefässe durch hyaline Massen antrifft.
Spielmeyer hat bei einem der von ihm untersuchten Fälle einen kleineren
Erweichungsherd im Rückenmark beschrieben, der offenbar von einer primären
Gefässthrombose ausging. Diese scheinbar wenig belangreiche anatomische
Feststellung gewinnt nun ganz besonderen Wert im Zusammenhang mit klinischen
Beobachtungen, wie ich sie in Erlangen machen konnte und wie sie auch von
anderer Seite mehrfach mitgeteilt wurden. Wir sahen kurz nacheinander zwei
männliche Paralytiker in mittlerem Lebensalter, die etwa nach dem vierten
und fünften Fieberanstiege plötzlich über Schwäche des einen Armes klagten.
Es traten eigenartige Parästhesien auf, die schlaff gelähmte Extremität war zwar
noch zu den gebräuchlichsten alltäglichen Verrichtungen fähig, feinere Arbeiten,
wie Schreiben, Zeichnen, Öffnen von Taschenmessern mussten jedoch unterbleiben.
Die Lähmung verschwand in einem Falle wieder vollkommen und die Hand
wurde gebrauchsfähig, ungefähr ein Vierteljahr nach Abschluss der Behandlung.
Im anderen Falle besteht die Störung aber bis zum heutigen Tage, wenn auch
gebessert, weiter. Der betreffende Kranke ist, obwohl im übrigen voll remittiert,
durch die geringe innervatorische Schwäche der rechten Hand an der Fortführung seines Berufes als Porzellanmaler dauernd verhindert. Die Schrift ist, wie
aus einem kürzlich abgefassten Briefe ersichtlich, zwar nicht mehr so schlecht
wie früher, erscheint aber noch recht ungelenk. Es muss als durchaus möglich
angesehen werden, dass man auch im Bereiche anderer Rindengebiete solche
thrombotische Störungen feststellen kann. Therapeutisch ist wenig zu machen.

Weniger eindeutig ist der Zusammenhang der folgenden Beobachtung
mit der Malariaimpfung. Es handelt sich um einen ziemlich weit vorgeschrittenen sicher paralytischen Kranken, der vor Beginn der Kur im
Jahre 1923 schon ein ganzes Jahr in der hiesigen Klinik war und als aussichtslos
im wesentlichen unbehandelt geblieben war. Nach erfolgter Malariaimpfung
machte der Kranke 3 Fieberanstiege durch, nach dem dritten Anstiege stellten
sich eine Reihe von epileptiformen Krämpfen ein. Schon nach dem ersten
Anfalle bot der Kranke schwere halbseitige Lähmungserscheinungen, von denen

er sich nicht wieder erholte. Unter tiefer Benommenheit und Steigerung der spastischen Symptome verstarb der Kranke. Die Obduktion ergab eine beginnende Erweichung der rechten Hemisphäre, verursacht durch eine wandständige Thrombose in der rechten Sylvischen Furche. Endarteriitische Prozesse konnten nicht sicher nachgewiesen werden. Diese Vorkommnisse mahnen jedenfalls zu grosser Vorsicht und liessen es erwünscht erscheinen, dass auch von anderer Seite diesen Zwischenfällen nachgegangen würde. Vor allen Dingen wäre eine Klärung ihres Zustandekommens sehr erwünscht. Handelt es sich um Thrombosen, die durch die Malaria verursacht werden? Wenn ja, wie kommt es dazu? Sind es Verstopfungen durch Anhäufung von grossen Parasitenmengen im Gefässlumen, wie man sie bei der Tropica sehen kann? Oder sind es Stasenfolgen? Und wenn all dem zunächst endarteriitische Vorgänge im Gefässrohr zugrunde liegen, was bewirkt dann eine Verschlimmerung dieser akuten Prozesse während der Impfmalaria? Sind es Einschmelzungsvorgänge, sind es Abwehrmaßnahmen des Körpers gegen die eingedrungene Zweitinfektion an besonders gefährdeter Stelle —, wir wissen es nicht.

Eine eigenartige Rolle spielt auch die Klinik der paralytischen Anfälle während der Dauer der Infektionsbehandlung. Und zwar deshalb, weil sie uns vor neue therapeutische Fragen stellt, wenn man ihr Zustandekommen nach den neueren Ergebnissen der Spirochätenforschung betrachtet. Zunächst ist hier der Behauptung zu begegnen, dass die paralytischen Anfälle nach begonnener Kur rasch verschwänden. Dies trifft für einen Teil aller Behandelten zu, sicher aber nicht für alle Fälle. Wir haben auch paralytische Anfälle im letzten Drittel der Malariabehandlung gesehen, einmal sogar unmittelbar nach Abschluss der Behandlung. In diesem Falle sind dann weitere Anfälle nicht mehr gekommen. Der Kranke befindet sich zur Zeit in einer seit einem Jahre anhaltenden Remission. Wenn man die paralytischen Anfälle nach Jahnel teilweise als den Ausdruck einer akuten Spirochätenaussaat ins Gehirn ansehen darf, dann müssten eigentlich anfallsartige Störungen dieser Art während der Kur prognostisch durchaus ungünstig beurteilt werden. Es ist aber zu bedenken, dass bei der offenbar bestehenden Kurzlebigkeit der Spirochäten im paralytischen Gehirn es sich in solchen Fällen sehr wohl um ein vorübergehendes Aufflackern des infektiösen Spirochätenprozesses an Ort und Stelle handeln kann, dem dann ein um so rascherer Verfall auf dem Fusse folgt. Leider ist darüber gar nichts bekannt und die Tatsache, dass man bislang in paralytischen Gehirnen Malariageimpfter keine Spirochäten angetroffen haben will, wird so gut wie nichts besagen. Sicher ist, dass man paralytische Anfälle in anderer zeitlicher Lagerung zur Malariatherapie durchaus ungünstig bewerten muss. Es sind dies besonders jene Anfallsattacken, die nach erfolgter Remission ein Rezidiv einleiten. Es sei auf diese Art des paralytischen Rückfalls nach Infektionsbehandlung ganz besonders hingewiesen, da sie ein häufiges Vorkommnis darzustellen scheint. Nach unseren Erfahrungen sind unter 70 behandelten Paralysen allein 10 Kranke mit gehäuften plötzlich einsetzenden Anfällen rezidiviert. Mitten aus scheinbar voller Gesundheit werden die Kranken von einer Reihe von paralytischen Anfällen überfallen, die unter Umständen schon bei der ersten Attacke das Ende des Kranken heraufführen. Wir beobachteten eine weibliche Paralyse in mittlerem

Lebensalter mit anfangs depressiv gefärbtem Krankheitsbild, die auf die Malariabehandlung zunächst ganz ausgezeichnet remittierte und volle 2 Jahre wieder
im Berufe stand, ohne wesentliche Störungen. Sie starb dann ganz plötzlich
in einem paralytischen Anfall, der sie in der Waschküche bei der Arbeit über-
raschte. Ein anderer, männlicher Paralytiker endete auf ähnliche Weise nach
einjähriger Remission, nachdem sich kurz vor dem verhängnisvollen Ende von
neuem Sprachstörungen und körperlicher Verfall gezeigt hatten. Auch bei
der Rekurrensbehandlung sollen, wie mir F. Plaut mündlich berichtete, ähnliche
Zwischenfälle vorkommen. Prognostisch sind die Anfallsrezidive nach Malariatherapie im wesentlichen durch zwei Richtungen näher bestimmt. Der eine Teil
der Kranken verstirbt gleich in der ersten Attacke. Es kann ein einziger Anfall
zum Tode führen. Hier und da sind es aber auch länger dauernde Anfallserien
(von mehreren Tagen), die unter Erscheinungen zunehmender Herzinsuffizienz
das Ende des Kranken bedeuten. Der andere Teil der Rückfälligen hat nur
leichtere Störungen. Das Rezidiv bleibt zunächst bei 1—2 Anfällen stehen,
ohne dass eine weitere Steigerung eintritt. Dann pflegt sich zunächst der Krankheitsprozess noch einmal zum Besseren zu wenden, wenn es gelingt, den Kranken
rechtzeitig zu behandeln. Schon auf wenige Proteininjektionen und auf niedere
Salvarsangaben hin ist die nächste Gefahr gebannt. Impft man nach regelmäßiger spezifisch-unspezifischer Vorbehandlung, dann etwa 4—6 Wochen
später von neuem mit Malaria oder mit Rekurrens, dann kann von neuem eine
Remission einsetzen, die in der Regel längeren Bestand hat. Doch sind die
Kranken auch in diesem Falle ein Gegenstand allergrösster Sorge für den Arzt.
Die klinische Deutung dieser plötzlichen, höchst unerwünschten Anfallsrezidive
ist naheliegend. Wahrscheinlich handelt es sich um eine erneute Spirochätenaussaat von irgendeinem kleineren Spirochätenherd aus, dessen Parasiten mit dem
Nachlassen der impftherapeutischen Wirkung plötzliche raschere Vermehrungs-
möglichkeiten finden konnten. Es mag dies nun zutreffen oder nicht, jedenfalls
sind die paralytischen Anfälle während der Malariabehandlung nicht alle prognostisch gleich zu werten, dagegen scheint uns sicher, dass paralytische Anfälle
nach der Behandlung ein Zeichen allerhöchster Gefährdung des Kranken darstellen. Die Therapie wird sich im wesentlichen nach der klinischen Sachlage
zu richten haben. Bei Anfällen zu Beginn der Behandlung wird man am besten
weiter abwarten, bei den gleichen Zwischenfällen im letzten Drittel der Kur
erscheint es empfehlenswert, der Infektionsbehandlung während der einsetzenden
Remission eine intensive spezifische Kur nachfolgen zu lassen.

Die psychischen Komplikationen. Von weiterem Interesse sind hier nur
jene psychischen Erscheinungen, welche bei paralytischen Kranken vorkommen.
Denn es ereignen sich bei nichtparalytischen Kranken selten schwerere psychische
Verwicklungen. Tabiker werden im Verlaufe der Kur manchmal etwas weinerlich
und ängstlich, äussern Lebensüberdruss und kommen in eine ganz verzweifelte
Stimmung, aber es handelt sich doch mehr um blosse reaktive Erscheinungen
als um echte Psychosen[1]. Bei Kranken mit multipler Sklerose werden in der

---

[1] Ähnlich scheint es nach Vonkennel bei der Malariatherapie der Frühsyphilis zu sein, bei der sich die Verwicklungen im Rahmen dessen halten, was
man bei der Paralyse sieht.

Literatur kurzdauernde delirante Zustände beschrieben, die zeitlich mit dem Fieberanstiege zusammenfallen. Schizophrene im Stupor werden während der Kur manchmal gesprächiger, geben geordnete Antworten, doch halten diese Zustände nie lange an, und bald nach Abbruch des Fiebers versinken sie wieder in ihre alte Lethargie. Im Gegensatz hierzu verdienen die psychotischen Störungen der Paralytiker ein erhöhtes klinisches Interesse. Weshalb es beim Paralytiker vorzugsweise zur Entwicklung psychischer Störungen nach Impf-behandlung kommt, ist so unklar, dass ich nicht wage, auch nur eine Vermutung auszusprechen. Es ist aber nicht so, dass andere nichtparalytische Kranke überhaupt nicht auf Impftherapie psychisch reagierten. In diesem Punkte handelt es sich gewiss nur um quantitative Unterschiede zwischen Paralyse und Nichtparalyse, nicht aber um prinzipielle Differenzen.

Das Symptomenbild des unbehandelten Paralytikers lässt sich nach seinen kausalen Zusammenhängen im wesentlichen auf mehrere Faktoren zurück-führen. Zunächst ist es die lokale Spirochätenwirkung in den einzelnen Organen, vor allen Dingen im Gehirn, die ursächlich an der Gestaltung der klinischen Erscheinungen teil hat. Möglich ist, dass eine durch den lokalen Spirochäten-prozess veränderte Funktion von Organen oder Organsystemen ihrerseits wieder sekundäre Rückwirkungen auf die Symptomatologie des Krankheitsprozesses haben kann. Als weiteres symptomgestaltendes Moment ist bei der Paralyse die Art und Weise der toxischen Fernwirkung von Erregern auf bestimmte Organe anzusehen. Sie ist der Anlass zu gestörten Organfunktionen, die ihrerseits wieder, je nach ihrer biologischen Verknüpfung, den direkten Ausgangspunkt für weiter zurückliegende Organschädigungen abgeben. All diese Vorgänge, die lokale Spirochätenwirkung und die Ausschüttung von Giftstoffen mitsamt den Folgezuständen, wurzeln sich nun auf einem Boden ein, der das ganze Mitgift einer psychisch und physisch besonders gearteten Persönlichkeit trägt. Es sind also, wie Bumke betont, auch konstitutionelle Momente, die für die Entwicklung und Ausgestaltung des klinischen Symptomenbildes richtunggebend sind, wenn eine äussere Schädigung an einem lebenden Organismus herangetragen wird. Es ist indessen jenes vielgestaltige Etwas, was man im vorliegenden Falle unter dem Begriffe der Konstitution verstehen muss, durchaus nicht in jeder Be-ziehung durch die Anlage vorgebildet. So sicher es ist, dass eine konstitutionelle Struktur zum grossen Teile in der Anlage festgelegt ist, so sicher es ist, dass ein Organismus im Verlaufe seines Lebens schicksalsmäßig in sie hineinwächst, ebenso steht es fest, dass auf diese Fülle gleichsinniger Entwicklungsnotwendig-keiten eine lange Reihe äusserer Möglichkeiten abwandelnd einwirkt. Es ist zur Genüge von anderer Seite und in anderem Zusammenhange betont worden, wie schwer es sein kann, die vielfach verschlungenen Knoten exogener Faktoren konstellativer und endogener Momente in der Verursachung von klinischen Symptomen kunstgerecht zu entwirren. Es liegt in der Natur der Sache, dass dies bei der psychischen Symptomatologie der Paralyse besonderer Bedacht-samkeit bedarf. Man findet im psychischen Bilde des Paralytikers eine Reihe von Symptomen aneinander gereiht und aufeinander geschichtet, die in ihrer Psychogenese durchaus verschiedenartig sind, die aber auch innerhalb des Gesamtbildes ungleichen klinischen Wert besitzen. Es ist natürlich noch nicht im entferntesten entschieden, wie die paralytischen Urteilsstörungen zustande kommen, wie sich diese Anzeichen etwa zu der Vergesslichkeit oder der Demenz verhalten. Aber das eine ist doch wohl sicher: dass Bewusstseinstrübungen, Merkschwäche, Kritiklosigkeit u. a. nicht auf den gleichen psychischen Grundvorgang zurückgeführt werden können, es sei denn, dass man sich so allgemein ausdrückt, dass kaum eine positive psychologische Erkenntnis resultiert. Bis zu einem gewissen Grade scheint uns diese Erwägung gerade für die rein klinische Registrierung der Paralysesymptome zuzutreffen. Zunächst möchte es angezeigt sein, dass man als Kliniker alle psychischen Paralyseerscheinungen rein beschreibend feststellt und einer jeden Beobachtung den gleichen Wert zumisst wie der anderen. Doch zeigt der Verlauf des Leidens und seine therapeutische Beeinflussbarkeit, dass es dabei nicht um blosse Fragen der Quantität geht, sondern noch mehr um solche der Qualität; dass bei der Paralysediagnose der Paralytiker selber am ehesten erkannt wird, eine leichte Trübung des Bewusstseins unter Umständen aber viel später, ist eine alte Erfahrungstatsache, und ebenso weiss man, dass nach der Behandlung Bewusstseinsumnebelungen am raschesten verschwinden, dass aber der Paralytiker und seine Demenz am längsten durch alle therapeutischen Versuche hindurchbricht. Dies legt den Gedanken nahe, auch beim Paralytiker zwischen psychischen Primär- oder Achsensyndromen im Sinne von Hoche zu unterscheiden und alles akzidentelle als blosses Randsyndrom aufzufassen. Wir möchten an dieser Stelle auf diese Fragen nicht eingehen und hier nur soviel bemerken, dass ganz gewiss der rein seelischen Symtomatologie des Paralytikers ein durchaus ungleicher innerer Wert zuzumessen ist, doch dürfte dies so ziemlich alles sein, was sich über diesen Punkt heute mit Sicherheit sagen lässt. Alle weiteren Einzelheiten erscheinen noch zweifelhaft. Wir glauben nicht, dass man heute einem Symptom mit absoluter Sicherheit prognostische Gutartigkeit oder Malignität nachreden kann, ohne am nächsten Tage doch durch eine einzige Krankenbeobachtung in diesen Annahmen schwankend zu werden. So ist es auch nicht so ganz leicht, überhaupt von psychischen Verwicklungen der Paralyse im Gefolge der Impfmalaria zu sprechen. Zwar gibt es durchaus eine Norm, nach der die Mehrzahl aller unbehandelten Paralysen psychisch zu verlaufen pflegt. Auf der anderen Seite kann man bei unbehandelten Kranken mit wenigen Ausnahmen doch da und dort wenigstens in Ansätzen das alles sehen, was man an behandelten Kranken als psychisch atypisch erklären möchte. Und ferner: es ist nicht das gleiche, ob man von einer Umwandlung des psychischen Paralysebildes im Gefolge der Impfmalaria spricht oder bloss feststellt, dass zu der Symptomatologie der Paralyse noch das psychische Symptomenbild einer zweiten Infektionskrankheit hinzugekommen ist, die nach dem so fruchtbaren klinischen Gedanken der exogenen Prädilektionstypen dem ersten psychogenetisch nahe verwandt werden kann. Es handelt sich bei den psychischen Komplikationen der Malariaparalysen nur zum Teil um wirkliche Umwandlungen. Ein ebenso grosser Teil ist keine Umwandlung, sondern eine Verstärkung des früheren rein paralytischen Zustandes, wenn auch nur von vorübergehendem Charakter. Oder es tritt der umgekehrte Fall ein, nämlich, dass ein paralytisches Symptom durch die psychischen Erscheinungen der Malaria quantitativ abgeschwächt wird.

Es mutet an wie eine gleichzeitige Verstärkung auf der einen Seite und eine Abschwächung der Giftwirkung auf der anderen Seite, was man an psychischen Bildern während der akuten Malariawirkung beim Paralytiker sieht. Ebenso schwierig ist es um die Auffassung der chronischen psychischen Folgezustände der Malariaparalysen bestellt. Wie soll man sie deuten? Sind sie gutartig oder bösartig? Haben sie überhaupt Verlaufsnormen? Ist durch sie die Paralyse umgewandelt worden, der Krankheitsprozess als solcher? Oder hat sich nur der Paralytiker umgewandelt auf Grund der Tatsache, dass der Kranke mit 2 Infektionskrankheiten zu kämpfen hatte, die ihre Dauerschädigungen im Gehirne unabhängig von den Krankheitsverläufen hinterliessen? Ein Beispiel möge das, was wir meinen, praktisch veranschaulichen. Man weiss, dass einfach demente Paralytiker nach erfolgter Malariabehandlung plötzlich expansiv werden können, dass sie unsinnige Grössenideen entwickeln, äusserlich dabei doch verhältnismäßig geordnet sind und sich körperlich gut erholen. Wie soll man sich diesen Umstand erklären? Handelt es sich um eine Umwandlung der Paralyse im Gefolge der Impfmalaria, hat die Paralyse ihren früheren Charakter eingebüsst? Oder ist die expansive Neigung des Kranken das blosse Resultat der äusseren Tatsache, dass der Kranke sich somatisch sehr wohl fühlt, dass er einen gesteigerten vegetativen Elan besitzt, welchem aber seine Urteilsschwäche und seine noch bestehende Demenz nicht gleichen Schritt zu halten vermag? Nicht anders steht es um die Deutung anderer chronischer Symptomenbilder im Gefolge der Impfbehandlung, etwa den „schizophrenen". Ein kleiner Bruchteil malariabehandelter Paralysen erholt sich nach der Impfung körperlich leidlich, es stellen sich aber hartnäckige verworrene Wahnideen und Sinnestäuschungen ein, die Kranken stehen autistisch auf der Abteilung herum, kehren dem Arzte den Rücken, werden misstrauisch und einsilbig, manche dissimulieren ihren Zustand und so leben sie unter Umständen durch Jahre auf der Abteilung. Wie sind sie aufzufassen? Sind es Paralytiker, bei denen sich der paralytische Krankheitsprozess im Sinne einer halluzinatorisch-paranoiden Form der Hirnlues umgewandelt hat? Oder sind sie Paralytiker geblieben, aber solche, die auf Grund der Behandlung Dauerschädigungen gewisser, bei ihnen besonders verletzlicher Hirnsysteme erlitten haben, so dass äusserlich solche Zustandsbilder resultieren? Vielleicht sind sie auch eine Bestätigung für die Gedankengänge Bumkes, der den schizophrenen Prozess in die exogenen Reaktionstypen mit einbezieht. Dann läge in unserem Falle nichts anderes vor, als ein blosser Dauerzustand hartnäckiger exogener Schädigung, wie man ihn unter Umständen auch bei anderen chronischen und komplizierteren Giftwirkungen erwarten müsste. Wir vermögen ein Urteil nicht zu fällen. Wir vermeiden es auch absichtlich, um Fernerstehende nicht zu der Annahme zu veranlassen, man habe es mit gesicherten Tatsachen zu tun. Nur das eine möge man aus meinen Ausführungen entnehmen: dass wir von einer Erklärung, wie es zu den atypischen psychischen Störungen nach und während der Impfbehandlung kommt, noch weit entfernt sind.

Schuld daran mag vielleicht auch der Umstand haben, dass hinsichtlich der bei natürlicher Malaria vorkommenden Psychosen noch viele Unklarheiten herrschen. Es handelt sich bei den meisten Fällen von Psychosen nach natürlicher Malaria um Tropicakranke, doch sind auch psychische Störungen bei länger bestehender Tertiana beschrieben worden. Ihr klinisches Bild ist sehr wechselnd, wie die reiche Literatur darüber erkennen lässt. Es kommen manische Zustände vor, bei chronischen Fällen Depressionen, hypochondrisch-neurasthenische Schwächezustände, zeitweise treten langdauernde paranoide Verstimmungen auf. Während der akuten Erkrankung zeigen sich rasch einsetzende agitierte Erregungszustände, delirante Phasen vom Charakter des Fieberdelirs, amentielle Reaktionen, katatoniforme Bilder. Recht häufig unter den beobachteten psychischen Erkrankungen der natürlichen Malaria sollen halluzinatorische Erregungen sein, mit absonderlichen Wahnideen, feindseliger Einstellung gegen die Umgebung und brüsken Selbstmordversuchen. A. Plehn sah mehrere Fälle tropischer Malaria, bei denen es zu Symptomenbildern der progressiven Paralyse kam.

Die Erblichkeit scheint in der Entstehung einer natürlichen Malariapsychose eine nicht unerhebliche Rolle zu spielen. Wie man sich diese erblich schädigenden Momente im einzelnen denkt, ist freilich noch die andere Frage. Neben Psychosen, bei denen man eine ganz allgemeine degenerative Schädigung des Gehirns für die erste Bedingung des später entstehenden psychotischen Zustandes annehmen muss, wird vor allen Dingen wohl die Symptomatologie der Psychose durch erbliche Einflüsse weitgehend festgelegt. Manson meint ganz richtig, dass zum Beispiel bei den manischen Erregungen der natürlichen Malaria schon vorher in der prämorbiden Persönlichkeit der Boden für die Genese dieser Erscheinungen weitgehend geebnet war. Man wird sogar noch weiter gehen dürfen und die Vermutung aussprechen können, dass die natürliche Malaria in solchen Fällen vielfach nicht verursachend, sondern auslösend für die Entstehung eines echten manischen Schubes gewesen ist. Besonders sinnfällig tritt die Malaria als rein auslösendes Moment auch bei den initialen Delirien der natürlichen Tropica in Erscheinung. Die initialen Tropicadelire leiten bekanntlich dann und wann eine akutere Krankheitsphase ein und können ganz unabhängig vom Fieber entstehen. Bei Kranken mit dieser Symptomatologie wird nun ganz besonders häufig eine vorherige Hirnschädigung durch chronischen Alkoholmissbrauch nachgewiesen und manche Tropenärzte gehen so weit, das initiale Delir der natürlichen Malaria als einen Beweis des vorhergehenden Alkoholmissbrauchs aufzufassen, wenn auch anamnestisch über diesen Punkt zunächst nichts sicheres bekannt geworden ist. Es geht also bei den Psychosen der natürlichen Malaria ebenso, wie bei anderen exogen-toxischen Schädigungstypen des Gehirnes. Ein Teil der Erscheinungen fällt der direkten Giftwirkung zur Last, ein anderer Teil bestimmten ätiologischen Zwischengliedern im Sinne von Bonhoeffer, zuletzt wirken Anlage und psychische Reaktionsform weitgehend symptomgestaltend. Auf alle Fälle scheint die natürliche Malaria im wesentlichen zu all jenen psychischen Symptomenbildern Anlass geben zu können, wie man sie in der Impfperiode der Malariaparalysen zu sehen bekommt. Diese eingehend dargestellt zu haben, ist das Verdienst von Gerstmann. Wenn man bei der Impfmalaria und Impfrekurrens bis heute akute psychische Veränderungen von den chronischen unterscheidet, so ist dies keine bloss begriffliche Trennung. Im allgemeinen haben die akuten

Psychosen der Impfbehandlung einen anderen Verlauf wie die chronischen und auch prognostisch bestehen gewisse Unterschiede, die sich nicht damit hinweg. disputieren lassen, dass man überall fliessende Übergänge feststellt. So sicher wie solche Übergänge in allen Fällen vorhanden sind, ebenso sicher bestehen in den extremsten Erscheinungsformen die eben gekennzeichneten Unterschiede.

Die psychischen Störungen der Fieberperiode sind vor allem durch das Vorherrschen leichter Bewusstseinstrübungen gekennzeichnet. Auch bei depressiv ängstlichen Symptomenbildern lassen sie sich nachweisen, treten hier aber durch die affektive Störung sehr in den Hintergrund. Mit dem Fieberbeginn nehmen die Bewusstseinsstörungen rasch zu, fallen in der Deferveszenz rasch ab, ohne in der fieberfreien Zeit ganz zu verschwinden. Bekanntlich ist ihr Nachweis dann durch die vorhandenen Merkstörungen und die Urteilsschwäche der Kranken sehr erschwert und sie lassen sich dann oft nur durch die inhaltlich an Traumbilder erinnernden Erzählungen der Kranken folgern. Als sichere Malariafolge wird man diese leichten Bewusstseinstrübungen in der fieberfreien Zeit nicht auffassen können, man wird vielmehr nur dann einen Zusammenhang mit der wirkenden Malaria annehmen, wenn die Trübung des Sensoriums in deutlichem Zusammenhang mit den Fieberanfällen steht oder unmittelbar aus solchen Phasen auswächst und einen Grad erreicht, der von dem durchschnittlichen Zustande des Kranken vor der Impfung merklich unterschieden ist. Praktisch fällt ins Gewicht, dass solche Umdämmerungen aus noch nicht ganz durchsichtigen Gründen dann und wann plötzlich einen ganz erheblich stärkeren Grad erreichen können, in welchem aktivere Kranke zu Beginn ihres Leidens für sich und für ihre Umgebung ausserordentlich gefährlich werden. Dies möge der folgende Fall aus unseren Beobachtungen beleuchten:

K. Josef, 34 Jahre, ledig. Goldschläger aus Fürth. Aufgenommen in die Klinik am 7. Juni 1925. Klinische Diagnose: depressiv-demente Form der Paralyse. Pupillen beiderseits lichtstarr, Reflexe normal, keine pathologischen Reflexe, leichtes Silbenstolpern, Rechnen und übliche Tests o. B. Deutliche Versager im Geschäft, hängte sich an ein ganz unwürdiges Mädchen mit zwei unehelichen Kindern anderer Männer, stammt selber aus begüterter Familie. Wenig einsichtig in seinen Zustand, ist nicht sonderlich betroffen, als er die Diagnose und ihre Bedeutung erfährt. Infektion vor 8 Jahren bei einer Dirne, mehrfach spezifisch behandelt, das letztemal vor 3 Jahren, seit dieser Zeit Wassermann angeblich immer negativ. Serologisch positiver Wassermann und Sachs-Georgi im Blute und im Liquor, 36/3 Zellen, positive Globulinreaktionen, Kolloidkurven typisch. Infektion mit Tertiana am 29. Juni 1925. Die Impfung ging nach etwa zehntägiger Inkubationszeit an. Überstand die ersten beiden Fieberanfälle ohne sonderliche Beschwerden, scherzte leicht über die Schüttelfröste, zeigte sich im übrigen ziemlich geordnet. Bei Erledigung einer geschäftlichen Angelegenheit nach dem zweiten Fieberanfall erwies er sich als überraschend dispositionsfähig. Nach einem Tage dann zunehmend depressiv, weinte viel, wollte wieder austreten, es sei ihm egal, was jetzt mit ihm geschehen werde. War, da er sich ausserhalb der Fieberanfälle immer wohl fühlte, aufgestanden, nahm in seinem Zimmer mit einem anderen Paralytiker zu gewohnter Zeit das Mittagessen ein. Kurz vorher hatte ihn der Abteilungsarzt gesprochen, wo Patient um Regelung mehrerer finanzieller Angelegenheiten bat. Gleich danach wurde der Arzt wieder gerufen, weil der Kranke plötzlich einen ganz brüsken Selbstmordversuch begangen hatte. Nach Aussage des in seinem Zimmer dabei anwesenden Kranken M. hatte Patient sich die aus Aluminium bestehende Essgabel in die Herzgegend und in den Leib gestossen, und zwar mit solcher Wucht, dass die Spitzen der stumpfen Gabel zum Teil abgebrochen waren. Diesem Umstande war es zuzuschreiben, dass die Gabelspitze die Bauchmuskulatur nicht durchdrungen hatte. Der Kranke war unmittelbar nach der Tat sehr still, fing dann zu weinen an und jammerte: „Ach Gott, was hab ich gemacht. Wie bin ich nur darauf gekommen, was ist das nur gewesen?" Meinte, es sei ihm kurz vor der Tat so eigenartig im Kopfe gewesen, er habe einen leichten Schwindel gefühlt, dann sei ihm die Hitze gegen den Kopf gestiegen und der Gedanke sei ihm durch den Kopf geschossen: Bring dich um, auf welche Weise, das ist ja egal, die Hauptsache ist, dass du fort bist. Dann habe er die Augen zugemacht und habe zugestochen. Ist in der Folgezeit öfters leicht benommen, besonders zu Zeiten der Fieberanfälle, war einmal eigenartig läppisch-heiter, nach Abbruch der Malaria rasch geordnet, später in voller Remission entlassen, die schon über ein Jahr anhält.

Es ist zuzugeben, dass im vorliegenden Falle bei jener Bewusstseinstrübung, die den Anlass zum Suizid abgab, ein leichter paralytischer Anfall differenzialdiagnostisch in Frage kommt, doch wurde von jenem Zeitpunkt ab die Bewusstseinslage des Kranken häufiger traumhaft benommen und steigerte sich während der Fieberanfälle bis zu deliranten Zuständen, so dass anzunehmen ist, dass auch im beschriebenen Falle ein direkter Zusammenhang der Umdämmerung mit der Malariawirkung bestand. Das Fieber ging etwa 5 Stunden nach der Tat wieder zum dritten Male in die Höhe.

Bei Steigerung der Bewusstseinstrübung pflegt es im Fieberanstiege zu schwereren deliranten Phasen zu kommen, die einen ganz verschiedenen Verlauf haben. Während ein Teil mit der Deferveszenz wieder verschwindet, bleibt eine Reihe von Kranken in ihrem Zustand verharren. Es verhält sich aber nicht immer so, dass mit der zunehmenden Zahl von Fieberanstiegen auch die Bewusstseinslage zunehmend sich verschlechtere. Es gibt sogar Fälle, bei denen sich das Gegenteil nachweisen lässt: mit der zunehmenden Zahl der Fieberattacken bessert sich der psychische Zustand des Kranken und auch das Sensorium wird klarer, ohne dass aber die Chininbehandlung schon eingeleitet worden ist. Meist haben die bei Malariaparalysen auftretenden Delire den Charakter des Beschäftigungsdelirs: die Kranken fangen an, in ihren Decken zu nesteln, zerreissen Bett- und Leibwäsche, reagieren auf Anruf schwer, verkennen Personen und wissen über die einfachsten Dinge ihres Lebens, über Zeit und Ort nur mangelhaft Bescheid. Unter Umständen zeigen sich zahlreiche Halluzinationen auf optischem und akustischem Gebiete, seltener sind vegetative Sensationen.

Beispiel: M. August, 43 Jahre alt, verheirateter Schlosser aus Nürnberg. Aufgenommen am 24. Februar 1925. Euphorisch-demente Paralyse. Klinisch: Pupillenstarre, Differenzen der Patellarreflexe, schwere Sprach- und Schreibstörungen, Urteilsschwäche, Merkfähigkeitsstörungen. Serologisch typisch. Positiver Wassermann im Blute und im Liquor, 83/3 Zellen, positive Globulinreaktionen, Kolloidkurven: Flockungen in der paralytischen Zone. Am 3. März 1925 mit Tertiana geimpft. Im ganzen neun Fieberanfälle, durch die der Kranke stark verfällt. Ikterus und Ödeme. Nach dem vierten Fieberanfalle zunächst ruhig zu Bett, weinerlich, meint, er müsse sterben, seine Frau wolle ihn in der Klinik umbringen lassen. Leicht benommen, kurz vor dem fünften Fieberanfall unruhig, zupft an den Decken, läuft jammernd im Saale umher, will nicht zu Bett bleiben. Wischt auf der Bettdecke herum, behauptet, es seien Spinnen dort, fängt in der Luft Mücken, will unter das Bett kriechen und nach einem Hunde sehen, der dort liege. Er habe ihn vorhin gesehen. Erbrechen, Schwindel beim Verlassen des Bettes, geht auf seinen Bettnachbarn los, er habe vorhin ein Messer bei ihm gesehen. Auf Narkotika ruhiger, schläft dann ein. Nach 5 Stunden ruhiger erwacht, hört Stimmen, die ihm sagen, dass er bald umgebracht werde. Hört seinen Schwager mit seiner Frau schelten. Sieht eine Hündin mit einem Wurfe junger Hunde im Zimmer umherlaufen, steht auf, um sie zu fangen, sieht vor dem Fenster einen Löwen mit grosser Mähne, ferner einen Eisbären und Wölfe. 18. März 1925 Abbruch des Fiebers wegen Irregularität des Pulses und bedrohlicher Allgemeinerscheinungen. Psychisch in wenigen Tagen geordnet, korrigiert seine Wahnideen, meint, er sei im Kopfe durcheinander gewesen, jetzt gehe es aber etwas besser. Nach weiterem Klinikaufenthalt von der Dauer eines halben Jahres als arbeitsfähig und teilweise remittiert entlassen. Befindet sich noch in Nürnberg ausserhalb der Klinik. Die Frau hat sich mittlerweile von ihrem Manne getrennt. Leistet als Arbeiter nur wenig.

2. H. Friedrich, 49 Jahre, verheiratet, Gastwirt aus Nürnberg. Aufgenommen am 13. Oktober 1924. Diagnose: euphorisch-demente Paralyse. Bei der Aufnahme im grossen geordnet, kritiklos, Rechnen sehr schlecht, Pupillen reagieren weder auf Licht noch auf Konvergenz, gesteigerte Patellarsehnenreflexe, Reflexdifferenzen, ataktischer Gang. Blut und Liquor typisch, 92/3 Zellen. Nach halbjährigem Klinikaufenthalt schlechte Spontanremission, auf Betreiben der Frau probeweise beurlaubt. Nach 3 Monaten von der Fürsorge wieder eingewiesen. Erheblich psychisch und somatisch verschlechtert. 7. Oktober 1925 Impfung mit Malaria tertiana. Elf Anstiege. Beim dritten Anstiege benommen, steht auf und uriniert neben das Bett, bestellt beim Oberpfleger ein Glas Bier, weiss nicht, wo er sich befindet und welches Jahr es ist. Betitelt den Abteilungsarzt mit: Herr Pfarrer. Beim fünften Anstiege sehr erregt, schreit laut, trommelt an der Türe, es brenne, zerschlägt ein Fenster, muss in den Wachsaal verlegt werden. Brüllt hier weiter, ruft: die Franzosen kommen, kriecht zum Nachbarn ins Bett, bekommt beim Umherlaufen im Saal einen kollapsartigen Zustand, stürzt zusammen. Halluziniert lebhaft, spricht unter der Bettdecke, auch bei den folgenden Fieberanfällen ähnliche Zustände. Nach Abbruch des Fiebers durch Chinin schnell ruhiger, wenig günstige Remission. Nach vierteljährigem Klinikaufenthalt nach der Kur gebessert entlassen. Ein Jahr zu Hause, führte mit Hilfe der Frau zunächst sein Geschäft weiter, in einem paralytischen Anfalle plötzlicher Exitus, vor seiner Neueinweisung in die Klinik.

Viele delirante Zustände bei der Impfmalaria sind weiterhin dadurch gekennzeichnet, dass die Bewusstseinstrübung zeitweise sehr in den Hintergrund treten kann, während massenhafte Halluzinationen von szenenhaftem Charakter das Zustandsbild beherrschen. Es sind dann nicht selten die halluzinatorischen Phasen ohne jeglichen zeitlichen Zusammenhang zu den Fieberanfällen und es scheint bei vielen Kranken dieser Art die Intensität der psychischen Störungen gegen Ende der Kur abzunehmen.

Beispiel: K., Adam, 51 Jahre, verheiratet, Kaufmann von Ansbach, aufgenommen am 8. Juni 1925. Diagnose: depressiv-demente Form der Paralyse. Infektion vor 7 Jahren, mehrfach spezifisch behandelt, das letztemal im Jahre 1920, danach W.-R. negativ. Seit einem Vierteljahre vergesslich, weinerlich, im Geschäft unbrauchbar, verliert Geld. Bei der Aufnahme gedrückt, alle möglichen hypochondrisch-neurasthenischen Vorstellungen. Trotzdem keine rechte Krankheitseinsicht. Rechnen schlecht, kritiklos, uneinsichtig, Auslassungen beim Schreiben, artikulatorische Störungen. Anisokorie, Reaktion auf Licht beiderseits etwas träge, gut erhaltene Konvergenz, keine Reflexstörungen, keine Differenzen in den Reflexausschlägen, Koordination ungestört. Ziemlich fettleibig. Lumbalpunktion 47/3 Zellen, Wassermann im Blut und Liquor positiv, ebenso Sachs-Georgi und Meinicke. Goldsol und Mastix typisch, reichlich hohe Globulinwerte.

Impfung mit Malaria tertiana am 4. Juli 1925. Nach 10 Tagen Beginn des Fiebers. Zunächst depressiv-hypochondrisch, hat allerlei Schmerzen im Unterleib, in den Armen, in der Herzgegend. Dann zeitweise verwirrt, weiss nicht, wann er

in die Klinik gekommen ist, versagt beim Hersagen geläufiger Reihen von rückwärts,
benennt Gegenstände, die ihm vorgelegt werden, nur mangelhaft, betitelt den Saal-
pfleger mit Herr Direktor, weiss nicht, wieviele Kinder er hat. Zeitweise ängstlich
erregt, läuft im Saale umher, will trotz hohen Fiebers sogleich entlassen sein. Droht
mit dem Gerichte. Beim dritten Fieberanfall delirant, fängt laut zu beten und zu
singen an, weint dazwischen. Dann einige Tage geordnet. Von dem wachhabenden
Pfleger wird gemeldet, dass Patient in der Nacht oft laut spreche, sich in seinem
Bette aufsetze und mit dem Taschentuch winke, meist gegen das Fenster zu. Auf
Befragen gibt der Kranke an, dass er draussen vor dem Fenster immer allerlei Gestalten sehe, mit denen er sich verständige. Macht nach Abklingen der Fieberperiode darüber folgende Mitteilungen: Der Zustand mit dem Bildersehen sei eines
Tages ganz plötzlich entstanden und zwar mitten aus klarem Bewusstsein heraus.
Er habe sich noch beim ersten Male gedacht: Donnerwetter, was ist denn das? So
was gibts ja doch wirklich nicht! Er sei sich zunächst darüber klar gewesen, dass
alles nur eine Sinnestäuschung sei, aber dann habe es eine Zeit gegeben, wo er ge-
schwankt habe, ob man eine Sache, die so leibhaftig sei, einfach aus sich heraus
machen könne. Das müsse doch, meinte er, irgendwie auf Wirklichkeit beruhen,
sonst hätte nicht alles die Deutlichkeit annehmen können, die es hatte. Gewöhnlich
habe er zunächst die Hulluzinationen anfallsweise bekommen, aber nicht nur mit
dem Fieber zusammen, später sei es mehr oder weniger immer zu erzeugen gewesen,
wenn er nur gewollt habe. Es sei ihm aufgefallen, dass bei dem Erscheinen der
Bilder das Herz immer so stark geschlagen habe und dass er kaum Luft zum Atmen
bekommen habe. Er sei leicht schwindelig gewesen, wenn er sich aufgerichtet habe.
Manchmal sei es ihm vorgekommen, als sei er überhaupt nicht auf der Welt, sondern
irgendwo in der Luft oder über der Erde. Er habe sich aber gesagt, jetzt musst du
aufpassen, wenn was kommt, wie dies wieder ist. Die Gestalten, die er gesehen habe,
seien ihm bei Tag und bei Nacht erschienen, meist aber bei der Nacht zwischen
12 und 4 Uhr. Er sei völlig wach gewesen, habe kein Auge zumachen können, habe
immer zugesehen, wie der Pfleger seine Einträge auf der Wachuhr machte. Habe
gar nicht den Versuch gemacht zu schlafen. Dafür sei das, was er gesehen habe,
viel zu interessant gewesen. Sonderlich erregt habe ihn die Sache innerlich nicht,
wie er denn damals überhaupt nicht arg erregbar gewesen sei. Er habe sich manchmal
gedacht: eigentlich bist du jetzt doch besser daran, wie vor der Kur und während
des letzten Fiebers. Die Bilder seien meist ganz plötzlich gekommen. Streng genommen
seien es keine Bilder gewesen, sondern lauter richtige Figuren. Das sei alles schon
so gewesen, wie die Dinge in Wirklichkeit auch aussähen. — Also: alles hatte Form
und Farbe, was plastisch, erschien in seinen perspektivischen Verhältnissen richtig,
wie andere Dinge auch. Die Bäume hätten ihre richtige Dicke gehabt, die sich genau
habe schätzen lassen, die Höhe habe dazu gestimmt, die Farbe, auch den Licht-
verhältnissen habe sich die Eigenfarbe der Erscheinungen angepasst. Wenn Pat.
nach dem dunkeln Fenster gesehen habe, sei es ihm vorgekommen, als zerrinne auf
einmal das Gesimse in einem dunklen Nebel und er sei gar nicht vor einem Fenster,
sondern draussen vor den Scheiben in der Nacht. Bei Tage sei es ihm vor allen Dingen
gelungen, die Dinge zu sehen, wenn er eine helle Wand betrachtet habe oder die
weisse Fläche seines Nachttischkästchens. Da sei es am besten gegangen. Aber
auch auf dem dunklen Hintergrund sei bei Tage der Bilderzauber sehr flott vorbeigezogen, besonders abends. Wenn die Sonne am Himmel stand, war helles lichtes
Weiss besser, als Grau und Schwarz. Ich konnte manchmal die Dinge willkürlich
hervorrufen, wenn ich mir vornahm, daran zu denken. Manchmal, wenn mir die
Sache zu dumm wurde, habe ich auch versucht, mich ihrer zu entledigen, was mir
aber nicht gelang. Das Schliessen der Augen hat gar nichts geholfen. Da war es
fast noch deutlicher wie sonst. Wenn ich mich im Bett umgedreht habe und die
Wand ansah, dann ist einfach die Wand weggegangen und die Gestalten sind wieder
an mir vorbeigezogen wie vorher auch. Zum Zeitvertreib habe ich mir meist alles
angesehen, da ich doch nichts anderes in diesem Augenblick hätte tun können.
Wenn ich mich im Bette aufsetzte und mit dem Taschentuche winkte, wurde alles

viel schöner und deutlicher. (Mitkranke beschwerten sich mehrfach bei Ref., dass K. nachts spreche und immer im Bette sitze, nach dem Fenster starre und mit dem Taschentuche wie zum Abschied winke.) Wenn die Gestalten vergingen, so geschah dies immer langsam, niemals schnell, wie am Anfang, wenn die Gestalten eben aufgetaucht waren. Die Farben wurden dunkler, bei Tage blasser, die Umrisse wurden deutlicher, es war zuletzt kaum noch was zu erkennen. Ich sah allerlei Tiere: Hunde, weisse und schwarze Katzen, die Hunde waren klein, wie junge Hunde es sind, bewegten sich lebhaft, haschten nach Brot und Wurst, die von der Decke herunterflogen und balgten miteinander. Die Katzen hatten Junge: scheckige, kleine zierliche Dinger, einen grossen Haufen, dass alles nur so wimmelte, und ich hatte meine helle Freude an den Tierchen. Ich dachte mir, so was tust du dir auch einmal halten, wenn du wieder zu Hause bist. Dann sah ich weite Landschaften, hell von der Sonne beleuchtet, Berge und Täler und dunkle Wälder. Es waren Schlösser und Burgen mit vielen Giebeln und Türmen, die Tauben sassen auf dem Dache und es war ein reges Leben in den Schlössern. Gehört habe ich dies alles nicht, wie ich denn bei meinen Erscheinungen nie irgend etwas gehört habe. Vor den Schlössern, die unbeweglich und fest mitten und an der Seite der Szenerie standen, ging ein Weg. Auf diesem zog ein Festzug, der aus dem Schlosse herauskam und an der Seite verschwand. Es waren Edelknaben, Ritter, dann Ratsherren in alten langen Mänteln mit weissen Bärten, die hatten auch Bücher bei sich unter den Armen und Urkunden. Der Zug zog ganz langsam an mir vorbei, ich konnte jedes Gesicht erkennen und würde es auch heute noch wiedererkennen können, wenn ich es sähe. Gesprochen haben die Gestalten nicht miteinander, haben nur genickt und sich nach der Seite gedreht. Bei mehreren habe ich auch nur den Rücken gesehen. Die Ritter hatten helle, metallene Rüstungen und Schwerter anhängen, auch auf Pferden sassen sie, aber nicht alle. Dann, wie der Zug vorbei war, verschwanden die Burgen und ich sah in dunkle Grotten hinein, wie die Lourdesgrotten, aus Tuffstein. Auch eine Madonna stand in einer und ein Springbrunnen ist davor gegangen. Dann kam Wasser, wie am Meere. Ein grosses Walross tauchte auf und streckte für einige Minuten den Kopf aus dem Wasser heraus, es waren dann noch kleinere Tiere dabei, die an der Mutter festhingen oder über sie hinwegkrabbelten. Später sah ich nichts weiter wie aufgehängte Teppiche in den buntesten Mustern und herrlichsten Farben. Es kam mir vor, als bewege sich mein Bett und ich fahre auf der Eisenbahn. Ich hörte auch, wie es rollte und ich hielt mich fest an. Ein Nachbar kam an mich heran und fragte mich, was mit mir sei. Da war es einen Augenblick still, dann ging es wieder von neuem los und ich fuhr wieder weiter. Ich meinte, ich fahre auf einmal in einem Wagen, weil alles schwankte und hopste, ich sei in einer Stadt, die ich noch nie gesehen habe. Die Häuser waren mir alle fremd, aber ich konnte alles deutlich unterscheiden. Es waren alte und neue Häuser, dann auch kleine ärmliche Vorstadthäuschen, wie man es immer sieht. In den Geschäftshäusern waren die Auslagen offen: Es waren meist lauter Konfektionswaren, Hemden, Schürzen, farbige Stoffe und Schuhe. Nun kamen wieder Teppiche, schöne rote und grüne Sachen, auch gemusterte. Ich meinte plötzlich, ich sässe in einem Auto und führe durch einen langen dunklen Tunnel. Ich hielt mich fest, damit mir nichts passieren möge, da merkte ich, dass ich die Kante meines Bettes in der Hand hielt, aber ich habe nicht geträumt und habe mich immer besinnen müssen, woher denn dies alles käme. Dann haben die Leute Spektakel gemacht, weil ich im Saale immer so unruhig sei, und auch der Pfleger kam zu mir her. Herr S. kam und fragte mich, was mit mir los sei. Ich sagte ihm von der Sache, da hat er mich ausgelacht. Ich stand dann vor einem Friedhof und sah das Begräbnis von Herrn S. Ich glaubte, er sei an der Kur gestorben, es kamen Klosterfrauen in langen Zügen und beteten, dann kamen Damen in Trauerkleidung, trugen Blumen an das Grab und gingen wieder. So habe ich noch allerlei gesehen, weiss es aber jetzt nicht mehr, weil ich es nicht mehr alles behalten konnte. Es ist wenigstens 14 Tage mit dem Zeug so zugegangen, erst bei Tage und bei Nacht, dann nur noch nachts. Dass ich geträumt habe, ist ganz ausgeschlossen, ich war doch wach und habe alles behalten und hatte auch gar keinen Schlaf.“

Nach Abbruch der Fieberanfälle rasche Erholung bis zu voller Berufsfähigkeit, nach einem Jahre Exitus an einer peritonealen Miliartuberkulose und ulzerösen Darmtuberkulose. Die Halluzinationen waren nach Abbruch des Fiebers ziemlich rasch verschwunden.

Fälle vom Charakter des eben geschilderten stehen den amentiellen Reaktionen nahe. Wo man solche im Verlauf der Impfmalaria zu sehen bekommt, sind sie entweder ganz vorübergehender Natur oder es finden sich fliessende Übergänge in akut-delirante Phasen. Es dürfte überhaupt gerade bei Malariaparalysen während der Fieberperiode sehr schwer sein, feinere symptomatologische Diagnostik zu treiben, weil die groberen Störungen zumeist den vorgeschrittenen Fällen zu eigen sind und begreiflicherweise bei ihnen Täuschungen besonders leicht möglich werden. Einen Fall, den man etwa unter die amentiellen Reaktionen rechnen könnte, ist der folgende:

W. Gg., 42 Jahre, aufgenommen am 16. August 24. Progressive Paralyse. Bei der Aufnahme zunächst unruhig, weiss zeitweise nicht recht, wo er sich befindet, verkennt auch Personen. Unsicherheit beim Gehen, schwierige Sprache, Rechnen schlecht. Schrift zitterig mit vielen Auslassungen. Fehlende Lichtreaktion der Pupillen, Patellar- und Achillessehnenreflexe beiderseits fast fehlend. Lumbalpunktion, sehr hoher Druck, 86/3 Zellen, Meinicke $++$, Fällungsreaktionen $++$. Wassermann im Blute und im Liquor $++$. 21. August 1924. Malariainfektion. 27. August Kopfweh, depressiv, erster Fieberanfall. Nach dem Fieberanfall zunächst ruhig, dann auf einmal erregt, lacht und weint abwechselnd, singt, droht, geht gegen andere Kranke vor. Zeitlich und örtlich orientiert. 29. August: wieder ruhig. Bei der Visite Beschwerde über seinen Bettnachbarn, der ihn zu hypnotisieren versuche. Habe draussen vor der Zimmertüre seine Frau sprechen hören. Habe sich mit seinem Zimmerherren für heute abend verabredet. Der Zimmerherr habe beim Oberpfleger gefragt, ob Patient noch nicht gestorben sei. Weint darüber, meint, er werde nicht mehr gesund. Er habe es schon immer in den Nerven gehabt. 31. August: Seit heute morgen erregt, stereotype Reden; und ich will heim, au weh, au weh, ich will heim. Halbe Stunden lang wiederholt. Gegen Abend ruhiger, halb stuporös, verweigert das Essen. Erkennt aber den Arzt, weiss seinen Namen. 2. September: Spricht ganz inkohärent, halluziniert. Behauptet, die Welt gehe unter, jetzt müssten alle Leute sterben, er habe sich versündigt und müsse für alle Menschen büssen. 17. September: Ruhiger, kein Fieber mehr. Zunehmender Verfall, im ganzen geordnet, weinerlich und ängstlich. 26. September: Herzkollaps, Tod.

Die katatoniformen Erscheinungen in der Fieberperiode sind meist von kurzer Dauer. Sie kommen vielfach aus manischen Erregungen, depressiven und stuporösen Formen der Paralyse und verschwinden, wenn sie nicht mit dem Tode endigen, nach Abbruch des Fiebers. Die Kranken sitzen starr wie Bildsäulen im Bette, reagieren nicht auf Anruf, schneiden Grimassen, erheben die Hände, verneigen sich tief, vollführen mit einer oder mit beiden Händen eigenartige Wischbewegungen auf der Unterlage, brüllen plötzlich laut auf und wiederholen oft lange Zeit die gleichen Worte. Es kann auch zu plötzlichen Gewaltakten und impulsiven Suizidversuchen kommen.

Über die manisch gefärbten Erregungen in der Fieberperiode ist nicht viel zu sagen. Sie haben insofern keinen gleichartigen Verlauf, als ein Teil dieser Zustände sich weit in die Rekonvaleszenz hinein erstrecken kann, während bei anderen Kranken mit dem Abbruch des Fiebers die Erregung zum Stillstand zu kommen pflegt. In fast allen Fällen pflegen sich die heiter-manischen

Zustände mit Grössenideen zu kombinieren, hier und da halluzinieren die Kranken auch, wobei sich der Inhalt ihrer Halluzinationen der gehobenen Stimmungslage anzupassen pflegt.

Von besonderem Interesse sind die manischen Erregungen in der Rekonvaleszenz, weil sie sehr chronisch verlaufen, dennoch aber prognostisch nach unseren Erfahrungen nicht ungünstig zu beurteilen sind. Bei einer Reihe von Kranken machen sich schon im letzten Drittel der Fieberbehandlung Anzeichen erhöhter Betriebsamkeit bemerkbar, die Kranken laufen überall herum, sind ausfällig gegen alle Mitkranke, schlagen viel zu, sind unzufrieden und nörglerisch, wohl auch ausfällig gegen den Arzt. Nach Abbruch des Fiebers legt sich dieser Zustand nicht, sondern erfährt mit der Wiederkehr der vegetativen Kräfte eine nicht unerhebliche Steigerung. Die Kranken sind ganz ungebärdig, geben nachts keine Ruhe, reden und singen den ganzen Tag, reissen zupfen, schlagen die Fenster ein, schreiben grosse Beschwerdebriefe, sind überhaupt den ganzen Tag mit Schreibereien beschäftigt. Das Bedürfnis, zu schreiben, kann soweit gehen, dass es in ein sinnloses und ruheloses Gekritzel ausartet. Briefe von 24 und mehr Reichsformatseiten an die Angehörigen sind keine Seltenheit. Ständig schwätzen und singen die Kranken, dazwischen werden sie wieder weinerlich, haben eine gewisse Einsicht in ihren Zustand. Ein Kranker, der in der Rekonvaleszenz einen schweren manischen Erregungszustand durchmachte, stand stundenlang am offenen Fenster seines Zimmers, brüllte und predigte zum Fenster hinaus, redete jeden Menschen an, der des Weges daherkam, erzählte dort die intimsten Familienangelegenheiten, machte auch erotische Anträge. Als man ihn zur Rede stellte, fing er zu weinen an und bat, man möge doch gnädig mit ihm verfahren. Er könne nichts dafür, er müsse halt schreien, und wenn man ihn nicht schreien lasse, dann wolle er lieber sterben. Er sehe es ein, dass sich kein gesunder Mensch so aufführe wie er, aber er könne nicht anders. Hier und da treten bei den Kranken mehr oder minder deutliche Grössenideen auf.

Einer unserer Kranken, der Uhrmacher war, wollte der Klinik 50 grosse Normaluhren stiften, der Abteilungsarzt solle ein neues Opelauto bekommen, der Chef der Klinik zweie, ein grosses und ein kleines. Der Stadt Erlangen wolle er an jedem grösseren Platze eine grosse Standuhr aufstellen mit der neuen 24 Stundenzeit. Die Pfleger sollten ganze Kisten Bier bekommen und Zigarren, soviel sie wollten. Diese Projekte korrigierte der Kranke aber ziemlich rasch, doch bestand die manische Erregung noch volle 3 Monate weiter, während welcher Zeit der Kranke eine Plage für die ganze Klinik war. Er war aber während dieser ganzen Zeit immer durchaus geordnet, es fehlten alle Anzeichen einer Bewusstseinstrübung.

Als weiteres Beispiel: M. Paul, Techniker aus Planitz bei Zwickau, verheiratet, 42 Jahre. Progressive Paralyse, beginnend. Diagnostisch sicherer Fall. Vor der Kur stumpf-dement, weinerlich, jedoch wohl von Haus aus Hypomanikus. Nach der Malariakur kurz nach Abbruch des Fiebers zunächst Grössenideen: will sich in Erlangen niederlassen. Will hier eine neue psychiatrische Klinik bauen, in jedes Zimmer soll ein Marmortisch kommen, echte Ölgemälde und eine Sammlung von technischen Neuerungen enthalten, als Pfleger wolle er nur „studierte Herren einstellen", auf jede Abteilung sollen 20 Ärzte kommen. Mit der Zeit aber hoffe er noch so weit zu kommen, dass jeder Kranker seinen eigenen Arzt haben könne. Patient selber wolle technischer Leiter der Klinik werden und sich vor allem mit den Fragen der Verpflegung näher beschäftigen. Die Mittel zur Erbauung der Klinik wolle er aus verschiedenen Wohltätigkeitskonzerten gewinnen, die er hier in Erlangen zu veranstalten gedenke. Er selber wolle als Sologeigenspieler auftreten,

ausserdem wolle er sich mit der Dresdener Hofoper in Verbindung setzen, dass sich
die dortige Kapelle für die Dauer von 3 Monaten für Erlangen und Nürnberg
kostenlos zur Verfügung stelle. Er habe Beziehung zu den Musikern der Dresdener
Hofoper und werde das weitere schon veranlassen. Will einen anderen Paralytiker
auf eine Reise nach dem Süden mitnehmen, die er demnächst mit seiner Frau für
das nächste Vierteljahr antreten werde. Wollte seine ganzen Esswaren, die ihm
seine Frau schickte, unter die anderen Kranken verteilen, versprach mehreren Mit-
patienten goldene Uhren usw. War dabei sehr erregt, drängte sinnlos fort, er sei
jetzt hergestellt, die Kur sei zu Ende, ihm fehle nichts mehr. So wohl wie jetzt
habe er sich seit Jahren nicht gefühlt. Schrieb den ganzen Tag, hatte in einem
Zeitraum von 7 Tagen an die 40 Postkarten an die verschiedensten Bekannten
geschrieben, es waren darunter auch welche, die er nur flüchtig einmal kennen gelernt
hatte. Lief in allen Krankensälen umher, störte die übrigen Kranken beim Karten-
spiel, kratzte den ganzen Tag auf seiner Violine, kam in kurzer Zeit Dutzende von
Malen ins Zimmer des Oberpflegers gelaufen, hielt mehrfach Ansprachen an die
Insassen seines Zimmers oder vor einem grösseren Zuhörerkreis. Erregung wie
Grössenideen bestanden über 2 Monate nach Abschluss der Kur, dann verblassten
sie immer mehr, der Kranke glich seine Projekte immer mehr den tatsächlichen
Verhältnissen an, kam dann überhaupt nicht mehr darauf zurück. Kurz vor der
Entlassung erklärte er sie als Unsinn und krankhaft. Befand sich als Vollremission
von über einjähriger Dauer im Berufsleben. Kürzlich Anfallsrezidiv und Wieder-
aufnahme.

Wir wären in der Lage, noch mehr Beispiele dieser Art anzuführen, müssen
dies aber mit Rücksicht auf den Stoff unterlassen. Die manisch-expansiven
Zustände der Rekonvaleszenzperiode, wie sie soeben geschildert wurden, leiten
zu den chronischen Psychosen der Malaria- und Rekurrensparalysen hinüber.
Es sind hier im wesentlichen zwei Verlaufstypen, die nähere klinische Betrachtung
verdienen. Dies sind die chronisch schizoformen Reaktionen und jene Gruppe
von Fällen, die Gerstmann vor nicht allzulanger Zeit als paranoid-halluzinatorische abzugrenzen versucht hat. Es soll dahingestellt bleiben, inwieweit
es sich bei den beiden Verlaufstypen um Identisches oder klinisch Naheverwandtes
handelt. Sicher ist, dass sich bei allen Verlaufsformen der Impfmalaria prinzipiell
Übergänge in andere finden lassen, womit nicht gesagt sein soll, dass es keinen
Zweck habe, bestimmte klinische Verlaufsformen überhaupt herauszufinden.
Wenn es sich bewahrheiten sollte, dass mit bestimmten chronisch-psychotischen
Erscheinungen der Impfmalaria gewisse klinische Endausgänge nur verknüpft
wären, dann erschiene ein solcher Versuch schon als hinreichend gerechtfertigt.
Praktisch zeigt es sich nun, dass in der Tat bei ganz wenigen chronisch-
psychotischen Zuständen nach Abklingen der akuten Begleiterscheinungen der
Impfmalaria von engeren Beziehungen zwischen Verlauf und Symptomenbild
gesprochen werden kann. Aber nur mit vielen Einschränkungen. Es sind dies
im wesentlichen die schizophrenieähnlichen chronischen Psychosen und die
langsam verlaufenden paranoid-halluzinatorischen Zustände bzw. die halluzina-
torisch-expansiven Erscheinungen der Rekonvaleszenz und der Remissionszeit.
Betrachtet man diese Gruppe von Zuständen rein klinisch-kasuistisch, so
fällt in erster Linie die nahe Verwandtschaft dieser Symptomenbilder unter
sich auf. Bestimmten Fällen dieser Art scheint gemeinsam zu sein, dass die
Kranken körperlich zunächst verhältnismäßig gut remittieren, dass diese
Remission aber nicht von längerem Bestand ist, es folgt bald ein gewisser
Rückschlag, obschon einzelne Kranke bei vermindertem körperlichem Wohl-

befinden noch Jahre hinaus am Leben bleiben können. Weiterhin ist auffallend, wie wenig bei diesen Kranken die psychische Remission oft mit der körperlichen parallel geht. So steht man praktisch unter Umständen vor der überraschenden klinischen Tatsache, dass bei stationärem körperlichem Befund der Kranke immer tiefer in seinen halluzinatorisch-paranoiden Zustand hineingerät. Eine Verständigung mit den Kranken ist immer weniger möglich und doch scheint es, als habe der somatische Befund daneben nur wenig Neigung, fortzuschreiten. Indessen wird man sich sehr vor absoluten Verallgemeinerungen hüten müssen. Wir selbst sind nicht der Meinung, dass es sich bei den chronischen halluzinatorisch-paranoiden Typen der Malariaparalysen um etwas pathogenetisch durchaus Einheitliches handeln müsste. Und unter diesen Voraussetzungen sind alle Verallgemeinerungen besonders verhängnisvoll. Doch hiervon später. Zunächst einige klinische Beispiele von chronischen atypischen Psychosen nach Impfmalaria. Die klinischen Erscheinungen der schizophrenieähnlichen chronischen Halluzinosen nach Impfmalaria sind bekannt. Es sei auf die Schilderung Gerstmanns verwiesen. Zur weiteren Veranschaulichung möge der folgende Fall dienen:

H. Karl, 52 Jahre, verheiratet, Kaufmann aus Nürnberg, aufgenommen in die Klinik am 5. Juni 1925. Diagnose: Taboparalyse. Schwere Ataxie mit Blasen- und Mastdarmstörungen, Malum perforans pedis. Weitgehend verstumpft und interesselos, schon seit 5 Jahren krank zu Hause, hat seine Frau das ganze Geschäft führen lassen und hat sich um nichts mehr gekümmert. Infektion vor 15 Jahren. Neurologisch fehlende Pupillenreaktion auf Licht, teilweises Erhaltensein der Konvergenz, fehlende Patellarsehnenreflexe und Achillessehnenreflexe, kann zur Not ohne Stock gehen, hochgradige Störungen der Tiefensensibilität, tabischer Gang, serologisch: paralytischer Befund. Impfung mit Malaria am 15. Juni 1925. Zehn Fieberanstiege bei leidlichem Wohlbefinden. Danach etwas besser, Rückgang der Zellzahl im Liquor um ein erhebliches Maß, auch geringere Flockungswerte der Kolloidreaktionen, somatisch gut erholt, geht sicherer, Malum perforans schliesst sich, ein Dekubitus heilt ab. Psychisch etwas freier, nimmt Anteil an geschäftlichen Dingen, hat Interesse für seine Familie, ist aber recht kritiklos und euphorisch. Nach ungefähr 2 Monaten stiller und zunehmend stumpfer, geht nicht mehr aus dem Bette, weiss nicht recht, wo er sich befindet, behauptet, er sei in Zirndorf in einem Erholungsheim, lässt sich nicht einreden, dass er sich in Erlangen befindet. Wirft eines Tages den vollen Suppenteller in den Saal, fängt zu schimpfen an, ist nachts unruhig. Behauptet, er könne sich mit seinem Bruder in Hamburg durch Radiotelephon unterhalten. Er habe ihm soeben mitgeteilt, Patient werde bald ein reicher Mann werden. Empfängt seine Frau beim Besuche nicht, er wolle nichts mehr von ihr wissen, sie sei eine Hure. Seine Tochter sei auch auf der schiefen Ebene und treibe sich in Nürnberg mit fremden Männern herum. Reagiert bei der Visite kaum auf den Gruss, schickt den Abteilungsarzt fort, die Ärzte seien alle Verbrecher. Nach einigen Wochen Zunahme der Halluzinationen, spricht ständig laut vor sich hin, lacht und quietscht vor Vergnügen, offenbar über den Inhalt seiner halluzinatorischen Erlebnisse. Leugnet aber mit Hartnäckigkeit, dass er Stimmen höre. Fängt an zu Grimassieren und die absonderlichsten Fratzen zu schneiden, kneift die Augen zu, stiert vor sich hin, verzieht den Mund schnauzkrampfartig, macht mit den Händen klatschende Bewegungen, nickt einförmig mit dem Kopfe, wie wenn er Gebete hersagen wolle. Nachts behauptet der Kranke, in Zirndorf brenne es, er habe soeben gehört, wie die Feuerwehr ausgerückt sei, die Trompeten könne man jetzt noch hören. Kriecht zu seinem Nachbar ins Bett, schlägt zu, spuckt nach dem Pfleger, die Ärzte wollten ihn vergiften. Nachdem dieser Zustand mehrere Wochen anhielt, produziert der Kranke eine Reihe absonderlicher Wahnideen, er habe das grösste

Kaufhaus in Nürnberg, seine Frau habe in England eine grosse Erbschaft gemacht, habe ein Verhältnis mit dem damaligen englischen Premierminister Asquith. Sie fahre jede Woche zweimal mit dem Zeppelin nach England und lasse sich von ihm aushalten. Sein Bruder werde jetzt bald Reichspräsident zweiter Klasse neben Hindenburg, in seinem Luftradio höre er die sonderbarsten Dinge, z. B. habe er gestern abend gehört, wie einer gesungen habe: „Ihr Vöglein von dem Tisch des Herrn, gelesen ist gestorben." Will Aufklärung haben, was das alles zu bedeuten habe. Er verbitte sich, dass man schlechte Witze mit ihm mache. Fängt mitten im Gespräche plötzlich sinnlos zu schreien an, lacht dann laut auf und murmelt vor sich hin „ach der Teufel soll sie holen".

Auch die folgenden Tage lebhafte Halluzinationen. Bei Aufforderung, etwas zu erzählen, was er im Radio höre, leugnet er zunächst hartnäckig, gibt aber dann nach und hört nach der Wand. (Was hören Sie?) Allerlei. (Können Sie etwas verstehen?) — Horcht. — „Einkauf ist nicht Verkauf, bezüglich Erhöhung folgt weitere Nachricht oder Nachrichtigkeit oder Aufrichtigkeit, die betreffenden sind keine Italiener — ich kann das auch nicht so recht verstehen." Fängt dann zu weinen an, verweigert 2 Tage die Nahrung, lässt Kot und Urin ins Bett gehen. Bleibt die ganze Folgezeit bis heute unrein. Verharrt in diesem Zustande durch viele Monate bis zum heutigen Tage. Liegt jetzt wie ein stumpfer Katatoniker zu Bett, ist vollkommen abweisend, will von niemanden mehr etwas wissen, hält den Kopf steif in die Luft über das Kissen, verschränkt die Hände im Genick und klappt stereotyp stundenlang die Ellbogen über dem Gesicht zusammen, während er ständig leise vor sich hinspricht, auf das lebhafteste mit seinen Halluzinationen beschäftigt. Schimpft bisweilen laut über „die Verbrecherbande", behauptete vor einigen Tagen, man elektrisiere ihn und er habe auch gespürt, wie vor einigen Tagen nachts ein Kranker ihm mit dem Finger im After herumgebohrt habe. Körperlich zurückgegangen, ist aber seit vielen Monaten im wesentlichen stationär. Serologisch unverändert.

Im Vordergrund des eben beschriebenen Zustandes steht eine chronische Verwirrtheit mit eigenartigen paranoiden Reaktionen und einer Änderung der psychischen Gesamtpersönlichkeit. Daneben treten verschrobene Wahnideen und Sinnestäuschungen auf. Bei dem folgenden Falle treten Verwirrtheit und chronisch systematisierende Wahnbildung noch mehr in den Vordergrund, während sich Halluzinationen nur andeutungsweise finden.

Sch. Adam, 62 Jahre, Alteisenhändler aus Fürth, progressive Paralyse. Reflektorische Pupillenstarre, schwere artikulatorische Sprachstörungen, vor-geschrittene Demenz, vor der Behandlung im wesentlichen euphorisch-dement. Impfung mit Tertiana am 10. April 1925. Während der Behandlung zeitweise ver-wirrt, bleibt nicht zu Bett, Pulsierregularität, drängt sinnlos fort. Desorientiert, Nahrungsaufnahme schlecht. Unrein. Zunehmender körperlicher Verfall. Nach Chininverabreichung mehrfach Malariarezidive. (Siehe Seite 145.) Nach Heilung der Malaria zunehmende Beruhigung und langsame körperliche Besserung. Geht frei, hält sich sauber, sieht vegetativ gut erholt aus. Bleibt zu Bett. Psychisch lebhafteres Interesse für seine Umgebung, ist örtlich grob orientiert, verkennt aber Personen, hält den Oberpfleger für seinen Freund August Zorn, ruft ihn bei diesem Namen, gibt auch anderen Personen den gleichen Namen, aber immer nur bestimmten, betitelt die Ärzte richtig, nennt sie auch bei ihren Namen. Nach vierteljähriger Remission zunehmend stiller, bringt allerlei Wahnideen vor: Ein Pfleger habe zu ihm gesagt, er solle draussen im Klinikgarten eine Fuhre Holz stehlen, Patient habe einen Kriminalbeamten ermordet, ein anderer Pfleger habe behauptet, seine Frau sei eine Hure und er selber habe früher, als er beim Militär war, die Mädchen immer nachts hinter der Stadtmauer geschlechtlich gebraucht. Brüllt die betreffenden Pfleger jedesmal sinnlos an, wenn das Gespräch auf diese Vorfälle kommt, ist aber im übrigen völlig ruhig. Erhob vorübergehend auch die gleichen Anschuldigungen gegen den Abteilungsarzt. Erzählt bei jeder Visite die gleichen Dinge: er habe in

Schweinfurt geheiratet, habe 30 000 Mark bares Vermögen mitgebracht, seine Frau ebensoviel, er habe eine Hochzeitskutsche mit zwei Pferden gehabt. Sein Geschäft habe er mit einem Handkarren betrieben, dann habe er sich zwei Pferde und einen Kutscher gehalten. Den Kutscher habe er nach kurzer Dienstleistung wieder entlassen, weil er gesagt habe, die Pferde, deren Pflege ihm obgelegen sei, gehörten Patient, seinem Herrn. Das sei falsch, ein richtiger Kutscher müsse sagen, die Pferde seien sein Eigentum. Von Zeit zu Zeit bringt der Kranke eigenartige Weltuntergangserlebnisse vor: die ganze Welt werde bis morgen von den Spartakisten zerstört werden, man werde das Meerwasser auf das Land leiten, dass alles überschwemmt sein werde. Die ganze Welt gehe unter ausser Indien. Fragt dann Dutzende von Malen den Arzt: Herr Doktor, Sie kennen doch Indien? Die ganze Welt geht unter ausser Indien. Zu anderen Zeiten eine gewisse kritische Einstellung gegen seine Umgebung, schimpft auf seinen Bettnachbarn, einen anderen Paralytiker, der sei verrückt, er habe gesagt, er sei der zweite Herrgott. Der sei ganz von Sinnen und gehöre verbrennt, weil er ihm sein Mittagessen aufgegessen habe. Zur gleichen Zeit liegt der Kranke oft stundenlang mit halbgeschlossenen Augen im Bette und halluziniert offensichtlich. Er habe gehört, dass sein Sohn Fritz morgen mit dem Motorrad hierher kommen werde, um Patient nach Hause zu holen. Er habe entdeckt, seine Frau sei ihm nicht treu geblieben, wenn er nach Hause komme, werde er sich scheiden lassen. Spricht aber bei Besuchen mit seiner Frau ganz ruhig und freundlich, gleich als sei nicht das geringste vorgefallen. Erzählt bei jeder Visite, morgen werde er entlassen. Geschehe es nicht, dann werde er sich an die Staatsanwaltschaft wenden. Hält sich körperlich zunächst ein halbes Jahr ganz gut, geht dann langsam zurück, verfällt, wird unsicherer auf den Beinen, ist wieder unrein, magert ab. Nach erneuter Malariaimpfung am 21. Juli 1926 (fünf Anfälle) rasche Besserung auf somatischem Gebiete bis zur Höhe der früheren Remission, ohne dass in dem psychischen Bilde die geringste Änderung eingetreten wäre. Ist nach wie vor nur mangelhaft orientiert, dement, bringt die gleichen absurden Wahnideen vor, ist durchaus unproduktiv, dabei paranoid gegen die Frau, halluzinatorische Erlebnisse sehr im Hintergrund stehend. In dieser Form ist der Kranke ein volles Jahr hindurch klinisch ziemlich konstant geblieben.

Der vorstehende Fall ist ausgezeichnet durch Atypien im Verlauf der Fieberperiode. Nach Abklingen der Fieberanfälle zunehmende Beruhigung, vegetative Erholung. Es entwickelt sich ein eigenartiger chronischer Verwirrtheitszustand mit einer Reihe absonderlicher Wahnideen und Sinnestäuschungen. Der nachstehende Kranke, der gleichfalls unter die atypischen pananoid-halluzinatorischen Zustände gehört, zeigt einen Krankheitsverlauf, der langsame Verschlechterung des gesamten Zustandes erkennen lässt, wobei in erster Linie stereotype psychomotorische Erscheinungen das klinische Bild beherrschen. Dabei ist der Kranke tief verblödet und zeitweise verwirrt. Der Kranke halluziniert bis zuletzt.

K. Josef, 37 Jahre, verheiratet, Schreiner aus Nürnberg, aufgenommen am 16. Juli 1925 in die Klinik. Euphorisch-demente Paralyse, klinisch und serologisch vollkommen sichergestellt. Vorgeschrittener Paralytiker mit schweren Sprachstörungen, motorischer Unsicherheit, keine tabischen Erscheinungen. Mit Tertiana geimpft am 24. Juli 1925. Nach der Kur körperlich zunächst etwas gebessert, psychisch jedoch nicht die geringste Besserung. Liegt nach wie vor stumpf im Bette, vollführt die bekannten Kau- und Schmatzbewegungen mit dem Munde, vertilgt Unmengen von Speisen. Etwa 4 Wochen nach Abschluss der Behandlung zunehmend unruhiger, äusserst absonderliche Wahnideen, er sei der feinste Mann in ganz Bayern, er werde vom Fenster her hypnotisiert, da seien Manner. Ruft dies öfters laut in den Saal, spricht viel vor sich hin, behauptet, sein Bettnachbar wolle ihn mit einem Handtuche erdrosseln. Verlegung in den Wachsaal. Halb stuporös, ratlos-ängstlicher Gesichtsausdruck. Verweigert die Nahrung, muss künstlich genährt werden. Seit einem Jahre nun konstantes klinisches Bild: körperlich, serologisch und neurologisch stationär. Psychisch: stuporös, klares Sensorium, Impulshandlungen und plötzliche Gewaltakte gegen die Umgebung, halluziniert auf optischem und akustischem Gebiete, nimmt anderen Kranken das Essen weg, verzehrt die Speisen in halb rohem Zustand, auch gänzlich Unverdauliches. Tief verblödet, hie und da ängstlich-depressive Äusserungen, bei Besuchen nur Interesse für die mitgebrachten Esswaren. Den ganzen Tag zu Bett, reisst, schmiert mit Kot, unrein, zeitlich und örtlich orientiert.

Als letzter möge noch ein weiterer Fall von atypischer Psychose nach Malariabehandlung kurz beschrieben werden, der bei guter körperlicher, neurologischer und serologischer Remission seit der Behandlung schon eine geraume Zeit unter halluzinatorischen und expansiven Symptomen im wesentlichen stationär geblieben ist.

H. Josef, 47 Jahre, verheiratet, Fremdenführer aus Nürnberg. Aufgenommen in das Städtische Krankenhaus Nürnberg am 3. Februar 1926. Vor der Behandlung euphorisch-dement, Andeutung von Grössenideen. Infektion mit Tertiana am 14. Februar 1926 im Städtischen Krankenhaus Nürnberg. Während der Fieberperiode hierher verlegt. Atypischer Fieberverlauf. Kontinuierlicher Fiebertypus. Nach Abbruch der Malaria rasche körperliche Erholung, sieht auch heute noch blühend aus, hat erheblich an Gewicht zugenommen. Psychisch nicht gebessert, auch neurologisch und serologisch nicht wesentlich. Einige Wochen nach Abschluss der Kur zeitweise erregt, schimpft über widerrechtliche Freiheitsberaubung. Ziemlich unvermitteltes Einsetzen von blühenden Grössenideen: er sei der zweite Gott, er werde die Klinikmauern einstürzen lassen, werde Donner und Blitz auf die Anstalt niederfahren lassen. Habe grosse Reichtümer, werde ein neues Militär gründen, doppelt so stark wie das frühere stehende Heer Deutschlands. Sein Sohn solle Sergeant werden. Sich selber wolle er einen Schimmel und zwei extra starke Rappen besorgen. Zehn Musikkorps werden eingestellt in die Regimenter. Den Abteilungsarzt werde er zu seinem Leibarzt ernennen, wenn er ihm die Abteilungsschlüssel gebe, ausserdem solle er 10 Millionen in den neuen Gold- und Silberbarren bekommen. Nachdem die expansiven Erscheinungen etwa ein Vierteljahr im Vordergrund des klinischen Bildes gestanden hatten, traten sie langsam zurück, der Kranke wurde stiller und etwas scheuer, hielt sich viel für sich, halluzinierte viel. Die Halluzinationen erstreckten sich ausschliesslich auf den Gesichtssinn. Der Kranke sitzt noch heute den ganzen Tag einsam auf einem Stuhle im Saale oder auf dem Korridor, kneift die Augen zu, bewegt einförmig den Kopf hin und her und sieht seinen Halluzinationen zu. Aufforderungen, sich an irgend welchen festlichen Veranstaltungen zu beteiligen, lehnt er mit der Begründung ab, er habe mit dem Bildersehen genügend Unterhaltung. Hat zeitweise seinen Sinnestäuschungen gegenüber eine gewisse Kritik, meint, das sei alles nur krankhaft, dann wieder hält er sie für unumstösslich wahr. Ist vollkommen orientiert, weiss auch über sein früheres Leben gut Bescheid, kann sich auf die Zeit seiner Erkrankung jedoch nur sehr mangelhaft erinnern. Arbeitet nichts, hat kaum mehr Entlassungswünsche, lässt sich höchstens einmal zu einer Partie Skat herbei, wo er nicht recht bei der Sache ist. Kritiklos und dement, streitsüchtig und affektiv hemmungslos. Macht über seine Halluzinationen die folgenden Angaben: Nimmt beim Betreten des Untersuchungszimmers sogleich auf einem Stuhle Platz, rückt in eine Ecke, von dem Arzte abgewandt, kneift die Augen zu und schweigt. (Was sehen Sie?) Jetzt sehe ich meine Frau. Sie sitzt auf einem Stuhle, hat ein blaues Kleid an und schaut zum Fenster hinaus. Sie kümmert sich um mich, jetzt langt sie hinunter auf den anderen kleineren Stuhl, holt sich ein Taschentuch hervor und weint vor lauter Sorge. Das ist alles, wie im Kino. Jetzt verschwimmt alles, ich bin auf der Strasse, da ist Pflaster, nein, es ist Kies, daneben geht ein Fluss, da sehe ich eine Eisenbahnbrücke mit fünf Pfeilern. (Nach einer Pause, in der der Kranke nicht spricht.) Jetzt bin ich im Wachsaal, da sehe ich Sie, Herr Doktor, in Ihrem weissen Mantel, da haben Sie einen Hammer und ein Hörrohr, die Schlüssel haben Sie in der Hand und eine Büchermappe unter dem Arm oder was es ist. Genau sehe ich das auch nicht. Da liegt der Herr Sch. im Bett und schimpft, aber ich höre ihn nicht sprechen, ich sehe nur wie er die Lippen bewegt und zornige Grimassen schneidet. Jetzt droht er mit den Händen. Dann packt ihn ein Wärter und will ihn zu Bett bringen, er ist aufgestanden und war auf dem Klosett. Da nehmen ihn zwei Pfleger und binden ihm die Hände zusammen. Jetzt langt ein anderer unter das Bett und holt aus einer Pappschachtel, in der Esswaren sind, viele Schnüre heraus. Jetzt bindet er die Schnüre zusammen und legt sie dem Herrn Sch. um den Hals. Man hängt ihn am Fenstergitter auf, die Schufte! Da herüben ist der Karl Br. (hypomanischer Alkoholiker) und der B. (jugendlicher Epileptiker). Der Br. kriecht gerade unter die Bettstatt, was die beiden miteinander machen, kann ich nicht sagen. Doch jetzt — ich glaube, die wollen miteinander ausreissen, sie setzen sich eine weisse Perücke auf. Jetzt geben sie sich geheime Zeichen, der obere Teil des Bettes ist wie durchsichtig, da kann ich alles sehen. Jetzt bin ich wieder in der Stadt wie vorhin. Da führen sie den Karl Br. in Sträflings-kleidern durch die Stadt. Die sind weiss und blau gestreift. Den wollen sie am Schweinauer Exerzierplatz hinrichten. Jetzt geht es an der Burg vorbei, da führen sie ihn hin, um ihn zu foltern. (Sehen Sie das?) Nein, ich sehe nichts eben. — Halt, da ist etwas. Ich sehe eine unterirdische Folterkammer, von aussen, zwei einzelne Zellen nebeneinander, deren Türen offen stehen. In das eine Zimmer, da kommen die Mädchen hinein, die ausserehelich geboren haben. Da steht ein langes Bett aus Leder, da werden sie festgeschnallt, da will der Br. nicht hinein, daneben steht ein Drehstuhl mit einer Kurbel, da werden die Menschen hineingespannt. Das tun sie aber eben nicht. Da stehen nur drei Menschen und sehen sich an und gucken die Wand hinauf. Der Br. ist auf einmal nicht mehr dabei. (Wo ist er hin-gekommen?) Das weiss ich auch nicht. Der ist halt fort. Jetzt stehen die Leute an der Wand, es sind mehrere, jetzt erscheint der Br. wieder, über seinem Haupte schwebt ein Richtschwert. Jetzt wird es ganz hell, da fällt Feuer vom Himmel und alles ist verbrannt. Die Balken rauchen noch. Jetzt wird alles wieder undeutlich. Ich bin wieder auf der Strasse, da sehe ich, wie der Herr Sch. von der Polizei ver-haftet wird. Da kommt ein Schutzmann auf ihn zu und fragt ihn was und zieht sein Notizbuch heraus. Da nimmt er die Hand vor den Mund und will rufen. Jetzt packt ihn der Polizist unter dem Arm und nimmt ihn mit. Der Sch. hat nichts an als ein Hemd. Jetzt sehe ich meinen Freund Uhlherr, wie er um die Ecke biegt, da wird es dunkler, das ganze verschiebt sich, da ist Wald. Der Uhlherr hat ein Kind bei sich, das stösst er gerade in einen Ameisenhaufen, das Kind wird ganz rot, will herauskommen und kann nicht. Der Uhlherr hält es fest, dass es im Ameisen-haufen stecken bleiben muss. Das Kind weint, lässt es sich aber gefallen, es sieht ganz entkräftet aus und kann nicht mehr schnaufen. Jetzt kommen fünf Männer mit Bärten aus dem Walde und fangen den Uhlherr. Sie halten ihn fest. Jetzt bin ich wieder in der Nürnberger Burg, da geht man hinein, ein langer Gang, viele Kilometer lang. Da liegt ein Totenkopf, wie er auf die Arzneiflaschen gemalt ist, jetzt ist es wieder die Kammer, da liegt der Uhlherr wieder auf dem Bette, wie vorhin der Br., da binden sie ihn fest, jetzt wird er gefoltert. Er will schreien, da hackt ihm einer mit dem Richtschwert den Kopf ab. Der Richter hat ein rotes Gewand an, auf dem Boden fliesst Blut herum.

(Nach Druck auf die geschlossenen Augen und nach Aufforderung, zu sagen, was er sehe.)

Da sehe ich weiter gar nichts, bloss eine Bewegung, ganz unbestimmt, das ist alles so grau und ganz undeutlich. Jetzt sehe ich Wände, ein Raum mit vier Wänden, gestrichen, keine Tapeten. Da steht vorne ein Ofen, ein Kachelofen, sonst nichts. Ein Schirmständer, jetzt ist ein Ofenrohr oben, ein Herd daneben. Da steht eine Pfanne darinnen. (Rückt den Stuhl noch weiter in die Ecke und sieht in Richtung des Referenten mit zusammengekniffenen Augen.) Jetzt sehe ich Sie, Herr Doktor, Sie haben Schuhe an, hohe Stiefel, es öffnen sich die Vorhänge und die Fenster. Links ist eine Türe, die öffnet sich, man kann ins Freie sehen, vorher gehts durch ein anderes Zimmer, da stehen zwei Betten darinnen. Jetzt bin ich in der freien Natur, es kommt mir vor, als ob ich fliege, da sehe ich eine runde Brücke, ähnlich wie eine Maschine, ganz phantastisch in ihrer Gestalt, mit langen Armen und Rädern am Wasser. Unter der Brücke da zieht ein Weg, da geht eine Figur, jetzt steigt sie auf einen Thron, der über dem Wasser schwebt, die Frau hat eine Krone auf. Sie hält in der Hand einen Schlüssel, dreht ihn nach rechts und nach links, dreht ein Hängeschloss hin und her, ihre Hand sieht aus wie eine Männerhand. Dann sehe ich eine Uhr, deren Zeiger sich rasch drehen, sie besteht aus Holzschnitzerei, ein Bild, ein undeutlich sichtbarer Raum dahinter. Es trägt eine Ansicht von einer Landschaft, ein Brunnen steht in der Mitte, mit einem Gitter herum, daran ist ein Fahrrad gelehnt. Im Hintergrund sind eigenartige Räder, wie Schwungräder von Maschinen, die kommen näher, der Brunnen verschwindet, alles wird immer undeutlicher. Jetzt sind die Räder wieder da, sie hängen ganz frei in der Luft, jetzt werden sie kleiner, rücken nach oben, unten in der Mitte ist wieder ein Denkmal, auf dem eine Figur sitzt, ähnlich dem Hans Sachs, mit einem grauen Bart. Die Denkmalfigur bewegt sich, nimmt einen Federhalter zur Hand, zieht ein Buch aus der Tasche und schreibt hinein. Da herüben ist auch wieder was. Das ist aber viel weiter weg. (Was sehen Sie neben dem Hans Sachs?) Den Hans Sachs sehe ich nicht mehr so gut, das ist mehr wie ein Bild. Da ist ein Denkmal für mein verstorbenes Kind. Das ist eine Siegessäule aus lauter Gold, mit einem Lorbeerkranz auf den Stufen. Ganz dahinten liegt der Südfriedhof, wie im Nebel. Jetzt öffnet sich oben der Himmel, ich sehe, wie mein Kind oben herunterfliegt, das muss ich mir einmal näher betrachten. Da müssen Sie sich schon ein wenig gedulden usw. usw.

Diese Kasuistik chronischer atypischer Psychosen nach Impfmalaria dürfte genügen, um zunächst den Schluss berechtigt sein zu lassen, dass die Aussichten für eine Besserung und Wiederherstellung für diese psychischen Störungen verschwindend geringe sind. Wohl nur ausnahmsweise dürften psychische Besserungen erwartet werden können. Es wird aber nicht zulässig sein, von der ungünstigen Prognose quoad vitam zu sprechen, denn eine Anzahl unserer Kranken hat sich eine nicht gerade kurze Zeit neurologisch, somatisch und serologisch durchaus stationär erwiesen, während andere Kranke langsam dem körperlichen und geistigen Verfall entgegengingen. Es besteht die Möglichkeit, dass dies nach einer weiteren Beobachtungszeit auch mit den übrigen Fällen eintreten wird, doch ist unsere eigene Erfahrung in diesem Punkte nicht ausreichend.

Schätzt man das klinische Gesamtbild der chronischen psychotischen Verlaufsformen der Malariaparalysen nach seinem prognostischen Wert ein, so muss man jedenfalls der Auffassung nahetreten, dass die Aussichten für diese Kranken in jeder Weise trübe sind. Es ist aber nicht mit Sicherheit möglich, zur Zeit aus bestimmten Symptomen oder Symptomenverkupplungen bei den chronischen Verlaufsformen der Malariaparalysen eine bestimmte Verlaufsart abzuleiten. Am ehesten könnte man noch aus dem Auftreten von Halluzinationen nach Ablauf der Fieberperiode für die Prognose Schlüsse ziehen. Indessen sind die Halluzinationen bei den meisten chronischen Psychosen atypischer Art im Gefolge der Malariatherapie bald deutlicher, bald schwächer ausgeprägt. Bei einigen Kranken eigener Beobachtung traten sie innerhalb des Gesamtbildes so sehr in den Hintergrund, dass es fraglich erscheinen muss, ob jedesmal der gleiche pathophysiologische Mechanismus diesen Störungen zugrunde liegt.

Vollends wird man nicht wagen können, irgendwelche Symptomenverbindungen mit anatomisch-physiologischen Vorstellungen in Beziehung zu setzen. Bekanntlich hat Gerstmann die Vermutung ausgesprochen, dass bei den chronischen halluzinatorisch-paranoiden Verlaufsformen der Malaria-paralysen eine nähere Beziehung zwischen anatomisch-histologischem Prozesse und klinischem Symptomenbilde bestehe.

Er sagt darüber: „In manchen der untersuchten Fälle erwiesen sich die histologischen Veränderungen, soweit sie noch nachweisbar waren, im Schläfen-lappen vergleichsweise ausgeprägter als in den anderen Rindengebieten. Auf Grund dieser Tatsache und im Hinblick auf das bekannte Vorkommen von Gehörstäuschungen bei Schläfenhirnaffektionen habe ich seinerzeit die Ver-mutung ausgesprochen, dass vielleicht zwischen der deutlicheren Ausbildung und längeren Persistenz der pathologischen Veränderungen in der Schläfen-lappenrinde und der im Anschluss an die Impfmalaria sich relativ häufig vollziehenden Umwandlung des klinischen Bildes der Paralyse in das Bild einer Halluzinose, wie auch besonders der nicht seltenen Hartnäckigkeit und Stabilisierung der akustischen Halluzinationen eine nähere Beziehung besteht. Auch A. Jakob hat an die Möglichkeit eines derartigen Zusammenhanges in einem seiner Fälle von stationärer Paralyse gedacht, in dem das Vorherrschen der Gehörshalluzinationen im Zustandsbilde mit einer besonderen Affektion der untersten Schichte der Schläfenlappenrinde einherging. Diese Abänderung des Hauptangriffspunktes in stationär gewordenen und in Remission begriffenen Fällen ist sehr bemerkenswert. Erscheint sie einerseits als ein Begleit-phänomen bzw. als eine Folgewirkung der Umwandlung des paralytischen Hirn-vorganges aus einem bösartigen in einen gutartigen Zustand, so spiegelt sich in ihr andererseits — wie auch Pötzl hervorhebt — der Umwandlungs-prozess selbst in deutlich erkennbarer Weise ab in dem Sinne, dass es hier nicht zum bekannten Bilde der sogenannten Schläfenlappenparalyse mit sensorischer Aphasie, zahlreichen paralytischen Anfällen, schubweisem Verlaufe, typischen Serum- und Liquorbefunden und dergleichen neben Gehörstäuschungen kommt, sondern das atypische Bild einer Halluzinose oder eines halluzinatorisch-paranoiden Zustandes in den Vordergrund tritt, ohne jene anatomisch auf eine stürmische Steigerung der Gewebsdestruktion und parasitologisch auf eine stärkere Spirochätenwucherung im Gehirne hinweisenden charakteristischen Begleitsymptome und bei langsamer Besserung oder auch allmählichem Negativ-werden der vorher positiven serologischen Reaktionen." Und ganz zuletzt meint Gerstmann: „Es liegt wirklich der Gedanke nahe, ob nicht in den geschilderten (im Gefolge der Malariabehandlung relativ häufig erfolgenden) eigenartigen reaktiven Vorgängen der Umwandlung des klinischen Bildes der Paralyse in für dieselbe ungewöhnliche akustisch-halluzinatorische oder halluzinatorisch-paranoide Bilder gleichsam der Ausdruck einer allgemein biologischen Verschiebung der Hauptkomponenten des paralytischen Prozesses nach der Seite einer einfachen Hirnlues bzw. der der Paralyse eigenen unspezifischen Wechselwirkung zwischen Parasiten und Nervengewebe nach der Richtung eines einfachen syphilitischen Reaktionsvorganges zu erblicken wäre."

In ähnlichem Sinne hat sich Pötzl ausgesprochen.

Vielleicht wird es sich empfehlen, die Theorie Gerstmanns und Pötzls hier nochmals aus didaktischen Gründen gesondert nach einzelnen Punkten zusammenzustellen. Es wird behauptet:

1. Es sind gewisse direkte Beziehungen zwischen dem klinischen Verlaufe der halluzinatorisch-paranoiden Zustände von Malariaparalysen und ihrem anatomischen Befunde wahrscheinlich.

2. Diese Beziehungen bestehen darin, dass sich bei halluzinatorisch-paranoiden Verlaufsformen der Malariaparalyse ein bevorzugtes anatomisches Befallensein des Schläfenlappens annehmen lässt.

3. Die bevorzugte anatomische Lokalisation des paralytischen Prozesses im Schläfenlappen entspricht bei solchen Krankheitsbildern den Feststellungen Jakobs an stationären Formen der Paralyse.

4. Aus der Tatsache des gehäuften Vorkommens oben geschilderter atypischer Formen von Paralysen nach Malariabehandlung ist zu folgern, dass durch die Behandlung der paralytische Krankheitsprozess klinisch wie anatomisch seinen Charakter als Paralyse einbüsst und dass eine Abwandlung in Richtung der einfachen Hirnlues erfolgt.

5. Dabei verliert der paralytische Krankheitsvorgang seine relative Malignität und erreicht die höhere Gutartigkeit etwa der von Plaut beschriebenen Halluzinosen bei Luetikern.

Wenn wir zu der Gerstmannschen Theorie kritisch Stellung nehmen, so möchten wir zunächst betonen, dass leider die Beziehungen zwischen klinischem Verlaufe und anatomischem Befunde bei der Paralyse bis zum heutigen Tage noch äusserst lockere geblieben sind. Spielmeyer hat dies vor nicht allzulanger Zeit in so überzeugender Weise dargetan, dass sich zu diesem Punkte kaum noch etwas Neues sagen lässt. Es schwankt das Verhältnis zwischen degenerativen, proliferativen und infiltrativen Erscheinungen im anatomischen Bilde offenbar in so weiten Grenzen, dass man zunächst bei jedem Paralysefall in Zweifel geraten muss, was man denn lokalisieren soll bzw. was denn am anatomischen Prozesse der Paralyse zu klinischen Erscheinungen in Beziehung gesetzt werden kann. Vom klinischen Standpunkt aus ist noch folgendes zu erwägen: ob es angängig ist, gerade die von Gerstmann besonders betonte klinische Symptomenverbindung „halluzinatorisch-paranoid" an die anatomischen Feststellungen heranzutragen. Halluzinatorische und paranoide Zustände kommen in klinischen Defektstadien chronischer Malariaparalysen zwar nicht selten vor, haben aber innerhalb des klinischen Gesamtbildes durchaus wechselnde Sinnfälligkeit und Konstanz. Es hindert eigentlich nichts, bei solchen Kranken die veränderte Psychomotilität oder sonst eine Atypie zu dem anatomischen Befunde in Beziehung zu setzen.

Aus diesen Gründen vermögen wir auch nicht an engere Beziehungen der halluzinatorisch-paranoiden Zustände zu anatomischen Befunden im Schläfenlappen zu glauben. Ich selber hatte Gelegenheit, einen derartigen Fall vor nicht allzulanger Zeit genauestens anatomisch zu untersuchen, kann aber nicht behaupten, dass der paralytische Prozess in dieser Hirnregion irgendeine besondere Betonung gehabt hätte. Selbst wenn man aber dieses Argument nicht gelten liesse — ich fände dies im Hinblick auf die zahllosen Täuschungen begreiflich, denen man bei anatomischen Feststellungen begegnen kann, wenn man sich auch nur von dem Nächstliegenden entfernt —, dann bedarf es des Hinweises, dass es eine ganze Anzahl chronischer nicht paralytischer Defektzustände des Gehirnes gibt, bei denen sich eine deutlich bevorzugte Schädigung des Schläfenlappens nachweisen lässt, ohne dass diesem anatomischen Befunde auch klinische halluzinatorisch-paranoide Erscheinungen entsprochen hätten. Es könnte eher zu erwägen sein, ob nicht für bestimmte anatomische Erscheinungen die Schläfenlappenrinde ganz allgemein den Lieblingssitz abgibt, wie wir dies bei zahlreichen anderen Hirnregionen, z. B. dem Ammonshorn auch sehen. Doch ist dies nicht zu beweisen.

Was die Beziehungen der halluzinatorisch-paranoiden Formen von Malariaparalysen zu den stationären Formen der Paralyse überhaupt anlangt, so wird man soviel zugeben können, dass bei einem grossen Teil aller behandelten Paralysen mit einem Rückgang der infiltrativen Veränderungen zu rechnen ist. Darauf weist schon allein die Tatsache hin, dass die Zellwerte der infektionsbehandelten Fälle in der Regel rasch zu sinken pflegen. Es kann daher auch nicht sonderlich wundernehmen, dass bei halluzinatorisch-paranoiden Malariaparalysen sich dieser Vorgang der Rückbildung infiltrativer Erscheinungen wiederholt. Auf der anderen Seite ist gerade diese Tatsache eine recht sinnfällige Illustration für die Spielmeyersche Behauptung, dass man den klinischen Verlauf nicht ohne weiteres am anatomischen Befund ablesen kann. Dies würde für den vorliegenden Fall soviel besagen, dass die Höhe der Remission im klinischen Sinne nur ganz allgemein dem anatomischen Befunde entspricht. Wir glauben nicht, dass die Mehrzahl der chronischen Defektzustände nach Impfmalariabehandlung wirklich stationäre Paralyseformen sind. Sie schreiten, soviel wir beobachten konnten, klinisch nicht gar selten fort, wenn auch nur langsam. Und dieses Fortschreiten des Krankheitsprozesses äussert sich nicht etwa nur auf einem Gebiete, etwa dem psychischen. Es ist also zur Zeit nur soviel zu sagen: diejenigen Fälle von Paralysen, die nach der Behandlung in chronisch verlaufenden Defektzuständen ausgehen, remittieren zunächst wohl klinisch, und diese Remission macht sich auch anatomisch geltend, indem der Krankheitsvorgang eine Rückbildung anatomisch-infiltrativer Prozesse zeigt. Aber die chronischen Defektzustände haben diesen Vorgang vor den anderen malariabehandelten Paralysen nicht etwa voraus. Ebenso wenig lässt sich die Höhe der klinischen Remission aus Einzelheiten des anatomischen Befundes nachträglich erschliessen. Wir glauben uns in diesem letzteren Punkte mit den Ansichten von Gerstmann durchaus übereinstimmend.

Anders steht es jedoch mit seiner Annahme, dass bei den chronischen Defektzuständen nach Impfmalaria vom Charakter der Halluzinosen sich folgern lasse, die Paralyse verliere ihren biologischen Charakter und erfahre eine Abwandlung nach der Seite der Hirnlues hin. Wenn es sich bei dieser Behauptung um nichts anderes handelte, als um eine weitläufige Parallele, so liesse sich viel dagegen einwenden. Offenbar ist dies aber, wenn wir Gerstmann recht verstehen, nicht der Fall. Er scheint vielmehr daran zu denken, dass durch die Malariawirkung die ganze pathophysiologische Eigenart der Paralyse umgestossen wird und an ihre Stelle pathophysiologische und pathogenetische Mechanismen treten, die den früheren zuwiderlaufen. Es lässt sich nun zunächst einmal klinisch feststellen, dass von einer Umwandlung der Paralyse in eine Lues cerebri nach Impfmalaria nicht einmal in einzelnen Fällen die Rede sein kann. Ihrem ganzen

Verhalten nach bleiben die Kranken mit chronischen halluzinatorisch-paranoiden
Reaktionen durchaus das was sie eigentlich sind: Paralytiker. Und mögen
sie noch so schrullenhaft und launisch, mögen sie noch so negativistisch und
autistisch werden, ihre paralytische Eigenart bricht sich auch durch dieses
veränderte psychische Milieu Bahn. Zudem gibt es unter den chronischen Defektzuständen nach Malariabehandlung gewisse klinische Typen, die sicher für die
Lues cerebri ebenso ungewöhnlich sind, als sie es für das geläufige klinische
Bild der Paralyse sind. Man wird an dieser Stelle auch Erfahrungen der allgemeinen Pathologie dagegen halten müssen. Wir wagen nicht zu behaupten,
dass durch einen therapeutischen Eingriff irgend eine chronische Infektionskrankheit nach anderen biologischen Mechanismen zur Besserung geneigt hätte
oder geheilt wäre, als nach denen, die ihr durch ihre Pathogenese und die seit-
herige Entwicklung vorgezeichnet war. Was aber die anatomische Seite der
ganzen Frage anlangt, so hat hierzu Spielmeyer hinreichende Einwendungen
gemacht. Gerstmann beansprucht für die anatomischen Befunde an halluzinatorisch-paranoiden Paralysen die Anerkennung als hirnluetische Veränderungen.
Teils soll es sich um Vorgänge handeln, die den endarteriitischen Formen der
Hirnlues zukommen, teils um solche anatomische Prozesse, wie sie bei der
gummösen Hirnlues gefunden werden. Es wird aber von Spielmeyer betont,
dass der anatomische Prozess der Endarteriitis kleiner Hirngefässe nichts
Spezifisches für diese Form der Hirnlues darstelle, sondern dass er sich auch
im anatomischen Prozess der Paralyse regelmäßig aufweisen lasse. Es könnte
sich also in diesem Punkte rein um Fragen der Quantität handeln, und darüber
ist leider noch recht wenig Sicheres zu sagen. Auch eine anatomische Beziehung
zur gummösen Hirnlues ist fraglich. Man hat diese Analogien gesucht aus der
Tatsache heraus, dass bei malariabehandelten Paralysen sich spezifische Granulome finden sollen, die jenen gleichen, wie sie bei der gummösen Hirnlues gefunden werden. Wie Spielmeyer nachweist, ist diese Ansicht unzutreffend.
Denn das, was man bei malariabehandelten Paralysen findet, sind keine spezifischen Granulome, sondern gewöhnliches Granulationsgewebe, dem eine Reihe
von Kennzeichen des spezifischen Granuloms fehlen, wie die zentrale Nekrose,
die typische Anordnung der Zellformen im Gumma, nicht zum wenigsten auch
die Art und Weise seiner Entstehung. So erscheint denn auch die Annahme
Gerstmanns hinfällig, dass die Paralyse nach erfolgter Impfbehandlung ihre
Bösartigkeit verliere und die Gutartigkeit der Hirnlues annehme. Klinisch ist
hiergegen einzuwenden, dass der paralytische Prozess durch die Infektionstherapie wohl gebessert wird, aber nicht in allen Fällen, und wo es zu Rückfällen
kommt, hat die Paralyse um nichts von ihrer Bösartigkeit eingebüsst. Ein Teil
der Rückfälle nach Infektionsbehandlung ist vielmehr besonders bösartig und
schlecht beeinflussbar durch jede Art von Behandlung zu nennen. Vor allem
kann man die chronisch-psychotischen Defektzustände nach Impfbehandlung
nicht als Beleg für die Gutartigkeit des paralytischen Prozesses heranziehen.
Denn die Mehrzahl dieser Fälle hat nach unseren Erfahrungen eine durchaus
trübe Prognose. Zugegeben ist, dass die Hirnlues gegenüber der Paralyse prognostisch günstiger steht, wenigstens in vielen Fällen; bestimmte Formen
scheinen indessen therapeutisch schlecht beeinflussbar, wennschon sie chronischen

Verlauf haben. Dass es nicht angängig ist, den anatomischen Prozess der Hirnlues als gutartigen gegenüber der Paralyse zu bezeichnen, hat Spielmeyer hinreichend betont. Gerstmann stützt sich mit dieser Annahme auf eine Anschauung Jakobs, der von der Paralyse als einer malignen Hirnsyphilis spricht. Bösartig soll diese Hirnlues deshalb sein, weil „das Gewebe bei der Spirochäteninfektion nur mehr eine unspezifische Entzündung leisten kann, weil der Krankheitsprozess wohl als Folge davon diffus das Nervenparenchym wie den Bindegewebsapparat befällt. Bei dem Mangel an ausreichenden Antikörpern kommt es zu der ungehemmten Vermehrung der Spirochäten im Gehirne und schliesslich zu den reaktiven Gewebserscheinungen einer gewöhnlichen Entzündung. Die häufig bei der Paralyse zu findenden echten gummösen Veränderungen sind untaugliche und ungenügende Ansätze und Versuche des Gewebes zur spezifischen Reaktion, um den Prozess in einen benignen zu verwandeln. Das Gewebe erlahmt aber bald, die diffuse gewöhnliche Entzündung beherrscht das histologische Bild und der Infektionsprozess behält seinen malignen Charakter." Jakob belegt diese Auffassung durch die Feststellung, dass das Auftreten von miliaren Gummen bei der Paralyse keine Seltenheit sei, dass man sie vielmehr in etwa 20% aller Fälle finden könne. Hiergegen betont Spielmeyer, dass das Vorkommen von echten miliaren Gummen bei der Paralyse eine Seltenheit bedeute und dass es nicht angängig sei, den Begriff des miliaren Gummas auf Bildungen mit unspezifischem Bau auszudehnen.

Zusammenfassend muss man sagen, dass wir von einer Erklärungsmöglichkeit für das Zustandekommen von atypischen Psychosen nach Infektionsbehandlung noch weit entfernt zu sein scheinen. Sicher ist wohl, dass ihre Genese keine einheitliche ist. Hinsichtlich einer Erklärungsmöglichkeit der akuten psychotischen Zustände während der Impfperiode ist es wohl ähnlich gestellt, wie um die kausale Deutung des Fieberdelirs, der Verwirrtheitszustände bei chronischen Infektionskrankheiten, der amentiellen Reaktionen nach exogener Schädigungen u. a. Und was die chronischen atypischen Defektzustände der Paralyse nach Impfmalaria anlangt, die unter halluzinatorisch-paranoiden oder schizoformen Reaktionen verlaufen, so lässt sich noch weniger sicheres zu ihrer Erklärung sagen. Bei zwei Fällen, die ich in der hiesigen Klinik zu untersuchen und zu beobachten Gelegenheit hatte, konnte ich feststellen, dass vor der Paralyse ein erheblicher chronischer Alkoholmissbrauch bestanden hatte. Nicht ganz ohne Bedeutung erscheint mir auch die Tatsache, dass zwei weitere Fälle während ihrer Malaria auch sonst Zeichen atypischer Reaktionen geboten hatten, z. B. einen Fieberverlauf, der als ungewöhnlich zu bezeichnen ist. Ein anderer unserer Kranken mit halluzinatorischen Zuständen von chronischem Charakter war von Haus aus eine schwer belastete psychopathische Persönlichkeit. Man wird nicht irgend eines der hier berührten Momente als einen Erklärungsversuch verausgaben können. Es sollte nur darauf hingewiesen werden, dass zur Erklärung dieser atypischen Dauerzustände ganz gewiss auch Umstände herangezogen werden müssen, die nichts mit der therapeutischen Beeinflussung der Paralyse als solcher zu tun haben, die vielmehr tief in der Persönlichkeit des Kranken wurzeln. Grundsätzlich muss daran festgehalten werden, dass von den sogenannten atypischen Psychosen bei Impfmalaria ein jedes Symptom auch bei anderen Infektionskrankheiten beobachtet werden kann. Bei den atypischen psychotischen Störungen der Malariaparalysen muss man sich stets vergegenwärtigen, dass es sich um Kombination zweier chronischer Infektionskrankheiten handelt, die beide exogene Prädilektionstypen in ihrer psychischen Symptomatologie zeigen. Das eigenartige an den Psychosen der Malariaparalysen ist, dass sich diese beiden exogenen Reaktionsformen teilweise verstärken, teilweise überschneiden und abwandeln. Aber es entsteht nichts Neues. Wir sind mit Jossmann (C. B. f. d. g. N. u. P., Bd. 43, H. 11/12, S. 736) der Meinung, eine Bestätigung dafür, dass derartige Modifikationen des paralytischen Zustandsbildes, besonders aber die paranoiden Entwicklungen, eine Etappe auf dem Wege der Remission bezeichnen, hat sich durch die bisherigen Erfahrungen nicht finden lassen. Dagegen kann Baender aus der Hamburger Klinik (Ztschr. f. d. g. N. u. P., Bd. 100, Nr. 2—3, S. 375, 1926) nicht zugestimmt werden, der deshalb einen grundsätzlichen Unterschied zwischen Spontanremissionen und Malariaremissionen annimmt, weil bei den Spontanremissionen paranoidhalluzinatorische Bilder noch nicht beobachtet worden seien. Dass derartige Beobachtungen fehlen, ist weiter nicht verwunderlich. Denn die Spontanremissionen basieren auf dem veränderten biologischen Verhalten eines Erregers, der Spirochäten, die der Malariaremissionen auf dem von zweien, der Spirochäte und des Plasmodiums. Man kann klinisch-symptomatologische Gleichheit zweier Erscheinungen nicht mit der Gleichheit von biologisch-pathogenetischen Momenten identifizieren oder eines aus dem anderen erschliessen wollen.

c) Die Ergebnisse der Behandlung mit Impfmalaria.

Wenn wir im folgenden von den Ergebnissen der Malariabehandlung sprechen, so möchten wir gleich zu Anfang betonen, dass es uns angezeigt erscheint, in diesem Punkte auch heute noch grosse Zurückhaltung zu üben. Nichts kann die wirklichen Erfolge eines Behandlungsverfahrens so schnell und bleibend diskreditieren, als vorzeitiger Enthusiasmus und kritikloses Operieren mit hohen Zahlen, hinter denen sich nur schlecht die unerfüllten Wünsche des Statistikers verbergen können. Mit derlei Methoden pflegen kritische Autoren nur von einer dauernden Verwendung einer neuen Therapie abgehalten zu werden und die billigen Reden der Zweifler finden neuen Wertzuwachs. Man kann nicht behaupten, dass bei der Beurteilung der therapeutischen Erfolge der Impfmalaria immer und von allen Seiten hinreichend kritisch verfahren worden wäre. Es ist noch nicht allzulange her, da wurde in der fachwissenschaftlichen Presse von 70%, 60% und 50% Vollremissionen gesprochen, die man unter allen behandelten Paralysen durch Anwendung der Impfmalaria bekommen soll. Es ist wohl selbstverständlich, dass man derartige Behauptungen mit einigen Bedenken aufgenommen hat. Es mag auch gut sein, dass man in solchen Fällen den strikten Wahrheitsbeweis nicht zu fordern pflegt. Denn wir glauben, dass es sich bei allen so optimistisch gefärbten Berichten über die Heilerfolge der Malariatherapie teils um schwere affektive Entstellungen des wahren Sachverhaltes handelt, teils um gehäufte Beobachtungsfehler aus solchen psychiatrischen Anstalten, die ihre Kranken nicht hinreichend lange beobachten.

Es kann nicht genügend betont werden, wie wichtig gerade bei Beurteilung der Erfolge der Malariatherapie eine sorgfältige und hinreichend lange fortgesetzte Katamnesenerhebung zu sein pflegt. Es ist leider im weiteren Gebrauch der Malariabehandlung offenbar geworden, dass man einen guten Teil der gehegten Hoffnungen zunächst wird begraben müssen, wenigstens insoferne, als man überhaupt von solchen übergrossen Hoffnungen beseelt war. Ebenso wichtig wird es aber auch sein, auf das hinzuweisen, was durch die Malariabehandlung tatsächlich erreicht worden ist. Selbst wenn es im Rahmen aller Heilversuche sich noch bescheiden genug ausnimmt, ist man nicht berechtigt, nun alles zur Seite zu schieben und zu erklären, an der Malariabehandlung sei nichts als Selbsttäuschung. Denn dazu sind ihre Erfolge denn doch zu sinnfällig. Und wenn sie auch noch so gering wären, bei einem Leiden wie der Paralyse möchten wir jeden, selbst den geringsten therapeutischen Fortschritt, mit Freuden begrüssen.

Man spricht zur Zeit, wie es scheint, nur wenig mehr von einem vollkommenen Versagen der Malariatherapie, etwa in der Form, dass man die Remissionen der Paralyse nach Impfmalaria als blosse Spontanremissionen auffasst. Es sind vielmehr indirekte Einwände, die zur Zeit im wesentlichen gegen die Malariatherapie erhoben werden. Zunächst wird die Möglichkeit erörtert, dass die Paralyse in ihrem Verlaufe innerhalb der letzten Jahrzehnte gewissen Wandlungen unterworfen sei. Das früher gänzlich unbeeinflussbare Leiden nehme in den letzten Jahren einen etwas milderen Verlauf an; dadurch würde die Zahl der Spontanremissionen eine grössere, jede Art von Therapie, auch die spezifische und die Proteinkörpertherapie, habe dadurch mehr Aussicht auf Erfolg. Was früher den gleichen Heilmitteln während eines foudroyanten Paralyseverlaufes nicht gelingen wollte, das gelinge nun nach Änderung der inneren Verlaufsnormen dieses Leidens.

In der gleichen Richtung geht ein weiterer Einwand, der vor allem von einigen Vertretern der spezifischen Behandlungsmethoden bei Paralyse erhoben wird. Man weist darauf hin, wie sehr sich die Erfolge der spezifischen Paralysebehandlung früherer Jahre von jenen unterscheiden, wie sie in neueren Publikationen zum Ausdruck kommen. Wennschon man zugibt, dass ein Teil dieses Unterschiedes in unzureichender Dosierung bei älteren Autoren gelegen war, so erörtert man doch die Möglichkeit, ob nicht auch der Paralyseverlauf einen Teil der Schuld mit habe. Des weiteren wird von psychologischer Seite die Vollwertigkeit der paralytischen Remissionen nach Malariabehandlung angezweifelt. Bei den Erfolgen der Malariatherapie handle es sich deshalb um vorübergehende und scheinbare, weil im Gefolge der Behandlung nur die akuten Syptome des psychischen Gesamtbildes zum Verschwinden gebracht würden. Der eigentliche Kern der paralytischen Persönlichkeit bleibe von der Therapie unangetastet. Oder anders ausgedrückt: nur die Randsymptome im Sinne von Hoche sollen durch die Malariatherapie beseitigt werden, das Achsensyndrom dagegen, die paralytische Demenz, die Urteilsschwäche soll nach wie vor bestehen bleiben. Deshalb habe die Malariatherapie auch bei beginnenden Paralysen immer die besten Heilerfolge. Bei solchen Fällen trete die Demenz noch nicht in dem Ausmaße hervor, wie bei fortgeschrittenen Fällen. Denn diese letzteren bleiben, wie die Erfahrung lehrt, auch nach erfolgter Behandlung Paralytiker.

Ganz zuletzt geht der Streit um Quantitätsfragen. Man versucht zu beweisen, dass andere therapeutische Methoden, vor allen Dingen die sorgfältige spezifische Behandlung, die gleichen oder noch bessere Heilerfolge haben wie die Infektionstherapien. Wie ist es mit all diesen Einwänden bestellt? Die Paralyse ist, wie alle chronischen Infektionskrankheiten, nicht durch einen gleichmäßig dem Ende zustrebenden Verlauf ausgezeichnet, sondern sie pflegt in einem grossen Teil der Fälle klinisch bald akute Verschlimmerungen, bald spontane Besserungen auszubilden. Ziemlich übereinstimmend wird berichtet, dass diese spontanen Besserungen bei bestimmten klinischen Formen der Paralyse bevorzugt aufzutreten pflegen. Vor allem sind es die mit manischen, expansiven und agitierten Zustandsbildern verlaufenden Erkrankungen, denen eine gewisse Neigung zu spontaner Besserung nachgeredet wird. In welchen Prozentsätzen diese Besserungen vorkommen, darüber ist bekanntlich eine Einigung der Autoren nicht erzielt worden. Schuld an diesen Differenzen dürfte in erster Linie die Verschiedenartigkeit des untersuchten Krankenstandes haben. Denn es hat sich gezeigt, dass die Spontanremissionen der Paralyse beginnende Stadien der Erkrankung bevorzugen. Im allgemeinen wird man sagen können, dass tiefergehende und anhaltende Spontanremissionen bei Paralyse nur ausnahmsweise vorkommen, vorausgesetzt, dass nicht anderweitige Umstände die Entstehung von Remissionen begünstigen. Als solche sind vor allen Dingen interkurrente Infektionskrankheiten anzusehen. Dieses letztere Moment macht einen Teil der älteren kasuistischen Literatur über die Spontanremissionen wertlos, denn es handelte sich bei diesen Fällen nicht um Besserungen aus dem inneren Krankheitsverlaufe heraus, sondern um Vorgänge, die den Vorgängen bei Infektionsbehandlung nahestehen.

Jahrmärker errechnete die Häufigkeit der Spontanremissionen bei weiblichen Kranken mit 4,8%, Gaupp mit 10%, Kraepelin mit 15,9%. Von neueren Autoren werden folgende Zahlen angegeben: Weichbrodt (1920) 10%, Meggendorfer (1921) 13%, Kirschbaum (1923) 11,7%, Tophoff (1924) 4,8% Vollremissionen und 14,9% Teilremissionen. Verfasser hat in der neueren Zeit die Krankengeschichten der Paralyseaufnahmen an der Erlanger Klinik durchgesehen und errechnete für 100 Aufnahmen in der Zeit vor Beginn der Malariabehandlung eine Remissionsziffer von annähernd 5% aller Paralysefälle. Es ist dazu zu bemerken, dass sich der hiesige Krankenstand fast durchwegs aus vorgeschritteneren Fällen zusammensetzt. Längerdauernde Remissionen wurden nur in etwa 1% aller zur Aufnahme gekommenen Fälle beobachtet (Männer und Frauen). Was das klinische Bild der Spontanremissionen anlangt, so handelt es sich in der Mehrzahl aller Fälle, wie schon bemerkt, um ein blosses Abklingen von akuten Krankheitserscheinungen, vor allen Dingen von Erregungszuständen. Des weiteren pflegen sich gewisse Ruhephasen des Krankheitsprozesses am Übergang von zwei längerdauernden klinischen Zustandsbildern einzuschieben, doch ist wohl kein Zweifel, dass auch Besserungen vorkommen können, die sehr weitgehend sind und nicht als blosse Rückbildung von akuten Exazerbationen aufzufassen sind. Dass diese letztere Gruppe von Kranken in der Minderheit steht, darüber sind sich wohl die meisten Autoren einig. Die Spontanremissionen scheinen sich nach erfolgtem Rezidiv nur ausnahmsweise ein zweites Mal beim gleichen Kranken zu wiederholen.

Hält man die nach Infektionstherapie einsetzenden Remissionen dagegen, so ist ein mehrfacher Unterschied gegen die Spontanremissionen festzustellen. Gerstmann hat dies in seiner Monographie bereits zum Teile hervorgehoben. Die nach der Malariabehandlung einsetzenden Besserungen des Krankheitsprozesses sind zeitlich mehr oder minder eng an die erfolgte Impfung gebunden, wenngleich es unter Umständen Monate dauert, bis die Höhe der Remission ganz erreicht ist. Dann lässt sich zeigen, dass am gleichen Kranken Spontanremission und Malariaremission ein durchaus anderes klinisches Gepräge haben.

Wir hatten Gelegenheit, einen solchen Fall an der hiesigen Klinik zu beobachten. Eine in den 40er Jahren stehende Ehefrau eines hiesigen Geschäftsmannes wurde im Oktober des Jahres 1923 in die hiesige Klinik verbracht. Sie war bei der Aufnahme ziemlich erregt und abweisend, drängte einsichtlos fort, war urteilsschwach und hatte Grössenideen. Neurologisch bestanden Reflexdifferenzen, Anisokorie, reflektorische Pupillenstarre, artikulatorische Sprachstörungen, Abmagerung. Serologisch war die WaR. im Blute und Liquor positiv, Zellzahl 43/3, positive Fällungsreaktionen, paralytische Kolloidreaktionen. Einige Wochen nach der Aufnahme beruhigte sich die Kranke, hatte eine gewisse Krankheitseinsicht, die allerdings nicht sehr tief ging, sie fing an, sich um andere Kranke zu bemühen und wurde auf Wunsch des Mannes im November 1923 nach Hause beurlaubt. Schon nach wenigen Wochen berichtete der Mann an die Klinik, mit seiner Frau stehe es nicht zum besten, sie mache zu Hause viel verkehrt, lasse den Haushalt liegen und sei uneinsichtig, wenn man ihr etwas berede. Im Februar 1924 wurde sie wieder von ihrem Manne zur Aufnahme gebracht. Die Kranke war hochgradig erregt, brüllte und schimpfte, musste ständig unter Narkotika gehalten werden. Neurologisch hatte sich nichts gegen den ersten Aufnahmebefund geändert, nur war Patientin wesentlich unsicherer in all ihren Bewegungen und bot alle Zeichen schweren körperlichen Verfalles an sich. Serologisch wie bei der ersten Aufnahme. Im März 1924 wurde die Kranke mit afrikanischer Rekurrens geimpft, die kein befriedigendes Ergebnis hatte. Sie machte dann im Mai 1924 eine Malariakur durch, nach der sie rasch remittierte. Bei der Entlassung im Juli 1924 war eine geringe Besserung der Pupillenreaktion eingetreten, die Reflexdifferenzen bestanden noch, doch war die Kranke körperlich sehr gut erholt, psychisch noch etwas labil, sonst ruhig. In der Zwischenzeit hat sich die Kranke weitgehend gebessert, ist bis zur Stunde zu Hause, versieht ihren Beruf zur vollen Zufriedenheit des Mannes, betätigt sich auch viel im Geschäft, ist einsichtig und macht einen durchaus geordneten Eindruck. Die körperliche Besserung hat angehalten, die Kranke lernte noch das Radfahren. Mehrfache persönliche Kontrollen durch die hiesige Geisteskrankenfürsorge und durch den Verfasser zeigten, dass die Patientin nun über 2 Jahre eine so weitgehende Besserung ihres gesamten Zustandes erlangt hat, wie es während der vorausgehenden Spontanremission nicht annähernd gesehen wurde.

Es ist an diesem Falle besonders bemerkenswert, dass die zweite Remission (durch die Malaria) die erste (spontane) an Güte bei weitem übertraf, nicht zuletzt, dass es überhaupt zu einer zweiten Remission gekommen war. Wir verfügen noch über einen weiteren Fall, bei dem es nach einer Spontanremission im Verlauf von wenigen Monaten zu einem Rezidiv kam, der sich aber dann nach Einleitung der Impfbehandlung von neuem bis zur Entlassungsfähigkeit besserte und bei leidlichem Wohlbefinden nun über 2 Jahre ausserhalb der Klinik stationär geblieben ist. Während dieser zweite Fall auch nach Malariabehandlung keine weitgehende Besserung der Demenz erfuhr, hat der erste Fall gerade in diesem Punkte sehr viel gehalten. Er zeigte sehr schön, wie nach der ersten (spontanen) Remission vom November 1923 sich wohl die agitierten

Zustände besserten, wie die akuten Krankheitserscheinungen abklangen, aber von einer Besserung des paralytischen Krankheitskernes konnte nicht die Rede sein. Dagegen ging die am gleichen Kranken eingeleitete Malariaremission wesentlich tiefer und brachte nach unserer Überzeugung ganz sicher auch Erscheinungen zum Verschwinden, die weit in die paralytische Wesensart hineinreichen. Man kann also nicht ohne weiteres Spontanremissionen mit Malariaremissionen identifizieren. Zugegeben ist, dass die Remissionsrichtung durchaus die gleiche sein kann, es dürfte aber bislang noch nicht erwiesen sein, dass die Remissionstiefe in beiden Fällen zahlenmäßig die gleiche ist. Zudem ist die zeitliche Dauer der Remissionen nach Infektionsbehandlung durchschnittlich gewiss eine längere als die der Spontanremissionen. Man kann diese Behauptung nicht dadurch entkräften, dass man dagegen anführt, ein grosser Teil malariabehandelter Fälle werde, wenn es sich um vorgeschrittene Stadien handelt, über kurz oder lang wieder rückfällig. Wir geben durchaus zu, dass bei vorgeschrittenen Kranken sich nur ein verhältnismäßig kleiner Prozentsatz aller behandelten Fälle sich als dauerhaft in der Remission erweist. Aber die Remissionsdauer selbst solcher Kranker wird in vielen Fällen die der Spontanremissionen übertreffen. Natürlich ist es auch nicht angängig, die Remissionsdauer vorgeschrittener Malariaparalysen mit den Spontanremissionen beginnender Erkrankungen in Vergleich zu setzen, wie dies geschehen ist. Ob sich zur Zeit gewisse Wandlungen im Verlauf der progressiven Paralyse geltend machen, aus denen sich eine leichtere therapeutische Beeinflussbarkeit des Leidens folgern liesse, steht zur Zeit wohl noch dahin. Ganz gewiss kann man diesen Umstand, selbst wenn er zuträfe, nicht allein für die Entstehung der Malariaremissionen verantwortlich machen. Schon deshalb nicht, weil auch experimentelle Tatsachen eine direkte Wirkung von Superinfektionen auf den Krankheitsprozess folgern lassen. Es ist immerhin nicht ganz unmöglich, dass auch im inneren Verlauf der Paralyse sich Änderungen vorbereiten, die sich heute noch nicht mit aller Schärfe fassen lassen. Manches spricht für diese Meinung. Schon Bumke weist auf die Tatsache hin, dass seit dem Kriege die Zahl der agitierten und expansiven Paralysen seltener würden, er zieht aber noch keine weiteren Schlüsse aus dieser Feststellung. Wir haben hier in Erlangen ganz ähnliche Eindrücke gehabt, müssen allerdings bemerken, dass diese Eindrücke zunächst subjektiver Natur sind. Wagner-Jauregg hat seinerzeit in der Diskussion auf der Tagung bayerischer Psychiater im Jahre 1925 in München derlei Annahmen als verfrüht bezeichnet und hat den Verdacht ausgesprochen, es könne sich um diagnostische Irrtümer gehandelt haben. Wir glauben aber nicht, dass expansive Symptome, die wir bei unbehandelten Paralytikern hier in Erlangen so selten sehen, diagnostisch so leicht entgehen, sonst müssten sie uns bei malariabehandelten Paralysen auch häufiger entgangen sein. Und gerade bei solchen Fällen sind vorübergehende Grössenideen gar keine Seltenheit. Nun ist seit der Aufstellung des Paralysebegriffes immer wieder von Zeit zu Zeit die Behauptung aufgestellt worden, die Paralyse bzw. die Lues ändere ihren Charakter. Es liess sich aber bislang nie etwas rechtes mit dieser Anschauung anfangen. Damit ist natürlich nicht widerlegt, dass ein solcher Fall doch einmal eintreten könnte, wenn man am wenigsten an ihn denkt. Als eine Warnung vor allzu grosser

Unbedenklichkeit kann jedenfalls die Erfahrung dienen, die bei anderen Infektionskrankheiten gemacht worden ist. Man erinnere sich nur daran, wieviel
die Tuberkulose in manchen Landstrichen innerhalb einer verhältnismäßig
kurzen Zeitspanne von ihrer früheren Verlaufsart eingebüsst hat. Ähnlich steht
es mit der Diphtherie und anderem, obwohl der letztere Vergleich aus begreiflichen Gründen etwas hinken muss. Tatsache ist jedenfalls das eine: dass man
die Malaria- und Rekurrensremissionen der Paralytiker nicht allein aus dem
andersgearteten klinischen Verlaufe der Paralyse erklären kann.

Was den Einwand anlangt, als werde mit der Infektionstherapie beim Paralytiker nicht die eigentliche psychische Persönlichkeit getroffen, sondern nur ein
Abklingen akuter Randsymptome erreicht, so ist hierzu folgendes zu bemerken.

In einer beachtenswerten Abhandlung hat sich in neuester Zeit Fleck
mit der Umgrenzung des Demenzbegriffes beschäftigt und hat die Vermutung
ausgesprochen, das wesentliche der Malariaremissionen liege nicht in einer
Besserung der Demenz. Er sagt darüber wörtlich:

„Betrachten wir die Frage der Rückbildung der Demenz an 16 eigenen, gut
remittierten und genau untersuchten, mit Malaria behandelten Paralytikern, so
können wir nur zu der Überzeugung kommen, dass das wesentliche der Remission
bei ihnen meist nicht eben in einer Besserung der Demenz zu sehen war. Die Kranken,
die sich am meisten gebessert hatten, waren alle ‚frisch‘ erkrankt, und sie boten
vor der Behandlung meist Zustandsbilder, bei denen die anderen Zeichen der
organischen Gehirnerkrankung wesentlich mehr im Vordergrund standen als die
Demenz. Oder es handelte sich um Kranke, die mit einem expansiven oder depressiven
Symptomenkomplex aufgenommen wurden, der sich besserte und damit die davon
Betroffenen wieder berufsfähig werden liess.“

Diese Theorie Flecks versucht, wenn wir ihn recht verstehen, die Auffassungen Hoches von der Symptomenbildung der Paralyse auf die Erfahrungen
der Infektionsbehandlung zu übertragen und strebt eine Erweiterung des Standpunktes P. Schröders in der Frage der paralytischen Spontanremissionen an.
Man muss mit Fleck darin übereinstimmen, dass es eine absolute Wiederherstellung des Paralytikers nicht gibt. Dies ist indessen keine Neuigkeit. Ebenso
wird man ohne weiteres einräumen, dass nicht alle psychischen Symptome
nach Malariatherapie gleich besserungsfähig sind. Trifft man ja im Bereich
somatischer Störungen auf ähnliche Tatsachen. So ist z. B. von der reflektorischen
Pupillenstarre bekannt, dass sie eine schwer beeinflussbare neurologische Störung
darstellt. Doch gilt dies niemals absolut und ebensowenig wird man für bestimmte
psychische Störungen diese absolute Geltung beanspruchen. Fleck macht in der
Tat ja auch eine gewisse Einschränkung seiner Behauptungen, indem er davon
spricht, sie liessen sich „meist“ erweisen. Nun ist es um den klinischen Demenz-
begriff der Paralyse etwas eigenartig bestellt. Kraepelin hat in seinen Untersuchungen über die Demenz den Satz geprägt, es gebe eigentlich so viele Arten
von Demenzen in psychopathologischem Sinne, als es Defektpsychosen gebe,
und wir glauben ihm hierin durchaus recht geben zu müssen. Ganz zweifellos
hat die paralytische Demenz ein gewisses spezifisches Gepräge, das ihre Ausfälle
von denen anderer Psychosen abhebt. Es ist aber wohl nicht erwiesen, dass die
paralytische Demenz psychopathologisch etwas Elementares darstellt. Gerade
bei beginnenden Paralysefällen ist sie klinisch ausserordentlich bunt schillernd,

bald tritt die Urteilsschwäche in den Vordergrund, bald die Auffassungsstörung, bald der Mangel an innerem Antrieb und psychischer Spontaneität. Und das ist wohl auch dann der Fall, wenn das Demenzmosaik im Rahmen des klinischen Gesamtbildes noch wenig markant wirkt. Ähnlich verhält es sich nun auch bei remittierten Paralysen, die das Stigma der Demenz noch an sich tragen. Gewiss sind solche Kranke noch „dement", aber ihre Demenz kann psychopathologisch doch ein anderes Gepräge haben, als vor der Behandlung und kann, was praktisch einige Bedeutung hat, sich auch in sozialem Sinne etwas günstiger für das betreffende Individuum auswirken. Noch etwas weiteres: Es ist gewiss kein blosser Zufall, dass man die Dementia paralytica auch schlechtweg Paralyse nennt. Wenn man bei der Bildung gewisser Begriffe immer die prägnantesten und wesentlichsten Erscheinungen hervorhebt, die ihnen anhaften, so ist die Paralyse eine gute Illustration dafür. Denn die allgemeine motorische Lähmung und der schwere vegetative Verfall ist innerhalb der paralytischen Gesamterscheinung eine Störung, die unseres Erachtens noch ausserordentlich enge mit dem paralytischen Symptomenkerne verbunden ist. Das Symptom der allgemeinen Auflösung könnte, wenn man will, als ähnlich „hirnnahe" gelten wie die Demenz. Aus diesen Überlegungen heraus sträuben wir uns, die Demenz bei der Paralyse als einzige Elementarerscheinung anzuerkennen. Was den Wert und die Stellung der Infektionsbehandlung innerhalb der therapeutischen Methoden zur Bekämpfung der Paralyse anlangt, so ist über diesen Punkt wohl noch nicht endgültig entschieden, schon deshalb nicht, weil brauchbare Vergleichsziffern fehlen. Zunächst hilft man sich damit, dass man die Ergebnisse anderer Methoden und anderer Autoren zu irgend einem zu vergleichenden Verfahren statistisch in Beziehung setzt. Leider können gerade in solchen Fällen die Statistiken in ihrem Werte recht zweifelhaft werden, denn oft genug scheint das Ergebnis früher festzustehen, als die beweisenden Zahlen dem Autor selbst bekannt sind.

Es sei nochmals betont, dass kein Grund vorhanden ist, die Impfmalaria in ihrem Werte zu überschätzen, man darf aber auf der anderen Seite das rückhaltlos anerkennen, was sie zu leisten vermochte. Vielleicht findet sich einmal Gelegenheit, die therapeutischen Erfolge von spezifischen und Fiebermethoden durch eine zusammengesetzte Ärztekommission beurteilen zu lassen, oder Kranke zweier Anstalten auszutauschen. Dann liessen sich manche Punkte endgültig klären, über die man sich augenblicklich noch streitet.

Man pflegt bei den Behandlungserfolgen der Infektionstherapie von Remissionen des Krankheitsprozesses zu sprechen. Es soll damit angedeutet werden, dass man im günstigsten Falle eine Besserung des psychischen und somatischen Befindens des Paralytikers und Tabikers erwarten darf, nicht mehr. Man kann die Frage aufwerfen, ob eine Heilung des paralytischen Prozesses überhaupt erwartet werden darf, vor allen Dingen, ob dies mit den uns heute zur Verfügung stehenden Behandlungsmitteln überhaupt möglich ist. Darüber fehlen wohl die Erfahrungen. Aber was zur Zeit an Tatsachen über diesen Punkt vorliegt, ist nicht geeignet, unsere Zuversicht allzu sehr zu stärken.

Leider vermag auch die intensiveste und sachgemäßeste Paralysetherapie bis zum heutigen Tage nur eine Besserung, einen Stillstand des Leidens, unter Umständen auf Jahre hinaus, herbeizuführen. Es wäre töricht, zur Zeit mehr zu behaupten. Wer hinreichend therapeutischen Optimismus besitzt, mag sich auf die Zukunft vertrösten. Ganz von der Hand weisen lässt sich jedenfalls die Möglichkeit einer Heilung der Paralyse nicht. Was zunächst vor der Annahme bewahrt, als sei es gegenwärtig möglich, eine Paralyse zur Heilung zu bringen, ist die rein empirisch gemachte Erfahrung, dass die grosse Mehrzahl aller behandelten Fälle nach kürzerer oder längerer Zeit zu Rückfällen neigt. Leider trifft dies auch für die mit Infektion behandelten Kranken zu. Weniger dagegen ist der Umstand von Belang, dass die zur Remission kommenden Kranken keine idealen Besserungen sind. Selbst bei ganz beginnenden Krankheitsfällen sind gewisse nicht mehr ausgleichbare Defekte zu erwarten, die wohl diagnostisch ihre Bedeutung behalten, die aber nur mit Einschränkungen zur Prognosenstellung herangezogen werden können. Daraus ergibt sich, dass, streng genommen, sogenannte Vollremissionen nicht existieren, und wenn man diesen Ausdruck trotzdem gebraucht, so gilt er natürlich nicht absolut. Es wäre überflüssig, diese Selbstverständlichkeit zu betonen, wenn nicht gegen die Statistiken über Paralysevollremissionen nach Infektionstherapie schon eingewendet worden wäre, es handle sich bei diesen Vollremissionen doch um gar keine Remissionen, die diesen Namen zu Recht verdienten, denn die betreffenden Fälle hätten doch noch Pupillenstarre und seien auch nicht ganz vollsinnig, wie sie es beispielsweise vor ihrer Krankheit gewesen waren. Dies ist selbstverständlich, so selbstverständlich, wie etwa die Tatsache, dass ein gebrochener Unterschenkel zeitlebens nicht mehr ganz gerade wird und dass er auch gewisse dauernde Funktionsausfälle im Gefolge hat.

Mit der Dauer des Krankheitsprozesses nehmen naturgemäß die Erscheinungen einer Defektbesserung zu. Es bleibt von den manifesten Krankheitssymptomen mehr bestehen, als bei beginnenden Erkrankungen. Doch ist die Zunahme der Dauersymptombildung keine einfache arrhythmetische Reihe, die mit dem Alter des paralytischen Prozesses wächst. Bekanntlich hat an den Erfolgen der Malariatherapie besonders überrascht, wie ungleichartig die Einzelerscheinungen des paralytischen Krankheitsprozesses auf die Behandlung ansprechen und wie mannigfaltig die Remissionen dadurch klinisch schattiert werden. Man hat sich diese Tatsache so zurechtgelegt, dass man sagte, es sei bei jenen Fällen, die in der Remission mehr halten, als ihr klinisches Aussehen vor der Behandlung erwarten liess, der eigentliche paralytische Prozess noch nicht so vorgeschritten gewesen, als man zunächst erwartete. Man stellte sich also vor, dass das Gebiet des organisch nicht mehr ausgleichbaren hier theoretisch zu weit gesteckt wurde. Diese Möglichkeit ist zuzugeben. Aber man kann hieraus allein die Vielgestaltigkeit des klinischen Verlaufes von Malariaremissionen nicht erklären. Ebenso sicher spielt auch die Lokalisation des paralytischen Krankheitsprozesses eine Rolle und die Möglichkeit, dass die paralytischen Symptome nicht gleich gut therapeutisch zu beeinflussen sind, wie ja auch die paralytischen Symptome klinisch nicht alle die gleiche Bedeutung besitzen. Praktisch wirkt sich auf alle Fälle der Erfolg der Infektionsbehandlung bei einer grösseren Krankenziffer höchst eigenartig aus. Man sieht Kranke, die psychisch ganz das bleiben, was sie vor der Behandlung auch gewesen sind. Oder es kann die Besserung auf irgend welchem neurologischen Teilgebiete liegen. Wieder andere bessern sich hauptsächlich auf psychischem Gebiete, bleiben aber neurologisch im wesentlichen unverändert. Aus der gesamten psychischen oder physischen Persönlichkeit werden durch die Behandlung oft so eng umschriebene Teile betroffen, dass ein jeder überrascht ist, der dies zum ersten Male sieht. Es hat aber doch das Gros aller behandelten Kranken einen gewissen Verlaufstypus, innerhalb dessen sich seine Remission bewegt. So sieht man nicht selten bald nach Abbruch der Fieberperiode, wie die Kranken vegetativ aufblühen, wie der Turgor der Haut ein besserer wird, die Füllung der Hautkapillaren eine vollere, wie Appetit und Schlaf in ungekanntem Maße zurückkehren und wie das subjektive Wohlsein rasch an Festigkeit gewinnt, ohne dass die übrigen Störungen zunächst den gleichen Kurs einschlagen. Dem steht nahe die Besserung der allgemeinen Motilität und der feineren Koordinationsmechanismen. Auch sie pflegt sich bald zu zeigen, unter Umständen schon dann, wenn die nähere neurologische Untersuchung noch keine sicher fassbaren Besserungen feststellen kann. Die Art und Weise, wie der Kranke einen Löffel zur Hand nimmt und ihn zum Munde führt, kann in diesem Punkte beweisender sein, als eine noch so subtile neurologische Prüfung[1]). Nicht selten ändert sich also das, was einen Paralytiker unter einem Dutzend von Kranken mit einem einzigen Blicke diagnostisch hervorhebt. Es sind dies einerseits rein vegetative Störungen, andererseits Erscheinungen, die man als allgemein paralytische bezeichnen könnte. Sie verändern sowohl die Gesamtmotilität, als auch das psychische Persönlichkeitskolorit. Die Kranken werden, wenn man will, wieder persönlicher, sie verlieren das Schemenhafte, das Typenmäßige, mag auch die Urteilsschwäche noch so gross sein. Von hier ab ist der weitere Verlauf der Remissionen ein so wechselnder, dass es keinen Zweck hat, ihn weiter anzudeuten. Beinahe ist ein jeder Kranker ein eigenes Kapitel. Erregte Kranke beruhigen sich, stuporöse werden lebendiger, bei depressiven klingt die Verstimmung ab. Dazwischen können sich bereits Besserungen auf somatischem Gebiete einschieben, Festigung der Schrift, serologische Veränderungen, zunehmende Sicherheit der Artikulation.

Da es, wie gesagt, so ausserordentlich schwer fällt, klinisch einige Gesetzmäßigkeiten aus dem Remissionsverlaufe abzuleiten, so ist es ein fruchtloses Bemühen, zwischen Remissionsverlauf und feinerer Prognose gewisse Beziehungen herzustellen. Leider kann man bei fast allen Kranken von Anfang der Remission an nicht mehr sagen, als das eine: dass sie jeden weiteren beliebigen Verlauf nehmen können. Ich wage auch die These Wagner-Jaureggs nicht zu teilen, dass Kranke mit etwa zweijähriger Vollremission einige Gewähr haben, noch weiter berufsfähig zu bleiben. Wir haben es leider erlebt, dass auch solche Kranke plötzlich rezidivierten und einen schnellen Tod starben, während andere, denen wir ein baldiges Ende vorhergesagt hatten, noch heute am Leben sind. Dies beweist so recht, wie schwer es ist, sich von der Bevorzugung gewisser somatischer oder psychischer Teilgebiete innerhalb des Remissionsverlaufes eine theoretische Vorstellung zu machen. Es wurde diese Frage bereits oben kurz berührt. Was ist es, was den verschiedenartigen klinischen Fortgang der Malariaremissionen

---

[1]) Man könnte aber einen Teil dieser Besserung bereits in das Gebiet des Psychischen verlegen, ein praktischer Beweis dafür, dass gerade bei der Paralyse die Betonung von Symptomen und Symptomverbindungen hinsichtlich ihres Wertes auch ihre Nachteile hat.

bedingt? Warum verlaufen klinisch gleichgeartete Fälle nicht nach dem gleichen Schema? Warum sind einzelne Symptome im klinischen Gesamtbilde der Paralyse schwerer zu beeinflussen als andere? Eine Beantwortung dieser Frage hat für die Prognosenstellung begreiflicherweise ganz besonderen Wert. Hierzu ist zu sagen, dass schon allein im Verlaufe der unbehandelten Paralyse gewisse Voraussetzungen für einen verschiedenartigen Ausgang des Krankheitsprozesses gegeben sind. Das Alter der syphilitischen Infektion bzw. der Paralyse, die Intensität der Vorbehandlung, das schwankende Verhältnis zwischen Abwehrkräften des Organismus und Erregern, wie es in Alter, Konstitution und Lebensbedingungen begründet ist, sind einige der wichtigeren hier zu berücksichtigenden Momente. Aber selbst wenn man eine gewisse Konstanz der Symptomatologie und gleichbleibenden klinischen Verlauf bei der unbehandelten Paralyse voraussetzt, sind noch bei weitem nicht alle Bedingungen für einen gleichartigen Verlauf der Malariaremissionen erfüllt. Leider sind aber die Gründe, die diesen störenden Umstand heraufführen, nicht sehr durchsichtig. In Betracht könnte kommen das Mengenverhältnis zwischen Spirochäten und Plasmodien, überhaupt jene noch nicht klar ersichtlichen und jedenfalls schwankenden Faktoren, die bei erfolgten Superinfektionen eine Heilwirkung veranlassen. Da ferner anzunehmen ist, dass bei der Heilwirkung der Superinfektionen eine bestimmte Menge von Erregern zu Grunde geht, wird die Menge der noch übrig bleibenden und die Schnelligkeit ihrer Vermehrung ganz sicher für die weitere Entwicklung des Krankheitsfalles nicht ohne Bedeutung sein. Von dem letzteren Umstande hängt wohl auch ab, dass sich die einzelnen paralytischen Erscheinungen als therapeutisch verschieden gut beeinflussbar erweisen. Doch ist es natürlich nicht der einzige Grund. Ebenso sehr fällt ins Gewicht, dass es sich bei den paralytischen Symptomen teils um organische Defektsymptome handelt, die einer Besserung nur noch beschränkt fähig sind und die mit dem zentralen Krankheitsvorgange in mehr oder weniger enger Verbindung stehen, teils aber um Sekundärerscheinungen, die insoferne funktionell sind, als sie ausgeglichen werden können.

Man wird begreifen, dass bei der Schwierigkeit all dieser Probleme eine Beantwortung aller mit dem Remissionsverlaufe in Zusammenhang stehender theoretischer Fragen zur Zeit kaum möglich ist. Praktisch umgeht man die Schwierigkeiten der Prognosenstellung am Remissionsverlauf dadurch, dass man rein retrospektiv an der Hand grösserer klinischer Beobachtungsziffern urteilt. Sicher ist dieses Verfahren dann völlig hinreichend, wenn die Beobachtungsdauer eine zuverlässig lange ist. Die meisten Kliniken werden sich aber noch nicht in dieser Lage befinden und es steht dahin, ob selbst im zutreffenden Fall die Katamnese mit hinreichender Genauigkeit erhoben wurde. Hinsichtlich der Art und Weise, nach der die Beurteilung von Remissionen nach Infektionsbehandlung zu geschehen hat, wurde vielfach gestritten. Während die einen Autoren in erster Linie den Maßstab sozialer Brauchbarkeit anlegen wollen, wird von der anderen Seite auf die Wichtigkeit sorgfältiger klinischer Untersuchung hingewiesen. Es dürfte aber fraglich erscheinen, ob mit solchen Standpunkten in der Tat ein durchgreifender Unterschied herausgehoben wird und ob man der Sache nicht einen gewissen Zwang antut. Ebenso wie bei Beurteilung von Heilerfolgen jede rein klinische Betrachtungsweise in letzter

Linie eine praktische Beurteilung und eine Durchdringung des Problems der
erfolgten Wiederherstellung nach dem Gesichtspunkte der sozialen Bewährung
anstrebt, so hat auf der anderen Seite das Kriterium der Erprobung im Leben
immer wieder gewisse Rückbeziehungen zu den klinisch-empirischen Feststellungen. Es lässt sich auch nur durch Vereinigung aller Prüfmittel einige
Gewähr dafür bieten, dass Fehler, die jeder einseitigen Betrachtungsweise anhaften,
mit Sicherheit ausgeschlossen werden. Was einer rein klinischen Beurteilung
von Heilerfolgen an Gebrechen anhaftet, ist bekannt. Sie kann zu einer praktischen
Überschätzung einzelner Symtome führen. Sie ist nur bedingt in der Lage, etwas
darüber auszusagen, wie sich eine Reststörung im freien Berufe für den Kranken
auswirken wird. Sie kann auch den Grad objektiver Genauigkeit ihrer Untersuchungsmethoden in vielen Fällen nicht hinreichend abschätzen. So resultiert
unter Umständen eine Pseudoexaktität, die den Fernerstehenden irreleitet.
Bei Betonung sozialer Kriterien der Remissionstiefe liegen die Schwierigkeiten
wieder in anderer Richtung. Der Begriff der Berufs- und der Arbeitsfähigkeit
ist bekanntermaßen ein sehr verschwommener. Er ist für den Aussenstehenden
in seinem Umfange nur selten voll zu erblicken, es kommt unter Umständen
zu groben Täuschungen und zu einem rein gefühlsmäßigen Urteil, in dem der
Willkür Tür und Tor offen steht. Woher stammen zumeist katamnestische
Berichte? Von der Ehefrau, die sich wieder freut, dass der Mann etwas verdient
und einen bescheidenen Beitrag zum Unterhalt ·der Familie liefert. Wieviel
mag sie ihn wohl bei der Arbeit selber sehen und die Art und Weise verfolgen,
wie dem Manne die gestellte Aufgabe von der Hand geht und wie sich diese
Art und Weise von jener unterscheidet, die dem Kranken vor Beginn seines
Leidens zu eigen war? Oder man hört den Kranken selbst, ohne seine Angaben
nachzuprüfen. Da ist natürlich, wenn man ihn hört, alles eitel Freude. Hörte
man aber den Vorgesetzten, dann verhielte sich die Sache meist ganz anders.
Und selbst, wenn der Vorgesetzte mit seinem Lobe nicht geizte, so unterdrückte
er vielleicht ungewollt eine Tatsache, deren Kenntnis nicht ohne Belang für
die Beurteilung des Behandlungserfolges wäre. Der Kranke steht vielleicht
noch im vollen Berufe, verdient die gleiche Summe wie früher, hat noch den
gleichen Titel und leistet an seiner jetzigen Stelle ganz Erspriessliches, wie es
etwa einer Durchschnittsleistung jedes Gesunden entspricht. Aber dem Arzt
bleibt vielleicht verborgen, dass man den Kranken seit seiner Genesung nicht
mehr in der gleichen Sparte beschäftigt, wie vor seiner Erkrankung[1]). Ein Beispiel möge dies beleuchten.

In unsere Behandlung trat vor ungefähr $1^1/_2$ Jahren der Fahrdienstleiter
eines grösseren bayerischen Bahnhofes. Die Diagnose lautete auf progressive
Paralyse. Der Kranke wurde in der hiesigen Klinik mit Malaria behandelt
und nach eingetretener Remission in einer leidlichen körperlichen und
psychischen Verfassung entlassen. Dem Bahnarzte, der sich nach der Arbeits-

---

[1]) Es ist ferner nicht gleichgültig für die Beurteilung der Remissionstiefe,
ob ein Kranker in sogen. verantwortlicher Stellung im wesentlichen repräsentative
Aufgaben versieht (Amtsvorstände, Vorsteher von Firmen), oder ob der Betreffende
isoliert für seine Leistungen haftet. Der Platz eines Bahnwärters oder Polizisten
kann hier unter Umständen mehr bedeuten, als der eines Regierungspräsidenten.

fähigkeit des Kranken erkundigte, wurde mit Rücksicht auf die noch nachweisbaren Störungen empfohlen, Patient nicht wieder einzustellen, sondern seine Pensionierung zu veranlassen. Vor einiger Zeit kam nun zu unserer Kenntnis, dass der Kranke entgegen dem ärztlichen Rate doch wieder beruflich verwendet werde und dass er sich gesundheitlich so weit gebessert habe, dass er wieder volle Leistungsfähigkeit zeige. Diese von der Ehefrau stammende Auskunft, die noch mit allen möglichen Dankesbezeugungen verbrämt war, nahm sich zunächst sehr erfreulich aus. In gleichem Sinne äusserte sich der Bahnarzt, von dem die Mitteilung kam, Herr Sch. sei in der Tat wieder voll berufsfähig geworden. Weitere Nachforschunger konnten aber feststellen, dass der Kranke nicht mehr im äusseren Dienste verwendet worden war, sondern dass er lediglich zu Büroarbeiten herangezogen wurde, die zwar eine gewisse Umsicht und ein bestimmtes Maß von Spontaneität verlangten, die sich aber nach ihren gesamten Anforderungen, die sie an die paralytische Persönlichkeit stellten, doch nicht im entferntesten mit dem vergleichen liessen, was an Initiative und Umsicht im äusseren betrieblichen Dienste eines grossen Bahnhofes verlangt wird. Ein anderer Kranker unserer Beobachtung, der seit mehreren Jahren seinen gewiss verantwortungsvollen Beruf nach Malariabehandlung wieder voll versieht und über dessen Befinden übereinstimmend gute Nachrichten an die hiesige Klinik kamen, schien bis vor kurzem in der Tat als volle Remission gelten zu können. Durch einen Zufall konnte indessen vor kurzem ein anderer Kranker unserer Klinik, der aus dem gleichen Orte stammt und der den Probanden kennt, berichten, dass sein körperliches Befinden dann und wann doch sehr zu wünschen übrig lasse und dass er im ganzen doch nicht mehr jener unternehmungslustige und initiativreiche Mensch sei, wie er es in früheren Jahren war. Und dieses Urteil wurde von einem anderen Paralytiker gefällt. Man sieht, die Hervorkehrung rein sozialer Gesichtspunkte bei der Beurteilung von Remissionen Paralytischer hat nicht zu unterschätzende Fehlerquellen, und diese stehen denen der klinischen Untersuchungsmethodik in ihren Konsequenzen wohl nicht nach. Besondere Schwierigkeiten ergeben sich bei einer statistischen Wiedergabe der Behandlungserfolge mit Impfmalaria. Man darf eine Einstimmigkeit der Autoren deshalb nicht erwarten, weil es sich durchaus um verschiedenartige Voraussetzungen handelt, von denen man ausgeht. Während in der einen Klinik alle Stadien und Formen der Paralyse ohne Unterschied einer Infektionsbehandlung unterzogen wurden, ging man an anderer Stelle von ganz bestimmten, häufig praktisch eng umgrenzten Indikationen aus. Es sind aber aus verschiedenen Gründen nicht einmal bei gleichförmiger Krankenart und Krankenziffer die Ergebnisse der Behandlung ohne weiteres miteinander vergleichbar. Gesetzt den Fall, eine Veröffentlichung aus einer Klinik geht bei Mitteilung ihrer Behandlungsergebnisse von der Tatsache aus, dass sie alle aufzunehmenden Kranken unterschiedslos der Behandlung unterzieht. Es wird aber die Art und Zusammensetzung der aufgenommenen Kranken sehr davon abhängen, ob es sich um ein Privatsanatorium handelt, oder um eine staatliche Anstalt. Innerhalb der letzteren Gruppe ist wieder eine Unterscheidung zu machen, nämlich diese: ob die betreffende Abteilung innerhalb eines mehr städtischen oder ländlichen Aufnahmebezirkes gelegen ist, ob eine eigene Aufnahmestation vorhanden ist oder nicht, ob es sich bei den Aufnahmeziffern um durch die Aufnahmestation ausgesuchte Kranke handelt oder nicht u. a. m. Da sich die Klientel der Privatsanatorien zum grossen Teil aus wohlhabenderen Kreisen zusammensetzt, ist anzunehmen, dass alle Paralyseaufnahmen im Durchschnitt früher in Behandlung treten als bei staatlichen Instituten, bei deren Krankenkontingent gewöhnlich erst irgendwelche schwereren intellektuellen oder ethischen Defekte zutage getreten sein müssen, ehe sich die Angehörigen zu einer Aufnahme entschliessen können. In den meisten Fällen wird das Leiden bei solchen Kranken überhaupt erst dann offenbar, wenn sich die Polizei zum Einschreiten veranlasst sah. Dass innerhalb eines städtischen Aufnahmebezirkes die Paralysen durchschnittlich früher zum Arzt gebracht werden, als auf dem Lande, leuchtet ohne weiteres ein. Es hängt dies einerseits wohl damit zusammen, dass die städtische Bevölkerung mit dem sachgemäßen Gebrauch der bestehenden Wohlfahrtseinrichtungen vertrauter ist als die Landbevölkerung und ihnen im Durchschnitte wohl auch vorurteilsfreier gegenübertritt. Die Beobachtung, dass die Landbevölkerung ihre Kranken immer durchschnittlich länger in der eigenen Familie zu belassen pflegen als der Städter, geht wohl in der gleichen Richtung.

Bei den psychiatrischen Abteilungen ohne eigene Aufnahmestation kommt hinzu, dass sich in ihnen meist sehr ausgewählte Krankenbestände finden. Es werden an sie oft genug nur vorgeschrittenere Fälle weitergegeben, während die Initialstadien schon in den Aufnahmeabteilungen verbleiben. Dies wirkt sich auf die statistischen Ergebnisse naturgemäß sehr weitgehend aus. Zuletzt sind auch gewisse örtliche Gepflogenheiten in Betracht zu ziehen, über deren Bestehen der Statistiker von Paralyseremissionen in der Regel kein Wort zu verlieren pflegt, die aber unseres Erachtens nach von nicht zu unterschätzender Bedeutung sind. Befindet sich nämlich am Orte der behandelnden und berichtenden Klinik noch eine weitere Anstalt, die die Infektionsbehandlung bei Paralytischen auszuüben pflegt, dann wenden sich mit Vorliebe dieKranken der besseren Stände nach der nicht-psychiatrischen Klinik, weil sie das laienhafte Odium der Geisteskrankheit scheuen. Zwar hat die Erfahrung gelehrt, dass ein Teil dieser Kranken im Verlaufe der Behandlung mangels geeigneter Verwahrungsmöglichkeiten dann doch einer psychiatrischen Abteilung überwiesen werden muss. Immerhin glauben wir, dass die Prozentzahl dieser Patienten in Großstädten eine verhältnismäßig kleine ist gegen jene, bei der die Infektionstherapie in nicht-psychiatrischen Stationen ohne weitere Störung vorgenommen werden kann. All das ist für die Statistik aber nicht belanglos. So lassen sich denn auch die Ergebnisse der Infektionsbehandlung aus den einzelnen Veröffentlichungen nicht ohne weiteres vergleichen, oft nicht einmal gegeneinander abschätzen. Denn über die wichtigsten Gesichtspunkte findet sich da und dort nicht einmal ein Wort gesagt. Ungefähr ein Drittel aller Publikationen über die Ergebnisse der Infektionsbehandlung ist deshalb kaum verwertbar, weil die Beobachtungsdauer eine viel zu kurze war und weil alle katamnestischen Erhebungen fehlen. Nicht ganz ausser acht wird man auch lassen dürfen, wieviel der persönlichen Auffassung eines Autors die Ergebnisse einer Behandlungsmethode und einen Bericht darüber zu beeinflussen vermag. Es liesse sich über diesen Punkt vieles sagen, was sich der Einsichtige ohnehin bei der Lektüre vergegenwärtigt. Ganz zuletzt spielt auch mit, dass die Gesichtspunkte, nach denen in sonst gleichwertigen Publikationen über die Behandlungsergebnisse der Infektionstherapie berichtet wird, durchaus verschiedene sind. Hier treten vor allen Dingen soziale Kriterien in den Vordergrund, dort rein klinische Feststellungen. Wenn schon zwischen beiden Prinzipien nach unserer Meinung kein bedingungsloser Unterschied besteht, so stimmen doch Bemerkungen, wie etwa diese, man messe der sozialen Bewährung von Kranken den Hauptwert bei der Beurteilung ihres Zustandes bei, zu einer gewissen Bedenklichkeit.

Nachstehend sollen zunächst die wichtigsten Ergebnisse der Malariabehandlung bei Paralyse nach den Publikationen folgen, später werden wir über unsere eigenen Erfahrungen berichten.

Zunächst die Ergebnisse der Wiener psychiatrischen Klinik, über die vor nicht allzulanger Zeit Gerstmann in seiner Monographie zusammenfassend berichtet hat. Es handelt sich im ganzen um 400 Fälle von Paralyse aller klinischen Schattierungen und aller Stadien. Der Zeitpunkt der Behandlung soll bei ihnen allen schon wenigstens 2 Jahre vom Tage der Berichterstattung zurückliegen. Es finden sich also alle Kranke verzeichnet, die bis einschliesslich 1922 mit Malaria behandelt wurden, beginnend mit dem Jahre 1917. Dabei verteilt sich die Krankenzahl nach dem Zeitpunkte der Behandlung auf die einzelnen Jahre wie folgt:

Gruppe I   Gruppe II   Gruppe III   Gruppe IV
9 Fälle   1919/20: 25 Kranke   1920/21: 116 Fälle   1921/22: 250 Fälle

Unter Berücksichtigung der verschieden langen Beobachtungszeit zwischen 2 und 7 ½ Jahren ergeben sich bei diesen insgesamt 400 Kranken 33% Vollremissionen und 14,25% unvollkommene Remissionen. Ausgeschieden sind aus der Statistik die rückfällig gewordenen Fälle und die in der Beobachtungszeit verstorbenen Kranken. Im einzelnen ist das Bild folgendes:

Gruppe I mit einer Beobachtungsdauer von 7 Jahren: 9 behandelte Fälle, darunter 5 verstorben, mehr oder minder lange nach der Behandlung, eine Remission mit Neigung zu Rezidiv und mit Defekt, 2 volle Remissionen. Gruppe II mit einer Beobachtungsdauer von etwa 4 Jahren: 25 behandelte Kranke, darunter 9 Verstorbene nach mehr oder minder guter Besserung, 8 Vollremissionen, 3 teilweise Besserungen, 5 Defektzustände mit Neigung zu Rezidiven. Gruppe III mit einer Beobachtungsdauer von 3 Jahren: 116 behandelte Fälle, darunter 38 Vollremissionen, 14 unvollkommene Remissionen, 16 mehr oder minder Defekte, 28 hochgradig Defekte und etwa 20 in mittelbarem oder unmittelbarem Zusammenhang mit der Paralyse Verstorbene. Gruppe IV mit einer Beobachtungsdauer von 2 Jahren: 250 behandelte Fälle, darunter 74 Vollremissionen, 59 Unbeeinflusste, 31 Verstorbene, 9 Kranke mit unsicherer Katamnese, 67 Teilremissionen, die sich folgendermaßen zusammensetzen: 40 stationär gebliebene Fälle, 9 Kranke, bei denen sich die Teilremission im Laufe der Beobachtung in eine Vollremission umwandelte, 8 geistig Gebrechliche und 18 Tote[1]).

---

[1]) Ich bemerke an dieser Stelle, dass sich die vorstehenden Angaben über die Behandlungserfolge mit Malaria an der Wiener Klinik nicht in allen Punkten mit den Originalangaben der Monographie Gerstmanns decken. Die Gerstmannschen Arbeiten geben zum Teil höhere Remissionswerte an. Ihre Wiedergabe erfolgt mit Rücksicht auf den Raum dieser Arbeit nicht, dürften aber im Original leicht jedermann zugängig sein. Selbstredend sind alle von mir getroffenen Änderungen überlegt und nur da getroffen, wo die statistischen Unterlagen klar ersichtlich waren. Ich vermag indessen den mir etwas optimistisch erscheinenden Standpunkt Gerstmanns in mancher Hinsicht nicht zu teilen. Wenn z. B. Gerstmann (S. 97) schreibt,

Aus der Klinik Weygandts in Hamburg, die über sehr grosse Behandeltenziffern verfügt, liegen über die Ergebnisse der Malariaimpfung folgende Nachrichten vor: In einer Veröffentlichung von Kirschbaum und Kaltenbach aus dem Jahre 1923 wird berichtet, dass bis zu diesem Termine die Anzahl der mit Malaria tertiana Behandelten die Summe von 300 erreichte. Kirschbaum und Kaltenbach verwerten hiervon nur 175 Fälle, die in der Zeit von Juni 1919 bis September 1922 in Behandlung standen, bei denen also die Beobachtungszeit ein Jahr oder länger ist. Diese Gesamtkrankenziffer verteilt sich auf die einzelnen Jahre wie folgt:

Gruppe I, 1919/20: — behandelte Fälle
„   II, 1920/21: 61   „   „
„   III, 1921/22: 90   „   „

In Gruppe I waren 18 Kranke psychisch fast unauffällig und in guter Remission, 8 leicht defekt, aber sonst gut remittiert. 4 Kranke zeigten unvollständige Remissionen, arbeiteten aber unter Aufsicht, 8 Paralytiker waren durch die Kur unverändert, 7 waren gestorben, 5 nach kurzer Remission wieder rückfällig. In der Gruppe II fanden sich 19 gute Remissionen, fast ohne Defekt, 12 leicht defekte Vollremissionen, 8 geringe Remissionen, 15 Unveränderte, 7 Gestorbene, 5 Rezidive. In Gruppe III verblieben 24 psychisch wenig auffällige Vollremissionen, 22 leicht Defekte, 8 geringwertige Remissionen, 22 Ungebesserte, 14 Verstorbene. Verteilt man die Gesamtziffer der 196 behandelten Kranken auf die einzelnen Gruppen prozentual, so ergeben sich nach Kirschbaum und Kaltenbach 31% Berufstätige mit geringen psychischen Störungen, 21,4% leicht defekte Berufstätige, geringe Remissionen 10,2%, Unveränderte oder Verschlechterte 22,9%, Tote 14,2%. In späteren Veröffentlichungen hat dann Weygandt diese Mitteilungen in vielfacher Hinsicht ergänzt und erweitert. In seinem auf dem Deutschen Naturforschertage in Innsbruck gehaltenen Referate gibt Weygandt zunächst eine Übersicht über die Heilerfolge mit der Tropicainfektion. Unter 21 behandelten Fällen fanden sich 19,05% sehr gute Remissionen bei voller Berufsfähigkeit, ebensoviele Defektremissionen mit teilweise wiedererlangter Berufsfähigkeit, in 4,75% aller Fälle wurde eine geringe Besserung vermerkt, während in 19,05% keine Besserung eintrat und 38,1% aller Kranken verstarben. Über die Tertianaimpfungen gibt Weygandt folgenden Bericht. Er teilt die beobachtete Krankenzahl in 4 Gruppen. Gruppe I enthält 118 behandelte Kranke, deren Kur ein halbes Jahr seit der Berichterstattung zurückliegt. Gruppe II enthält 170 Kranke, deren Kur ein volles Jahr zurückliegt, Gruppe III umfasst 329 Kranke, die $1\frac{1}{4}$ Jahr zuvor behandelt wurden. Zuletzt berichtet er in Gruppe IV über 51 Kranke, deren Heilverlauf $1\frac{1}{2}$ Jahre lang beobachtet werden konnte.

In Gruppe I finden sich:
- 31,4% Vollremissionen mit voller Berufsfähigkeit,
- 27,1% Vollremissionen mit Defekten, arbeitsfähig,
- 11,0% stationäre, entlassene Fälle.
- 20,3% Unveränderte,
- 10,2% Tote.

er habe einen direkt durch die Malariainfektion bedingten Exitus nie beobachtet, so bin ich in diesem Punkte doch gänzlich anderer Meinung. Vollends ist mir seine Bemerkung unverständlich: „Ob aber in dem einen oder anderen Falle die Injektion nicht indirekt eine determinierende Grundlage für den letalen Ausgang abgegeben haben mag, ist weder im positiven noch im negativen Sinne mit Sicherheit zu entscheiden." Gerstmann wird mit dieser Anschauung wohl ziemlich allein stehen. Mir erscheint ein kausaler Zusammenhang zwischen den meisten Todesfällen und der Impfung durchaus feststehend. Es ist durchaus Auffassungssache, ob man sagt, ein Kranker sei an Herzinsuffizienz gestorben oder ob man annimmt, die Toxin- und Fieberwirkung der Malaria habe den schon an sich geschwächten Kreislauf weiter so belastet, dass der Kranke erliegen musste.

In Gruppe II finden sich:

    38,2% Vollremissionen mit voller Berufsfähigkeit,
    12,3% Vollremissionen mit Defekten, arbeitsfähig,
    16,5% stationäre entlassene Fälle,
    21,8% Unveränderte,
    11,2% Tote.

In Gruppe III:

    25,84% Vollremissionen mit voller Berufsfähigkeit,
    18,24% Vollremissionen mit Defekten, arbeitsfähig,
    15,5 % stationäre entlassene Fälle,
    33,44% Unveränderte,
    6,99% Tote.

In Gruppe IV:

    29,5% Vollremissionen mit voller Berufsfähigkeit,
    29,5% Vollremissionen mit Defekten, arbeitsfähig,
    13,7% stationäre entlassene Fälle,
    13,7% Unveränderte,
    13,7% Verstorbene.

Aus der Klinik Nonnes in Hamburg-Eppendorf liegen über die Heilerfolge mit der Impftertiana mehrere Veröffentlichungen vor. Zunächst berichteten Reese und Peter im Jahre 1924 über 75 mit Tertiana behandelte Paralysen. Sie verfahren im wesentlichen nach den statistischen Grundsätzen von Weygandt. Die Beobachtungsdauer dieser Fälle war $1^1/_2$—2 Jahre. Das Alter der Kranken war ein relativ jugendliches und schwankte zwischen 38 und 47 Jahren. Von den 75 nachuntersuchten Fällen wurden 53 wieder berufsfähig, was einem Prozentsatze von 70,6% entspräche. Nonne selber sagt über seine Heilerfolge mit der Impftertiana in seinem Referate auf dem Innsbrucker Naturforschertage im Jahre 1924 folgendes: Ich behandelte bis Anfang Juli dieses Jahres (1925) 240 Fälle. Von diesem Material konnte ich bisher, als über 2 Jahre in Beobachtung stehend, 80 Fälle nachuntersuchen. Unter diesen Fällen sah ich praktische Heilung, d. h. Arbeitsfähigkeit im Berufe, ohne nachweisliche psychische Ausfälle 19mal, d. h. 23,7%. Darunter ist ein Hamburger Kaufmann, der sein kompliziertes, durch den Krieg ruiniertes Geschäft in Mexiko wieder aufbaute und sich mit seinen komplizierten Steuerverhältnissen selbst auseinandersetzte, ein Industrieller aus dem Ruhrgebiete, ein Hotelier in einer Großstadt, ein Kaufmann aus Buenos Aires, der nach einem Jahre Europa zum Besuche von Freunden und Verwandten bereiste, der Inhaber einer grossen Zeitung in Mexiko, der die Leitung wieder in die Hand nahm. Zu denjenigen, die berufstätig in einfacher Tätigkeit mit geringen psychischen Defekten wurden, gehören 38 Fälle, d. h. 47,5%. 23 Fälle, also 28,8%, blieben ungeheilt. Ich will besonders hervorheben, dass die „Heilungen" auch Fälle betrafen, die bisher als chronisch demente Form, ohne akute Schübe verlaufen waren. Ähnlich äussert sich Nonne in seinem Werke: Syphilis und Nervensystem (5. Auflage, 1924). Er schreibt: „Was nun die Gesamterfolge, die mit dieser Malariatherapie erzielt worden sind, angeht, so ist zu sagen, dass ich bei den nachuntersuchten Fällen 1. in 48,3% solche Besserungen feststellte, dass die Betreffenden ohne nachweisbar psychische Anomalien, aber mit geringen somatischen Relikten ihren Beruf voll ausübten, 2. in 20% erhebliche Besserungen fand, d. h. die Patienten boten noch leichte somatische und kleinste psychische Symptome, waren aber praktisch als geheilt zu betrachten und 3. in 15% blieben die Fälle unbeeinflusst. mit anderen Worten: von 60 nachuntersuchten Paralysen sind 41 Fälle = 68,1% berufsfähig geworden."

Weiter liegen aus der städtischen Irrenanstalt Dalldorf bei Berlin grössere zusammenfassende Berichte über die Ergebnisse der dortigen Paralytikerbehandlung mit Tertiana vor. Zuerst berichtete Bratz im Juli 1923 über 38 seit 1922 behandelte Kranke, deren Beobachtungsdauer ein Vierteljahr bis ein Jahr zurücklag. Bei 16 Fällen wurden Vollremissionen mit Wiederherstellung der Berufs- und Arbeitsfähigkeit beobachtet, 2 Kranke verstarben im Anschluss an die Kur. Weitere 5 Fälle aus der Privatpraxis hatten alle Vollremissionen zu verzeichnen. Später hat dann Schulze-Dalldorf auf dem Deutschen Kolonialkongress von 1924 diese vorläufigen Mitteilungen vervollständigt. Im ganzen wurden danach 250 Paralytiker mit Tertiana behandelt, ohne spezifische Nachbehandlung. Zur Impfung kamen alle Stadien und klinischen Formen, nur Kreislaufkranke wurden ausgeschlossen. 44% der Behandelten wurden wieder voll berufsfähig, zum Teil in sehr verantwortlicher Stellung und bei regelmäßiger ärztlicher Nachkontrolle. In 12% der Fälle wurde der Krankheitsprozess stationär, in 27% blieb die Malaria ohne Erfolg, 17% verstarben. Von Interesse ist die Mitteilung, dass bei einem statistischen Vergleiche der Mortalität und der Behandlungstage für Paralytiker in Dalldorf vor und nach Einführung der Malariatherapie eine Verkürzung der Behandlungstage um 79 Tage und ein Sinken der Sterblichkeitsziffer um 34,5% nach Einführung der Infektionstherapie zu erkennen war. Es ist allerdings dabei zu bedenken, dass diese Zahlen nur durch Vergleich zweier Jahrgänge gegeneinander gewonnen wurden. Aus der österreichischen Landesirrenanstalt „Am Steinhof" berichtete Herzig über 100 vorgeschrittenere Fälle von Paralyse, die von August 1920 bis einschl. 1922 mit Tertiana behandelt wurden und über die Ende 1923 Katamnese erhoben wurde. Danach wurden 27 Kranke in guter Remission entlassen, vollkommene Berufsfähigkeit trat in nur 15 Fällen ein. Die Remissionen scheinen sich nicht in allen Fällen als dauerhaft erwiesen zu haben, denn 2 dieser Kranken wurden nach einiger Zeit wieder geimpft, remittierten dann allerdings von neuem. Wir möchten schon an dieser Stelle darauf hinweisen, wie weitgehend die Unterschiede in den statistischen Ergebnissen sind, je nachdem es sich um Anstaltskranke handelt, oder um solche aus psychiatrischen Aufnahmestationen. In dieser Hinsicht ist auch der Bericht von Weeber aus der steiermärkischen Landesirrenanstalt Feldhof bei Graz von Interesse. Es handelt sich auch hier um ältere Fälle von Paralyse. Weeber berichtet über 50 in den Jahren 1922/23 behandelte Paralysen und zwar nach wenigstens einjähriger Beobachtungsdauer. Von diesen 50 Geimpften wurden 14 bis zur Berufsfähigkeit gebessert, 16 hatten geringwertige Remissionen, 8 blieben unbeeinflusst, 12 verstarben.

Sehr zurückhaltend äusserten sich über die Erfolge der Malariatherapie Jossmann und Steenaerts aus der Berliner psychiatrischen Klinik. Sie berichteten nach einer vorläufigen Mitteilung in der Berliner neurologischen Gesellschaft später ausführlicher über ihre Erfahrungen an 100, in der Zeit von 1922 bis Anfang 1924 geimpften Kranken. Die Beobachtungsdauer war wenigstens ein halbes Jahr. Es wurde unterschiedslos behandelt. Die Ergebnisse lauten: Gruppe A (Vollremissionen mit wiedererlangter Berufsfähigkeit und geringen Defekten): 21 Fälle. Gruppe B (unvollkommene Remissionen mit teilweiser Berufsfähigkeit und deutlichen paralytischen Defekten): 28 Fälle. Gruppe C (Ungebesserte): 39 Kranke. Gruppe D (Verstorbene): 12 Fälle. Von Interesse sind die statistischen Erhebungen über die Verteilung der paralytischen Krankheitsformen auf diese Remissionsgruppen. Es fanden sich nämlich: manische Formen in Gruppe A: 10, in B: 9, in C: 8. Manisch-depressive Mischformen: in Gruppe A: 3, in Gruppe B: 4. Depressive Formen: in Gruppe A: 4, in Gruppe B: 5, in Gruppe C: 3. Einfach Demente: in A: 3, in B: 10, in C: 28. Delirante: in A: 1. Das durchschnittliche Alter der Kranken lag in der Gruppe A bei 42, in B bei 39, in C bei 41,5, in D bei 45 Jahren. Jossmann und Steenaerts haben dann noch zu ermitteln versucht, wie sich die einzelnen Remissionsgruppen zu dem Alter der paralytischen Erkrankung verhalten. Es zeigte sich, dass das durchschnittliche Paralysealter der in Gruppe A eingereihten Kranken 2½ Monate war, das der Gruppe B 4½ Monate, das von C 5½ Monate, das von D 11 Monate. Aus der Münchener psychiatrischen Klinik hat Fleck die Ergebnisse der Malariabehandlung in zwei sorgfältigen Publikationen zusammengestellt. In seiner ersten Veröffentlichung aus dem Jahre 1925 berichtet er über 55 Paralysen aller Schattierungen, die bis März 1924 behandelt worden waren. Darunter waren in Gruppe I 16 = 29,1% wieder berufsfähig geworden, doch sind nur 12,7% als volle Remissionen anzusehen. In Gruppe II sind die mangelhaft Remittierten, aber in häuslicher Pflege Befindlichen enthalten. Es sind dies 6 = 10,9% Kranke. Gruppe III führt die Anstaltsbedürftigen auf. Es sind dies 27 = 49,1%. Gruppe IV enthält die Verstorbenen: 6 = 10,9% Kranke. Eine Zusammenstellung des Durchschnittsalters der behandelten Fälle zeigt in Übereinstimmung mit Jossmann und Steenaerts, dass sich keine wesentlichen Unterschiede im Durchschnittsalter der einzelnen Remissionsgruppen finden. Dagegen findet sich ein Zusammenhang zwischen dem Paralysealter und der Besserungsfähigkeit des Krankheitsprozesses. Es betrug nämlich das durchschnittliche Paralysealter in Gruppe I 3 Monate, in Gruppe III $9^1/_2$ Monate. Die klinischen Formen der einzelnen Paralysefälle verteilten sich wie folgt: Gruppe I = 3 Demente, 10 Expansive, 3 Depressive. Gruppe III = 16 Demente, 9 Expansive, 2 Paranoide. Nach einer weiteren Statsitik Flecks übertrafen die malariaremittierten Paralysen hinsichtlich der Dauer der Besserungen prozentual die der Spontanremissionen nach den Tophoffschen Ermittelungen um das annähernd fünffache.

Aus der Leipziger psychiatrischen Klinik berichtete Graf im Jahre 1924 über die Behandlungserfolge an 7 Kranken aus dem Jahre 1921 und 12 vom Jahre 1923. Von den 7 Fällen aus dem Jahre 1921 zeigte nur einer eine vollständige Remission, 4 weitere Kranke eine unvollständige, doch erwies sich bei zweien diese Remission bis zum Tage der Berichterstattung als dauerhaft. Ein Fall blieb unbeeinflusst. Unter den im Jahre 1923 geimpften Kranken wurden 2 gut beeinflusst, ebenso 2 weitere Fälle, deren Beobachtungszeit nur ganz kurz dauerte, 2 Paralysen verstarben, ohne dass die Malaria angegangen wäre.

Zurückhaltend ist Jakob an der Königsberger psychiatrischen Klinik. Im ganzen wurden 79 behandelte Fälle verwertet, deren Beobachtungszeit nicht allzulange zurücklag. Die Verfasserin kommt zu dem Ergebnisse, dass sie keineswegs die günstigen Resultate von Gerstmann und Kirschbaum bestätigen könne. Es wurden nur 2% Kranke symptomfrei befunden, 26% fanden sich leicht defekt, aber berufstätig, 36% erwiesen sich als beschäftigungsfähig mit geringer Besserung, unverändert oder verschlechtert waren 18%, ebensoviele verstarben. Eine Auswahl der Kranken wurde nicht getroffen.

Weichbrodt an der Frankfurter psychiatrischen Klinik, der als erster an den deutschen Kliniken die Malariabehandlung einführte, hat im Jahre 1919 über 4 behandelte Paralysen berichtet und er kommt an der Hand dieser Ziffer zu dem Ergebnis, dass die Malariabehandlung sich für eine weitere Nachprüfung lohne.

An der psychiatrischen Klinik Erlangen berichtete Kihn in den Jahren 1924 und 1925 über die Behandlungsergebnisse. Die zweite Veröffentlichung nimmt Bezug auf eine Ziffer von 60 behandelten Kranken, grossenteils vorgeschrittene Paralysen, die ein halbes Jahr lang oder länger in Beobachtung standen.

Plehn am Berliner Urbankrankenhaus behandelte 40 vorgeschrittene Paralysen zum Teil mit Tropica, zum Teil mit Tertiana. Er berichtet über seine Heilerfolge in 2 Veröffentlichungen aus dem Jahre 1924. Er sah ungefähr ein Drittel gute Remissionen, ein Drittel Besserungen, der Rest blieb unverändert oder starb.

Untersteiner an der psychiatrischen Klinik in Innsbruck hat bis zum Jahre 1924 etwa 49 Paralysen behandelt, wovon 40 Kranke statistisch verwertet werden. In 24 Fällen wurden anhaltende Besserungen erreicht, zwei dieser Kranken sind anhaltend berufsfähig geworden, 22 weitere sind mit Defekten remittiert, sind aber zum Teil zu kleineren Handreichungen verwendbar, die übrigen sind pflegebedürftig geblieben, 6 von ihnen sind gestorben.

Kurze Nachrichten liegen von Bering-Bremen und Trömner-Hamburg vor. Der letztere erlebte in einzelnen Fällen sehr gute Resultate mit der Impfmalaria, der erstere erzielte unter 9 behandelten Fällen 5 Remissionen mit Wiederkehr der Berufsfähigkeit, 2 Patienten blieben unbeeinflusst.

An der deutschen Klinik in Prag wird von Pötzl die Impftertiana seit dem Jahr 1922 verwendet. Über die Ergebnisse referierte Herrmann. In der Zeitperiode von 1922 auf 1923 wurden im ganzen 50 Kranke unterschiedlos geimpft. Der Bericht

Herrmanns geht über 40 Kranke, unter denen 8 Kranke weitgehend remittierten und voll berufsfähig wurden, 7 weitere Kranke besserten sich nur teilweise, aber immerhin so weit, dass sie entlassen werden konnten. Der Rest blieb in klinischer Verwahrung, unter ihnen verstarben 9 Kranke. Später hat Herrmann diesen Bericht noch ergänzt und über eine zweite Serie von behandelten Fällen referiert. Im zweiten Behandlungsjahre wurden im ganzen 55 sichere Paralysen, 4 Tabiker, eine Hirnlues und eine fragliche Paralyse geimpft. 10 dieser Paralysefälle befanden sich im Beginne der Erkrankung. Von diesen Kranken wurden 9 wieder berufsfähig und remittierten ausgiebig, der zehnte starb an einer Spontanruptur der Milz. Von der Gesamtheit der Paralysen wurden 11 „geheilt" und 23 gebessert. Herrmann meint jedoch, eine durchgreifende Wirkung sei nur bei beginnenden Fällen zu erwarten. Hervorgehoben wird die diagnostische und prognostische Bedeutung der Enzephalographie bei malariabehandelten Paralysen. Angeblich liess sich auf diese Weise eine besondere anatomische Beteiligung des Schläfenlappens des Gehirns bei atypischen Endzuständen nachweisen. Diese Angabe dürfte wohl noch sehr der Nachprüfung bedürfen.

In Ergänzung seiner früheren Mitteilungen hat neuerdings Weeber aus der österreichischen Landesanstalt Feldhof bei Graz statistische Erhebungen an einer grösseren Behandeltenziffer zur Kenntnis gegeben. Seine Feststellungen sind nicht nur wegen der grossen Zahl der in Behandlung genommenen Fälle von Bedeutung, sondern vor allen Dingen auch deshalb, weil es sich um vorgeschrittene Kranke handelt, deren Heilerfolge denen bei Frühfällen von Paralyse gegenübergestellt werden. Weeber hatte nämlich Gelegenheit, seine Ergebnisse an Anstaltsparalysen zu denen an Kranken der Nervenabteilung von Zingerle statistisch in Beziehung zu setzen. Weeber betont die Notwendigkeit der frühzeitigen Durchführung der Malariatherapie und er hebt hervor, dass auch bei seinen vorgeschrittenen Fällen die zu erzielenden Erfolge noch überraschende seien. Immerhin ist der statistische Vergleich seiner ersten 100 behandelten Fälle mit denen der Nervenabteilung Zingerle recht vielsagend. Im einen Falle handelte es sich also um vorgeschrittene Kranke, im anderen Falle um beginnende.

Das Ergebnis ist folgendes:

	Weeber	Zingerle
Weitgehende Besserung	15	51
Besserung	28	42
Unverändert	20	5
Gestorben	37	2

Neuerdings sind auch aus der Münchener psychiatrischen Klinik statistische Ergänzungen der früheren therapeutischen Berichte bekannt geworden. Geratovitsch, der sie veröffentlicht hat, errechnet die Prozentzahl der gut Remittierten und voll Berufsfähigen mit 32,7%, die der teilweise Arbeitsfähigen und in Familienpflege Entlassenen, aber doch Defekten, 15,4%, anstaltsbedürftig blieben 32,7%, während 19,2% verstarben.

Ferner hat E. Meyer an der Königsberger Klinik nachträglich die früheren Veröffentlichungen vervollständigt. In einem Vortrag im Verein für wissenschaftliche Heilkunde im Jahre 1925 spricht sich Meyer dahingehend aus, dass von März 1923 bis Dezember 1925 im ganzen 135 Fälle behandelt wurden. Hiervon waren Besserungen ersten Grades 16 Kranke = 11,8% (Berufsfähige mit geringen psychischen Abweichungen). Weitere 20 Kranke waren gleichfalls berufsfähig, zeigten jedoch sehr deutliche psychische Defekte (14,8%). 35 Paralysen blieben ungebessert = 25,9%, die Todesfälle beliefen sich auf 29 = 21,4%. Meyer hebt hervor, dass die Erfolge geringer seien als die der Wiener und der Hamburger Klinik, dass jedoch die mit der Infektionstherapie erzielbaren Erfolge die Besserungen der Spontanremissionen um ein vielfaches übersteigen. Die Malaria wird als die Methode der Wahl bezeichnet, seit deren Bekanntwerden man Behörden und Angehörigen von Kranken gegenüber sich hinsichtlich der Besserungsmöglichkeiten der Paralyse weit optimistischer ausdrücken könne.

Offenbar um Frühfälle von Paralyse handelt es sich wohl bei den behandelten Kranken von Kleine, der im Jahre 1924 über 38 mit Malaria und Rekurrens geimpfte Paralysen berichtete. Unter diesen erzielte er etwa 20 mehr oder minder vollwertige Remissionen, deren Dauer sich auf einige Monate bis zu 5 Jahren belief. 10 Kranke blieben gänzlich unbeeinflusst, 8 weitere verstarben.

Eine kleinere Behandeltenziffer hat im Jahre 1926 Hoffmann in der Medizinischen Gesellschaft in Magdeburg mitgeteilt. Im ganzen sind 21 Paralytiker seit dem Jahre 1924 geimpft worden. Die Kranken wurden ausgewählt und 6 vorgeschrittenere Fälle von vornherein von der Behandlung ausgeschlossen. Es ist daher nicht überraschend, dass nach Auswahl dieser Kranken fast alle weiteren so gut remittierten, dass sie in häusliche Pflege entlassen werden konnten. Immerhin mussten 4 an eine Heil- und Pflegeanstalt abgegeben werden, da sie ungenügend remittiert waren.

Kasperek hat im ganzen 89 Fälle von Paralyse geimpft, über die er im Juni 1926 in der medizinischen Abteilung der schlesischen Gesellschaft berichtete. Nur 9% waren voll berufsfähig, dagegen bedingt berufsfähig 20,2%. Die Zahl der „sozial Indifferenten" betrug 28,1%, die der sozial Unbrauchbaren 24.7%, 18% verstarben. Nach seinen Ermittelungen betrug der Prozentsatz der Spontanremissionen 6,7. In der Diskussion zu dem Vortrag von Kasperek teilte Wollenberg mit, dass die Heilergebnisse an der Breslauer psychiatrischen Klinik mit der Infektionstherapie keine so guten gewesen seien, wie die des Vortragenden. Wollenberg fordert vor allen Dingen eine schärfere Indikationsstellung bei Vornahme der Behandlung und möchte die zulässige Altersgrenze für eine Infektionsbehandlung auf das 50. Lebensjahr festsetzen.

Aus den meisten anderen deutschen Kliniken liegen nur gelegentliche Äusserungen und kurze Nachrichten über die Ergebnisse der Impftherapie vor. Leyser an der Giessener Klinik, der die Impfmalaria anwendete, machte die Erfahrung, dass die dortigen Ergebnisse im wesentlichen mit denen anderer deutscher Kliniken übereinstimmen. Ungefähr ein Drittel aller behandelten Fälle ergab Vollremissionen von mehr oder minder langer Dauer.

Pfister (Zürich) teilte einen Bericht über 36 Fälle mit, bei denen in etwa 47% gute Remissionen und Besserungen zu erzielen waren. 4 Kranke verstarben, darunter befand sich ein Kranker, der einem Schwarzwasserfieber erlag.

Hoche spricht sich über die Behandlungserfolge mit der neuen Methode dahingehend aus, dass die bisherige Chemotherapie so ziemlich versagt habe. Dagegen verspreche Malaria und Rekurrens mehr. Vor allem die Rekurrens verspreche als die einfachere Methode mehr für die Zukunft. Auch der therapeutische Skeptiker sei heute nicht nur berechtigt, sondern auch verpflichtet, die Infektionstherapie der Paralyse anzuwenden. Henneberg tritt vor allen Dingen für die Kyrleschen Versuche, die Impfmalaria in der Prophylaxe der Paralyse anzuwenden, mit Entschiedenheit ein. Er erwähnt, dass Lampar zu ganz ähnlichen Ergebnissen wie Kyrle gekommen sei und meint, dass in der rechtzeitigen Durchführung der Infektionstherapie in der Tat ein gewisser Schutz vor einer späteren Neurolues gegeben sein könne. Weiter ist aus gelegentlichen Bemerkungen von Scharnke zu entnehmen, dass auch an der Marburger Klinik günstige Erfahrungen mit der Malariatherapie gemacht worden sind. Scharnke erklärt dieses Verfahren als die Methode der Wahl. Über eine kleine Krankenzahl von 8 Fällen hat Schmitz berichtet. 4 von ihnen sind nach einem Jahre rückfällig geworden, eine Änderung der serologischen Befunde ist nicht eingetreten. Über gute Erfolge berichteten auch Trömner (Hamburg) und Bening (Bremen).

Aus fremdländischen Kliniken liegen über die Behandlungserfolge mit der Impfmalaria eine Unsumme von Publikationen vor, von denen im folgenden die wichtigsten in möglichster Kürze wiedergegeben werden sollen.

Gans (Provinzialanstalt Santpoort bei Amsterdam): 17 Fälle. Darunter 5 Berufsfähige, 4 wesentlich Gebesserte, einer wenig gebessert, 7 unverändert, einer gestorben.

Bouman (Amsterdam): Anwendung der Impfmalaria seit 1922. 40 behandelte Fälle bis zum Jahre 1924. Davon in 10 Fällen gute Remissionen mit Wiederherstellung der Berufsfähigkeit, 15 weitere Kranke ganz allmählich gebessert, 9 mal ohne Erfolg geimpft, einige nicht entlassungsfähig, 9 Tote. Keine oder wenig Erfolge bei juveniler Paralyse. Hinsichtlich der Dauererfolge zurückhaltendes Urteil.

Delgado (Lima-Peru): Verwendung von Tropica. Erste Mitteilung aus dem Jahre 1922. 5 behandelte Fälle. Ein Todesfall, der Rest gute Remissionen.

Modena und de Paoli (Provinzialanstalt Ancona, Italien): Beginn der Behandlung im Jahre 1922 und 1923. Bericht über 10 Fälle im Jahre 1924: 8 Paralysen, 2 Tabiker. Unter 8 Paralysen 2 Remissionen mit wiedererlangter Berufsfähigkeit, 2 Defektremissionen, 2 unverändert, 2 Todesfälle. Unter den Tabikern in einem Falle Besserung.

Mingazzini (Klinik, Rom): 20 behandelte Fälle, darunter 8 Vollremissionen mit Wiederkehr der Berufsfähigkeit. 5 Defektremissionen.

Askgaard (St. Hans-Hospital, Kopenhagen): Behandlung seit 1923. Innerhalb eines Jahres 37 Fälle behandelt, davon 12 Vollremissionen mit Berufsfähigkeit, 6 Remissionen mit deutlicheren Ausfällen, 12 unverändert, einer verschlechtert, 2 Todesfälle im paralytischen Anfalle.

Aguglia und d'Abundo (psychiatr. Klinik Catania, Italien): 4 Fälle, darunter 2 Remissionen.

Grant (Wittingham-England): Impfung seit 1922. Bis zum Jahre 1923: 40 behandelte Fälle, wohl zum allergrössten Teile ältere Paralysen, daher nicht sonderlich günstige Resultate. Nur bei 3 Kranken Wiedereintritt der Berufsfähigkeit, 3 weitere Kranke stark defekte Teilremissionen.

Grant und Silverstone (ebenda): Bericht aus dem Jahre 1924. Im ganzen 50 behandelte Fälle. 7 Vollremisionen, bei 33 sehr vorgeschrittenen Erkrankungen Teilremissionen mit grösseren psychischen und somatischen Ausfallserscheinungen. Längerdauernde Beobachtungszeit.

Worster-Drought und Beccle (Nervenklinik, Westend-London): Beginn der Behandlung im Jahre 1923. 14 Paralysen verschiedener Stadien, darunter 11 Frühfälle. 11 Remissionen, darunter 3 Vollremissionen, 8 weitere Kranke zeigten mehr oder minder weitgehende Remissionen mit gröberen Defekten.

Mc Alister (südliches Krankenhaus, London): In einer Veröffentlichung aus dem Jahre 1923 Mitteilung von 12 vorgeschrittenen Erkrankungsfällen mit einer Krankheitsdauer von 3—4 Jahren. Bei kurzer Beobachtungsteit 2 sehr ausgesprochene Besserungen, 4 geringwertige, die übrigen unbefriedigend.

Macbride und Templeton (National-Hospital, London): Im ganzen 18 Fälle längere Zeit beobachtet, durchschnittlich 10 Monate. Unter diesen Kranken 2 juvenile Paralysen, 5 vorgeschrittene Fälle, 11 Frühfälle. 2 Todesfälle, 3 weitgehende Remissionen, 3 Besserungen, 2 weitere nur vorübergehend besser, zum Teil mit tödlichem Ausgange. Die 5 vorgeschrittenen Fälle zum grossen Teile chronische Defektzustände mit geringwertigen Teilremissionen.

Yorke und Macfie (Liverpool): Sorgfältige Erhebungen, die bis zum Jahre 1924 gehen. 84 behandelte Fälle, darunter 23 Vollremissionen mit Wiederkehr der Berufsfähigkeit, 17 nicht vollwertige Remissionen mit grösseren geistigen Defekten, 10 rein somatische Remissionen, weitere 20 ungebessert, 14 Todesfälle. Die Beobachtungszeit ist nicht sonderlich lang, von einigen Monaten bis zu einem Jahre.

Artwiński (Polen): Bericht über 64 Männer und 6 Frauen. Im ganzen 46% Besserungen, dagegen 40% ungebessert und 14% Todesfälle. Die Malariatherapie ergibt nach Erfahrungen dieses Autors in Übereinstimmung mit den Feststellungen anderer die besten Ergebnisse in den Frühfällen.

Donner (Helsingfors): Bericht aus der dortigen Zentralanstalt für Geisteskranke. Durch Malaria 30% wieder Arbeitsfähige, 43% im ganzen wesentlich

Gebesserte, 16% geringwertige Remissionen, die bis zum Eintritt der Entlassungsfähigkeit gingen, 10% verstarben.

Balogh (Ungarn) hatte die besten Resultate bei Kombination der Impfbehandlung mit spezifischer Behandlung. Dabei gute Erfolge auf körperlichem wie auf psychischem Gebiete, vor allem bei nicht zu alten Leuten. Die Reaktionen im Blut und Liquor sollen im allgemeinen parallel der somatischen Besserung gehen, die Wassermannsche Reaktion werde oft negativ, könne aber auch positiv bleiben, trotz guter körperlicher und psychischer Remission. Im allgemeinen hält Balogh die bleibenden Erfolge der Behandlungsmethode noch für fraglich.

Kirschner und van Loon, welche die Impfmalaria in den Tropen an Paralytikern zu verwenden suchten, mussten ihre Absichten ganz aufgeben, da sich herausstellte, dass die Mehrzahl der dortigen Kranken gegen die Impfmalaria immun war. Das Fieber ging überhaupt nicht an, oder es war so schwach, dass schon nach kurzer Zeit von selbst definitiv normale Körperwärme eintrat und das periphere Blut parasitenfrei wurde. Die Verfasser raten auf Grund dieser Beobachtungen zur Anwendung eines anderen Impfverfahrens.

Garkavi (Russland) verwendete zu Impfzwecken sowohl Tropica als Tertiana. Im ganzen 25 Tertianaimpfungen, 8 mit Tropica. Das durchschnittliche Krankheitsalter belief sich auf ungefähr ein Jahr. 50% Remissionen höheren Grades, 16% Defektremissionen, 34% ohne Erfolg behandelt. Auffallend war, dass bei längerer Krankheitsdauer die Impfung meist erst nach einigen Fehlimpfungen oder überhaupt nicht anging.

Bunker und Kirby: Die Verfasser behandelten in der Zeit von 1923—1924 im ganzen 53 nicht ausgewählte Fälle von Paralyse mit Tertiana. Die Ergebnisse stimmen mit den meisten deutschen Statistiken überein.

Loberg (psychiatrische Klinik, Lund) kommt zu dem Ergebnis, dass nach seinen persönlichen Erfahrungen die Fieberbehandlung der Paralyse einen erheblichen Fortschritt in der Therapie bedeute, dass ihre Erfolge indessen noch nicht in allen Stücken zufriedenstellend seien.

Lewis, Hubbard und Dyar (Amerika) berichten über 68 mit Malaria behandelte Paralysen. Bei 8 Kranken, die vorzeitig entlassen werden mussten, konnten Katamnesen nicht erhoben werden. Bei 9 weiteren Kranken kam das Fieber trotz wiederholter Impfung nicht zum Ausbruch. Bei den übrigbleibenden 51 Kranken wurden in 31%, d. h. bei 16 Kranken, eine Vollremission mit Eintritt in die Berufsfähigkeit gesehen. Offenbar war die Beobachtungszeit nur eine ganz kurze und die katamnestische Verfolgung der Fälle eine mangelhafte.

McGrath beschreibt einen einzigen Fall von Taboparalyse, bei welchem als Haupterfolg der Malariabehandlung ein Verschwinden der tabischen Krisen erreicht wurde.

Bondy (Tschechoslowakei) zieht die Malariabehandlung der chemotherapeutischen vor. Er hält die Anwendung der Rekurrens für nicht so vorteilhaft, wie die der Malaria.

Die eigenen Beobachtungen von Nyirö und Stief (Ungarn) erstrecken sich auf Paralysen, die in den Jahren 1923/24 mit Tertiana geimpft wurden. Ergebnisse: 7 Fälle = 23% Vollremissionen, 12 unvollkommen Gebesserte, 6 unverändert, 5 verschlechtert. Besserung der Lichtreaktion der Pupillen nur in einem einzigen Falle, Wassermann im Blute und im Liquor meist unverändert. Alle Fälle, bei denen der Krankheitsbeginn nicht über ein halbes Jahr zurücklag, zeigten besonders ergiebige Remissionen. Ausnahmsweise haben die Autoren auch bei zweijährigen Paralysen weitgehendere Besserungen gesehen. Die längste von ihnen beobachtete Remissionsdauer betrug nur 8 Monate.

Eine Mitteilung von Davidson (England) ist deshalb von einem gewissen theoretischen Interesse, weil er neben der ungeschlechtlichen Tertiana auch gametenhaltige verwendete und bei der letzteren die Übertragung durch die Anopheles vornehmen liess. Er konnte nun feststellen, dass Malariarückfälle vor allen Dingen bei dem gametentragenden Tertianastamme vorkamen. Im übrigen bringen seine Ausführungen keine wesentlich neuen Gesichtspunkte.

Das gleiche gilt auch von der Mitteilung von Rudolf, dessen Erfahrungen sich auf 73 behandelte Paralytiker erstrecken. Über eine sehr grosse Behandeltenziffer, nämlich über 941 Malariaparalysen, hat Lake berichtet. Leider ist aber aus dem unvollkommenen Referat seiner Arbeit näheres nicht zu ersehen. Er will in 30,9% aller behandelten Fälle volle Remissionen, meist unter Wiedererreichung der Berufsfähigkeit, gesehen haben.

Die ersten Veröffentlichungen über die Impftertiana und die mit ihr gemachten Erfahrungen aus Frankreich stammt von Claude und Targowla aus dem Jahre 1925. Beide Autoren wenden die Methode seit September 1924 an. Sie beschreiben den Heilverlauf an zwei Paralysefällen, die bis zur Entlassungsfähigkeit remittieren. Nach der Malariakur wurde regelmäßig Wismut und Arsen verwendet. Es wird festgestellt, dass sich die behandelten Kranken nur ausnahmsweise verschlechterten. Meist trat eine merkliche Besserung ein, die sich aber nur zum geringeren Teil auf die somatischen Zeichen der Paralyse erstreckten. Geschwundene Reflexe kehrten zumeist nicht wieder, auch die Pupillenstörungen blieben, dagegen sollen Sprachstörungen und Miktionsstörungen sich bessern können. Bisweilen sollen Liquor und Blutreaktionen eine Verstärkung durch die Kur erfahren, die allerdings nur vorübergehend sei. Am ehesten neige zur Besserung die bestehende Lymphozytose und die Globulinvermehrung. Die Wassermannsche Reaktion im Blute könne positiv werden, unverändert bleiben, oder in ihrer Stärke zurückgehen. Alles in allem erscheine die Malariabehandlung als die Methode der Wahl zur Behandlung der progressiven Paralyse.

Des weiteren liegt eine französische Arbeit von Borremans vor, der 48 Paralysen, zumeist des zweiten und dritten Stadiums behandelte. Mehr als 30 Fälle wurden ein Jahr lang beobachtet. Unter diesen finden sich 10 weitgehende, 14 geringwertige Remissionen und 6 Todesfälle. Bei 37 Kranken wurde im ganzen viermal ein Ikterus beobachtet, der jedesmal die Indikation zum Abbruch der Kur gab. Ein anderer Kranker zeigte Anasarka mit höhergradiger Leber- und Milzschwellung und in der Rekonvaleszenz grosslamelläre Abschuppung der Haut. Bei 7 der behandelten Patienten machte sich nach Ablauf eines Jahres eine Wiederholung der Kur erforderlich.

Etwas leicht nimmt Ten Raa (Holland) die Infektionstherapie. Er impfte 20 offenbar sehr vorgeschrittene Fälle von Paralyse, unter denen der älteste bereits 10 Jahre krank war. Er erlebte dabei in 25% der Fälle tödlichen Ausgang der Behandlung. Nur in 8 Fällen konnte er eine Lebensverlängerung nachweisen. Dies veranlasst ihn zu einer Ablehnung des Verfahrens.

Somogyi und Büchler (Ungarn): 64 mit Tertiana geimpfte Paralysen, ohne Auswahl des Krankenstandes. Vollremissionen in 12 Fällen = 18,7%, unter Wiedererlangung der Berufsfähigkeit. Weitere 12 Fälle psychisch leidlich geordnet, aber nicht berufsfähig. Unverändert, verschlimmert oder gestorben 40 Kranke = 62%. Die Gesamtzahl der Malariaremissionen übertrifft die der Spontanremissionen um das Doppelte.

Aus Spanien hat sich Lafora mehrfach über den klinischen Wert der Infektionstherapie der Paralyse ausgesprochen und hat über eigene Erfahrungen mit dieser Methode berichtet. Er kommt zu einer Anerkennung des Verfahrens, was uns deshalb wichtig erscheint, weil Lafora sich als Anhänger der intralumbalen Paralysetherapie bekannt hat.

Artwinski und Ostrowski (Polen): In der im Jahre 1925 erschienenen Publikation stellen die Verfasser die Behandlungsergebnisse an einer gleich grossen Krankenziffer gegenüber. Es handelt sich jedesmal um 70 Paralysefälle. Die Zahlen sind die folgenden: Wiederaufnahme einer früheren verantwortlichen beruflichen Stellung bei 40% Kranken des ersten Behandlungsjahres und bei 42,9%

des zweiten Behandlungsjahres. Deutliche Besserung bei 8,3% des ersten und 15,7% des zweiten Jahres. Keine Besserung bei 51,7% im ersten und 37,1% im zweiten Jahre. Nach der Kur verstarben im ersten Jahre 14,3%, im zweiten Jahre 4,3%. Die Zahlenwerte nähern sich ungefähr der von Gerstmann an der Wiener Klinik ermittelten.

Scarpini und Befani (Italien): Kurze Mitteilung von 7 mit Tertiana behandelten Fällen bei einer durchschnittlichen Beobachtungsdauer von einem Jahre. 3 wesentliche Remissionen, 2 stationäre Fälle, 2 Todesfälle. Später noch weitere 5 Kranke: darunter 2 unverändert, 2 mäßige Remissionen. Einer der Kranken litt vor der Behandlung an einem schweren Intelligenzdefekt und an einer Infektion der Harnwege.

Pastrovich (Italien): Ermittlungen an 91 Paralysen verschiedener klinischer Schattierung. Etwa 23% sogenannte Heilungen, 23% „gute Remissionen", 15,8% partielle Remissionen, 22% Unveränderte, 9% Tote. Eine Wiederholung der Behandlung soll nach Ansicht des Verfassers meist misslingen. Seine hohen Ziffern bei der Gruppe der weitgehend Gebesserten sind jedenfalls auffallend.

A. Marie, A. Marie und Chevallier (Frankreich) haben sich in mehreren Veröffentlichungen in sehr entschiedener Weise für die Malariabehandlung in Frankreich eingesetzt. Sie fordern die Anwendung des Verfahrens nicht nur bei Paralytikern, sondern auch bei Syphilitikern im Sekundärstadium und nehmen eine prophylaktische Wirkung dieser Frühbehandlung an. Als Indikationen zur Frühbehandlung sehen sie in erster Linie konstant bleibende Liquorveränderungen an und empfehlen deshalb regelmäßige Liquorkontrolle bei Sekundärsyphilitischen.

Yorke (Liverpool): Die Arbeiten dieses Autors, die schon weiter oben erwähnt wurden, haben neuerdings wieder verschiedene wertvolle theoretische Beiträge zum ferneren klinischen Ausbau der Impftertiana geliefert. Da einiges davon sich unmittelbar auf die Ergebnisse der Impfbehandlung auswirkt, sei das wichtigste hier mitgeteilt. Die Heilung der Stechmückentertiana scheint nur bei hohen Chinindosen möglich zu sein. Yorke musste wenigstens 3 Tage lang je 2 g Chinin geben, um einen Erfolg zu erzielen. Bei 37 Fällen von Malariaparalysen, die mit Mückentertiana behandelt wurden, kamen innerhalb der ersten 1—2 Jahre in 57% aller Fälle Malariarezidive vor, während bei der ungeschlechtlichen Impftertiana nur in 2% aller Fälle Malariarezidive erlebt wurden. Sehr überraschend ist die Feststellung, dass die Malariarezidive nach Verwendung von Stechmückentertiana hier und da überraschend spät auftreten können, fast ein volles $3/4$ Jahr nach Abschluss der Kur. Es liegen dann Verwechslungen mit Paralyserezidiven nahe. Noch in der 41. Passage einer ungeschlechtlich übertragenen Impftertiana konnte Anopheles infiziert werden. Einer neueren Arbeit von Yorke (Lancet, Bd. 210, Nr. 9, 1926) ist zu entnehmen, dass seit Juli 1922 in 5 englischen Anstalten 299 Kranke behandelt wurden. Hiervon konnten 70 entlassen werden. Dabei sei zu berücksichtigen, dass vorher kaum jemals ein Paralytiker aus diesen Anstalten entlassen worden sei.

Mosgowoi und Ssobolewskaja (Charkow): Die Beobachtungen erstrecken sich auf 44 Fälle von Paralyse, davon wurden 34 mit Salvarsan nachbehandelt. 18 Fälle erwiesen sich als gut gebessert, darunter 2 Kranke mit einer Beobachtungszeit von über einem Jahre, nur 5 Fälle sind $1/2$ Jahr lang unter ärztlicher Kontrolle geblieben. 5 agitierte Paralysen nahmen im Verlauf der Tertianabehandlung einen tödlichen Ausgang. Im ganzen sind 12 Kranke wieder berufsfähig geworden.

Balint (Tschechoslowakei): 33 mit Tertiana geimpfte Paralysen. In 45,45% erfolgreiche Beeinflussung des Krankheitsprozesses.

Créteur (Frankreich): Impfung seit dem Jahre 1923. 57 mit Tertiana behandelte Fälle von Paralyse. Von diesen 8 gestorben, bei 6 nimmt der Autor Heilung an, bei 21 eine Besserung höheren Grades, die übrigen blieben unverändert oder verschlimmerten sich.

Nicole und Steel (England): 88 behandelte Paralysen. Impftertiana ohne zahlenmäßige Angaben der Erfolge im Referat.

De Jongh (Holland): Die kleine Arbeit ist deshalb von Interesse, weil die beste der unter 8 mit Tertiana behandelten Fällen eine expansive Paralyse ist, die sich nun schon seit 3 Jahren klinisch konstant gehalten hat, während es bei den übrigen Kranken nur zu somatischen Remissionen kam.

Cisternas (Buenos Aires) kommt im wesentlichen zu einer Ablehnung der Malariabehandlung. Er meint nämlich, die Malariaremissionen übersteigen objektiv die Höhe und die Häufigkeit der Spontanremissionen nicht. Man suche sich zur Malariabehandlung nur immer die Frühfälle aus, bei denen die besten therapeutischen Chancen vorhanden sind. Dass indessen auch andere Statistiken vorhanden sind wird verschwiegen, oder es ist dem Autor unbekannt. Im übrigen vergisst Cisternas, dass sich ja auch die Spontanremissionen mit Vorliebe im Anfang der paralytischen Erkrankung etablieren.

Grössere Beachtung verdient eine kürzlich erschienene Arbeit von O'Leary, Goeckerman und Parker (Mayoklinik, Rochester, Amerika). Zwar ist der Kranken stand, der mit Malaria von ihnen behandelt wurde, an sich nicht sonderlich hoch doch scheinen alle behandelten Fälle durchwegs genau beobachtet. Sie impften in der Zeit von Juli 1924 bis März 1925 im ganzen 24 Paralysen, und zwar 12 demente, 9 manische und 3 depressive Formen. Ausserdem wurden 4 nichtparalytische Lähmungen, 3 asymptomatische Neuroluesfälle, 3 Optikusatrophien und eine sero-negative Tabes der Behandlung mit Tertiana unterworfen. Von den 24 Paralysen erlangten 6 ihre Berufsfähigkeit, 9 remittierten unvollständig, 3 blieben unbeein-flusst, 2 verstarben, über 4 Kranke fehlen weitere Katamnesen. Die verstorbenen Kranken waren entweder Anfallsparalysen oder galoppierende Formen. Von Einzel-symptomen besserten sich auf die Behandlung hin meist die Anfälle, ferner die Sprachstörungen (von 16 Kranken 14mal). Überraschend war die schnelle somatische Erholung. Dagegen verschwand das Beben der mimischen Muskulatur beim Sprechen nur in der Hälfte der behandelten Fälle. Theoretisch sehr interessant ist die Beob-achtung, dass von den Vollremittierten schon vorher auf Tryparsamidbehandlung ein Kranker zweimal remittiert hatte. Die Neuroluesfälle blieben serologisch unbeeinflusst. Die Optikusatrophien verschlechterten sich fast durchwegs zunächst während der Behandlung, dann wurde die gleiche Sehschärfe wie vor der Therapie erreicht. Krisen und lanzinierende Schmerzen blieben angeblich unbeeinflusst. Die Verfasser meinen, dass Fälle ohne vorherige spezifische Behandlung im allgemeinen besser zu beeinflussen seien als andere.

Cortesi (Venedig): Bericht über 14 behandelte Paralytiker, offenbar mit kürzerem Krankheitsalter. 5 auffallende Remissionen, die übrigen nur teilweise besser. Kein Parallelismus zwischen somatischer und psychischer Besserung. An-geblich auch keine Liquorbesserung.

Pijper und Russell, die die Malariatherapie in Südafrika an 44 Paralytikern erprobten, kommen zu dem Ergebnis, dass durch die Impftertiana die Häufigkeit der Remissionen erheblich zugenommen habe. Sie sahen an 44 Fällen von Paralyse 11mal eine volle Remission, die bei diesen Kranken schon ein volles Jahr anhält, 11mal wurde nur eine gewisse Besserung erreicht. Todesfälle 25%. Bei Infektion von rein expansiven Formen innerhalb der ersten 2 Jahre seit dem Ausbruch des Leidens soll die Remissionsziffer bis zu 55% aller behandelten Kranken steigen. Besserung des Liquorwassermanns wurde nicht gesehen, die Pupillenstörungen bildeten sich nur unvollkommen zurück, dagegen erwies sich die Sprachstörung als weitgehend beeinflussbar.

Dunne (Dublin): Impfung seit dem Jahre 1925. Bericht über 25 mit Tertiana geimpfte Paralysen. Es werden unterschieden: 8 Fälle mit „starker Besserung", 7 Fälle mit leichter Besserung, 5 Ungebesserte und 5 Todesfälle. Betont wird namentlich die Besserung der Sphinkterkontrolle und die des allgemeinen körperlichen Befindens. Dagegen wurde eine Besserung des Pupillenbefundes und der Sprachstörung nicht beobachtet.

Weitere Mitteilungen über Behandlungserfolge mit der gutartigen Impftertiana stammen von Eldridge (65 Fälle), Balaban (28 Kranke), Grossmann (8), Sacabejos (8), Goodmann, Dedichen, Gakkebusch (10), Goria, Ironside, Rudner und Besowzewa (11), Lépine, von Raven (30 Kranke, deutsche Anstalt), Barnhoorn, Marinesco (6) und viele andere[1].

Versucht man, die vorstehenden Behandlungserfolge nach zahlenmäßigen Ergebnissen zu überblicken, so wird man zugeben müssen, dass es kaum möglich ist, sich von den tatsächlichen Verhältnissen ein einigermaßen klares Bild zu machen. Nur das Nächstliegende lässt sich vergleichen. Für die Bewertung der Ergebnisse aus auswärtigen Anstalten fällt vor allen Dingen ins Gewicht, dass die Mehrzahl der Leser kaum irgendwie nähere Kenntnisse der örtlichen Verhältnisse, des Krankenstandes und der Krankenart haben kann. Die meisten Veröffentlichungen gehen zudem von durchaus verschiedenartigen Gesichtspunkten aus, die ärztliche Beurteilung der Kranken schwankt in weitesten Grenzen, oft erfährt man über die Hauptsachen kaum ein einziges Wort. So muss leider gesagt werden, dass ein grosser Teil der Arbeiten über die Ergebnisse der Malariatherapie für die weitere klinische Forschung von recht bedingtem Werte ist. Da sich mit nichts so trefflich streiten lässt, als mit Zahlen, ist es nicht weiter verwunderlich, dass gerade bei der zahlenmäßigen Darstellung der therapeutischen Erfolge die klinischen Meinungsverschiedenheiten mit besonderer Deutlichkeit hervortreten. Darin stimmt man wohl allgemein überein: dass die Malariabehandlung der Paralyse ein wesentlicher therapeutischer Fortschritt bedeutet und dass sich erstaunliche Erfolge mit ihr erzielen lassen. Wie sich aber diese Erfolge rein zahlenmäßig darstellen, das kann wohl auch heute noch nicht gesagt werden oder wenigstens nur für ganz bestimmte Verhältnisse, unter voller Berücksichtigung aller lokaler Faktoren.

Etwas mehr Einigkeit besteht in der Frage, wie sich die einzelnen klinischen Formen der Paralyse bei der Infektionsbehandlung therapeutisch verhalten. Hier scheinen die manischen, manisch-depressiven und expansiven Zustandsbilder die besten Heilungsaussichten zu haben. Hinsichtlich der rein depressiven Formen gehen die Anschauungen der Autoren bereits erheblich auseinander. Von manchen wird die geringe therapeutische Beeinflussbarkeit der depressiven Formen betont, doch haben wir selber bei einer rein depressiven Paralyse eine sehr weitgehende, nun schon fast 3 Jahre anhaltende Remission gesehen. Dass die galoppierenden Paralysen ganz geringe, fast keine Besserungsaussichten haben, wird ziemlich allgemein anerkannt. Die Dementen und Euphorisch-Dementen verhalten sich therapeutisch durchaus verschieden. Dass die Aussichten einer jeden Therapie, also auch die der Infektionsbehandlung, bei beginnenden Fällen von Paralyse bessere sind, als bei vorgeschrittenen, liegt in der Natur eines jeden Leidens und ist an sich nicht weiter verwunderlich. Es hat diese Tatsache nur deshalb Anlass zu weiteren Bedenken gegeben, weil sich auch die Spontanremissionen mit Vorliebe bei beginnenden Fällen einzustellen pflegen und man einen Teil des therapeutischen Erfolges auf die Remissionsneigung an sich beziehen zu müssen glaubte. Nun wird man ja an dem Umstande, dass gerade manische Paralysen und expansive Formen im Anfang

---

[1] Die Ergänzung der Erfahrungen über die neuesten therapeutischen Erfolge mit der Impfmalaria findet sich am Schluss dieses Buches.

des paralytischen Leidens die besten Heilungsaussichten bieten, nicht ohne
weiteres achtlos vorübergehen dürfen. Es ist wohl anzunehmen, dass in sehr
vielen Malariaremissionen ein Teil des endgültigen Erfolges zu Lasten des
Krankheitsverlaufes geht, es besteht aber keine Veranlassung, auf diesen Umstand nun alles zu beziehen. Schliesslich gehört es überhaupt zu einer sachgemäßen Erfassung einer therapeutischen Situation, dass man die natürlichen
Heilfaktoren des Organismus rechtzeitig erkennt und sie nützt. Ob der Impfmalaria dabei etwas mehr oder weniger Ehre angetan wird, ist schliesslich
belanglos, da es in erster Linie die Interessen der Kranken gilt.

Ob das Geschlecht auf den Ausfall der therapeutischen Remissionen irgend
einen erkennbaren Einfluss hat, ist fraglich. Nach verschiedenen statistischen
Zusammenstellungen und auch nach unseren eigenen Beobachtungen scheinen
solche Zusammenhänge nicht gegeben. Dagegen ist das Alter des Kranken
nicht ohne Einfluss auf den Heilverlauf. Jenseits des 55. Lebensjahres sind
im allgemeinen die Besserungsaussichten trübe. Über die Bedeutung der Rasse
und anderer konstitutioneller Momente für den Ablauf der Malariaremissionen
ist nichts sicheres bekannt. Denkbar erschiene immerhin, dass konstitutionelle
Faktoren auf den Krankheitsprozess irgendwie abwandelnd einwirken könnten,
und damit wäre auch ein indirekter Einfluss auf die therapeutischen Remissionen
gegeben. Mehrfach wird in der Literatur betont, dass die Taboparalytiker
keine sonderlich guten Besserungsaussichten hätten. Diese Behauptung ist
insofern missverständlich, als in den meisten Fällen nicht unterschieden wird,
ob diese geringe Beeinflussbarkeit die eigentlichen paralytischen Störungen
betrifft, oder nur tabische Beigaben des Krankheitsbildes. Unter diesem Gesichtspunkte wird man jedenfalls sagen müssen, dass Taboparalytiker hinsichtlich
ihrer paralytischen Störungen nicht geringere Besserungsaussichten haben,
als einfach Demente. Die tabischen Störungen des Paralytikers sind nach unseren
Erfahrungen hartnäckig, besonders die Gangstörungen. Wir werden darauf bei
Besprechung der Behandlungserfolge an Tabikern zurückkommen.

Was die Besserungsmöglichkeiten des Reflexbefundes anlangt, so wird
von zahlreichen Autoren hervorgehoben, dass diese verhältnismäßig gering
sind. Die Ausschläge an den Sehnenreflexen pflegen nach der Behandlung
meist gleich zu bleiben. Doch haben wir auch Ausnahmen von dieser Regel
erlebt. In mehr als einem Falle liess sich beobachten, wie schon geschwundene
Reflexe wieder zurückkehrten, wie sich auch Reflexdifferenzen zwischen zwei
Körperhälften im Verlaufe der Behandlung ausglichen. Im allgemeinen lässt
sich sagen, dass Spasmen grössere Besserungstendenzen haben, als Hypotonien.
Bedauerlich ist, dass man noch kaum irgend welche exakteren Methoden der
Messung von Reflexausschlägen zum Zwecke der Beobachtung des Heilverlaufes
einer Paralyse- oder Tabesremission herangezogen hat. Es wäre dies ganz gewiss
ein dankbarer Untersuchungsgegenstand, der wichtige Erkenntnisse über den
feineren Bewegungsablauf beim Paralytiker bringen könnte. Es liesse sich vor
allem denken, dass die Übertragung der Ergebnisse von Untersuchungen
P. Hoffmanns und seiner Mitarbeiter und dessen exakte Methoden der Reflex-
messung hier von grossem Nutzen sein könnten. Hervorgehoben sei noch, dass
wahrscheinlich nicht allen Sehnen- und Hautreflexen die gleiche Besserungs-

tendenz zukommt. Nach unseren Beobachtungen neigen die Ober- und Unter-
armreflexe im allgemeinen mehr zu einer normalen Einstellung nach Infektionstherapie, als die der Patella oder der Bauchdecken. Wenig befriedigend ist es
um die Besserung des Pupillenbefundes bestellt. Durchgehends wird betont,
wie gering die Aussichten einer Besserung dieser Störung beim Paralytischen
nach Malariabehandlung sind (Gerstmann, Kirschbaum, Dattner und
Kauders, Fleck, Jossmann und Steenaerts, Kihn, Jacob, Schulze u. a.).
Diese Tatsache ist für die Pathogenese dieses Symptoms nicht ohne Bedeutung.
Man wird jedenfalls das eine sagen können, dass eine rein toxische Genese der
Pupillenstörung nicht sehr wahrscheinlich ist, sondern dass gewisse Handhaben
zur Annahme von frühzeitigen Ausfällen funktionstragender Substanz gegeben
sind. Es ist aber auf der anderen Seite erwiesen, dass in Ausnahmefällen der
paralytische Pupillenbefund sich durch die Behandlung weitgehend bessern
kann[1]). Es werden in solchen Fällen Anisokorien behoben, Verzerrungen der
Pupillarränder gleichen sich aus und die Pupillenbewegungen können Formen
annehmen, die innerhalb der Grenze des Gesunden liegen. Es ist theoretisch
wie praktisch gleich interessant, dass solche Pupillenbesserungen unter Umständen auch rezidivieren können. Gegebenenfalls kann sogar diese Verschlechterung einen Umfang erreichen, dass der Ausgangsbefund an Schwere
deutlich übertroffen wird. Ich sah in einem Falle einen solchen Verlauf innerhalb
weniger Wochen.

Hinsichtlich der Besserungsfähigkeit paralytischer Sprachstörungen wird
man geteilter Meinung sein können. Sicher ist, dass mit dem Verschwinden
allgemein-paralytischer Störungen, also der allgemeinen innervatorischen
Schwäche und der übrigen motorisch-koordinatorischen Ausfälle auch die
paralytische Sprachstörung als Teilerscheinung dieses Symptomenkomplexes
einer Besserung fähig ist. Doch sind Ausfälle leichterer Art immer noch lange
nachzuweisen. Denn sie sind meist bei vorgeschritteneren Erkrankungen zu
finden. Oft genug werden kleinere Defekte übersehen, da die Kranken bei
einer gewissen Einsicht in ihren Zustand die Ausfälle durch Scheinerklärungen
zu vertuschen suchen oder durch innervatorische und artikulatorische Ersatz-
maßnahmen an der Kritik des Untersuchers vorbeikommen. Das tritt gewöhnlich
dann ein, wenn die Kranken merken, dass sie auf ihre Sprachführung untersucht
werden sollen. Zwar kann man solche Verschleierungsabsichten von seiten des
Kranken ohne weiteres als Defekterscheinung diagnostisch buchen, aber man
wird nicht behaupten können, dass dieser Ausfall nur auf sprachlich-motorischem
Gebiete liege, worauf es bei statistischen Erhebungen zunächst ankäme. Hält
man sich an das, was eine unauffällige Beobachtung während der Unterhaltung
zu Tage fördert, dann kommt man vielfach über eine blosse Wahrscheinlichkeit
in seinen Feststellungen nicht hinaus und es ist so ziemlich dem Belieben des

---

[1]) Es ist neuerdings von verschiedenen Seiten darauf aufmerksam gemacht
worden, dass während der Malariatherapie unter Umständen Pupillenstörungen vorkommen können, die vorübergehender Natur zu sein pflegen. Beschrieben sind
Lichtstarre und absolute Starre. Da es sich um Neuroluetiker und Neurolues-
Verdächtige handelt, wage ich eine Deutung dieses Befundes nicht. Vielleicht
handelt es sich um eine Steigerung des syphilitischen Prozesses, vielleicht auch um
toxische Schädigungen der Impfmalaria.

Untersuchers anheimgegeben, wieweit er eine Sprachstörung als gebessert bezeichnen will. Im besten Falle wird man ganz allgemein eine Besserung des Sprechvermögens feststellen, aber objektive Grade anzugeben, erscheint uns ausserordentlich schwer. So ist auch von den Festellungen einzelner Autoren nicht sonderlich viel zu halten, die versucht haben, die Besserung der Artikulation und der Sprachbewegung nach Einzelsymptomen zu verzeichnen und diese artikulatorischen Teilerscheinungen nun objektiv nach dem Grade ihres Ausfalles zu erfassen. Da es fraglich ist, ob man mit der Prüfung solcher Teilerscheinungen tatsächlich pathophysiologische Grundphänomene misst, ist auch zu bedenken, dass in der Störung des paralytischen Sprechtaktes sich auch psychomotorische und assoziative bzw. psychische Defekte auswirken.

Objektivere Grundlagen zur Messung und Beurteilung vorhandener Besserungen sind auf dem Gebiete der Schrift gegeben. Das gilt insofern, als man das, was einer Beurteilung unterliegen soll, schwarz auf weiss vor sich hat und gegen früher Geschriebenes vergleichen kann. Es ist aber nicht zu übersehen, dass die paralytischen Schriftstörungen ein sehr wechselvolles klinisches Gepräge haben und im einzelnen nicht leicht zu erfassen sind, wenn sie nicht gerade von sehr fortgeschrittenen Kranken stammen. Ferner reicht all das, was man als paralytische Schriftstörung bezeichnet, zum Teil weit in das Bereich des eigentlich Psychischen hinein. Die paralytische Unsauberkeit, die Korrekturen, die Auslassungen, Wiederholungen — all das gründet sich auf Defekte des Urteils, der Merkfähigkeit, der Aufmerksamkeit, und die Störungen dieser Teilfunktionen psychischen Geschehens können unter Umständen durch andersartige klinische Untersuchungsmethoden besser und sicherer nachgewiesen werden wie mit Schriftproben. Es muss also noch nicht sonderlich viel besagen, wenn man feststellt, die Schrift des Kranken sei nach einer Malariabehandlung besser als früher geworden. Der gesamte noch verbleibende Funktionsausfall innerhalb der gebesserten psychischen Erkrankung kann trotz allem noch ein beträchtlicher sein, wenn er sich bei der Abfassung von Schriftstücken auch nicht besonders deutlich zeigt. Der paralytische Tremor, wie man ihn auf Schriftwerken von vorgeschritteneren Krankheitsfällen so häufig feststellen kann, ist dagegen ein Symptom, bei welchem man mit mehr Berechtigung von einer paralytischen Schriftstörung im engeren Sinne sprechen kann. Auch die Veränderungen im Schriftdruck während der paralytischen Erkrankung gehören hierher. All diese Symptome gehören letzten Endes in das Gebiet der allgemeinen motorischen Auflösung und unterliegen damit ganz allgemein den gleichen klinischen Kriterien, wie sie auch sonst bei Bewegungsstörungen angewendet zu werden pflegen. Das heisst: selbst wenn eigentliche paralytische Schriftstörungen im engeren Sinne, also Tremor, mangelhafte Zeilenführung und ähnliches nicht mehr nachzuweisen sind, muss deshalb das Grundsymptom, aus dem diese Teilerscheinung hervorgeht, die allgemeine motorische Schwäche, noch lange nicht verschwunden sein. Unter diesem Gesichtspunkte kommt der Besserung von paralytischen Schriftstörungen im engeren Sinne nur der klinische Wert zu, den irgend ein Teilsymptom innerhalb eines Krankheitsbildes zu besitzen pflegt. Der praktische Nachweis einer Besserung von paralytischen Schriftstörungen begegnet ausserdem noch den folgenden Schwierigkeiten. Es pflegen sich die motorischen Defekte der paralytischen Schrift zu Beginn der Erkrankung meist sehr wenig sinnfällig zu zeigen. Man stellt gewöhnlich in einem solchen Falle fest, ein Brief des Kranken sei nach der Behandlung „ordentlicher" geschrieben und meint damit, dass teils sein Inhalt der augenblicklichen Situation des Erkrankten besser entspricht als früher, teils fahndet man auf Auslassungen, grammatikalische und orthographische Entgleisungen, man braucht aber deshalb noch keine Änderung im Schriftcharakter selber wahrnehmen. Denn bei Paralysefrühfällen können besonders bei schriftgewandten Personen Störungen der Buchstaben- und Zeilenführung sehr wohl fehlen bzw. bei dem gegenwärtigen Stande unserer gebräuchlichen Untersuchungsmethoden noch entgehen, obwohl sie bereits objektiv vorhanden sind. Zunächst kann man also über die Besserung paralytischer Schriftstörungen nach Malariabehandlung nur das eine sagen: sie geht im allgemeinen parallel mit der Besserung jener klinischer Erscheinungen, welche die Grundlage der betreffenden Einzeldefekte sind. Bessert sich das motorische Schriftbild, dann ist zumeist auch eine Besserung der paralytischen Motilität und der Koordination überhaupt zu verzeichnen, fehlen die Auslassungen, dann ist der Kranke leichter zu konzentrieren, er behält auch im übrigen rascher, ist ausdauernder, hat ein grösseres Interesse genommen u. a. m. Alles in allem gehören die paralytischen Schriftstörungen zu den leichter zu beeinflussenden Symptomen.

Über die Besserungsfähigkeit psychischer Erscheinungen der Paralyse wurde bereits einiges gesagt. Grundsätzlich ist wohl jedes psychische Symptom der Paralyse einer Besserung fähig, jedoch nicht in gleichem Umfange. Man muss ohne weiteres zugeben, dass jene Erscheinungen, die sich dem klinischen Begriffe der Demenz nähern, der fiebertherapeutischen Beeinflussung sich sehr lange widersetzen können, dass dagegen Einstellungsstörungen, ferner all das, was zu dem affektiven Unterbau unseres Seelenlebens direkte Beziehungen hat, im allgemeinen einen rascheren Ausgleich findet. Doch gilt das nur in ganz grober Schätzung. Man könnte versucht sein, nach den klinischen Erfahrungen der Impfmalaria von psychischen Defektsymptomen und funktionellen Symptomen bei der Paralyse zu sprechen, oder von Dauererscheinungen und von vorübergehenden. Dies hat nur dann einen Wert, wenn man die Gewissheit hat, dass die Symptomenbildung immer annähernd nach den gleichen Regeln verläuft, so dass man in der Lage ist, Umfang und Zugehörigkeit einer Einzelerscheinung genau festzulegen und danach seine Schlüsse zu ziehen. Leider ist dies bei der Paralyse ganz und gar unmöglich. Es ist nicht erwiesen, dass bei bestimmten Krankheitsformen dieses Leidens der Symptomenverlauf gleichartig ist, dass also etwa auf die erste Lockerung innerhalb des Gefühls- und Triebmäßigen eine Zeit der mangelhaften äusseren Anregbarkeit folgt, die zuletzt in die Demenz ausmündet.

Man kann auch im Zweifel sein, ob jene Symptome, die innerhalb der Klinik der Paralyse als Defektsymptome anmuten, für das Wesen des paralytischen Prozesses nun beweisender sind als andere. Jedenfalls haben unserer Meinung nach Feststellungen, die über Besserungen von sogenannten psychischen Elementarerscheinungen berichten und diese zahlenmäßig zu erfassen suchen, höchstens rein deskriptiven Wert. Es wird nur sehr bedingt über die Besserungsfähigkeit des gesamten paralytischen Prozesses etwas ausgesagt, wenn man eine einzelne psychische Erscheinung aus ihrem Zusammenhange reisst und ihre objektive therapeutische Beeinflussbarkeit zu erfassen sucht. Wenn irgend ein psychisches Symptom, das vor der Behandlung besonders stark an den paralytischen Grundkern verankert schien, nun überraschenderweise leichter therapeutisch zu beeinflussen ist, so wird man dies mit Befriedigung feststellen, wird sich aber vor Verallgemeinerungen sehr zu hüten haben.

Die Besserung des serologischen Befundes. Versucht man, sich aus der vorhandenen Literatur eine Vorstellung darüber zu machen, in welcher Weise die Besserung des serologischen Befundes nach Malariabehandlung abzulaufen pflegt, so sieht man sich sehr bald grossen Schwierigkeiten gegenübergestellt. Ein Teil der Autoren hält daran fest, dass trotz mancherlei Einschränkungen doch eine gewisse Parallelität zwischen klinischen und serologischen Erhebungen bestehe. Es könne also der serologische Befund ohne weiteres bei entsprechend vorsichtiger Bewertung auch nach Abschluss der Infektionstherapie weiterhin zur Prognosenstellung herangezogen werden. Andere vertreten den Standpunkt, dass ein engerer Zusammenhang zwischen serologischem und klinischem Verlaufe nach Abschluss der Behandlung nicht mehr bestehe. Es ergebe sich prognostisch aus dem serologischen Befunde weiterhin gar nichts. Es gilt wohl diese letztere Behauptung nicht ganz in dem Ausmaße, wie es dargestellt wird. Man wird zunächst sehr nach den einzelnen serologischen Reaktionen zu unterscheiden haben, denn es ist durchaus unwahrscheinlich, dass allen serologischen Reaktionen die gleiche biologische Bedeutung zukommt. Da zeigt es sich nun ganz allgemein, dass die Zellzahl des Liquors schon sehr bald nach erfolgter Malariainfektion abzusinken pflegt und eine wesentliche Besserung in der Mehrzahl aller untersuchten Fälle beibehält, gleichgültig, wie der weitere klinische Verlauf des Falles zu sein pflegt. Diese Beobachtung stimmt überein mit Feststellungen von Fleck an der Münchner Klinik, der bei ungebesserten Paralysen eine Besserung des zystologischen Befundes in 90,0% aller Fälle, bei gebesserten in 92,3% sah. Gerstmann weist darauf hin, dass die Besserung des Zellbefundes jener der sogenannten nichtentzündlichen Liquorsymptome meist vorauseilt. Dem ist ganz gewiss zuzustimmen. Es spricht übrigens das rasche Abklingen der infiltrativen Erscheinungen im Liquor nicht gerade sehr für die Annahme, dass der Wirkungsmechanismus der Impfmalaria in einer Heilentzündung nach Bier bestehe. Wie weit die Besserung des Zellbefundes im Einzelfalle nach Malariaimpfung geht, lässt sich im voraus nicht sagen. Sie kann selbst bei terminalen Rezidivfällen von Malariaparalyse völlig negative Werte bis zum Schlusse behalten. Bei anderen Kranken flackern mit Beginn des Rückfalles die entzündlichen Erscheinungen wieder auf, und damit steigt die Zellzahl von neuem an. Irgend ein prognostischer Wert ist dem Zellbefund nach erfolgter Impfung nicht mehr zuzumessen. Bei Impfrekurrens wird zudem durch den echt entzündlichen Reizzustand der Meningen während der Infektionsdauer ein weiterer Einblick in den Stand des paralytisch-entzündlichen Prozesses verwehrt, wenigstens auf lange Zeit hinaus. Etwas anders verhält es sich mit den sogenannten Globulinreaktionen. Hier fanden wir bei der Untersuchung unserer Kranken, dass sich diese Reaktionen nicht so durchgehends bessern, wie dies bei den zytologischen Befunden der Fall ist. Es besteht eine gewisse engere Parallelität zwischen klinischem Verlauf und Globulinbefunden im Liquor. Doch betrifft dies nur den Durchschnitt aller Fälle und es sind absolute Verallgemeinerungen nicht zulässig. Fleck fand, dass der Prozentsatz von Besserung der Nonneschen Reaktion bei klinisch ungebesserten Paralysefällen etwa um die Hälfte des Wertes hinter dem Prozentsatz der Besserungen zurückbleibt, welche die gleiche Reaktion bei klinisch gut remittierten Fällen erfährt. Dies würde in gleichem Sinne sprechen wie unsere eigenen Beobachtungen. Die Kolloidreaktionen zeigen nach unseren eigenen Erfahrungen während und nach der Behandlung ein sehr unterschiedliches Verhalten. Bei einem Teil der Paralytiker verschmälert sich schon innerhalb der Fieberperiode die Flockungszone und die Kurvenhöhe wird niederer. In anderen Fällen scheint sie sich zu verstärken, teils dauernd, teils vorübergehend, ohne dass die anderen Reaktionen diese Verstärkung mitmachen. Jedenfalls zeigt ein bestimmter Prozentsatz der Untersuchten eine bleibende Besserung der Kolloidreaktionen und zwar, was wichtig ist, auch bei solchen Kranken, bei denen der psychische und somatische Befund diese Besserung nicht rechtfertigt. Hier und da findet sich eine Abänderung des sogenannten paralytischen Kurventypus im Sinne der Lues cerebri. Sie kann schon recht früh, bereits nach einigen Fieberanfällen in Erscheinung treten und nimmt mit der Fortdauer der Remission einen ganz verschiedenartigen weiteren Verlauf. Teils flacht sich die Flockungszacke im Laufe der weiteren Beobachtung ab, in anderen Fällen bleibt sie bestehen, aber nicht etwa nur bei solchen Kranken, die klinisch stationär sind oder bestimmte Symptomenkomplexe, wie paranoid-halluzinatorische Zustandsbilder zeigen. Ich konnte auch beobachten, wie ein ursprünglicher Flockungstypus vom Charakter der Lues cerebri bei Fortdauer der Remission wieder breiter wurde und langsam paralytischen Charakter erreichte. Recht schwierig ist die Deutung der sogenannten Links- und Rechtsverschiebung der Flockenzone bei malariabehandelten Paralysen. Bekanntlich haben Kirschbaum und Kaltenbach, die derartige Vorgänge zuerst an der Normomastixreaktion beobachteten, einen engeren Zusammenhang zwischen dieser Änderung des Flockungstypus und der klinischen Besserung angenommen. Und zwar soll bei gut remittierten Paralysen eine Verschiebung des Flockungsgipfels nach links bei gleichzeitiger Verschmälerung der Flockenzone und leichter Abbiegung der linken Flockungsgrenze erfolgen. Daraus könnten schon ziemlich bald nach Einleitung der Kur gewisse prognostische Schlüsse für den weiteren Verlauf des Falles gezogen werden. Im Gegensatz zu solchen Fällen soll ein Bestehen der ursprünglichen Flockungszone oder auch eine Rechtslage der Reaktion prognostisch wenig günstig für den Kranken sein. Wir geben zu, dass für einen Teil der Fälle diese Behauptung in der Tat zutrifft, konnten uns aber bis jetzt noch nicht davon überzeugen, dass ein konstanter Zusammenhang zwischen Kolloidbefund und klinischem Verkauf besteht. Ähnlich ist es um die prognostischen Handhaben bestellt, welche die Hämolysinreaktion nach ihrem Ausfall und weiteren Verlaufe abgeben soll. Pötzl hat auf die Tatsache hingewiesen, dass von 10 untersuchten Fällen von Paralyse nach seinen Feststellungen 9 Kranke vor der Behandlung eine positive Weil-Kafkasche Hämolysinreaktion zeigten. Unter diesen positiven 9 Fällen ging die Reaktion in 6 Fällen bei längerer Beobachtungszeit dauernd zurück, woraus sich eine gewisse prognostische Bedeutung des Verlaufes der Hämolysinreaktion ergäbe. Man hat indessen diese Anschauung, soviel wir sehen, allerorts mit einer gewissen Reserve aufgenommen. Wir selber haben über den Ausfall der Hämolysinreaktion bei malariabehandelten Paralytischen eigene Erfahrungen nicht. Es sprechen sich indessen verschiedene Nachprüfer, so Münzer und Singer, Horn, neuerdings Hoff und Horn bei der Rekurrens hinsichtlich der prognostischen Anwendbarkeit der Hämolysinreaktion etwas zurückhaltender aus. Was die Besserung der Reaktionen nach Wassermann und Sachs-Georgi anlangt, so muss zwischen den Befunden im Serum und im Liquor unterschieden werden. Schon Fleck hat auf die Tatsache hingewiesen, dass die Wassermannsche und Sachs-Georgische Reaktion im paralytischen Liquor verhältnismäßig leichter zu beeinflussen war, als die des Serums. Woran dieser Unterschied liegt, den auch wir bestätigen können, ist nicht klar und wir möchten uns jeden Urteils enthalten. Ganz allgemein ist noch zu bemerken, dass die WaR. nur bei einem bestimmten Prozentsatz aller mit Malaria behandelten Paralysen sich als besserungsfähig erweist. Nicht selten kann es vorkommen, dass die Wassermann- und Sachs-Georgi-Reaktion im Blut und im Liquor positiv bleiben, obwohl eine sehr weitgehende körperliche und psychische Remission zu verzeichnen ist. Es hält also der serologische Befund mit dem sonstigen somatischen und psychischen Verhalten des Kranken nur sehr bedingt Schritt.

Fleck errechnet die Zahl der serologischen Besserungen der WaR. im Blute zu 30% bei 100 Vollremissionen, auf 20% bei 100 Ungebesserten. Im Liquor werden die entsprechenden Zahlen mit 57,2% bzw. mit 27,3% angegeben. Unsere eigenen Zahlen halten sich noch etwas niederer: 25% und 15% Besserungen der WaR. im Blute bei 100 Vollremissionen bzw. 100 Ungebesserten, 50% und 25% für die entsprechenden Werte des Liquor Wassermanns.

Zusammenfassend muss man auf alle Fälle den ausserordentlich geringen Zusammenhang zwischen serologischer und psychisch-somatischer Besserung hervorheben. Ein Negativwerden aller Reaktionen nach Malariabehandlung kommt vor, es besagt dies aber prognostisch wenig, denn wir selber haben einen solchen Fall bei einem sehr vorgeschrittenen Kranken erlebt, der nach erfolgter Malariabehandlung langsam im Liquor und Blute gebessert wurde, obwohl er körperlich und geistig bald wieder rückfällig wurde und immer mehr seinem Ende entgegen ging. Noch 8 Tage vor seinem Tode wäre es nicht möglich gewesen, aus dem serologischen Befunde des Blutes und des Liquors eine Paralyse- oder Syphilisdiagnose zu stellen.

Ist es möglich, die juvenile Paralyse durch die Impfmalaria günstig zu beeinflussen? Es liegen über diese Frage bislang nur einzelne Beobachtungen vor, die sich dahingehend aussprechen, dass sich das Krankheitsbild der juvenilen Paralyse im allgemeinen als refraktär gegen die Fiebertherapie erweist. Es sind aber geringfügige Besserungen möglich. Die Höhe der Remissionen, wie sie sich dann und wann bei Fällen von kongenitaler Lues erzielen lassen, wird jedoch kaum jemals erreicht. Hierüber wird im nächsten Kapitel nochmals zu sprechen sein. Wir möchten zum Schlusse noch einige eigene Behandlungsergebnisse an unseren Paralysekranken mitteilen. Die nachstehende statistische Übersicht geht über 100 Kranke, die bis zum Januar 1926 mit Malaria behandelt wurden. Sie umfasst: 70 Männer, 30 Frauen, die alle an Paralyse erkrankt waren. Die Beobachtungszeit ist sonach mindestens 1 Jahr.

1. Ermittlungen über das Alter der Kranken.

Es fanden sich:

zwischen	5.—10. Lebensjahr	— männl. Kranke	— weibl. Kranke
,,	11.—20. ,,	2 ,, ,,	2 ,, ,,
,,	21.—30. ,,	5 ,, ,,	3 ,, ,,
,,	31.—40. ,,	13 ,, ,,	12 ,, ,,
,,	41.—50. ,,	29 ,, ,,	8 ,, ,,
,,	51.—60. ,,	16 ,, ,,	5 ,, ,,
über	60. ,,	5 ,, ,,	1 ,, ,,
		70 ,, ,,	30 ,, ,,

2. Ermittlungen über den Beruf.

Männer:		Frauen:	
1. Ohne Beruf . . .	2	1. Ehefrauen und Witwen	15
2. Handwerker . . .	15	2. Hausangestellte . . .	7
3. kaufm. Angestellte .	14	3. Kellnerinnen	3
4. Arbeiter	16	4. Arbeiterinnen	5
5. Landwirte	4	Sa. . .	30
6. Beamte	7		
7. Inhaber von Firmen	5		
8. techn.u.künstl.Berufe	8		
Sa. . .	70		

3. Ermittlungen über syphilitische Infektion.

Vor Ausbruch der Paralyse war die Infektion alt:

bei Männern:			Frauen:	
5 Jahre	in 3	Fällen	—	Fällen
10 ,,	,, 17	,,	5	,,
15 ,,	,, 30	,,	10	,,
20 ,,	,, 2	,,	3	,,
Unbekannt	,, 18	,,	12	,,

4. Ermittlungen über spezifische Vorbehandlung.

	Männer	Frauen
Keine Vorbehandlung	34	17
Einmalige Behandlung . . .	27	8
Mehr als eine Kur	9	5

5. Ermittlungen über Paralysealter.

Seit dem Ausbruch der ersten Paralysesymptome bis zum Beginn der Malariakur waren vergangen:

	Männer	Frauen
bis zu 2 Monaten . . .	1	—
„ „ 6 „	10	3
„ „ 1 Jahr	26	15
„ „ 2 Jahren	21	—
über 2 Jahre	12	2

6. Klinische Formen der Paralyse vor der Behandlung.

	Männer	Frauen
Manische	—	1
Manisch-depressive . . .	2	2
Rein depressive	2	3
Stuporöse	1	1
Delirante	3	1
Expansive	3	—
Expansiv-agitierte . . .	4	1
Demente	27	10
Euphorisch-demente . .	25	8
Galloppierende	2	1
Juvenile Paralysen . . .	1	2
	70	30

7. Beobachtungsdauer seit Abschluss der Kur.

a) bis 1 Jahr	32 Männer	20 Frauen
b) „ 2 Jahre . . .	25 „	8 „
c) „ 3 „	12 „	2 „
d) über 3 „	1 „	— „

8. Behandlungserfolge mit Malaria.

A. Männer:

Es fanden sich in:	Gruppe I	II	III	IV	V
3 Monate nach Abschluss der Kur	10⁰/₀	15⁰/₀	35⁰/₀	30⁰/₀	10⁰/₀
6 „ „ „ „ „	10⁰/₀	10⁰/₀	30⁰/₀	ca. 28⁰/₀	ca. 22⁰/₀
1 Jahr „ „ „ „	ca. 8⁰/₀	10⁰/₀	ca. 29⁰/₀	ca. 29⁰/₀	ca. 24⁰/₀

aller Behandelten.

B. Frauen:

	Absolute Zahlen				
3 Monate nach Abschluss der Kur	4	4	5	6	11
6 „ „ „ „ „	3	3	6	6	12
1 Jahr „ „ „ „	2	2	7	6	13

Gruppe I = Vollremission mit Berufsfähigkeit, sozial bewährt.
   „   II = Teilremission höheren Grades, teilweise berufsfähig, entlassen, aber defekt.
   „   III = Teilremission niederen Grades, somatisch gebessert, defekt, zu Hausarbeit brauchbar, nicht entlassen.
   „   IV = Unveränderte oder chronische Progressive.
   „   V = Tote.

9. Die Verteilung der klinischen Formen auf die Remissionen.

A. Männer.

Gruppe	I	II	III	IV	V
			Absolute Zahlen		
Manische	—	—	—	—	—
Manisch-depressive . . .	1	1	—	—	—
Rein depressive	1	0	1	—	—
Stuporöse	—	—	1	—	—
Delirante	—	1	—	—	2
Expansive	—	1	1	1	—
Expansiv-agitierte . . .	1	1	3	—	—
Demente	—	1	ca. 7	ca. 9	10
Euphorisch-demente . . .	2-3	2	ca. 8	ca. 11	2
Galoppierende	—	—	—	—	2
Juvenile Paralysen . . .	—	—	1	—	—

(Termin: 1 Jahr nach Abschluss der Kur).

B. Frauen:

Gruppe	I	II	III	IV	V
			Absolute Zahlen		
Manische	1	—	—	—	—
Manisch-depressive . . .	—	—	1	1	—
Rein depressive	—	—	1	—	2
Stuporöse	—	—	—	—	1
Delirante	—	—	—	—	1
Expansive	—	—	—	—	—
Expansiv-agitierte . . .	—	—	—	—	1
Demente	—	1	1	4	4
Euphorisch-demente . .	—	1	4	—	3
Galoppierende	—	—	—	—	1
Juvenile Paralysen . . .	1 (!)	—	—	1	—

(Termin: 1 Jahr nach Abschluss der Kur.)

10. Spontanremissionen.

Unter 70 Männern und 30 Frauen fanden sich Spontanremissionen vor der Kur: 3 (2 Männer, 1 Frau). Dauer durchschnittlich 3 Monate; sie stellten sich ein bei: 1 manischen Form (weibl.) in Gruppe I, bei 1 euphorisch-dementen Form (männl.) in Gruppe II, bei einem Dementen (männl.) in Gruppe III.

15*

11. Die Besserung des Pupillenbefundes.

Es fand sich nach der Kur:

	Männer	Frauen
normaler Befund	2 (Gr. I, II)	1 (Gr. II)
Besserung	3 (Gr. I, II, III)	2 (Gr. I, II)
Keine Änderung	65	27

12. Besserungen des Reflexbefundes.

Es fanden sich:

	Männer	Frauen
normale Reflexe .	2 (Gr. I)	1 (Gr. II)
gebesserte „ . .	27 (Gr. I—IV)	9 (Gr. I—IV)
unveränderte „ . .	41	20

13. Besserung des serologischen Befundes.

	Männer			Frauen		
	Negativ	Besserung	Unverändert oder verschl.	Negativ	Besserung	Unverändert oder verschl.
Zytolog. Befund . . .	42	15	13	10	11	9
Globulinreaktionen . .	12	10	48	7	9	14
Kolloidreaktionen . .	5	15	50	5	10	15
Wassermann im Blut .	2	4	64	—	2	28
„ im Liquor	8	10	52	1	2	27

(Die Verstorbenen sind hier in die 3. Rubrik eingezählt.)

14. Völlig negativer serologischer Befund fand sich dauernd oder vorübergehend.

	Männer	Frauen
In Gruppe I bei . .	2	1
„ „ II „ . . .	—	1
„ „ III „ . . .	1	—
„ „ IV „ . . .	—	1
„ „ V „ . . .	1	—

Wie die vorstehenden statistischen Angaben ersehen lassen, sind unsere Erfolge, rein zahlenmäßig betrachtet, recht bescheiden. Es ist aber zu bedenken, dass unser Krankenstand so annähernd der ungeeignetste für eine sachgemäße Malariatherapie ist, den man sich nur denken kann. Wenn wir dennoch an der Brauchbarkeit der Malariabehandlung in der klinischen Praxis festhalten, so werden wir in erster Linie durch die Qualität der Remissionen hierzu bestimmt. Dass es nur wenige sind, die in dieser Hinsicht voll befriedigen können, liegt in der Natur der Sache. Auch unter diesem Gesichtspunkte ist der erzielte Erfolg kein geringer.

d) Die Erweiterungen der Paralysebehandlung mit Malaria.

Es war nach Bekanntwerden der ersten Erfolge mit der Tertianabehandlung an Paralytikern vorauszusehen, dass die Anwendung dieser Methode nicht auf das Krankheitsbild der Paralyse beschränkt bleiben werde. Die Natur der Paralyse als eines syphilitischen Grundleidens brachte es mit sich, dass man die Brauchbarkeit der neuen Methode auch bei nichtparalytischen Nervenkrankheiten mit syphilitischer Ätiologie studierte und zuletzt an die Frage herantrat, ob sich nicht auch besondere Indikationen für das Impfverfahren bei bestimmten Formen der eigentlichen Syphilis finden liessen. Man dachte vor allen Dingen zunächst an jene Fälle, denen mit der üblichen spezifischen Behandlung nicht recht beizukommen war. In Ermangelung von hinreichenden Erfahrungen musste die Infektionstherapie bei diesen erweiterten Indikationen zunächst ziemlich wahllos gebraucht werden, und man ist wohl nicht berechtigt, Autoren, die nach diesem Plane vorgingen, hieraus einen Vorwurf zu machen. Über dieses Stadium des Versuches ist, wie es scheint, die Infektionsbehandlung der nichtparalytischen Nervenkrankheiten mit syphilitischer Ätiologie und die Syphilisbehandlung selber noch nicht hinausgekommen. Weder für die Therapie der Tabes mit Malaria noch für die der Hirnlues scheinen die jetzigen Erfahrungen hinzureichen. Und auch auf dem Gebiete der Syphilisbehandlung mit Malaria sind die Indikationen noch nicht hinreichend scharf umschrieben oder von der Mehrzahl aller Autoren einheitlich anerkannt. Was aber die Behandlung nichtsyphilitischer Nerven- und Geisteskrankheiten mit Malaria anlangt, so scheint die Methode, von einigen wenigen Fällen abgesehen, durchaus unbefriedigende Ergebnisse gezeitigt zu haben. Dass man immer wieder Berichte über die Behandlung dieser oder jener nichtsyphilitischer Nervenkrankheiten mit Malaria liest, ist weniger darauf zurückzuführen, dass die objektiven Erfolge etwa vielversprechend seien, als vielmehr die betrübliche Tatsache, dass die vielen Fehlschläge auf diesem Gebiete meist nicht zur öffentlichen Kenntnis gelangen. Und wenn dies ausnahmsweise doch der Fall ist, dann wird der vorhandenen Literatur bei neuen therapeutischen Versuchen in der gleichen Richtung leider nicht die gebührende Aufmerksamkeit geschenkt.

Die Ergebnisse der Tabesbehandlung mit Malaria. Schon unter den ersten Veröffentlichungen über die Erfolge der Tertiana bei progressiver Paralyse finden sich da und dort zerstreute Beobachtungen an Tabikern. So äussert sich Weygandt in seinem Innsbrucker Malariareferate über die Tabesbehandlung mit Infektionen folgendermaßen: Über Fieberkuren bei Tabes liegen bis jetzt noch keine ausgiebigeren Berichte betreffs serienweiser Anwendung vor. Steiner erwähnt 7 Tabesfälle mit Rekurrensbehandlung. Ich habe an den mir zur Verfügung stehenden wenigen Fällen allerdings nach Malaria manchmal beträchtliche Besserungen gesehen, insbesondere konnte ich beobachten, dass im Falle schwerer lanzinierender Schmerzen und Gehstörung, die monatelange Bettruhe bedingte, die Impfkur eine derartige Besserung brachte, dass der Patient wieder flott umhergehen und weite Wege zurücklegen konnte. Bei dem langwierigen und wechselnden Verlaufe des Leidens wird man im allgemeinen hinsichtlich des post hoc ergo propter hoc vorsichtig sein müssen. Weitere gelegentliche Bemerkungen finden sich bei Kirschbaum und Kaltenbach, in einer Arbeit von Herrmann, von Reese und Peter, bei Plehn, Fleck, Scherber und Albrecht, McGrath und vielen anderen. Es sind seither eine Reihe von grösseren Berichten über den gleichen Gegenstand erschienen, die sich hinsichtlich ihres Standpunktes nicht sehr weitgehend decken. Zunächst die Mitteilung von Bering. Er berichtete im Jahre 1925 über 23 Tabesfälle, die er mit Malaria behandelte und deren Beobachtungszeit schon hinreichend zurücklag. Unter diesen 23 Fällen wurde viermal die Tabes nicht beeinflusst, hat sich aber auch auf die Behandlung nicht wesentlich verschlimmert. In den übrigen 19 Fällen kam es zu einer mehr oder minder weitgehenden Besserung einzelner Erscheinungen. Darunter scheint 13mal die Besserung nicht sehr vielseitig gewesen zu sein, doch erstreckte sie sich sowohl auf den neurologischen Befund an den Sehnenreflexen, als auf die Ataxie und die Sensibilitätsstörungen. Sechsmal war die Besserung bedeutend, Blasen- und Mastdarmstörungen, sehr schwere Ataxien gingen fast gänzlich zurück, so dass, wie Bering sagt, die Kranken nicht nur arbeitsfähig wurden, sondern sich auch wie neugeboren fühlten. Hervorgehoben wird von Bering noch, dass auch bei den ungebesserten Fällen eine erhebliche Besserung des Allgemeinbefindens erfolgt sei. Später haben sich Dreyfus und Hanau in ähnlichem Sinne ausgesprochen. Sie haben im ganzen 18 Tabiker, die ausnahmslos ein halbes bis ein Jahr in Beobachtung bleiben konnten, einer Malariatherapie unterworfen. Fast durchwegs soll es sich um veraltete, symptomreiche, spezifisch erfolglos vorbehandelte Fälle gehandelt haben. Während die lanzinierenden Schmerzen sowie die gastrischen Krisen im allgemeinen auf die Behandlung günstig ansprachen, versagte die Kur bei den motorisch-tabischen Störungen, also vor allen Dingen bei den ataktischen Formen der Tabes.

Im ganzen wurden unter den 18 behandelten Kranken 8 gebessert, 6 in manchen Symptomen gebessert, 3 weitere Kranke blieben unverändert, einer verstarb während der Fiebertherapie. Hinsichtlich des serologischen Erfolges heben Dreyfus und Hanau hervor, dass unter 7 untersuchten Kranken in 4 Fällen eine Sanierung des Liquors erreicht wurde, doch spielt eine solche in der Tabestherapie nicht die Rolle, wie bei den Fällen von Lues cerebrospinalis.

Scherber hat unter 30 behandelten Tabesfällen bei Anwendung der Impf-malaria vor allen Dingen eine günstige Wirkung auf die Neuritiden des Optikus, Akustikus und des Trigeminus gesehen. Die Krisen des Larynx und die gastrischen Krisen wurden in günstigem Sinne beeinflusst, weniger gut die Reflexe. 2 unter den behandelten Kranken wurden hinsichtlich des serologischen Befundes im Liquor gänzlich negativ, 26 Kranke wurden gebessert, 2 blieben unverändert. Leichter beeinflussbar erwies sich der serologische Serumbefund: er blieb in 66% der Fälle dauernd negativ, in 13% wurde er gebessert.

Im Gegensatz zu diesen Erfahrungen warnt Behr vor der Malaria-behandlung der tabischen Optikusatrophie nachdrücklichst. Er sah verschiedent-lich rapide Verschlimmerung des Sehvermögens im Anschluss an die Malariakur. Es trat sogar völlige Erblindung ein. Ebenso nimmt Nonne in der Frage der Tabesbehandlung mit Impftertiana einen zurückhaltenden Standpunkt ein. Er weist darauf hin, dass die Malariatherapie der Tabes nach seinen Erfahrungen nicht die Methode der Wahl sei. Es komme zu Verstärkungen der gastrischen

Krisen, die, wenn sie auch nicht in allen Fällen einträten, doch ein höchst störendes
Moment seien. Auch auf die vorkommenden Todesfälle weist Nonne hin.
Besonders bedenklich seien die ungünstigen Beeinflussungen der Optikusatrophien. Zuletzt haben Hoff und Kauders aus der Wiener psychiatrischen
Klinik über ihre Erfahrungen mit der Malariabehandlung der Tabes berichtet.
Es geht aus ihrer Veröffentlichung hervor, dass man an der Wiener Klinik in
der Frage der Tabesbehandlung mit Malaria trotz nicht gerade niederer Erfolgsziffern einen offenbar zurückhaltenden Standpunkt einnimmt. Es komme, so
wird argumentiert, der Malaria ein gewisser Platz innerhalb der Tabestherapie
zu, andererseits sei aber eine wirklich nachhaltige Tabestherapie noch nicht
gefunden. Die Gesamtkrankenziffer, über die berichtet wird, umfasst 56 Fälle
von Tabes mit verschieden schwerer Verlaufsform. Sie alle wurden mit Malaria
behandelt, die ältesten stehen 4 Jahre in Beobachtung, die jüngsten ein halbes
bis ein ganzes Jahr. Fälle mit Optikusatrophie blieben unberücksichtigt. Im
ganzen blieben ungebessert 14 Kranke = 25%, weitgehend gebessert wurden
18 Kranke, das sind 32%. Einzelne Erscheinungen wurden in 24 Fällen behoben
oder geheilt = 43%. Im übrigen erwiesen sich die ataktischen Formen der Tabes
als therapeutisch nur schlecht beeinflussbar, wenigstens die vorgeschrittneren
Formen. Am besten war die Wirkung auf die gastrischen Krisen, weniger
oft gelang eine Beseitigung der lanzinierenden Schmerzen. Die frischen Tabesfälle boten günstigere therapeutische Bedingungen als die älteren chronisch-
progressiven Formen. Irgendein greifbarer Zusammenhang zwischen Behandlungserfolg und Ausfall des serologischen Ergebnisses konnte nicht ermittelt
werden. Hervorgehoben wird die günstige Beeinflussung der Gesamteiweissmenge
im Liquor, die übrigen Reaktionen zeigten ein sehr wechselndes Verhalten;
auffallend war die geringe Beeinflussbarkeit der WaR. im Liquor, zum Teil
auch im Blute. Von 42 durch die Malariabehandlung gebesserten Kranken
sind innerhalb der oben genannten Beobachtungszeit angeblich nur 5 Kranke
rückfällig geworden, ein Prozentsatz, dessen niedere Werte aufs höchste über-
raschen. Im Verlaufe der Behandlung konnten Kauders und Hoff bei einem
Falle von Tabes eine vorübergehende Abduzensparese feststellen, Störungen,
die ja auch bei der Infektionstherapie der Paralyse eine Rolle spielen. Eine
Besserung der Pupillenfunktion wurde in keinem Falle erreicht, die Sehnenreflexe kehrten nur in einem Falle wieder, ebenso ist der Einfluss der Therapie
auf die Sensibilitätsstörungen und auf die der Potenz ein geringer. Etwas
günstiger war es um eine Besserung der Blasen- und Mastdarmstörungen bestellt.
Wir selber haben mit der Tabesbehandlung durch Malaria einige Erfahrungen
gemacht, die hier noch in Kürze wiedergegeben seien. Wir haben im ganzen
9 Tabiker der Malariabehandlung unterworfen. Es sind in dieser Zahl die Taboparalytiker nicht einbegriffen. Wir haben im ganzen unliebsame Vorfälle
während der Kur nicht gesehen, haben aber auch wirkliche und eindrucksvolle,
vor allen Dingen bleibende Besserungen bei den reinen Tabikern nicht erlebt.
Ein weibliche Kranke mit Optikusatrophie und gastrischen Beschwerden, aber
ohne weitgehende motorische Störungen, ist ein halbes Jahr nach der Kur einem
interkurrenten Leiden zu Hause erlegen. Von den übrigen Kranken erholten
sich die meisten Kranken körperlich zunächst ganz erstaunlich, das subjektive

Wohlbefinden nahm in überraschender Weise zu und es traten nicht geringe
Zunahmen des Körpergewichtes auf. Der Pupillenbefund wurde bei Tabes in
keinem unserer Fälle verändert, ebenso erreichten wir wohl Besserungen des
Liquorbefundes, ganz negativ ist jedoch kein Kranker geworden. Die gastrischen
Krisen und lanzinierenden Schmerzen wurden in einigen Fällen günstig beeinflusst, in einem Falle trat eine gewisse bleibende Verschlechterung ein. Die
sensiblen Ausfälle waren im allgemeinen therapeutisch besser anzugehen als
die motorischen; insgesamt war aber auch hier der Erfolg gering. Ältere Kranke
befriedigten in ihrem Zustande auch nach der Kur recht wenig, die allgemeine
Neigung zu Rückfällen ist uns recht sinnfällig gewesen. Von unseren Kranken
ist nur ein einziger bei wenigstens einjähriger Beobachtungszeit nicht rückfällig
geworden. Besonders verdient hervorgehoben zu werden, dass solche Rückfälle
trotz erheblicher Zunahme des Körpergewichtes beobachtet werden konnten,
es lässt also eine solche Körpergewichtszunahme nicht ohne weiteres auf eine
Besserung des nervösen Leidens schliessen. Wir glauben zusammenfassend
nicht, dass die Malariatherapie der Tabes ein besonders dankbares therapeutisches Feld darstellt, halten es aber nicht für nötig, der Anwendung der
Impftertiana bei diesem Leiden in allen Fällen zu widerraten. Man wird die
Infektionsbehandlung zunächst auf alle Fälle beschränken, die sich refraktär
gegen spezifische Therapie erweisen. Ältere Fälle mit Malaria zu behandeln
erscheint uns wenig zweckmäßig. Optikusaffektionen werden am besten ausgeschlossen, es sei denn, dass der Kranke auf der Behandlung besteht. Im
übrigen gelten die bereits an anderer Stelle, Seite 163 niedergelegten therapeutischen Grundsätze.

    **Die Behandlungsergebnisse der Lues cerebrospinalis (im engeren Sinne)
mit Malaria.** Vor nicht allzulanger Zeit hat erst Wagner-Jauregg hervorgehoben, dass die allgemeinen Erfahrungen über die Anwendbarkeit der Impftertiana bei der Lues cerebri noch sehr dürftige seien und dass zunächst eine gewisse Zurückhaltung in der Beurteilung aller Erfolge nötig sei. Zunächst scheinen
die Dinge so zu liegen, dass man vielerorts glaubt, der Infektionstherapie in der Behandlung der Lues cerebri überhaupt entraten können. Was man erreichen könne,
lasse sich mit einer energischen spezifischen Behandlung genau sogut erzielen,
und vor den häufigen Rezidiven der Hirnlues sei man auch durch die Anwendung
einschneidender Fieberkuren nicht mehr geschützt als früher. Daran ist sicher
einiges richtig, es verhält sich aber doch nicht ganz so. Da erfahrungsgemäß
die Sanierung des Liquors bei allen Formen der Hirnlues eine wesentlich
bedeutsamere Rolle spielt als bei Tabes und Paralyse, und auch aus anderen
Gründen, die vor allen Dingen in der Prognose der Hirnlues liegen, sich das
therapeutische Programm anders zu entwickeln pflegt, wie bei Tabes und
Paralyse, wird man sich hinsichtlich der Anwendbarkeit der Impftherapie wohl
kaum auf eine kurze Formel einigen können. Es scheint, als seien manche
Fälle von Lues cerebri, besonders die endarteriitischen Formen, für die Fieberbehandlung wenig geeignet. Nicht, als handle es sich bei diesen Formen vielfach
um ältere Herde, die einer Korrektur nicht mehr fähig sind. Bedenklich erscheint
die Anwendung der Impfmalaria bei der endarteriitischen Hirnlues vor allen
Dingen wegen der Gefahr der Gefässläsionen und der plötzlichen Zirkulations-

störungen innerhalb der Schädelhöhle. Doch wird immerhin von verschiedenen Seiten hervorgehoben, dass die Malariatherapie auch bei der Hirnlues gewisse Erfolge zu verzeichnen habe. Wagner-Jauregg betont dies auf Grund seiner Erfahrungen in Wien, und ebenso hat Lampar an der Innsbrucker Klinik über 2 Fälle von Hirnlues berichtet, die durch die Tertiana weitgehend beeinflusst wurden, obwohl sie auf eine spezifische Behandlung vorher nicht angesprochen hatten. Dreyfus hat nach einem Berichte im ärztlichen Vereine in Frankfurt 9 Fälle mit Lues cerebri der Tertianabehandlung unterworfen und hatte über sehr günstige Ergebnisse zu berichten. Er empfiehlt aber, die Fiebertherapie im allgemeinen nur dann anzuwenden, wenn eine wenigstens einjährige erfolglose Behandlung mit spezifischen Mitteln vorausgegangen sei. Unter seinen 9 Kranken wurden 6 sehr gebessert, 3 blieben unverändert. 4 Kranke mit sehr schweren Neurorezidiven wurden angeblich geheilt und der Liquor saniert. Auf Grund dieser Beobachtung stellt Dreyfus die Forderung auf, man solle die Neurorezidive und die rasch fortschreitende Hirnlues möglichst frühzeitig einer Malariakur unterwerfen. Dagegen äussert sich Scherber in Wien über den Wert der Infektionstherapie bei der Hirnlues ziemlich zurückhaltend. Ältere Fälle blieben im allgemeinen unbeeinflusst, Rückfälle seien auch durch diese Methode nicht zu verhindern. Unsere eigenen Erfahrungen über die Wirkung der Impfmalaria bei der echten Nervenlues gehen im allgemeinen dahin, dass solche Fälle kein sonderlich dankbares therapeutisches Objekt für die Fiebertherapie darstellen. Mit Rücksicht auf die Bedenklichkeit der Impfmalaria bei den zerebral-syphilitischen Prozessen, von der auch Wagner-Jauregg spricht, schliessen wir Kranke, bei denen endarteriitische Veränderungen zu bestehen scheinen, meistenteils von der Tertianaimpfung aus. Da es um den klinischen Nachweis solcher endarteriitischer Veränderungen intra vitam indessen nicht leicht bestellt ist, handelt es sich bei diesem Grundsatz nur um allgemeine Richtlinien. In allen Fällen von Hirnlues halten wir eine energische spezifische Therapie in allererster Linie angezeigt. Nur nach Versagen dieser Methode ist an eine Anwendung der Impfmalaria zu denken. Von 5 Kranken mit Lues cerebri, die wir in Erlangen der Malariabehandlung unterworfen haben, sind 2 Fälle schon ziemlich bald rezidiviert, zwei weitere Fälle blieben neurologisch bis jetzt unbeeinflusst, zeigten allerdings eine nicht gerade geringe Besserung des serologischen Befundes. Ein anderer Kranker, wahrscheinlich unter die Gruppe der diffusen Meningoenzephalitiden gehörig, hat sich leicht gebessert, ist vor allen Dingen somatisch in wesentlich anderer Verfassung wie früher, hat auch serologisch Fortschritte zum Bessern gemacht, von einer Sanierung des Liquors ist aber bis jetzt nicht die Rede.

Die Behandlung einzelner syphilitischer Organveränderungen der Spätperiode mit Malaria. Über die Behandlung der tabischen Optikusaffektionen mit Malaria wurde an anderer Stelle schon gesprochen. Wir möchten an diesem Orte hinzufügen, dass wir neuerdings bei einem siebenjährigen Jungen mit beiderseitiger schwerer Optikusatrophie auf dem Boden einer Lues congenita keinerlei Besserung des Sehvermögens erlebten, auch der Liquor erwies sich in diesem Falle als unbeeinflusst.

Über die Besserungsfähigkeit von metaluetischen Störungen am Akustikus durch die Malariabehandlung hat schon vor längerer Zeit Krassnig berichtet. Es handelte sich bei diesen Kranken offenbar um entzündliche Prozesse am Akustikus, die von den Meningen aus fortgeleitet waren. Bei 8 von 15 Fällen wurde eine einwandfreie funktionelle Besserung erzielt, während 7 unbeeinflusst waren. Krassnig glaubt, dass auch tertiär-syphilitische Veränderungen am Hörnerven besserungsfähig durch Fieberbehandlung sind.

Über die Beeinflussbarkeit der luetischen Mesaortitis durch die Impftertiana sind in der jüngsten Zeit mehrere instruktive Veröffentlichungen erschienen. Zunächst konnten Jagic und Hitzenberger nachweisen, dass während der Malariabehandlung mesaortitische Prozesse eine gewisse Neigung zu haben scheinen, auf die Herzklappen fortzuschreiten. Später haben Jagic und Spengler 19 Fälle von sicherer Mesaortitis mit Malaria behandelt, und zwar waren dies Kranke, bei denen der Prozess noch nicht auf die Aortenklappen übergegriffen hatte. Während der Kur, die bis zu 8 Tertianaanfällen fortgesetzt wurde, verstärkten sich in einem Falle die bestehenden Beschwerden von Angina pectoris und es musste das Fieber abgebrochen werden. Doch war auffallend, dass im allgemeinen keine bedrohlichen Erscheinungen beobachtet wurden. Während der Fieberanfälle kam es zu einer Senkung des Blutdruckes, die auch nach der Fieberperiode noch eine Zeitlang fortbestand. (Vgl. die von Schulze-Dalldorf gemachte Mitteilung über den Wert der Blutdruckmessung bei Malariafiebernden zum Zwecke der Prognosenbestimmung.) Zusammenfassend haben Jagic und Spengler den Schluss gezogen, dass eine Malariakur von Mesaortitiskranken gut vertragen werde. Der objektive Befund bessere sich nicht wesentlich, doch fühlten sich die Kranken nach der Kur subjektiv erheblich besser, vor allem was die anginösen Beschwerden anlange. Von sonstigen Heilerfolgen syphilitischer Organstörungen durch die Impfmalaria scheint nichts weiter bekannt geworden zu sein.

Die Malariatherapie bei der kongenitalen Lues. Dass die juvenile Paralyse im allgemeinen nur schlecht oder gar nicht auf die Fiebertherapie anspricht, wurde bereits gesagt, doch hat Weygandt im ärztlichen Vereine zu Hamburg während des Jahres 1925 einen Fall von juveniler Paralyse vorgestellt, der durch Malaria günstig beeinflusst wurde. Wir selbst haben einen Kranken mit juveniler Paralyse geimpft, der seit $1^1/_2$ Jahren wieder aus der Klinik entlassen ist und seitdem als Arbeiter Verwendung findet. Er ist aber körperlich wie psychisch nach wie vor sehr defekt geblieben. In der Gesellschaft für innere Medizin zu Wien stellte weiterhin Knöpfelmacher ein dreijähriges imbezilles hereditär-luetisches Kind vor, bei dem nach eingeleiteter Malariabehandlung alle serologischen Reaktionen, WaR. im Blute und im Liquor, Goldsol, Nonne, Pandy und Zellvermehrung negativ geworden sind. Es wurde eine deutliche Besserung der Imbezillität festgestellt. Knöpfelmacher ist der Ansicht, dass auch beim Säugling und beim kleinen Kinde die Malariatherapie unbedenklich eingeleitet werden könne. In der gleichen Gesellschaft zeigte Kaufmann im Jahre 1926 ein $2^3/_4$ Jahre altes, kongenital-luetisches Kind, bei dem keine klinischen Erscheinungen, ausser leichter Imbezillität, bestanden. Die Wassermannsche Reaktion im Blute und im Liquor war positiv, ebenso Pandy, ausserdem bestand eine mäßige Pleozytose. Nach der Malariatherapie war der Wassermann im Blute und im Liquor unverändert, die Pandysche Reaktion war negativ geworden und die Zellzahl von 28 auf 13 zurückgegangen. Es wird von der Möglichkeit gesprochen, die Behandlung der Lues congenita sei in so früher Zeit erfolgreicher als die der ausgebildeten kindlichen progressiven Paralyse. Etwas zurückhaltender hat sich in der gleichen Frage Beumer (Disk.-Bem., Vortrag E. Meyer, ·Königsberg, 1926) ausgesprochen. Er berichtet über einige Versuche, die kongenitale Säuglingslues mit positivem Wassermann im Latenzstadium mit Malaria zu behandeln. Voraus ging eine energische antisyphilitische Kur. Beumer fasst seine Erfahrungen dahingehend zusammen, dass das Verfahren für den Säugling nur ausnahmsweise anwendbar sei, dass es aber bei der Lues tarda mit Aussicht auf mehr Erfolg angewendet werden könne. Alles in allem scheint eine Einigung der Meinungen noch nicht erreicht zu sein[1]).

Die Behandlung der Syphilis mit Impftertiana. Da ich über eigene Erfahrungen in dieser Frage nicht verfüge, möchte ich mich auf eine kurze Wiedergabe der bislang ermittelten Tatsachen beschränken. Es ist eine oft diskutierte Frage, in welcher Weise eine Prophylaxe der Metalues möglich sei. Die Verschiedenheit der Ansichten über die Entstehungsbedingungen der Paralyse brachte es mit sich, dass bis zum heutigen Tage eine irgendwie befriedigende Klärung des Problems nicht möglich gewesen ist. Der Kernpunkt aller Fragen, um den man sich dabei immer wieder von neuem stritt, war der: welche Krankengruppe von ungeheilten Syphilitikern es sei, aus der später die Paralytiker und Tabiker hervorgingen. Man sah zunächst vor allen Dingen in jenen Syphilitikern die Paralysekanditaten, die unzureichend oder zu spät in Behandlung kamen, ferner jene, die sich überhaupt nicht hatten behandeln lassen. Man weiss heute, dass diese Annahme nicht in dem Umfange zutrifft, wie man sich dies vorgestellt hatte. Man konnte ermitteln, dass eine oberflächliche spezifische Behandlung zwar begünstigend für die Fortentwicklung des syphilitischen Prozesses werden kann, dass vor allen Dingen das sogenannte Anbehandeln einer frischen Lues dem Träger ausserordentlichen Schaden zufügen kann, doch ist auf der anderen Seite erwiesen, dass die Intensität der spezifischen Syphilisbehandlung es bei weitem nicht allein ist, was den Ausbruch der Metalues hindert. Kennt man doch auch Fälle von Paralyse, bei denen eine besonders lange und intensive spezifische Behandlung vorausgegangen war, ehe die Paralyse zum Ausbruch kam. Aus diesen Gründen ist es um die Prognose der Frühlues nicht gerade ganz einfach bestellt. In der Frage nach dem Zustandekommen von syphilitischen und metasyphilitischen Affektionen des Zentralnervensystems hat man nun in neuerer Zeit einer Gruppe von Syphilitikern ein besonderes Interesse zugewendet, nämlich jenen, die schon in der Sekundärperiode Anzeichen einer pathologischen Veränderung der Spinalflüssigkeit bieten. Da sich im Weiterverlauf der Untersuchungen, auf die im einzelnen hier nicht eingegangen werden kann, heraus-

---

[1]) Herr Prof. Fleischer, Vorstand der hiesigen Augenklinik, teilte mir gesprächsweise mit, dass er nach Malariatherapie in einem Falle eine Aufhellung der Hornhauttrübungen bei Keratitis parenchymatosa beobachten konnte, doch könnten derartige Aufhellungen auch spontan erfolgen.

stellte, dass pathologische Veränderungen der Spinalflüssigkeit in der Sekundärperiode ein nicht gerade seltenes Ereignis sind, dass ferner bei einer bestimmten
Zahl von Kranken diese pathologischen Reaktionen des Liquors gegebenenfalls
ohne weiteres Zutun auszuheilen pflegen, war nicht anzunehmen, dass die
pathologische Reaktion des Liquors in der Sekundärperiode der Lues an sich
es sei, was die späteren nervösen Affektionen des Zentralnervensystems im
voraus ankündige. Es lag aber auch kein Grund vor, an gar keinen Zusammenhang der syphilitischen Erkrankungen des Zentralnervensystems mit den Liquorveränderungen zu glauben und die ganze Fragestellung als irrig zu verlassen.
Denn dazu waren die Liquorveränderungen bei Tabes, Paralyse und Hirnlues
doch viel zu konstant, wennschon hinsichtlich ihrer Intensität erhebliche
Unterschiede bestanden. Man hat nun in der Latenzperiode der Syphilis eine
Anzahl von Kranken ermittelt, die klinisch ein erhöhtes Interesse beanspruchen.
Es sind solche Patienten, die keinerlei äussere Anzeichen einer syphilitischen
Affektion zu haben pflegen, die aber ziemlich konstant auf lange Zeit hinaus
einen hartnäckig positiv reagierenden Liquor führen. Dieser positive Spinal-
befund ist in der Mehrzahl der Fälle kein besonders sinnfälliger. Nach Ansicht
Hauptmanns, Pettes u. a. sind es gerade die schwach reagierenden Liquoren
der Latenzperiode, die einer beginnenden metaluetischen Affektion verdächtig
sind. Es hat sich nun gezeigt, dass bei einem Teil dieser Kranken eine Sanierung
des serologischen Befundes durch keine Maßnahme gelingen will. Die Betreffenden haben zumeist eine sehr intensive und durch Jahre fortgesetzte
spezifische Behandlung hinter sich. Zwar ist bekannt, dass es auch Erkrankungen
des Zentralnervensystems syphilitischer Art gibt, die negativen Liquorbefund
haben, doch scheint es sich bei ihnen nicht um die Regel zu handeln, und man
ist in der letzten Zeit immer wieder auf die liquorpositiven Latentsyphilitischen
zurückgekommen. Unter ihnen sollen sich die Anwärter auf die syphilitischen
Affektionen des Zentralnervensystems finden. Daneben sind es die hartnäckig
Seropositiven der Spätperiode, die für paralyseanfällig gehalten werden. Aus
früheren Erfahrungen der Syphilidologen ist gerade bei diesen Gruppen von
Kranken die günstige Wirkung von fiebererzeugenden Mitteln auf den Weiterverlauf des syphilitischen Prozesses bekannt. Man ging daran, sie schon seit
längerer Zeit mit unspezifischen Mitteln (Proteinen) zu behandeln und konnte
zum Teil recht befriedigende Erfolge erzielen. Doch versagte auch diese
Behandlungsmethode bei einer Reihe von Fällen (Almquist, Kyrle,
Scherber, Stern u. a.). So unternahm es nach Bekanntwerden der Erfolge
mit der Impfmalaria Kyrle, Syphilitiker aus der Latenzperiode mit krankem
Liquor der Malariatherapie zu unterwerfen. Man dachte zunächst wohl in
erster Linie an die Erkrankungen aus der Spätperiode, bei denen eine Sanierung
des Liquors und des Blutes erreicht werden sollte. Später ging man aber auch
dazu über, die latenten und die liquorpositiven Frühsyphilitischen mit Tertiana
zu behandeln und verzichtete schliesslich überhaupt auf die Indikation, dass
nur der Liquorbefund einen hinreichenden Maßstab zur Anwendung der Infektionsbehandlung beim Syphilitiker abgeben könne, weil man danach strebte,
von vornherein meningeale Rezidive zu vermeiden. Man ging in der Weise
vor, dass man die Kranken einer kombinierten Malaria-Neosalvarsankur unter-

warf, und zwar machten die betreffenden Patienten vor Einleitung der Fieberbehandlung zunächst einen Neosalvarsanturnus von etwa 3 g durch. Nach
Abschluss der Malariakur wurden nochmals etwa 3 g Neosalvarsan gegeben.
Über die Behandlungsergebnisse hat Kyrle sich mehrfach verbreitet, auf dem
Münchner Dermatologentage im Jahre 1923, ferner auf der Innsbrucker Naturforscherversammlung im Jahre 1924 und zuletzt in Graz 1925. Kyrle betont,
dass mit keiner anderen Methode so gleichmäßig gute und sichere Resultate
zu erzielen seien, als mit dem kombinierten Verfahren der Malaria-Salvarsan-
behandlung. Die ersten Impfungen wurden im Jahre 1923 vorgenommen, an
insgesamt 500 Fällen. Mittlerweile hat sich die Behandeltenziffer erheblich
vergrössert. Bei 250 liquorkranken Syphilitikern der Spätperiode konnte nach
einer mehrjährigen, bis zu 6 Jahren reichenden Beobachtungsdauer kein einziges
Liquorrezidiv beobachtet werden. Die Wirkung der Malaria war eine um so
promptere, je frischer die Lues war, bei älteren Fällen trat die volle Wirkung
der Kur erst einige Monate nach ihrem Abschluss zutage. Von besonderer
Wichtigkeit ist dabei, dass eine Anzahl der Behandelten schon sehr lange und
energische spezifische Kuren hinter sich hatten, ohne dass damit ein Dauererfolg zu erreichen gewesen wäre. Unter weiteren 250 mit Malaria behandelten
liquorpositiven und liquornegativen Sekundärsyphilitikern der Frühperiode
waren die therapeutischen Erfolge nach Kyrle ähnlich überraschend. Sie
sollen nach seiner Auffassung das mit spezifischen Methoden Erreichbare weit
übertreffen. Denn es seien während einer einjährigen Beobachtungsdauer
unter 205 liquornegativen Sekundärsyphilitischen nur drei Rückfälle vorgekommen. Und bei den liquorpositiven Kranken rezidivierte überhaupt keiner.
Diese Mitteilungen Kyrles erregten begreiflicherweise grosses Aufsehen und
wurden von verschiedenen Seiten nachgeprüft. Wir nennen Bering (Essen),
E. Hoffmann (Bonn), Lomholt u. Nörvig (Kopenhagen), Mulzer (Hamburg),
Scherber (Wien), Heuck (München) u. a. Auch an der hiesigen und an der
Würzburger dermatologischen Klinik wird mit Malaria behandelt. Zunächst
hat sich Bering in der Frage der Malariatherapie der Lues geäussert. Er vertritt den Standpunkt, ein jeder Syphilitiker solle etwa 2 Jahre nach Abschluss
der ersten spezifischen Kur auf das Verhalten seiner Spinalflüssigkeit untersucht
werden. Wird ein positiver Befund angetroffen, dann ist die Indikation zur
Malariatherapie gegeben. Fälle, die an hartnäckigen Kopfschmerzen leiden,
die Lähmungserscheinungen, wenn auch vorübergehender Art, gezeigt haben
und solche, bei denen die WaR. im Blute nicht negativ werden will, sind evtl.
schon früher einer Lumbalpunktion zu unterwerfen. Im wesentlichen beschränkt
sich also Bering hinsichtlich der unmittelbaren Indikationen zur Malariatherapie auf die liquorgefährdeten Kranken. Er berichtete 1925 über
179 Syphilitiker aller Stadien, die er mit der Wiener Impftertiana behandelt
hatte; ins Sonderheit waren es Syphilitiker mit sekundären Hauterscheinungen
und teilweise positivem Liquorbefund, ferner latent Syphilitische aus der
Sekundärperiode mit positivem Liquor und teilweise positivem Blut-Wassermann,
und Luetiker mit nervösen Erscheinungen. Fast in allen Fällen (mit Ausnahme
eines einzigen) erfolgte eine Beeinflussung des Spinalbefundes durch die Malariakur bis zu völlig negativem Ausfall. Dieses letztere Ziel wurde um so sicherer

erreicht, je frühzeitiger der Kranke in Behandlung genommen wurde, und
Bering knüpft daran die Forderung, es solle die Malariatherapie schon in den
Frühstadien der Erkrankungen des Zentralnervensystems durchgeführt werden.
Finger (Wien) äussert sich über den Wert der Syphilisbehandlung mit Malaria
äusserst zuversichtlich. Sie sei der gewöhnlichen spezifischen Therapie entschieden überlegen und es sei gelungen, die primäre und sekundäre Lues durch
eine einzige Salvarsan-Malariakur in vielen Fällen so weit auszuheilen, dass
nur ausnahmsweise innerhalb dreier Jahre Rückfälle vorkämen. So sei denn
zu hoffen, dass die endgültige Ausheilung der sekundären Syphilis in der Regel
durch eine Kur von 10—12 Wochen erreicht werden könne. Scherber (Wien)
betont auf Grund seiner Erfahrungen mit der Impfmalaria, dass diese Methode
ein Negativwerden der serologischen Reaktionen ziemlich rasch und konstant
bewirke. Besonderen Einfluss übe die Kur auf pathologische Liquore der
Sekundär- und Spätfälle aus.

Von 40 ausgesprochen positiven spinalen Befunden wurden durch die
Fiebertherapie 14 negativ, 22% besserten sich wesentlich, 19% waren ungebessert
oder rezidivierten. Die Rückfälle sollen vor allen Dingen bei kongenitaler Lues
vorkommen. Hier und da ereigne es sich auch, dass vorher negative Reaktionen
durch die Malariatherapie positiv würden. In diesen Fällen soll eine Provokation
der Lues durch die Malaria erfolgen, wie dies von Bogrow beim Flecktyphus,
von Scherber bei Variola beobachtet wurde. Lomholt und Nörvig untersuchten den Liquor von 30 sekundär Syphilitischen nach Abschluss einer
mehrjährigen regelmäßigen spezifischen Behandlung. In 3 Fällen wurde eine
erheblichere Veränderung des Liquors festgestellt, obwohl nur ganz schwache
Symptome auf Störung des Zentralnervensystems hinwiesen. Diese 3 Kranken
wurden der Malariatherapie mit vollem Erfolge unterworfen, so dass die Liquor-
veränderung ganz beseitigt wurde, oder auf ein sehr geringes Maß zurückging.
Die Autoren vertreten die Anschauung, es solle nach Abschluss der gewöhnlichen
Syphilisbehandlung in allen Fällen der Liquor untersucht und bei krankhaftem
Befund mit Malaria behandelt werden, vorausgesetzt, dass er sich weiterhin
gegen Salvarsan unempfindlich erweise. Gegen diese Anschauung hat vor nicht
allzulanger Zeit Kissmeyer Stellung genommen. Er weist auf das unsichere
und wechselnde Verhalten der Spinalflüssigkeit nach Wassermann, Zellzahl
und Eiweissgehalt bei Anwendung verschiedener spezifischer Behandlungsmethoden hin. Nach seinen Erfahrungen gelingt es oft, mit kräftiger, gemischter
Quecksilber-Salvarsanbehandlung schon nach Ablauf eines Monats eine stark
positive WaR. negativ zu machen, doch kann diese wieder spontan positiv
werden. Der klinische Befund und weitere Verlauf sei hier maßgebender. Das
gelte auch für die Fälle von Syphilis des Zentralnervensystems, die man nur
mit Malaria behandle. Die Malariatherapie habe den Anspruch auf die sichereren
und besseren Heilerfolge vor den antiluetischen Mitteln noch nachzuweisen.
In ähnlichem Sinne sprach sich der Königsberger Dermatologe Scholtz aus.
In einer Diskussionsbemerkung zu einem Vortrage E. Meyers über die Malariatherapie der Paralyse lehnte er die Tertianabehandlung der liquorpositiven
Sekundärlues und die der Latenzperiode mit hartnäckigem Liquorbefund ab.
E. Hoffmann hält die Anwendung der Infektionstherapie dann für erlaubt,

wenn durch Verzettelung oder ungenügender spezifischer Frühbehandlung der gewöhnlich eintretende günstige Ausgang nicht erreicht worden sei. Eine regelmäßige Anwendung der Infektiontherapie bei der Sekundärlues im Sinne von Kyrle lehnt Hoffmann ab unter Hinweis auf die Bedeutung energischer und grösstmöglicher Frühbehandlung der Syphilis in 2—3 genügend gemischten und voll dosierten Kuren. Rossner und Mattuschka berichteten über alle seit 1922 an der Fingerschen Klinik in Wien mit Malaria und Salvarsan behandelten Fälle und stellten fest, dass die Malaria von sämtlichen liquorpositiven Krankheitsfällen ohne Rücksicht auf die bisherige Krankheitsdauer nur 1,1% unbeeinflusst gelassen habe. R. O. Stein, der sich über die Infektionstherapie der frischen Syphilis ebenfalls sehr eingehend und befriedigt ausgesprochen hat, stellte die Forderung auf, alle Frühfälle mit Hautausschlägen und sonstigen manifesten Erscheinungen solange mit Salvarsan vorzubehandeln, bis die äusseren Symptome der Lues sich zurückgebildet hätten. Erst dann solle die Malaria nachfolgen. Leite man bei bestehenden klinischen Erscheinungen die Malariatherapie zu frühzeitig ein, dann komme es zu Rückfällen, zu Ausbrüchen der Syphilis auf der Haut und den Schleimhäuten. Zuletzt hat Mulzer in Hamburg zur Frage der Tertianabehandlung von Luesfällen Stellung genommen und hat über seine Erfahrungen berichtet. Es war ihm möglich, einen grösseren Teil seiner Patienten nach Ablauf einer bestimmten Zeit nachzuuntersuchen. Es wurde eine sehr prompte Wirkung der Malaria auf die serologischen Reaktionen festgestellt, auch bei solchen Kranken, die lange Zeit vorher mit grossen Mengen Salvarsan, Wismut und Hg behandelt worden waren. Es wurde sowohl in diesen, wie auch in anderen Fällen mit Ausnahme von dreien eine völlige Sanierung des Liquors erreicht. Mulzer hebt hervor, dass er bis jetzt keinerlei Rückfälle gesehen hat, spricht sich aber bezüglich einer dauernden Prognosenstellung noch zurückhaltend aus.

Zusammenfassend kann man sagen, dass objektive Erfolge der Malariabehandlung bei Syphilis erwiesen sind, dass aber eine einheitliche Indikation zu ihrer Anwendung noch nicht feststeht. Man kann es als fraglich bezeichnen, ob eine so weite Indikationsstellung der Impfmalaria in der Syphilisbehandlung, wie sie Kyrle gebraucht, bleibende Anerkennung finden wird. Doch scheint für bestimmte Indikationsgebiete engerer Art, wie die der chronisch Liquorkranken, bei Spätfällen von Syphilis die Infektionsbehandlung eine wertvolle Bereicherung des therapeutischen Rüstwerks darzustellen. Es ist Wagner-Jauregg durchaus zuzustimmen, wenn er sagt: Ich halte die Behandlung der liquorpositiven Latenzstadien mit Malaria und spezifischen Mitteln für dringend angezeigt. Man kann ja darüber diskutieren, ob es notwendig ist, diese Behandlungsmethode in allen Fällen von liquorpositiver Latenz von vornherein anzuwenden. Wenn aber schon durch Jahre mit allen möglichen spezifischen Kuren vergeblich gearbeitet worden ist, dann sollten doch auch dem verbohrtesten Spezifisten die Augen aufgehen[1]).

---

[1]) In jüngster Zeit hat Vonkennel aus der Klinik Heuck sich ausführlicher über die Malariabehandlung der Frühsyphilis verbreitet. Der gesamte Krankenstand wurde in 2 Gruppen geteilt. Behandlungsmodus A: Impfmalaria ohne spezifische Vorbehandlung, jedoch mit spezifischer Nachbehandlung durch 6g Neo-

Man hat an die therapeutischen Erfolge der Malariaimpfung bei der Syphilis die Hoffnung geknüpft, es werde sich durch frühzeitige Impfung die Metaluesprophylaxe in irgend einer Weise fördern lassen. Während ein Teil der Autoren den Standpunkt vertritt, dass die Impfmalaria auf die Entstehung der metaluetischen Erkrankungen einen vorbeugenden Einfluss ausüben könne, nimmt ein anderer Teil der Autoren eine zurückhaltende oder ablehnende Stellung ein. Man stützte sich zur Bekräftigung der Hypothese, dass die Impfmalaria den Ausbruch der Paralyse verhindern könne, auf die vielzitierten Untersuchungen von Mattauschek und Pilcz, die bei einer grossen Zahl syphilitisch infizierter Offiziere keinen Fall von Paralyse ermitteln konnten, der dann entstanden wäre, nachdem der Syphilisträger eine interkurrente fieberhafte Erkrankung durchgemacht hatte. Es ist indessen von Kirschbaum aus der Hamburger Klinik gezeigt worden, dass sich in der Anamnese einer grösseren Zahl von Paralytikern seiner Beobachtung interkurrente fieberhafte Erkrankungen nach der Ansteckung fanden, ohne dass diese paralysevorbeugend gewirkt hätten. Auch wir konnten ähnliche Erfahrungen machen. Unter den Paralytikern der hiesigen Klinik in den letzten 3 Jahren fanden sich allein 10 Fälle, die längere Zeit nach der syphilitischen Infektion interkurrent an Infektionen erkrankten. Es fand sich anamnestisch bei unseren Kranken: einmal Typhus, zweimal Paratyphus, zweimal Ruhr, zweimal Lungenentzündung, einmal schwere fieberhafte Grippe, einmal Erysipel.

Man wird also wohl die Frage der prophylaktischen Wirkung der Impfmalaria auf den Ausbruch der Paralyse zur Zeit noch zum mindesten als unentschieden zurückstellen müssen. Dem Verfasser selbst erscheint eine prophylaktische Wirkung der Impftertiana im höchsten Grade unwahrscheinlich.

Die Behandlung nichtsyphilitischer Nervenkrankheiten und Psychosen mit Malaria. Da die ersten mit Infektionen behandelten Psychosen solche nichtsyphilitischer Ätiologie waren, lag der Gedanke nahe, auf die alten Versuche von Rosenblum wieder zurückzukommen, der offenbar bei Kranken des

---

salvarsan und 20—25 ccm Embial. Gruppe B: Zunächst spezifische Vorbehandlung, dann Impfmalaria, dann spezifische Nachbehandlung. Das Behandlungsergebnis war:

Nach Behandlungsmodus A:

1. Seropositive Lues I: 5 Fälle. Die WaR. war in allen Fällen zu Beginn der Kur positiv, am Ende der Kur in allen Fällen negativ, ebenso in allen Fällen bei Nachuntersuchung nach 5 Monaten und 2 Jahren negativ geblieben. Es waren somit alle Fälle klinisch und serologisch ausgeheilt.

2. Manifeste Lues II: 14 Fälle. Hier ergibt der Behandlungsmodus A in 11 Fällen eine klinische und serologische Heilung (Kontrolle nach 5 Monaten und 2 Jahren) $= 79^0/_0$. In 3 Fällen konnte die Lues serologisch nicht beseitigt werden $= 21^0/_0$. In einem dieser Fälle war die WaR. am Anfang der Kur positiv, nach Beendigung der Kur negativ, dies dauerte ein halbes Jahr, dann schlug die WaR. wieder ins Positive um, ohne dass eine Reinfektion erfolgt wäre.

3. Lues latens der Frühlatenz (1—2 Jahre nach der Infektion): 12 Fälle. Darunter 9 Fälle bei zweimaliger Kontrolle innerhalb zweier Jahre dauernd negativ geblieben, in 3 Fällen nur teilweise geringes Schwächerwerden der serologischen Reaktionen, kein einziger Fall negativ.

4. Lues latens der Spätlatenz (hartnäckiger positiver Blutbefund), mehrere, bis zu 8 vorausgehende spezifische Kuren: 15 Falle. Davon 7 Fälle durch die Malariakur bei zweimaliger Kontrolle innerhalb zweier Jahre dauernd negativ $= 46,3^0/_0$. Bei den übrigen Fällen keine sichtliche Wirkung der einmaligen Malariakur.

5. Lues congenita: 3 Fälle, 2 unverändert, 1 serologisch geheilt.

Nach Behandlungsmodus B:

Diese Behandlungsmethode gründet sich auf die Erfahrungen von Kaposi, Gärtner, Stückgold, Müller und Scherber, Kyrle, denen zufolge eine vor der Infektionstherapie vorausgehende spezifische Kur wesentlich nachhaltigere Wirkungen

schizophrenen Formenkreises nicht unerhebliche Besserungen des Zustandes durch interkurrente Rekurrens gesehen hatte. Ebenso war mit der Zeit eine Ausdehnung der Impfversuche auf solche Nervenkrankheiten vorauszusehen, die parasitärer Natur zu sein scheinen und die eine ähnliche Lokalisation der Erreger vermuten lassen, wie die progressive Paralyse. Die praktischen Ergebnisse, welche uns seither die Infektionsbehandlung auf diesem Gebiete bringen konnte, sind recht dürftige und ermutigen gerade nicht zur Fortführung solcher Versuche. Zunächst ging an der Wiener psychiatrischen Klinik Gross dazu über, die multiple Sklerose mit Impftertiana zu behandeln. Geimpft wurden insgesamt 42 Fälle, zum Teil wurde die Malaria mit Typhusvakzine kombiniert, fast alle Kranke erhielten ausserdem noch Salvarsan. Im Anschluss an die Impfung trat in 11 Fällen eine eklatante Besserung des Zustandes ein, es ist aber hervorzuheben, dass sich unter diesen 9 Besserungen nur 4 chronisch-progrediente Fälle befanden. Wie man sieht, sind die Behandlungserfolge nicht vielversprechend. Es kommt dazu, dass der Verlauf der multiplen Sklerose ein so vielgestaltiger ist, dass ein Urteil über Dauererfolge bei diesem Leiden ganz besonders schwer fällt. Neuerdings haben Dreyfus und Hanau über ihre Behandlungserfolge mit Tertiana an Polysklerotikern berichtet. Sie impften im ganzen 10 Fälle; von 8 chronisch fortschreitenden Erkrankungen wurden 7 zum Teil sehr gebessert, darunter 2 angeblich so weitgehend, dass sie ohne Stock und ohne fremde Hilfe zu gehen vermochten. Bei 6 von diesen Kranken hielt

---

zu entfallen vermag, als später. So hebt Kyrle hervor, dass durch interkurrierendes Fieber mit relativ geringen Hg- und Salvarsandosen ein so durchgreifender Erfolg zu erzielen sei, dass er den einer spezifischen Kur allein um vieles übertreffe. Man stellte sich vor, dass vor allem luetische Infiltrate rascher durch solche Maßnahmen zur Resorption gebracht würden.

Vonkennel bzw. Heuck führten den Behandlungsmodus B in der Weise durch, dass zunächst in einem Zeitraum von etwa 4 Wochen 3 g Neosalvarsan in Dosen von 0,45 und 0,6 und 10 ccm Wismut gegeben wurden. Dann wird mit Malaria geimpft. Im fieberfreien Intervall laufen die Wismutinjektionen die ganze Kur durch weiter. Im ganzen machen die Kranken 10 bis 12 Fieberanfälle durch, dann erfolgt die spezifische Nachbehandlung. Bei Kranken, deren Vorgeschichte eine besondere Hartnäckigkeit des syphilitischen Prozesses vermuten lässt, wurde die Intensität der Therapie besonders gesteigert. Bei solchen Fällen mussten die Patienten bis zu 14 Malariaanfälle durchmachen und es erfolgte eine besonders intensive Nachbehandlung in Form von 25 ccm Bi und 6 g Neosalvarsan, die während des Fiebers verabreichten Wismutmengen wurden nicht eingerechnet.

Die Behandlungsergebnisse der Klinik Heuck nach Behandlungsmodus B waren die folgenden:

Behandeltenziffer: 109 Fälle.

Seropositive Lues I: Heilung in 100%.

Manifeste Lues II: Heilung in 98%.

Lues latens (Frühlatenz): Heilung in 90,5%.

Lues latens (Spätlatenz): Heilung in 73,5%.

Lues congenita: Heilung in 40% (? Verf.).

Im einzelnen wird hervorgehoben, dass manifeste Lues II-Formen, die sich als Salvarsan-Bi-Malaria-refraktäre erwiesen hätten, nicht zur Beobachtung kamen. Doch sind die Erfolge mit Salvarsan-Bi allein wohl ebenso sinnfällig bei diesen Formen. Dagegen scheint die kombinierte Salvarsan-Bi-Malariakur bei den Fällen von Lues latens, besonders den spätlatenten, allen anderen therapeutischen Methoden überlegen zu sein.

die Besserung nach erhobener Katamnese Monate an und machte später noch
Fortschritte. Bei 2 in Schüben erkrankten Polysklerotikern besserte sich das
Befinden zunächst, sie erkrankten aber nach einigen Monaten an einem neuen
Schube.

Lafora konnte bei 2 mit Malaria geimpften multiplen Sklerosen eine
Besserung nicht feststellen. Unsere eigenen Erfahrungen mit der Infektionstherapie der multiplen Sklerose sind durchaus trübe. Wir haben zwar Todesfälle
bislang nicht erlebt, die Kranken standen indessen mehrfach an des Grabes
Rand, und wir wissen von anderen Kliniken, dass verschiedentliche Todesfälle
von multiplen Sklerosen nach Malaria und Rekurrens vorgekommen sind. Man
hört von ihnen meistens nichts in der Fachliteratur, weshalb an dieser Stelle
ganz besonders auf sie hingewiesen sei. Bei einigen unserer Kranken erlebten
wir zunächst eine geringe Besserung des Befindens, auch von einer erhöhten
Sicherheit der Motilität liess sich reden. Es kam aber durchwegs schon nach
einigen Monaten zu Rückfällen und seither zu einer zunehmenden Verschlimmerung des Krankheitsprozesses. Wir halten die Infektionstherapie der multiplen
Sklerose nicht für die Methode der Wahl, sondern für ein mehr oder weniger
gefährliches Experiment, das man besser unterlässt. Wir glauben zudem, dass
mit weniger durchgreifenden Maßnahmen ähnliche Ergebnisse zu erhalten sind.
Eine so weitgehende Gefährdung der Kranken, wie durch die Impfbehandlung
dürfte sich stets umgehen lassen. Wir sind auf Grund unserer Versuche veranlasst worden, weitere Impfungen an Polysklerotikern einzustellen.

Noch wesentlich aussichtsloser erscheinen uns fiebertherapeutische Versuche
an Schizophrenen. Man wird schon über ihre theoretische Berechtigung sehr
geteilter Meinung sein können. Denn Malaria und Rekurrens ist kein Allheilmittel, mit dem man alle therapeutischen Lücken in einem Schlage ausfüllen
kann. Man möchte glauben, es seien nicht etwa sichere Vorstellungen gewesen,
die da und dort eine Wiederaufnahme der Impfungen an Schizophrenen veranlassten, als vielmehr „dereirende" Wünsche. Wir haben in Erlangen ungewollte
Erfahrungen über die therapeutische Wirkung der Impfmalaria auf das schizophrene Krankheitsbild zu sammeln vermocht, weil wir bei einer kleineren
Paralytikerziffer dann und wann unseren Malariastamm auf Schizophrene
verimpfen mussten, um ihn erhalten zu können. Die therapeutischen Ergebnisse
dieser Maßnahme waren wenig erfreulich. Geschadet hat es den Kranken
wohl in keinem Falle. Die Patienten wurden während und unmittelbar nach
der Fieberperiode etwas zugängiger, gaben Antwort, versuchten auch zu arbeiten,
dann sanken sie in ihre frühere Lethargie zurück und waren aus ihr nicht mehr
herauszureissen, übrigens auch trotz allen Glaubens an die zeitgemäßen Wunder
der Arbeitstherapie nicht. Es besagt, das wird man zudem bedenken müssen,
nicht allzuviel, wenn ein Schizophrener nach Malariaimpfung wieder zu arbeiten
anfängt und dann seine Beschäftigung nicht wieder verlässt. Man kann dies
nicht als Erfolg der Malariabehandlung buchen oder muss den Einwand gewärtigen,
dass sich durch eine Verlegung in einen anderen Saal und in fremde Umgebung
das gleiche hätte erreichen lassen. Einer unserer Kranken, ein Schizophrener
mit episodischen halluzinatorischen Erregungszuständen, der seit einigen Jahren
immer stumpfer und gleichgültiger wird, wurde durch die Impftertiana zunächst

körperlich ziemlich mitgenommen, erholte sich dann aber rasch und war zugängiger. Ein Versuch, ihn in dieser Phase wieder der Arbeit zuzuführen, misslang, und er misslang konstant, wenn man es auch Dutzende von Malen mit ihm probierte. Er erkrankte dann an einem Magendarmkatarrh, musste zu Bett und verstumpfte hier, wie es schien. Dieser Zustand hielt 1¾ Jahre an. Eines Tages wurde vom Abteilungsarzte ein neuer Versuch gemacht, den Kranken zur Arbeit zu bringen. Man verlegte ihn gleichzeitig auf eine andere Abteilung. Der Versuch gelang, und nun arbeitet der Kranke schon ein ganzes halbes Jahr ohne Unterbrechung. Wäre der Kranke ein Jahr früher zur Arbeit gegangen und hätte man ihn vorher verlegt, so wäre dieser therapeutische „Erfolg" vielleicht auf Kosten der Infektionstherapie gegangen. Ob der Kranke zudem ein anderer geworden ist, auch wenn er arbeitet? Ich glaube es nicht. Er ist ein defekter Schizophrener geblieben, ob er nun die Säge und den Spaten in der Hand hat oder nicht. Gerade bei Beurteilung von Besserungen bei Schizophrenen zeigt es sich, wie wenig erspriesslich eine allzu starke Hervorkehrung des sozialen Momentes für die gesamte klinische Erfassung des Kranken und seines Zustandes ist. Es finden sich im fachlichen Schrifttum mehrfache Angaben über neuerliche Behandlungsversuche mit Malaria bei Schizophrenen. Bei der Kürze der klinischen Berichte ist aber mit diesen Angaben nicht viel anzufangen. So impfte Lafora 2 Schizophrene mit Tertiana. Sie sollen nach der Behandlung wieder arbeitsfähig geworden sein. Im Gegensatz hierzu konnte Goria an 2 mit Malaria geimpften Schizophrenen eine Besserung des Zustandes nach der Kur nicht feststellen. Neuerdings hat Menninger von Lerchenthal 33 Schizophrene mit Typhusvakzine behandelt und hat unter diesen 21 Besserungen nach der Behandlung gesehen. Man wird aber fragen müssen, ob es sich nicht hier um Spontanremissionen handelte, denn der Verfasser betont eigens, die Besserungsaussichten seien umso günstiger, je frischer die Erkrankung sei, und bei frischen Schizophrenien sind bekanntlich spontane Besserungen keine Seltenheit.

Nicht minder ungünstig ist es mit der therapeutischen Wirksamkeit der Malaria bei der Epilepsie bestellt. Man wird hier in den meisten Fällen wohl nicht mehr erreichen können, als ein vorübergehendes Geringerwerden der Anfallszahl, wie man dies ja auch dann beobachten kann, wenn Epileptiker an akuten fieberhaften Leiden erkrankt sind. Ich hatte Gelegenheit, erst vor kurzem einen derartigen Fall zu sehen, der während einer langwierigen fieberhaften Pleuritis fast anfallsfrei wurde, obwohl er vorher jahrelang regelmäßig von Anfallsattacken heimgesucht wurde. Ein Dauererfolg ist jedoch bislang weder mit der Infektionstherapie bei Epileptikern erreicht worden, noch wird man sie je mit solchen Maßnahmen erwarten dürfen.

Überraschend gering ist die Beeinflussbarkeit von Nachkrankheiten der Encephalitis epidemica durch die Impfmalaria. Ein Amyostatiker unserer Beobachtung, der mit Malaria geimpft wurde, hat weder während der Kur, noch später nur im geringsten irgend eine Besserung seines Befindens gezeigt. Ebensowenig ist von anderen Autoren eine Besserung solcher Zustände gesehen worden. Nur Aguglia und d'Abundo (zitiert nach Weygandt) sahen bei 3 Metenzephalitikern mit der Impftertiana bessere Erfolge wie mit der sonstigen

Therapie, sie beobachteten auch bei einem Schizophrenen nach der Fieberkur
eine Remission, und 4 Epileptiker wurden anfallsfrei nach der Impfung. Doch
hat auch Weygandt keine sicheren Erfolge gesehen[1]).

V. Die Rekurrensbehandlung der syphilogenen Nervenkrankheiten und anderer Erkrankungen, mit Bemerkungen über die Behandlung der Paralyse durch Rattenbiss.

Als im Jahre 1919 Plaut und Steiner ihre ersten Veröffentlichungen
über die Rekurrensbehandlung der Paralyse vorlegten, war ihnen die Idee einer
Beeinflussung dieses Krankheitsbildes durch interkurrente fieberhafte Leiden
fremd, was vorher Wagner-Jauregg zu seinen ersten therapeutischen Versuchen
veranlasst hatte. Plaut und Steiner gingen vielmehr in Unkenntnis der Rosen-
blumschen Versuche vom Jahre 1874 von Feststellungen Moldovans über
den Wirkungsmechanismus des Salvarsans aus. Man wollte dem paralytischen
Organismus auf Grund einer künstlichen Infektion mit einem biologisch nahe
verwandten Erreger neue Abwehrkräfte zuführen. Dabei dachte man daran,
es werde sich bei der Abwehr der Rekurrensinfektion innerhalb des paralytischen
Körpers eine Immunität entwickeln, die nicht ganz spezifisch gegen den Erreger
der Rekurrens gerichtet sei, sondern den der Lues noch zum Teil mit umfasse.
Dieser Vorgang, den Plaut und Steiner Überlagerung der Immunität nannten,
sollte also gleichsam durch Erweiterung seines immunisatorischen Machtbereiches
einen hemmenden Einfluss auf das weitere Vordringen der Syphilisspirochäten

---

[1]) In neuerer Zeit sind einige Arbeiten über die Beeinflussung der
Gonorrhoe durch Impfmalaria bekannt geworden, über die ich hier anhangsweise berichten möchte. Zusammenfassend möchte ich sagen, dass die Behandlung
der Gonorrhoe mit so eingreifenden Methoden, wie es die Malariabehandlung darstellt, für die Zukunft keine grossen Hoffnungen erweckt. Es macht durchaus
den Eindruck, als liesse sich bei diesem Leiden mit weniger eingreifenden Methoden
doch wenigstens genau soviel erreichen. Schon Heuck und Bering konnten eine
günstige Beeinflussung begleitender Gonorrhoen bei der Malariabehandlung der
Syphilis feststellen. Verschiedentlich kamen Tripperkomplikationen zur Ausheilung. Zunächst sei auf eine Arbeit von Koschewnikow verwiesen, die über
die Einwirkung der Impfmalaria auf 60 frische Gonorrhoen berichtet. Seine Ergebnisse sind nicht vielversprechend. Es kam des öfteren zu weiteren Komplikationen.
Dagegen sah Lenzmann bei 88 weiblichen und 5 männlichen Kranken, die gleichzeitig mit Syphilis infiziert waren, eine recht günstige Wirkung der Malaria auf
den Tripperverlauf. Die behandelten 5 männlichen Tripperkranken waren trotz
intensivster Provokation negativ, von den behandelten Frauen 78%, doch hält
Lenzmann die Anwendung der Impfmalaria in der Gonorrhoebehandlung nicht
für ratsam (Vonkennel.) Die Erfahrungen der Heuckschen Klinik über die
Beeinflussung der Gonorrhoe durch die Impfmalaria erstrecken sich auf 100 Frauen
und 20 Männer mit gleichzeitiger luetischer Infektion. Es ist durch die Malariawirkung in etwa 90% aller Erkrankten eine Heilung des Trippers erfolgt, die sich
auch bei intensiver Provokation als stabil erwies. Komplikationen sind nicht
aufgetreten. Heuck versucht in Analogie zur Malaria-Wismut-Therapie der Lues
eine Silber-Malaria-Therapie der Gonorrhoe, wobei er an eine steigernde Wirkung
der Malaria auf die Silberdepots im Körper denkt. Zur Verwendung kommt dabei
ein Tertianastamm, der ausschliesslich zu diesen Zwecken gehalten wird.

auch innerhalb des Paralytikergehirnes ausüben. Obwohl die Theorie von Plaut und Steiner zur Überlagerung der Rekurrensimmunität manchen Widerspruch erfahren hat, so hat sich doch das von ihnen begründete therapeutische Verfahren der Rekurrensimpfungen viele Anhängerschaft erworben, so dass es noch heutigen Tages an manchen Kliniken der Impftertiana vorgezogen wird.

Plaut und Steiner dachten zunächst an eine Übertragung der europäischen Rekurrens (Spirochaete Obermaieri), mussten jedoch erkennen, dass dieses Infektionsvirus sich als wenig brauchbar erwies, weshalb jetzt seit vielen Jahren ausschliesslich das afrikanische Zeckenfieber verwendet wird. Es sind da und dort noch weitere Versuche mit europäischer Rekurrens angestellt worden, meines Wissens auch mit der russischen Rekurrens (siehe Verhandlungen des bayerischen Psychiatertages 1925), doch ist man mit diesen Spirochätenstämmen nicht weitergekommen, als mit der afrikanischen Rekurrens (Sp. Duttoni). Es ist also unrichtig, wenn in manchen Lehrbüchern sich dargestellt findet, man verwende zu therapeutischen Zwecken bei Paralytikern Impfungen mit der Obermaierschen Spirochäte. Über die Parasitologie und Pathologie der Rückfallfieber seien in Kürze einige Tatsachen angeführt, die direkten Bezug zu unserem Thema haben. Es handelt sich bei den verschiedenen Rekurrensformen um Infektionskrankheiten mit periodischem Fieberverlaufe, die durch Spirochätenarten hervorgerufen sind. Die Erreger kreisen während der Fieberanfälle im Blute und sind morphologisch und biologisch einander nahe verwandt. Es kommt den einzelnen Formen von Rückfallfieber im wesentlichen ein bestimmtes Verbreitungsgebiet zu, nach dem die Krankheit ihren Namen führt. So unterscheidet man das europäische Rückfallfieber mit der Spirochaete Obermaieri als Erreger, das zentralafrikanische Rückfallfieber mit der Sp.Duttoni, das nordafrikanische mit der Sp. berbera bzw. Sp. aegyptica, das amerikanische mit der Sp. Novyi, die asiatischen Rückfallfieberformen, unter denen der indischen Rekurrens die Sp. Carteri als Erreger zukommt, während die übrigen asiatischen Fieberformen wohl ätiologisch nicht als einheitlich aufzufassen sind.

Über die Artverschiedenheit der einzelnen Spirochäten sind die Untersuchungen noch nicht abgeschlossen. Es gibt Autoren, welche die Anschauung vertreten, dass es sich bei den verschiedenen Rückfallfieberformen um nichts anderes als um Varianten ein und derselben über die ganze Erde verbreiteten Spriochätenart handle. Von anderen wird an der Anschauung festgehalten, dass die Rekurrensspirochäten einzelner Rückfallfieberformen in der Tat artverschiedene Erreger darstellen. Man belegt diese Anschauung mit mancherlei stichhaltigen Gründen. Zunächst wird auf die morphologische Differenz hingewiesen, die zwischen den einzelnen Rekurrensspirochäten bestehen. Sie schwanken nach Länge und Breite, nach der Zahl der Geiseln u. a. Weiterhin hat sich herausgestellt. dass das Überstehen einer bestimmten Fiebererkrankung nicht vor der Infektion mit einer anderen schützt, dass also die Immunität bei den einzelnen Rekurrenserkrankungen bis zu einem gewissen Grade eine engumgrenzte ist. Nicht zuletzt versuchte man auch, bestimmte Eigentümlichkeiten klinischer Art bei der regionären Rekurrens herauszuheben. Da nun der Nachweis erbracht wurde, dass die Gestalt der einzelnen Rekurrensspirochäte je nach den Lebensbedingungen des Erregers sehr zu schwanken vermag, da ferner Uhlenhuth und Händel zeigen konnten, dass sich Übergänge in der Immunität zwischen europäischer und amerikanischer, sowie europäischer und afrikanischer Rekurrens finden liessen und dass auch den klinischen Unterschieden der Rückfallfieberformen

ein sehr bedingter Wert zukomme, so ist die Beweiskraft jener Argumente da und
dort etwas abgeblasst, mit der man die Artverschiedenheit der einzelnen Rekurrens-
erreger behauptete. Es sei nun damit bestellt, wie es wolle, jedenfalls bestehen im
groben gewisse durchgreifende Unterschiede zwischen den einzelnen Formen des
Rückfallfiebers, die ihre Unterscheidbarkeit ermöglichen.

Das zentralafrikanische Rekurrensfieber, das seit Plaut und Steiner
auf Paralytiker verimpft wird, hat als Erreger die Spirochaete Duttoni, Novy
und Knapp. Sie stellt ein schraubenartiges, mit Geiseln versehenes Gebilde
dar, das nach Dutton und Todd in seiner Grösse ziemlichen Schwankungen
unterworfen ist, es soll zwischen 13 und 43 Mikren gross sein.

Nach Schellack hat die Sp. Duttoni auf Tieren folgende Masse: 24 bis
30 Mikra lang und 0,45 Mikra dick. Blepharoblasten, Kerne, Flimmersaum u. ä.
wurden nicht nachgewiesen.

Zettnow beschrieb an den gleichen Erregern zahlreiche feinste fadenförmige
Gebilde, die als Geiseln angesehen wurden und zu beiden Seiten stehen. Die
Spirochäte dreht sich im ungefärbten frischen Präparate und im Dunkelfeld
ziemlich lebhaft um ihre Achse, macht dagegen nach R. Koch nur geringe Fort-
bewegungen. Hier und da lässt sich beobachten, wie der Erreger sich in seinem
Längsdurchmesser einknickt und Bewegungen ausführt, die wie ein leichtes Flottieren
anmuten. Der Nachweis und die Untersuchung gelingt leicht im Dunkelfeld, ferner
im Giemsapräparat, wo die Spirochäten tiefblau gefärbt erscheinen, in Burritusche,
mit Borax-Methylenblau nach Koch, nach den Fontanaschen Versilberungs-
methoden und vielen anderen Methoden. Sehr elegante Bilder erhält man mit der
Beckerschen Methode unter Beizung mit Karboltannin und Nachfärbung mit
Ziehlscher Karbolfuchsinlösung. Auch die Zettnowsche Geiselfärbung zeigt
interessante Einzelheiten. In Schnittpräparaten haben sich mir die Methoden
Jahnels zur Darstellung der Spirochaete pallida auch für die Untersuchung tierischer
Organe mit afrikanischer Rekurrens aufs beste bewährt. Nur muss man hier die
Imprägnationszeiten unter Umständen erheblich gegenüber den Originalangaben
verlängern. Dann und wann erwies sich eine kurze Vorbeizung des Gewebes mit
Tannin als brauchbar. Über den Vermehrungsmodus bestehen einheitliche Auffassungen noch nicht. Nach Mühlens scheint sowohl Längs- als auch Querteilung
vorkommen zu können. Offenbar dürfte aber der wesentlichste Typus der Vermehrung jener der Querteilung sein, denn man sieht im Blute nicht selten ausserordentlich lange Spirochätenformen, die man, selbst unter Berücksichtigung ihrer
variablen Länge, doch als beginnende Teilungen ansprechen muss. Gegen Ende
des Fieberanfalles scheint sich ein Teil der Spirochäten einzurollen und in dieser
Form bis zum nächsten Fieberanfall in inneren Organen auszuharren. M. Mayer
hält derartige Einrollungen für Dauerformen. Dutton und Todd nehmen ausserdem
die Existenz von zystischen Gebilden mit Granulis an, denen die Fähigkeit zukommen
soll, die üblichen bakteriologischen Filter zu passieren[1]). Umstritten sind die sogen.
Auflösungsformen, meist feine Körnchen, in welche die Erreger während des Fieber-
abfalles zerfallen sollen. Auch die Bedeutung der Knopfbildungen am Ende des
Schräubchens oder in seiner Länge ist noch fraglich. Die Spirochaeta Duttoni scheint
die Fähigkeit zu besitzen, durch die unverletzte Schleimhaut und durch dünne
Epidermis eindringen zu können, der gewöhnliche Infektionsmodus ist aber doch
wohl der, dass Keime mit infizierten Blutströpfchen durch kleine Verletzungen der
Haut oder durch natürliche Übertragung in das Blut einzudringen vermögen. Inwieweit eine mechanische Verschleppung der afrikanischen Rekurrens durch Wanzen
und Läuse möglich ist, steht nicht restlos fest. J. Schuster hat angeblich eine
Infektion der Umgebung durch afrikanische Impfrekurrens infolge von Ungeziefer
gesehen, doch steht er mit dieser Beobachtung ganz allein. Nach Nuttall soll die

---

[1]) Siehe auch: Werner, Ztschr. f. Hyg. u. Infkr. 1924, **103**, 157. Ferner
Benedek und Kulcsár, D. Ztschr. f. Nhkde. 1927, **98**, 1—3.

Spirochaete Duttoni im Darmkanal der Wanze ihre Lebensfähigkeit bei Zimmertemperatur etwa 5 Tage lang behalten. Es konnte sogar durch Wanzenstiche experimentell die afrikanische Rekurrens von einer Maus auf die andere übertragen werden bei einer Inkubationszeit von 9 Tagen. Von anderen Beobachtern wird diese Möglichkeit bestritten. Der gewöhnliche Übertragungsmodus ist jedoch beim afrikanischen Rückfallfieber der durch eine Zeckenart, den Ornithodorus moubata. Die Einzelheiten dieser Übertragung wurden durch Dutton und Todd sowie durch Robert Koch weitgehend geklärt. Nach ihren Untersuchungen infizieren sich die Zecken während des Blutsaugens am Menschen oder auch bei infizierten Tieren, möglicherweise den Ratten, für welche die afrikanische Rekurrens pathogen ist. Die mit dem Blute in die Zecke aufgenommenen Spirochäten bleiben längere Zeit im Magen des Zwischenwirtes liegen, nach Koch bis zu 4 Tagen, nach Dutton und Todd erheblich länger. Allmählich verringert sich ihre Zahl, zuletzt scheinen sie überhaupt zu verschwinden, bis die nähere Untersuchung ergibt, dass sich nun in den Ovarien des Tieres grosse Spirochätenkonvolute finden, die dort ausserordentlich lange Zeit verweilen können. Moellers hat die Zecken noch eineinhalb Jahre nach der Infektion ansteckungsfähig befunden. Es scheint in den Ovarien auch zu einer Vermehrung der Erreger kommen zu können. Von besonderer Wichtigkeit war der Nachweis Kochs, dass die Spirochäten auch in die Eier infizierter Zecken einzudringen vermögen und dass sie dort verbleiben, obwohl der mikroskopische Nachweis in späteren Entwicklungsstadien des Embryos nicht mehr gelingt. So ist es möglich, dass die jungen Zecken gleich nach ihrer Entwicklung sich ohne Neuinfektion als Spirochätenträger erweisen. Es scheint sogar, als würde die afrikanische Rekurrens im wesentlichen durch junge Zecken übertragen, die von den Ovarien des Muttertieres aus mit dem Erreger infiziert wurden. Über den biologischen Zyklus der Rekurrensspirochäten innerhalb der Zecken und die Weiterentwicklung ist im übrigen nur lückenhaftes bekannt. Der Zwischenwirt Ornithodorus moubata, der zur Gruppe der Argasinen gehört und verwandt zu dem Überträger der Hühnerspirillose ist, scheint in ganz Zentralafrika vorzukommen, hauptsächlich längs der Karawanenstrassen. Er lebt nach Mühlens ausschliesslich von Menschenblut und hält sich in der Nähe der Ansiedelungen auf. Nur zum Blutsaugen geht die Zecke an den Wirt und verlässt ihn nach der Sättigung wieder. Das Saugen geschieht regelmäßig in der Nacht. Der Aufenthaltsort des Tieres sind die menschlichen Wohnungen, vor allen Dingen die Rasthäuser und die Hütten der Eingeborenen. Dort leben sie in den Rissen des Fussbodens, in Bretterspalten, vor allen Dingen im Boden in der Nähe der Türpfosten und der Lagerstellen, kurzum dort, wo sich hinreichend Gelegenheit zu Berührung mit dem Menschen findet. Es scheint, dass nicht jede Temperatur zur Weiterentwicklung der Spirochäten im Zwischenwirt gleich geeignet ist. Bei 37⁰ C scheint das Optimum innerhalb der Zecke erreicht zu sein. Bei solchen Temperaturen finden sich in allen Organen, vor allen Dingen in den Speicheldrüsen des Ornithodorus Spirochäten (Hindle). Nach Mühlens soll die Überimpfung von Organteilen mit sog. Chromatinkörperchen, die Leishman für rückgebildete Spirochätenformen hält, ein positives Impfergebnis zeitigen, auch wenn eigentliche Spirochäten in diesem Zellmaterial nicht nachgewiesen werden konnten. Ebenso soll die Impfung mit Exkreten aus den Malpighischen und den Steissdrüsen positiv verlaufen. Doch sind diese Befunde von Leishman noch umstritten. Hindle (zit. nach Mühlens) konnte in den Speicheldrüsen infizierter Zecken bei 21⁰ C Spirochäten nicht nachweisen. Die Zahl der mit virulenten Spirochäten infizierten Zecken scheint je nach der Gegend erheblich zu schwanken. R. Koch fand an einem grösseren Materiale 7—50% aller Tiere infiziert. Er hält die Spirochaete Duttoni für eine Varietät der europäischen, ebenso Dutton und Todd in ihren grundlegenden Arbeiten. Doch hat sich, wie es scheint, herausgestellt, dass von einer Identität beider Erreger nur mit grosser Zurückhaltung gesprochen werden kann. Das Überstehen der europäischen Rekurrens schützt nicht vor der Infektion mit der afrikanischen Spirochäte des Zeckenfiebers. Die während der Krankheit auftretenden Immunstoffe im Blute richten sich nur gegen die eine Spirochätenart, ebenso ist die Agglutination und die Komplementbindung spezifisch. Zuletzt ist die Art der natürlichen Übertragung eine andere und im Tierversuche ergibt sich, dass die europäische Rekurrens wesentlich schwieriger auf Mäusen und Ratten in Passagen fortzuhalten ist, als das Zeckenfieber. Auch die morphologischen Unterschiede, von denen bereits die Rede war, gehören hierher.

Der klinische Verlauf der natürlichen Zeckenfiebererkrankung ist von R. Koch, Dutton und Todd, Ross und Milne, Breinl und Klinghorn genauer geschildert. Danach beträgt die Inkubationszeit etwa eine Woche. Es finden sich gewisse klinische Unterschiede gegen das europäische Rückfallfieber und zwar sollen die Fieberanfälle nach Koch im allgemeinen bei dem Zeckenfieber kürzer sein als bei der europäischen Rekurrens und wesentlich unregelmäßiger auftreten. Während bei der europäischen Rekurrens die Spirillenzahl im Blute während der Fieberattaken eine verhältnismäßig hohe ist, pflegen die Erreger im peripheren Blute von Zeckenfieberkranken immer spärlich zu sein. Der typische Fieberanfall beginnt beim Zeckenfieber mit kurzdauernden und unbestimmten Prodromalerscheinungen. Unter diesen sind Milzschmerzen, Abgeschlagenheit in den Gliedern, Mattigkeit und Appetitlosigkeit besonders sinnfällig. Die Temperatur steigt gewöhnlich ziemlich plötzlich an; gleichzeitig erscheinen die Spirillen im Blute. Sie liegen ausserhalb der roten Blutkörperchen, die durch ihre Einwirkung zerstört werden. Nach R. Koch sollen die Erreger auch in die Erythrozyten selbst eindringen können, wie dies von dem Erreger der Hühnerspirillose bekannt ist. Zu Beginn der Fieberperiode stellen sich heftige Kopfschmerzen, Schüttelfrost, Erbrechen und dann und wann auch schleimige Durchfälle ein. Mit zunehmender Dauer der Erkrankung werden die Fieberanfälle seltener und niederer, die fieberfreien Intervalle verlängern sich, es kommt zu Milzschwellungen, ikterischen Verfärbungen und Gewichtsverlusten. Der Verlauf des Zeckenfiebers ist im allgemeinen günstig. In den Tropen pflegen Eingeborene schon frühzeitig von dem Leiden befallen zu werden und erwerben dann eine bleibende Immunität gegen eine Neuansteckung. Doch sind auch kleinere Epidemien mit einer Mortalität bis zu 10% bekannt geworden. Unter den klinischen Komplikationen spielen beim natürlichen Zeckenfieber vor allen Dingen Bronchitiden und Pneumonien eine grosse Rolle. Die Leber pflegt sich mit der Milz zu vergrössern. Nicht ganz selten sind nach Forschbach Verwicklungen von seiten des Nervensystems. In vielen Fällen scheinen klinisch die Zeichen einer Meningitis aufzutreten, die Pupillen verengern sich, der Eiweiss- und Zellgehalt des Liquors steigt an. Thiroux und Dufongeré fanden den Liquor eines zeckenfieberkranken Affen für Mäuse pathogen. Später wurde von Plaut und Steiner nachgewiesen, dass bei der Infektion mit afrikanischer Rekurrens ganz regelmäßig eine echte Meningo-Enzephalitis entsteht, bei der es zu aussergewöhnlichen Zellvermehrungen im Liquor und zur Ausschwemmung von Spirillen in die Spinalflüssigkeit kommt[1]). Die Liquores solcher Kranken erweisen sich noch Monate nach Abklingen der klinischen Erscheinungen als infektiös für weisse Mäuse. Von verschiedenen Autoren wird auf die Häufigkeit von Neuritiden bei der natürlichen Zeckenfieberinfektion hingewiesen. Es können Nervenlähmungen, vor allen Dingen des Fazialis, aber auch anderer Nerven

---

[1]) Nach Weichbrodt erscheint die Rekurrensspirochäte 2—3 Tage nach dem ersten Fieberanfall im Liquor.

auftreten. So wurde Taubheit und Erblindung nach Infektion mit afrikanischer Rekurrens beschrieben. Am Auge sind schwere Schädigungen des inneren Auges bekannt geworden, Glaskörpertrübungen, zentrales Skotom, Papillitis, Entzündungen der Membrana Descemet (Forschbach). Das Blut zeigt eine Verarmung an Hämoglobin, Leukozytose, dann Lymphozytose, Polychromatophilie. Frauen sollen während der Rekurrens häufig abortieren. Blut- und Eiweissbefunde im Harn von Zeckenfieberkranken sind nicht gerade selten. Unter den psychischen Störungen wurden im Gefolge der afrikanischen Rekurrens meist vorübergehende delirante Zustände, auch depressive Verstimmungen und amentielle Bilder gesehen. Ödeme und Hautblutungen, wie sie verschiedentlich bei der europäischen Rekurrens beobachtet wurden, scheinen bei der afrikanischen Form keine besondere Rolle zu spielen.

Pathologisch-anatomisch finden sich beim afrikanischen Zeckenfieber vor allen Dingen Nekrosen, Infarkte der Milz und der Leber, auch der Nieren. Die Venen zeigen eine grosse Neigung zu Thrombosierung, die Milz soll hie und da in den Follikeln kleine Herdchen aus zelligem Detritus enthalten. Am Herzen finden sich parenchymatöse Degeneration, in den Nieren hämorrhagische Nephritiden. Im Dünndarm treten katarrhalische Erscheinungen auf, mit oberflächlichen Blutungen, gegebenenfalls mit Geschwürsbildungen. Die Zeckenfieberspirochäte lässt sich leicht durch Verimpfung von Blut oder durch Zecken auf Affen übertragen, bei denen das Krankheitsbild analog dem menschlichen verläuft, nur dass es dort viel bösartigeren Ausgang hat. Affen gehen oft am Zeckenfieber zugrunde, wobei das Blut von Spirochäten überschwemmt wird. Es gelingt leicht, die afrikanische Rekurrens direkt vom Menschen auf Mäuse und Ratten zu übertragen und sie auf diesen Tieren in regelmäßigen Passagen zu erhalten. Breinl und Klinghorn konnten mit ihrem Rückfallfieberstamme aus dem Kongo auch Meerschweinchen und Hunde, ferner einen Pony und Kaninchen nach intraperitonealer Impfung infizieren. Während Kaninchen im allgemeinen für gewisse Rückfallfieberstämme aus Afrika als immun galten, hat sich diese Anschauung durch Untersuchungen der letzten Jahre als irrig erwiesen. Plaut und Jahnel stellten fest, dass es regelmäßig gelingt, Tiere durch Einspritzungen von infektiösem Blute in den Lumbalsack rekurrenskrank zu machen. Weiterhin ist von Schlossberger und Prigge gezeigt worden, dass bei Einverleibung grosser Blutdosen von stark spirillenhältigem Mäusevirus Kaninchen regelmäßig auch subkutan und intraperitoneal mit afrikanischer Rekurrens zu infizieren sind. Im letzteren Falle machen die Kaninchen eine ganz akute septische Form der Rekurrens durch, der die Tiere in wenigen Tagen erliegen. Das periphere Blut zeigt dabei eine regelmäßig zunehmende Menge von Spirillen, die ohne Relapse bis zum Tode des Tieres bestehen bleiben. Der Tod erfolgt ziemlich plötzlich unter zunehmender Atemschwäche und unter starker Hämoglobinurie. Ich konnte nach eingehenden anatomischen Untersuchungen von Kaninchen Schlossbergers und Prigges ermitteln, dass sich in den meisten inneren Organen massenhaft Duttonsche Spirochäten nachweisen lassen. Sie finden sich in der Leber, in der Milz, in der Niere, den Lungen, den Genitalien und ihren Anhängern, auch in den innersekretorischen Drüsen wie Nebenniere, Schilddrüse, Pankreas und in der Muskularis des Darmes.

Im Gehirne habe ich sie nur vereinzelt gesehen. Plaut und Jahnel geben bei der von ihnen gebrauchten Methodik an, dass sich die Spirochäten nur im Gehirne, nicht in anderen Organen ermitteln liessen. Es spielt also offenbar die Art der Verimpfung und die einverleibte Spirillenmenge bei der Verteilung im Kaninchenkörper eine gewisse Rolle. Pathologisch-anatomisch ist die Kaninchenrekurrens nach meinen persönlichen Erfahrungen vor allen Dingen durch ubiquitäre degenerative Prozesse gekennzeichnet, doch kommen dabei ganz sicher auch echt entzündliche Vorgänge dazu, die in den Meningen, unter Umständen auch in inneren Organen gesucht werden müssen. Die Leber und Milz trägt nicht selten infarktähnliche Bildungen, Thrombosen und Nekrosen. Dazu kommen sekundäre Hämorrhagien in der Leber und vor allen Dingen in der Niere. Im allgemeinen lässt sich sagen, dass die Rekurrensspirochäte auch bei der Kaninchenrekurrens ihren Charakter als Blutparasit wahrt, wenigstens bei den akuten Infektionen. Dies ist insoferne der Fall, als die Mehrzahl der Spirillen nach ihrer räumlichen Lagerung noch mit der Blutbahn in engem Zusammenhange steht. Doch tritt ein kleinerer Teil der Spirillen in das Parenchym aus.

Die feinere Parasitologie der Mäuse- und Rattenrekurrens ist durch die Untersuchungen von Breinl und Klinghorn, in neuerer Zeit von Ehrlich und Hata und jüngstens von Steiner und seinen Mitarbeitern geklärt worden. Das Ergebnis all dieser Untersuchungen lässt sich ungefähr folgendermaßen zusammenfassen. Mäuse und Ratten pflegen mit afrikanischer Rekurrens leicht infizierbar zu sein. Nach subkutaner, intraperitonealer und intravenöser Einverleibung hinreichender Mengen von Impfstoff kommt es bei den Tieren zu mehreren Blutaussaaten, die mit Temperatursteigerungen einhergehen und kritisch zu enden pflegen. Mit zunehmender Dauer der Krankheit nimmt die Zahl der Spirillen in der Bluteinheitsmenge während eines Anfalles immer mehr ab und die fieberfreien Intervalle vergrössern sich. Übersteigt die Zahl der Spirillen ein bestimmtes Höchstmaß, dann erliegt das Tier ziemlich rasch der Infektion, sonst pflegt es langsam dahinzusiechen oder die Krankheit bei schwacher Impfung zu überstehen. Bei den ersten Anfällen pflegen sich die Spirochäten länger im peripheren Blute zu halten als bei den späteren, vorausgesetzt, dass es sich um akute Infektionen handelte, die mit grossen Impfstoffmengen gesetzt worden waren. Der Verlauf der Rekurrens bei Maus und Ratte richtet sich teils nach der Virulenz der verwendeten Keime, teils nach der einverleibten Keimzahl und der individuellen Verschiedenheit des Organismus, in welch letzterem Falle vor allen Dingen das Alter des Versuchstieres zu berücksichtigen ist. Bei älteren Tieren nimmt das Leiden gewöhnlich einen chronischeren Verlauf. Bei der Mäuserekurrens ist prinzipiell zwischen starken und schwachen Infektionen zu unterscheiden. Bei den reichlichen Impfungen sind die Fieberperioden und die fieberfreien Intervalle ziemlich scharf gegeneinander abgegrenzt und können bei einiger Übung kaum übersehen werden. Die Spirillenzahl im ersten Anfalle der starken Infektionen ist eine hohe, sie steigt rasch an und das Virus verbleibt gegenüber den späteren Fieberattaken länger im peripheren Blute. Der erste Rückfall ist nach S. Hata von ziemlicher Intensität, während der zweite und dritte ziemlich leicht verläuft. Ein vierter Anstieg kommt nur ganz selten vor. Bei den schwachen Infektionen ist die Inkubationszeit eine längere, die Spirillen treten in geringerer Zahl auf, bleiben kurze Zeit im Blute und die spirillenfreien Intervalle dauern längere Zeit. Dagegen ist die Zahl der vorkommenden Rückfälle bei den schwachen Infektionen eine wesentlich grössere, als bei der akuten Rekurrensform nach starker Infektion. Wird eine Maus oder eine Ratte mit hinreichenden Virusmengen subkutan oder intraperitoneal infiziert, etwa mit einem halben Kubikzentimeter einer stark spirillenhältigen Rekurrensblutaufschwemmung, dann finden sich schon einen Tag nach der Impfung die ersten Spirillen im Blute des geimpften Tieres. Sie sind aber noch sehr spärlich an der Zahl. Mit zunehmender Dauer der Infektion wächst auch die Zahl der Spirillen in der Einheit-Blutmenge, so dass am zweiten Tage nach der Impfung durchschnittlich 5, am dritten Tage bis zu 50 und mehr Spirillen im Gesichtsfelde bei mittlerer Vergrösserung gefunden werden. Dann pflegt über Nacht der Fieberanfall abzuklingen, die Tiere werden wieder spirillenfrei im Blute, nach dreitägigem Intervall kommt es aber zu einem Rückfall, der nach Hata 3 Tage andauern soll. Nach meinen eigenen Erfahrungen ist diese Zeit für die afrikanische Rekurrens indessen ganz sicher zu lang bemessen, und ich glaube nicht, dass die meisten Erstrezidive viel länger als 48 Stunden dauern. Doch sei zugegeben, dass die einzelnen Stämme von afrikanischer Rekurrens Unterschiede in ihrem biologischen Verhalten zeigen können. Die zweiten und dritten Rezidive sind leichter, die Zahl der kreisenden Spirillen ist geringer, das Fieber des Tieres nicht so hoch wie bei den ersten und zweiten Attaken. Mit zunehmender Passagenzahl im Tierkörper nimmt die Zahl der Spirillen immerwährend langsam zu, auch wenn man, wie Hata dies tat, bei jeder neuen Impfung etwas weniger Impfmaterial verwendet, als vorher. Es ist also möglich, die Zahl der Spirillen bei geringen Blutaussaaten durch systematische Verimpfungen und unter häufigem Wechsel des Passagetieres immer mehr anzureichern. Offenbar steigt auch die Virulenz der Spirillen für die betreffende Tierart in einem solchen Falle. Die Technik der Passageführung auf weissen Mäusen ist bei der afrikanischen Rekurrens die folgende: Zur Verimpfung sollen nur gesunde, möglichst jüngere Tiere kommen. Man entnimmt das Blut dem Rekurrenskranken im Fieberanfalle, nachdem man sich vorher am besten im Trockenpräparat überzeugt hat, dass in der Tat Spirochäten vorhanden waren. Es eignet sich zur Auffindung geringer Spirillenmengen im Blute vor allen Dingen die Methode des dicken Tropfens. Kann man keine Spirillen im Blute mikroskopisch nachweisen, dann unterlässt man die Abimpfung am besten, bis Spirillen darstellbar sind. Ist dies der Fall, dann entnimmt man dem Kranken etwa 2 ccm frisches Blut aus der Vene und verteilt den Inhalt der gefüllten Rekordspritze auf 2—3 Mäuse. Am besten wird intraperitoneal eingespritzt, doch genügt auch subkutane Einverleibung, vorausgesetzt, dass man ein Aussickern des einverleibten Blutes aus der Einstichstelle durch einen Kollodiumaufstrich rechtzeitig verhindert. Man hat nun 3 schwach infizierte Mäuse und es handelt sich darum, die Zahl der Spirillen im Blute bei diesen Tieren in tunlichst kurzer Zeit möglichst rasch hochzutreiben, damit zur Verimpfung auf ein anderes Tier und zur Erhaltung des Rekurrensstammes möglichst zahlreiche Keime in den Passagetieren vorhanden sind. Diese sollen ja jederzeit dem Impfenden für eine Übertragung auf den Menschen zur Verfügung stehen. Man muss daher die Spirochätenzahl der 2—3 schwachgeimpften Mäuse allmählich anreichern. Dies wird durch 3 Maßnahmen erreicht: erstens durch häufige Passagen, was, wie bereits von Hata gezeigt wurde, die Keimzahl in der Raumeinheit allmählich ansteigen lässt. Zweitens durch Einverleibung von möglichst viel Impfmaterial auf das Passagetier. Dies wird durch Einspritzung grosser Blutmengen bewirkt. Drittens durch parallel verlaufende Passagen, die man bei mittlerer, aber noch nicht genügender Keimzahl konvergieren lässt. Ich gehe so vor, dass ich die schwachen Impfungen zunächst auf drei gleichzeitig geimpften Passagetieren forterhalte und durch zahlreiche Passagen anreichere. Ist dann ein gewisses Spirochätenminimum im Gesichtsfelde bei den 3 Passagetieren, dann werden nur noch 2 Tiere geimpft, und zwar in der Weise, dass die eine Maus nicht nur das Gesamtblut des vorigen Passagetieres eingespritzt erhält, sondern auch noch die Hälfte des Körperblutes des dritten Passagetieres. Die andere Hälfte bekommt gleichsinnig die zweite Maus, die noch weiter als Passagetier dient, zusammen mit der gesamten Blutmenge, die von der direkten Passage stammte. Oder anders ausgedrückt: hat man drei schwach mit Rekurrens infizierte Mäuse A, B und C, deren Keimzahl im Blute tunlichst angereichert werden soll, so verfährt man folgendermaßen: man gibt von Maus A das Gesamtblut beim Auftreten der ersten Spirillen auf Passagetier Ia, ebenso das Gesamtblut von Maus B auf ein Passagetier Ib und ebenso wird das Gesamtblut von C einem Passagetier Ic eingespritzt. Sobald bei den Passagetieren Ia, b, c die schon etwas reichlicher gewordenen Spirillen im Blute erscheinen, wird die Gesamtblutmenge von 1a auf ein Passagetier 2a gegeben, von 1b auf 2b, von 1c auf 2c. Und so lässt man noch zwei bis drei weitere Passagen folgen. Finden sich nun in dem Blute der Passagetiere 4a—4c im Gesichtsfeld etwa durchschnittlich 2 bis 3 Spirillen, so impft man von Passagetier 4a auf 2 Mäusepassagen 5a und 5b in der Weise, dass das Gesamtblut von 4a auf 5a und das von 4b auf 5b übertragen wird, das Gesamtblut von 4c wird halbiert und zu gleichen Teilen auf die schon geimpften Mäuse 5a und 5b gegeben. Auf diese Weise lässt sich die Keimzahl im Blute der Rekurrensmäuse sicher anreichern und man kann dann leicht auf den Menschen übertragen. Es ist wichtig, dieses Verfahren zu kennen, weil bei Versand von Rekurrensmäusen über weite Strecken hin die Tiere nicht stark geimpft werden können, da sonst mit dem Tode des Tieres in der ersten Krise zu rechnen ist. Es kann auch vorkommen, dass durch verzögerten Versand die ersten Blutaussaaten bei der Ankunft der geimpften Tiere schon vorüber sind. Dann ist der Empfänger der Sendung der irrigen Ansicht, er könne mit den wenigen Spirillen, die noch im Blute gefunden werden, nichts mehr anfangen und er verliert durch wahlloses Herumimpfen dann zu guter Letzt auch den Rest der Erreger. Ganz gleichsinnig wird verfahren, wenn man die Rekurrensspirillen nach Menschenpassagen wieder auf die Mäuse zurückgewinnen will. Man gibt dann nach angestellter Lumbalpunktion je einen Kubikzentimeter des spirillenhaltigen Menschenliquors auf 3 Mäuse und reichert nach der obenbeschriebenen Weise an.

Das Verfahren der Infektion von Paralytikern gestaltet sich folgendermaßen: Man überträgt nach erfolgtem Spirillennachweis im menschlichen Blute während des Anstieges entweder 2 bis 5 ccm Blut subkutan oder intravenös auf den zu Impfenden[1]). Ist im Blute des Spenders Rekurrens nicht mehr nachzuweisen, dann wird der Spirillenträger lumbalpunktiert und 3 ccm Liquor dem zu Impfenden einverleibt, am besten intravenös. Die feinere Impftechnik ist wie bei der Malaria, wo ausschliesslich von Mensch zu Mensch übertragen wird. Die Verimpfung von der Maus auf den Menschen wird in der Weise vorgenommen, dass man in ein kleines Schälchen mit steriler Ringerlösung Blut aus der koupierten Schwanzspitze in hinreichender Menge gibt. Man muss sich aber vorher überzeugen, dass hinreichend Spirochäten im Blute des Keimträgers vorhanden sind. Dies ist dann der Fall, wenn wenigstens 10 bis 15 Spirillen im Gesichtsfeld bei mittlerer Vergrösserung nachgewiesen werden können. Das bei der Maus aus der Schwanzvene quellende Blut wird in der Ringerlösung suspendiert und durch Kompression des Schwanzendes werden neue Blutstropfen gewonnen, bis die Ringerlösung die Farbe frischen Muskelfleisches trägt. Dann wird das Gemisch dem Menschen am besten intramuskulär einverleibt. Ich gebrauche aber die Verimpfungen von der Schwanzspitze der Maus nur ausnahmsweise, weil man unter Umständen Schmutz in die Ringerlösung mit eingeschleppt und die Keimzahl eine relativ niedere ist. Statt dessen verwende ich das Gesamtblut des Tieres.

Man versichert sich zunächst, dass mikroskopisch hinreichend viele Spirochäten im Blutstropfen vorhanden sind, der aus der Schwanzvene gewonnen wird. Ist dies der Fall, dann narkotisiert man das Tier mit Chloroform, befestigt es mit gespreizten Extremitäten in Rückenlage auf einem Brette mit Hilfe von eingestochenen Stecknadeln und reinigt dann die Bauchhaut mit Äther. Die Bauchhaut muss vor

---

[1]) Benedek und Kulcsár haben neuerdings auch intralumbal verimpft. Doch soll es bei dieser Methode häufiger zu nervösen Komplikationen durch Rekurrens kommen.

Eröffnung des Abdomens wieder trocken sein. Man hebt alsdann mit steriler Pinzette eine Falte der Bauchhaut an, durchtrennt die Haut mit steriler Schere und legt einen Längsschnitt in der Medianlinie an, der von der Genitalgegend bis zum Halse reicht. Man löst nun die Haut stumpf von der Muskulatur unter Anlage von Entspannungsschnitten. Dann befestigt man die Haut auf dem unterliegenden Brette mit Stecknadeln, um das Operationsfeld nicht zu verunreinigen. Mit vorsichtigen Scherenschlägen wird alsdann der Brustkorb und die Bauchhöhle eröffnet. Dabei werden die Rippen mit der Schere tunlichst seitlich, das Zwerchfell an seinem sternalen Rande durchtrennt. Zuletzt beseitigt man das freie Thoraxstück, indem man mit der Schere unterhalb des Sternoklavikulargelenkes quer abtrennt. Eine Verletzung der Halsgefässe ist dabei nach Möglichkeit zu vermeiden. Das nun freiliegende gewöhnlich noch schlagende Herz wird mit feiner Stichkanüle punktiert und der Inhalt langsam und vorsichtig in eine 2 ccm fassende Rekordspritze aufgesaugt, die etwas Ringerlösung enthält. Gelingt dies nicht, dann schneidet man mit der Schere das Herz mitten durch und lässt die Brusthöhle voll von Blut laufen. Dieses wird dann in die Spritze eingesaugt, von der man vorher die Stichkanüle abgenommen hat. Dabei ist vorsichtiges Ansaugen unbedingt erforderlich, weil sonst aspirierte Organteile den Eintritt des Blutes in die Spritze hindern. Von einem einzigen Tiere lässt sich bei sachgemäßem Vorgehen wenigstens 0,3—0,5 ccm Blut gewinnen. Diese Blutmenge verdünnt man zweckmäßig mit körperwarmer Ringerlösung auf 1 ccm Flüssigkeit und verleibt diese dem Kranken ein. Man kann unbedenklich intravenös einspritzen, wenn steril vorgegangen wurde. Rasches Arbeiten ist bei Gewinnung von Impfstoff bei der Maus unbedingt erforderlich, da sonst das Blut in der Spritze gerinnt. Der Anfänger tut gut, dem Blute noch etwa 5% Natr. citric.-Lösung zuzusetzen. Das zu verimpfende Blut soll intensiv rot sein, wie frisches Fleisch.

Über die Erhaltung des Rekurrensstammes auf Mäusen und Ratten ist folgendes zu sagen: Weisse Mäuse und Ratten sind für Rekurrens Duttoni gleich empfänglich, doch ist der Billigkeit halber die Maus als Passagetier mehr zu empfehlen. Zudem hat Steiner nachgewiesen, dass bei Verimpfung von Rattenblut auf den Menschen dann und wann an der Einstichstelle vorübergehende lokale entzündliche Reaktionen auftreten, deren Ursache nicht klar liegt. Man darf, um den Spirillenstamm zu erhalten, nicht an Passagetieren sparen wollen, sonst ist in kurzer Zeit mit einem Erlöschen des Stammes zu rechnen. Die Tiere werden in runden, 4 Liter fassenden Gläsern gehalten, deren Boden mit Sägespänen bedeckt ist und deren Öffnung ein feinmaschiges Drahtnetz trägt. Die Tiere sind nach Möglichkeit täglich hinsichtlich ihres mikroskopischen Blutbefundes zu kontrollieren. Man mache sich zur Regel, tunlichst nur aus den ersten Blutaussaaten auf andere Passagetiere zu übertragen. Auf diese Weise wird man immer hinreichende Mengen von Spirillen bei seinen Passagetieren haben. Zwei infizierte Tiere soll man ständig haben, wenn man Wert darauf legt, eine jederzeit gebrauchsfertige Rekurrens zu besitzen. Natürlich kann man die Spirochätenzahl im Blute des Versuchstieres nicht ins Unendliche steigern, da die Tiere bei einer Höchstzahl von Erregern in der ersten Krise einzugehen pflegen. Ist dies nicht der Fall, dann impft man bei der nächsten Passage etwas weniger Blut ab oder man verteilt das Gesamtblut auf 2 und 3 Tiere. Wenn man jederzeit gebrauchsfertige Rekurrens zur Hand haben will, also Impfungen mit grossen Spirillenmengen vornimmt, wird im allgemeinen jeden dritten Tag eine Verimpfung nötig sein. Um Passagetiere zu sparen, kann man den Stamm auf Paralytikern halten und ihn nach Wochen aus dem Paralytikerliquor wiedergewinnen. Es ist dann aber die oben beschriebene Anreicherung der Spirochäten erforderlich. Hat man keine Kranken zur Hand, dann kann man Versuchstiere mit geringer Spirillenzahl halten, bei denen eine Verimpfung seltener nötig ist. Man verimpft in solchen Fällen verdünntes Blut. Es ist dann möglich, die Tiere als Passagenträger länger am Leben zu erhalten. Dadurch lässt sich viel an Mäusematerial sparen. Ist später, nach Wochen, ein verimpfungsfähiger Kranker vorhanden, dann wird der Spirillenstamm mit niederer Keimzahl zunächst angereichert, wobei die oben gegebenen Richtlinien zu beachten sind. Es handelt sich dabei um eine Umwandlung der chronischen Mäuserekurrens in eine akute Form. Man geht so vor, dass man den ersten Passagetieren kleine Hirnstückchen der chronisch kranken Maus unter die Rückenhaut oder in das Peritoneum einführt, wobei natürlich steriles Arbeiten nötig ist. Oder man verteilt dicken Milzbrei der chronisch kranken Maus auf die ersten 3 Passagetiere. Es wird dann täglich mikroskopisch das Blut nachgesehen und sogleich die Gesamtblutmenge auf die nächsten Passagetiere in der oben geschilderten Weise übertragen, wenn die ersten Spirillen im Blute erscheinen.

Über die Immunitätsverhältnisse und die Möglichkeit von Zweitimpfungen bei der Mäuserekurrens haben in letzter Zeit die Arbeiten von Steiner und Steinfeld weitgehende Klärung gebracht. Ihnen zufolge ist es prinzipiell möglich, bei afrikanischer Rekurrens Mäuse jederzeit zu superinfizieren, und zwar dann, wenn die Erstimpfung mit hinreichend niederer Keimzahl ausgeführt wurde, so dass auch die Antikörperproduktion im Blute eine geringe geblieben ist. Es führen dann Nachimpfungen mit reichlicher Spirillenzahl in allen Stadien chronischer Rekurrens zu einer starken Vermehrung der Spirochäten im Blute, die von der Superinfektion herrührt. Es ist aber auch möglich, bei abgelaufenen alten Infektionen mit ursprünglich hoher Keimzahl in späterer Zeit zu superinfizieren, wenn man den Augenblick abwartet, in dem der Immunkörpertiter des Blutserums wieder gesunken ist. Es gibt also bei der Mäuserekurrens, wie es scheint, keine absolute Immunität, sondern nur eine sogenannte Infektionsimmunität oder Halbimmunität im Sinne von Uhlenhuth. Von Bedeutung ist besonders, dass das Gelingen einer Zweitimpfung nicht von der Anwesenheit oder Abwesenheit von Spirillen aus früheren Impfungen abhängig ist. Hinsichtlich der pathologischen Anatomie der Mäuserekurrens und des Spirochätengehaltes der Organe bestehen manche Ähnlichkeiten mit der Kaninchenrekurrens. Bei der Mäuserekurrens habe ich echt entzündliche Prozesse noch nicht gesehen, nur degenerative, ferner Thrombosen, Nekrosen, Infarktbildungen, Blutungen. Spirochäten lassen sich prinzipiell in allen Organen finden, doch wird ihr Vorhandensein ganz von der Stärke der Infektion, dem augenblicklichen immunisatorischen Zustande des Tieres und der Art der Untersuchung abhängen. Meist gelingt nämlich der histologische Nachweis von Spirillen im Schnittpräparat der Maus und Ratte nicht, sondern man ist auf das Ergebnis der biologischen Prüfung angewiesen, das natürlich über die Einzelheiten der Spirillenanordnung innerhalb der inneren Organe nichts aussagt. Sicher ist nur, dass die Rückfallfieberspirochäten in den inneren Organen der Maus und der Ratte lange infektionstüchtig bleiben können. Vor allen Dingen ist es das Zentralnervensystem, in dem einzelne Erreger lange in die Immunperiode hinein verbleiben und hier wieder herausgezüchtet werden können. Buschke und Kroó glauben sogar nachgewiesen zu haben, dass die Spirochäten bei der afrikanischen Rekurrens auch nach Sterilisierung mit Salvarsan des Blutes und der übrigen Organe im Gehirne persistieren. Dem wird von Kolle, neuerdings von Prigge widersprochen, dagegen konnte Steiner die Richtigkeit der Angaben von Buschke und Kroó bestätigen, denen begreiflicherweise eine erhebliche praktische Bedeutung zukäme. Man wird aber zunächst ein definitives Urteil noch nicht fällen können.

In neuerer Zeit spielt die Züchtung der Spirillen afrikanischer Rekurrens auf Kulturen eine gewisse Rolle. Die älteren Kulturmedien, wie sie Duval und Todd angegeben haben, haben sich mir praktisch sehr wenig bewährt. Dagegen hat in neuerer Zeit Ungermann und später Illert eine recht exakte Methode der Rekurrenskonservierung angegeben, die ich warm empfehlen kann. Die genauen Einzelheiten wird man am besten aus den Originalmitteilungen entnehmen.

Hier sei nur das Notwendigste angeführt. Man gewinnt aus dem Kaninchenohr eine hinreichende Menge von Blut, lässt gerinnen und pipettiert das Serum ab. Nach Inaktivierung setzt man etwas frisches Kaninchenblut zu und gibt auf den Boden die Hälfte einer akut rekurrenskranken Mäusemilz und etwas Kaninchenhirn. Man kann zur Festigung beim Transport noch etwas dünne sterile Gelatine zusetzen. Das ganze wird am besten mit Paraffin überschichtet. Man impft alle 5—8 Tage weiter auf die nächste Kultur, es ist dies aber durchaus nicht unbedingt nötig. Denn Plaut konnte an seinen nach dem Illertschen Verfahren hergestellten Subkulturen, die er mit auf eine Reise nach Nordamerika nahm, bei der Rückkehr nach Monaten feststellen, dass einzelne der Röhrchen noch lebende und virulente Spirillen enthielten. Es ist nicht nötig, dass man die Spirochätenkulturen im Thermostaten hält. Der Versand von brauchbarem Impfstoffe für Rekurrensbehandlung ist nach dem schon Gesagten wesentlich einfacher wie bei der Malaria und man kann im allgemeinen eher damit rechnen, dass man bei Empfang des Impfstoffes auch nach längerer Konservierungsdauer noch brauchbares Virus in· der Hand hat. Man versendet Rekurrensimpfstoff auf zweierlei Weise: entweder als rekurrenshältiges Blut, das man dem Kranken nach vorheriger Kontrolle im Fieberanfall entnommen und mit entsprechenden Mengen von Natr. citr. versetzt hat. Nach 48 Stunden wird der Impferfolg mit dieser Methode unsicher. Oder man entnimmt einem Gesunden Blut, defibriniert es und inaktiviert es im Thermostaten. Dann setzt man das Blut einer Rekurrensmaus aus dem ersten Fieberanfalle hinzu, das am besten· vorher defibriniert worden ist. Der Versand kann mit dieser Methode auf weitere Strecken hin erfolgen. Das Blut kann tagelang infektionstüchtig bleiben, es kommen aber immer auch Versager vor. Das sei eigens betont. Ähnlich lässt sich rekurrenshältiger Liquor vom Menschen verschicken oder geeignetes Material aus den Ungermannschen Kulturen. Eine Konservierung bei 36^0 C ist keinesfalls nötig. Die zweite Methode des Rekurrensversandes ist die auf lebenden Mäusen. Es ist dazu jede Zigarrenschachtel mit kleiner Fensterung aus Draht geeignet. Das Innere der Kiste enthält Watte und einige Haferkörner oder Brotkrusten. Die Impfungen der Tiere seien im allgemeinen mittelstark, damit sie auf der Reise beim ersten Fieberanfalle oder im Rezidiv nicht zu Schaden kommen. Im übrigen ist auch beim Rekurrensbezuge noch nicht das Ideal erreicht.

Die Frage, ob bei der Impfrekurrens gewisse Virulenzschwankungen vor-' kommen können, ist mehrfach erörtert worden. Zunächst wurde festgestellt, dass gewisse Stämme von Rekurrens durch viele Tierpassagen ihre Pathogenität für den Menschen einbüssen können. So teilte Wagner-Jauregg auf dem bayer. Psychiatertag 1925 mit, dass ein von ihm aus Wien bezogener Rekurrensstamm seine Menschenpathogenität eingebüsst habe und dass Übertragungsversuche auf den Menschen hiermit regelmäßig misslangen, während ein aus München bezogener Stamm von afrikanischer Rekurrens jedesmal prompte Angänge gezeigt habe. Viel Aufsehen erregte vor einiger Zeit die Mitteilung Colliers aus Frankfurt, dass der dortige Stamm von afrikanischer Rekurrens seine Menschenpathogenität eingebüsst habe. Diese Tatsache war insoferne von höchstem Interesse, als der von Collier verwendete Rekurrensstamm eine Seitenpassage des Virus von afrikanischer Rekurrens darstellt, das in dem Hamburger Institut für Tropenkrankheiten seit Jahren gehalten wird und von dem sich alle in Deutschland verwendeten Impfrekurrensstämme letzten Endes ableiten. So ist der von Plaut und Steiner

verwendete Rekurrensstamm ein Seitenzweig des Hamburger Stammes und eine
Parallelpassage zu dem von Collier in Frankfurt gehaltenen apathogenen Virus.
Es hat indessen Plaut (D. m. W. 51, 10, 1925) gegen die Ergebnisse von Collier
eingewendet, dass trotz vieljähriger Beobachtungszeit eine Änderung in der
Menschenpathogenität an dem Münchener Rekurrensvirus bis jetzt nicht eingetreten sei. Immerhin hat vor kurzem Schröter (Zeitschr. f. d. ges. N. u. P.
Bd. 103, H. 1—2, 1926) wieder feststellen können, dass bei den von ihm vor-
genommenen Rekurrensinfektionen die Menschenpathogenität der verwendeten
afrikanischen Rekurrens mit Zunahme der Mäusepassagen abnahm. Es konnte
die Menschenpathogenität dadurch wieder hergestellt werden, dass zwischen
einer grösseren Anzahl von Tierpassagen einige Menschenpassagen eingeschaltet
wurden.

Nun zum klinischen Teile der Rekurrensbehandlung. Hinsichtlich der
Indikationen und Kontraindikationen gilt im allgemeinen das bei der Impfmalaria Gesagte. Es gibt ausserdem für die Rekurrens wohl noch einzelne
besondere Kontraindikationen. Es sind dies Augenaffektionen aller Art, bei
denen sich die Rekurrens in ihrer Anwendung verbietet und zwar deshalb, weil
durch die Impfung in vielen Fällen vorübergehende Augenkomplikationen auftreten können. Man muss bei jeder Rekurrensimpfung bedenken, dass man
echt entzündliche Prozesse an den Meningen und im Gehirne sowie seinen Anhängen setzt, deren Ausmaß sich leider nicht von vorneherein abschätzen lässt.
Der klinische Krankheitsverlauf nach erfolgter Impfung mit afrikanischem
Zeckenfieber ist der folgende. Bei subkutaner Verimpfung tritt das erste Fieber
durchschnittlich 3—11 Tage später auf, bei intravenöser Impfung kann schon
am nächsten Tage die Körperwärme stark erhöht sein. Im Gegensatz zu
Weichbrodt und in Übereinstimmung mit Plaut und Steiner glauben wir
also, dass die Art der Impfmethodik auf die Dauer der Inkubationszeit nicht
ohne Einfluss ist. Während der Inkubation fühlen sich die Kranken meist
gesund, nur hier und da tritt leichtes Krankheitsgefühl auf, es stellen sich Kopfweh und Gliederschmerzen ein, dann und wann kommen Schmerzen in der Milzgegend hinzu. Der erste Fieberanfall setzt ziemlich plötzlich unter Schüttelfrost
und allgemeiner Prostration ein, der Appetit verschwindet und die Kranken
werden sehr apathisch. Der Fieberverlauf ist ein recht unregelmäßiger. Meist
kommt es zu 3—4 Fieberanstiegen von verschiedener Höhe mit kritischer oder
lytischer Entfieberung, auch Pseudokrisen werden beobachtet. Die ersten
Fieberanfälle sind meist schwerer als die letzten, dauern länger und folgen sich
rascher. Allmählich pflegt sich das fieberfreie Intervall zu verlängern, die
Temperatur erreicht nur noch subfebrile Werte, zuletzt sind nur noch kleine
und vorübergehende, oft aber recht andauernde Bewegungen in der Fieberkurve
nachzuweisen. Im allgemeinen lassen sich zwei besondere Fiebertypen unterscheiden, zwischen denen es natürlich die verschiedensten Übergänge gibt. Die
erste Gruppe sind solche Kranke, bei denen es zu ausgeprägten, verhältnismäßig
kurzdauernden und rasch abfallenden Fieberattaken kommt. Die fieberfreien
Intervalle sind dabei immer sehr ausgeprägt. Der zweite Typ sind jene Kranke,
bei denen die Temperatur schon bald nach erfolgter Impfung rasch ansteigt,
die Entfieberung will aber gar nicht einsetzen und es kann sich ereignen, dass

die Patienten 5 und 6 Tage andauernd hohe Temperaturen haben. Diese letztere Gruppe von Fällen ist naturgemäß die kleinere. Das klinische Bild sieht in solchen Fällen, nach der Fiebertafel gemessen, recht bedrohlich aus, es ist aber nicht wesentlich schlimmer, wie ein anderes auch. Das eine wird man zugeben, dass eine so anhaltende Belastung des erkrankten Kreislaufes unter Umständen recht ünerwünscht sein kann. Man ist in einem solchen Falle aber ziemlich machtlos. Denn man hat es nicht in der Hand, dem Fieber irgend einen gewünschten Verlauf zu geben und die Rekurrens therapeutisch zu beeinflussen. Es hat sich nämlich herausgestellt, dass der von Plaut und Steiner verwendete Stamm von afrikanischer Rekurrens, der aus dem Hamburger Tropeninstitut stammt und der daselbst in jahrelangen Tierpassagen gehalten wurde, zwar im Tierversuch durch Salvarsan prompt zu beeinflussen ist, dass aber das gleiche Mittel bei der menschlichen Infektion mit dem gleichen Stamme so gut wie ganz versagt. Diese erstmals von Plaut und Steiner festgestellte Tatsache ist mittlerweile von den verschiedensten Autoren nachgeprüft und als richtig befunden worden. Es ist in keinem Falle gelungen, der afrikanischen Rekurrens, die in Deutschland von allen Autoren im gleichen Stamme verwendet wird, mit dem Salvarsan weitgehenden Abbruch zu tun. Auch Zeckenpassagen haben das biologische Verhalten des Stammes nicht zu ändern vermocht. Und um es gleich an dieser Stelle zu sagen: Es muss leider behauptet werden, dass auch mit anderen Mitteln eine Coupierung der einmal angegangenen Rekurrens bis jetzt nicht sicher gelungen ist. Man muss also, das sei ganz besonders betont, die einmal gesetzte Rekurrensinfektion einfach spontan zu Ende gehen lassen, ohne hoffen zu können, den Fieberverlauf etwas abgemildert zu haben[1]).

Es leuchtet ein, dass die Gesamtzahl der therapeutischen Fieberanfälle bei der Rekurrens wesentlich kleiner ist, als bei der Malaria und man hat dies als einen Nachteil der Rekurrens bezeichnet. So einfach liegen indessen die Dinge wohl nicht, dass man an der Zahl der durchgemachten Fieberanfälle einfach den Heilerfolg ablesen kann. Viel eher dürfte die Art der Infektion einen Ausschlag bei dem Grade der Heilwirkung geben. Will man aber ein übriges tun und den Kranken die ungefähr gleiche Zahl von Fieberperioden durchmachen lassen, wie bei der Tertiana, dann kann man in den fieberfreien Intervallen die Kranken mit Injektionen von Kulturen des Proteus X 19 behandeln, wie Weichbrodt und Bieling dies taten oder man macht nach dem Vorgange von Steiner Rekurrenssuperinfektionen. Dies geschieht in der Weise, dass man den Kranken subkutan mit Spirillenblut der Maus impft und während der Inkubationszeit die Impfungen in Abständen von 12 Stunden noch zweimal wiederholt. Ich kann die letztere Methode dem klinischen Gebrauche aber nicht sonderlich empfehlen. Der Impferfolg ist zu wenig sicher. Zeitlich benötigt die Rekurrenskur bis zu ihrem Ablauf schätzungsweise 2 Wochen bis zu einem Vierteljahre mehr wie die Malaria, was für finanzielle Erwägungen in Betracht kommen kann. Wenn es schliesslich eintritt, dass ein Rekurrensgeimpfter nach seiner Entlassung aus dem Krankenhause draussen noch einen verspäteten Anstieg bekommt, so ist dies zwar störend, aber nicht sehr beängstigend. Jedenfalls halte ich mit

---

[1]) Nach neueren Feststellungen trifft dies nicht mehr zu. Siehe später.

Steiner die Forderung von Mühlens als zu weitgehend, der mit Rücksicht auf die Übertragbarkeit der Rekurrens die Kranken noch wenigstens 4 Wochen nach Abschluss der Fieberzeit innerhalb der Anstalt belassen will.

Im übrigen ist der Verlauf der Rekurrensinfektion nach seinen klinischen Zwischenfällen weitgehend mit der Impfmalaria identisch. Die Beanspruchung des Herzens scheint bei der Rekurrens durchschnittlich nicht so gross zu sein. wie bei der Malaria. Der Puls folgt weitgehend der Körperwärme. Die Störungen von seiten des Gastrointestinalkanals sind bei der Rekurrens unter Umständen recht imponierend. Es kommt zu Erbrechen, das zumeist mit dem Beginn des Fiebers einsetzt und bis zum Abfalle anhält, unter Umständen aber auch in die fieberfreie Zeit hineinreichen kann. Seine ausserordentliche Hartnäckigkeit fällt auf. Die Kranken leiden begreiflicherweise sehr unter der Störung und kommen körperlich herunter. Ungefähr mit dem ersten Fieberrezidiv findet sich bei manchen\ Kranken eine leichte fahlgraue Verfärbung der Haut, die für die afrikanische Rekurrens charakteristisch sein soll. Sehr ausgeprägt ist die Erscheinung bei der Paralysebehandlung mit afrikanischer Rekurrens aber bei meinen Beobachtungen hier gewesen. Dagegen lässt sich häufig ein hartnäckiger Ikterus beobachten. Um seine Deutung ist es ähnlich bestellt wie bei dem nach Impfmalaria. In leichteren Fällen tritt nur eine ikterische Verfärbung der Skleren ein, die sich mit einer eigenartigen Halonierung der Augen verbinden kann. Von seiten des Urogenitaltraktus lassen sich dann und wann leichte Nephropathien nachweisen. Eiweiss, granulierte und hyaline Zylinder, verringerte Harnmenge wird nicht selten gefunden. Prognostisch steht es nach unseren Erfahrungen mit diesen Störungen indessen nicht ungünstig. Blutbeimengungen im Harne sind bei der Rekurrens nur ausnahmsweise festzustellen. Die Schwellungen der Milz und der Leber sind nicht bedeutend. Oft genug entziehen sie sich dem Nachweise überhaupt und nur die Druckempfindlichkeit der Leber- und Milzgegend lässt Störungen an diesen Organen vermuten. Immerhin kommt es ausnahmsweise zu erheblichen Milztumoren im Gefolge der Paralysebehandlung mit Impfrekurrens. Es ist aber bis jetzt noch kein Fall von Spontanruptur der Milz nach Rekurrensbehandlung beobachtet worden. wie dies bei der Malaria der Fall ist. Auf diesen Punkt sei mit Nachdruck hingewiesen. Von seiten der Lungen findet sich am häufigsten ein hartnäckiger Katarrh, der zur Entstehung von pneumonischen Infiltrationen Anlass geben kann. Über das Verhalten des Blutes bei Rekurrensimpfungen hat schon vor längerer Zeit Sagel eingehende Studien angestellt. Danach ist bei jeder Rekurrenstherapie im Blute des Behandelten zunächst eine Bewegung der Neutrophilen festzustellen. Schon während der Inkubationszeit können ihre Werte ansteigen und Höhen bis zu 87% erreichen, um dann im fieberfreien Intervall abzufallen und mit jeder Temperaturerhebung erneut anzusteigen. Es tritt dabei eine sogenannte Kernverschiebung der Leukozyten auf, d. h. die „stabkernigen" jüngeren Formen verlassen ihre Durchschnittswerte und werden vom Knochenmark in erhöhter Zahl als nicht ausgereifte Formen in die Blutbahn ausgeschüttet. Diese Vermehrung der Stabkernigen geht im allgemeinen mit den Fieberparoxysmen parallel. In der fieberfreien Phase pflegen dann die Lymphozytenwerte zusammen mit den Eosinophilen konstant und nachhaltig anzusteigen und zwar so, dass dieses Verhalten im wesentlichen während der ganzen Fieberperiode gewahrt bleibt. Die sogenannten grossen mononukleären Leukozyten zeigen sich ebenfalls vermehrt. Nach Ansicht Sagels entsprechen diese Befunde im wesentlichen dem Kurventyp der akuten septischen Infektionen im Sinne von Schilling mit den Einzeletappen: Eosinophilie, neutrophile Kampfphase mit Linksverschiebung, kritische Monozytose, lymphozytäre Heilphase. Von seiten des Nervensystems zeigen sich bei der Rekurrensimpfung in erster Linie Erscheinungen, die echt entzündliche Prozesse an den Hirnhäuten, an den Nervenscheiden, ja im Nervensystem selber vermuten lassen. Der Liquor kann stark eiweisshaltig werden und unter Umständen Zellwerte erreichen, die an das Phantastische hingehen.

Vorübergehende Reflexsteigerungen, Kernig, Kloni, Schmerzen und Lähmungen im Bereiche grosser Nervenstämme mit Herpesausbrüchen und ähnlichem können das Bild zu einem ausserordentlich mannigfaltigen machen. Die Paresen sind teils schlaffe, teils auch spastische und haben wohl ganz verschiedene Pathogenese. Zum Teil sind es vielleicht toxische bzw. neuritische Schädigungen des Nerven selber, wie sie durch die Rekurrens gesetzt werden, zum Teil mag es sich aber um Folgezustände von Thrombosen und um Stasenfolgen handeln. Von mehreren Autoren, so von Steiner, Werner, Sagel wird das Vorkommen von Neurorezidiven bei der Rekurrens erwähnt. Sie sollen während der ersten Fieberanfälle auftreten und durchaus harmlosen Charakter haben. Nach Beendigung der Fieberperiode sind sie meist verschwunden. Mir selbst ist nicht recht klar geworden, ob man sich eine einheitliche Entstehung dieser Störungen denkt. Es handelt sich bei diesen sogenannten Rekurrensneurorezidiven um vorübergehende Paresen eines Hirnnerven, oft wird der Fazialis befallen. Man kann nur vermuten, dass es sich um toxische bzw. neuritische Einwirkungen der Rekurrensspirillen auf den Nerven handelt. Ebensogut können sie durch leichtere Thrombosierungen oder um syphilitische bzw. paralytische Veränderungen bedingt sein. Mir persönlich erscheint es wahrscheinlich, dass ein Teil der sogenannten Rekurrensneurorezidive etwas ganz analoges darstellte, wie die im Gefolge der Impfmalaria auftretenden Paresen der Hirnnerven oder die Monplegien und ich halte es noch nicht für erwiesen, dass hier in der Tat in jedem Falle „Neurorezidive" vorliegen.

Von seiten des Auges sind an Verwicklungen bei der Rekurrens in neuerer Zeit eigenartige Veränderungen des Augenhintergrundes und des Innerauges beschrieben worden, die scheinbar ein nicht allzu häufiges Vorkommnis darstellen. Löhlein fand unter 170 Paralytikern, die in der Jenaer psychiatrischen Klinik mit Rekurrens Duttoni behandelt wurden, in 3 Fällen ausgesprochene Augensymptome. Gegen Ende, jedoch noch innerhalb der Fieberperiode trat eine akute exsudative, doppelseitige Iritis mit staubförmigen Glaskörpertrübungen auf. Die Erscheinungen verschwanden unter symptomatischer Behandlung sehr rasch, doch liess sich feststellen, dass nach Aufhellung der iritischen Erscheinungen auch eine beiderseitige Papillitis festzustellen war. Löhlein weist auf die analogen Erscheinungen bei der russischen Rekurrens hin. Es sind ja im übrigen derartige Augenaffektionen, wie sie Löhlein beschreibt, auch bei der natürlichen Ansteckung mit afrikanischer Rekurrens bekannt geworden. Inwieweit die von Löhlein beschriebenen Affektionen des Innerauges nach Rekurrensbehandlung bei der Indikationsstellung eine Rolle spielen, lässt sich heute noch nicht mit Bestimmtheit sagen, doch ist anzunehmen, dass bei bestehenden Augenaffektionen diese sich unter der Rekurrenswirkung nicht gerade bessern werden. Offenbar handelt es sich bei den iritischen und papillitischen Erscheinungen um fortgeleitete, echt entzündliche Prozesse, die von den Meningen und von der Liquorinfektion ausgehen. Ich selber würde auf Grund dieser Erwägungen bei allen Optikusaffektionen von einer Rekurrensbehandlung absehen[1]).

Ein letztes Augensymptom ist bei Rekurrens Duttoni der Paralytiker in Gestalt von Konjunktivitis beschrieben worden. Es ist, wie es scheint, rasch rückbildungsfähig. Seine Genese ist unklar. Symptomatische Therapie kann die Erscheinungen in kurzer Zeit beseitigen.

Im übrigen finden sich bei der Rekurrenserkrankung alle jene komplizierenden psychotischen Erscheinungen wieder, wie sie auch bei der Impfmalaria zur Beobachtung kommen. In erster Linie sind es auch die paranoid-halluzinatorischen Zustände und andere chronische Defektausgänge, die bei der Impfung mit Rekurrens Duttoni zur Beobachtung kommen. Plaut und Steiner erwähnen solche Fälle.

Als Nachteil der Rekurrensinfektion ist allgemein die Tatsache anerkannt worden, dass eine Wiederimpfung mangelhaft remittierter oder rückfälliger Paralysen mit Rekurrens nicht möglich ist. Steiner hat versucht, rekurrensbehandelte Paralytiker 2½ Jahre nach erfolgter Behandlung mit dem gleichen Stamme zu reinfizieren und hatte dabei negative Impferfolge. Ähnlich ging es Weichbrodt und anderen. Die Rekurrens scheint demnach nach ihrem Ablauf eine langdauernde, vielleicht bleibende Immunität im infizierten Organismus zu hinterlassen. Doch ist noch nicht endgültig ermittelt, wie lange sie dauern vermag. Nach Mühlens besteht eine vollkommene Immunität bei der natürlichen afrikanischen Rekurrens ebensowenig wie bei der europäischen und Mühlens hält es für möglich, dass Neuinfektionen vorkommen könnten. In ähnlichem Sinne spricht sich Forschbach aus. Doch wird dem von Sergent und Foley (C. rend. Soc. Biol. 1914. T. 77, S. 261) widersprochen. Bei Affen, die für afrikanische Rekurrens ja ausserordentlich empfänglich sein sollen, ist in 60% aller Infektionen, nach Nicolle u. Blaizot (Bull. Soc. Path. exot. 1913 T. VI, S. 107) innerhalb von 6—7 Monaten eine Neuinfektion möglich[2]).

---

[1]) Neuerdings haben Benedek und Kulcsar bei ihren Rekurrensimpfungen die Befunde von Löhlein bestätigt. Sie beobachteten bei Paralysen mit reagierenden Pupillen das Auftreten einer Anisokorie und mangelhafter Lichtreaktion, etwa nach dem zweiten Fieberanfalle der Rekurrens. Die Iritis setzte bei ihren Beobachtungen mit einer starken Injektion der Bindehaut ein, dann trat episklerale Injektion auf, das Kammerwasser trübte sich, die Zeichnung der Iris war dunkler und verwaschener als normal. Auf Behandlung mit Antimonpräparaten besserten sich die Erscheinungen der Irtiis rasch.

[2]) Es handelt sich sonach bei der Rekurrens-Immunität um eine Infektions-Immunität mit persistierenden Spirochäten im Organismus, nicht aber um echte Immunität.

Was die therapeutische Beeinflussbarkeit der Impfrekurrens durch Medikamente anlangt, so wurde bereits oben hervorgehoben, dass es bis auf weiteres nicht sicher gelungen ist, der Rekurrensinfektion Herr zu werden, im Gegensatz zur Impfmalaria, bei der die Coupierung der Fieberanfälle durch Chinin in der Mehrzahl der Fälle doch ohne wesentliche Schwierigkeiten möglich ist. Man hat versucht, die afrikanische Rekurrens durch verschiedene Formen des Salvarsans zu beeinflussen. Derartige Versuche stammen von Plaut und Steiner. Sie verwendeten neben dem Neosalvarsan auch das neuere Sulfoxylsalvarsan und das Silbersalvarsan, jedoch ohne eindeutigen Erfolg. Sagel rät zur Anwendung der Muchschen Immunvollvakzine „Omnadin" und erörtert die Möglichkeit des Gebrauches von Immunserum. Meine eigenen Erfahrungen gehen dahin, dass keines der genannten Mittel sichere Aussicht auf Erfolg verspricht. Ich gab bis zu 30 ccm frisches nicht aktiviertes Immunserum intramuskulär, ohne dass ich die Fiebererscheinungen dauernd hätte beeinflussen können. Ich sah aber in einem Falle, dass das Fieber nach der Einspritzung niederer wurde und weitere Anstiege unterblieben. In einem anderen Falle, einer multiplen Sklerose, die mit Rekurrens behandelt wurde, gestaltete sich das klinische Bild durch die Rekurrens und das mit der Infektion verbundene hartnäckige Erbrechen äusserst bedrohlich, zumal der Kranke auch körperlich rapid verfiel. Ich war damals gezwungen, unter allen Umständen nach einer Beseitigung der Rekurrens zu trachten und ging dabei so vor, dass ich abwechselnd Silbersalvarsan, Omnadin und das Trypaflavin von Casella verabreichte. Daraufhin setzte das Fieber aus, doch sei hervorgehoben, dass erst nach mehreren Fieberanfällen eingegriffen wurde, so dass es fraglich ist, ob die Rekurrens nicht ohne Behandlung schon vor dem Erlöschen stand. Ich würde aber auf Grund der damaligen Erfahrungen unbedenklich diese Art des Vorgehens wiederholen. Ob sich bei der Impfrekurrens mit Goldpräparaten, etwa dem Sanokrysin etwas erreichen lässt, darüber fehlen mir zur Zeit noch Erfahrungen. Ich hielte aber einen Versuch auf Grund der experimentellen Erfahrungen von Krantz für angezeigt. Vielleicht liesse sich auch das Bayersche Germanin oder mit Tryparsamid verwenden. Einige dieser Substanzen habe ich bezogen, kann aber noch nichts näheres über ihre Wirkung aussagen[1]).

---

[1]) Ich habe neuerdings eingehende Versuche über die therapeutische Beeinflussbarkeit der afrikanischen Impfrekurrens angestellt, über die ich im folgenden Näheres mitteilen möchte. Man hat hinsichtlich der therapeutischen Beeinflussbarkeit der afrikanischen Rekurrens zu beachten, ob die Versuche bei hohem oder niederem Immunkörpertiter des peripheren Blutes angestellt wurden, ob man also das Coupierungsmittel in den ersten oder in den späteren Fieberanfällen gibt. Bei den ersten Fieberattaken haben nur ganz wenige Medikamente wirklich sinnfälligen Erfolg. Ich glaube, dass die Nichtbeachtung dieses Umstandes viel zu der Verwirrung beigetragen hat, die hinsichtlich der Eignung eines Mittels zur Unterbrechung der Impfrekurrens gemacht worden sind. Auch heute noch muss ich feststellen, dass trotz einer Reihe gegenteiliger Angaben von einer prompten Coupierbarkeit der Impfrekurrens nicht die Rede sein kann. Am sinnfälligsten ist die Wirkung der Goldpräparate. Mit einer Dosis von etwa 0,5 bis 0,6 Sanokrysin oder Solganal kann eine wesentliche Erniedrigung des Fiebers erreicht werden, besonders wenn man die gleiche Dosis in Abständen von 3 bis 5 Tagen wiederholt. Aber es kommt noch wochenlang danach zu leichten Temperatursteigerungen und es dauert ausserordentlich lange Zeit, bis der Liquor spirochätenfrei wird. Die Tatsache, dass die

Die Behandlungsergebnisse der Paralyse mit Rekurrens. Es wurde bereits bei der Darstellung der therapeutischen Ergebnisse mit der Impfmalaria betont, welcherlei die Schwierigkeiten sind, die eine sichere Bewertung der therapeutischen Erfolge zur Zeit verhindern. Dies gilt naturgemäß auch für die therapeutischen Ergebnisse mit der Impfrekurrens. Es kommt hier noch dazu, dass die Zahl der mit Rekurrens behandelten Kranken zusammengenommen eine wesentlich kleinere zu sein scheint, als die der Malariabehandelten. Zunächst sei hier die Frage erörtert, welchem der beiden infektionstherapeutischen Methoden, der Malaria oder der Rekurrens, der grössere klinische Wert gebührt. Es sei dabei dahingestellt, inwieweit die Lösung dieser Frage einen Gewinn für die Klinik bedeutet. Misst man rein nach technischen Gesichtspunkten, dann hat die Malaria vor der Rekurrens voraus die leichtere Beherrschbarkeit des Krankheitsbildes durch Chinin, die kürzere Dauer der Kur, die Regelmäßigkeit und Konstanz in der Zahl der zu erwartenden Fieberanfälle, wodurch eine gewisse, wenn auch nur ganz grobe und oberflächliche Dosierbarkeit möglich ist. Zuletzt ist auch die Reinfizierbarkeit der Malariabehandelten ein grosser klinischer Vorteil. Dagegen ist es zweifellos ein Nachteil der Malariatherapie, dass sie auf blosse Menschenpassagen angewiesen ist. Die Rekurrens kann im Gegensatz ziemlich leicht konserviert und auch unabhängig vom Krankenstand jederzeit ohne grosse Kosten und viel Mühe beschafft und erhalten werden. Was die Häufigkeit der zu erwartenden Komplikationen anlangt, so werden sich die beiden therapeutischen Methoden wohl ziemlich gleichen. Es gibt gewisse Verwicklungen, die, wie wir sahen, nur der Rekurrens oder nur der Malaria zukommen, doch ist ihre praktische Bedeutung in beiden Fällen die gleiche. So ist es ein Nachteil der Rekurrens, dass bei ihr die Spirochäten in das eigentliche Zentralnervensystem eindringen und hier echt entzündliche

---

Kranken aber nach eingeleiteter Goldbehandlung zusehens aufblühen und sich rasch erholen, dürfte indessen das Präparat doch dem allgemeinen Gebrauche empfehlen. Weniger prompt wirkt das von Benedek und Kulcsar empfohlene Wismut. Es dauert leider viel zu lange Zeit, bis eine sinnfällige Wirkung des Medikamentes zu sehen ist, so dass es fraglich ist, ob bei dringlichen Fällen die Heilkraft des Wismuts genügt, um den Kranken vor dem Schlimmsten zu bewahren. Aber wenn die Beseitigung des Rekurrensfiebers therapeutisch nicht sehr vordringlich ist, kann man die Wismutpräparate in der Tat empfehlen. Die Heilwirkung des Bismuto-Yatrens der Behringwerke kann ich jedenfalls bestätigen. Ganz versagt hat mir das Bayersche Germanin in der Behandlung der afrikanischen Rekurrens. Es gelang damit nur eine gewisse Beunruhigung des Fieberverlaufes, aber ohne jeden offensichtlichen Dauererfolg. Überhaupt sind die mir bekannten gebräuchlichen Arsenmittel für sich allein in der Rekurrenstherapie zu Coupierungszwecken kaum zu gebrauchen. Besser sind wohl die Antimonpräparate der chemischen Fabrik von Heyden, wie das Stibenyl, das Stibosan u. a. Hier konnte ich eine wesentliche Erniedrigumg der Fieberhöhe in einigen Fällen deutlich beobachten. Von dem Präparat „Thymulsion" der chemischen Fabrik von Heyden, das in neuerer Zeit gegen Kala-Azar viel angewendet wird, habe ich eine Beeinflussung der Rekurrens nicht erreicht.

Zusammenfassend halte ich also die Goldpräparate für die brauchbarsten Rekurrens-Coupierungsmittel und möchte sie auch beim Impfrattenbiss als Heilmittel empfehlen. Von einer prompten Beseitigung ist indessen bei ihnen nicht zu sprechen.

Veränderungen setzen, wodurch Komplikationen am inneren Auge u. a. möglich sind. Statt dessen finden wir bei der Impfmalaria wieder andere unerwünschte Vorkommnisse. Es sei nur an die Spontanrupturen der Milz, an das Schwarzwasserfieber und anderes erinnert. Man hat bei dieser Sachlage ohne weiteres darauf verzichtet, nach weiteren technischen Argumenten zu suchen, die den Vorteil der einen Impfmethode vor der anderen beweisen sollen und hat sich darangemacht, die therapeutischen Erfolge zahlenmäßig gegeneinander abzuschätzen. Wir geben die Berechtigung einer solchen Betrachtungsweise ohne weiteres zu, möchten aber betonen, dass gerade in diesem Punkte noch wenig Vollkommenes im Schrifttum existiert, so dass man die Frage, ob der Malaria oder der Rekurrens der grössere Heilwert und die grössere Zahl von Erfolgen zukomme, auch heute noch nicht als über jeden Einwand erhaben betrachten kann.

Wir selber gebrauchen hier in Erlangen die Impfmalaria und neigen der Auffassung zu, dass sie das wirksamere therapeutische Prinzip darstellt. Der Verfasser hat aber schon vor längerer Zeit betont, dass es sich weniger darum handelt, ob man Malaria oder Rekurrens anwenden solle, als vielmehr darum, für jede Methode einzelne engere Indikationsberichte zu schaffen. Der Schluss, dass Malaria oder Rekurrens deshalb wirkungsvoller sei, weil in irgendeinem besonderen Falle die klinische Remission mit der einen Methode nicht erreicht wurde, während sie mit der anderen eintrat, ist, wie wir uns überzeugen mussten, jederzeit nach Belieben umkehrbar. Er beweist also so gut wie nichts. Es sind in der Literatur Fälle bekanntgeworden, in denen die Malariabehandlung versagte, während eine Nachimpfung mit Rekurrens den Zustand des Kranken zu bessern vermochte und umgekehrt kennen wir selber Fälle, in denen die Rekurrens das Krankheitsbild unbeeinflusst liess, während die Malaria zu einer vollen und anhaltenden Remission führte. Es ist also mehr der Umstand an der Besserung schuld, dass man den Kranken überhaupt zum zweiten Male impfte, als die Tatsache, dass diese Zweitimpfung mit einem anderen Virus geschah. Wir stimmen mit Wagner-Jauregg und Steiner darin überein, dass es nicht um die Frage, Malaria oder Rekurrens geht, als um die, wann Malaria und wann Rekurrens anzuwenden sei. Wir selbst müssen gestehen, dass wir die Rekurrens nicht aus unserem therapeutischen Schatze missen möchten. Zwar pflegen wir in Erlangen die Malaria bei jedem unbehandelten Paralytiker seit Jahren zunächst und als erstes Heilverfahren anzuwenden, machen aber dann, wenn die Remission eine unvollkommene ist, oder ein Rückfall nach kurzer Zeit einsetzt, regelmäßig einen Versuch, den Kranken mit Rekurrens nachzuimpfen. Und wir möchten auf Grund unserer Erfahrungen ganz allgemein zu diesem Vorgehen raten, zumal kurz nach der Erstbehandlung die Wirkung der Malaria immer eine wenig intensive zu sein pflegt. Ein zweites Indikationsbereich dürfte der Rekurrens für solche mit Malaria behandelten Paralysefälle zukommen, bei denen schon bei der ersten Kur das Fieber spontan ohne Chinin zum Stillstand kam. Denn Zweitimpfungen mit Malaria pflegen in solchen Fällen so gut wie unmöglich zu sein, und zwar, wie man glauben möchte, für immer.

In neuerer Zeit wurde von Horn aus der Wagner-Jaureggschen Klinik vergleichsweise das therapeutische Ergebnis von Malaria- und Rekurrensbehandlung nebeneinandergestellt. Horn ging in der Weise vor, dass er ab-

wechselnd je einen neuaufgenommenen Kranken der Malaria- und der Rekurrensbehandlung unterwarf. Im ganzen handelte es sich um ungefähr 30 Fälle, die
mit Malaria und 30, die mit Rekurrens behandelt wurden. Die Beobachtungszeit
betrug durchschnittlich ein Jahr. Es ergab sich, dass mit der Malaria anhaltendere
und bessere Remissionen zu erzielen waren als mit der Rekurrens. Von den
Kranken, die mit der letzteren Methode in Behandlung gestanden waren,
musste ein grösserer Prozentsatz an die zuständige Heil- und Pflegeanstalt
abgegeben werden. Wir selber haben in Erlangen ähnliche Erfahrungen gemacht.
Im Jahre 1924 berichtete Kihn über 9 mit Rekurrens behandelte Paralysen.
Das Behandlungsergebnis dieser recht vorgeschrittenen Fälle war das folgende:
Vollremissionen: 0, Teilremissionen mit partieller Berufsfähigkeit: 1 (dreijährige
anhaltende Remission!). Ungebessert 3, rückfällig oder gestorben 5. Die
Beobachtungszeit beträgt bei all diesen Kranken wenigstens 3 Jahre. Vergleicht man dagegen die therapeutischen Ergebnisse an 9 malariabehandelten
Paralytikern des gleichen Jahrganges und der gleichen klinischen Schattierung,
so zeigt sich das sich folgende therapeutische Ergebnis. (Es ist dabei zu bemerken, dass die Fälle selbstredend unterschiedlos in Behandlung genommen
wurden und gleiche Beobachtungszeit haben, weil sie unmittelbar nach oder
zu gleicher Zeit mit den rekurrensbehandelten Fällen infiziert wurden.) Vollremissionen 1, Teilremissionen mit partieller Berufsfähigkeit 3, ungebessert 2.
Rückfällig oder gestorben 3. Von Behandlungsergebnissen mit Rekurrens
Duttoni liegen verschiedene zahlenmäßige Angaben in der Literatur vor, die
hier folgen sollen.

    Plaut und Steiner. Nach einer vorläufigen Veröffentlichung im Jahre 1919
erfolgte im Jahre 1923 ein Bericht über 76 Paralysen und 7 Tabesfälle, die in den
Jahren 1919—1922 mit Rekurrens behandelt wurden. Von den Paralytikern waren
Ende des Jahres 1923 im ganzen 18 verstorben, 33 waren entlassen, 25 befanden
sich in klinischer Behandlung. Unter den 33 entlassenen Paralytikern waren 25
sehr gute Remissionen, 2 Teilremissionen, 3 Stationäre und 3 Fortgeschrittene.
Unter den Kranken, die noch der Anstaltspflege bedürftig waren, fanden sich eine
sehr gute Remission, eine nur unvollkommene, 19 Stationäre und 4 Fortschreitende.
Im ganzen wurden 34,2% sehr gute Remissionen erzielt. Die Dauer der Remissionen
war dabei: in 5 Fällen $^3/_4$—1 Jahr, 5 Fälle 1—2 Jahre. 15 Fälle: 2—3 Jahre. Ein
Fall: 4—5 Jahre. Im einzelnen wurden, nach dem Jahre der Beobachtung geordnet,
folgende Behandlungsergebnisse berichtet: 1919: 10 Fälle. Davon scheiden 2 vorzeitig aus. Von den restigen 8 Fällen sind 4 am Leben geblieben, darunter 2 juvenile
Paralysen. Ein Fall zeigte eine sehr gute Remission von vierjähriger Dauer, drei
weitere Kranke blieben stationär. 1920: 24 Fälle, davon scheiden von vornherein
6 Kranke aus, die im Fieber verstarben. Unter den noch übrig bleibenden 18 Fällen
leben noch 13, und zwar 7 ausserhalb der Anstalt als berufsfähig, 6 in der Anstalt,
teils mit leichter klinischer Besserung, teils mit atypischen halluzinatorisch-paranoiden
Zügen. 1921: 38 Fälle. Davon scheiden aus 4 Fälle. Von den übrigen sind 5 gestorben, 12 befinden sich ausserhalb der Anstalt, 12 in Anstaltsverwahrung. Im
ganzen wurden 8 Vollremissionen gesehen, 2 sind stationär geblieben, einer ist
langsam fortschreitend, ein weiterer ist nach kurzer Remission wieder rückfällig
geworden. 1922: 29 Fälle. Darunter werden 6 Kranke ausgeschieden, ebenso weitere
2 Tabesfälle. Von den noch verbleibenden 21 Kranken sind 4 verstorben, 12 sind
entlassen worden, 5 befinden sich noch innerhalb der Anstalt. Im ganzen fallen in
dieses Jahr 8 sehr gute Remissionen, 2 weitere sind nur unvollständig gebessert,
einer ist stationär geblieben, einer ist rückfällig geworden. Plaut und Steiner
heben hervor, dass an einem Teil ihrer remittierten Kranken beruflich recht hohe

Anforderungen gestellt wurden. Doch zeigte auch diese Gruppe von Kranken geringe psychische Veränderungen, die als paralytische Resterscheinungen aufgefasst wurden, wie Stimmungslabilität, Empfindlichkeit, Neigung zu hypochondrischen Vorstellungen, Herabsetzung der Merkfähigkeit.

Mühlens und Kirschbaum: Behandlung von 12 Paralysefällen mit afrikanischer Rekurrens. Beobachtungsdauer über 3 Jahre. Von diesen Fällen wurden 9 mehr oder minder weitgehende Remissionen gesehen, die alle 3 und 4 Jahre fortdauern. Doch hat Weygandt mit Rücksicht auf die geringe Beeinflussbarkeit der Rekurrens durch Salvarsan von weiteren Impfungen abgesehen und verwendet seit längerer Zeit nur noch die Tertiana.

Sagel (Heil- und Pflegeanstalt Arnsdorf): Behandlungszeit 1921—1923. Bericht über 72 Paralysen, die teilweise zur Zeit der Veröffentlichung noch in Behandlung standen. Es werden daher 17 Kranke statistisch noch nicht verwendet. Von den restigen 55 Fällen 24 = 43,6% arbeitsfähig entlassen, weitere 7 innerhalb der Anstalt verwendbar, aber mit deutlichen Defekten. Ein Teil der Kranken zeigte sich in seiner Besserung anhaltend, angeblich soll nur ein einziger Rückfall beobachtet worden sein. Die Kranken wurden im allgemeinen nicht vor Ablauf eines Vierteljahres nach Abschluss der Behandlung entlassen. Was die Besserung einzelner paralytischer Erscheinungen anlangt, die Sagel bei der Rekurrensbehandlung beobachten konnte, so decken sich seine Erfahrungen im wesentlichen mit den bei der Tertiana gemachten. Die Pupillenstörung war im allgemeinen wenig besserungsfähig, ebenso die Blasen- und Mastdarmstörungen. Dagegen liess sich in der Mehrzahl der Fälle eine günstige Beeinflussung der Sprache und der Schrift nachweisen. Die Reflexe erwiesen sich als wenig besserungsfähig. Serologisch bestanden insoferne gewisse Unterschiede in den Ergebnissen, als sich einzelne Symptome wesentlich mehr gegen die Therapie refraktär verhielten, wie andere. Im übrigen zeigte sich wenig Übereinstimmung zwischen dem klinischen Befunde und dem serologischen Verhalten.

Werner (Bürgerhospital, Stuttgart): Die aus dem Jahre 1923 stammende Veröffentlichung berichtet über 11 Fälle, unter denen 3 weitgehende und scheinbar auch anhaltende Besserungen gesehen wurden.

Kihn (1924): Über die Behandlungsergebnisse siehe oben.

Boening (1924): Bericht über 30 Paralysefälle, die in der Jenaer psychiatrischen Klinik mit Rekurrens Duttoni behandelt wurden. Beobachtungsdauer 8 Monate. 3 Todesfälle als direkte Folge der Infektion. Eine Auswahl der Kranken wurde nicht getroffen. 12 Kranke befanden sich bereits im Stadium terminale, weitere 5 im Alter von 51—70 Jahren, so dass die Statistik in Wirklichkeit 25 Fälle berücksichtigt. 4 Kranke besserten sich unvollkommen, 8 blieben ungebessert, 13 verstarben. Boening warnt vor der „heute mancherorts beliebten Überschätzung der Rekurrensbehandlung".

In neuerer Zeit berichtet Peters (A. f. P., Bd. 73, 5, 1925) über 20 mit Rekurrens behandelte Fälle von Paralyse, die offenbar sehr frühzeitig in Behandlung kamen. 4 Kranke schieden aus der Statistik aus, da sie nur kurz beobachtet werden konnten, ein Fall starb im paralytischen Anfalle. Sonst blieb nur ein Kranker ganz unverändert, doch besserte sich auch bei ihm wenigstens das körperliche Befinden. Ein weiterer Fall, der früher der Malariatherapie unterworfen worden war, besserte sich erst durch die Rekurrens weitgehend. Die Gesamtzahl der Vollremissionen wird mit $66^2/_3\%$ angegeben, ein Wert, der unseres Erachtens nach zweifellos als sehr optimistisch gefärbt anzusehen ist. Nach Ansicht von Peters verdient die Rekurrens vor der Malaria den Vorzug.

Des weiteren berichten Fleck, Weichbrodt, Hauptmann über günstige Erfahrungen mit der Rekurrensbehandlung.

Von ausländischen Klinikern wendeten die Impfrekurrens praktisch an: Artwinski (Polen). Er hebt hervor, dass bei den rekurrensremittierten Fällen neben der somatisch-neurologischen Besserung vor allen Dingen auch eine Besserung des serologischen Befundes zu verzeichnen sei, und zwar werde vor allen Dingen die Wassermannsche Reaktion im Liquor, die Nonne-Appeltsche Fällungsreaktion und die Pleozytose gebessert. Die Infektion mit Rekurrens verspreche nur in den Anfangsstadien des paralytischen Prozesses Aussicht auf Erfolg, später sei sie sogar kontraindiziert.

Kostrzewski (Polen) behandelte 17 Kranke mit Rekurrens, doch ist aus dem Referat nicht zu ersehen, ob es sich um afrikanische oder um europäische Rekurrens gehandelt hat. Von den behandelten Kranken verstarben 4 unmittelbar oder während der Impfperiode.

Günstiges berichtet auch Lorente y Patron (Peru) über die von Plaut und Steiner geübte Paralysetherapie mit Rekurrens, doch enthält das Referat seiner Arbeit keine näheren zahlenmäßigen Angaben.

Schröter (Heil- und Pflegeanstalt Arnsdorf in Westf.) hat jüngst in Fortsetzung der Berichte von Sagel die Behandlungsergebnisse von 190 Paralysen bekanntgegeben, die in der Zeit bis zum Jahre 1925 mit Rekurrens Duttoni geimpft wurden. Es wurden also alle Kranken wenigstens ein Jahr lang beobachtet. Statistisch verwertet wurden 140 Kranke, bei denen alle Formen und Krankheitsstadien zur Behandlung kamen. Je nach der erreichten Remissionshöhe wurden die Kranken in 5 Gruppen geteilt, unter denen Gruppe I die der Vollremissionen, Gruppe II die der Teilremissionen mit bedingter Arbeitsfähigkeit, Gruppe III die der Nichtremittierten, Gruppe IV die der gänzlich Unbeeinflussten und Gruppe V die der Verstorbenen enthält.

Das Ergebnis war folgendes:

$$
\begin{array}{lll}
\text{Gruppe} & \text{I: 65 Kranke} & = 47\% \\
\text{,,} & \text{II: 22 \quad ,,} & = 15\% \\
\text{,,} & \text{III: 7 \quad ,,} & = 5\% \\
\text{,,} & \text{IV: 17 \quad ,,} & = 12\% \\
\text{,,} & \text{V: 29 \quad ,,} & = 21\%.
\end{array}
$$

Nach Abzug der Fälle mit schlechter klinischer Prognose und solcher, die nach der Behandlung innerhalb der Beobachtungszeit wieder rückfällig wurden, sind verblieben:

$$
\begin{array}{lll}
\text{In Gruppe} & \text{I: 56 Kranke} & = 47,5\% \\
\text{,,} \quad \text{,,} & \text{II: 21 \quad ,,} & = 18 \% \\
\text{,,} \quad \text{,,} & \text{III: 8 \quad ,,} & = 7 \% \\
\text{,,} \quad \text{,,} & \text{IV: 17 \quad ,,} & = 14 \% \\
\text{,,} \quad \text{,,} & \text{V: 16 \quad ,,} & = 13,5\%
\end{array}
$$

Schröter ist der Anschauung, dass von den 16 Todesfällen, die er im Gefolge der Rekurrensbehandlung sah, keiner direkten Zusammenhang mit der Impfung habe, eine Auffassung, über die sich streiten lassen wird. Wir haben hierauf schon bei Besprechung der statistischen Ergebnisse von Gerstmann aus der Wiener Klinik hingewiesen. Im übrigen fand Schröter, dass Vorbehandlung, Alter, Art und Form der Paralyse bezüglich des zu erwartenden Heilerfolges keine wesentliche Rolle spielen, doch ist Frühbehandlung dringend erforderlich. Aortenaneurysmen, Aortitis und kompensierte Herzfehler sollen keine Gegenanzeige gegen die Impfung mit Rekurrens Duttoni bilden. Salvarsan erwies sich gegen die Rekurrens als unwirksam und führte zu langdauernden atypischen Fieberreaktionen, die den Kranken gefährden. Auch Schröter empfiehlt das Omnadin zur Coupierung der Fieberanfälle, hält aber im übrigen die Rekurrens für eine verhältnismäßig so harmlose Erkrankung, dass es eigentlich besonderer Coupierungsmittel nicht bedürfe. Dieser Auffassung muss indessen der Verfasser auf Grund seiner persönlichen Erfahrungen auf das entschiedenste widersprechen. Zusammenfassend kommt Schröter zu dem Ergebnis, dass kein Grund vorhanden sei, die Impfmalaria als die „Methode der

Wahl" zu bezeichnen. Die Impfrekurrens verdient dieses Prädikat mit dem gleichen Recht[1]).

Überblickt man das gesamte über die Paralysetherapie mit Rekurrens vorliegende Tatsachenmaterial, so liegt auf der Hand, dass es gegenüber der Malaria zahlenmäßig erheblich im Hintertreffen steht. Wir hielten es schon aus diesem Grunde für sehr wünschenswert, wenn nähere therapeutische Versuche mit der afrikanischen Rekurrens bekannt würden.

Was die Besserung einzelner paralytischer Erscheinungen nach Impfrekurrens anlangt, so hat man im allgemeinen die gleichen Erfahrungen gemacht, wie bei der Impfmalaria. Die Besserungen des Pupillenbefundes sind recht selten, ebenso die der Sehnenreflexe. Sprache und Schrift ist leichter therapeutisch beeinflussbar, über die serologischen Ergebnisse bei Paralysetherapie mit afrikanischem Rückfall-

---

[1]) In jüngster Zeit wurde von Benedek und Kulcsar über eine grössere Behandeltenziffer mit afrikanischer Rekurrens berichtet. Es handelt sich um 74 Paralysen, die übrigen Fälle waren teils Neurosyphilitiker, teils andere organische Nervenkrankheiten. Die zahlenmäßigen Erfolge an Paralytikern stellen sich folgendermaßen dar: 74 Gesamtbehandelte. Davon 9 Kranke (=12,1%) voll berufs- und gesellschaftsfähig, jedoch unwesentliche körperliche Überbleibsel des Krankheitsprozesses. 11 weitere Kranke (=14,8%) arbeitsfähig, jedoch mit deutlicheren psychischen und somatischen Defekten, nicht voll erwerbsfähig. 17 Kranke (=22,9%) gegen früher zwar körperlich und geistig gebessert, jedoch im früheren Berufe nicht wieder zu verwenden. Geringe mechanische Arbeitsfähigkeit innerhalb der Anstalt. Unverändert blieben 20 (=27,2%) Patienten, fortgeschritten ist der Krankheitsprozess bei 2 (=2,7%), gestorben sind bei mehr oder minder engem Zusammenhang der Todesursache mit der Impfung: 15 (=15%). Relativ hoch war die Zahl der Verstorbenen bei jenen Impfungen, die intralumbal oder intrazysternal ausgeführt wurden. Bei drei geimpften Tabesfällen, über deren klinische Symptomatologie sich leider keine näheren Angaben finden, wurde eine Besserung mit der Rekurrens erreicht, drei andere blieben unverändert. Über die Beobachtungsdauer ist nichts vermerkt. In einem weiteren Falle von seropositiver Lues kongenita änderte sich durch die Behandlung nichts im serologischen Befunde. Bei Amyostatikern, multipler Sklerose und Schizophrenie wurde mit den Rekurrensimpfungen nichts erreicht. Über die Besserungsfähigkeit einzelner paralytischer Symptome durch die afrikanische Rekurrens machen Benedek und Kulcsar die folgenden Angaben: Die Besserung der Pupillenreaktion erwies sich meist nicht sehr weitgehend, Erfahrungen, die sich auch mit denen der Malariatherapie decken. Die Wassermannsche Reaktion im Blute blieb in 69,2% der behandelten Fälle von Neurolues positiv, 3mal wurde sie negativ, in 6 Fällen wurde überhaupt keine Wirkung der Behandlung festgestellt. Die Reaktion nach Sachs-Georgi blieb 2mal negativ, 5mal blieb sie ++ bzw. +++, 4mal erfolgte eine geringe Abschwächung, in einem Falle wurde sie negativ, 2mal verstärkt. Meinicke: 2mal negativ geblieben, 5mal ++ bis +++, 4mal Abschwächung, 1mal Umschlag ins Negative, 2mal Verstärkung. Die Flockungsreaktionen besserten sich nur in einem geringen Prozentsatz auf die Behandlung. Über die Beeinflussbarkeit des serologischen Verhaltens der Liquoreaktionen nach Wassermann wird hervorgehoben, dass in einem grossen Prozentsatze eine Besserung erreicht wurde, doch war die Besserung in den niederen Extraktverdünnungen immer viel sinnfälliger. Zusammen konnte in 53,5% aller Fälle ein Parallelismus zwischen klinischem Verlaufe und serologischer Besserung im Liquor ermittelt werden. Über die Beeinflussbarkeit der Zellzahl wurde ermittelt, dass es während der Behandlung mit Rekurrens zu einem vorübergehenden Anstiege der Zellwerte in 81,2% aller Fälle durch die begleitende Rekurrensmeningitis kam, dann aber erfolgte nach der Behandlung in 68% aller Behandelten ein Abfall der Zellzahl unter die vor der Behandlung ermittelten Werte. Über die Besserung der Fällungsreaktionen ist zu ersehen, dass sich die Zahl der veränderten gegenüber den unveränderten oder verschlechterten Liquores ungefähr im Gleichgewicht hält.

fieber haben sich Hoff und Horn aus der Wagner-Jaureggschen Klinik näher geäussert. Sie berichten über 37 Paralysen, bei denen die Krankheitserscheinungen meist erst seit einem Jahre bestanden. 15 Kranke konnten im Verlaufe von 4 Monaten nach Hause entlassen werden. Es zeigte sich bei allen Kranken, dass die Zellzahl im Liquor nach der Infektion langsam ansteigt. Im dritten und vierten Anfalle wird die Höchstzahl erreicht, dann beginnt wieder ein langsamer Abstieg, jedoch von solcher Art, dass nach Abschluss der Kur der Zellwert immer noch sehr hoch ist. Auch das Gesamteiweiss findet sich vermehrt. Von Interesse ist, dass der Liquor deutliche Gerinnsel enthalten kann, was von den Autoren als echt entzündliche Prozesse im Zentralnervensystem angesehen wird. Die Globulinreaktionen sollen sich während der Rekurrenstherapie verstärken; dieses Verhalten bleibe noch lange Zeit nach Abschluss der Kur gewahrt. Auffallend ist, dass auch die Kolloidreaktionen, in erster Linie die Goldsolbefunde sich verstärken. Hoff und Horn deuten diese Erscheinung als den Ausdruck einer Kombination meningitischer und paralytischer Befunde. Übereinstimmungen zwischen klinischem Verlaufe und serologischem Befunde wurden nie gesehen. Die Wassermannsche Reaktion im Serum besserte sich in einer grösseren Zahl von Fällen, bei 6 Kranken auch im Liquor. Eine Besserung des Liquors allein wurde nicht beobachtet. Bei 5 Kranken wurde noch die Weil-Kafkasche Hämolysinreaktion untersucht. Dabei stellte sich heraus, dass sie bei 3 Kranken noch 8 Wochen nach der Kur positiv war.

Über die Rekurrenstherapie der Tabes liegen nur ganz vereinzelte Mitteilungen vor. Plaut und Steiner impften 7 Kranke mit Rekurrens Duttoni. Es stellte sich bei den meisten Fällen eine weitgehende Besserung der Krisen und der lanzinierenden Schmerzen ein, doch äussern sich die Autoren über den Wert der Rekurrens in der Tabestherapie noch zurückhaltend. Wir haben in Erlangen 3 Tabesfälle mit Rekurrens behandelt. Es waren darunter 2 weibliche Kranke, beide mit Optikus-störungen, Ataxie, gastrischen Krisen und zeitweise auftretenden lanzinierenden Schmerzen. Die Kranken remittierten zunächst alle prompt auf die Infektion, doch wurden 2 der Behandelten schon innerhalb eines Jahres wieder rückfällig. Eine Kranke ist an Blasenmastdarmstörungen und deren Komplikationen gestorben. Das Sehvermögen besserte sich subjektiv in einem Falle, bei den anderen Kranken blieb es unverändert, doch wurde es auch nicht verschlechtert. Am auffallendsten waren die rein körperlichen Besserungen, doch waren sie wie eine über zweijährige Beobachtung uns lehrte, leider nicht von Bestand.

Motorisch war nur subjektiv eine gewisse Besserung nachzuweisen, die nicht von Dauer war. An den Reaktionen des Blutes und des Liquors wurde bei Tabikern durch die Rekurrens kaum etwas geändert.

Dagegen hat vor einiger Zeit Baur über einen Tabesfall berichtet, der einer Rekurrenstherapie unterworfen wurde und weitgehende Besserung auf motorischem Gebiete aufwies, so dass er wieder gehfähig wurde. Die Wassermannsche Reaktion besserte sich in dem Baurschen Falle nur leicht, die Zellzahl im Liquor erreichte sehr hohe Werte, sonst wurde ausser dem Allgemeinbefinden wenig verändert. Baur berichtet noch ausserdem über einen Todesfall an Impfmalaria bei Tabes, wobei indessen zu bedenken ist, dass die Rekurrens in dieser Hinsicht nicht weniger gefährlich ist.

Über die Rekurrensbehandlung der multiplen Sklerose finden sich in der Literatur da und dort einzelne Beobachtungen. Wir selber haben recht ungünstige Erfahrungen damit gemacht und möchten vor einer Wiederholung der Impfungen warnen. In einem Falle ist der Kranke nur mit Mühe dem Tode entronnen. Ein weiterer Fall überstand die Impfung zwar verhältnismäßig gut, trotz eines hart-näckigen Ikterus und besserte sich auch motorisch, doch ist schon nach einem Viertel-jahre wieder rückfällig geworden und verschlechtert sich seither zusehens, was um so wichtiger ist, als der Kranke vor der Impfung ein bereits jahrelang beobachteter, chronisch verlaufender und im wesentlichen stationärer Fall gewesen war.

Über Rekurrensimpfungen von Schizophrenen wird von Plaut und Steiner bereits in ihrer ersten Veröffentlichung vom Jahre 1918 berichtet, doch sind die

Behandlungsergebnisse nicht sehr ermutigend. Dies deckt sich mit unseren Erfahrungen. Wir konnten mit 4 Impfungen von Schizophrenen nicht den geringsten therapeutischen Erfolg durch die Rekurrens erreichen. Zur Behandlung der frischen Lues und der Liquorlues des Latenzstadiums scheint die Rekurrens bis jetzt nicht verwendet worden zu sein.

Schröter (l. c.) hat einige Fälle von Tabes, multipler Sklerose und postenzephalitischen Parkinsonismus der Rekurrensbehandlung unterworfen. Die Behandlungserfolge scheinen im allgemeinen nicht besonders sinnfällig gewesen zu sein. Zwei der Amyostatiker sollen sichtlich beeinflusst worden sein. In einem Falle verschwand die Retropulsion, die Mimik wurde lebhafter, die Bewegungen freier, der Speichelfluss geringer. Bei dem anderen Kranken wurde der Zustand „vor allem subjektiv" gebessert.

Anhangsweise sollen hier noch einige therapeutische Verfahren mit Spirochätensuspensionen erwähnt werden, die in der neueren Literatur eine gewisse Rolle spielen. Schon in früherer Zeit wurde versucht, Syphiliskranke aktiv und passiv zu immunisieren und es lag nahe, diese Versuche auch auf den spirochätentragenden Paralytiker auszudenken. Über derartige Versuche hat in jüngster Zeit Sagel berichtet. Er ging von der Annahme aus, dass die Ursache des schleichenden Luesverlaufes im Mangel an Antikörperbildung gelegen sei. Im Verfolg dieser Gedanken machte Sagel bei der Impfrekurrens zunächst häufige Superinfektionen, in der Annahme, er werde dadurch die Antikörperbildung besonders anregen, da es sich um biologisch verwandte immunisatorische Gruppenreaktionen handeln könne. In der Tat zeigte sich, dass bei diesen häufigen Superinfektionen mit Rekurrens die Reaktion des Blutbildes die gleiche war, wie bei der Erstimpfung mit Rekurrens, doch lässt Sagel dahingestellt, ob es sich bei den nachfolgenden Besserungen des klinischen Bildes um blosse verspätete Wirkungen der Erstinfektion handelte, oder ob der Erfolg tatsächlich auf Kosten der angestellten Superinfektionen zu setzen sei. Seit dem Jahre 1924 ging dann Sagel dazu über, die Antikörperbildung bei der Paralyse durch Injektionen von lebenden Kulturen der Spirochaete pallida zu bewerkstelligen. Er ging dabei so vor, dass er bei den Kranken Skarifikationen oder Einreibungen von lebendem Pallidamaterial machte. Von 10 auf solche Weise behandelten Fällen wurden 7 klinisch und serologisch weitgehend gebessert, 2 davon so weit, dass sie entlassen werden konnten. Nach der gleichen Richtung gingen die Versuche, die F. Plaut auf eine Anregung A. v. Wassermanns hin seit dem Jahre 1919 anstellte. Es sollte durch Einführung von grösseren Spirochätenmengen und durch gleichzeitige Einverleibung von Salvarsan ein „Vorgang nachgeahmt werden, wie er sich bei der Therapie der Sekundärsyhpilis vermutlich abspielt". Diese theoretischen Gedankengänge gehen auf Vorstellungen v. Wassermanns und P. Ehrlichs zurück, die annehmen, dass sich die Reaktionsfähigkeit des Körpers hinsichtlich der Bildung von Abwehrkräften mit der Dauer der Syphilisinfektion und der Verteilung der Erreger im Körper ändere.

In dem primären Stadium sei die Reaktionsfähigkeit des Körpers noch sehr ausgebreitet, nehme aber mit zunehmendem Alter der Lues immer mehr ab. Nun werde bei der chemotherapeutischen Beeinflussung der Lues nur immer ein Teil der Erreger direkt durch das Salvarsan abgetötet, der Rest der Spirochäten pflege erst durch bestimmte Substanzen zum Absterben zu kommen, die durch den primären Spirochätenzerfall innerhalb des Organismus entstünden. Zur Auslösung solcher

„nachschleppender" Wirkung seien zwei Dinge erforderlich, deren Vorhandensein beim Paralytiker nicht ohne weiteres vorausgesetzt werden könne: eine gewisse Reaktionsfähigkeit des Körpers und hinreichender Mengen von Antigen, also von Spirochäten. Es handle sich nun bei der Paralysetherapie darum, erstens die wahrscheinlich verloren gegangene Reaktionsfähigkeit des Körpers zu steigern, ferner aber durch künstliche Mehrzufuhr von Antigen die Bildung von spirilloziden Substanzen im Serum zu beschleunigen.

In Verwirklichung dieser Vorschläge v. Wassermanns verabreichte Plaut 22 Kranken Injektionen von abgetöteten Pallidakulturen mit nachfolgenden Einspritzungen von Neosalvarsan. Die Spirochäten wurden anfangs mit Karbol, später mit Formol abgetötet. Es wurde ungefähr alle 5—6 Tage je 5 ccm der Kultur, teils subkutan, teils intrakutan eingespritzt und die Einspritzung am gleichen Kranken ungefähr 8—10 mal wiederholt. In einem Fall entwickelte sich im Anschluss an diese Behandlung eine schwere Dermatitis, die zum Tode an septischen Prozessen führte. Daraufhin beschränkte sich Plaut auf blosse Einspritzung von Pallidakulturen ohne Salvarsanzusatz. Die therapeutischen Erfolge äusserten sich derart, dass die Kranken erhebliche Gewichtszunahmen zu verzeichnen hatten. Einer der Kranken nahm in 19 Tagen 8 kg zu. Das klinische Zustandsbild wurde weniger deutlich beeinflusst. Zwar zeigten 4 Kranke eine leidliche Remission von einigen Monaten Dauer, doch wurden sie bald rückfällig. Nur ein Kranker hat im Anschluss an die Behandlung eine seit 5½ Jahren anhaltende Remission bekommen, die ihn seinem Berufe wieder zuführte. Plaut kommt zu dem Ergebnis, dass im ganzen von einer Heilwirkung der intrakutanen bzw. subkutanen Spirochätentherapie nicht gesprochen werden könne. Noch schlechter war es um die Ergebnisse mit der intravenösen Spirochätentherapie bestellt. Plaut ging in der Weise vor, dass er 5 Paralytikern je 2—3 ccm der Pallidakultur intravenös einspritzte und daraufhin gleich eine Neosalvarsaninjektion von 0,1—0,6 g anschloss. Ausser leichten Temperaturerhöhungen wurden klinische Zwischenfälle nicht beobachtet.

Die bei der intrakutanen Therapie beobachteten Gewichtszunahmen fehlten bei der intravenösen Verabreichung gänzlich, die Kranken blieben im wesentlichen das, was sie vorher auch gewesen waren. Mit diesen Erfahrungen Plauts decken sich unsere eigenen in jeder Weise. Wir haben ähnliche Versuche angestellt wie Plaut, und zwar gingen wir in der Weise vor, dass wir bei Sekundärsyphilitischen zunächst durch Auflegen von Kantharidenpflastern hinreichend steriles spirochätenhaltiges Reizserum gewannen, dann den Blaseninhalt dem betreffenden Paralytiker intrakutan einverleibten. Das Reizserum erwies sich als stark spirochätenhaltig. Irgendwelche Erfolge wurden nicht gesehen. Es bildete sich ein geringes, nicht sehr derbes und vorübergehendes Infiltrat in der Subkutis, klinisch erfolgte keine Änderung[1]. Es ist mir bekannt, dass sich auch andere Kliniken vergeblich mit den Pallidakulturen abmühten, ohne dass sie zu einem positiven Ergebnis kamen. Damit dürfte eine Fortsetzung der Heilversuche mit Spirochätenkulturen bei Paralytikern nicht mehr lohnend erscheinen. Einen anderen Weg hat man in der letzten Zeit bei der Paralyse-

---

[1] Ich danke an dieser Stelle vor allem den Kollegen der hiesigen dermatologischen Klinik, die mich hierbei berieten und unterstützten.

therapie beschritten, von dessen Existenz bislang noch wenig in die Öffentlichkeit gedrungen ist. Die Methode hat gewisse nächste theoretische Berührung mit der Rekurrenstherapie, weshalb sie hier kurz erwähnt sei. Es handelt sich um das sogenannte Rattenbissfieber, den Sodoku der Japaner, eine durch Biss von Hausratten übertragbare Infektionskrankheit, die man zur Paralysetherapie zu verwenden sucht. Der Erreger ist eine kurze schwach gewundene geiseltragende Spirochäte, die Spirochaete morsus muris. B. Kihn wurde vor etwa Jahresfrist gelegentlich einer Unterredung mit H. Schlossberger auf das Krankheitsbild und seine eventuellen Eignung zu infektionstherapeutischen Zwecken aufmerksam gemacht[1]). Ein dem Verfasser vom Staatsinstitut für experimentelle Therapie zu Frankfurt gütigst zur Verfügung gestellter Stamm von Rattenbiss blieb indessen zunächst unbenutzt, da ihm nachträglich Bedenken hinsichtlich der Eignung des Rattenbissvirus zur Infektionsbehandlung auftraten. Zwar gab die einschlägige Literatur Aufschluss über die leichte Beeinflussbarkeit des Rattenbissfiebers durch Salvarsan, was gegenüber der afrikanischen Rekurrens zweifellos einen gewissen Vorteil bedeutet hätte. Auf der anderen Seite mahnte die Tatsache zur Vorsicht, dass die Rattenbissspirochäte nach neueren Untersuchungen im Speichel, Harn und Tränensekret ausgeschieden wird und durch die unverletzte Haut einzudringen vermag, was zu ungewollten Kontaktinfektionen hätte Anlass geben können. Dazu kam der missliche Umstand, dass am Orte der erfolgten Infektion bei den Kranken lokale Nekrosen und Primäraffekte entstehen können und dass mit den einzelnen periodischen Fieberattaken schubweise einsetzende Exantheme aufzutreten pflegen. Vor einigen Wochen wurde ich nun durch eine Mitteilung F. Plauts zur Wiederaufnahme meiner therapeutischen Versuche mit Rattenfieberbiss veranlasst, da nach F. Plaut von einzelnen nordamerikanischen Autoren das Rattenbissfieber zur Paralysetherapie mit Erfolg herangezogen werde. Auch ein Schweizer Autor soll das Virus des Sodoku zum gleichen Zwecke benutzen. Es soll, wie ich höre, bis jetzt ermittelt sein, dass die störenden Primäraffekte des Rattenbisses durch entsprechend schwache Impfungen mit ziemlicher Sicherheit zu vermeiden seien. Da möglicherweise noch von anderer Seite über ähnliche therapeutische Versuche berichtet werden wird, möchte ich kurz die wichtigsten epidemiologischen und klinischen Tatsachen des Rattenbissfiebers hier anführen, wenigstens soweit, als sie psychiatrisch-klinisches Interesse haben. Die Krankheit ist erstmals in Deutschland weiteren Kreisen durch eine Veröffentlichung von H. Mijake (Mitteil. aus den Grenzgeb. d. inn. Med. u. Chir., Bd. V, 1900) bekannt geworden. In der Folgezeit wurden auch in Deutschland und Österreich ähnliche Fälle beobachtet, so von Vorpahl (Münch. med. Wochenschr. 1921) u. a.

Nach einer Inkubationszeit von 1—4 Wochen entwickelt sich an der Bißstelle unter Rötung und Schwellung der Umgebung ein derbes schmerzhaftes Infiltrat, das nekrotisieren kann. Die regionären Lymphdrüsen schwellen an, die Kranken klagen über heftige Muskelschmerzen. Unter Schüttelfrost setzt hohes Fieber ein, das nach 1—2 Tagen kritisch abfällt. Die Fieberanfälle

---

[1]) Selbstredend werden Prioritätsansprüche in diesem Punkte nicht erhoben. Sie dürften F. Plaut zufallen, der bereits 1925 auf seiner Amerikareise die Anregung zu derartigen therapeutischen Versuchen gab.

wiederholen sich öfters und dauern je nach der Eigenart des Falles verschieden lange Zeit, dürften aber im allgemeinen den Organismus stärker beanspruchen, als die afrikanische Rekurrens. Mit den ersten Fieberattaken, evtl. erst bei der zweiten und dritten, zeigt sich ein deutliches makulopapulöses Exanthem, das den Stamm, den Rücken, die Extremitäten und das Gesicht befallen kann und das mit dem Abklingen des Fiebers unter Schuppung verschwindet, um sich beim nächsten Anfall zu wiederholen. Die Kranken verfallen in mehr oder minder schweren Kachexie, von der sie sich nur langsam erholen. In 4—6 Wochen erlischt das Leiden spontan, in einzelnen Fällen nimmt es ernsteren Verlauf. Unter den klinischen Verwicklungen sind in erster Linie Neuritiden, Lähmungen, Delire, Koma zu nennen. Milz und Leber können schwellen, das Blut zeigt Leukozytose, von seiten der Niere sind echte hämorrhagische Nephritiden beobachtet. Während der Fieberanfälle ist der Erreger des Rattenbissfiebers im Blute nachweisbar, doch ist er nicht sehr zahlreich und es erfordert einige Übung, ihn aufzufinden. Die Spirochäte ist auf die verschiedensten Tierarten übertragbar: Ratten, Mäuse, Meerschweinchen, Kaninchen, Katzen. Auch durch den Biss von Eichhörnchen, Mardern und Wieseln ist Ansteckung mit Sodoku beobachtet. Es scheint, als sei ein Teil der freilebenden Ratten auch in Mitteleuropa regelmäßig mit der Rattenbißspirochäte infiziert. Für Wien wird der Prozentsatz der Sodokuträger unter den Hausratten nach neueren japanischen Feststellungen auf 50% errechnet. Der Erreger des Rattenbissfiebers, der seit neuerer Zeit als sehr kleine, ganz fein gewundene, kurze Spirochäte bekannt geworden ist, erreicht durchschnittlich ein Drittel der Grösse eines menschlichen Erythrozyten und ist mit den üblichen Spirochätenmethoden darstellbar. Im Dunkelfeld vollführt das Gebilde eigenartig wälzende und hüpfende, sehr lebhafte Bewegungen, bei Geiselfärbung sind polständige feine Geiselfädchen nachzuweisen. Mäuse tragen etwa eine Woche nach der Impfung den Erreger im peripheren Blut ohne Relapse, wo er viele Wochen hindurch auch ausserhalb der Fieberperioden verbleibt. Mit zunehmendem Immuntiter verschwinden die Spirochäten analog der Rekurrens aus dem Blute. Gehirn und Milz soll indessen nach vielen Monaten noch infektionstüchtig sein. Die Tiere verenden gewöhnlich nach monatelangem chronischem Siechtum unter Abmagerung und Haarausfall.

Was das Rattenbissfieber für impftherapeutische Zwecke zu empfehlen scheint, ist die allgemein und oft bestätigte prompte Beeinflussbarkeit durch Salvarsan (Hata, Vorpahl u. a.). Auch Silber, sogar Chinin soll wirksam sein. H. Schlossberger machte mich indessen darauf aufmerksam, dass einige Rattenbissrückfälle nach Salvarsanbehandlung bekannt geworden seien. Es sei betont, dass die Haltung der Spirochäten auf Mäusen ausserordentlich leicht ist und dass selten weitere Verimpfungen nötig werden. Man kann in der Tat auf zwei infizierten Tieren den Spirochätenstamm wochenlang erhalten. Trotz allem trage ich zur Zeit noch Bedenken, den Sodoku für impftherapeutische Zwecke zu empfehlen. Es ist die Möglichkeit von Kontaktinfektionen gegeben, vor allem durch die Ausscheidungen der Kranken. Sodann ist die Bildung spirochätenhaltiger Primäraffekte ein sehr störender Umstand, ebenso die begleitenden Exantheme. Meine bisherigen, noch kurzen klinischen Erfahrungen, über die ich später berichten werde, sind zu einer endgültigen Stellungnahme noch nicht hinreichend. Bis jetzt habe ich ernstere unliebsame Zwischenfälle nicht erlebt[1]).

[1]) Eine bereits vorliegende Veröffentlichung von Solomon (siehe C. B. f. d. ges. N. u. P. 1927, Juli, Ref. Jahnel) über den Rattenbiss veranlasst mich, bereits hier an dieser Stelle Näheres über meine neueren Impfversuche mit diesem Virus zu berichten. Ich verfüge bis zur Stunde über 10 geimpfte Fälle, darunter finden sich naturgemäß in erster Linie Kranke, bei denen therapeutisch nicht mehr viel zu erreichen war. Ich habe aber in neuerer Zeit auch Kranke geimpft, die noch nicht vorbehandelt waren. Ich verwendete meist die subkutane Impfung. In der dritten Krankheitswoche der Maus wurde Blut in physiologischer Kochsalzlösung suspendiert und dem Kranken unter die Rückenhaut eingespritzt. Die Impfungen waren teils schwache, teils starke. Bei den schwachen Impfungen gab ich 2 bis 3 Tropfen Schwanzvenenblutes, bei den starken Impfungen die Hälfte bis die Gesamtmenge des Körperblutes der Maus. Die Inkubation beträgt bei beiden Impfmodi 8 bis 10 Tage. Schon vorher werden die Kranken blass, nehmen an Körpergewicht ab, fühlen sich unwohl und frösteln. Am 10. Tage setzt in der Regel das erste Fieber ein. Bei der Mehrzahl der Kranken verläuft das Fieber in etwa 5tägigen Intervallen, wobei es zu mehr oder minder langsamem Anstieg und Abfall der Körperwärme kommt. Die erreichten Temperaturhöhen können bei starken Impfungen erhebliche sein, bis 41,5°C und mehr. Bei schwachen Impfungen ist das Fieber entsprechend niederer und die fieberfreien Intervalle verlängern sich durchschnittlich etwas. Man hat es also von vorneherein bis zu einem gewissen Grade in der Hand, wie stark die Infektion werden soll. Natürlich gilt dies insoferne relativ, als die individuelle Disposition wohl auch eine gewisse Rolle spielt. Doch kann man immerhin von einer gewissen Dosierbarkeit der Rattenbissinfektion sprechen. Mit den Fieberanfällen steigern sich die Beschwerden der Kranken, sie klagen über Kopfweh, erbrechen auch, doch ist der Allgemeinzustand im ganzen nach meinen bisherigen Erfahrungen nicht gerade schlecht. Das Fieber kann bei stärkeren Infektionen über viele Wochen gehen, wenn man weiter nichts gegen die Krankheit unternimmt, doch scheinen langwierige Infektionen immer eine erhebliche körperliche Belastung für den Kranken darzustellen, so dass man nach Ablauf einer gewissen Zeit am besten mit mehreren Salvarsandosen abbricht. Man gibt 0,45 bis 0,6 Neosalvarsan, in der Zwischenzeit Gold, etwa 0,5 Sanokrysin oder Solganal (Schering). Ernstere Zwischenfälle habe ich bei den Rattenbissinfektionen nicht gesehen und ich habe mit Rücksicht auf die Erkenntnis, dass eine Dosierung des Virus möglich sei, auch ganz hinfällige Kranke geimpft, ohne übele Vorkommnisse bis jetzt erlebt zu haben. Unter den Kompliktionen seien vor allen Dingen die Lokalerscheinungen genannt, welche die Rattenbissinfektion an der Impfstelle macht. Es kommt hier zu mehr oder minder starken Schwellungen der Stichstelle, es bildet sich ein derbes Infiltrat, das stark gerötet ist, aber nicht fluktuiert. Mit dem Einsetzen des Relapses bildet sich die Schwellung meist zurück, kann aber mit dem nächsten Fieberanstiege wieder zum Vorscheine kommen. Ist die Schwellung sehr stark, dann besteht auch die Gefahr der Primäraffektbildung. Dann wird das hyperämische Zentrum des Infiltrates zunächst anämisch, die Anämie wird so stark, dass eine Nekrose von etwa Pfenniggrösse einsetzt, die brandige Haut wird abgestossen und es liegt dann ein flaches Geschwür zutage, dessen Grund leicht gelb-grau belegt ist. Schmerzen werden nicht geklagt. Dass durch schwache Impfungen die Primäraffektbildung sicher vermieden werden könne, muss ich bestreiten. Später überzieht sich dann die Ulzeration mit einer Borke und verkleinert sich langsam. Neben diesen Lokalerscheinungen des Rattenbisses beobachtete ich auch fleckige Exantheme, die ihrem Aussehen nach sehr an die von Benedek und Kulcsar bei der afrikanischen Rekurrens beschriebenen erinnern. Sie haben sehr vorübergehenden Charakter, meist sind sie nach dem ersten Anfalle nur noch spurenweise zu sehen. Das Blutbild hat die für Infektionskrankheiten gewöhnlichen Veränderungen: Leukopenie, relative

VI. Die anatomische Seite der Infektionsbehandlung.

Nachdem der Kliniker von der pathologischen Anatomie in erster Linie die Aufdeckung von Sachverhalten erwartet, die gewisse klinisch noch nicht voll verständliche Zusammenhänge einer Erklärung näher führen, ist es nahegelegen, zu versuchen, ob nicht die Ergebnisse der pathologischen Anatomie gewisse Handhaben für die überraschende Tatsache der Remissionsbildung nach Infektionsbehandlung und für die einzelnen klinischen Verläufe dieser Remissionen abgeben könnten. Solche Versuche sind, wie bekannt, von verschiedenen Seiten unternommen worden, haben aber leider bis jetzt nur zur Feststellung verhältnismäßig einfacher Erkenntnisse geführt, die noch dazu in ihren einzelnen Punkten keineswegs unbestritten geblieben sind. So manche Phasen in der wissenschaftlichen Erörterung anatomischer Probleme im Zusammenhange mit der Infektionstherapie scheinen zwar nicht dazu angetan gewesen zu sein, das Vertrauen des Klinikers in die anatomische Hilfe besonders zu stärken, auf der anderen Seite wird zu leicht vergessen, wieviel die Klinik der Anatomie gerade in der Förderung unserer Kenntnisse vom Wesen der Paralyse und der Metalues überhaupt verdankt. Es unterliegt keinem Zweifel, dass die anatomische Forschung auch in das Gebiet der Infektionstherapie eine Reihe neuer und fruchtbarer Fragestellungen hineingetragen hat, die nicht ohne Rückwirkungen auf die klinische Arbeit geblieben sind.

Zwei Punkte sind es vor allen Dingen, um deren Lösung sich bislang die Anatomie auf dem Gebiete der Infektionsbehandlung der Paralyse bemüht hat: der erste betrifft die Frage, ob und welche Veränderungen die Spirochäten

---

Lymphozytose mit Linksverschiebung. Polychromatophilie. Der Nachweis von Spirochäten im Rattenbissanfalle ist mir beim Menschen bis jetzt noch nicht gelungen, auch nicht unter Zuhilfenahme der biologischen Methoden. Dagegen gelang der Nachweis bei der Maus immer sehr leicht. Ebensowenig sind Impfversuche von Harn und Stuhl von Kranken positiv ausgefallen. Es scheint überhaupt, als würde die Infektiosität des Rattenbisses etwas überschätzt. Mir ist es vor kurzem passiert, dass mir kleine Tröpfchen voll virulenten Mäuseblutes ins Auge spritzten. Es ist bis jetzt eine Infektion nicht aufgetreten. Was die psychischen Reaktionen der Kranken auf die erfolgte Impfung anlangt, so ist diese im Prinzip den bei Malaria und Rekurrens auftretenden gleich. Ich habe eine expansive und eine depressive Umwandlung bis jetzt beobachtet. Jedenfalls sind die Allgemeinreaktionen der Kranken auf die erfolgte Infektion solche, dass man eine Wirkung der Behandlung wird annehmen dürfen. Über den therapeutischen Wert der Sodokuimpfungen möchte ich mich noch zurückhaltend aussprechen. Ansätze zu Remissionen finden sich bei meinen frisch geimpften Kranken. Die Zeit ist aber wohl noch zu kurz, um ein sicheres Urteil zuzulassen. Ich halte jedenfalls die Rattenbissimpfungen für wert, dass man sich weiterhin mit dem Gegenstande beschäftigte. Zwei Momente sind es weiter, welche den Rattenbiss zu Impfzwecken empfehlen könnten: die Tatsache, dass es bei meinen Untersuchungen nicht zu einem Eindringen von Erregern in den Liquor zu kommen schien, dass also scheinbar keine Meningitis entsteht. Zweitens ist die Krankheit therapeutisch leicht zu beherrschen. Das Fieber fällt auf eine Salvarsaninjektion rasch ab, doch ist sehr zu raten, dass die Einspritzungen noch eine Weile fortgesetzt werden, da sonst Rückfälle auftreten können. Ich rate, Salvarsan und Gold bei der Koupierung zu kombinieren.

durch die Fiebertherapie erleiden, ob eine Abnahme der Parasitenzahl sich feststellen lässt oder ob Handhaben für die Annahme bestehen, dass eine Umlagerung der Spirochäten während und nach der Behandlung erfolgt. Gegebenenfalls suchte man zu ermitteln, ob sich nach den parasitologischen Befunden in der Hirnsubstanz bei den rückfälligen Paralysen irgendein Zusammenhang zwischen klinischem Verlaufe und mikroskopischen Feststellungen ergebe. Das zweite Problem ist rein morphologischer Art und besteht darin, dass man gewisse Eigenarten des anatomisch-histologischen Prozesses zu bestimmten Abschnitten des klinischen Verlaufes in Beziehung zu setzen suchte, sogar dem anatomischen Befunde eine gewisse prognostische Bedeutung zuerkannte. Es handelt sich zunächst aber vor allen Dingen darum, ob der anatomische Befund durch die Einwirkung der Malaria und Rekurrens irgendwelche Veränderungen erleidet und welche, ferner, welches Schicksal diese anatomischen Veränderungen im weiteren Verlaufe der klinischen Beobachtung haben. Wir kennen seit den klassischen Untersuchungen Jahnels und Hauptmanns das nähere biologische und morphologische Verhalten der Spirochäten im paralytischen Gehirne. Jahnel hat dargetan, wie schwer es ist, aus dem Spirochätenbefunde irgendwelche sicheren Rückschlüsse auf den klinischen Verlauf zu ziehen. Es scheint, als liesse sich nur sehr bedingt und mit vielen Einschränkungen etwas Sicheres aussagen über den Zusammenhang der parasitologischen Ermittlungen mit der klinischen Weiterentwicklung. Hinderlich an der Annahme eines solchen Zusammenhanges ist zuerst die Begrenztheit unserer Methoden, der rasche Wechsel zwischen Entstehung und Verfall der Spirochätenherde, die Summe äusserer Einwirkungen, die diesen Wechsel zwischen Entstehen und Vergehen noch verschärfen und zuletzt wohl auch gewisse biologische Eigenheiten, zu deren Annahme der Erreger in seinem Kampfe mit den Gegenwirkungen des Organismus gedrängt wird. Das alles bereitet einem weiteren Ausbau der parasitologischen Erforschung des Paralysegehirnes nicht unerhebliche Schwierigkeiten. Und so ist praktisch der positive Spirochätenbefund im paralytischen Gehirne zwar eine der Voraussetzungen, die man im stillen mit der klinischen Diagnose assoziativ verbindet, von der man aber nicht die Gewähr hat, sie könne den Untersucher gerade dann im Stiche lassen, wo er sich auf sie stützen möchte. Es ist bekannt, dass der Spirochätennachweis nur in einem Teile aller daraufhin untersuchten Fälle gelingt. Wie hoch objektiv der Prozentsatz ist, in dem ein positives Ergebnis zutage gefördert wird, dürfte nicht sicher sein, da es im wesentlichen von der Art des zur Verfügung stehenden Materiales, der Methodik und der Ausdauer des Untersuchers abhängt. Jedenfalls ist die Unzulänglichkeit unserer Ermittlungen nachdrücklichst zu betonen. Wenn nun derartige Schwierigkeiten für die parasitologische Forschung schon beim unbehandelten Paralytiker bestehen, so wird man sich der möglichen Fehlerquellen doppelt erinnern, wenn man an die Untersuchung von vorbehandelten paralytischen Gehirnen geht. In den ersten Jahren allgemeineren Gebrauchs der Infektionstherapie wurden verschiedentlich die Gehirne von Malariaparalysen nach Spirochäten untersucht. Gerstmann hebt hervor, dass in der Wiener Klinik bei derartigen Untersuchungen Spirochäten nicht gefunden worden seien. Desgleichen habe Bielschowsky an Gehirnen malariabehandelter Paralytiker aus der Dalldorfer Anstalt keine Parasiten nachweisen können, und ähnliches wurde von Kirschbaum auf Grund seiner eigenen Erfahrungen hervorgehoben. Gegen die Auffassung Gerstmanns, als käme den negativen Spirochäten-befunden im Hirne von Malariaparalysen eine weitgehende Bedeutung zu, hat sich vor einiger Zeit Forster gewendet. Er hat bei drei mit Malaria behandelten und in Remission befindlichen Paralytikern die Hirnpunktion ausgeführt und hat das Material histologisch und im Dunkelfeld untersucht. Es konnten in 2 Fällen Spirochäten nachgewiesen werden. Und ebenso konnte eine histo-logische Untersuchung eingebetteter Hirnteilchen deutliche paralytische Ver-änderungen ergeben, so dass Forster zu dem Schluss kommt, es sei nach dem anatomischen Befunde ein Rückschluss auf die günstige Wirkung der Malaria-therapie nicht zu ziehen. In der Berliner Gesellschaft für Psychiatrie und Neuro-logie, in der Forster erstmals über seine Untersuchungen berichtete, wies Bonhoeffer mit Nachdruck darauf hin, dass sich also in den Forsterschen Fällen trotz eingetretener klinischer Besserung Spirochäten im Gehirn hätten nachweisen lassen, was zu der Überlegung Anlass gebe, inwieweit die Anwesenheit der Spirochäten im paralytischen Gehirn für das klinische Bild Bedeutung habe. Wenn wir zu den Feststellungen Forsters in Kürze Stellung nehmen, so möchten wir die Ansicht aussprechen, dass uns eine direkte Einwirkung der Infektions-therapie auf den Spirochätengehalt des paralytischen Gehirnes zum mindesten fraglich erscheint. Auf keinen Fall sind wir der Ansicht, dass es zu einer Ver-nichtung der Parasiten durch die Malaria kommt. Gegen diese Anschauungen sprechen schon die experimentellen Erfahrungen an superinfizierten Tieren, nicht zuletzt auch die Tatsache ganz akuter Rezidivbildung nach Impfmalaria. Wir sehen im Tierexperiment durch die Superinfektionen zwar eine Verminderung der Erreger im Blut, aber keine Vernichtung. Man erlebt vielmehr ein Wieder-aufflackern des Prozesses und es scheint auch bei der experimentellen Infektions-therapie an Tieren die Verminderung der Keime in den inneren Organen mit denen im Blute nicht gleichen Schritt zu halten. Etwas anderes ist es aber, ob auch für menschliche Verhältnisse erweislich sein wird, dass überhaupt die Infektionsbehandlung einen Einfluss im Sinne einer Minderung der Parasitenzahl hat. Denkbar wäre es, beweisbar ist es nicht. Und so ist wohl Forster zu-zustimmen, dass er alle weitgehenden Schlussfolgerungen hinsichtlich der Be-einflussbarkeit des Spirochätengehaltes von malariaparalytischen Gehirnen ablehnt. Wenn Bonhoeffer der Anwesenheit von Spirochäten im paralytischen Hirne für die Gestaltung des klinischen Bildes nur bedingte Bedeutung zuerkennt, so ist dem insoferne zuzustimmen, als eine solche Tatsache in der menschlichen Pathologie durchaus nichts Unerhörtes wäre. Dazu kommt, dass der offenbar in weitesten Grenzen schwankende Spirochätengehalt des paralytischen Gehirnes eine Zuordnung von klinischen Befunden an objektive parasitologische Fest-stellungen aus naheliegenden Gründen hindert. Ob man aber derartige Zusammen-hänge überhaupt und grundsätzlich ablehnen soll, ist eine andere Frage. Gewisse Erfahrungen, wie die des Spirochätengehaltes von paralytischen Gehirnen aus Todesfällen im Anfalle oder in galoppierendem Krankheitsverlaufe legen kausale Verbindungen zwischen der Tatsache der Spirochätenausbreitung und den klinischen Vorgängen immerhin nahe. Meine eigenen Ermittlungen über das

Vorkommen von Spirochäten in Gehirnen malariabehandelter Paralytiker erstrecken sich nur auf fixiertes Material. Ich hatte Gelegenheit, 12 derartige Fälle sorgfältig nach den Jahnelschen Methoden zu untersuchen. In 2 Fällen waren sichere Spirochäten vorhanden, in einem Falle durchaus nicht spärlich, im anderen Falle sehr vereinzelt. Der erste Fall, eine weibliche Kranke, war nach dem sechsten Fieberanfalle unter den Erscheinungen der Herzinsuffizienz erlegen, der zweite Fall hatte 10 Fieberanfälle durchgemacht und war nach Abbruch der Kur langsam innerhalb einer Woche zunehmend verfallen.

Ob sich die Spirochäten im Gefolge der Infektionstherapie irgendwie örtlich weitgehend umzulagern vermögen, so dass etwa aus diesem Umstand die Entstehung gewisser atypischer Krankheitsbilder erklärbar wäre, ist nicht zu sagen. Zunächst spricht gar nichts für eine solche Annahme. Ebenso problematisch ist wohl auch der prognostische Wert der Spirochätenbefunde. Zunächst steht nur das eine fest, dass mit dem Nachweis beweglicher Spirochäten im Gehirne von malariabehandelten Paralytikern ein Fortgang des Krankheitsprozesses dargetan ist, sei es in dieser oder in jener klinischen Abwandlung. Und auch das wird man wohl annehmen dürfen: dass im Anschluss an einen scheinbaren Stillstand des Krankheitsprozesses mitten aus vollem Wohlbefinden heraus derart akute Rückfälle einsetzen können, dass man ohne die Zuhilfenahme von besonderen Vorstellungen über die augenblickliche Parasitenzahl und ihre Verbreitungstendenz nicht recht auskommen dürfte. Wie soll man z. B. die sogenannten Anfallsrückfälle nach Impfmalaria sich erklären? Hier liegt die Annahme plötzlichen Umsichgreifens der Parasiten (im Gehirne?) aus irgend einer Ursache sehr nahe, und dies stimmt bis zu einem gewissen Grade zu den Anschauungen, die man sich seit Jahnel von der Genese gewisser Formen der paralytischen Anfälle gebildet hat.

Was die Deutung des pathologisch-histologischen Befundes im Gehirne von Malariaparalysen anlangt, so haben sich im Verlaufe der Untersuchungen verschiedene Differenzpunkte zwischen einigen Autoren ergeben, auf die bereits zum Teile an anderer Stelle (Kapitel 6) hingewiesen wurde. Als erste haben Sträussler und Koskinas aus der Wagner-Jaureggschen Klinik über ihre anatomischen Ergebnisse berichtet. Das Untersuchungsmaterial bestand aus 4 Fällen, die nach erfolgter Impfung vor Ausbruch einer sicheren Malaria gestorben waren, ferner aus 8 Kranken mit weniger als 5 Malariaanfällen und zuletzt aus 31 Kranken, die mehr als 5 Fieberanstiege überstanden hatten. Unter der letzten Gruppe fanden sich auch Gehirne von solchen Kranken, die mitten in der Remission an irgendeinem interkurrenten Leiden verstorben waren.

Die Ergebnisse der an diesem Materiale gewonnenen Feststellungen gipfeln in der Annahme, dass auch der anatomisch-histologische Prozess durch die Malaria beeinflusst werde. Es bestehe ein Parallelismus zwischen klinischer Remission und anatomischem Prozess derart, dass im Verlaufe der klinischen Besserung die entzündlichen Vorgänge im Gehirn einer Rückbildung bzw. eines Stillstandes fähig seien. Diese Rückbildung könne so weitgehend sein, dass bei Unkenntnis der Vorgeschichte die Diagnose einer Paralyse wohl nicht möglich wäre. Der histologische Gesamtcharakter solcher anatomischer Remissionen soll sich im allgemeinen in der Weise darstellen, wie es von dem histologischen Bilde der sogenannten stationären Paralyse nach den Untersuchungen Alzheimers bekannt ist. Es kommt dabei zu einer Verringerung der zelligen Infiltration, Rückbildungserscheinungen an den Gefässwandelementen bei vermehrter Neigung zu verbreiteter gliöser Reaktion und Narbenbildung. Die Stäbchenzellen sind spärlich, die Verdickungen der Meningen haben bindegewebig-fibrösen Charakter. Im ganzen ist die architektonische Ordnung der Rinde eine bessere, doch sollen insoferne regionäre Unterschiede bestehen, als nach den Untersuchungen von Sträussler und Koskinas bei Malariaparalysen eine relative Betonung des anatomisch-entzündlichen Prozesses im Schläfenlappen vorliegen kann. Die Rückbildung der entzündlichen Erscheinungen soll sich nach Sträussler und Koskinas in verschieden langer Zeit vollziehen können. Es wurden Fälle beobachtet, welche anatomisch schon eine gewisse Neigung zur Rückbildung erkennen liessen, während klinisch von einer Besserung noch nicht gesprochen werden konnte. Gewisse Erfahrungen liessen die genannten Autoren daran denken, dass sich die Art und Weise des Rückganges paralytisch-anatomischer Veränderungen auf dem Umwege über eine Steigerung der Entzündung vollziehe. Es wurde dabei angenommen, dass die Malariainfektion im Paralytikergehirne eine „Heilentzündung" im Sinne Biers auslöse, die auch dem histologischen Nachweis nicht verborgen bleibe. Die Betonung des entzündlichen Prozesses über die durchschnittliche Breite hinaus soll sich in den ersten Fieberabschnitten der Malariatherapie vollziehen, jedenfalls der Rückbildung des entzündlichen Prozesses.in stationäre Formen vorausgehen. Mit dieser Verstärkung der infiltrativen Erscheinungen soll ein gewisser Wandel im qualitativen Charakter des Entzündungsprozesses erfolgen können, und zwar derart, dass die lymphozytäre Infiltratbildung den Plasmazellbefund erheblich übertreffe. Während man sonst das Überhandnehmen lymphozytärer Infiltration als Ausdruck des rascheren Verlaufes und eines akuteren paralytischen Schubes ansehe, erscheint Sträussler und Koskinas für den vorliegenden Fall dieser Erklärungsversuch nicht einleuchtend. Sie sind vielmehr der Ansicht, dass die Malaria nicht nur eine Steigerung der entzündlichen Reaktion, sondern auch eine Änderung im Charakter der Entzündung zur Folge habe. Die Art der Entzündungszellen sei möglicherweise abhängig von einer besonderen biologischen Einstellung des Gewebes auf die Art der infektiösen und toxischen Schädigung. Nun soll die Änderung im Charakter der Entzündung bei Malariaparalysen derart ihren biologischen Ausdruck finden, dass durch die Malariabehandlung eine günstige Wendung in der anatomischen Reaktionsfähigkeit des Körpers einsetze. Es soll sich, sei es durch Protoplasmaaktivierung, sei es durch Änderung der Immunitätsverhältnisse, die „für die Paralyse charakteristische maligne Entzündung (Jakob) wenigstens teilweise durch die spezifische, gutartigere Form des Granuloms" ersetzen. Bald nach den Veröffentlichungen von Sträussler und Koskinas hat Kirschbaum über seine anatomischen Erfahrungen an Malariaparalysen berichtet. Im ganzen hat er 12 Fälle untersucht, die ein anatomisch wenig einheitliches Bild boten. Zum Teil konnte er bei Kranken, die im Malariafieber gestorben waren, sehr schwere und offenbar akute Steigerungen des entzündlichen Prozesses feststellen, er sah aber auch auffallend geringgradige Veränderungen bei solchen Fällen.

Kirschbaum neigt der Auffassung zu, dass den klinischen Besserungen vorwiegend anatomische Befunde von der Art stationärer Paralysen zuzuordnen seien. Doch wird auf der anderen Seite betont, dass auch bei jenen Fällen, die klinisch trotz Behandlung ohne Besserung verliefen und bei unbehandelten Kranken die Schwere des paralytisch-entzündlichen Prozesses in weitesten Grenzen schwanken könne. Zuletzt hat Adelheim (Wien. Klin. Wochenschr. 39, 15, S. 412, 1926) die Ergebnisse seiner Untersuchungen zur pathologischen Anatomie der Impfmalaria bei progressiver Paralyse mitgeteilt. Er konnte neben 2 Fällen von spontaner Ruptur der Milz nach Malaria vielfach kleine Nekrosen der Leber nachweisen, die er als direkte Malariawirkung auf dieses Organ ansieht. Bei den mit Malaria behandelten Paralytikern fiel im Gehirne eine besonders gesteigerte lymphozytäre Infiltration auf, in einem Falle kam es sogar zu Leukozyteninfiltraten. Die Gehirne von Kranken, die im Fieberstadium verstarben, zeigten diese akute Steigerung des entzündlichen Prozesses so sinnfällig, dass man bei diesen Vorgängen nach Adelheim von einer Heilentzündung sprechen könne. In gegensätzliche Stellung zu den Erhebungen von Sträussler und Koskinas sowie von Gerstmann ist neuerdings, wie bekannt, Spielmeyer getreten. Er hebt in mehreren Veröffentlichungen hervor, dass von einer Abänderung der Reaktionsweise des Gewebes am Gehirne von Malariaparalysen nicht die Rede sein könne. Es sei in keiner Weise erwiesen, dass die entzündliche Reaktion im Paralysegehirn gegenüber der spezifischgummösen der Hirnlues einen bösartigeren Charakter trage. Ebenso unwahrscheinlich sei, dass aus der gradweise stärkeren infiltrativen Beteiligung des Schläfenlappens bei malariabehandelten Paralysen irgendeine klinische Schlussfolgerung gezogen werden könne. Auch die Gehirne der seinerzeit von Plaut beschriebenen syphilitischen Halluzinosen hätten keinen Anhaltspunkt für Annahmen ergeben, wie sie seinerzeit von Gerstmann (siehe Kapitel 6) gemacht wurden. Über die Möglichkeit des Ablaufes einer Heilentzündung an malariabehandelten Paralysegehirnen äussert sich Spielmeyer wörtlich folgendermaßen: „Ich kenne viele Paralysen, die sehr starke entzündliche Veränderungen darbieten, ohne dass hier irgendeine Heilbehandlung versucht worden ist. Und wie will man sicher sagen können und den Beweis führen, dass in einem mit Malaria behandelten Falle der entzündliche Prozess eine Steigerung durch die Impfung erfahren habe? Es müsste sich dann doch um Befunde handeln, die ganz ungewöhnlich stark und von den bekannten Bildern durch ihre Intensität unterschieden sind. Auch habe ich während und unmittelbar nach der Behandlung zugrunde gegangene Fälle gesehen, die keineswegs Zeichen einer gesteigerten Entzündung, sondern im Gegenteil, schon in diesem frühen Stadium nach der Impfung nur geringfügige infiltrative Erscheinungen boten. So scheinen mir die Gedanken über die Heilentzündung im paralytischen Gehirn keine rechte Grundlage zu haben."

Wenn wir selbst an dieser Stelle noch kurz auf unsere eigenen anatomischen Erfahrungen an Malariaparalysen zurückkommen dürfen, so möchten wir gleich zu Anfang unseren Standpunkt dahingehend festlegen, dass wir den Ausführungen Spielmeyers in vollem Umfange beipflichten. Ja, wir möchten an einigen Punkten noch über sie hinausgehen. Ich hatte im Verlaufe mehrerer Jahre Gelegenheit, 20 Gehirne malaria- und rekurrensbehandelter Paralysen histologisch zu untersuchen. Das Material stammte zum grössten Teile aus eigener klinischer Beobachtung, zum Teil wurde es mir liebenswürdigerweise mit hinreichenden klinischen Angaben überlassen. Es zeigte sich bei näherem Zusehen zunächst, dass ein einheitlicher makroskopisch-anatomischer Befund nicht bestand. Bei mehreren Kranken, die während des Malariafiebers verstorben waren, fiel bei Eröffnung der Schädelhöhle der ausserordentliche Liquorreichtum auf. Auch die Häute waren diffus durchtränkt, das eigentümlich sulzig glasige Aussehen der weichen Häute war sinnfällig. Ebenso ausgeprägt war der Wasserreichtum der Hirnsubstanz, deren derbe Konsistenz und scharfe Zeichnung. Die Ventrikelhöhlen waren weit und stark gefüllt. Selbstredend ist eine Deutung dieser Befunde, die keineswegs konstant waren, heute noch vollkommen unmöglich. Dass es durch die Malaria und die Rekurrens zu allerlei zirkulatorischen Störungen innerhalb der Schädelhöhle kommen kann, ist ja bekannt. Ob sie für den Weiterverlauf des Leidens irgendeine prognostische Bedeutung haben, ist dagegen ganz unsicher. Vielleicht kann das enzephalographische Bild von Malariaparalysen einmal über den Zustand der Schädelhöhle und der Hirnräume näheres während und nach der Behandlung aussagen. Mikroskopisch zeigten sich die einzelnen Kranken nach der Stärke des vorgefundenen infiltrativen und degenerativen Prozesses ausserordentlich weitgehend unterschieden. Im allgemeinen bestand eine Neigung zu langsamer Rückbildung der entzündlichen Veränderungen mit der Dauer der Behandlung bzw. der klinischen Remission, und zwar dergestalt, dass die Infiltration der Häute und der Gefässe spärlicher wurden, dass auch progressive Veränderungen der Gefässe und der Glia zu den Seltenheiten gehörten.

Die architektonische Schichtung des Stirnhirns und, was betont sei, nicht minder die des Schläfenhirns und die anderer Rindengebiete näherte sich mehr der Norm. Aber es war auffallend, dass selbst bei weitgehender Rückbildung der infiltrativen Erscheinungen der degenerative Prozess nach seinem Umfang damit keineswegs immer gleichen Schritt hielt. Und es handelte sich bei diesen Degenerationen nicht etwa nur um laminäre Lichtungen und um die üblichen Zellausfälle. Die Neigung der anatomischen Veränderungen zum Übergang in das Bild der stationären Paralyse wurde zu ganz verschiedenen Zeitpunkten offenkundig. Ich besitze Fälle, die nach dem dritten und vierten Fieberanstiege rasch verstarben und die doch bereits weitgehend nach anatomischen Begriffen stationär geworden waren. Wieder andere Kranke zeigten auch Wochen nach abgeschlossener Behandlung hinsichtlich des histologischen Befundes durchaus das übliche Bild der Paralyse. Von Interesse ist sicher die Feststellung, dass bei klinischen Rezidiven der „stationäre" anatomische Befund durchaus gewahrt bleiben kann, auch wenn Zeichen eines klinischen Rückfalles sich schon mehrere Wochen vorher bemerkbar machten. Man kann also wohl nicht in jedem Falle sagen, dass der anatomische Prozess dem klinischen Verlaufe vorauseile. Es blieb im übrigen der Charakter der Paralyse in allen Fällen anatomisch voll gewahrt. Ob tatsächlich das Mengenverhältnis der lymphozytären Infiltration gegenüber der mit Plasmazellen verschoben war, das wage ich nicht zu behaupten. Jedenfalls brauchte diese Tatsache, wenn sie zuträfe, an sich bei der Malariaparalyse nicht wunderbar zu sein, und es wäre kaum nötig, nach anderen Gründen für die Feststellung zu suchen, als dies sonst geschieht. Sehen wir ja im Gehirn malariabehandelter Paralysen dann und wann auch andere Zeichen beschleunigten Stofftransportes und Substanzzerfalles.

Bei Anwendung der Hortegaschen Gliamethoden, der Fett- und Myelinfärbungen kommen bisweilen Befunde zutage, die dies recht treffend beleuchten. Es wäre also nicht erstaunlich, wenn die Plasmazellen gemäß ihrer biologischen Weiterentwicklung diesem erhöhten Stoffaustausch früher zum Opfer fielen, als das Gros der Lymphozyten. Insgesamt mutet der anatomische Prozess auch bei den sogenannten stationären Formen viel mehr derartig an, als sei eine gewisse Beruhigung akuter Erscheinungen, als ein Stillstand eingetreten. Dies legt vor allem die Beobachtung nahe, dass die Neigung zu verbreiteter faseriger Narbenbildung verhältnismäßig gering ist. Sie geht wenigstens nicht über jenes Maß hinaus, das auch bei unbehandelten Fällen der Durchschnitt zu sein pflegt.

Über die anatomischen Befunde an Rekurrensparalysen liegt bis jetzt nur eine Veröffentlichung von Benedek und Kiss (Psych. neurol. Wochenschr. 1927, 29, 2) vor. In ihr wird hervorgehoben, dass die Intensität der histologischen Veränderungen mit der Schwere des klinischen Bildes nicht gleichen Schritt hält. Der pathologische Prozess bei solchen Kranken, die unmittelbar nach Fieberablauf verstarben, unterscheide sich weder hinsichtlich des Umfanges seiner degenerativen, noch seiner infiltrativen Erscheinungen von dem Durchschnitt unbehandelter Fälle. Von einer Betonung der Infiltration und Proliferation könne auch bei der Rekurrens nicht gesprochen werden und man sei nicht berechtigt, aus dem Vorkommen von kleinen Granulombildungen mobiler Zellformen eine Umwandlung des paralytischen Prozesses im Sinne der Gutartigkeit zu folgern. Was an den Befunden von Benedek und Kiss vor allem interessiert, ist die Tatsache, dass auch bei der Rekurrens von einer Steigerung des anatomisch-entzündlichen Vorganges im Gehirne während der Fieberperiode nichts erweisbar war. Dies ist theoretisch schon deshalb interessant, weil man diese Steigerung eigentlich erwarten sollte. Haben doch Plaut und Steiner nachgewiesen, dass die afrikanische Rekurrens echt-entzündliche Veränderungen der Meningen und des Gehirnes auslöst. Trotzdem ist anatomisch nichts davon sicher festzustellen und ich kann dies auf Grund eigener Erfahrungen durchaus bestätigen. Damit wird so recht beleuchtet, wie schwer wirkliche und sicher vorhandene Steigerungen einer Entzündung als solche zu erkennen sind.

Spielmeyer hat als Zusammenfassung der anatomischen Ergebnisse an infektionsbehandelten Paralysen die Ansicht ausgesprochen, man sei im Grunde auch hier nicht viel über das hinausgekommen, was schon vorher bekannt war, das Neue aber, was die anatomische Forschung im vorliegenden Falle gebracht habe, sei zum mindesten sehr anfechtbar. So betrüblich diese Erkenntnis auch ist, so kann man sich ihr leider nicht verschliessen. Vielleicht lässt die Zukunft an diesem Sachverhalt dadurch eine gewisse Änderung zu, dass man in der Anatomie der Malaria- und Rekurrensbehandlung den degenerativen Prozessen grössere Aufmerksamkeit schenkt. Gerade ihr Charakter im Zusammenhang mit den schwierigen Fragen der Stoffspeicherung und des Stofftransportes im Zentralnervensystem dürfte erhöhtes Interesse fordern, aus dem vielleicht auch der Kliniker Nutzen ziehen kann.

VII. Die Infektionsbehandlung vom Standpunkt der Seuchenpolizei und verwandte Fragen.

Der Gebrauch akuter Infektionskrankheiten zu Heilzwecken ist eine Maßnahme von einschneidender Bedeutung, nicht nur für den Arzt und den Kranken, sondern auch für die Allgemeinheit. Es ist O. Fischer in gewisser Hinsicht zuzustimmen, wenn er davon spricht, es sträubten sich gewisse ärztliche Regungen in uns gegen eine bleibende Anwendung eines Verfahrens, dem leider auch heute noch alle Schattenseiten der Empirie anhaften. Man mag die Bedeutung der Malaria und Rekurrens in der Paralysetherapie anerkennen und ihrem Heilwerte volle Gerechtigkeit widerfahren lassen, darüber kann kein Zweifel sein, dass es trotzdem ein Stück Unnatürlichkeit ist, wenn man zu einer schweren Krankheit noch eine zweite hinzufügt. Es liegt nahe, in diesem Zusammenhange auf gewisse Analogien der Infektionsbehandlung mit dem chirurgischen Vorgehen hinzuweisen. Indessen handelt es sich bei den Maßnahmen der Infektionstherapie nicht nur um eine mechanische Beseitigung von Funktionsstörungen, wie dies bei den Eingriffen der Chirurgie der Fall ist, sondern um eine therapeutische Verwendung von Krankheiten, deren Bekämpfung sonst zu den ärztlichen Aufgaben gehört und deren Gebrauch wiederum weitgehende ärztliche Sicherungsmaßnahmen erfordert. Der Standpunkt, dass bei der Paralyse und bei ähnlichen ernsten Erkrankungen der Zweck die Wahl der Mittel heilige, ist jedenfalls nur solange vertretbar, als man dabei nicht mit anderen, ebenso wichtigen ärztlichen Aufgaben in Widerstreit gerät. So hat man denn schon frühzeitig bei Anwendung der Infektionsbehandlung die Frage aufgeworfen, ob sie sich mit den ärztlich-ethischen Anschauungen vereinbaren lasse, ob sie nicht vielmehr eine nicht zu unterschätzende Gefährdung der Umgebung der Kranken und der Allgemeinheit bedeute, die besser zu unterbleiben habe. Es handelt sich bei dieser Frage praktisch um zwei Probleme: erstens, ob eine ungewollte Weiterverschleppung der zu Impfzwecken verwendeten Krankheiten auf die Umgebung möglich sei, und zweitens, ob durch eine zu weite Indikationsstellung bei der Infektionstherapie eine Gefährdung der Allgemeinheit gegeben ist, sei es nun, dass man den gesundheitlichen Stand weiterer Volkskreise in erkennbarem Maße belastet und verschlechtert, oder dass man aus der Art und dem Weiterverlaufe des zu behandelnden Leidens allein die Anwendung der Infektionstherapie ärztlich nicht hinreichend rechtfertigen kann. Was die letztere Frage anlangt, so ist die Gefahr einer allgemeineren Verschlechterung der Volksgesundheit durch die Infektionstherapie zur Zeit wohl nicht zu befürchten. Dafür sind schon die Indikationen zu ihrer Anwendung viel zu eng begrenzte. Es ist aber doch die Frage, ob man gut daran tut, schon mit Rücksicht auf sozialhygienische Erwägungen den Indikationsbereich der Infektionstherapie bei der Syphilisbehandlung allzuweit auszudehnen. Schwieriger liegen die Dinge bei Erörterung der Frage, ob eine Weiterverschleppung der Impfmalaria und Rekurrens möglich sei und welchen Grad von Wahrscheinlichkeit diese Übertragung in sich berge. Die wesentlich geringeren seuchenpolizeilichen Gefahren hat, soweit sich augenblicklich abschätzen lässt, unter den gebräuchlichen impftherapeutischen Methoden die afrikanische Rekurrens. Die Möglichkeit ihrer Haltung auf Versuchstieren hat zudem eine Reihe von Bequemlichkeiten, die auch vom sanitären Standpunkt aus wohltätig empfunden werden. Man nimmt allgemein, wie im vorletzten Kapitel gezeigt wurde, als den Überträger der afrikanischen Rekurrens eine Zeckenart an, den Ornithodorus moubata. Es scheint zwar möglich zu sein, dass die afrikanische Rekurrens auch durch direkten Kontakt auf die Umgebung übertragen wird und dass durch Ungeziefer in einzelnen Fällen eine Verschleppung gelang. Praktisch ist dieses Gefahrenmoment indessen verschwindend gering, solange die Impfbehandlung mit Rekurrens innerhalb der Krankenhäuser vollzogen wird und die Kranken bis zur Beendigung der Fieberperiode in stationärer Beobachtung verbleiben. Inwieweit die Ausführung der Rekurrensbehandlung in tropischen Gegenden Bedenken hat, in denen mit der Möglichkeit einer Verschleppung auf natürlichem Wege, nämlich durch Zecken möglich ist, dies ist bis jetzt nicht eindeutig beantwortet worden. Es ist nicht undenkbar, dass neben dem Ornithodorus moubata noch andere verwandte Zeckenarten als Überträger des afrikanischen Rückfallfiebers in Betracht kommen können. In diesem Zusammenhange sei auf die Untersuchungen des französischen Tropenforschers Sergent in Algier hingewiesen.

Man müsste aus diesen und ähnlichen Ergebnissen jedenfalls folgern, dass das Verbreitungsgebiet der zentralafrikanischen Rekurrens nicht unbedingt mit dem des Ornithodorus moubata zusammenfallen brauchte. Im übrigen wird eine Verwendung der Impfrekurrens in zeckenverseuchten Gebieten ganz von den örtlichen Verhältnissen abhängig sein, unter denen die Impfung vorgenommen wird. Bei hinreichender Vorsicht dürften auch im schlimmsten Falle die seuchenpolizeilichen Gefahren nicht zu hoch einzuschätzen sein. Wie steht es aber in diesem Punkte mit der Impfmalaria? Hier sei gesagt, dass alle Verallgemeinerungen unangebracht erscheinen. Ob die Impfmalaria eine Gefahr für die Umgebung bedeuten kann, hängt von verschiedenen Umständen ab. Zunächst ist die Art des verwendeten Impfmaterials von Bedeutung. Gametenarme Stämme, die schon lange Zeit in ungeschlechtlichen Passagen von Mensch zu Mensch übertragen wurden, haben begreiflicherweise weniger Gefahrmomente als Plasmodien, über deren biologisches Verhalten noch nähere Erfahrungen mangeln. Man wird aber gut daran tun, auch bei älteren Stämmen von Impftertiana immer nur von einer Gametenarmut sprechen, nicht aber von einer Gametenfreiheit. Denn es liegen einzelne Beobachtungen vor, so von Yorke, Engel, Kling, Kihn, die ein langes Erhaltenbleiben der Gametenbildung in älteren Tertianastämmen feststellen konnten. Innerhalb der ersten 50 Passagen eines Tertianastammes muss im allgemeinen mit dem Vorkommen einzelner Geschlechtsformen gerechnet werden. Es ist aber wahrscheinlich, dass die Neigung zur Entwicklung von Gameten bei den einzelnen Impftertianastämmen eine recht unterschiedliche werden kann. Nun bedeutet an sich das Vorkommen von einzelnen Geschlechtsformen der Tertiana im peripheren Blute für eine ungewollte Verschleppung noch nicht sonderlich viel, wenn nicht weitere gefahrbringende Momente hinzukommen. Dies ist vor allen Dingen die Existenz von Stechmücken innerhalb oder in der Nähe der Krankenzimmer. Selbst wenn die Anopheles aber in nächster Nähe beobachtet wird, ist damit noch nicht allzuviel zu schliessen. Es ist aus den Erfahrungen der Tropenmedizin bekannt, dass in südlichen Gegenden trotz häufigen Vorkommens der Anopheles und trotz vereinzelter Malariafälle es lange Zeit nicht zu grösseren Epidemien gekommen ist, auch wenn die übrigen Bedingungen zur Entstehung von solchen gegeben waren. Man hat schon bald nach der Einführung der Impftertiana versucht, über ihre epidemiologischen Gefahren näheres zu ermitteln. Als erste haben Barzilai-Vivaldi und Kauders aus der Wagner-Jaureggschen Klinik Versuche über die Übertragbarkeit der Impftertiana angestellt.

Dabei wurde so vorgegangen, dass während der Sommermonate 120 männliche und weibliche Anopheles-maculipennis-Mücken von Rom nach Wien verbracht wurden. Die Mücken waren aus Eiern im Laboratorium gezüchtet worden. Sie wurden in einem 28⁰ C Temperatur tragenden Raume untergebracht und auf 2 Gazebehälter verteilt. Zum Stechen wurde unter Verdunkelung des Behälters der Gazekasten auf die Bauchhaut des Kranken aufgesetzt, wo er 20 Minuten verblieb. Diese Maßnahme wurde täglich wiederholt, etwa 14 Tage lang. Es wurden bis zu 150 Stiche an einem Kranken gezählt. Inzwischen hatte sich der Mückenstand der Untersucher auf die Hälfte reduziert. Im zweiten Abschnitt der Versuche von Barzilai-Vivaldi und Kauders wurden 6 Versuchspersonen den Stichen der infizierten Mücken ausgesetzt. Im Durchschnitt wurden dem einzelnen Kranken 21 Stiche beigebracht. Die Übertragungsversuche von der Mücke auf den Menschen wurden anfangs täglich, später jeden zweiten Tag ausgeführt. Bei Abschluss dieser Versuchsperiode waren noch 28 Mücken übrig geblieben. Davon wurden 19 in der Weise untersucht, dass bei 15 Mücken im Magen nach Oozysten gefahndet wurde, bei 10 Anopheles wurde der Magendarmkanal mit den Malpighischen Gefässen durchmustert. Dagegen gelang die Präparation der Speicheldrüsen nur „unvollkommen". Nur bei 4 Mücken wurde der Körper im ganzen zerlegt und in Serien geschnitten. Von den Kranken, auf welche infizierte Mücken aufgesetzt worden waren, zeigte in der Folgezeit kein einziger irgendwelche Erscheinungen von Malaria. Die Autoren kamen also zu einem negativen Ergebnis hinsichtlich der Übertragbarkeit der von der Wiener Klinik verwendeten Impftertiana.

Wenn wir zu einer kritischen Würdigung der Übertragungsversuche von Barzilai-Vivaldi und Kauders übergehen, so möchten wir betonen, dass wir ihren Ergebnissen keine allzu weitgehende Bedeutung beimessen können. Denn wir glauben nicht, dass die von der Wiener Schule angestellten Versuche ausreichend sind für eine Entscheidung der Frage, ob der von ihnen verwendete Tertianastamm auf natürlichem Wege übertragbar sei oder nicht. Zunächst könnte es für den Ausfall der Versuche nicht belanglos sein, ob es sich bei dem verwendeten Material um ein bodenständiges handelt oder nicht, ob die Mücken an eine gewisse Umgebung gewöhnt sind oder nicht. Es ist nicht erwiesen, dass die Anopheles, die in Rom als Malariaüberträger in Betracht kommt, diese Rolle auch in Wien unter allen Umständen übernehmen muss. Ob sie sticht oder nicht sticht, ist dabei von untergeordneter Bedeutung insoferne, als das Stechen der Mücken allein noch nicht zu einer Weiterentwicklung der Keime innerhalb der Mücke führen muss. Dies gilt selbstredend auch dann, wenn man den Mücken optimale Existenzbedingungen anbietet und den Versuch so anordnet, dass theoretisch die Voraussetzungen für eine Weiterbildung des Virus innerhalb der Mücken gegeben sein müsste. Es ist ferner eine nicht gerade unbekannte epidemiologische Tatsache, dass in bestimmten Gebieten mit endemischer Malaria unter mehreren vorkommenden Anophlesarten nur eine bestimmte der eigentliche Malariaträger ist. Nun ist zwar anzunehmen, dass der Anopheles makulipennis für Wien als hauptsächlichster Malariaträger in Frage kommt; es ist aber doch die Frage, inwieweit von südlicheren Breiten eingeführte, gleichartige Individuen auch das gleiche biologische Verhalten haben, wie jene Tiere, die in Wien frei fliegen. Dann ist offenbar die Jahreszeit, in der eine sichere Weiterentwicklung der Geschlechtsformen im Mückenmagen sich vollzieht, nicht ganz ohne Einfluss auf das Ergebnis von Übertragungsversuchen und zwar auch dann, wenn die Mücken gestochen haben und plasmodienhaltiges Blut aufnahmen. Was die eigentliche Anlage der Versuche von Barzilai-Vivaldi und Kauders anlangt, so ist vor allen Dingen die Zahl der zur Untersuchung gekommenen Mücken eine durchaus unzureichende. Dazu kommt, dass die Präparation der Speicheldrüsen offenbar nur mangelhaft geschah. Es ist aber gerade die Untersuchung der Speicheldrüsen für die Malariadiagnose an der Mücke von allergrösster Wichtigkeit. Ich glaube zusammenfassend, dass es nicht erlaubt ist, aus den Ergebnissen der Übertragungsversuche von Barzilai-Vivaldi und Kauders irgendwelche weitgehenden Schlussfolgerungen zu ziehen. Wesentlich schwerer wiegen schon Berichte, die Gerstmann in seiner Monographie mitgeteilt hat. In der Provinzial-Heil- und Pflegeanstalt Triest wurden bis zum Jahre 1925 über 60 Paralysen mit Malaria behandelt, wobei epidemiologische Vorsichtsmaßnahmen in keiner Weise getroffen wurden, obwohl Anopheles in nächster Nähe vorkam und auch nach Wagner-Jaureggs mündlichem Berichte in den Krankenzimmern selber gefangen wurden[1]). Trotzdem konnte kein Fall einer unfreiwilligen Übertragung der Malaria auf die Umgebung beobachtet werden. Und ähnliches wurde gelegentlich auch aus anderen Kliniken berichtet. Trotzdem möchten wir auch bei dieser Sachlage zu weitgehender Vorsicht mahnen. Es fehlt derartigen Berichten leider eine ganze Reihe von Tatsachen, deren Kenntnis zu fordern wäre, wenn man ein sicheres Urteil über den Wert der gemachten Beobachtungen abgeben wollte. Meist erfährt man nichts darüber, welche Anophelesart in dem betreffenden Orte als Malariaträger in Frage kommt, in welcher Jahreszeit die Mücken beobachtet worden sind und wie lange, welche durchschnittliche Lufttemperatur dabei vorhanden war, ob die Mücken überhaupt Neigung zum Stechen zeigten, ob es sich um Mückenmännchen oder Weibchen handelte, wieviele gleichzeitig fiebernde Paralytiker vorhanden waren und vieles mehr. Weitere experimentelle Übertragungsversuche der Impfmalaria wurden von Kirschbaum und Mühlens angestellt. Sie konnten beobachten, dass die Plasmodien tatsächlich beim Stiche auf die Mücke übergehen, es ist indessen nicht gelungen, die Plasmodien dort zur Reifung zu bringen. Dagegen konnte Yorke durch die Anopheles einen Tertianastamm von Mensch zu Mensch übertragen und zwar auch bei höherer ungeschlechtlicher Passagenzahl. Über ähnliche Versuche hat vor kurzer Zeit auch Engel berichtet und hat dabei festgestellt, dass es sehr wohl möglich ist, auch ältere Tertianastämme durch Mücken zu übertragen. Es wurde von ihm gezeigt, dass ein Tertianastamm noch in der neunten ungeschlechtlichen Passage seine gametenbildenden Fähigkeiten nicht verloren hatte, dass es gelang, diesen

---

[1]) Siehe auch Weiss, Psych. neurol. Wochschr. 1927, Festschr. f. Wagner-Jauregg. Referatenteil.

Stamm auf Anopheles makulipennis zu übertragen und durch Mücken wiederum Menschen zu infizieren. Noch wesentlich wichtigere Ermittlungen zur Parasitologie und Epidemiologie der Impfmalaria konnte C. Kling im Jahre 1926 mitteilen. Er konnte im Herbst 1924 in Schweden 2 Fälle von Malaria beobachten, die auf die Malariabehandlung der Paralyse zurückzuführen waren. Es waren in jenem Jahre weiter keine Fälle von natürlicher Malaria bekannt geworden, da seit dem Jahre 1887 diese Krankheit in Schweden nur noch geringe Verbreitung besass. In dem heissen Sommer des Jahres 1924 kam es nun zur Infektion von 2 Kranken eines Spitales, die in einem Pavillon lagen. 100 Meter von ihrem Unterkunftsorte entfernt lagen in einem anderen Pavillon Paralytiker, die mit Malaria geimpft waren. In unmittelbarer Nähe des Spitales konnten Anophelesmücken nachgewiesen werden. Kling teilt ferner mit, dass es auch nach den Erfahrungen von Björnberg in Upsala gelinge, bei kleinerer Passagenzahl an Menschen die Impfmalaria auf die Mücke und von ihr wieder auf den Menschen zu übertragen. Kling warnt davor, der Harmlosigkeit der Impfmalaria allzusehr zu vertrauen. Er hält vielmehr die Anwendung weitgehender Schutzmaßnahmen gegen eine Weiterverbreitung der Plasmodien für geboten. Wie soll man sich praktisch in der Frage der Übertragbarkeit der Impfmalaria verhalten? Ist es nötig, Schutzmaßnahmen bei der Paralysebehandlung gegen die Anophelesverschleppung zu ergreifen und welche? Hier sei betont, dass für deutsche Verhältnisse die Gefahr einer Malariaverbreitung durch die Paralyseimpfungen nicht allzu hoch einzuschätzen ist, dass aber auf der anderen Seite kein Anlass zu absoluter Sorglosigkeit besteht. Dass die Anopheles in Deutschland nur da und dort vereinzelt vorkomme, ist ein weitverbreiteter Irrtum. Man wird vielmehr fast an allen deutschen Anstalten mit dem Vorkommen von Malariamücken in der Umgebung zu rechnen haben. Wenn man also die Paralysebehandlung mit Tertiana unter der Begründung ablehnt, es komme an dem betreffenden Orte die Anophelesmücke vor, so sollte man bedenken, dass sich in der gleichen Lage der Grossteil aller deutschen Anstalten befindet, welche die Tertiana zu Heilzwecken auf Kranken halten. Die Verbreitung der Anopheles in Deutschland ist vielmehr eine fast allgemeine zu nennen und es ist etwa nicht so, dass die Mücken nur im Flachlande vorkämen. Martini fand den Anopheles makulipennis in Mazedonien noch in Höhen von über 1300 Metern brüten, im bayerischen Hochgebirge traf Eckstein die gleiche Art noch in Höhen von weit über 1000 Metern. Wo sich für die Mücken nur einigermaßen günstige Lebensbedingungen finden lassen, pflegen sie sich rasch anzusiedeln. Und diese günstige Lebensbedingungen sind oft durch scheinbar so harmlose Maßnahmen geschaffen, dass man eigentlich aus der Besorgnis gar nicht mehr herauszukommen brauchte. Wenn man bedenkt, dass auch in Sibirien die Anopheles nachgewiesen ist, dann ist man wohl berechtigt, für die meisten europäischen Staaten mit mehr oder weniger Wahrscheinlichkeit das Vorkommen von Fiebermücken anzunehmen. Wie hoch sich ungefähr die Prozentzahl der Anopheles unter den übrigen Stechmücken in Deutschland beläuft, ist schwer zu sagen. Es hängt dies ganz von der Jahreszeit, den klimatischen Einflüssen und der Örtlichkeit ab. Im kühlen Hochsommer des letzten Jahres war das Verhältnis zwischen Anopheles- und Culexlarven in Erlangen zwischen 1:25 und 1:200 an den verschiedensten Fangplätzen. Gegen Herbst, etwa Mitte September, veränderte sich das Verhältnis auf ungefähr 1:15, im Herbste, der bekanntlich im letzten Jahre besonders mild war, waren die Anopheleslarven noch spät im Oktober nachzuweisen. Ich glaube aber, dass sie bei eifrigem Suchen wesentlich leichter und in grösserer Zahl gefunden werden, als dies von vielen Seiten angenommen wird. Wie weit verbreitet beispielsweise die Anopheles in Bayern ist, zeigen die schönen Untersuchungen von Eckstein aus dem Jahre 1922.

Es geht aus ihnen hervor, dass die Anophelesarten vor allen Dingen in folgenden Gegenden sehr häufig gefunden werden: in der Gegend von Rosenheim, Aibling und Traunstein, ferner in einer Linie, die von Weilheim über Starnberg, Fürstenfeldbruck, Dachau, Freising bis in die Gegend von Mossburg verläuft. Stark von Anopheles besetzt ist ferner die Gegend von Augsburg, Neuburg an der Donau, Donauwörth, Günzburg, Ulm, Ingolstadt und Eichstätt. Besonders gefährdet scheint die Gegend von Gunzenhausen in Mittelfranken, das nach einer mündlichen Mitteilung meines verstorbenen Vaters in früheren Jahren immer einige Fälle von natürlicher Malaria gehabt habe. Als weitere bevorzugte Anophelesaufenthalte führt Eckstein die Gegend von Regensburg an bis nach Schwandorf und in den bayerischen Wald bis an die Landesgrenze bei Furth im Walde, ferner die Umgebung von Grafenau und Freyung. Für die fränkischen Bezirke scheint die Anopheleszahl bei Höchstadt a. d. Aisch, in Unterfranken in den sumpfigen Niederungen bei Schweinfurt und Werneck, in Oberfranken und der Oberpfalz in der Gegend von Wunsiedel Waldsassen, Weiden und Tirschenreuth besonders anzusteigen. Hier in Erlangen ist die Fiebermücke jedenfalls gar keine Seltenheit. Ich traf die ersten Larven gewöhnlich Anfangs April und die letzten im September oder Oktober, weniger in Teichen und Weihern als in Regentonnen, Wasserbehältern, Gräben und Wasserpfützen. Die Mücke ist in Erlangen überall zu finden, wenn man sie zu suchen versteht. Sie kommt ebenso auf zugiger Höhe vor, wie in der Niederung, im Walde, an der Landstrasse, in den Ställen, Schuppen und Häusern, auch in unserer Klinik habe ich sie mehrfach in den Gängen, an den Fenstern der Abteilung und der Klosette gefunden. Schon anfangs März des letzten Jahres wurde ich von einem offenbar überwinternden Anophelesweibchen abends gegen 11 Uhr bei grellem Lampenlicht gestochen. Meine Wohnung liegt im zweiten Stocke am Ausgange der Stadt. Recht bezeichnend für die Häufigkeit der Anopheles in Erlangen ist die Tatsache, dass ich aus einem kleinen Behälter unseres Klinikgartens bei relativ oberflächlichem Nachsehen allein 5 Makulipennislarven auf einmal herausfing. Auch in den Winterquartieren traf ich die Mücken in Erlangen nicht selten an. Bevorzugt werden hier vor allen Dingen die Viehställe, Schuppen, Aborte, Kellerräume von menschlichen Wohnungen. Man kann sie bei uns in der Klinik dann und wann auch im Winter in der feuchten aber recht kalten photographischen Dunkelkammer antreffen, mitten unter Scharen von überwinterten Culiciden.

Man stellt bei all diesen Tatsachen unwillkürlich die Frage, wie es kommt, dass Fälle von Malaria in unserer Gegend nicht häufiger seien. Nun ist zu bedenken, dass die Zeit, innerhalb der eine weitgehendere Verbreitung der Malaria bei uns möglich wäre, auf einige Monate beschränkt ist. Ein grosser Teil des Jahres besteht eine Temperatur, die unterhalb jenes Minimums liegt, welches die Sichelkeime zu ihrem Weiterbestand in der Mücke benötigen. Es kommt dazu, dass die Stechlust der Mücken offenbar zu verschiedenen Zeiten eine recht unterschiedliche ist. Gegenüber dem Culex ist sie nach meinen hiesigen Erfahrungen, die natürlich örtlich begrenzt sind, wenigstens für den Menschen verschwindend gering. Nach neueren Erfahrungen von biologischer Seite befällt die Anopheles in den süddeutschen Gegenden mit Vorliebe das Vieh und geht erst in zweiter Linie an den Menschen zum Saugen. Für die Großstädte kommt hinzu, dass die Stechmücken an solchen Plätzen kaum in grösserer Menge sich zu halten vermögen, weil ihnen die Lebensbedingungen nicht zusagen. Es sollen zudem die Anopheliden nur ausnahmsweise in höhere Stockwerke vordringen. Dadurch wird die Wahrscheinlichkeit einer Verschleppung der natürlichen Malaria schon erheblich eingeengt. Nun kommen noch weitere Momente hinzu, die auf seiten des Plasmodienträgers liegen. Die Zahl der Malariaträger ist in Deutschland recht gering. Bei der Impfmalaria werden meist nur Plasmodienstämme von Tertiana verwendet, die eine längere Passagenziffer hinter sich haben und daher als relativ gametenarm zu betrachten sind. Die Zahl der gleichzeitig fiebernden Paralytiker wird in den meisten Kliniken keine sonderlich grosse sein — all das macht die Gefahr der Weiterverschleppung der Impftertiana durch Anopheles nicht sehr wahrscheinlich. Doch möchten wir nochmals darauf hinweisen, dass keine unbedingte Sicherheit dafür besteht. Es ist daher allen zu empfehlen, welche die Impftertiana verwenden und nach Kenntnis der lokalen Lebensbedingungen der Anopheles Anlass zu irgendwelchen Bedenken zu haben glauben, die fiebernden Kranken entsprechend von den übrigen Patienten abzusondern, Mückengitter an die Fenster anbringen zu lassen und die Zugangstüren doppelt anzulegen. Dies wird wohl auch bei grösserer Malariagefahr als hinreichende Schutzmaßnahme anerkannt werden können. Sonach scheint für die Behörde zunächst kein Anlass vorzuliegen, in die innerpsychiatrischen Angelegenheiten mit überstürzten und voreiligen Maßnahmen einzugreifen. Es fragt sich, ob und inwieweit bei dem jetzigen Stand der Infektionstherapie eine behördliche Beseitigung gewisser Übelstände angezeigt wäre, welche der Durchführung der Malariatherapie zur Zeit noch anhaften. Bekanntlich hat der preussische Minister für Volkswohlfahrt unter dem 4. Februar 1924 eine Warnung an die Ärzteschaft ergehen lassen, in der auf die Gefahren einer Weiterverschleppung der Impfmalaria hingewiesen wird und in der den betreffenden Therapeuten nahegelegt wird, entsprechende Sicherungsmaßnahmen gegen ein Umsichgreifen der Malaria zu treffen. In erster Linie wurden die Kreisärzte ersucht, für einen Schutz der Allgemeinheit vor Seucheneinschleppung zu sorgen. Eine weitere Verordnung ist über den gleichen Gegenstand meines Wissens nicht erschienen. Man kann schliesslich geteilter Auffassung über den praktischen Wert des Erlasses vom Februar 1924 sein. Offenbar beabsichtigt er nicht, allzu früh in Dinge einzugreifen, die sich noch mitten in der Prüfung durch die ärztliche Öffentlichkeit befanden. Auf der anderen Seite konnte die ganze Angelegenheit der Impftherapie mit Malaria der Behörde schliesslich doch nicht ganz gleichgültig sein. Nun haben sich seit dem Jahre 1924 die Voraussetzungen, auf die der fragliche Erlass sich stützte, doch in vielen Punkten geändert. Es hat nicht nur die Impfmalaria in die meisten psychiatrischen Anstalten Eingang gefunden, sie wird auch von nichtpsychiatrischer Seite und ausserhalb psychiatrischer Indikation bei organischen Erkrankungen des Nervensystems verwendet. Man denke weiterhin daran, dass ja auch von der Impfmalaria durch die Syphilidologie da und dort ausgiebigerer Gebrauch gemacht wird. Darum hielten wir es an der Zeit, wenn gewisse Gefahrmomente der Infektionsbehandlung eine behördliche Beseitigung fänden. Und diese bestehen nicht so sehr in dem Fehlen von Fenstergittern an den Abteilungen, in denen

2 fiebernde Malariaparalysen liegen, als in grundsätzlichen Dingen. Wesentlich wichtiger erschiene uns ein Verbot der Verimpfung von Malaria und Rekurrens in der freien Praxis und ausserhalb des Krankenhauses, ein Verbot der Verwendung ungeeigneter Infektionsstoffe (unbekannte Blutspender, Tropika!), die tunlichste Zusammenziehung impftherapeutischer Fälle in psychiatrische, syphilidologische und neurologische Abteilungen. Zur Begründung unseres Standpunktes möchten wir auf einige Tatsachen hinweisen, die wir schon früher anführten. Es erscheint recht naheliegend, dass durch einen erregten deliranten Paralytiker in einem Privathause mehr Schaden angestiftet werden kann, als seither in Deutschland durch das Fehlen von Fliegengittern an den Fenstern geschadet wurde. Man kann diese Gefahr plötzlicher Erregungszustände bei Verwendung der Infektionstherapie in der ambulanten Praxis nicht dadurch verkleinern, dass man darauf hinweist, es sei über derartige Zwischenfälle seither nichts in der Öffentlichkeit bekannt geworden. Man wird sie jedenfalls, wo sie passiert sind, aus begreiflichen Gründen nicht in die Öffentlichkeit tragen wollen. Was die Begründung für die Schaffung entsprechender behördlicher Vorschriften für die Auswahl geeigneten Impfmaterials anlangt, so ist dadurch eine gewisse epidemiologische Sicherung gewährleistet. Wenn nur alte Stämme von Impftertiana mit zahlreichen ungeschlechtlichen Passagen zur Verwendung kommen, ist die Gefahr einer Verschleppung von Gameten durch zufällig anwesende Anopheles natürlich wesentlich geringer, als wenn man irgend einen zufällig anwesenden unbekannten Träger natürlicher Malaria ohne weitere Vorsichtsmaßregeln als Blutspender für infektionstherapeutische Versuche heranzieht. Da derartige Fälle in der Tat vorgekommen sind, ist die genannte Forderung doppelt berechtigt. Etwas weniger wird vielen die dritte Forderung einleuchten, die eine gewisse Zentralisierung der Infektionstherapie vorschlägt. Sie hat in der Tat, wie zugegeben sei, insoferne gewisse Bedenken, als sie gleichsam für bestimmte Anstalten ein therapeutisches Monopol errichten hilft und kleineren Anstalten scheinbar die Möglichkeit nimmt, sich über die Infektionstherapie hinreichend zu informieren. Dem stehen indessen nicht unbeträchtliche Vorteile dieser Maßnahmen gegenüber. Diese Vorteile bestehen darin, dass eine gewisse Gewähr für hinreichend sachgemäße Durchführung der Infektionstherapie gegeben ist. Sie erleichtert gleichzeitig die Haltung brauchbarer Impfstämme und verringert die Zahl der einzelnen Übertragungsmöglichkeiten durch die Anopheles, da die Zahl der Impforte geringer wird. In der Tat sind einige Länder mit der Durchführung des letzteren Vorschlages bereits vorausgegangen. So hat nach Weygandt die badische Regierung und Schweden eine Vereinigung aller zu behandelnden Paralytiker in einer Anstalt angeordnet. Wenn schon eine derartige enge Konzentrierung gewissen ärztlichen Interessen zuwider laufen kann, so ist doch nicht daran zu zweifeln, dass die Durchführung des Konzentrierungsprinzips günstige praktische Erfahrungen bringen würde. Dann wäre es auch wohl möglich, wirklich wirksame direkte seuchenpolizeiliche Maßnahmen zu ergreifen, sei es durch Anbringung geeigneter Schutzvorrichtungen gegen Mückenstiche, sei es durch direkte Bekämpfung der sogenannten Hausmücken. Es ist dies der grössere Teil der in Häusern lebenden Anopheles, der im vorliegenden Falle in erster Linie für eine Weiterschleppung von Plasmodien

in Frage käme. Pflegen ja diese sogenannten Hausschnaken nach Prell nur ausnahmsweise sich weitere Strecken von den menschlichen Wohnsitzen zu entfernen, die von ihnen zum Aufenthalt gewählt wurden. Eine intensivere Bekämpfung der sogenannten Freilandmücken, d. h. jener Anophelsarten, die nur ausnahmsweise in menschliche Wohnungen eindringen, würde wohl im Rahmen der impftherapeutischen Erfordernisse zu weit führen.

Es könnte erwogen werden, geeigneten Kliniken und psychiatrischen Anstalten, welche die Infektionstherapie noch nicht durchführen, diese behördlicherseits nahezulegen mit Rücksicht auf die Tatsache, dass erhebliche Ersparungen an Verpflegssätzen und Unterhaltskosten für die Fürsorgeverbände mit der Infektionsbehandlung gemacht werden. Zunächst ist ein solcher Gedanke recht einleuchtend. Hat doch vor kurzem Schulze aus der Dalldorfer Anstalt eine Zusammenstellung veröffentlicht, aus der hervorgeht, wie ökonomisch die Durchführung der Infektionstherapie sich in grossen Anstalten auswirken kann. Es ergibt sich aus der Veröffentlichung von Schulze (Psych. neurol. Wschr. 28, 30, 1926), dass im Jahre 1913 in Dalldorf 97 Paralysen aufgenommen wurden, die 219 Behandlungstage erforderten bei einer Sterblichkeit von 79,3%. Im Jahre 1923 (nach Einführung der Malaria) war die Zahl der Paralyseaufnahmen 243, die Zahl der Behandlungstage im Durchschnitt 140, die Sterblichkeit 44,8%. Im Jahre 1924 betrug die Zahl der Paralyseaufnahmen 219, die Zahl der Behandlungstage 155, die Sterblichkeit 42,0%. Schulze errechnet bei einem Tagespflegesatz von 4,80 Mark für 1923 eine Ersparnis von 92145 Mark oder für den Einzelfall berechnet von 397 bzw. 307 Mark. Dies nimmt sich nun alles sehr schön aus, nur sind offenbar die Ausgangsziffern, auf denen die Statistik von Schulze fusst, verschiedene. Es ist nämlich zu bedenken, dass seit der Einführung der Malaria in Dalldorf sich auch die Zahl der Paralysen fast verdreifacht hat und dass die Lebensdauer der behandelten und schlecht remittierten Fälle seit der Einführung der Infektionstherapie im Durchschnitt eine wesentlich längere sein dürfte, als dies ohne Behandlung der Fall war. Dann muss auch berücksichtigt werden, dass durch die Einführung der Infektionstherapie die Ausgaben für Arzneimittel nicht unerheblich angewachsen sind. Man wird sogar das Mehr an Arbeitszeit, Verwaltungsunkosten, die Mehrausgaben der öffentlichen Fürsorge für die entlassenen und noch unterstützungsbedürftigen Paralytiker nicht bei seinen Berechnungen ausser acht lassen können. Ich selbst neige durchaus der Auffassung zu, dass die Einführung der Infektionstherapie für die Fürsorgeverbände nicht nur keine finanzielle Entlastung bedeuten, sondern im Gegenteil eine Mehrausgabe. Natürlich wird man sie im Interesse des Kranken ohne weiteres tragen müssen, ich glaube aber nicht, dass der Öffentlichkeit die Durchführung der Infektionstherapie durch den statistischen Nachweis der Verbilligung der Unterhaltungskosten schmackhafter zu machen ist.

VIII. Über einige rechtliche Fragen der Infektionstherapie.

Es ist auffallend, wie wenig in den meisten Veröffentlichungen über die Infektionstherapie von all den rechtlichen Fragen die Rede ist, die sich mit der Einführung dieser therapeutischen Methode verbinden. Es ist das Verdienst von Bostroem, als erster auf die rechtliche Bedeutung der Infektionsbehandlung hingewiesen zu haben. Später hat dann C. Schneider einige einschlägige rechtliche Fragen in einer lesenswerten Veröffentlichung abgehandelt. Wenn im folgenden die wichtigeren Probleme juristischer Art besprochen werden, so wird man eine irgendwie erschöpfende Behandlung des Stoffes im Rahmen dieser Veröffentlichung nicht erwarten dürfen. Sie bedürfte vor allem der Belebung durch das Beispiel. Es ist zunächst nur beabsichtigt, gewisse Hinweise auf die Bedeutung des zu erörternden Themas zu geben, nicht mehr.

An erster Stelle steht die Frage nach der rechtlichen Stellung der Infektionstherapie als ärztlicher Methode. Sie fällt hier unter die Gruppe der sogenannten ärztlichen Eingriffe, unter die nicht nur die chirurgischen Operationen fallen, sondern alle Methoden der Beibringung von chemischen und physikalischen Heilmitteln und psychotherapeutische Maßnahmen, wie Suggestion und Hypnose. Nun hat die Infektionstherapie unter diesen anderen Methoden, rein ärztlich betrachtet, insofern eine gewisse selbständige Stellung, als sie vollvirulente Krankheitserreger zu Heilzwecken gebraucht, deren Bekämpfung sonst dem Arzte obliegt. Hieraus könnte gefolgert werden, dass auch rechtlich sich praktisch die Bereiche zivilrechtlicher Haftbarkeit oder strafrechtlicher Verantwortlichkeit irgendwie verändern, sei es im Sinne einer Erweiterung oder Beschränkung. Indessen erweist sich dieser Einwurf nur als ein scheinbarer. Die Frage, ob sich die Infektionstherapie von anderen ärztlichen Methoden und Eingriffen rechtlich unterscheidet, ist vielmehr zu verneinen. Es handelt sich auch bei der Infektionstherapie um eine Behandlung nach geltenden ärztlichen Erfahrungen. Man wird aber zugeben müssen, dass zu Anfang der Infektionsbehandlung, als diese ihre therapeutische Berechtigung noch nicht in der Mehrzahl der Fälle erwiesen hatte, die rechtliche Sachlage eine andere war. Dieser Zeitpunkt dürfte indessen heute endgültig überwunden sein. Es gelten für die Infektionstherapie in der Frage der zivilrechtlichen und strafrechtlichen Verantwortlichkeit zur Zeit die bisherigen Bestimmungen. Im Strafrechte handelt es sich um den § 223, im bürgerlichen Rechte um den § 823 B.G.B.

Für das Verschulden Dritter, also etwa eines Assistenten, ist der § 831 und 278 B.G.B. in Anwendung zu bringen.

Im neuen Strafgesetzentwurf ist die Schwierigkeit der rechtlichen Verantwortung für die ärztlichen Eingriffe wesentlich abgemildert und die Stellung der ärztlichen Methoden rechtlich genauer gekennzeichnet. In Betracht kommen §§ 263 und 264 des letzten Entwurfes nebst der zugehörigen Begründung. Es wird in ihm ausgeführt, dass das Reichsgericht grundsätzlich nach dem zur Zeit geltenden Strafrechte den ärztlichen Eingriff als Körperverletzung betrachtet, dessen Rechtswidrigkeit und Strafbarkeit davon abhänge, ob der Betroffene mit dem Eingriffe einverstanden war oder der Arzt doch das Einverständnis mit Recht annehmen durfte. Dieser Standpunkt ist, so wird weiter ausgeführt, seit langem angefochten. Insbesondere habe man betont, dass es ein Widerspruch in sich selbst sei, eine zu Heilzwecken unternommene Behandlung als Misshandlung oder als Gesundheitsschädigung anzusehen. Diesem Widerspruche trägt der neue Strafgesetzentwurf Rechnung. Künftighin ist der ärztliche Eingriff als solcher nicht rechtswidrig unter den Voraussetzungen des § 263 St.G.E., wenn also der ärztliche Eingriff den Übungen eines gewissenhaften Arztes entspricht, nach den Regeln der ärztlichen Kunst ausgeführt wurde und vom Standpunkte der ärztlichen Ethik aus statthaft erscheint. Der Eingriff wird erst dann rechtswidrig, wenn der Kranke sich gegen denselben sträubt.

Da bei der Infektionsbehandlung der Paralyse eine Verhandlung mit dem Kranken nicht möglich ist, wird man sich an den Rechtsvertreter zu wenden haben, um die Erlaubnis zum Eingriffe zu erwirken. Es genügt hierzu durchaus eine mündliche Einverständniserklärung, obwohl diese rechtlich nicht die gleiche Sicherheit bietet, als eine schriftliche Bewilligung. Obwohl rein rechtlich die Sicherungen für den Arzt bei einer mündlichen Einverständniserklärung des Rechtsvertreters eines Paralytikers zur Vornahme der Infektionsbehandlung nicht so weitgehend sind, wie bei einer schriftlichen Fixierung der getroffenen Vereinbarung, ist doch vom ärztlichen Standpunkte aus zu erwägen, ob es im Interesse des Kranken gelegen ist, wenn man mit grossem rechtlichen Zeremoniell die Angehörigen nachdenklich stimmen will. Wir haben weiter oben im Abschnitt über die Indikationsstellung zur Infektionsbehandlung bereits auseinandergesetzt, dass gerade mit der Einholung schriftlicher Einverständniserklärungen die Angehörigen des betreffenden Kranken zu leicht in den Glauben kommen, man wolle an den Kranken herumprobieren und wir haben aus diesem Grunde geraten, die therapeutische Sachlage den Angehörigen lieber mündlich auseinanderzusetzen.

Selbstredend ist die persönliche Einverständniserklärung des Kranken zur Impfbehandlung in allen jenen Fällen erforderlich, in denen er nicht als geisteskrank zu erachten ist. Es betrifft dies die Infektionsbehandlung der Syphilis (NB. auch die von syphilitischen Prostituierten!) und die von nichtsyphilitischen organischen Nervenkrankheiten. Vor allen Dingen sei betont, dass auch das neue Gesetz zur Bekämpfung der Geschlechtskrankheiten dem Arzte nicht die hinreichenden rechtlichen Unterlagen zur Durchführung der Infektionstherapie bei Prostituierten gegen deren Willen schafft.

Eine besondere Bedeutung innerhalb der rechtlichen Probleme, die mit der Infektionstherapie verbunden sind, hat die Frage nach der strafrechtlichen Verantwortlichkeit remittierter Paralytiker. Es liegt auf der Hand, dass jedem Paralytiker, sei er nun in einer Remission befindlich oder nicht, der Schutz des § 51 R.St.G.B. zukommt. Schon C. Schneider hebt hervor, dass von einer Heilung des Paralytikers auch im günstigsten Falle nicht gesprochen werden könne. Es hinterlässt der paralytische Krankheitsprozess, selbst wenn man eine Heilung voraussetzt, immer gewisse Defekte, deren Nachweis der klinischen Untersuchung entgehen kann und deren Umfang erst bei Begehung einer Straftat offen zutage tritt.

Zudem lässt sich nach den jetzigen Erfolgen der Fiebertherapie bei Paralysen höchstens von einem Stationärwerden des Krankheitsprozesses sprechen, nicht aber von einer Heilung. Der remittierte Paralytiker hat also nach wie vor als krank zu gelten und es genügt nicht für die Annahme strafrechtlicher Verantwortlichkeit, dass der Kranke sich bis zur Straftat psychisch unauffällig benahm. C. Schneider hat sich dafür eingesetzt, dass man bei jenen Paralysen, die sich in einer mindestens zweijährigen Remission befinden, den vollen Schutz des § 51 aufgebe und derartige Fälle wie leicht Debile für vermindert zurechnungsfähig erachten solle. Dem lässt sich insoferne nicht voll zustimmen, als wir auch Paralysen kennen, die nach über zweijähriger Remission rückfällig wurden. Sie kämen dann bei Begehung einer Straftat doch verhältnismäßig schlecht weg. Auf der anderen Seite ist natürlich die Möglichkeit zuzugeben, dass ein Paralytiker auf Grund einer psychopathischen Konstitution eine Straftat begeht, die man seiner Paralyse zuschiebt, die aber auch ohne sie geschehen wäre. Indessen wird man in solchen Fällen doch daran denken müssen, ob der Kranke zur Begehung der Straftat bei seiner psychopathischen Konstitution allein fähig gewesen wäre, wenn nicht ein paralytischer Defekt die letzten Bedenken beseitigt hätte. Bei Kranken, die schon vor der Paralyse und der syphilitischen Infektion ein langes Strafregister hatten, wird es schwer sein, aus der Art der Straftat einen Rückschluss auf eine vermehrte ethische Verderbnis seit Ausbruch der Paralyse zu schliessen und diese Verschlimmerung zu erweisen, so dass der Kranke vor dem Richter strafrechtlich hinreichend geschützt ist. Dann ist es wohl doch ratsamer, grundsätzlich vorzugehen und jeder Paralyse, ob unbehandelt oder behandelt, die strafrechtliche Verantwortlichkeit abzusprechen[1]).

Es ist im übrigen der Grundsatz Wagner-Jaureggs, dass malariabehandelte Paralytiker nach etwa zweijähriger Remission im allgemeinen Aussicht auf Defektheilung haben und dass solche Fälle nicht mehr rezidivieren, durchaus nicht allseitig anerkannt und auch wir möchten auf Grund unserer hiesigen Erfahrungen uns über seine objektive Geltung recht zurückhaltend äussern. Es sei dies betont mit Rücksicht auf die Möglichkeit, dass man aus einer blossen empirischen Annahme weitgehende theoretische Folgerungen zieht, die nicht in vollem Umfange vertretbar sind. Was die rechtlichen Gesichtspunkte bei Beurteilung der Geschäftsfähigkeit von remittierten Paralytikern nach § 104 B.G.B. anlangt, so ist zu sagen, dass sich selbstredend eine allgemeine Norm, nach der praktisch zu verfahren ist, nicht aufgestellt werden kann. Es richtet sich die Beurteilung der Geschäftsfähigkeit ganz nach der augenblicklichen klinischen Sachlage. Es steht nichts im Wege, gut remittierte Paralytiker von einer gewissen Zeit ab als geschäftsfähig zu erklären, vorausgesetzt, dass klinisch sich dagegen Einwendungen nicht erheben lassen. Natürlich

---

[1]) Theoretisch ist dieser Standpunkt von seiten des Richters anfechtbar. Natürlich soll damit nicht einem Schema das Wort geredet werden. Aber man lege sich ärztlich nur die Frage vor: Lässt sich dann von einer befriedigenden Remission der Paralyse sprechen, wenn ihr Träger mit dem Strafgesetz in Konflikt kommt. Er ist in solchen Fällen nicht etwa ein paralyseverdächtiger Psychopath, sondern ein psychopathischer Paralytiker. Schon einen Tag nach der Verurteilung eines Paralytikers kann ein neuer Krankheitsschub akut einsetzen.

lassen sich keine bestimmten Zeitpunkte für den Wiedereintritt der Geschäftsfähigkeit bei beginnenden paralytischen Remissionen geben. Es wird auch hier von Fall zu Fall entschieden werden müssen.

Durch die Bestimmungen der §§ 104, 105 B.G.B. sind Geisteskranke im wesentlichen vor der zivilrechtlichen Haftung geschützt. Nun scheinen jene Fälle, in denen ein Paralytiker vor den Folgen der zivilrechtlichen Haftpflicht geschützt ist, wo man ihn also als geschäftsunfähig erklärt, wiederum anderen entgegen zu laufen, in denen der gleiche Paralytiker um dieselbe Zeit als geschäftsfähig erklärt wird. Ein Beispiel möge dies erläutern: Ein Kranker, der nach Abschluss der Infektionsbehandlung, ohne entmündigt zu sein, in häusliche Pflege entlassen wurde, ist zu einer brauchbaren Arbeit auf Grund seiner defekten geistigen Persönlichkeit noch nicht fähig. Er geht eines Tages ohne Begleitung in den öffentlichen ·städtischen Anlagen spazieren und bringt von dort seiner Frau zu deren Freude einen grossen Strauss mit Rhododendren nach Hause. Man wird in diesem Falle selbstredend den betreffenden Kranken als geschäftsunfähig erklären, womit die zivilrechtliche Haftung wegfällt. Der betreffende Kranke befindet sich heute in unveränderter körperlicher und psychischer Verfassung wieder in unserer Klinik, da die Frau ihrem Broterwerb nachgehen musste und aus diesem Grunde den Kranken wieder zur Aufnahme brachte. Wenn man nun aber etwa über die Berufswahl der Kinder des Kranken eine Entscheidung zu treffen hätte, so könnte man in diesem Falle den Kranken zur Sache hören und nach seinen Wünschen verfahren, ihn also in diesem Falle für geschäftsfähig erklären, obwohl er es für andere Fälle, z. B. für den oben genannten, nicht ist. Daraus ergibt sich, dass der Begriff der Geschäftsfähigkeit und eine Beurteilung des Kranken nach diesem Gesichtspunkte immer nur vom Einzelfalle abhängen kann, vorausgesetzt, dass eine Entmündigung nicht stattgefunden hat.

Derartige Entscheidungen können natürlich für den Psychiater insoferne von Bedeutung werden, als der Richter sich praktisch an das Urteil des Fachmannes wohl oder übel zu halten gezwungen sieht. Die praktischen Folgerungen aus der Beurteilung der Geschäftsfähigkeit bringen es mit sich, dass remittierte und gegen ärztlichen Rat wieder beruflich angestellte Paralysen bei irgend welchen dienstlichen Versehen aus Ursache ihres Leidens nicht voll oder überhaupt nicht für den angerichteten Schaden haften müssen, weil sie dann unter den Schutz der §§ 104, 105 B.G.B. fallen. Was die Anordnung der Entmündigung und der Pflegschaft bei malariaremittierten Paralytikern anlangt, so wird sich im allgemeinen mit C. Schneider (D. Ztschr. f. d. ges. ger. Med., Bd. 7, H. 4, S. 333 ff.) bei solchen Kranken eine Entmündigung wegen Geistesschwäche umgehen lassen. An ihre Stelle tritt die Pflegschaft. Immerhin wird ein Entmündigungsverfahren bei gebildeteren und leidlich dispositionsfähigen Paralytikern, die wenig Einsicht besitzen, vor der Behandlung im Interesse einer regelrechten Durchführung der Fiebertherapie ratsam sein, schon mit Rücksicht auf den weitgehenderen rechtlichen Schutz, der damit für Familie und Eigentum des Kranken in der beginnenden Remission gegeben ist. Denn immer wieder zeigt es sich, dass Kranke gerade in der beginnenden Remission im Handel und Wandel recht unvorsichtig sein können. Ebenso wird für mangelhafte paralytische Remissionen bei einer Entlassung in die eigene Familie am besten vorher die Entmündigung auszusprechen sein. Wenn die Remission dann später im Verlauf der weiteren häuslichen Pflege doch noch bessere Formen annimmt, dann kann immer noch eine Zurücknahme der Entmündigung ausgesprochen werden. Doch wird man verhältnismäßig selten in eine derartige Lage kommen, da die einschlägigen Fälle doch zumeist solche Kranke sind, die einen längeren klinischen Aufenthalt hinter sich haben und sich während dieser Beobachtungszeit nicht mehr als besserungsfähig erwiesen.

Man wird also im wesentlichen bei drei klinischen Situationen zur Entmündigung wegen Geistesschwäche greifen: a) vor der Behandlung bei aktiven, geistig noch gut erhaltenen und wenig einsichtigen Paralytikern, um eine hinreichend sichere Durchführung der Behandlung zu gewährleisten, b) bei Kranken aus beruflich verantwortlichen Ständen, auch hier am besten schon vor Beginn der Behandlung, selbst wenn zunächst ein eigentlicher Grund nach dem psychischen Verhalten des Kranken nicht gegeben ist und eine Pflegschaft an sich genügen würde. Es geschieht dies aus dem Grunde, um den Kranken bei wiedererreichter Entlassung und bei teilweiser eingetretener Berufsfähigkeit eine vorzeitige Rückkehr in den früheren höchst verantwortlichen Beruf gegen den Willen des Arztes, vielleicht aber mit Zustimmung der Ehefrau und der anstellenden Behörde zu verhindern, c) bei mangelhaft remittierten und psychisch defekten, aber teilweise arbeitsfähigen Paralysen, die in häusliche Pflege entlassen werden können.

Für den Rest der Kranken tritt im allgemeinen die Anordnung der Pflegschaft in ihr Recht. Sie hat durch ihren im wesentlichen episodischen Charakter und die geringeren rechtlichen Weiterungen den Vorzug vor dem Entmündigungsverfahren, zu dem sich die Angehörigen oft erst spät entschliessen können. Freilich wird dann und wann die ursprüngliche Pflegschaft später doch in eine Entmündigung wegen Geistesschwäche umgewandelt werden müssen, wenn dies der weitere Krankheitsverlauf erfordert. An sich ist dies nicht unbedingt nötig, denn es braucht ja bekanntlich dem Antrag des Kranken auf Beendigung der Pflegschaft nicht stattgegeben zu werden, wenn die Voraussetzungen zur Aufstellung der Pflegschaft noch gegeben sind[1]). Es ist auch ein gewisser Rechtsschutz der Familie und des Eigentums von solchen Kranken durch die Tatsache vorhanden, dass die geistige Erkrankung nach § 104 Abs. 2 die freie Willensbestimmung des Betreffenden aufhebt und somit den gültigen Abschluss von Rechtsgeschäften durch einen solchen Kranken verhindert. Man wird aber doch im einzelnen klinischen Falle, wo ein entschiedeneres Vorgehen von Seite des Psychiaters erforderlich ist und die Gegensätzlichkeit des Kranken zum Arzte zielbewusster und sicherer wird, sich fragen müssen, ob es nicht im Interesse aller Beteiligten gelegen ist, wenn eine allgemeinere Regelung der Unstimmigkeiten durch Antrag auf Entmündigung betrieben wird. Die entsprechenden Unterlagen dürften sich bei der Paralyse wohl viel besser finden

---

[1]) Der einschlägige Paragraph des B.G.B. ist der § 1920. Die Aufhebung muss erfolgen, wenn der Betreffende sie beantragt. Ausnahmen sind nur dann zulässig, wenn der Kranke eine rechtlich wirksame Erklärung nicht abzugeben vermag.

lassen, als bei anderen geistigen Erkrankungen, da immer auf die Tatsache der schweren Erkrankung als solcher beim Entmündigungstermin hingewiesen werden kann, auch wenn der Kranke für diese oder jene Entscheidung vorher als geschäftsfähig angesehen wurde. Hinsichtlich der Testierfähigkeit remittierter Paralysen gelten die gleichen Gesichtspunkte, wie für die Geschäftsfähigkeit.

Ein schwieriges rechtliches Kapitel bildet die Beurteilung der Berufsfähigkeit von malariaremittierten Paralytikern. Wenn es sich um Kranke aus niederen Ständen handelt, ist die Entscheidung meist nicht schwer zu treffen, von Einzelfällen abgesehen. Anders bei Kranken, die eine Wiederanstellung in verantwortlichem Berufsfelde anstreben. Aus einem gewissen Instinkte heraus suchen die Kranken bei Einleitung der erforderlichen Schritte den Arzt zunächst auszuschalten, weil sie offenbar und nicht mit Unrecht befürchten, er könne ihren Plänen hinderlich sein. Man wendet sich an irgend einen höheren Vorgesetzten, schickt die Ehefrau ins Treffen und nicht gerade selten gelingt in der Tat die Wiederanstellung auf diesem Wege, nachdem es die Behörde verabsäumt, sich psychiatrischen Rat vorher einzuholen. In anderen Fällen ist man vorsichtiger und fordert vorher ein Gutachten über den Gesundheitszustand des Einzustellenden an. Dabei wird die Frage vorgelegt, ob der Kranke nach seiner Verfassung zur Dienstleistung in seinem Berufe fähig sei und ob Aussicht bestehe, dass die Dienstfähigkeit für längere Zeit erhalten bleibe. Wie soll man sich in einem solchen Falle verhalten? Eine generelle Stellungnahme ist hier, das sei im voraus gesagt, nicht möglich. Entscheidend ist vielmehr die ganze Besonderheit der klinischen Sachlage. Es gilt in erster Linie, die Leistungsfähigkeit des Kranken gegenüber den beruflichen Anforderungen auf das sorgfältigste abzuschätzen. In zweiter Linie ist maßgebend, wie lange sich der Kranke in der Remission befindet und wie der Verlauf der Besserung seither gewesen ist. Zur Feststellung des erforderlichen Sachverhaltes sind die Aussagen des Kranken natürlich nicht allein maßgebend. Man wird alles heranziehen müssen, was über das Schicksal des Kranken seit seiner Besserung in Erfahrung zu bringen ist. Den Ausschlag gibt zuletzt die sorgfältige klinische Untersuchung, die sich am besten auf mehrere Sitzungen zu erstrecken hat. Was das Gutachten selbst anlangt, so ist man der Behörde gegenüber verpflichtet, ohne alle Beschönigungen zu sprechen, am besten unter Schilderung des seitherigen klinischen Verlaufes. Es ist auf die Erfahrungen mit den Paralyseremissionen längerer Dauer einzugehen und nachdrücklichst zu betonen, dass auch bei dem zu Begutachtenden von einer Heilung zunächst nicht gesprochen werden kann, dass sich der Kranke vielmehr nur in einer Phase der Besserung seines Leidens befinde, deren Dauer nicht vorhergesagt werden könne. Es habe sich aus den seitherigen Erfahrungen ergeben, dass bei einem grossen Teil aller behandelten Fälle im Laufe von Jahren Rückfälle einsetzten. Es könne also der Gutachter eine Garantie über den weiteren Krankheitsverlauf und die Bewährung des Kranken in seinem früheren Berufe nicht leisten. Andererseits wird man nicht unterdrücken dürfen, dass man Kranke bereits ohne ärztliche Einvernahme in ihrem früheren Berufe wieder beschäftigt hat und dass einzelne günstige Erfahrungen darüber vorlägen. Die Schilderung des Untersuchungsbefundes muss in solchen Fällen besonders eingehend und sorgfältig geschehen, eine kurze Charakteristik der einzelnen noch vorhandenen paralytischen Erscheinungen nach ihrem Krankheitswerte und ihrer Prognose darf nicht fehlen. Es ist selbstverständlich, dass das Gesamturteil über den Zustand des Kranken mit äusserster Vorsicht abgefasst werden muss. Alle Verallgemeinerungen sind unangebracht. Man darf es keinem Gutachter zum Vorwurf machen wollen, wenn er eine entschiedene Stellungnahme in der Frage der Wiederanstellung von remittierten Paralytikern nach den jetzigen, in diesem Punkte noch unzulänglichen klinischen Erfahrungen überhaupt ablehnt. Ob man so verallgemeinernd sich ausdrücken darf, wie C. Schneider es tut, der von einer Rückkehr der Kranken in einen verantwortungsvollen Beruf überhaupt nichts wissen will, das sei dahingestellt. Die rechtliche Haftung für seine Entscheidung kann selbstredend kein Gutachter übernehmen, sie fällt der wiederanstellenden Behörde zu, aber er hat auch nicht das Recht, dem sozialen Wiederaufbau einer Existenz hinderlich zu sein, selbst wenn es nur ganz wenige Fälle sind, die für solche Entscheidungen ernstlich in Betracht kommen. Seit der Verwendung der Infektionsbehandlung wurde in der hiesigen Klinik bisher in einem Falle die Wiederanstellung im früheren Berufe begutachtet. Es handelt sich um einen Oberregierungsrat in verantwortungsreicher Stellung. Seine Erkrankung an Paralyse fiel in das Jahr 1922. Er wurde im Jahre 1923 mit Malaria geimpft, remittierte danach und hielt sich längere Zeit nach der Kur zu Hause auf. Nach ungefähr 2jähriger Remission setzte er durch, dass man ihn zunächst an seiner früheren Stelle probeweise beschäftigte. Als diese Probezeit zur Zufriedenheit der Vorgesetzten ausfiel, wurde ein Gutachten der hiesigen Klinik eingefordert, in dem sich G. Specht für eine Wiederverwendung an früherer Stelle aussprach. Der Kranke ist nun seit einem Jahre wieder angestellt und hat bisher — 3 Jahre nach erfolgter Malariabehandlung — standgehalten. Es wäre sehr wichtig, auch über die Erfahrungen anderer Kliniken mit wiederangestellten Paralytikern näheres zu erfahren, da gerade der Mangel an hinreichend vielen Präzedenzfällen die Entscheidung im Sonderfall erschwert.

Zusammenfassend wird man also in der Frage der Wiederanstellung nach hinreichend lange dauernder und klinisch bewährter Remission ärztlich einen zurückhaltenden Standpunkt einnehmen und eine Bejahung der Berufsfähigkeit bei den wenigen geeigneten Fällen davon abhängig machen, ob der Kranke in minder verantwortlicher Stelle sich bereits hinreichend bewährte, wie das klinische Untersuchungsergebnis ausfiel und wie die Gesamteinstellung des Kranken zu seinem Leiden, zu den vergangenen und kommenden Lebensschicksalen ist. Zu einer grundsätzlichen Ablehnung der Verwendung malariaremittierter Paralytiker an verantwortlicher Stelle besteht zunächst kein Anlass. In den meisten Fällen wird sich irgend ein Ausgleich finden lassen, der unnötige Härten vermeidet, der auf der einen Seite dem Bedürfnis des Kranken nach Arbeit Rechnung trägt, der aber auf der anderen Seite auch die Allgemeinheit hinreichend schützt.

Eherechtliche Fragen aus der Praxis treten an den Begutachter malariaremittierter Paralytiker nur wenige heran. Schlecht remittierte, aber stationäre und aus klinischer Behandlung entlassene Kranke pflegen nicht selten sexuelle

Beziehungen einzugehen, deren Fortdauer gewöhnlich von der Gegenseite aus irgendwelchen materiellen Gründen intensiv betrieben wird, obwohl ihr der Zustand des Kranken natürlich nicht verborgen bleiben konnte. Man strebt in solchen Fällen immer nach möglichst umgehender Legalisierung des Verhältnisses, um in den Genuss der erstrebten materiellen Rechte zu gelangen. Derartige Zwischenfälle bleiben vermieden, wenn der Kranke rechtzeitig wegen Geistesschwäche entmündigt worden ist. Es ist hier noch jener, für den Arzt peinlichen und unerquicklichen Sachlagen zu gedenken, in denen er regelnd in das Verhältnis des Kranken zu seinen nächsten Angehörigen einzugreifen hat. Ihr Verhalten, besonders das der Ehefrau, ist nicht gerade immer von den Beweggründen der reinsten Liebe und Uneigennützigkeit diktiert. Man bringt den Kranken in überraschend schlechter körperlicher und geistiger Verfassung zur Aufnahme. Nähere Erkundigungen bei Fernerstehenden ergeben dann, dass der Kranke schon seit Jahren leidend ist, dass die Ehefrau aber aus durchsichtigen Gründen — meist sind es finanzielle Erwägungen oder gesellschaftliche Befürchtungen — sich nicht entschliessen konnte, den Ehemann früher der klinischen Obhut anzuvertrauen. Nun aber, wo es nicht mehr anders geht, bringt man den Kranken in die Klinik. Die Einwilligung zu einer Infektionsbehandlung wird meist bereitwilligst erteilt, doch zeigen so manche vorsichtigen Fragen, die an den Arzt gestellt werden, dass man die Genesung des Kranken nicht allzusehr in den Bereich der Möglichkeiten zu ziehen scheint. Endet die Kur mit dem Tode des Kranken, dann ist die Trauer auch weiter keine allzu grosse. Geht aber das Behandlungsverfahren ohne ernsteren Zwischenfall zu Ende, der Kranke remittiert leidlich, so dass er entlassen werden könnte, dann bedarf es mitunter vieler und deutlicher Mahnungen von seiten des behandelnden Arztes, bis sich die Angehörigen oder die Ehefrau dazu verstehen, den Patienten wieder zu sich zu nehmen. Ist ja gerade jener Plan mit der Behandlung durchkreuzt worden, der die Kranken als unbequeme Platzhalter dem Arzte zur Verwahrung zuführen sollte. Ähnliche Fälle sind nach unseren Erfahrungen nicht gerade seltene Erscheinungen, leider ist es aber ebenso schwierig, hier bei Zeiten richtig einzugreifen, da alle rechtlichen Unterlagen dazu fehlen.

XI. Zur Frage nach der Wirkungsweise der Infektionsbehandlung.

Unter den vielen Fragen, welche die Infektionstherapie aufgibt, ist kaum ein zweites Problem, welches mit ähnlicher Gleichmäßigkeit und Hartnäckigkeit so sehr allen Lösungsversuchen bis heute hätte widerstehen können, als die Frage nach der Wirkungsweise der Infektionsbehandlung. Wir betonen dies gleich hier zu Anfang und heben mit allem Nachdruck hervor: eine befriedigende Erklärung für das Zustandekommen der Malaria- und Rekurrensremissionen beim Paralytiker gibt es unseres Erachtens nicht, und was darüber in der Literatur existiert, ist nichts als eine mehr oder minder fadenscheinige Hypothese. Indessen pflegt gerade die Unklarheit und fast unübersehbare Schwierigkeit dieses Problems die Autoren stets von neuem anzuziehen und zu einem Meinungsaustausch zu veranlassen. Es bleibt der Auffassung des Lesers anheimgestellt, ob er hieraus Oberflächlichkeit und Unvermögen oder Interesse am Gegenstand folgern will. Jedenfalls ergibt sich schon aus der Schwierigkeit der vorliegenden Sachlage allein die Notwendigkeit allergrösster Zurückhaltung bei Besprechung eines Gebietes, das so heiss umstritten ist. Wenn man von dem Wirkungsmechanismus der Infektionsbehandlung spricht, so versteht man darunter wohl die Summe all jener Faktoren, welche das klinische Krankheitsbild der Paralyse im Sinne einer Besserung beeinflussen. Es liegt in dem pathogenetischen Aufbau der Paralyse begründet, dass man sich ihre klinischen Besserungen an zwei Punkten einsetzend denken kann, entweder unmittelbar an den biologischen Änderungen des Syphiliserregers, oder aber an jenen pathogenetischen Zwischengliedern, die aus dem syphilitisch Infizierten den Paralysekranken machen. Worauf sind nun die therapeutischen Faktoren der Infektionstherapie eingestellt, auf das Virus unmittelbar oder auf die pathogenetischen Zwischenglieder der Paralyse? Hierauf ist zu sagen: mit Sicherheit zunächst wohl auf das Virus selbst. Dies lässt sich aus der Tatsache erschliessen, dass die Heilwirkung von Malaria- und Rekurrensinfektionen offensichtlich nicht auf die Lues und die Paralyse beschränkt ist. Es können, wie die Literatur zeigt, auch Gonorrhoen durch Superinfektionen ausheilen, Bubonen sich rückbilden, Lupuseruptionen verschwinden. Und ferner zeigt das Tierexperiment, dass die Rekurrens eine lebensverlängernde Wirkung bei der Nagana- und Dourineinfektion der Maus hat, dass nachinfizierte Tiere tödliche Dosen von Mäuseseptikämie vertragen und anderes mehr. Man kann also schwerlich annehmen, dass die Malaria und Rekurrens ihre Heilwirkung in der Weise entfaltet, dass sie hindernd auf die Entstehung jener Bedingungen einwirkt, welche zur Entwicklung der Paralyse führen. Damit ist, wie wir glauben, bereits der Wert einiger Theorien als Erklärungsversuch der Infektionstherapie in Frage gestellt. Wenn man z. B. sagt, die Paralyse werde durch die Rekurrens und die Malaria in eine gutartige Erkrankung, in einen Lues cerebri-ähnlichen Prozess umgewandelt, so scheint es mit dieser Behauptung zunächst um eine rein klinische Feststellung zu gehen, in Wirklichkeit ist aber mehr erörtert, es wird eine Deutung der Wirkung impftherapeutischer Maßnahmen gegeben, die an der Pathogenese der Paralyse und der Lues cerebri einsetzt, die also auf pathogenetische Fragen in diesem Zusammenhang den Hauptnachdruck legt. Und gerade die Paralysepathogenese hat mit der Infektionstherapie wenig zu tun. Es müsste dies aber nicht unbedingt der Fall sein, nämlich dann nicht, wenn diejenigen nichtparalytischen Leiden, bei denen die Infektionstherapie sich als wirksam erweist, sich pathogenetisch ähnlich verhielten, wie die Paralyse. Dies ist indessen im vorliegenden Falle wohl ausgeschlossen. Oder wenn man sagt, die Impfmalaria und Impfrekurrens sei dadurch wirksam, dass sie die darniederliegenden Immunkräfte des Paralytikers aufrichte und anrege, so stellt man damit das pathogenetische Moment der Paralyse gleichfalls in den Mittelpunkt der Frage nach der Wirkungsweise der Infektionstherapie, und dies ist es, was uns im vorliegenden Falle als unrichtig erscheint. Zudem ist es nicht erwiesen, dass man beim Paralytiker von bestehender Immunschwäche sprechen darf. So sehen wir alle Theorien,

die sich mit der Wirkungsweise der Impfbehandlung befassen und die enge
Berührungen zur Paralysepathogenese anstreben, entweder die Tatsache ver-
nachlässigen, dass auch nichtsyphilitische und pathogenetisch ‚ganz andersartige Leiden auf die Infektionstherapie ansprechen, oder aber man drückt
sich so unverbindlich und allgemein bei diesem Erklärungsversuch aus, dass
im Grunde genommen später noch ebensoviel möglich ist wie vorher, oft sogar
noch mehr. Man hat dann mit der „Erklärung“ die Möglichkeiten erweitert,
nicht aber eingeschränkt, wie man dies bei jeder wirklichen Erklärung tut.
Wenn man die Infektionstherapie mit ihrer Wirkungsweise nur aus dem veränderten biologischen Verhalten der Spirochäten zu erklären sucht, so kann
man sich diese Änderung nicht als eine isolierte denken, d. h. als eine derartige,
dass sie aus den Zusammenhängen mit dem lebenden Organismus herausgerissen
ist. Dieser Umstand erschwert aber eine klare Aufdeckung des Sachverhaltes
ausserordentlich. Denn das Getriebe des lebenden, doppelt infizierten Körpers
ist nicht ohne weiteres mit ein paar Glaskapillaren phagozytierender Leukozyten oder mit einem Froschherzen gleichzusetzen, das in einer Lösung von
Proteinen aufgehängt und hier ausdauernder ist, als in einem anderen Medium.
Da man diese Schwierigkeiten seit langem kennt, hat man mehrere Wege
beschritten, um einer einseitigen Einstellung zu entgehen. Entweder, man hat
unter der Symptomenreihe der Superinfektionen bestimmte, scheinbar besonders
sinnfällige hervorgehoben und hat versucht, auf diese die übrigen Begleiterscheinungen als zwangsläufige zurückzuführen. In dieser Weise ist man
zum Beispiel verfahren, als man den Wirkungsmechanismus der Infektionstherapie aus der erhöhten kapillären Durchlässigkeit, aus der Temperatursteigerung oder aus der Leukozytose erklärte. Oder aber man nahm aus dem
klinischen Bilde der Superinfektionen einige zusammenpassende heraus und
schuf für diese Vorgänge einen Oberbegriff, der diese Einzeltatsachen zusammen-
hielt, ohne sie zu erklären. Manchmal war es sogar so, dass man zunächst den
Oberbegriff schuf und in ihn jene Dinge nicht ganz ohne Zwang einfügte, die
eine unbefangene empirische Beobachtung erst hätte ergeben sollen. Auf ähnliche
Weise entstanden die Lehren von der Protoplasmaaktivierung, von der Heilentzündung und andere. Sie enthalten insofern eine petitio principii, weil
sie als Schlussfolgerung das beweisen, wovon sie gerade ausgingen. Man sollte
nämlich erklären, warum das Protoplasma aktiv wird, warum eine Heilentzündung einsetzt. Es genügt nicht, zu sagen, dass es so ist und was alles eintreten muss, damit es so ist. Auf das „Warum“ kommt es an. Da ist nun
naheliegend, zu antworten, um dies zu vermögen und etwa sagen zu können,
warum das Protoplasma aktiv wird, müssen erst alle Einzelheiten des Vorganges
der Protoplasmaaktivierung bzw. der Heilentzündung klargelegt sein. Dies
sei zur Zeit aber noch nicht möglich. Es bleibe sonach nichts übrig, als möglichst
viele Einzelheiten aus dem ganzen Fragenkomplex der Superinfektionen zu
ermitteln, dann werde sich das weitere schon finden. Indessen, so bestechend
ein solcher Vorschlag zunächst aussieht, so enthält er doch zugleich eine nicht
geringe Gefahr. Und diese besteht darin, dass man nun wahllos an Einzelbeobachtungen zusammenrafft, was sich eben findet, nur zu dem einen Zweck, das
zu beweisen, was man schon vorher wusste, das andere aber zur Seite zu schieben

was sich diesen Gedankengängen nicht fügen will. Gewiss ist zu jeder Beweisführung die lückenlose Aufdeckung von Einzeltatsachen nötig, diese Einzeltatsachen sind aber keine Kausalitäten des Ganzen, sie haben vielmehr erst dadurch einen Wert, dass sie innerhalb der Gesamterscheinung nicht alle gleichviel bedeuten und dass die Reihenfolge ihrer Ableitung gewahrt bleibt. Es handelt sich um die Aufdeckung von Ursache und Folge, nicht um die Ermittlung von Bedingungen, von Konditionen, noch dazu an hypothetischen Voraussetzungen.

Wenn im folgenden einzelne Theorien der infektionstherapeutischen Wirkung besprochen werden, so gelten für sie alle mehr oder minder gewisse Einwände prinzipieller Art, die im vorstehenden gemacht wurden. Einen eigenen Lösungsversuch fügen wir deshalb nicht hinzu, weil wir offen zugeben, dass wir ihn nicht besitzen.

Sehr häufig hat man die Wirkungsweise der Impfmalaria und Impfrekurrens aus den Vorstellungen vom Heilfieber zu verstehen gesucht. Die Lehre ist, wie bekannt, von ansehnlichem Alter, hat aber gerade deshalb manches Missverständliche an sich. Denn es ist nur zu bekannt, wie verschiedene Auffassungen im Laufe der Jahrzehnte mit dem Begriffe des Fiebers verbunden waren. Am unverbindlichsten ist wohl noch die alte Vorstellung von dem Fieber als dem Widerspiegel entmischter und sich wieder zusammenfügender Körpersäfte, als dem Ausdruck eines gewaltigen Kampfes gesetzmäßiger und doch blinder Gewalten, deren Tummelplatz der kranke Organismus ist. Mit diesen alten Vorstellungen sah man, das möchten wir hier betonen, tief in das wesentliche all der Zusammenhänge, um deren Ermittlung es hier geht und es erscheint uns ungerechtfertigt, wenn man mancherorts über den Mechanismus des alten Heilfiebers als von etwas veraltetem spricht. Aber man muss zugleich bedenken, dass aus den sehr vielseitigen und umfassenden Vorstellungen der Alten vom Fieber im Laufe der Jahrzehnte immer mehr die hohe Zacke auf der Temperaturkurve, die Erregung und Lähmung wärmeregulierender Zentren, die verlängerte Quecksilbersäule des Fieberthermometers wurde. Das lässt sich sehr schön verfolgen, wenn man in historischer Folge nachliest, wie die einzelnen Autoren sich die Heilwirkung des Fiebers bei Erisypel, Tuberkulin, Nuklein, bei der Malaria usw. vorstellten. Zuerst ist man sich in den Grundanschauungen durchaus einig, dann finden einzelne Autoren, es lasse sich dies oder jenes nicht recht miteinander vereinbaren. Zuletzt stellt man fest, dass man die hohen Temperaturen, d. h. die Steigerung der Körperwärme über 38^0 C gar nicht unbedingt benötigt, um die Heilwirkung zu erreichen. Man fühlt dabei aber nur undeutlich oder gar nicht, dass eine Erhöhung der Körperwärme noch lange nicht das ist, wovon die theoretischen Vorstellungen von der Wirkungsweise der Infektionstherapie in früheren Jahrzehnten ausgingen, vom Heilfieber. Man pflegt, wenn man von der Fieberwirkung der Infektionstherapie spricht, auf die vielzitierten Versuche Weichbrodts und Jahnels zurückzukommen. Sie erhitzten Kaninchen mit floriden syphilitischen Schankern im Thermostaten auf 42^0 C und fanden, dass die Erreger nach einer bestimmten Zeit aus den Geschwüren verschwanden, bis diese ganz abheilten. Diese Versuche sind gerade in einem Punkte sehr interessant. Es benötigte nämlich stets eine gewisse Zeit, ca. einen ganzen Tag, bis die Wirkung der Erhitzung an den Erregern nachweisbar wurde. Dies beleuchtet sehr schön die Tatsache, dass nicht die Temperaturerhöhung als solche es ist, die eine Heilwirkung erreicht, sondern die auf sie folgende „Reaktion“. Man kann also die Versuche von Weichbrodt und Jahnel nicht als Beleg dafür anführen, dass hohe Temperaturen syphilitische Eruptionen heilen, wie dies von verschiedenen Seiten betont worden ist. Nicht die Temperaturerhöhung hat die Heilwirkung veranlasst, sondern die danach einsetzende Reaktion von seiten des erkrankten Körpers. Man kann diese Tatsachen durch einen vielleicht etwas geradlinigen Vergleich erläutern, indem man sagt, Syphilisspirochäten in einem hochorganisierten Tierkörper seien nicht ohne weiteres dadurch zu zerstören, dass man sie wie Eiweiss in heissem Wasser koaguliert. Es ist jedenfalls die neuerlich erfolgte Abwendung von den früheren Anschauungen des Heilfiebers, die den alten Begriffen der „Krisis“ so nahestanden, insoferne wenig glücklich gewesen, als die wesentlich umfassendere und den Kernpunkt des Problems treffende Betrachtungsweise durch eine zwar modernere, aber doch auch einseitigere und enger begrenzte, durch die des Fiebers, der Temperaturerhöhung ersetzt wurde. Da aber nun von einer Anzahl Autoren der Begriff der Fieberwirkung in durchaus verschiedenem Sinne gebraucht wird und man bald alte, bald neue Vorstellungen im bunten Wechsel nebeneinander handhabt, erscheint es fraglich, ob man nicht besser täte, den Begriff der „Fiebertherapie“ im Interesse einer Verständigung und im Hinblick auf drohende Missverständnisse überhaupt zu vermeiden.

Ganz ähnliches gilt für den Begriff der Heilentzündung, mit dem man die Vorgänge bei der Infektionstherapie der Paralyse mehrfach theoretisch verbunden hat. Es sei nur daran erinnert, dass man Grund zur Annahme zu haben glaubte, während der Malariafieberperiode steigere sich der anatomisch entzündliche Prozess im Gehirn, um später einem gewissen Stillstand Platz zu machen. Derartige Beobachtungen legen in der Tat den Gedanken an eine „Heilentzündung“ im Sinne von Bier ausserordentlich nahe. Es kommt noch dazu, dass bei dem zweiten infektionstherapeutischen Verfahren, der Impfrekurrens, der Ablauf echt entzündlicher Prozesse im Gehirn und den Häuten während der Impfung ja erwiesen ist. Dies scheint eine direkte Bestätigung für die Gedankengänge Biers abzugeben. Indessen liegen wohl die Dinge nicht ganz so einfach. Zunächst ist bei der Impfmalaria von einer Steigerung entzündlicher Prozesse während der Fieberdauer nicht die Rede. Dies kann schon allein der zytologische Befund während der Fieberperiode beweisen, der von einer Steigerung der Zellwerte nichts erkennen lässt, der vielmehr eine rasche Abnahme, also das Gegenteil einer zelligen Infiltration, einer Entzündung vor Augen führt. Damit stimmt, wie gezeigt wurde, auch unsere anatomische Beobachtung an Malariaparalysen überein, die während des Fiebers verstarben. Von einer Steigerung der infiltrativen Vorgänge konnten wir nichts sicheres feststellen. Es ist also für die Tertianawirkung ein entzündlicher Einfluss bis jetzt nicht zu erweisen und es wird schwer sein, unter diesen Umständen den Begriff der Heilentzündung sinngemäß auf die gesamte Infektionstherapie anzuwenden. Höchstens wäre es möglich, dass man eine Erweiterung der theoretischen Vorstellungen von der Heilentzündung dadurch macht, dass man sie auf das Gebiet der „Krisis" und des „Heilfiebers" hinüberspielt und in der Tat ist dies ja auch geschehen. Praktisch ist daraus eine bunte Verquickung pathophysiologischer, klinischer und anatomischer Überlegungen entstanden, über deren unbedingten Wert insoferne gestritten werden kann, als das, was an ihnen zu beweisen ist, vor der spekulativen Systematisierung wesentlich zurücktritt. Ein Blick in die einschlägige Literatur zeigt dies wohl zur Genüge. Und so hält der Verfasser den Begriff der Heilentzündung zwar für eine überaus grosse Konzeption, die, wie sich zeigte, in der Hand Biers so wertvolle Früchte trug, die aber von anderer Seite nicht mit dem gleichen Glücke gehandhabt wurde und aus diesem Grunde zu vielen Missverständnissen Anlass gab.

Eng verknüpft mit den Bierschen Theorien sind jene Anschauungen, welche die Infektionstherapie der unspezifischen „Behandlung" zuweisen und von einer „Reizbehandlung" und ähnlichem sprechen. Wir haben bereits früher auseinandergesetzt, dass wir eine allzu weitgehende Verquickung der Infektionsbehandlung mit der unspezifischen Therapie für theoretisch und praktisch bedenklich halten und dass sich schon allein rein klinisch eine grosse Zahl durchgreifender Unterschiede zwischen Infektionstherapie und unspezifischer Behandlung aufweisen lässt, auf Grund derer eine Erweiterung unserer theoretischen Vorstellungen nicht geraten erscheint. Es wurde zugegeben, dass ein Teil der bei der Infektionsbehandlung vorhandenen Wirkungen möglicherweise auch der unspezifischen Therapie zukommt. Doch zeige der nähere klinische Sachverhalt, dass es sich wahrscheinlich nur zum kleineren Teil um echte infektionstherapeutische Wirkungen handeln könne, wenn man den Mechanismus der Proteinkörpertherapie mit ihnen identifiziere oder in nähere Beziehungen setze. Im übrigen war es dem Verfasser fraglich erschienen, ob ein besonderer Gewinn daraus erwachsen könne, dass man bei der Erklärung eines unbekannten Vorganges auf einen zweiten unbekannten verweise, gerade als handle es sich bei diesen um ganz geläufige Dinge. Besondere Verwicklungen sind in jüngster Zeit noch dadurch entstanden, dass man in das Gebiet der unspezifischen Therapie und auch in das der Infektionsbehandlung die Begriffe „Reiz" hineintrug; es folgten damit wohl vielfältige Erörterungen, die gewöhnlich bei Galen und Hippokrates begannen und über Virchow, K. E. v. Baer, Verworn, Dubois-Reymond bei den betreffenden Autoren endeten. Es mag aber dem Urteil des Lesers überlassen bleiben, in wieweit es gelang, innerhalb dieses unübersehbaren Schrifttums wirklich wertvolle und bleibende Erkenntnis zu vermitteln. Für den Verfasser handelt es sich bei einem grossen Teile der Publikationen über „Reizbehandlung" mehr um leicht zu erringende spekulative Lorbeeren, deren überreiche Bebauung einen Teil der Schuld an dem Umstande tragen mag, dass ein an sich höchst interessantes Gebiet zur Modesache wurde.

An dieser Stelle sei auch des Weichardtschen Prinzips der Protoplasmaaktivierung als Erklärungsversuch für die Wirkungsweise der Infektionsbehandlung gedacht. Gehen ja doch gewisse psychiatrische Theorien vom Wirkungsmechanismus der Infektionstherapie letzten Endes auf die Vorstellungen Weichardts zurück. Es sei nur an die Theorie von Weygandt und Kirschbaum erinnert, welche eine Anregung von Abwehrstoffen und

Antikörpern bei der Impfmalaria annehmen. Auch Weichardt selbst neigt der Auffassung zu, es handle sich bei der Infektionstherapie im wesentlichen um eine Beeinflussung durch aktivierende Spaltprodukte. Er schreibt darüber wörtlich (Unspez. Immunität S. 22): „Das für diese Therapie (sc. die Infektionsbehandlung) günstige Moment liegt darin, dass eben hier die Zellen und nicht die Erreger zu vermehrter Tätigkeit angeregt werden, was ja bei chronisch verlaufenden Prozessen viel leichter zu gelingen pflegt, als bei akuten." Zunächst muss der Auffassung widersprochen werden, dass die Infektionstherapie chronische Prozesse leichter beeinflusse als akute. Es sei daran erinnert, dass akute Gonorrhoen in der Fieberbehandlung der Syphilis gewöhnlich sehr prompt zur Ausheilung kommen und es zeigt sich weiterhin, dass syphilitische Affektionen der Frühperiode auf Malaria und Rekurrens mit einer Ausgiebigkeit therapeutisch ansprechen, wie sie bei chronischen Leiden, etwa der Paralyse, kaum zur Beobachtung kommt. Was aber die Behauptung anlangt, als liege der Heileffekt der Infektionstherapie in einer Anregung der Zellen zu vermehrter Tätigkeit, so widerspricht dem die Erfahrung, dass sich erstens erhöhte Leistungswerte von seiten vieler Organe in einem Stadium der Infektionstherapie zu einer Zeit finden, in der klinisch von einer Besserung noch nicht die Rede ist, zweitens, dass solche erhöhte Leistungswerte auch bei jenen Kranken vorhanden sind, die überhaupt nicht remittierten, oder sich gar auf die Behandlung verschlechtern. Und drittens kann bewiesen werden, dass eine erhöhte Leistung von Organteilen und Organsystemen auch bei solchen Kranken erhalten bleibt, die nach der Remission wieder akut rückfällig werden. Es dürfte sonach die Leistungssteigerung im Sinne von Weichardt höchstens als Begleiterscheinung der Infektionstherapie eine gewisse Geltung besitzen. Ich glaube aber zunächst nicht, dass die Leistungssteigerung als Ursache der klinischen Besserungen angesehen werden kann.

Eine bedeutsame Rolle unter den Theorien der Malaria- und Rekurrenswirkung haben jene Anschauungen gespielt, die sich mit der Durchlässigkeit der Gefässe bei Paralyse beschäftigten. Die Wurzeln dieser Auffassungen sind sehr vielfältig verzweigt. Zunächst wurde von E. Weil (zit. n. Gerstmann) die Vermutung ausgesprochen, es würden bei der beginnenden Paralyse irgendwelche pathologischen Eiweissubstanzen aus den erhöht durchgängigen Hirn- und Meningealgefässen in die nervöse Substanz ausgeschwemmt, wodurch es zur Entstehung der Paralyse komme. In ähnlichem Sinne wurde von Starkenstein (M. m. W. 1919, S. 205) gezeigt, dass bei der sog. unspezifischen Therapie bestimmte Wirkungen auf die Gefässwand ausgeübt würden, sei es direkt, sei es auf dem Umweg über das autonome Nervensystem, wodurch der Übertritt pathologischer Substanzen aus dem Blut ein das nervöse Gewebe bzw. die erkrankten Körperteile hintangehalten würde. In ähnlicher Weise sprachen sich Luithlen (Med. Klin. 1913, S. 1713), Gottlieb und Freund (M. m. W. 1921, S. 383) u. a. aus. Dazu kommen noch die Ergebnisse der Permeabilitäts-Studien an malariabehandelten Paralytikern, wie sie in der jüngsten Zeit veröffentlicht worden sind. Es ist schon von anderer Seite gegen diese Theorien der Wirkungsweise von infektionstherapeutischen Maßnahmen angeführt worden, dass es nicht angängig sei, die Erscheinung der Remissionsbildung grundsätzlich von einem eng begrenzten Symptome aus, dem der Permabilität der Gefässe, zu betrachten. Es soll durchaus nicht der Wert dieser Untersuchungen an sich bestritten werden. Sie haben indessen das eine Bedenken gegen sich, dass sie aus der Reihe pathologischer Erscheinungen bei der Paralyse und der Infektionstherapie ein Symptom herausgreifen, dessen Bedeutung innerhalb des gesamten körperlichen Geschehens schon an sich problematisch genug ist und das dadurch nicht an objektivem Wert gewinnt, dass man es trotz seiner unsicheren Herkunft innerhalb eines pathophysiologischen Ablaufes um der Theorie willen an die erste Stelle setzt. Es wäre in erster Linie wichtig, zu erfahren, was für Substanzen es denn nun eigentlich sind, die bei der unbehandelten Paralyse ihren Weg in das Hirngewebe nehmen und die durch die Infektionstherapie an ihrem Durchtritt gehindert werden.

In recht beachtenswerten Ausführungen hat V. Schilling von einer enormen Stoffwechselrevolution gesprochen, die durch die Malariabehandlung ausgelöst werde und deren morphologischer Ausdruck all jene vielfältigen Änderungen des Blutbildes während der Infektionstherapie seien, die in neuerer Zeit bekannt wurden. Diese Theorie Schillings ist insoferne nicht ohne wirklichen Wert, als sie sich in der Tat der Gesamtheit klinischer und objektiv nachweisbarer Erscheinungen zuwendet und Einzelheiten glücklich umgeht; dazu kommt, dass sie nicht mehr aussagt, als sie zu beweisen imstande ist, was inmitten von soviel Spekulation jedenfalls nicht nachteilig ist. Leider lässt sich indessen bei diesem Standpunkte nur recht wenig positives über alle Einzelheiten der Stoffwechseländerungen aussagen und man ist gezwungen, sich auf die Ergebnisse zukünftiger Arbeit zu vertrösten.

Plehn (zit. n. Gerstmann) hat die Vermutung geäussert, es werde bei der Infektionstherapie während jedes Fieberanfalles durch Zerstörung von Plasmodien oder Rekurrensspirochäten eine stattliche Menge toxischer Eiweisssubstanzen ins Blut gebracht, durch die es zu periodischer Reizung bestimmter Organsysteme komme. Diese Anschauung hat gewisse Berührungspunkte mit Annahmen, wie sie von Freund und Gottlieb, Matthes u. a. für die Wirkungsweise der Proteinkörpertherapie geltend gemacht worden sind. Freund und Gottlieb nehmen eine Giftwirkung von Zellzerfallsprodukten an, die ihrerseits als pharmakologisch aktive Produkte des intermediären Abbaues den Zustand und die Erregbarkeit der funktionstragenden nervösen Elemente zu ändern vermögen. Ähnlich spricht Matthes von der toxischen Wirkung gewisser Eiweissderivate von Charakter der Albumosen und chemischer Körper mit histaminähnlicher Wirkung. Doch meint er, es werde durch die primäre Giftwirkung eine sekundäre verdauende Funktion angeregt, wozu es der Mobilisierung spezifischer Fermente bedürfe. Damit ist eine Annäherung an die Theorien von Jobling und Petersen gegeben, welche das fermentative Verhalten des Organismus bei unspezifischer Therapie studierten.

Bei der Infektionstherapie sind Pfeiffer, Weeber und Standenath ähnliche Wege gegangen. Die Theorie von Jobling und Petersen geht aus von der entgiftenden Wirkung gewisser Fermente bei der Überwindung von Infektionen. Alle giftigen Eiweissprodukte würden durch die fermentative Tätigkeit des Körpers in niedere ungiftige Abbaustufen aufgespalten, weshalb zum Verständnis der Proteintherapie und der Wirkung bakterieller Infektionen im Körper ein eingehendes Studium des Verhaltens proteolytischer Fermente nötig sei. Man hat nun zwei Typen proteolytischer Enzyme unterschieden: die Proteasen, welchen die Fähigkeit zukommen soll, natives Protein zu verdauen und die Peptidasen, die nur am hydrolysierten Proteinmolekul wirksam werden. Da die echten Proteasen unter normalen Bedingungen nur in kleinen Mengen innerhalb des Serums nachweisbar sind, hat man den Peptidasen die grössere Aufmerksamkeit geschenkt, zumal sie die eigentliche Funktion der Eiweissentgiftung zu haben scheinen. Denn die in Frage kommenden toxischen Substanzen pflegen innerhalb des Serums in teilweise hydrolysierter Form zu kreisen und nur auf hydrolysierte Proteine sind die Peptidasen eingestellt. Man hat nun das Verhalten der Peptidasen bei Infektionen, bei unspezifischer Therapie und bei Infektionsbehandlung studiert. Auf die Einzelheiten der Untersuchungsergebnisse kann hier nicht eingegangen werden. Soviel lässt sich aber heute wohl sagen: Bei allem Interesse, das diese biochemischen Untersuchungen verdienen, ist der direkte klinische Gewinn aus ihnen für die Infektionstherapie doch noch bescheiden geblieben. Man weist zwar nach, auf welche Weise toxische Zerfallsprodukte im Körper unschädlich gemacht werden, man findet aber keine Antwort darauf, warum es zu einer Remission der Paralyse kommt, warum vielleicht die gleichen toxischen Substanzen, deren Beseitigung der Körper anstrebt, auf der anderen Seite nun auch zum Segen für den erkrankten Organismus werden. Man wird sich dann wohl oder übel wieder in das Gebiet der Protoplasmaaktivierung und des Heilfiebers flüchten müssen, um weiteren Einwänden zu entgehen.

Leider gelten ähnliche Bedenken wie gegen die Lehre von den proteolytischen Blutfermenten zum Teil auch gegen eine Reihe weiterer Untersuchungen, die von ihren Ergebnissen aus eine Lösung des Problems versuchten. Es sei an die Arbeiten erinnert, die sich mit dem Verhalten der Opsonine, der Erscheinung der Trypanozidie, den Schwankungen im leukopoetischen System, dem physikalisch-chemischen Verhalten der Blutkolloide und ihrem Verhältnis zueinander beschäftigen. Gewiss stellt jede einzelne Feststellung eine Erscheinung von hohem Interesse dar, aber sie ist ebenso auf der anderen Seite für den Kliniker ein schwerbeweglich Ding, das ihm zunächst nicht viel mehr wird bedeuten können, als eine jede empirische Feststellung, deren Tragweite noch nicht zu überblicken ist, da die Feststellung als solche noch nicht jenen unmittelbaren Zusammenhang mit den klinischen Tatsachen gefunden hat, wie er von jeder wirklichen Erklärung eines klinischen Vorganges doch in allererster Linie zu fordern ist.

Nicht zuletzt hat die Bakteriologie und experimentelle Therapie versucht, in den Streit der Meinungen über die Wirkungsweise der Infektionsbehandlung einzugreifen. Gerade die Bakteriologie schien ja in bevorzugtem Maße berechtigt, als Schlichterin aufzutreten. Denn jene Grundtatsachen, um die es sich bei der Infektionsbehandlung dreht, waren ihr seit langem geläufig. Nur war die Form eine andere, in der man sich mit den Erscheinungen beschäftigte. In der älteren bakteriologischen Literatur spielte der Begriff des Antagonismus der Erreger eine grosse Rolle. Man verstand darunter die Tatsache, dass bei experimentellen Infektionen mit tödlichen Dosen irgendwelcher lebender Keime eine Lebensverlängerung durch neuerliche Impfung mit andersartigen lebenden Bakterien oder Protozoen erzielt wird. So war beispielsweise bekannt, dass tödliche Gaben von Streptokokken durch Nachimpfung des Versuchstieres mit Mäuseseptikämie abgeschwächt werden können, so dass das Tier länger am Leben bleibt wie bei einfacher Infektion. Und ähnliches ist von einer Reihe weiterer Bakterien nachgewiesen. Die theoretischen Zusammenhänge dachte man sich verhältnismäßig einfach. Man erörterte eine ganze oder teilweise Neutralisierung von Giftstoffen des ersten Erregers durch die Toxine des zweiten und der gesamte Vorgang sollte sich etwa nach dem Prinzip abspielen, dass sich der Dritte dort freue, wo zwei sich streiten, wobei der „Tertius gaudens" im vorliegenden Falle der kranke Organismus sein sollte, die beiden Streitenden dagegen die innerhalb des Körpers um ihre Entwicklungs- und Existenzfähigkeit kämpfenden Keimarten. Es stellte sich nun aber in der Folgezeit heraus, dass die Anschauungen vom Antagonismus der Erreger so, wie man sie sich dachte, leider mancher Erweiterungen und Einschränkungen bedurften. Man ist damit so langsam zu einem anderen Problem, dem der Superinfektionen übergegangen. Anlass hierzu gab vor allen Dingen die Feststellung, dass die lebensverlängernde Wirkung auf das Versuchstier nicht bloss durch Doppelimpfungen mit zwei artverschiedenen Keimgruppen zu erreichen sei, sondern auch durch biologisch besonders abgestufte Impfungen mit Keimen der gleichen Art. So weiss man, dass nach Vorbehandlung von Mäusen mit besonderen Streptokokkenstämmen im ganzen recht chronische Krankheitsbilder erzielt werden, auch wenn man diese nach einer gewissen Zeit mit absolut tödlich wirkenden Dosen eines ganz akut krankmachenden Streptokokkenstammes nachimpft. Und ähnliches ist auch für andere Virusarten nachgewiesen. Es ist hier nicht der Ort, auf die überaus verwickelten Probleme der Superinfektionen im einzelnen einzugehen. Es sei nur daran erinnert, wieviel Schwierigkeiten und Meinungsverschiedenheiten bei den Superinfektionsversuchen mit Trypanosomen, mit der Rekurrens und anderen Spirochätenarten erwuchsen. Gerade jene Punkte, deren sichere Kenntnis dem Kliniker zum Verständnis der Wirkung infektionstherapeutischer Maßnahmen wichtig wären, sind die umstrittensten und so wird nichts übrig bleiben, als eine weitere Klärung der Probleme abzuwarten.

Ein letzter Versuch, die Wirkungsweise der Infektionsbehandlung zu verstehen, liegt noch vor. Er bedarf deshalb einer Erwähnung, weil er an einigen Stellen bereits Eingang in die psychiatrische Fachliteratur gefunden hat. Es ist dies der Begriff der D e p r e s s i o n s i m m u n i t ä t, wie er vor nicht allzu langer Zeit von M o r g e n r o t h, B i b e r s t e i n und S c h n i t z e r aufgestellt wurde. Diese Autoren knüpfen an das Problem der Superinfektion an und gehen von der Vorstellung aus, dass sich jene Ansicht nicht in allen Punkten aufrecht erhalten lasse, derzufolge der durchseuchte Organismus gegen eine Superinfektion Immunität besitze. Eine nähere Beschäftigung mit der Erscheinung der Immunität bei Superinfektionen führte sie vielmehr zu der Schlussfolgerung, dass dieser Begriff im Grunde unrichtig sei. Die Immunität bei Superinfektion bestehe nicht darin, dass die Superinfektion überhaupt nicht angehe. Es trete vielmehr bei der Zweitimpfung eine Allgemeininfektion ein, die „genau die gleichen Wesenszüge trägt, wie die ursprüngliche chronische Infektion. Der Mikroorganismus der akuten Superinfektion wird durch die vorhandene Immunität in einen Mikroorganismus umgewandelt, welcher die infektiösen Eigenschaften des ursprünglich vorhandenen „chronischen" Mikroorganismus aufweist". Diese Anschauung wird mit folgendem Versuche bewiesen. Impft man eine Serie von Mäusen mit einer Streptokokkenart, deren Infektion zu chronischer Erkrankung des Versuchstieres führt und setzt nach Ablauf einer gewissen Zeit eine zweite Impfung mit einem Streptokokkenstamme von ganz akuter und tödlicher Wirkung, dann gehen die superinfizierten Tiere nicht an der akuten Zweitimpfung in kurzer Zeit ein, wie man es erwarten sollte, sondern sie erkranken chronisch, gerade als hätten sie nur die Erstinfektion mit dem Streptokokkenstamm chronischer Artung erhalten. Es liegt nahe, anzunehmen, die akute Superinfektion sei überhaupt nicht angegangen. Doch zeigt die nähere morphologische Untersuchung der Versuchstiere, dass sich innerhalb des Körpers auch Kokkenherde finden, die nach ihrem biologischen Verhalten von der zweiten Impfung herrühren müssen. Soweit Morgenroth, Biberstein und Schnitzer, deren Befunde von anderen Autoren, so von Berliner und Citron (D. m. W. 1920, S. 997) bestätigt und erweitert wurden. Man hat diese Gedankengänge nun auf Erfahrungen übertragen, wie man sie bei der Infektionsbehandlung der Paralyse macht. Impft man Paralytiker mit Tertiana und mit Rekurrens Duttoni gleichzeitig, so setzt nach Ablauf der entsprechenden Inkubationszeit zunächst das Tertianafieber in typischem Verlaufe ein. Beseitigt man dann die Malaria durch die nötigen Chiningaben, so setzt alsdann die Rekurrens ein, von deren Vorhandensein vorher nichts nachzuweisen war. Derartige Versuche wurden von Stransky, Weichbrodt und Metzger angestellt. Es wurde aus ihren Ergebnissen von Weichbrodt der Schluss gezogen, dass es sich um Erscheinungen der Depressionsimmunität handle. Die Rekurrenssuperinfektion werde durch die Depressionsimmunität der Malaria niedergehalten. Ich zögere indessen, die anders gelagerten experimentellen Erfahrungen von Morgenroth ohne weiteres auf die Weichbrodtschen Ergebnisse anzuwenden.

Denn erstens handelt es sich ja bei Weichbrodts Versuchen um zwei ganz verschiedene Virusarten, ferner um zwei akute Infektionen, nicht wie bei den Morgenrothschen Versuchen, um eine chronische und eine akute und zuletzt sind die Immunitätsverhältnisse bei den Protozoenerkrankungen im allgemeinen anders gelagert wie bei den bakteriellen Infektionen. Es hat zudem die Rekurrensnachimpfung nicht etwa die Verlaufsform der Malaria angenommen, wie bei den Morgenrothschen Versuchen der akute Stamm die Verlaufsform des chronischen annahm. Es hat vielmehr die Rekurrens ihre klinische und parasitologische Eigenart gewahrt. Nur der Fieberausbruch der Rekurrens war verspätet, bei normalem hämatologischen Verhalten. Damit sind indessen die höchst interessanten und wertvollen Befunde von Weichbrodt und die späteren von E. Metzger in ihrer Deutung nur noch schwieriger geworden. Sie seien hier mit Rücksicht auf ihre Bedeutung ausführlicher mitgeteilt.

Im ersten Versuche wurde eine weibliche Paralyse gleichzeitig mit Malaria und Rekurrens geimpft. Nach normaler Inkubation tritt am zehnten Tage das Tertianafieber auf, Spirillen liessen sich nicht mikroskopisch, aber im biologischen Versuche nachweisen. Die Malaria hatte weiterhin normalen Fieberverlauf. Nach Beendigung der Malariakur mit Chinin ist das Blut dauernd plasmodien-negativ. Nun setzte das Rekurrensfieber in der gewöhnlichen Weise mit positivem Spirillenbefund ein und die Rekurrens nahm weiterhin normalen Verlauf.˙ Im zweiten Versuche wurde eine Taboparalyse zweimal mit Malaria geimpft in Abständen von 3 Wochen, wobei die Erstimpfung offenbar erfolglos war. Das Tertianafieber begann 8 Tage nach der zweiten Malariaimpfung mit regelmäßigen Fieberzacken. Nach dem dritten Anstiege wurde mit Rekurrens nachgeimpft. Diese Infektion geht neben der Malaria bei regelmäßiger Inkubation an, derart, dass am dritten Tage nach der Rekurrens-Superinfektion Spirillen im Blute biologisch nachweisbar sind. Nach Abbruch der Malaria mit Chinin normale Rekurrens mit positivem Spirillenbefund.

Im dritten Versuche wurde eine Paralyse zunächst mit Rekurrens Duttoni infiziert. Das Fieber kam am dritten Tage nach der Impfung bei positivem Spirillenbefunde im Blute. Weitere 5 Tage später wurde mit Tertiana nachgeimpft. In der Folgezeit kam zunächst ein Rekurrensanfall von dreitägiger Dauer und Spirillenaussaat im Blute, aber ohne Plasmodien. Die Malaria setzte ohne offensichtliche Verringerung ihrer Inkubationszeit 10 Tage nach ihrer Einimpfung mit steigender Plasmodienzahl ein, wobei das Fieber den Tertianatyp beibehielt. Rekurrens war nicht nachweisbar. Nach 10 Fieberanstiegen wurde die Tertiana mit Chinin beseitigt. 6 Tage nach Abbruch der Malaria zeigte sich wieder die Rekurrens in einem zweitägigen Fieberanfall und positivem Spirillenbefunde.

Wie soll man sich diese Vorgänge erklären? Ich wage es nicht, zu entscheiden. Mit den Begriffen der Depressionsimmunität lässt sich hier jedenfalls wenig anfangen, denn der Weichbrodt-Metzgersche Versuch Nr. 1 ist insoferne eine Widerlegung der Lehre von der Depressionsimmunität, als die Vorinfektion mit Rekurrens nicht etwa die folgende Malaria niederzuhalten vermochte, sondern umgekehrt von der offenbar in jedem Falle stärkeren Malaria abgedämpft wurde.

Nach allem ist zu zweifeln, ob die theoretische Erkenntnis der Paralyse-Infektionstherapie durch die Anschauungen von der Depressionsimmunität eine weitgehende Förderung zu erhoffen hat.

Es lag nahe, die Ergebnisse des Tierexperimentes zur Klärung der Probleme heranzuziehen, die in der Wirkungsweise der Impfbehandlung gegeben sind. Betrachtet man zusammenfassend, was an positiven Resultaten von dieser Seite vorliegt, so findet man zunächst nur spärliche Einzelnachrichten, die nicht zu befriedigen vermögen. Zunächst sei auf ältere Versuche hingewiesen, die akute Streptokokkeninfektionen der Maus durch Nachimpfungen mit Mäuseseptikämie beeinflussten. In diesen Fällen liess sich eine deutliche lebensverlängernde Wirkung der Nachimpfung feststellen. Besondere Beachtung verdienen die Experimente von Uhlenhuth, Trautmann und Daels, welche akute Trypanosomeninfektionen der Maus durch Nachimpfungen mit Rekurrens in günstigem Sinne beeinflussten. B. Kihn, dem diese Versuche vor einigen Jahren noch unbekannt waren, bediente sich einer ähnlichen Versuchsanordnung. Es wurden weisse Mäuse mit Nagana oder Dourine subkutan infiziert. Der Krankheitsverlauf dieser Infektion ist bei der Maus dabei derart, dass schon am Tage nach der Impfung die ersten Trypanosomen im Blute erscheinen, worauf eine Vermehrung der Erreger in arythmetischer Reihe erfolgt, ohne dass ein Rückgang feststellbar wäre. Haben die Trypanosomen eine bestimmte Höchstmenge im peripheren Blute erreicht, dann verendet das Tier an der Infektion, etwa gegen den 5. Tag nach der Impfung. Werden nun trypanosomenkranke Mäuse in dem Stadium ihrer Erkrankung, in der gerade die ersten Erreger im peripheren Blute kreisen, mit hohen Dosen von Spirochaete Duttoni nachgeimpft, dann findet man schon am folgenden Tage beide Erreger, Trypanosomen und Rekurrens, nebeneinander im Blute. Die Vermehrung nimmt rasch und in der gewohnten Weise zu und es können sich zuletzt soviele Parasiten beider Art im peripheren Blute finden, dass man sich wundert, dass das Tier noch lebt. Mit dem 4. bis 5. Krankheitstage, von der Erstinfektion ab gerechnet, ändert sich das Bild. Während die nicht nachinfizierten Kontrollen tot im Käfig liegen, sind die superinfizierten Mäuse am Leben geblieben. Die Blutuntersuchung ergibt, dass Trypanosomen wie Spirochäten ziemlich plötzlich aus dem Blute verschwunden sind. Allerdings nicht ganz. Denn Verimpfungen des Blutes auf gesunde Tiere ergeben, dass beide Erreger noch in ganz spärlicher Zahl im Blute und in den inneren Organen nachzuweisen sind. Dieser Zustand der relativen „Sanierung" des Blutes hält einige Zeit an, 5—8—10, höchstens 14 Tage, dann folgt ein ziemlich akuter Rückfall, es kommt zu einer schnell um sich greifenden Aussaat beider Erreger ins Blut und an diesem Rezidiv pflegen die Tiere regelmäßig zugrunde zu gehen. Von Interesse sind noch gewisse Einzelheiten all dieser Vorgänge. Trifft man den Augenblick, in welchem sich nach der ersten Blutaussaat die Reinigung des Blutes von Parasiten vollzieht, so lässt sich sehr schön verfolgen, dass in der Tat eine beträchtliche Anzahl von Trypanosomen und Spirillen akut zugrunde gehen. Man kann allenthalben bei sorgfältiger Beobachtung Zerfallsformen finden und es ist nicht etwa so, dass eine Parasitenart sich auf Kosten der anderen vermehren könnte. Es werden beide geschädigt, wie es scheint, gleichstark. Es ergibt sich übrigens auch bei Umkehrung des Versuches eine lebensverlängernde Wirkung der Superinfektion. Impft man zuerst mit Rekurrens und dann mit Nagana oder Dourine, dann bleiben die Versuchstiere gleichfalls in einem bestimmten Prozentsatze länger am Leben als die nur mit Trypanosomen Geimpften. Zum Verständnis der Versuche ist noch von Wichtigkeit, dass zu ihrem Gelingen die beiden Infektionen in bestimmten zeitlichen Abständen zueinander liegen müssen und dass offenbar auch ein bestimmtes Mengenverhältnis der beiden Parasitenarten zueinander erforderlich ist. Man könnte versucht sein, aus dem Ergebnis der vorliegenden Tierversuche gewisse Rückschlüsse auf die Verhältnisse bei den Paralytikerimpfungen zu ziehen, etwa zu sagen, auch bei der Infektionstherapie würden zunächst die Parasiten verringert, dann komme es eines Tages aus noch nicht näher bekannten Ursachen zu Rückfällen. Aber gerade der vorliegende Fall veranschaulicht sehr schön, wie vorsichtig man mit allen Verallgemeinerungen sein muss und wie zweifelhaft in ihrem Werte Analogieschlüsse vom Tiere auf den Menschen werden können. Während nämlich bei der Trypanosomeninfektion der Maus eine deutliche Remissionswirkung der Rekurrensnachimpfung festzustellen ist, kann bei anderer Versuchsanordnung hiervon nicht die Rede sein. Dies zeigen beispielsweise die schönen Versuche von Schlossberger und Prigge (Med. Klinik 1926, Nr. 32). Diese Autoren verimpften auf Kaninchen mit vollentwickelten Syphilis- und Frambösieschankern afrikanische Rekurrens in der Weise, dass

den Tieren das stark spirillenhaltige Blut zweier Rekurrensmäuse intravenös
einverleibt wurde. Es zeigte sich dabei, dass die Rekurrensnachimpfung nicht
nur keinen heilenden Einfluss auf die vorhandenen Primäraffekte hatte, sondern
dass diese bis zu ihrer Überhäutung wesentlich längere Zeit benötigten, als dies
bei der spontanen Heilung der Geschwüre zu sein pflegt. Weiterhin wurde
festgestellt, dass Frambösie- und Rekurrensspirochäten lange Zeit nebeneinander in den Schankern nachweisbar bleiben. Die Rekurrens hatte dabei,
wie Kihn durch Verimpfung auf Paralytiker zeigte, nichts von ihrer Menschenpathogenität eingebüsst. Schlossberger und Prigge kommen zu dem
Ergebnis, dass von einer antagonistischen Wirkung der beiden Erreger nicht
gesprochen werden könne, worin wir ihnen durchaus beipflichten müssen.

Es sind noch eine Reihe weiterer Hypothesen über das Zustandekommen
der Remissionen nach Malaria und Rekurrens ausgesprochen worden, doch haben
sie solch problematischen Charakter, dass wir sie übergehen müssen. Zusammenfassend sind jedenfalls die theoretischen Aufgaben in der Infektionstherapie
ihrer Lösung ferner denn je gerückt und es muss bezweifelt werden, ob die
nähere Zukunft in diesem Punkte so rasch Wandel schaffen wird. Wäre es
wirklich der Fall, dann wäre damit auch vielleicht die Therapie der Metalues
praktisch um ein erhebliches Stück gefördert, da begreiflicherweise gerade
theoretische Erkenntnisse solcher Art ihre praktischen Rückwirkungen haben
müssten. Wenn nicht alles trügt, liegt der Kernpunkt der Fragen, um die es
sich handelt, nicht in geistreichen Erörterungen, sondern in reichlichen experimentellen Erfahrungen. In erster Linie dürfte doch eine vorsichtige Aus-
wertung der Ergebnisse des Tierversuchs weiterführen, aber es ist bei der Menge
des zu bewältigenden experimentellen Stoffes fraglich, ob man innerhalb der
Psychiatrie diese Aufgabe wird auf sich nehmen wollen, so interessant und
vielversprechend sie wäre. Sie erfordert nicht nur reichliche experimentell-
therapeutische, sondern auch ebensoviele bakteriologische und biologische
Erfahrung, ganz zu schweigen von der grossen pekuniären und zeitlichen Ausdehnung, welche die Lösung dieses Problemes heraufführte.

X. Schlussbetrachtungen.

Wenn wir am Abschluss unserer Erörterungen eine Würdigung der Infektionsbehandlung nach ihrem klinischen Werte versuchen, so möchten wir
an die Worte E. Kraepelins in dem letzterschienenen Bande seines Lehr-
buches erinnern. Er sagt: „Mit der Entdeckung der Spirochaete pallida waren
auch Anhaltspunkte für ihre Bekämpfung gegeben. Sie führten zur Herstellung
des arsenhaltigen Heilmittels Salvarsan durch Ehrlich. So wirksam sich
diese Waffe in der Bekämpfung der syphilitischen Krankheitserscheinungen
erwiesen hat, so wenig scheint sie sich doch im Kampfe gegen die Tabes und,
vor allem gegen die Paralyse zu bewähren. Hier haben ganz anders gerichtete
Bestrebungen eingesetzt, die auf v. Wagner zurückgehen. Seinen Bemühungen
die Paralyse mit Bakteriengiften, dann mit Tuberkulin zu behandeln, sind
die Impfungen mit Malaria gefolgt. Ist auch diesen Bestrebungen, ähnlich

denjenigen, dem Leiden durch Einspritzung von nukleinsaurem Natron oder Rekurrensspirosomen Einhalt zu gebieten, ein voller Erfolg noch versagt, so gewinnt es doch den Anschein, als ob wir mehr und mehr die Möglichkeit gewännen, wirksam in den sonst so unerbittlichen Gang des Leidens einzugreifen. Eine wirklich befriedigende Lösung dieser Aufgabe dürfen wir wohl erst erhoffen, wenn uns durch weitere Forschung von den verschiedensten Seiten her gelingt, endgültig das Dunkel lichten, das noch immer über den Zusammenhängen der Paralyse und Tabes mit der Syphilis ruht." Ich glaube, man wird diesen Bemerkungen Wort für Wort beipflichten können.

Es besteht kein Anlass, die Infektionstherapie der Paralyse als Zauberformel zu kennzeichnen, die den Bann ärztlicher Gleichgültigkeit brach und eine dogmatische Hierarchie beseitigte. Man denke an die Behandlung bösartiger Geschwülste. Wir sehen, dass sie zur Zeit neueren Methoden trotzen und dass unsere Bemühungen, sie wirksam zu bessern, noch unerfüllt geblieben sind. Aber sind wir, so wird man fragen müssen, deshalb dogmatisch, dass wir den Zwang der gegenwärtigen Tatsachen anerkennen? Wir anerkennen ihn und hoffen doch anders. Und in diesem letzteren Punkte sehen wir den allgemein-ärztlichen Wert der Infektionstherapie. Man vergisst so leicht darauf, dass zu ärztlichem Handeln auch die Kraft der Überzeugung gehört, wenn man will, eines Glaubens, nicht an etwas Absolutes und Feststehendes, sondern an einen Weg, der weiter führt. Aber selbst wenn spätere Jahre einst an die Stelle der Infektionsbehandlung bessere, einfachere und sicherere Methoden gesetzt haben und die Schar der ewigen Zweifler vor den Tatsachen verstummen muss, auch dann wird man über Malaria und Rekurrens nicht anders urteilen können, als dass ihre Anwendung so wertvolle und bedeutsame Abschnitte in der Geschichte ärztlichen Denkens und Handelns gewesen sind, dass sich mit ihnen unter den psychiatrischen Heilbestrebungen der letzten Jahrzehnte nicht allzu vieles vergleichen lässt.

Zusätze und Ergänzungen.

Während der Drucklegung dieser Arbeit sind eine Reihe von Veröffentlichungen erschienen, die einer Berücksichtigung an dieser Stelle bedürfen.

Wagner-Jauregg (Ztschr. f. Augenheilkunde 1927, 61, 3) hat sich neuerdings zur Frage der Behandlung der tabischen Optikusatrophie geäussert. Er glaubt, dass von der spezifischen Therapie in diesem Punkte nicht viel zu erwarten sei, nicht selten lasse sich ein Fortschreiten des Prozesses während der Behandlung nachweisen. Ebenso unbefriedigend seien die Behandlungsergebnisse mit der unspezifischen Therapie zu nennen. Dagegen könne man die Behandlungsresultate mit der Impfmalaria im allgemeinen nicht als schlechte bezeichnen. Vorbedingung ist für einen Erfolg möglichst frühzeitige Anwendung der Infektionstherapie. In Anbetracht der ungünstigen Prognose der unbehandelten Optikusatrophie müsse in diesem oder jenem Falle eine Verschlechterung des Zustandes durch die Behandlung mit in Kauf genommen werden. Wagner-

Jauregg tritt bei der tabischen Optikusatrophie für die Anwendung einer abgeschwächten Malariakur ein, etwa durch die Methode der kleinen Chiningaben.

Über das Saprovitan sind in der Zwischenzeit mehrere neuere Arbeiten erschienen. **Werther** (Verh. mitteld. Psychiat. 38. Vers. 11, 26) beobachtete bei 3 Paralysen nach der Saprovitanbehandlung eine gewisse Besserung des Zustandes, doch scheint es sich nicht um sehr weitgehende Beeinflussungen gehandelt zu haben. Seine Behandlungserfolge bei der Tabes mit dem Saprovitan sind derartige, dass sie sich jedenfalls objektiv nicht von den Heilerfolgen mit anderen Heterovakzinearten unterscheiden. **Fabinyi** (Psych. neurol. Wochenschrift 1927, 29, 2) äussert sich über das Saprovitan sehr optimistisch. Er behandelte 21 Paralysen mit dem Mittel. Von seinen Kranken waren 5 schon vorher vergeblich mit Malaria geimpft worden. Die Beobachtungsdauer war 7—10 Monate nach der Kur. 6 Kranke erlangten ihre Arbeitsfähigkeit, weitere 5 besserten sich, ebensoviele verschlechterten sich oder blieben unverändert. In einem Falle trat ein septischer Todesfall ein, der unmittelbar auf die Impfung zu beziehen ist. **Fabinyi** kommt zu dem Ergebnis, dass das Saprovitan der Malaria mindestens gleichwertig sei, eine, wie der Verfasser meinen möchte, doch reichlich unbewiesene Behauptung. Im Gegenteil scheint es dringend am Platze, auf Grund der üblen Zwischenfälle vor einer weiteren Anwendung des Saprovitans zu warnen. (Siehe hierüber: **B. Kihn**, Sitzber. ärztl. Bez. Ver. Erlangen, Juli 1927, Ref. M. m. W. 1927.)

Claude, **Targowla** und **Lignières** berichteten über impftherapeutische Versuche mit Spirochaeta recurrentis venezuelense bei 20 Kranken und zwar handelte es sich um die verschiedensten organischen Erkrankungen des Nervensystems: 5 Paralysen, 1 Lues cerebri, 1 Polysklerose, 8 amyostatische Folgezustände nach Hirngrippe, 4 Schizophrene und einen Fall von manisch-depressivem Irresein (! Verf.). Die Erfolge waren nicht besser wie mit der Impfmalaria, in 2 Fällen wurde ein tödlicher Ausgang beobachtet. Bei nicht-syphilitischer Ätiologie wurde eine günstige Wirkung der Impfung nicht gesehen.

Zur Frage der zahlenmäßigen Häufigkeit von Spontanremissionen und impftherapeutischen Remissionen hat **Wiesel** aus der psychiatrischen Klinik Lund und Upsala mitgeteilt, dass sich die Prozentzahlen der Malariaremissionen zu den Spontanremissionen verhalten wie 56:17,5. Berufsfähig wurden 50% gegenüber 6% vor der Infektionsbehandlung. Die Remissionen seien nach der Malaria auch viel länger und tiefergehend gewesen. **Driver**, **Gammel** und **Karnosh** (Journ. amer. med. Ass. 1926, 87, 22) impften 79 eigene Fälle mit Tertiana. Als Gegenindikationen werden Aortitis, Diabetes, Nephritis und Tuberkulose angegeben. Wenn man dann noch die älteren Paralysen und vorgeschrittene Fälle ausscheide, ergebe sich eine Höchststerblichkeit von 2% infolge der Behandlung. Bei Auftreten einer Leukozytose im Blute solle man sich immer veranlasst sehen, nach irgend welchen Komplikationen von seiten der inneren Organe zu suchen. In der Regel bestehe bei der Impfmalaria eine Leukopenie. Der Blutdruck sei in den fieberfreien Intervallen etwas herabgesetzt. Gastrische Krisen und lanzinierende Schmerzen erfahren während der Kur zumeist eine Steigerung. Ebenso kann es bei Kranken mit Blasen-

und Mastdarmstörungen zu vorübergehender Verschlechterung des Zustandes kommen. In jenen Fällen, bei denen eine Vermehrung des Blutharnstoffes über 70 mg in 100 ccm Harn beobachtet wird, desgleichen bei profusen Durchfällen und bei spontaner Entfieberung solle unter allen Umständen die Behandlung abgebrochen werden. Ähnliches gilt nach den genannten Autoren für ein rasches Absinken des interparoxysmellen systolischen Blutdruckes unter 90 mm Hg, für Fälle von Ikterus mit einem Index über 50, für ein rasches Absinken der Erythrozytenwerte unter 2 Millionen und für rasche Vermehrung der Plasmodien im strömenden Blute. Die von den genannten Autoren behandelten Fälle waren meistens erfolglos einer spezifischen Kur unterzogen worden. Von den behandelten 79 Fällen schieden die Autoren 6 Kranke aus, bei denen die Impfung nicht anging. Die übrig bleibenden 65 Fälle verteilten sich nach ihrer klinischen Zusammensetzung folgendermaßen: 31 Paralysen, 2 juvenile Paralysen, 13 Taboparalysen, 12 Tabiker und 7 Fälle von Lues cerebri. Remissionszahlen: 26% Vollremissionen bei den Paralysen, 8 wesentlich, 4 mäßig gebessert, 7 unbeeinflusst, 4 verstorben. Es bestand hinsichtlich der therapeutischen Beeinflussbarkeit kein Unterschied zwischen Taboparalysen und anderen klinischen Formen. Bei den Tabikern wurde in 3 Fällen ein Aufhören der gastrischen Krisen und der lanzinierenden Schmerzen beobachtet, bei weiteren 6 Fällen besserten sich einzelne subjektive Beschwerden wesentlich, die objektiven Erscheinungen blieben unverändert. 5 Fälle von Lues cerebri wurden serologisch etwas gebessert, doch blieb die WaR. im Blute und im Liquor ganz unverändert. Claude, Targowla und Cènac berichteten vor kurzem über 143 Malariaimpfungen. Davon scheiden für die Statistik 22 Fälle wegen zu kurzer Beobachtungsdauer aus oder wegen mangelhafter Katamnesenerhebung. Im ganzen 15 Todesfälle: 7 an paralytischem Marasmus, 1 an Sepsis, 1 an Erysipel und Ikterus, 1 an Delirium tremens, 3 an Lungentuberkulose (N. B! Verf.), 2 an Bronchopneumonie. In 30 Fällen blieb die Behandlung wirkungslos, in 18 schien der Prozess etwas durch die Impfung aufgehalten worden zu sein, in 58 Fällen wurden weitgehende Remissionen gesehen, so dass 41 ihren früheren Beruf wieder aufnehmen konnten (= 28,7% aller Fälle, 33,8% der katamnestisch genügend verfolgten). In 2 Fällen traten paranoid-halluzinatorische Zustände ein. Die Pupillenstörungen erwiesen sich meist nicht beeinflussbar, auch der Reflexbefund hielt sich ziemlich unverändert. Dagegen ist Sprache und Schrift meist leicht zu beeinflussen. Unter den serologischen Symptomen steht nach der Besserungsfähigkeit an erster Stelle Zellzahl und Eiweisswerte, ihnen folgen später Globulin- und Kolloidreaktionen. Das Verhalten der WaR., besonders des Serums, ist ganz inkonstant. Meist tritt die klinische Besserung lange vor der serologischen ein.

Askgaard hat eine Zusammenstellung über die Lebensdauer der Paralysen vor und nach der Behandlung mitgeteilt. Danach starben vor der Malariatherapie: im ersten Jahre 40%—60%, im zweiten Jahre 62%—75%, im dritten Jahre 72%—85%. Nach der Malariabehandlung verstarben: im ersten Jahre 6%, im zweiten Jahre 15%, im dritten Jahre 33%.

De Paoli (Riv. speriment. di freniatr. Bd. 50, H. 3/4, 1927) berichtet neuerlich über 35 behandelte Fälle. Es handelt sich zumeist um Paralysen, die einer Malariakur unterworfen waren. Die Beobachtungszeit war bei seinen Kranken nicht sonderlich lang. Das Ergebnis war: 12mal Wiederkehr der Arbeitsfähigkeit, 10 Besserungen, 6 stationäre Fälle, 7 verstorbene. Verfasser konnte beobachten, dass die Remissionen, die mit einem der beiden verwendeten Plasmodienstämme erzielt worden waren, trotz gleichen parasitologischen Verhaltens des Virus doch ausserordentlich gegen die mit dem anderen Stamm beobachteten differierten. Malariarezidive kamen nicht zur Beobachtung. Dagegen konnte bei 6 mit Tertiana geimpften Amyostatikern ein auffallend langes Persistieren der Plasmodien beobachtet werden. Bei 3 Kranken kam es zu Rückfällen. Ferraro und Fong (Med. journ. 1926, 124, 9—11) beschäftigten sich des Näheren mit den serologischen Befunden nach Malariatherapie und kamen im wesentlichen zu den gleichen Ergebnissen, wie die deutschen Autoren. Sie stellen in Sonderheit fest, dass eine gewisse Parallelität zwischen serologischer und klinischer Besserung erst nach längerer Zeit, viele Monate nach Abschluss der Behandlung, auftrete und dann nicht in allen Fällen.

Plehn (D. m. W. 53, 1, 1927) lehnt in einer neuerlichen Veröffentlichung die Prognosenstellung nach klinischen Erscheinungsformen der Paralyse ab. Die frühzeitige Behandlung der Paralyse sei in dieser Hinsicht wesentlich wichtiger. Irgendwelche Virulenzschwankungen der Tertianastämme hat er nicht beobachtet, dagegen konnte bei einer Seitenpassage seines Tertianastammes, der in Dalldorf gebraucht wurde, 2 Jahre nach dauernder ungeschlechtlicher Übertragung wieder das Auftreten von Gameten beobachtet werden. Plehn meint sogar, dass besonders virulente Stämme immer in der Lage wären, Gameten zu bilden. Ich darf in diesem Zusammenhange darauf hinweisen, dass diese Mitteilungen Plehns höchste Beachtung verdienen und sich mit meinen Erfahrungen durchaus decken. Es sei nochmals betont, dass es durchaus nicht angängig ist, von gametenfreien Tertianastämmen zu sprechen. Wenn sich Tertiana als unwirksam erwies, verwendete Plehn einen Tropikastamm, wozu Verf. sich nicht entschliessen könnte. Eine Nachbehandlung der Paralyse nach der Malariakur sei überflüssig. Eine Wirksamkeit der Malaria bei Tabesfällen wird neuerdings zugegeben, doch sei die Indikationsstellung hier ausserordentlich schwierig. Die Behandlung der sogenannten Liquorlues, noch mehr die der Frühsyphilis wird abgelehnt.

Marienfeld-Hugues (Psych. neurol. Wochenschr. 28, 39, 1927) hat neuerdings über die Behandlungsergebnisse mit Malaria an der psychiatrischen Klinik Rostock berichtet. Die Behandlung wird seit dem Jahre 1922 ausgeführt und wurde bei 36 Paralysen eingeleitet. Weitere 52 Paralytiker, die in dieser Zeit zur Aufnahme kamen, wurden mit Rücksicht auf ihren Zustand nicht mehr geimpft. Im ganzen sind 10 Kranke verstorben, Vollremissionen in 5 Fällen, Besserungen in 2 Fällen. 52,7% blieben unbeeinflusst. Würz, an der psychiatrischen Klinik Basel, empfiehlt die Malaria dringend zur Anwendung. Unter 25 Impfungen wurden 2 Todesfälle beobachtet. Auffallend war, dass bei dem verwendeten Tertianastamme in 50% aller Impfungen zuletzt eine spontane Entfieberung erfolgte. Trotzdem konnten auch bei diesem Stamme Gameten nachgewiesen werden. Zweitimpfungen nach 4 und mehr Monaten sind meist nicht angegangen, eine Beobachtung, die bei gewissen Tertianastämmen in der Tat zutrifft und die bei ihnen sogar als Regel bezeichnet werden muss.

Eine sehr interessante Zusammenstellung haben Somogyi, Büchler, Lehoczky gegeben. Sie behandelten 100 Fälle von Neurolues einschliesslich Paralyse mit Malaria, weitere 100 Fälle fortlaufend mit Milchinjektionen, ein drittes Hundert mit Bi-Salvarsan, Hg-Salvarsan und Neosilbersalvarsan. Zum Vergleiche wurden 100 unbehandelte Fälle herangezogen. Das Ergebnis der therapeutischen Versuche war das folgende:

Behandlungsart	Zahl der Fälle	Vollremiss.	Teilremiss.	Unveränd.	Verschlecht.	Todesfälle
Tertiana	100	18	18	23	15	26
Milchinjekt. . . .	100	20	20	24	13	23
Spezifische Ther. .	100	7	10	20	35	28
Unbehandelt . . .	100	5	9	31	16	39

Weitere Mitteilungen muss ich hier mit Rücksicht auf den mir zur Verfügung stehenden Raum übergehen. Ich möchte aber von neueren lesenswerten Veröffentlichungen über die Malariatherapie noch anführen die Arbeiten aus der Lunder Klinik von Loberg und Mitarbeitern, die Arbeiten von Bondy, Salomonowicz, Steel und Nicole, Jacobowsky, Read, Nerancy und Tucker, Jakubowskaja, Francioni, Da-Rin, Hanschell u. a. Erwähnen möchte ich noch, dass sich neuerdings Solomon, Berk, Theiler und Clay über die Infektionstherapie mit dem Sodoku geäussert haben. Ihre Erfahrungen decken sich im wesentlichen mit den meinen. Die Inkubationszeit betrug bei ihren Impfungen zwischen 5 und 10 Tagen. Es kam zu regionärer Drüsenschwellung und einige Tage später zu einem fleckigen Exanthem. Das Fieber hatte intermittierenden Typus, eine Beeinflussbarkeit durch Salvarsan gelang prompt. Es wird die intravenöse Übertragung mit Rücksicht auf die bestehenden Primäraffekte angeraten, doch sei darauf zu achten, dass nichts von dem Sodokublut an der Nadelöffnung hängen bleibe. Hinsichtlich des Heilerfolges äussern sich die Autoren noch zurückhaltend, doch wiesen einige von den behandelten 11 Fällen bereits serologische und klinische Besserungen auf. Die leichte Beeinflussbarkeit durch Salvarsan lasse dem Sodoku jedenfalls gewisse Vorteile vor anderen Methoden der Infektionstherapie zufallen.

(Abgeschlossen im April 1927.)

Literaturverzeichnis.

Adelheim, R., W. kl. W. 1926, S. 412. — *Aguglia, E.* und *D'Abundo, Em.*, Zbl. f. d. ges. N. u. P. Bd. 36. — *Akiyoshi*, Japan. journ. of dermat. 24, 1924, S. 63. — *Allen, R. W.*, Vaccinetherapy; its theory and practice Philadelphia 1913. — *Alt*, M. m. W. 1909; M. m. W. 1910. — *Alzheimer, A.*, Histol. u. histopath. Arb. üb. d. Grosshirnrinde herausgeg. v. Nissl u. Alzheimer, 1. Bd., 1904; Zschr. f. d. ges. N. u. P. Ref. Bd. 5, H. 8, 1912. — *Amelung, F..* Allg. Zschr. f. P. Bd. 6; Schmidts Jahrb. 1837, Bd. 16, S. 219. — *Anderson*, Brit. med. Journ. 1888, Zit. n. Ziehen in: Penzoldt-Stintzing 1910. — *Antic, D.*, Serb. Arch. f. d. ges. Med. 1923, 25, S. 260. — *Anton*, D. m. W. 1910. — *Antonelli, G.*, Bull. e atti d. real. accad. med. Rom 1926, 52, S. 145. — *v. Aaron, B.*, Zschr. f. physiol. Chemie 1916, Bd. 98, S. 49. — *Arning*, Diskussion zu Nonne-Kyrle-Weygandt. — *Artwinski, E.*, Polska gazeta lekarska 1923, Jg. 2, Nr. 15/16. Ref. Zbl. f. d. ges. N. u. P. Bd. 33, 1923, S. 228. — *Artwinski* u. *Ostrowski, M.*, Polska gazeta lekarska 1925, 4, S. 1007. — *Aschaffenburg*, M. Kl. 1910, Nr. 6. — *Ascoli*, Malaria chronica, Ber. üb. d. Karlsbader intern. ärztl. Fortbildungskursus, 1924, Jena, 1925. — *Askgaard, V.*, Ugeskrift f. laeger, Jg. 86, Nr. 15, 1924, S. 307.

Bach, zit. n. Nasse, Allgem. Zschr. f. P. Bd. 27. — *Bachmann, F.*, M. m. W. 1926, Nr. 13. — *Balaban, NP.*, Sovremennaja psichonevrologija. 1926, 2, S. 190. — *Balint, A.*, Casopis lékaru ceskych. 1925, 64, S. 1869. — *Balogh, G.*, Gyogyaszat. 1925, 65, S. 33. — *Baender, E.*, Zschr. f. Neurol. 1926, 100, S. 375. — *Banse* und *Roderburg*, Zschr. f. d. ges. N. u. P., Origin. 1914, Bd. 25. — *Barnhoorn, J. A. J.*, Neederl. tijdschr. v. geneesk. 1926, 70, S. 1615. — *Barzilai-Vivaldi, G.* und *Kauders, O.*, W. kl. W. 1924, Nr. 41, S. 1055; Zschr. f. Hyg. 1924, 103, S. 744. — *Bayle,* Recherches sur l'arachnite chronique Paris 1822. — *Battistessa,* Riv. ital. di neuropathol. psichiatr. ed elletroterap. 1912. — *Baur*, Kl. Wschr. 1926, 5. Jg., Nr. 35, S. 1637. — *Baumann*, Kl. Wschr. 4. Jg., Nr. 28, 1925, S. 1381. — *Benedek, L.*, Psych. neurol. Wschr. 1925, S. 401, 402; M. m. W. 1922, Nr. 2, S. 44. — *Benedek* und *Kiss*, Psych. neurol. Wschr. 1927, 29. Jg., Nr. 2, S. 23. — *Bercowitz*, Journ. of amer. med. assoc. Mai 24, Bd. 82, S. 1713. — *Berde, C. v.*, Derm. Wschr. 1926, 83, Nr. 39. — *Bass* und *Johns*, Journ. of exper. médic. 1912, Bd. 16. — *Behr*, Allg. Zschr. f. Psych. u. psych. ger. Medizin 1900, Bd. 57, S. 719. — *Behringwerke*, Mitteilungen hsgegb. v. E. v. Behring, H. 3, 1924. — *Bering, F.*, M. m. W. 1925, Nr. 35, S. 1455; Zbl. f. d. ges. N. u. P. 1925, Bd. 39, H. 9, 10; Kl. W. 1925, 4. Jg., Nr. 28, S. 1381; M. m. W. 1927, S. 719; D. m. W. 1926, S. 1611; M. m. W. 1926, S. 2016. — *Berkenau, P.*, Therap. Halbmonatsheft 1921, 35, S. 495. — *Berger,* Zschr. f. d. ges. N. u. P. Origin. 23, 344, 1914. — *Berger* und *Untersteiner*, Wien. Arch. f. klin. M. 1924. — *Berliner, M.* und *Citron, S.,* D. m. W. 1920, S. 997. — *Bersch, E.*, D. m. W. 1925, S. 1704. — *Bessau, G.*, M. m. W. 1915, S. 323. — *Beumer*, Disk.-Bem. zu E. Meyer. D. m. W. 1926, S. 386. — *Biach, M.*, W. kl. W. 1915, Nr. 49, S. 1345. — *Biberfeld*, Zschr. f. d. ges. N. u. P. 1923, Bd. 83, S. 366. — *Bieling* und *Weichbrodt,* A. f. P. u. N. 1922, Bd. 65, S. 552; *Bieling, Gottschalk, Jsaak*, Kl. W. 1922, S. 1560. — *Bier, A.,* M. m. W. 1921, S. 163; M. m. W. 1901, S. 15. — *Binswanger,* Die deutsche Klinik am Eingang des 20. Jahrhunderts, 1903, Bd. 6; A. f. P. 1924, Bd. 72, H. 3 u. 4, S. 341; Naturf.-Vers. Innsbruck 1925. — *Bleuler, E.*, Rechenschaftsbericht Heilanstalt Burghölzli 1925, S. 11. — de *Block*, Journ. de neurol. 1913, zit. nach Gerstmann. — *Blöte, H. W.*, Zschr. für Tuberkulose 1903/04, Bd. 5, S. 141. — *Blum, K.*, Zschr. f. Immunitätsforsch. u. exp. Therapie, Orig. 40, S. 491, 1924; Zschr. f. ges. N. u. P. 1924, Bd. 88, H. 4/5. — *Boeck*, Jahrb. f. Psych. 1896, Bd. 14. — *Böhmig, W.*, A. f. P. 1925, Bd. 72, H. 5, S. 805. — *Boening, H.*, Psychiatr. neurol. W. 1924, Bd. 26, S. 161. — *Bogaert, L., van*, J. de neur. et de psych. 1925, S. 161. — *Bondy, H.*, Casopis lékaru ceskych. 1924, S. 1671. — *Borchardt, L.*, M. m. W. 1919, S. 870; Therap. Halbmtsschr. 1920, Bd. 34, S. 97 u. 536. *Bosch* und *Móo*, Semana méd. 1926, 33; Rév. d. especialidades 1926, 1, S. 426. —

Bostroem, Kl. W. 1926; A. Zschr. f. Psych. 1926, Bd. 85, S. 75. — *Boumann, K. H.*, Psychiatr. en neurolog. bladen 1924, Nr. 5; Neederl. Tijdschr. v. geneesk. 1924, Nr. 13; Naturforsch.-Vers. Innsbruck 1925; Zschr. f. d. ges. N. u. P. 1926, Bd. 101, S. 68. — *Brach*, W. kl. W. 1915, S. 1345. — *Bratz*, Zschr. f. ärztl. Fortbild. 1923, Jg. 20, Nr. 6, S. 164. — *Bravetta, E.*, Note e revist. di psich. 1926, Bd. 14, S. 1; Boll. d. soc. med.-chir. d. Pavia 1926, 1, S. 1073. — *Breinl* u. *Klingshorn*, Observations on the animal reactions of the spiroch. of African. Tick fever Lancet 1906. — *Breschet*, Sitzber. d. Akad. d. Mediz. in Paris 15. Okt. 1833, Ref. Schmidts Jahrb. 1834, Bd. 1, S. 356; Bull. gén. de therap. T. VI, Livr. 9, 1834, Ref. Schmidts Jahrb. 1834, Bd. 4, S. 148. — *Bresler, J.*, Psych. neurol. W. 1927, 10, S. 125. — *Brinkmann*, A. Zschr. f. Psych. u. psy. ger. Med. 1924, Bd. 80, H. 1 u. 2. — *Browning* u. *Mc Kenzie*, Journ. of ment. Sc. 1909, Ref. Jahresber. f. d. ges. N. u. P. 1909. — *Bruck, C.*, Handb. d. patholog. Mikroorganismen 1913, 2. Aufl., Bd. 7. — *Brünn, W.*, Zentralbl. f. Bakt. V, 79, 2, 1917. — *Bruns*, Beitr. z. klin. Chirurg. 1888. — *Buchner*, B. kl. W. 1891; M. m. W. 1890, 1891, 1903. — *Büchler, P.*, Psychiatr. neurolog. W. 1925, S. 402; Psych. neurol. Wschr. 1927, S. 96. — *Bumke, O.*, Zschr. f. ärztl. Fortbild. 1923; M. m. W. 1924, S. 285; Arch. f. Psych. 1925, Bd. 74, H. 2 u. 4; Diskuss.-Bem. zu Kihn 1925. — *Bunker, H. A.* u. *Kirby, G. H.*, The journ. of amer. Med. Assoc. Febr. 25, Vol. 84, Nr. 8; Med. journ. and rec. 1925, 413; Kl. W. 1926, S. 1319; Journ. amer. med. assoc. 1926, 86, 1815; Arch. of Neurol. a. Psych. 1926, 16, S. 182. — *Bürger, Max*, Klin. W. 1925, 4. Jahrg., Nr. 26, S. 1241. — *Busch, W.*, B. kl. W. 1866, Nr. 23. — *Buschke* u. *Kroó*, Kl. W. 1922, Nr. 47, S. 2323; Kl. W. 1922, Nr. 47; Kl. W. 1922, Nr. 50; Kl. W. 1923, Nr. 21; Kl. W. 1923, Nr. 27. — *Busson, Br.*, Sero-, Vakzine- und Proteinkörpertherapie, Monographie, Abh. a. dem Gesamtgeb. d. Med., herausg. von Kyrle u. Hryntschak, Verlag Springer, Wien 1924.

Caboni, E., Wien. kl. W. 1926, Nr. 51. — *Calmeil*, De la paralysie chez les aliénés, Paris 1826. — *Campbell, H.*, The Lancet 1914, 186, 1529; Brit. med. journ. 1914, 27, 76: Ref. Zschr. f. d. ges. N. u. P. Ref. 9, 737, 1914. — *Charitonoff-Popoff, G.*, Ref. Zbl. f. d. ges. N. u. P. 1924, Bd. 34. — *Chotzen*, Disk.-Bem. zu Kasperek, D. m. W. 1926, S. 1578. — *Cisternas, R.*, Rev. di criminol, psiquiatr. 1925, 12, S. 678. — *Citron, J.*, Zschr. f. ärztl. Fortbild. 1921, S. 241. — *Claude, H.* u. *Targowla, R.*, Bull. et mém. de la soc. méd. d. hôp. de Paris 1925, 41, S. 795. — *Cortesi, T.*, Policlinico 1925, 32, 1708. — *Cotton, H. A.*, Journ. nerv. ment. dis. 1913, 41, 44, Ref. Zbl. f. d. ges. N. u. P. R. 9, 1914. — *Créteur, H. M.*, Arch. med. belge 1925, 78, S. 293. — *Cruichshank, R.*, M. m. W. 1913, S. 606. — *Curschmann, H.*, M. m. W. 1926, S. 1095; Allg. Zschr. f. Psych. 1926, 83, S. 527.

Daels, F., Arch. f. Hygiene 1910, Bd. 72, S. 237. — *Dante, F.*, Ann. di med. naval. e colonial 1926, 2, S. 149. — *Dattner, B.*, Kl. W. 1924, 3. Jahrg., Nr. 5, S. 177; Verein f. Psych. u. Neur. Wien am 10. 6. 24; Kl. W. 1925, 4. Jahrg., Nr. 37, S. 1771; *Dattner, B.* u. *Kauders*, Kurzer Leitfaden d. Malariatherapie, Wien, Deuticke 1926; Kl. u. exp. Studien z. therap. Impfmalaria, Leipzig u. Wien, Deuticke 1924. — *Davidson, T. W.*, Brit. med. 1925, S. 452. — *Decsi, K.*, Psych. neurol. W. 1925, S. 402. — *Dedichen, H. A. Th.*, Norsk Mag. f. Laegevidenskab 1925, 86, S. 1335. — *Delgado, H. F.*, Journ. of nerv. a. ment. diseaes 1922, 55, S. 376; Rivista de Criminologia y Medicine Legal 1922. — *Dercum*, Arch. f. N. u. P. 1920, S. 230; Arch. f. N. u. P. 1920, S. 230; The therapeutic gaz. Jan. 1922. — *Dobrschansky*, Jahrb. f. Psych. 1907, Bd. 28. — *Doflein*, Lehrb. d. Protozoenkunde, 2. Aufl. ,Jena, G. Fischer 1909. — *Dohi, Sh.*, Zschr. f. exp. Path. u. Ther. 1909, Bd. 6, S. 171. — *Dold, H.*, Zschr. f. Immunitätsforsch. u. exp. Therapie 1915/16, Bd. 24, S. 355. — *Döllken*, B. kl. W. 1913, Nr. 21; B. kl. W. 1914, S. 1807, 1841; M. m. W. 1919, S. 480; B. kl. W. 1920, S. 893, 926; — *Döllken* u. *Herzger*, M. m. W. 1922, Nr. 6. — *Donath, J.*, Zschr. f. Psych. 1903, Bd. 65; W. kl. W. 1909, Nr. 38; B. kl. W. 1910; W. kl. W. 1910; Therapie d. Gegenwart 13; Psych. neurol. Wschr. 1925, S. 41. — *Donath* u. *Heilig*, W. kl. W. 1926, Nr. 13. — *Dönitz*, Zschr. f. Hyg. 1902, Bd. 41 u. 1903, Bd. 43; Die wirtschaftl. wichtigen Zecken, Leipzig, J. A. Barth 1907. — *Donner, S.*, Finska läkares allskapets handlinger 1925, 67, S. 8. — *Dörr*, Zschr. f. Immun.Forsch. 1910; Ergebn. d. Imm.Forsch.

u. exp. Therapie 1922, Bd. 5. — *Dörr* u. *Kirschner*, Zschr. f. Hyg. 1921, Bd. 92, S. 279.—
Doutrebente, Annal. medico-psych. 1878. — *v. Draga, E.*, W. kl. W. 1917, S. 102. —
Dreyfus, G. L., M. m. W. 1919, Nr. 31, S. 864; M. m. W. 1920, Nr. 48, S. 1369; D. Zschr.
f. Nervhlk. 1924, Bd. 82; Ref.Kl.W. 1925, 4. Jahrg., Nr. 14, S. 674; M. Kl. 1925,
Nr. 2, S. 71; D. Zschr. f. Nervhlk., Bd. 84, 1925; M. m. W. 1926, Nr. 48, S. 2052;
D. m. W. 1926, S. 352; D. m. W. 1926, S. 1926; D. m. W. 1926, S. 2058. — *Dübel*,
Allg. Zschr. f. Psych. 1916, Bd. 72, H. 5, 6. — *v. Dungern*, Zschr. f. Hyg., Bd. 18. —
Dunne, J. of ment. sc. 1926, S. 343. — *Dutton* u. *Todd*, The nature of human Tick-
fever. Thompson Yates and Johnston. Labor. Repr. 1905.

Eckert, Objektive Studien über die Transfusion des Blutes, Wien 1876. —
Eckstein, Die Verbreitung von Anopheles in Bayern, Berlin 1922. — *v. Economo, C.*,
W. m. W. 1913, Nr. 34. — *Eggebrecht*, Febris recurrens in Nothnagels Handb. d. spez.
Path. u. Ther., Bd. 3. — *Ehrlich, P.*, Gesamm. Abhandl. z. Imm.Forschg. Berlin,
Hirschwald 1904; Zschr. f. ärztl. Fortbild. 1909, 6. Jahrg., H. 23, S. 721. — *Ehrlich-
Hata*, Exp. Chemother. der Spirill. Berlin, Springer. — *Elridge*, I. of the Am. med.
ass. 1925, 84, S. 1097. — *Embden*, M. m. W. 1925, S. 880; D. m. W. 1925, S. 1177;
D. m. W. 1926, S. 2014. — *Emmerich*, Vers. d. Naturforscher u. Ärzte 1886; Ref.
Zschr. f. Hyg., Nr. 6. — *Enge*, Therap. Monatsschr. 1913, Nr. 34; Fortschr. f. Medizin
1916/17; Zschr. f. d. ges. N. u. P., Ref. Bd. 5; — *v. Engel, R.*, Orvosi Hetilap 1925,
S. 665; D. m. W. 1925, S. 1738. — *Erlenmeyer*, D. m. Ztg. 1893. — *Eskuchen, K.*,
M. m. W. 1914, Nr. 14, S. 744. — *Esmarch* u. *Jensen*, Allg. Zschr. f. Psych. 1857,
Bd. 14. — *Esquirol*, Des maladies mentales, deutsch v. Dr. Bernhard 1838. — *Ewald*,
Aussprache, zu Kihn, 1924. Ders., Hdb. d. ges. Ther. hsgeg. v. Penzoldt u. Stintzing
1927. — *Eysell*, Die Stechmücken in Menses Handb. d. Tropenkrankheiten, Bd. 2.

Fabinyi, R., Psych. neurol. Wschr. 1925, S. 402. — *Fabry* in Handb. d. Sal-
varsanther. Herausgeg. von Kolle u. Zieler, Urban u. Schwarzenberg 1925. —
Fauser, Zschr. f. d. ges. N. u. P. 1910; D. m. W. 1911. — *Feldt, A.* u. *Schott, A.*, Zschr.
f. Hyg. 1925, 105, S. 1; Ref. M. m. W. 1925, Nr. 39, S. 1662. — *Fiedler*, D. m. W. 1880,
S. 98. — *Finger*, Arch. f. Derm. Bd. 113, S. 285; W. m. W. 1926, Nr. 1. — *Fischel*,
Prager Vierteljahrsschr. 1851. — *Fischer, A. W.*, D. m. W. 1920, S. 173. — *Fischer, O.*,
Prag. m. Wschr. 1907; Prag. m.Wschr. 1909; Prag. m.Wschr. 1913; M. Kl. 1921, S. 1509;
M. K. 1921, S. 1513; M. Kl. 1922, Nr. 19; M. Kl. 1923, Nr. 45, S. 1485; D. m.W. 1921,
S. 1087; D. m. W. 1927, S. 132; Zschr. f. d. ges. N. u. P. 1911, Bd. 4; Allg. Zschr. f.
Psych. 1926, 83, S. 529. — *Fischer, O. G.* u. *Ascher, M.*, Kl. Mbl. f. Aughlk. Bd. 76,
S. 102. — *Fischer, O. G., Hermann, Fr. Th., Münzer* u. *Pötzl, O.*, M. Kl. 1923, Jahrg. 19,
Nr. 47. — *Flamberti, Marco*, Ref. Zbl. f. d. ges. N. u. P. 1925, Bd. 43, H 3, 4. —
Flatau, G., Fortschr. d. Ther. 1925, S. 642. — *Fleck, U.*, Zschr. f. Neurol. 1925, 96,
S. 312; Arch. f. Psych. 1925, 75, S. 562. — *Flemming*, Allg. Zschr. f. Psych. Bd. 9. —
Foerster, O., Ref. Arch. f. Psych. 1919, 60, S. 288; zit. n. Meggendorfer i. d. Allg. Zschr.
f. Psych. 1926, Festschrift für Kraepelin. — *De Forest*, zit. n. Penzoldt-Stintzing
Handb. d. ges. Ther. 1910, Bd. 4, S. 184. — *Forster*, Aussprache zu Weygandt u.
Kirschbaum 1921; M. m. W. 1925, Nr. 51. — *Franquié*, Psych. Korr.Bl. 1859. —
Frets, G. P., Nederl. tijdschr. v. Geneesk. 1926, 70, S. 1988. — *Freund*, D. m. W. 1926,
S. 1578. — *Freund* u. *Grafe*, Arch. f. exp. Pathol. u. Pharm. 1922, 93, 285. — *Fried-
berger* u. *Ungermann*, Jahreskurse f. ärztl. Fortb. München, Lehmann 1912. — *Fried-
länder*, Festschrift f. Krafft-Ebing, Jb. d. Psych. 52, H. 3; Mschr. f. Psych. Bd. 13;
Arch. f. Psych. 1913, Bd. 52; Aussprache zu Scharnke. — *Fritsch, F.*, Jb. f. Psych.
Bd. 3; Kl. W. 1923, Nr. 30. — *Fürstner*, zit. n. Krafft-Ebing in Nothnagels spez.
Path. u. Therap. 1894. — *Furmann, I. J.*, Arch. of neurol. a. psych. 1924, Bd. 12,
Nr. 4, Ref. Zbl. f. d. ges. N. u. P. 1924, Bd. 38, S. 453.

Gabritschewsky, Ann. d l'Inst. Pasteur 1896, T. 10. — *Gakkebusch, W.*, Ref.
Zbl. f. d. ges. N. u. P. 1925, Bd. 41, H. 14, 15. — *Gans, A.*, Psychiatr. en neurol.
bladen 1923, Nr. 3, 4; Neurotherapie Jahrg. 1923, Nr. 3, 4; Nederl. tijdschr. v. geneesk,
1922, Nr. 17, S. 1693. — *Garkavi, Ch.*, Medizinskaja Myssl 1924, Nr. 8/10, S. 374,
Ref. Zbl. f. d. ges. N. u. P. 1925, Bd. 41, H. 10, 11, S. 589. — *Gärtner, Wolf*, Zschr.
f. Hyg. u. Infekt.Krkh. 1921, Bd. 92, H. 31. — *Gaupp*, N. Zbl. 1903, S. 469; Zbl. 1903,

S. 645; Ref. 28, Wandervers. d. südd. Nerven- u. Irrenärzte, Zbl. f. N. u. P. 1903, Bd. 26. — *Gaupp* und *Alzheimer*, Zbl. f. Nervenheilk., 1907, S. 696 u. 708. — *Gauster*, Jb. f. Psych. Wien 1879, 1. Jahrg., S. 13. — *Gaye*, Allg. Zschr. f. Psych. 1852, Bd. 2. — *Gennerich, W.*, M. m. W. 1914, Nr. 15; Die Behandlg. der Syphilis m. Salvarsanpräp. Erg. d. Inn. M. u. Kinderkrankh., Bd. 20; Die Syphilis d. Z. N. Systems, ihre Urs. u. Behandlg. 1923, 2. Aufl., Springer. — *Georgi*, Disk. d. Versammlg. der Naturf. u. Ärzte, Innsbruck 1924; Aussprache zu Nonne-Kyrle-Weygandt; D. m. W. 1926, S. 1578. — *Gerstmann, J.*, Zschr. f. d. ges. N. u. P. 1920, Bd. 60, S. 328; Zschr. f. d. ges. N. u. P. 1922, Bd. 74, H. 1—3; Zschr. f. d. ges. N. u. P. 1923, Bd. 81, S. 255; Zschr. f. d. ges. N. u. P. 1924, Bd. 93, H. 1 u. 2; Die Therapie der progr. Paralyse, Wien-Leipzig 1924, Verlag Moritz Perks; Seuchenbekämpfung 1924, Jahrg. 1, H. 1, 2; Die Therapie der Paralyse, W. m. W. 8, 12, 13; Die Malariabehandlung der Paralyse, Wien 1925; Aussprache zu Nonne-Kyrle-Weygandt; M. m. W. 1926, S. 436. — *Gilbert* und *Boinet*, Thérapeutique générale in Bouchard Pathologie général. — *Gläser*, Ther. Mh. Bd. 16, S. 609. — *Glatard, C.*, Bull. et mém. de la societé méd. des Hop. de Paris 1921, S. 998. — *Glouschkoff*, Ref. neurol. 1912, S. 389. — *Godding*, Ref. Jb. üb. Neurol. u. Psych. 1897, 1, S. 1306. — *Goebel*, Zschr. f. Chir. 1916; Aussprache am 9. 6. 23. — *Goodmann, H.*, Med. J. a. record 1925, S. 417. — *Goria, C.*, Minerva med. 1925; Quaderni di pschiatria 1926, 13, S. 64. — *Graf, Ilse*, Zschr. f. d. ges. N. u. P. 1924, Bd. 91. — *Grant, A. R.*, Brit. med. journ. 1923, S. 3277, 698/700; *Grant, A. R.* und *Silverston, J. D.*, The Lancet 1924, Nr. 5246, S. 540; Journ. of ment. sc. 1924, Bd. 70, Nr. 288, S. 81. — *Grant, J.* of ment. sc. 1926, 72, S. 192. — *Grassi*, Die Malaria. Studien eines Zool. Jena, Fischer 1901. — *Grimm*, Allg. Zschr. f. Psych. 1926, 83, S. 295. — *v. Gröer, F.*, M. m. W. 1915, S. 1312; Ther. Mh. 1921, S. 770. — *Gross*, Jb. f. Psych. u. N. 1924, Bd. 43. — *Grossmann, S.*, The Lancet 1925, 209, S. 16. — *Grünthal, Ernst*, Zschr. f. d. ges. N. u. P. 1924, Bd. 92, H. 3, 4. — *Guislain*, Neue Lehre von den Geistesstörungen. Nach d. Französ. bearb. v. Dr. Kanstadt 1838. — *Gurevic, M.*, Zschr. f. Neurol. 1926, S. 105.

Habetin, P., W. kl. W. 1919, S. 1091. — *Hackebusch, W.*, Sovremennaja psichonevrolog. 1925, S. 45. — *Hall, G. W.*, The journ. amer. med. assoc. 1915, 64, S. 692. — *Hallermann*, Inaug.-Diss. Rostock 1923. — *Handowski* und *Pick*, A. f. exp. Pathol. u. Pharm. 1912, Bd. 71, S. 862. — *Hasse*, Die Lammbluttransfusion bei Menschen. St. Petersburg u. Leipzig 1874. — *Hata*, M. m. W. 1912, Nr. 16, S. 854. — *Hauber*, Zschr. f. d. ges. N. u. P. 1914, Bd. 24. — *Hauptmann*, Zschr. f. d. ges. N. u. P. 1912, Bd. 8, S. 36; Zschr. f. d. ges. N. u. P. 1921, Bd. 70; D. Zschr. f. Nervenheilkunde 1921, Bd. 68, 69; Kl. W. 1922, Jahrg. 43, S. 139; Zschr. f. d. ges. N. u. P. Origin. Bd. 38, H. 5 u. 6, S. 300/303; Kl. W. 1925, 4. Jahrg., Nr. 27, S. 1297. — *Hecht*, Med. Kl. 1917, S. 706. — *Heidenreich*, Klin. u. mikroskop. Unters. über den Parasiten des Rekurrensfiebers. Berlin, Hirschwald 1877. — *Heim, H.*, Med. Kl. 1924, Jahrg. 20, Nr. 43, S. 1506. — *Heimann*, Allg. Zschr. f. Psych. 1900, Bd. 57, S. 529. — *Heinemann, H.*, A. f. Schiffs- u. Tropenkankheiten 1924, Bd. 28, 1. H., S. 26 u. 5. H. S. 187. — *Heinroth*, Anweisung für angehende Irrenärzte zur richtigen Behandlung ihrer Kranken 1825. — *Henneberg, R.*, Kl. W. 1925, Jahrg. 4, S. 1359. — *Henning*, A. f. Psych. 1922, Bd. 65, H. 1, 3. — *Herrmann*, Sitzung des Vereins deutscher Ärzte in Prag am 28. 5. 1924; Ärztl. Nachr. 1923, Nr. 8; Über die Malariabehandlung d. progr. juvenilen Paralyse. Med. Kl. 1924; Med. Kl. 1924, Nr. 14, S. 445. — *Herrmann, G.*, und *Münzer, Fr. Th.*, Med. Kl. 1923, Nr. 47, S. 1545. — *Herrnheiser* und *Herrmann*, Sitzung des Vereins deutscher Ärzte Prag, Nov. 1924. — *Herschmann*, Allg. Zschr. f. Psych. u. psych. ger. Med. Bd. 80. — *Herzig, W.* kl. W. 1924, Bd. 4, S. 88; Psych. neurol. Wschr. 1925, S. 95. — *Hesse*, Med. Kl. 1926, S. 920; M. m. W. 1926, S. 847. — *Heuck*, D. m. W. 1927, S. 89. — *Hines, L. E.*, Journ. of the Am. med. ass. 1924, 83, S. 1161. — *Hinsen, W.*, Psych. neurol. Wschr. Nr. 17, 18, S. 87, 1924/25. — *Hirschl, W.* kl. W. 1904, Nr. 52. — *Hirschl* und *Marburg*, Die Syphilis des N.-Systems in „Hdbch. d. Geschlechtskrankh.", herausgegeben von Finger, Wien 1914. — *Hoche*, Dem. paralytica. Aschaffenburgs Hdbch. d. Psych. 1912; Zschr. f. d. ges. N. u. P. 1918, Bd. 16; A. f. Psych. 1918, Bd. 60, H. 1, S. 316; D. Zschr. f. Nervhlk. 1921, Bd. 68/69, S. 99; Rev. medica de

Hamburgo 1925, S. 65; Schweizer med. Wschr. 1925, 55, S. 133. — *Hoff, H.*, Jahresbericht f. Psych. u. Neurol. 1923, Bd. 42, S. 201. — *Hoff, H.* und *Kauders*, Zschr. f. Neurol. 1926, 104, S. 306. — *Hoff, H.* und *Silberstein*, Kl. W. 1925, 4. Jahrg., Nr. 27, S. 1332. — *Hoff, H.* und *Pollak. E.*, Zschr. f. d. ges. N. u. P. 1925, Bd. 96, S. 51. — *Hoff, H.* und *Silberstein*, Zschr. f. d. ges. N. u. P. 1925, 48, S. 6. — *Hoff, H.* und *Horn*, M. m. W. 1926, Nr. 18, S. 731. — *Hoffmann*, M. m. W. 1926, S. 848. — *Hoffmann, J.*, D. m. W. 1926, S. 386. — *Hoffmann, E.*, Derm. Zschr. 1925, 43, S. 296. — *Hörlein*, M. m. W. 1926, S. 1821. — *v. Hösslin*, Aussprache zu Kihn 1924. — *Holm*, Kl. W. 1924, Jahrg. 3, Nr. 36. — *Holzinger, F.*, Kl. W. 1925, 4. Jahrg., Nr. 41, S. 1966. — *Horn, Ludwig*, Jb. f. Psych. u. Neurol. 1924, Bd. 43, S. 247; Jb. f. Psych. u. Neurol. 1924, Bd. 44, S. 83; M. m. W. 1926, S. 1975; Psych. neurol. Wschr. 1925, S. 228. — *Horn, Ludwig*, und *Kauders*, W. kl. W. 1924, Nr. 47. — *Horsley*, zit. n. Hirschl u. Marburg in „Hdbch. der Geschlechtskrankheiten" III 2, Wien 1916. — *Hudovernig*, Sitzungsbericht des ungar. Ärztevereins 1912, zit. n. Gerstmann; Neurol. Zbl. 32, 1913. — *Hübner*, D. m. W. 1925, S. 544. — *Hühn, K.*, Zschr. f. Aughlk. 1917, Bd. 36, S. 305. — *Husler*, M. m. W. 1927, S. 43. — *Hussels, H.*, A. f. Psych. 1911, 48, 1113.

Jagič, N. und *Spengler, G.*, W. kl. W. 1915, Nr. 31. — *Jahnel, Franz*, Neurol. Zbl. Nr. 10, 1917; Zschr. f. d. ges. N. u. P. 1918, Bd. 42, S. 21; Archiv f. Psych. Bd. 57, H. 3; Zschr. f. d. ges. N. u. P. 1920, Bd. 60, S. 360; Neurol. Zbl. 1920, Nr. 22, S. 746; Aussprache zu Scharnke; Zur Paralysefrage. Sitzung des Vereins deutscher Ärzte in Prag am 18. 1. 1924; Allg. Zschr. f. Psych. 1926, 85, S. 86; Zschr. f. Neurol. 1926, 101, S. 210; M. m. W. 1926, Nr. 48, S. 2014. — *Jahnel* und *Lange*, M. m. W. 1925, Nr. 35, S. 1452. — *Jahrreis*, Zschr. f. d. ges. N. u. P. 1924, Bd. 89. — *Jakob, A.*, Zschr. f. d. ges. N. u. P. 1919, Bd. 11, H. 1 u. 3; D. m. W. 1919, Nr. 43; Zschr. f. d. ges. N. u. P. 1920, Origin. Bd. 54; Zschr. f. d. ges. N. u. P. 1920, Bd. 54, S. 117; Allg. Zschr. f. Psych. Bd. 76, S. 658; Allg. Zschr. f. Psych. 1926, Bd. 83, S. 527. — *Jakob* und *Weygandt*, M. m. W. 1913, Bd. 37; D. Zschr. f. Nervenhlk. 1913, Bd. 50; Derm. Wschr. 1914, Bd. 58. — *Jakob, Ch.*, A. f. Psych. u. Nervenhlk. 1924, Bd. 71, H. 5, S. 754. — *Jakobi*, Allg. Zschr. f. Psych. 1854; Zschr. f. d. ges. N. u. P. 1921, Bd. 73, S. 575; Med. Ges. Jena am 3. 11. 20, Ref. M. m. W. 1921, 13, 406. — *James, S. P.*, D. m. W. 1927, S. 336. — *Janzen* und *Hutter, A.*, Neurotherap. 1924, Nr. 3 u. 4; Psychol. neurol. Wschr. 1925, S. 139. — *Jaschke*, Allg. Zschr. f. Psych. 1926, 85, S. 290. — *Illert, E.*, Zschr. f. Hyg. u. Jnfektionskrankht. 1923, Bd. 100, H. 3, 4. — *Joachim*, W. kl. W. 1914, Bd. 27, S. 149. — *Jolly*, B. kl. W. 1901. — *Jolovicz*, Neurol. Zbl. Bd. 22. — *Jongh, J. de*, Nederl. tijdschr. v. Geneesk. 1926, 70, S. 2083. — *Josephy*, Allg. Zschr. f. Psych. 1926, 83, S. 528. — *Jossmann, P.* und *Steenaerts, P.*, Mschr. f. Psych. u. Neur. 1924, Bd. 56, H. 4; Psych. neurol. Wschr. 1925, S. 37. — *Ironside, R. N.*, Brit. journ. of ven. dis. 1925, Bd. 1, Nr. 1, S. 58/67. — *Jukow, N. A.*, Ref. Zschr. f. Imm.Forschung. u. exp. Ther. 1913, S. 558. — *Junius* und *Arndt, A. f.* Psych. u. Nervenkrankht. 1908, Bd. 44, S. 249. — *Jurmann*, Zschr. f. d. ges. N. u. P. Ref. u. Ergebn. 1910, Bd. 1; Irrenärztekongress Moskau 1911, Ref. Neurol. Zbl. 1912.

Kaes, Allg. Zschr. f. Psych. u. psychiatr. ger. Med. Bd. 53. — *Kafka, V.*, Zschr. f. d. ges. N. u. P. 1920, Bd. 56, S. 260 (mit vielen Literaturangaben); Aussprache, Jahresversammlung des deutschen Vereins f. Psych. in Hamburg, Mai 20; Aussprache 8. 6. 23 s. Weygandt; Med. Kl. 1924, S. 456; Allg. Zschr. f. Psych. 1926, 83, S. 527. — *Kafka*, Casopis lékaru ceskych. 1926, 65, S. 89, Ref. Zbl. f. d. ges. N. u. P. Bd. 43, H. 9/10, 1926. — *Kalischer, S.*, Fortschritte d. Med. 1925, 43, S. 181. — *Kaltenbach, H.*, Verh. d. nordd. Psychiater u. Nervenärzte u. Ges. d. Neurol. u. Psych. Grosshamburgs, Sitzg. v. 9. 6. 23; Arch. f. Psych. u. Nervhlk. 1924, Bd. 71, H. 3, 4; Ärztl. Verein Hamburg, Sitzung vom 8. 7. 24, Ref. Zbl. f. d. ges. N. u. P. Bd. 34, S. 173, 1925. — *Kasperek*, Arch. f. Psych. 1926, 77, S. 664, Ausspr. dazu m. D. W. 1926, S. 1578. — *Kauders*, Zschr. f. d. ges. exp. Med. 1924, Bd. 44, H. 1, 2; Seuchenbekämpfung 1925, Bd. 3, S. 18, Psych. neurol. Wschr. 1926, S. 372; W. kl. W. 1927, Nr. 3. — *Kaufmann*, Inaug.-Diss. Kiel 1901; Kl. W. 1926, 5. Jahrg. Nr. 15, S. 630. — *Kaznelson*, Zschr. f. klin. M. 1916, 83, S. 275; B. kl. W. 1917, S. 406; Erg. d. Hyg. u. Bakt. Imm.Forsch. u. exp. Therapie 1920, 4, 249. — *Kaznelson u. St.*

Savant, J., M. m. W. 1921, S. 132. — *Kelp*, Pschych. Korr. Bl. 1864. — *Kerim, F.*, W. kl. W. 1926, S. 915. — *Kihn, B.*, Über einige Erfahrungen mit der progr. Paralyse, Arch. f. P. u. N. Bd. 72, H. 2, S. 287, 1924; Die Infektionsbehandlung der Paralyse, Vortrag im ärztl. Verein Nürnberg, Ref. M. m. W. 1925, Oktober; Arch. f. Psych. Bd. 75, H. 4 u. 5, 1925; Über Malariabehandlung, Vortrag im ärztl. Bezirksverein Erlangen, 1925. — *Kirby, Ch. H.*, Am. J. of psych. 1924, S. 143. — *Kirby, Ch. H. u. Bunker, H. A.*, Am. J. of psych. Okt. 1926, S. 205. — *Kirschbaum, W.*, Zschr. f. d. ges. Psych. u. Neurol. 1922, Bd. 75, H. 3, 4; Zschr. f. d. ges. N. u. P. Bd. 76, Nr. 3; Kl. W. 1923, Nr. 30; Arch. f. Psych. Bd. 73, S. 526; Zschr. f. d. ges. N. u. P. 1923, Bd. 84; Allg. Zschr. f. Psych. 1925, Bd. 81, S. 374 u. Zbl. f. d. ges. N. u. P. 1925, Bd. 39; Aussprache am 21. bis 22. 9. 22; Aussprache 9. 6. 23 s. Weygandt; Aussprache zu Nonne-Kyrle-Weygandt; Verein d. Neurologen u. Psychiater Hamburg 21. 11. 25; Sitzungsber. d. Vereins nordwestd. Psychiater u. Neurologen Hamburg 31. 10. 1926; Zschr. f. Nhlk. 1927, Bd. 96, S. 61. — *Kirchner, L.*, Neurotherapie 1921, Nr. 6, S. 91; Reprints from the Reports of the Dutch Indian medical Civil, Service 1923, S. 92; Geneesk. tijdschr. v. Nederl. Ind. 1923, 63, S. 303. — *Kirchner, L. u. Loon van, H. F.*, Kl. W. 1924, Jahrg. 3, Nr. 44; Geneesk. tijdschr. v. Nederl. Ind. 1924, Bd. 64, S. 451, Ref. Zbl. f. d. ges. N. u. P. 1925, Bd. 39, S. 173. — *Kissmeyer*, Ref. Zbl. d. f. ges. N. u. P. Bd. 42, H. 9/10, 1925. — *Klarfeld*, Zschr. f. d. ges. N. u. P. 1922, Bd. 75, H. 1 u. 2. — *Kleine*, Kl. W. 1924, 3. Jahrg., Nr. 37, S. 1695. — *Kleist, K.*, Zschr. f. d. ges. N. u. P., Orig. Bd. 23, S. 344, 1914. — *Klienenberger*, B. kl. W. 1911, Nr. 48. — *Kling, C.*, Semana med. 1926, S. 1217. — *Klingmüller, V.*, M. m. W. 1918, S. 896. — *Knauer, A.* M. m. W. 1919, Nr. 23, S. 609. — *Knoepfelmacher*, Kl. W., 5. Jahrg. 1926, Nr. 28, S. 1302. — *Koch, Robert*, D. m. W. 1879; Arbeiten am kaiserl. Gesundheitsamt 1881, Bd. 1; Zschr. f. Hyg. 1899, Bd. 33; B. kl. W. 1906. — *König*, Ref. Zbl. f. d. ges. N. u. P. 1925, Bd. 39, S. 173; Allg. Zschr. f. Psych. 1926, Bd. 85, S. 83; Arch. f. Psych. Bd. 68, S. 350. — *Königstein*, M. m. W. 1915, H. 15. — *Köster*, Inaug.-Diss. Bonn 1848. — *Köstel*, Korr.Bl. d. Deutschen Ges. f. Psych. 1856. — *Kogerer, H.*, W. kl. W. 1922, Nr. 15. — *Kohrs*, zit. n. Meggendorfer a. Zschr. f. Psych. 1926, Festschr. f. Kraepelin. — *Kolb*, Zschr. f. d. ges. N. u. P. 1925, Bd. 96, S. 1. — *Kolle, W.*, D. m. W. 1922, Nr. 39, S. 1301; Vortrag Vers. südwestdeutsch. Derm. Frankfurt a. M. Okt. 22; Dissk.-Bem. südwestdeutsch. Derm.-Kongr. 1925, Frankfurt a. M.. — *Kolle u. Ritz*, D. m. W. 1919, S. 481. — *Korteweg, P. G.*, Nederl. Tijdschr. v. Geneesk. 1924, 1, Nr. 15. — *Koskinas*, Ausspr. zu Nonne-Kyrle-Weygandt. — *Kostrzewski, J.*, Polska gazeta lekarska 1923, Jahrg. 2, Nr. 15 u. 16. — *v. Krafft-Ebing*, Arch. f. Psych. Bd. 7, S. 86; Die progr. allgem. Paral. in Nothnagels spez. Pathol. u. Therap. Wien 1894. — *Krantz*, Rf. Kl. W. 1925, Nr. 5, S. 234. — *Krassnig, M.*, M. Kl. 1924, Nr. 1, Jahrg. 20, S. 2—9. — *Krassnuschkin*, Versuche mit M.- u. Rekurrensinfektion 25. — *Kraus, R. u. Levaditi*, Handb. d. Technik u. Methodik d. Imm.-Forsch. Jena, G. Fischer 1907. — *Krehl L.*, Arch. f. exp. Pathol. u. Pharm. 1895, Bd. 35, S. 222. — *Kreibich, C.*, Arch. f. Derm. 1907, Bd. 86, S. 265. — *Kroó, H.*, Kl. W. 1925, 4. Jahrg., Nr. 28. — *Kryspin, V.* Lijecnicki vjesmih 1926, 48, S. 143. — *Küffner*, Aussprache zu Kihn 1924. — *Kuhn*, Aussprache zu Weygandt u. Kirschbaum 1921. — *Kutzinski, A.*, M. Kl. 1925, Jahrg. 21, Nr. 2, S. 46, Ref. Kl. W. 1925, Jahrg. 4, Nr. 26, S. 1279. — *Kyrle, J.*, W. kl. W. 1917, Nr. 22; Malariabehandlung frischer Syph., 13. Kongr. d. deutsch. Derm. München 1923, Arch. f. Derm. 1924, Bd. 145, S. 359; M. m. W. 1924, Bd. 71, Nr. 45 u. W. kl. W. 1924, Nr. 43, S. 1106; Die Salvarsanbehandlung der Tabes in Kolle-Zieler Handb. d. Salvarsantherap. Bd. 2, 1925, Urban u. Schwarzenberg; Die Malariabehandlung der Syphilis, Ref. kl. W. 1925, 4. Jahrg. Nr. 21, S. 1093.

Lafora, G. R., Progr. de la clin. 1925, S. 721 u. Arch. de neurobiol. 1925, 5, S. 101 u. Ann. de l'acad. med-quirurg. espan. 1925, 12, S. 363; Ref. Zschr. f. d. ges. N. u. P., Ref. 20, S. 355, 1920. — *Lake, G. B.*, Med. I. A. record. 1925, S. 415. — *Lampar*, Ausspr. zu Nonne-Kyrle-Weygandt. — *Landerer, A.* Zschr. f. Psych. Bd. 41. — *de Lange u. Wolff*, Ref. M. m. W. 1921, 68, Nr. 36, S. 1167. — *Langelüddecke, A.* Zschr. f. Psych. 1926, 83, S. 528. — *Laveran*, Traité du Paludisme 1898. — *v. Lehoczky, T.*, Psych. neurol. Wschr. 1927, S. 96. — *Leidesdorf*, Psych. Korr.Bl. 1853; W. m. W. 1869,

Schmidt's Jahrb. 148. — *Léjeune*, Jber. f. d. ges. N. u. P. 1902. — *Leisermann, L. J.*, u. *Rubaschkin, S. W.*, Zschr. f. klin. M. 1926, 103, H. 3—4. — *Lépine, J.*, J. de med. de Lyon 1925, 6, S. 335, Ref. M. m. W. 1926, Nr. 22, S. 928. — *Leredde* u. *Jamin*, zit. n. Ehrlich. — *Levaditi, C.* u. *Nicolau, S.*, Compt. rend. de l'Acad. des Sc. 1923, T. 176, S. 1189. — *Levaditi, Marie* u. *Martel*, Compt. rend. de la soc. de biolog. 75, S. 567, 1913, ebenda 75, S. 168, 1914. — *Levis*, I. of nerv. a. ment. dis. 1925, S. 344. — *Lewis, Hubbard* u. *Dyar*, The amer. journ. of Psychiatry 1924, 4, Nr. 2, S. 161. — *Lewandowsky*, Zschr. f. d. ges. N. u. P., Ref. Bd. 2, 1910, S. 115. — *Ley, A.*, Arch. intern. de Neurol. 1924, Okt., S. 121. — *Leyser*, M. m. W. 1926, S. 1597. — *Lienau, A.* Zschr. f. Psych. 1926, 83, S. 528. — *Lindig, P.*, M. m. W. 1920, S. 982. — *Liwschitz*, Zschr. f. d. ges. N. u. P. 1925, Bd. 97, H. 1/2, S. 284. — *Loberg, K.*, Svenska läkartidningen 1925, Jahrg. 22, Nr. 13, S. 391—407, Ref. Zbl. f. d. ges. N. u. P. 1925, Bd. 41, H. 10/11, S. 588; Svenska läkartidningen 1926, 23, S. 1137. — *Löhlein*, Kl. W. 1926, 5. Jahrg., Nr. 37, S. 1731. — *Löhr, H.*, Zschr. f. d. ges. exp. Med. 1922, 27. S. 1; Zschr. f. d. ges. exp. Med. 1922, 30, H. 1/6. — *Löwenberg*, Kl. W. 1924, Nr. 13, S. 531. — *Löwenstein, B.* kl. W. 1911, Nr. 16; D. m. W. 1926, S. 1346. — *Löwenthal, D. m. W.* 1897/98. — *Löwy, J.*, Zbl. f. inn. M. 1917, 38, S. 531. — *Lomholdt, Svend*, Ugeskrift f. laeger 1925, S. 616. — *Lomholdt, Svend* u. *Norvig, Joh.*, Ugeskrift f. laeger 1925, Jahrg. 87, Nr. 21, S. 504, Ref. Zbl. f. d. ges. N. u. P. 1925, Bd. 41, H. 16, S. 900. — *Lorente y Patron*, Rivista de Psichiatria 1922, Bd. 4, Nr. 3. — *Lüdke, H.*, Erg. d. inn. M. 1909, 4, S. 493. — *Luithlen, F.*, W. kl. W. 1913, S. 836; M. Kl. 1913, S. 1713; W. kl. W. 1915, Nr. 52; W. kl. W. 1916, S. 253.

Mabille, Ann. médic.-psych. 1886, Ref. A. Zschr. f. Psych. 1896, Bd. 42. — *Macbride, H.* u. *Templeton*, The journ. of Neurol. and Psychopath. 1924, Bd. 5, Nr. 17, S. 13. — *Mannaberg*, Die Malariakrankheiten, Wien, Holder 1899. — *Marandon de Montjel*, Ann. med. psych. 1883. — *Marchand*, Soc. méd.-psych. 27. Okt. 1902, Ref. Psych. neurol. Wschr. 1903. — *Marchiafafa* u. *Celli, B.* kl. W. 1890. — *Marie, A.*, Arch. intern. de neurol. 1925, 44 (II), S. 121; Bullet, et mém. de la soc. méd. des hôpit. de Paris 1925, 41, S. 898; Rev. de med. 1925, 42, S. 997; Bull. de la soc. franc. de derm. et de syph. 1926, 33, S. 160. — *Marie, A.* u. *Chevallier, P.*, Arch. intern. de neurol. 1926, 45, S. 14. — *Marie, A.* u. *Kohen, V.*, Bull. de l'academ. d. med. 1924, Bd. 91, Nr. 18, S. 536 ff. — *Marie, A., Levaditi* u. *Bankowski*, Ann. de l'Inst. Pasteur 1927. — *Marienfeld-Hugues, A. M.*, Psych. neurol. Wschr. 1926, S. 436. — *Marinesco, G.*, Zschr. f. physik. u. diät. Ther. 1913, 17; Ref. Zbl. f. Haut- u. Geschlechtskrkh. 1921, 2, S. 300; Bull. de l'acad. de méd. 1925, S. 358. — *Marmorat*, Journ. des connaiss. méd. chirurg. Livre 6, févr. 1834, Ref. Schmidts Jb. Bd. 2, 1854, S. 141. — *Marzinowsky*, Psych. neurol. Wschr. 1924, Nr. 29/30, S. 159, Ref. — *Mattauschek, E.*, Zschr. f. d. ges. N. u. P. 1912, Bd. 8, S. 133; W. kl. W. 1922, Jahrg. 35, Nr. 31; W. kl. W. 1924, Jahrg. 37, Nr. 40, S. 1018; Kl. W. 1925, 4. Jahrg., Nr. 18, S. 897. — *Mattauschek, E.* u. *Pilcz*, Zschr. f. d. ges. N. u. P. 1913, Bd. 9; Zschr. f. d. ges. N. u. P. 1913, Bd. 15, S. 608. — *Matthes, M.*, Kl. W. 1922, Nr. 44, S. 2169. — *Matzenauer, R.*, W. kl. W. 1919, S. 831. — *Mautner, H.* u. *Pick, E. P.*, M. m. W. 1915, S. 1141. — *Mayer, C.*, Etschländer Ärztebl. 1924, Nr. 8 u. 9. — *Mayr, J.*, Zbl. f. Herzkrkh. 1926, Bd. 19, S. 354. — *Mayr, J. K.*, M. Kl. 1927, Nr. 3. — *Mc Alister, W.*, Brit. med. journ. 1923, Nr. 3277, S. 696; Journ. of. ment. sc. 1924, Bd. 70, S. 76; I. of ment. sc. 1925, S. 236. — *Mc Grath, W. M.*, Lancet 1924, 207, S. 960. — *Meggendorfer*, Allg. Zschr. f. Psych. 1926, Festschr. Kraepelin; Zschr. f. d. ges. N. u. P. 1921, Bd. 63, S. 9. — *Meissner, C.*, Derm. Zschr. 1925, Bd. 46, S. 8. — *Mendel*, Die progr. Paralyse, Berlin 1880. — *Merk*, zit. n. Bering in Kolle-Zieler, Handb. d. Salvarsantherapie Bd. 1, 1925. — *Merzbacher, L.*, La semana medica 1924, Nr. 34. — *Meschede*, Neurol. Zbl. Bd. 17, 1887; Allg. Zschr. f. Psych. 1888, Bd. 44, S. 543. — *Metschnikoff*, Virch. Arch. 1887, Bd. 109; Imm. b. Infekt.Krkh. Jena 1903, G. Fischer. — *Metzger, E.*, Zschr. f. Immun.Forsch. 1926, Bd. 47, S. 545. — *Meyer, E.*, Arch. f. Psych. 1912, Bd. 5, H. 1; D. m. W. 1926, S. 313. — *Meyer, L., B.* kl. W. 1877, Nr. 21. — *Meyer, A.*, Allg. Zschr. f. Psych. 1924, 81, S. 349; D. m. W. 1925, S. 544. — *Meynert*, Kl. Vorles. über Psych. 1890. — *Mingazzini, G.*, Aussprache zu Nonne-Kyrle-Weygandt; W. m. W.

1926, 76, S. 483. — *Miyake*, Neurologia 1913, Bd. 4, Tokio. — *Mó Arturo*, Rivista medica de Cuyo 1924. — *Modéna*, *G.* u. *N de Paoli*, Policlinico 1924, 31, S. 289. — *Mönckemöller*, Zschr. f. d. ges. N. u. P. 1911, Bd. 5. — *Mörch*, *J. R.*, D. m. W. 1926, Nr. 18. — *Moreira*, Arch. de Neurol. 1913. — *Morgenroth, Biberstein* u. *Schnitzer*, D. m. W. 1920, 46, S. 337. — *Morgenroth, J., Abraham, L.* u. *Schnitzer*, D. m. W. 1926, Nr. 35. — *Mosgowoi, P.* u. *Ssobolewskaja, R.*, Vracebnoe delo 1925, 8, S. 1453. — *Motschutkoffsky*, Zbl. f. d. m. Wiss. 1876, Nr. 11, S. 193. — *Mras*, W. kl. W. 1926, Nr. 4. — *Much,, H.* Spez. u. unspez. Reiztherapie in mod. Biol., 2. u. 3. Vortrag Leipzig 1922. — *Mucha*, W. m. W. 1926, Nr. 30. — *Mühlens*, Handb. d. pathol. Mikroorgan. 1913, 2. Aufl., Bd. 7; Treponoma pallidum in v. Prowazeks Handb. d. pathog. Protozoen; Kl. W. 1923, Jahrg. 2, Nr. 52; Neurotherap. 1923, S. 1; M. m. W. 1926, S. 1821, 2144. — *Mühlens* u. *Kirschbaum*, Zschr. f. Hyg. 1921, Bd. 94, H. 1; Arch. f. Schiffs- u. Trop.-Hyg. 1924, Bd. 28, H. 4. — *Mühlens, Kirschbaum* u. *Weygandt*, M. m. W. 1920, S. 831. — *Müller, F.* Psych. neurol. Wschr. 1917, Nr. 1 u. 2. — *Müller, R.*, Sitzungsber. d. Wiener Vereins f. Psych. u. N., April 1916; Jb. f. Psych. 1917, Bd. 37. — *Münzenthaler*, Hufelands Journ. f. prakt. Heilk. Bd. 71. — *Münzer* u. *Singer*, M. kl. W. 1925, S. 247. — *Mulder,.D.*, Geneesk. tijdschr. v. Nederl. Ind. 1926, 66, S. 220. — *Mulzer*, M. m. W. 1927, S. 254.

Nagel, H., Psych. neurol. Wschr. 1926, S. 553. — *Nagy, M.*, Psych. neurol. Wschr. 1927, S. 96. — *Nakamura, J.*, Arb. neurol. Inst. Wien 1926, 28, S. 197. — *Nasse*, Allg. Zschr. f. Psych. Bd. 21; Zschr. f. Psych. 1864, Bd. 29; Allg. Zschr. f. Psych. 1870; Allg. Zschr. f. Psych. 1871, Bd. 27. — *Neisser, Cl.*, Die paralytischen Anfälle, Stuttgart 1893. — *Neuber, E.*, Arch. f. Derm. 1911, Bd. 105, S. 99, 431. — *Neufeld* u. *Boecker*, Zschr. f. Imm.Forsch. 1914, Bd. 21. — *Neustadt, R.*, Psych. neurol. Wschr. 26, S. 411. — *Nikols*, Intern. Kongr. zu Washington, zit. n. Ziehen in Penzoldt-Stintzing 1910. — *Nicolaysen, A. N.*, M. m. W. 1920, Nr. 49, S. 1423. — *Nicole, J. E.* u. *Steel, J. P.*, I. of ment. sc. 1926, S. 66 u. I. of trop. med. a. hyg. 1925, 28, S. 428; Lancet 1926, 210, S. 1091; Lancet 1925, 209, S. 917; Encéphale 1926, 21, S. 116. — *Nissl*, Arch. f. Hyg. 1923, Bd. 93. — *Nocht*, Verh. d. deutsch. Kolonial-kongr. 1905. — *Nocht* u. *Mayer*, Die Malaria, Berlin 1918, Springer. — *Noguchi, H.*, M. m. W. 1913, S. 737. — *Nonne, Max*, Ärztl. Verein Hamburg 1914, 3, S. 3, Ref. D. m. W. 1914, Nr. 30, S. 1549; D. Zschr. f. Nervhlk. 1918, Bd. 58, S. 33; Syph. u. N.System 1923, Berlin, 4. Aufl.; Kl. W. 1925, 4. Jahrg., Nr. 37, S. 1797; zit. n. Meggendorfer in Allg. Zschr. f. Psych. 1926, Festschr. Kraepelin; Zschr. f. d. ges. N. u. P. Bd. 94, H. 4; Ärztl. Verein Hamburg 2. 6. 25, S. 1797; D. Zschr. f. Nervhlk. 1911, Bd. 42; Dissk.-Bem. Zbl. f. d. ges. N. u. P. 1923, Bd. 33, S. 449; Zschr. f. d. ges. N. u. P., Bd. 95; Aussprache zu Dreyfus u. Hanau (Tabes); M. Kl. 1925, Nr. 49; Allg. Zschr. f. Psych. 1926, 83, S. 524, 529; Zschr. f. ärztl. Fortbild. 1926, 23, S. 513. — *Nonne, Max, Kyrle-Weygandt*, Zschr. f. d. ges. N. u. P. 1925, Bd. 39, S. 464. — *Noel, P.*, Journ. méd. de Bordeaux 1920, 91, S. 515. — *Novy* u. *Knapp*, Journ. of. infect. dis. 1906. — *v. Nothafft*, Derm. Wschr. 1919, S. 385. — *Nyirö, G.* u. *Stief, Sandor*, Psych. neurol. Wschr. 1925, S. 402. — *Nyssen, R.*, I. de neurol. et de psych. 1925, 25, S. 569.

O'Brien, Ref. Allg. Zschr. f. Psych. 1902. — *Obermeier*, Virch. Arch. 1869, Bd. 47. — *Obersteiner*, Die progr. Paralyse, Wien 1908, 2. Aufl., Verl. Holder. — *Oebecke*, Allg. Zschr. f. Psych. 1882. — *Ogilvie, H. S.*, The journ. americ. med. Ass. 1914, 63, S. 1936; Ref. Arch. f. Derm., Ref. 125, S. 278, 1920. — *Ocks, B.*, Arch. f. Psych. 1880, Bd. 10, S. 249. — *O'Leary, P. A.*, Internat. clinics Bd. 3, S. 103, 1925. — *O'Leary, P. A.* u. *Goeckermann, W. G.* u. *Parker*, Arch. of derm. a. syph. 1926, 13, S. 301.

Pagniez, P., Presse médicale 1924, Paris 28, 7. — *Pandy, K.*, Psych. neurol. Wschr. 1925, S. 402. — *Panse*, Zschr. f. Hyg. 1902, Bd. 62. — *Pappenheim* und *Volk*, 85. Vers. d. Naturf. u. Ärzte, Wien 1913, Jb. f. Psych. 1914, Bd. 36. — *Parhon* und *Goldstein*, La Roumanie médicale 7. — *Pastrowich*, Gazz. d. ospedal. e d. clinic 1925, 46, S. 1009. — *Pawlowski*, Virch. Arch. 1887, Bd. 108. — *Perutz, A.*, W. kl. W. 1927, Nr. 3. — *Perwuschin*, Zschr. f. d. ges. N. u. P. 1924, Bd. 93, H. 3/5, S. 446. — *Peters, L.*, Aussprache zu Curschmann, Arch. f. Psych. 1925, Bd. 73, H. 5, S. 592. — *Petersen* und *Weichardt*, Proteinther. u. unspez. Leistungssteigerung Berlin, Springer 1923. — *Pette*, D. Zschr. f. Nervhlk. 1921, Bd. 67, S. 151. — *Pfeiffer*, *G. F.*, *Standenath u. Weeber*, Zschr. f. d. ges. exp. Med. 1925, 47, S. 386 u. Allg. Zschr. f. Psych. 1926, 83, S. 404; Psych. neurol. Wschr. 1926, S. 313. — *Pfister, O.*, Schweizer med. Wschr. 1926, S. 391. — *Phleps*, Aussprache zu Nonne-Kyrle-Weygandt. — *Pick*, Prager med. Wschr. 1879, Nr. 14. — *Pick* und *Bandler*, Arch. f. Derm. 1910, S. 55. — *Pilcz*, Jb. f. Psych. 1905, Bd. 25; W. m. W. 1907; W. m. W. 1908, S. 40; W. m. W. 1909; Psych. neurol. Wschr. 1909/10, Nr. 49, S. 431; Zschr. f. d. ges. N. u. P. 1911, Bd. 4, S. 4; W. m. W. 1912; Med. Kl. 1914; W. kl. W. 1922, 35. Jahrg., H. 9, S. 464; W. m. W. Jahrg. 73, Nr. 8, 1923; Rinascenza medica 1924, Nr. 4; W. m. W. 1925, Nr. 48, 50/51; Lehrb. d. spez. Psych., 7. Aufl. S. 159/163, Leipzig u. Wien, Franz Deuticke. — *Pijper*, *A.* und *E. d. Russell*, South African med. record. 1926, 24, S. 292. — *Plange*, Allg. Zschr. f. Psych. u. psych. ger. Med. 1911, Bd. 68, S. 223. — *Plaut, F.*, Mschr. f. P. u. N. Bd. 54, S. 195; Allg. Zschr. f. P. 1909, Bd. 66, S. 368; Zschr. f. d. ges. N. u. P. Ref. 109, Bd. 17, H. 5, S. 385; Über Halluzinosen der Syphilitiker, Monogr. a. d. Ges. Geb. d. N. u. P. Berlin, Springer 1913; D. m. W. 1919, Nr. 48, S. 1321; Zschr. f. d. ges. N. u. P. 1920, Bd. 56, S. 295. — *Plaut* und *Steiner*, Zschr. f. d. ges. N. u. P. Bd. 94, S. 153 ff.; Wandervers. Südd. Neurol. u. Psychiater 1919, Arch. f. Psych.; Zschr. f. d. ges. N. u. P. 1920, Bd. 53, S. 103; D. m. W. 1920, Nr. 46, S. 1101; Arch. f. Schiffs- u. Tropenhyg. 1920, Bd. 24; Zschr. f. d. ges. N. u. P. 1922, Bd. 75, H. 3, 4; Zschr. f. Neurol. 1922, 76, S. 416; Allg. Zschr. f. Psych. 1926, 85, S. 81; Intern. clinics 1926, S. 63; *Plaut* und *Spielmeyer*, Zbl. f. d. ges. N. u. P. 1923, Bd. 31, H. 9, S. 464. — *Plehn*, D. m. W. 1924, Jahrg. 50, Nr. 5; Zbl. f. d. ges. N. u. P. 1924, Bd. 35; Arch. f. Schiffs- u. Tropenhyg. 1925, 29, S. 56. — *Pönitz*, M. m. W. 1923, Nr. 23, S. 729/731; Vers. d. mitteld. Psychiater, Halle 1925. — *Pötzl, O.*, Med. Kl. 1923, Nr. 46. — *Pötzl, O.* und *Fischer, O., Herrmann* und *Münzer*, Med. Kl. Wschr. 1923, Nr. 45/47. — *Poor, F.*, Orvoshépzés 1925, 15, S. 311. — *Praussnitz*, D. m. W. 1926, S. 1578. — *Prell*, Die Anopheles und die Malaria, Berlin Parey 1919. — *v. Prowazek*, Arb. aus d. kaiserl. Gesundheitsamt 1907, Bd. 26. — *Purves-Stewart, J.*, Brit. med. journ. 1924, Nr. 3299, S. 508.

Querci und *Diguet*, Ref. Zbl. f. d. ges. N. u. P. 1922, 29, S. 380.

Raecke, M. m. W. 1910, S. 2610; D. m. W. 1913, Nr. 28; Therap. Mbl. 1920; Bd. 34, S. 129; Kl. W. 1923, 2. Jahrg., Nr. 21; Allg. Zschr. f. P. u. psych. ger. Med., Bd. 57. — *Raffauf, C. J.*, Beitrag z. Klinik der Tuberkulose 1924, Bd. 60, H. 1, S. 30, Ref. kl. W. 1925, 4. Jahrg., Nr. 21, S. 1035. — *Ranschburg, P.*, Psych. neurol. Wschr. 1925, S. 402. — *v. Raven*, Veröffentl. preuss. Mil. Verw. 1926, S. 17. — *Redlich, E.*, W. m. W. 1910, Nr. 51; W. kl. W. 1924, Nr. 12 u. 13; W. m. W. 1926, S. 659, 910, 1016. — *Reese, H.* und *Peter, K.*, Med. Kl. 1924, S. 372. — *Régis*, Manuel pratique de méd. mental. Paris 1892. — *Reich*, D. m. W. 1926, S. 1578. — *Révész, B.*, Zschr. f. d. ges. N. u. P. 1924, Bd. 92, S. 267. — *Riggs, C. E.*, The journ. Amer. med. Assoc. 1914, 62, S. 1888; Ref. Zschr. f. d. ges. N. u. P. 1915, Bd. 11, S. 308. — *Ritterhaus*, Allg. Zschr. f. Psych. 1926, Bd. 83, S. 528. — *Robertson, R.*, Berl. kl. Wschr. 1920, Nr. 24, S. 573. — *Roehl*, M. m. W. 1926, S. 1821. — *Rosenfeld*, Allg. Zschr. f. P. 1926, 83, S. 527. — *Rosenthal, K.*, D. m. W. 1926, S. 1578. — *Ross*, Untersuchungen über Malaria, übersetzt von Schilling, Jena G. Fischer 1905. — *Rondoni, P.*, Ergebn. d. N. u. P. 1917, 2, S. 185. — *Rudner, G.* und *Besowzewa, K.* „Russkaja klinika 1925, S. 866. — *Rudolph, G. de M.*, J. of ment. sc. 1925, S. 30, Ref. Psych. Wschr. 1925, S. 65; J. of ment. sc. 1926, S. 69; Ann. of tropic med. a. parasitolog. 1925, 19, S. 419. — *Ruge*, Einf. i. d. Stud. der Malariakrankheiten mit bes. Berücksichtigung d. Technik, Jena G. Fischer, 2. Aufl., 1906; Malariaparasiten, Hdbch. d. pathol. Mikroorganismen, 2. Aufl., Bd. 7, 1913. — *Runge, W.*, D. m. W. 1914, Nr. 20; Vortrag Vers. d. Naturf. u. Ärzte, Innsbruck, September 1924; Aussprache 9. 6. 23 s. Weygandt; Arch. f.. P. u. N. 1925, Bd. 73, H. 2 u. 4; Allg. Zschr. f. Psych. 1926, 83, S. 528. — *Ravaut*, Ref. M. m. W. 1914, Nr. 6, S. 341.

Sabatzky, K., Psych. neurol. Wschr. 1926, S. 490. — *Sacabejos, G.*, Ref. d. hyg. 1925, 18, S. 321. — *Sadler*, Zschr. f. d. ges. Med. Bd. 3, H. 2, 1836. — *Sagel*,

Zschr. f. d. ges. N. u. P. 1923, Bd. 84; M. m. W. 1924, Jahrg. 21, Nr. 12; Zschr. f. kl. Med. 1925, Bd. 101, H. 3/4; Aussprache zu Nonne-Kyrle-Weygandt; D. m. W. 1926, S. 778. — *Salazar, M.*, Siglo med. 1924, Bd. 73, Nr. 3678, S. 561/562. — *Salomon*, Zschr. f. d. ges. N. u. P. 1921, Bd. 53, S. 353. — *Sander*, Arch. f. Psych. Bd. 7, S. 648 ff., 1877; Arch. f. Psych. Bd. 10. — *Santangelo, G.*, Policlinico 1923, Jahrg. 30, H. 3, S. 143; Note e rivist di psych. 1926, 14, S. 63; Riv. di patol. nerv. e ment. 1926, 31, S. 273. — *Saravsky, S.*, Sovremennaja psychonevrol. 1925, S. 98. — *Sarbo*, Psych. neurol. Wschr. 1925, S. 401. — *Scarpini, V.* und *Befani, G. C.*, Rassegn. d. stud. psych. 1925, 14, S. 531. — *Schacherl*, Jb. f. Psych. 1918, 32, S. 2/3; Jb. f. Psych. 1918, Bd. 38, S. 43; Jb. f. Psych. Bd. 35, S. 27, 207. — *Schade*, zit. n. Brünauer, Arch. f. Derm. Bd. 145, S. 354, 1924. — *Schaeffer*, M. m. W. 1890, S. 468. — *Scharnke*, Zschr. f. d. ges. N. u. P. 1921, Bd. 69; Sitzungsbericht d. Ges. d. ges. Naturw., Marburg 1923, Nr. 5, S. 51; Zbl. f. d. ges. N. u. P. Bd. 40, H. 11/12, S. 717, 1925. — *Schaudinn*, Arb. aus d. kaiserl. Gesundheitsamt 1902, Bd. 19. — *Scheer, W. M. van der*, Psych. neurol. Wschr. 1926, S. 73. — *Scherber, G.*, W. m. W. 1917, W. kl. W. 1926, S. 73; *Scherber, G.* und *Albrecht, O.*, Med. Kl. 1924, H. 37/38. — *Schiemann* und *Jshiwara*, Zschr. f. Hyg. Bd. 77, 1914. — *Schilder, P.*, W. kl. W. 1924, Nr. 20. — *v. Schilling, V.*, Tropenkrankheiten in Kraus-Brugsch Spez. Pathol. u. Therap. inn. Krankh, Berlin u. Wien, Urban u. Schwarzenberg 1915; Zbl. f. d. ges. N. u. P. 1924, Nr. 35, S. 544; Aussprache zu Jossmann und Steenaerts; Zschr. f. d. kl. Med. 1923, H. 1 u. 3, Bd. 99; Sitzung d. dt. Kol. Kongr. 18. 9. 24. — *v. Schilling, V.* und *Jossmann*, Kl.W. 1924, 3. Jahrg., Nr. 33, S. 1498. — *v. Schilling, V., Jossmann, Hoffmann, K., Rubitschung, van der Spek*, Zschr. f. d. klin. Med. 1924, Bd. 100, H. 6, S. 742. — *Schittenhelm*, M. m. W. 1919, Nr. 49, 1921, Nr. 46. — *Schlager*, Österr. Zschr. f. prakt. Heilkunde 1857; Wien. med. Zschr. 1868. — *Schlomer*, Zbl. f. d. ges. N. u. P. 1924, Bd. 35. — *Schlossberger, H.*, Hdbch. d. Salvarsantherapie, herausgegeben von Kolle und Zieler Bd. 1, 1925. — *Schmidt*, Zbl. f. Gynäkol. 1893. — *Schmidt, C.*, Aussprache zu Dreyfus und Hanau (Tabes); *Schmidt — Kraepelin*, Über juvenile Paralyse, Berlin, Springer 19—20. — *Schmitz, H.*, Psych. neurol. Wschr. 1924, 26, S. 33. — *Schmorl*, Aussprache zu Weygandt und Kirschbaum 1921. — *Schneider, C.*, D. Zschr. f. ger. Med. 1926, 7, S. 333. — *Schob, F.*, Zschr. f. d. ges. N. u. P. 1925, 95, H. 3/4, S. 588 bis 612. — *Schönfeld*, In Hdbch. d. Salvarsantherapie, herausgegeben von Kolle und Zieler, Bd. 2, 1925. — *Scholz, W.*, D. m. W. 1926, S. 386. — *Schrode*, D. m. W. 1927, S. 48. — *Schröder, P.*, Mschr. f. P. u. P. 1912, Bd. 32, H. 5; Zschr. f. d. ges. N. u. P 1920, 53, H. 3/4. — *Schrottenbach* und *de Crinis*, Zschr. f. d. ges. N. u. P. Orig. Bd. 25, 1914, S. 392. — *v. Schubert*, M. m. W. 1913, Nr. 52, S. 2911; M. m. W. 1914, Nr. 15; Zschr. f. d. ges. N. u. P. Ref. 10, S. 284, 1914. — *Schüle*, Zschr. f. Psych. 1875, Bd. 32, S. 581; Hdbch. d. spez. Pathol. u. Therap. von Ziemssen 1886. — *Schuhmacher*, zit. n. Brünauer, Arch. f. Derm. 1923, Bd. 145, S. 354; Arch. f. Derm. 1925. — *Schulze*, D. Zschr. f. Nervhlk. 1913, Bd. 48; Zbl. f. d. ges. N. u. P. 1924, Bd. 35; Sitzung d. deutsch. Kol. Kongr. 18. 9. 24; Psych. neurol. Wschr. 1926, S. 325; D. m. W. S. 1856. — *Schuster*, D. m. W. 1907, Nr. 50; Aussprache zu Nonne-Kyrle-Weygandt; Aussprache zu Dreyfus und Hanau (Tabes); Psych. neurol. Wschr. 1925, S. 402. — *Schwartz*, M. m. W. 1924, Jahrg. 71, Nr. 19, S. 618. — *Schwimmer*, Wien. med. Presse 1888. — *Scripture, E. W.*, J. of ment. sc. 1923, S. 77. — *Selig, A.*, Psych. neurol. Wschr. 1925, S. 402. — *Seyfarth*, Verhdlg. d. deutsch. pathol. Ges. 1921, 18. Tagung S. 203. — *Sicard* et *Haguenau*, Bull. et mém. de la soc. méd. des hôp. de Paris, Jahrg. 40, Nr. 33, 1924, S. 1517—1523. — *Siemens* und *Blum*, Zschr. f. Immun. Forsch. u. exp. Therapie 1925, Bd. 42, S. 81. — *Silverston, J. D.*, Journ. of ment. sc. 1924, Bd. 70, Nr. 288, S. 89. — *Sioli*, Salvarsantherapie d. progr. Paralyse im Hdbch. d. Salvarsantherapie, herausgegeben von Kolle und Zieler, 2. Bd.; Arch. f. Psych. 1918, Bd. 60, H. 2/3; M. m. W. 1926, S. 1821. — *Skalweit, W.*, Zschr. f. klin. Med. 1925, S. 202, H. 2/3; Psych. neurol. Wschr. 1926, S. 514. — *Snell*, Psych. Zschr. Bd. 33, S. 296; Allg. Zschr. f. Psych. 1888, Bd. 44, S. 648. — *Sobernheim* und *Löwenthal*, Spiroch. Krankheiten im Hdbch. d. pathol. Mikroorganismen 1913, 2. Aufl. — *Somogyi, J.*, Psych. neurol. Wschr. 1925, S. 401; Psych. neurol. Wschr. 1927, S. 96; *Somogyi, J.*, und *Büchler, P.,* Orvosi Hetilap 1925, S. 735. — *Spaar, R.,* Fortschr. d. Med.1926, 44, S. 869. — *Spatz, H.,* Schweiz. Arch. f. N. u. P. 1925, 16, 1, S. 153, Ref. Zbi. f. d. ges. N. u. P. 1925, Bd. 41, H. 16, S. 908. — *Specht,* Aussprache zu Kihn 1924. — *Spielmeyer, E. R.,* M. m. W. 1906, Bd. 53, S. 2338; B. kl. W. 1907, Nr. 20; In Lewandowsky, Hdbch. der Nervenkrankheiten 1911, Bd. 3; Arch. f. Psych. Bd. 74, 1925, H. 2 u. 4; Zschr. f. d. ges. N. u. P. 1925, Bd. 97, H. 1/2, S. 287. — *Spiethoff, B.,* M. m. W. 1926, S. 2246. — *Sponholz,* Allg. Zschr. f. Psych. 1874, Bd. 30. — *Stanojević, L.,* Die Wirkung d. therap. Fiebers auf die Assoz. d. Paralytiker 1925, Bd. 72, H. 5. S. 667. — *Stein,* Fortschr. d. Therapie 1926, Nr. 24. — *Steiner, G.,* Allg. Zschr. f. Psych. 1913, Bd. 71, S. 326; Arch. f. Psych. 1913, Bd. 52, H. 1; Arch. f. Psych. 1918, Bd. 59; Arch. f. Psych. 1921, Bd. 62, Nr. 3; Jahreskurse f. ärztl. Fortb. 1924, München, Maiheft; Arch. f. Psych. 1925, Bd. 74, H. 2 u. 4. — *Steiner* und *Steinfeld, J.,* Kl. W. 1925, 4. Jahrg., Nr. 42, S. 1995. — *Steinfeld,* 49. Vers. südwestd. Irrenärzte u. Neurol., Mai 1924. — *Stern,* Med. Kl. 1907; Arch. f. Derm. 1916, Orig. 123, S. 943. — *Stern* und *Piper,* M. m. W. 1922, Nr. 27. — *Steyerthal,* Med. Kl. 1910, Bd. 6. — *Stokes, J. H.,* Arch. f. Derm. 1921, Bd. 2, S. 303. — *Storch,* Mschr. f. P. u. N. 1901, Bd. 9. — *Strassmann,* D. Zschr. f. Nervhlk. 40. — *Sträussler* und *Koskinas,* W. m. W. 1923, Nr. 17; Ref. Zbl. f. d. ges. N. u. P. 1925, Bd. 39, H. 9/10; Zschr. f. d. ges. N. u. P. 1925, Bd. 97, H. 1/2, S. 176. — *Strobel, W.,* Psych. neurol. Wschr. 1925, S. 401. — *Stückgold,* Dissert. Berlin 1919. — *Stühmer, H.,* In Hdbch. d. Salvarsantherapie, herausgegeben von Kolle u. Zieler, Urban u. Schwarzenberg 1925; Arch. f. Derm. 1921, 132, S. 329; D. m. W. 1921, Nr. 5, 6, 7; Zschr. f. Immun. Forsch. 1924, H. 4. — *Surveyor, N. F.,* M. m. W. 1914, Bd. 61, Nr. 20, S. 1136. — *Swift* und *Ellis,* Journ. of nerv. a. ment. dis. 1913, S. 467; Ref. Neurol. Zbl. 1913, Bd. 32, S. 1515; Ref. Zschr. f. d. ges. N. u. P. Ref. 8, S. 304, 1914; Ref. Zschr. f. d. ges. N. u. P. Ref. 9, S. 363, 1914.

Tamburini, Riv. sperim. di freniatria 1911. — *Teissier,* Jahresber. üb. d. Fortschr. i. d. Heilkunde 1859. — *Templeton, W. L.,* The brit. med. journ. 1923, Nr. 3256, S. 895. — *Ten Raa,* Neederl. tijdschr. v. Geneesk. 1925, S. 465. — *Thoma, E.,* Allg. Zschr. f. Psych. 1926, 85, S. 362. — *Thomas* und *Breinl,* zit. n. Ehrlich, Exp. Chemotherapie der Spirillosen, Berlin, Springer. — *Thurzó, E. v.,* Psych. neurol. Wschr. 1927, S. 96. — *Tietze,* D. m. W. 1926, S. 1578. — *Tophoff, H.,* Zschr. f. d. ges. N. u. P. 1924, Bd. 41. — *Török* und *Sarbó,* Ref. Neurol. Zbl. 1911. — *Trautmann, R.,* zit. n. Kolle-Wassermann, Hdbch. d. pathol. Mikroorganismen 1913, 2. Aufl., Bd. 7, S. 906. — *Travaglino,* Geneesk. tijdschr. v. Nederl. Ind. 1920. — *Trömner,* Aussprache am 9. 6. 23 s. Weygandt; Kl. W. 1925, Oktober; Ref. Zbl. f. d. ges. N. u. P. 1925, Bd. 41, H. 10/11, S. 589. — *Tsiminakis,* W. kl. W. 1912, Nr. 29. — *Turró, Tarnella* und *Presto,* Zbl. f. Bakt. 34.

Uhlenhuth, Berl. kl. Wschr. 1910, Nr. 47; Berl. kl. Wschr. 1907, Nr. 12, S. 349. — *Uhlenhuth* und *Woithe,* 1908, 29, H. 2. — *Uhlenhuth, Hübener* und *Woithe,* Arb. a. d. Reichsgesundheitsamt 1907, 27, H. 2. — *Uhlenhuth, Hoffmann* und *Roscher,* D. m. W. 1907. — *Ullmann, K.,* W. kl. W. 1913, Nr. 5, S. 161 u. Nr. 6, S. 216. — *Unger,* Med. Kl. 1925, S. 1498. — *Ungermann, E.,* Arb. a. d. kaiserl. Gesundheitsamt 1918, Bd. 51, H. 1. — *Untersteiner,* W. kl. W. 1924, Nr. 20, S. 499; D. Zschr. f. Nervhlk. 1925, S. 225.

Valdizan, H., Ref. Zbl. f. d. ges. N. u. P. 1924, Bd. 38, S. 193. — *Verga,* Ref, Allg. Zschr. f. Psych. 1880, Bd. 36. — *Vertes,* Ref. Zschr. f. d. ges. N. u. P. 1913. Bd. 7. — *Virchow, R.,* Jber. über d. Leistungen u. Fortschr. a. d. Geb. d. Neurol. u. Psych. 1898, S. 464. — *Voisin,* Traité de la paralysie générale Paris 1879. — *Voitel,* Klin. Wschr. 1926, Nr. 45. — *Volk,* zit. n. Brünauer, Arch. f. Derm. 1923, Bd. 145, S. 354. — *Vonkennel, J.,* M. m. W. 1927, S. 64; Die Malariabehandlung der Frühsyphilis, Karger 1927. — *Vorpahl, F.,* M. m. W. 1921, 68, Nr. 9, S. 275.

Wagner-Jauregg, Jul., Jb. d. N. u. P. 1881, Bd. 1; W. m. W. 1895, Nr. 9; W. m. W. 1909, Nr. 37; Bericht d. 16. intern. Kongr. Budapest 1909; W. kl. W. 1912; W. m. W. 1913; Ther. Mschr. 1914, Bd. 28; Psych. neurol. Wschr. 1918/19, S. 132 u. 251; Tag. d. Vereins deutsch. Psych. Hamburg 1920, Ref. M. m. W. 1920; W. kl. W. 1921, 34. Jahrg., Nr. 15, S. 171; W. m. W. 1921, Nr. 25 u. 27; W. m. W. 1922, Nr. 1 u. 3;

The j. of nerv. a. ment. dis. 1922, Bd. 55, S. 369; W. m. W. 1922, Nr. 1 u. 3; Ausspr. zu Gerstmann am 21./22. 9. 22; Ausspr. zu Weygandt u. Kirschbaum 1921, Ref. Zschr. f. Psych. 1921/22, Bd. 77, S. 353; Ausspr. zu Nonne-Kyrle-Weygandt, Innsbruck 1924; Sitzg. d. Vereins deutsch. Ärzte Prag, April 1925; Allg. Zschr. f. Psych. 1926, 85, S. 78; Psych. neurol. Wschr. 1925, S. 448; W. m. W. 1926, S. 871; Vortrag a. d. 38. Kongr. f. inn. Medizin in Wiesbaden v. 12.—15. 4. 26; W. kl. W. 1926, S. 1093; W. kl. W. 1927, Nr. 1. — *Walther, F.*, Arch. f. Psych. 1924, Bd. 71, H. 5, S. 799, Ref. Kl. W. 1925, 4. Jahrg. Nr. 18, S. 897. — *Warstadt, A.*, Psych. neurol. Wschr. 1925, Nr. 41, 27. Jahrg.; Die Malariabehandlung der Paralyse, Halle a. d. S. 1926, Verlagsbuchhandlg. Carl Marhold. — *Wechselmann, D. m. W. 1912; B. kl. W. 1910, Nr. 27. — *Weeber, R.*, M. Kl. 1924, Nr. 24, S. 818; W. kl. W. 1924, Nr. 52; Psych. neurol. W. 1925, S. 309; Allg. Zschr. f. Psych. 1926, 85, S. 84. — *Weichardt*, Ref. Kl. W. 1925, 4. Jahrg. Nr. 6, S. 281; W. kl. W. 1924, Jahrg. 37, Nr. 29, S. 709; Ref. Kl. W. 1925, 4. Jahrg. Nr. 18, S. 890; Unspez. Immun. Jena, Fischer 1926. — *Weichbrodt, D. m. W. 1919, S. 357; D. m. W. 1920, Bd. 25; Zschr. f. Imm.Forsch. 1921, Bd. 33, H. 3; Arch. f. Psych. 1920, 61, S. 132 ff.; Zschr. f. Imm.Forsch. 1921, Orig. 33, H. 2, S. 267; D. m. W. 1923, Jahrg. 49, Nr. 43; Ausspr. zu Nonne-Kyrle-Weygandt; Ausspr. zu Scharnke. — *Weichbrodt* und *Jahnel*, D. m. W. 1919, Nr. 18. — *Weigeldt, W.*, B. kl. W. 1921, Nr. 39, S. 1165; Stud. z. Physiol. u. Pathol. d. Liquor cerebrospinalis, 1923, Verlag Fischer. — *Weimann*, Zschr. f. d. ges. N. u. P. 1924, Bd. 89, H. 4,/5, S. 600. — *Weiss, A.*, Zschr. f. kl. M. 1926, 103, H. 3, 4. — *Weiss, E.*, W. kl. W.1926, Nr. 52. — *Werner, J.*, Zschr. f. d. ges. N. u. P. Bd. 88, H. 1, 3; Zschr. f. d. ges. N. u. P. 1944, Bd. 83, S. 170—184; Zschr. f. Hyg. 1924, Bd. 103, H. 1. — *Werner, Heinrich*, Erg. d. Inn. M. Bd. 18. — *Werther*, Zbl. f. Haut- u. Geschl.-Krankh. 1926, Bd. 19, S. 106. — *Weygandt, W.*, Kl. W. 1923, Jahrg. 2, Nr. 47; M. m. W. 1922, Nr. 8; Ther. d. Gegenw. 1924, H. Jan.—Febr.; Zschr. f. d. ges. N. u. P. 1925, Bd. 96, S. 6; Kl. W. 4. Jahrg., 1925, Nr. 38, S. 1844; Vereinig. nordd. Psych. u. Neurol. Hamburg 9. 6. 23; 88. Vers. D. Naturf. u. Ärzte in Innsbruck 27. 9. 24, Sitzg. d. D. V. f. Psych. u. d. Ges. D. Nervenärzte u. D. Syphilidol.; Sitzg. d. V. südwestd. Neurol. u. Irrenärzte Baden-Baden 6./7. 6. 1925; Med. germano-hispano-americ. 1924, S. 949; Allg. Zschr. f. Psych. 1926, 83, S. 525, 529; Allg. Zschr. f. Psych. 1926, Bd. 84, S. 442; Ther. d. Gegenw. 1926, Bd. 67, S. 63; Ausspr. zu Gerstmann 21./22. 9. 1922. — *Weygandt, W.* und *Mühlens*, Allg. Zschr. f. Psych. Bd. 76, S. 657. — *Weygandt, W.* und *Kirschbaum*, Allg. Zschr. f. Psych. 1921/22, Bd. 77, S. 343. — *Weygandt, Mühlens* und *Kirschbaum*, M. m. W. 1920, Nr. 29, S. 831. — *Weygandt, W., Jakob* und *Kafka*, M. m. W. 1914, Nr. 29, Vereinsbericht. — *Wiechmann, E.* und *Horster, H.*, D. Arch. f. kl. M. 1926, 152, H. 3/4. — *Wille*, Allg. Zschr. f. Psych. 1865, Bd. 22/27. — *Wilmanns* und *Ranke*, Nissls Beiträge zur Frage u. den Beziehungen zwischen klin. Verlauf u. anatom. Befund (Fall Dahl), Bd. 1, H. 3, Verl. Springer 1915. — *Winslow*, Ref. Allg. Zschr. f. Psych. 1854, Bd. 11. — *Winkelbauer*, Kl. W. 1924, Nr. 50, S. 2319; M. m. W. 1924, Nr. 51, S. 1813. — *Witte, F.*, Arch. f. Psych. 1925, Bd. 25, H. 2 u. 4. — *Wizel, A.* und *Prussak, L.*, Encéphale 1925, 20, S. 99; Warszawskio czasopismo lekarski 1924, 1, S. 93. — *Wodak*, W. kl. W. 1915, S. 1411. — *Woillez*, Ann. medicopsycholog. 1851. — *Wollenberg*, D. m. W. 1926, S. 1578. — *Worster-Drought, Cecil* und *Beccle, H. C.*, Brit. med. journ. Nr. 3287, 1923, S. 1256. — *Wüllenweber*, Ausspr. zu Dreyfus und Hanau (Tabes).

Yorke, W., Lancet 27. 2. 26, 210, S. 427; Transact. of the royal soc. tropic med. a. hyg. 1925, 19, S. 108. — *Yorke, Warrington* und *Macfie, J. W. S.*, Lancet 1924, Bd. 206, Nr. 5255, S. 1017.

Zalla, M., Rinaszenza med. Jahrg. 1924, 1, Nr. 16, S. 374. — *Zannini, M.*, M. m. W. 1915, Nr. 1, S. 17. — *Zeller*, Dissert. Leipzig 1913. — *Zettnow*, Zschr. f. Hyg. 1906, Bd. 52. — *Ziemann*, D. m. W. 1900; Über Malaria und and. Blutparasiten, Jena, G. Fischer 1898; D. m. W. 1907; Handb. d. Tropenkrankh. Bd. 3, 1926. — *Ziemssen*, M. m. W. 1888. — *Zimmer, A.*, Die unspez. Proteinkörpertherap. in Handb. d. exp. Therapie, Serum- u. Chemotherapie, herausgeg. v. Wolff-Eisner, Lehmann 1926. — *v. Zumbusch*, M. m. W. 1921, S. 1656.

Namenverzeichnis.

d'Abundo 212, 243.
Adelheim 157, 159, 279.
Adelsberger 66.
Aguglia 212, 243.
Albrecht 230.
Almquist 236.
Alt 28, 41, 70.
Alzheimer 278.
Amelung 11, 15.
Anderson 27.
Anton 28.
Artwiński 212, 214, 265.
Aschaffenburg 28.
Askgaard 31, 212.
Avenzoar 17.

Bach 10.
Bachmann 159.
Baender 192.
v. Baer 303.
Balaban 217.
Balint 215.
Balogh 213.
Baltzer 160.
Bardellini 165.
Barnhoorn 217.
Barzilai-Vivaldi 284, 285.
Bass 119, 120.
Bassu 160.
Baur 268.
Bayle 27.
Beccle 212.
Becker 246.
Befani 215.
Behr 104, 230.
Benda 159.
Benedek 2, 25, 32, 50, 158,
    246, 252, 260, 262, 267,
    273, 281.
Bening 211.
v. Berenberg-Gossler 127.
Berger 50.
v. Bergmann 18.
Bering 209, 230, 244, 237,
    238.
Berliner 308.
Berthier 11.
Besowzewa 217.
Beumer 235.
Biberstein 307, 308.
Biedert 11.

Bieling 257.
Bielschowsky 275.
Bier 1, 59, 278, 302, 303.
Birkenau 50.
Blaizot 260.
Blasius 11.
Boeck 21, 72.
Boecker 36.
Boening 265.
Boerhave 10.
Bondy 213.
Bonhoeffer 28, 172, 276.
Borremans 214.
Bostroem 291.
Bottazzi 62.
Boubila 76.
Bouchut 76.
Bouman 31, 50, 212.
Bratz 31, 207.
Bravetta 136.
Breinl 27, 248, 249, 250.
Breschet 13, 14.
O'Brien 25.
Browne 16.
Browning 25, 69.
Bruce 69.
Brünn 135.
Brunet 76.
Bruns 5, 8.
Büchler 214.
Bürger 61.
Bumke 43, 169, 171.
Bunker 213.
Busch 5, 8, 11, 12, 254.
Buschke 254.

Calmeil 18, 27.
Campbell 50, 165.
Cantlie 159.
Cazenave 11.
Celli 129, 144, 149.
Charitonoff 31.
Chevallier 215.
Chiarugi 10.
Cisternas 216.
Citron 308.
Claude 214.
Collier 255, 256.
Cortesi 216.
Cossa 76.
Cotton 50.

Cramer 23, 75.
Créteur 215.

Dattner 2, 32, 106, 108,
    119, 141, 158, 159,
    164, 219.
Darling 129.
Davidsohn 159.
Davidson 213.
De Crinis 50.
Dedichen 217.
De Forest 13, 16.
Deguise 76.
Delgado 31, 212.
De Jongh 216.
Denis 17.
De Paoli 212.
Dercum 50.
Després 8, 12.
Dignet 55.
Dobrschansky 73.
Doflein 126.
Dohi 38.
Donath 23, 24, 25, 29, 67,
    68, 69, 70.
Donner 212.
Döllken 66, 74, 97.
Doerr 135.
Doutrebente 11.
v. Draga 147.
Dreyfus 50, 98, 99, 230,
    233, 241.
Dubois-Reymond 303.
Dufongeré 248.
Dunne 216.
Dutton 246, 247, 248.
Duval 254.
Dyar 213.

Eckstein 286, 287.
Ehrlich, P., 26, 27, 28, 29,
    34, 36, 41, 144, 250,
    269, 311.
v. Eiselsberg 20.
Eldrige 217.
Ellinger 76.
Ellis 46, 50.
Enge 13, 18.
Engel 283, 285.
Ent 17.
Erlenmeyer 16.

Sachverzeichnis.

Diagnose und Therapie der gonorrhoischen Erkrankungen in der Allgemeinpraxis

Von

Dr. med. **Paul Mulzer**

a. o. Universitätsprofessor in München

Zweite, umgearbeitete Auflage

Mit 8 Abbildungen im Text

VI, 123 Seiten. 1924. RM 4.20

Die zweite, vollkommen auf der Höhe des heutigen Tages befindliche Auflage zeigt den so schätzenswerten Vorzug auch der ersten, nur persönliche Erfahrungen und Anschauungen über Pathologie und Therapie der Gonorrhöe zu geben. Dadurch wird die Uebersicht bedeutend einfacher und ein nicht sehr erfahrener Praktiker hat es leichter, sich eine Vorstellung über die krankhaften Vorgänge und ein Prinzip über die Behandlung zu bilden. Münchener Mediz. Wochenschrift.

Einführung in die Dermatologie

Von

Professor Dr. **S. Bettmann**

Direktor der Univ.-Hautklinik in Heidelberg

VIII, 186 Seiten. 1914. RM 6.—

Ein sehr inhaltsreiches Werk hat Bettmann mit seiner „Einführung in die Dermatologie" geschaffen. Mit recht tiefem Eingehen auf die unendlich vielen und variierten Fragestellungen, welche die so gut zu sehenden Krankheiten der äußeren Decke in sich bergen, bespricht er die Anatomie und Physiologie, die Entzündung, die Diagnostik der Hautkrankheiten, die Aetiologie und deren praktische Bedeutung. Diagnostische Schwierigkeiten und die Abhandlung über Atypie der Hautkrankheiten dürften dem Lernenden besonders von Nutzen sein, und geben, ebenso wie die „ergänzenden Untersuchungsmethoden" der Diagnostik, gute Handhaben, einer schwierigen Betrachtung auf den Grund zu kommen. In allen Teilen sieht Bettmann auf den praktischen, diagnostischen und an vielen Stellen auch therapeutischen Wert seiner Ausführungen. Das Buch ist für den Lehrer vielleicht von größerem Wert als für den Studierenden, wer von diesen aber sich in dieses nicht leicht zu überfliegende, sondern eindringlich zu durchforschende Buch vertieft, wird unauslöschbaren Nutzen für seine gesamte medizinische Auffassung erwerben. Medizinische Klinik.

Verlag von Julius Springer in Berlin W 9

Handbuch der Haut- und Geschlechtskrankheiten. Bearbeitet von zahlreichen Fachgelehrten. Im Auftrage der Deutschen Dermatologischen Gesellschaft herausgegeben gemeinsam mit **G. Arndt, B. Bloch, A. Buschke, E. Finger, E. Hoffmann, C. Kreibich, F. Pinkus, G. Riehl, L. v. Zumbusch** von **J. Jadassohn**, Breslau. Schriftleitung **O. Sprinz**-Berlin. In 25 Bänden. Jeder Band ist einzeln käuflich.

Band I bis Band XIV: Hautkrankheiten.

Band XV bis Band XXIII: Geschlechtskrankheiten.

Von den Bänden über Geschlechtskrankheiten liegen vor:

XV. Band, Erster Teil: Morphologie und Biologie der Spirochaeta pallida. Experimentelle Syphilis. Bearbeitet von **Erich Hoffmann, Edmund Hofmann, Paul Mulzer.** Mit 272 meist farbigen Abbildungen. VIII, 432 Seiten. 1927.
RM 90.—; in Halbleder gebunden RM 96.—

XIX. Band: Kongenitale Syphilis. Bearbeitet von **G. Alexander, H. Boas, C. Hochsinger, J. Igersheimer, P. Kranz, R. Ledermann, F. Lesser, Erich Müller, H. Rietschel, L. v. Zumbusch.** Mit 95 zum Teil farbigen Abbildungen. VIII, 374 Seiten. 1927.
RM 48.—; gebunden RM 54.—

XXI. Band: Ulcus molle und andere Krankheiten der Urogenitalorgane. Bearbeitet von **F. Callomon, J. Fabry, F. Fischl, W. Frei, R. Frühwald, B. Lipschütz, M. Mayer, H. da Rocha Lima, G. Scherber, G. Stümpke.** Mit 151 meist farbigen Abbildungen. IX, 558 Seiten. 1927. RM 87.—; gebunden RM 93.—

Edmund Lessers Lehrbuch der Haut- und Geschlechtskrankheiten. In zwei Bänden. Vierzehnte vollständig neu bearbeitete Auflage von **J. Jadassohn,** Geheimer Medizinalrat, o. Professor und Direktor der Universitäts-Hautklinik in Breslau.

Fertig liegt vor:

Zweiter Band: Geschlechtskrankheiten. Mit 95 zum Teil farbigen Abbildungen. VIII, 467 Seiten. 1927. Gebunden RM 26.—

Erster Band: Hautkrankheiten. In Vorbereitung.

Die Syphilis. Kurzes Lehrbuch der gesamten Syphilis mit besonderer Berücksichtigung der inneren Organe. Unter Mitarbeit von Fachgelehrten herausgegeben von **E. Meirowsky** in Köln und **Felix Pinkus** in Berlin. Mit einem Schlußwort von A. von Wassermann. („Fachbücher für Ärzte", Band IX.) Mit 79 zum Teil farbigen Abbildungen. VIII, 572 Seiten. 1923. Gebunden RM 27.—

Die Syphilis des Zentralnervensystems. Ihre Ursachen und Behandlung. Von Professor Dr. **Wilhelm Gennerich** in Kiel. Zweite, durchgesehene und ergänzte Auflage. Mit 7 Abbildungen. VIII, 295 Seiten. 1922.
RM 9.—

Frühdiagnose und Frühtherapie der Syphilis. Von Professor Dr. **Leopold Arzt,** Assistent der Universitätsklinik für Dermatologie und Syphilidologie in Wien. Mit zwei mehrfarbigen und einer einfarbigen Tafel. („Abhandlungen aus dem Gesamtgebiet der Medizin".) VI, 84 Seiten. 1923. Verlag von Julius Springer in Wien. RM 2.95

Für Abonnenten der „Wiener klinischen Wochenschrift" ermäßigt sich der Bezugspreis um 10%.

Handbuch der Serodiagnose der Syphilis. Von Prof. Dr. **C. Bruck,** Leiter der Dermatologischen Abteilung des Städtischen Krankenhauses Altona, Priv.-Doz. Dr. **E. Jacobsthal,** Leiter der Serologischen Abteilung des Allgemeinen Krankenhauses Hamburg - St. Georg, Priv.-Doz. Dr. **V. Kafka,** Leiter der Serologischen Abteilung der Psychiatrischen Universitätsklinik und Staatskrankenanstalt Hamburg-Friedrichsberg; Oberarzt Dr. **J. Zeissler,** Leiter der Serologischen Abteilung des Städt. Krankenhauses Altona. Herausgegeben von **Carl Bruck.** Z w e i t e, neubearbeitete und vermehrte Auflage. Mit 46 zum Teil farbigen Abbildungen. VIII, 546 Seiten. 1924. RM 30.—, gebunden RM 32.—

(w) **Syphilis und innere Medizin.** Von Hofrat Professor Dr. **Hermann Schlesinger,** Vorstand der III. Medizinischen Abteilung des Allgemeinen Krankenhauses in Wien. I. Teil. Die Arthro-Lues Tardiva und ihre Therapie. Mit 8 Abbildungen im Text. IV, 165 Seiten. 1925. RM 9.90. — II. Teil. Die Syphilis der Baucheingeweide. Mit 17 Abbild. im Text. VI, 283 Seiten. 1926. RM 19.50. — III. Teil. *Wird die syphilitischen Veränderungen der Brustorgane und der Drüsen mit innerer Sekretion umfassen.* In Vorbereitung.

Hautkrankheiten und Syphilis im Säuglings- und Kindesalter. Ein Atlas. Von Prof. Dr. **H. Finkelstein,** Berlin, Prof. Dr. **E. Galewsky,** Dresden, Priv.-Doz. Dr. **L. Halberstaedter,** Berlin. Z w e i t e, vermehrte und verbesserte Auflage. Mit 137 farbigen Abbildungen auf 64 Tafeln nach Moulagen v. F. K o l b o w, A. T e m p e l h o f f, M. L a n d s - berg u. A. K r ö n e r. VIII, 80 Seiten. 1924. Gebunden RM 36.—

Lehrbuch der Gonorrhöe nebst einem Anhang: Die Sterilität des Mannes. Bearbeitet von Fachgelehrten. Herausgegeben von Prof. Dr. **A. Buschke,** dirig. Arzt am Rudolf-Virchow-Krankenhaus, Berlin, und Dr. **Erich Langer,** Oberarzt am Rudolf-Virchow-Krankenhaus, Berlin. Mit 112 darunter zahlreichen farbigen Abbildungen. XII, 570 Seiten. 1926. RM 46.50; gebunden RM 49.50

(w) **Die Gonorrhöe des Weibes.** Ein Lehrbuch für Ärzte u. Studierende von Dr. **R. Franz,** Priv.-Doz. an der Universität und Direktor-Stellvertreter am Maria-Theresia-Frauenhospital in Wien. Mit 43 zum Teil farb. Textabbild. VII, 193 Seiten. 1927. RM 12.—; gebunden RM 13.20

Die Gonorrhöe des Mannes. Ihre Pathologie und Therapie. Ein Leitfaden für Ärzte und Studierende. Von Dr. med. **Wilhelm Karo.** VIII, 100 Seiten. 1911. RM 2.80

Paralysestudien bei Negern und Indianern. Ein Beitrag zur vergleichenden Psychiatrie von Dr. **Felix Plaut,** Prof. an der Universität München. Mit einem Geleitwort von Prof. **Emil Kraepelin.** Mit 15 Abbildungen. VIII, 98 Seiten. 1926. RM 9.60

Geschlechtskrankheiten bei Kindern. Ein ärztlicher und sozialer Leitfaden für alle Zweige der Jugendpflege. Unter Mitarbeit v. W. F i s c h e r - D e f o y. Frankfurt a. M., F. K r a m e r, Berlin, E. L a n g e r, Berlin. Herausgegeben von **A. Buschke** und **M. Gumpert.** Mit 10 Abbildungen. IV, 108 Seiten. 1926. RM 5.40

Wie kann die Menschheit von der Geißel der Syphilis befreit werden ? Von Dr. **Erich Hoffmann,** o. ö. Prof. und Direktor der Hautklinik an der Universität Bonn. Mit 8 Abbildungen. 54 Seiten. 1927. RM 2.40

Die mit (w) bezeichneten Werke sind im Verlag von Julius Springer in Wien erschienen.

Lehrbuch
der Geisteskrankheiten

Von

Professor Oswald Bumke
Direktor der Psychiatrischen und Nervenklinik in München

Mit einem Anhang:

Die Anatomie der Psychosen

Von

Dr. B. Klarfeld
Vorstand des Histopathologischen Laboratoriums der Psychiatrischen und Nervenklinik
in Leipzig

Zweite, umgearbeitete Auflage der „Diagnose der Geisteskrankheiten"
1149 Seiten mit 260 Abbildungen im Text
1924. RM 33.—; gebunden RM 36.—

Inhaltsübersicht: Zur Einführung. **Allgemeiner Teil.** A. Ursachen der Geisteskrankheiten. B. Allgemeine Symptomatologie. I. Störungen des Wahrnehmens. II. Störungen des Gedächtnisses. III. Störungen des Denkens. IV. Störungen des Gefühlslebens. V. Störungen der Intelligenz. VI. Störungen des Bewußtseins. VII. Störungen des Wollens, Handelns und Sprechens. VIII. Körperliche Krankheitszeichen. IX. Die Behandlung der Geistesstörungen. X. Die Beurteilung der Geisteskranken vor Gericht. **Spezieller Teil.** A. Psychopathische Anlagen, Reaktionen und Entwicklungen. I. Die neurasthenischen Reaktionen. II. Konstitutionelle Nervosität. III. Psychogene Reaktionen. IV. Die hysterische Konstitution. V. Andere psychopathische Konstitutionen. VI. Endogene und reaktive Gemütskrankheiten und die manisch-depressive Konstitution. VII. Paranoische Anlagen und Entwicklungen. B. Die exogenen Reaktionsformen und die organischen Psychosen. I. Psychosen bei Allgemeinleiden, bei Erkrankungen innerer Organe und bei akuten Infektionen. II. Intoxikationspsychosen. III. Psychosen bei Gehirnerkrankung. IV. Syphilitische Geistesstörung. V. Die Psychosen des Rückbildungs- und Greisenalters. VI. Epileptische Reaktionen und epileptische Krankheiten. VII. Schizophrene Krankheitsprozesse. VIII. Paranoide Prozesse. IX. Angeborene und im frühen Kindesalter erworbene Schwachsinnzustände. X. Kretinismus und Myxödem. **Die Anatomie der Psychosen.** Einleitung. I. Angeborene und früh-infantil erworbene Zustände und Erkrankungen, die mit psychischer Entwicklungshemmung einhergehen. II. Im späteren Leben erworbene oder manifest werdende Erkrankungen. 1. Die syphilogenen Psychosen. 2. Die Psychosen des Rückbildungs- und Greisenalters. 3. Die genuine Epilepsie. 4. Dementia praecox. Autorenverzeichnis. Sachverzeichnis.

Aus den zahlreichen Besprechungen:

„Aus der „Diagnose der Geisteskrankheiten" ist durch Umarbeitung ein ausgezeichnetes Lehrbuch der Psychiatrie entstanden. Gegenüber den von mehreren Autoren verfaßten Lehrbüchern besitzt es den großen Vorzug der einheitlichen Darstellung aller Gebiete der Psychiatrie, was mir namentlich für den Lernenden von allergrößter Bedeutung scheint. Die Darstellung ist durchgehend eine vorzügliche. Man hört überall das an der Erfahrung gereifte Urteil eines Forschers heraus, der auf den verschiedensten klinischen Gebieten erfolgreich gearbeitet hat und der zu allen klinischen Fragen klar Stellung nimmt. . . . Es ist eines der besten, wenn nicht das beste derzeitige Lehrbuch der Psychiatrie."

Klinische Wochenschrift.

DIE BEHANDLUNG DER
QUARTÄREN SYPHILIS
MIT AKUTEN INFEKTIONEN